Simulation und Aufladung
von Verbrennungsmotoren

Achim Lechmann (Hrsg.)

Simulation und Aufladung von Verbrennungsmotoren

Achim Lechmann (Hrsg.)
achim.lechmann@tu-berlin.de

ISBN 978-3-540-79285-7   e-ISBN 978-3-540-79287-1

DOI 10.1007/978-3-540-79287-1

Bibliografische Information der Deutschen Nationalbibliothek
Die Deutsche Bibliothek verzeichnet diese Publikation in der Deutschen Nationalbibliografie;
detaillierte bibliografische Daten sind im Internet über http://dnb.d-nb.de abrufbar.

© 2008 Springer-Verlag Berlin Heidelberg

Dieses Werk ist urheberrechtlich geschützt. Die dadurch begründeten Rechte, insbesondere die der Übersetzung, des Nachdrucks, des Vortrags, der Entnahme von Abbildungen und Tabellen, der Funksendung, der Mikroverfilmung oder der Vervielfältigung auf anderen Wegen und der Speicherung in Datenverarbeitungsanlagen, bleiben, auch bei nur auszugsweiser Verwertung, vorbehalten. Eine Vervielfältigung dieses Werkes oder von Teilen dieses Werkes ist auch im Einzelfall nur in den Grenzen der gesetzlichen Bestimmungen des Urheberrechtsgesetzes der Bundesrepublik Deutschland vom 9. September 1965 in der jeweils geltenden Fassung zulässig. Sie ist grundsätzlich vergütungspflichtig. Zuwiderhandlungen unterliegen den Strafbestimmungen des Urheberrechtsgesetzes.

Die Wiedergabe von Gebrauchsnamen, Handelsnamen, Warenbezeichnungen usw. in diesem Werk berechtigt auch ohne besondere Kennzeichnung nicht zu der Annahme, dass solche Namen im Sinne der Warenzeichen- und Markenschutz-Gesetzgebung als frei zu betrachten wären und daher von jedermann benutzt werden dürften.

Satz: Digitale Vorlagen des Autors
Herstellung: le-tex publishing services oHG, Leipzig
Einbandgestaltung: WMXDesign, Heidelberg

Gedruckt auf säurefreiem Papier

9 8 7 6 5 4 3 2 1

springer.com

Vorwort

„Was gibt es denn an Motoren noch zu forschen?" - ist eine Frage, die zwar nicht oft, aber doch vereinzelt von Studierenden gestellt wird, wenn sie sich zu Beginn ihres Studiums über eine mögliche Vertiefungsrichtung informieren wollen. Auch bei anderen Gelegenheiten wird die Frage aufgeworfen, welches die aktuellen Themen bei der Entwicklung von Verbrennungsmotoren sind.

Verbrennungsmotoren sind als Energiewandler in absehbarer Zukunft nicht aus unserem täglichen Leben wegzudenken. Das gesamtgesellschaftlich steigende Bewusstsein für die Umweltprobleme und die konsequente Verschärfung der gesetzlichen Vorschriften in Energieverbrauchs- und Emissionsfragen stellen auch die Entwickler von Verbrennungsmotoren daher aktuell vor große Herausforderungen. Dass dadurch völlig neue Impulse in die Weiterentwicklung von Motoren einfließen, äußert sich z. B. in neuartigen Brennverfahren, Hochaufladungskonzepten, komplexen Regelungsstrategien oder vielfältigen Hard- und Softwarelösungen zum energie- und emissionsoptimalen Motorbetrieb.

Anliegen dieses Buches ist es, die Vielfältigkeit und das Potenzial, das in der Entwicklung von Verbrennungsmotoren steckt, anhand einiger Teildisziplinen der Motorenentwicklung aufzuzeigen.

Zu Ehren der Leistung von Prof. Dr.-Ing Helmut Pucher - langjähriger Leiter des Fachgebietes Verbrennungskraftmaschinen der TU Berlin - in Forschung und Lehre haben viele namhafte Forscher aus der Industrie und den Universitäten mit ihren Beiträgen an diesem Buch mitgewirkt.

Allen Autoren sei an dieser Stelle für die Mitarbeit gedankt, die oft nach Feierabend und an den Wochenenden unter Opferung der zumeist ohnehin schon knappen Freizeit erfolgte.

Ohne die tatkräftige Unterstützung der Mitarbeiter des Fachgebietes Verbrennungskraftmaschinen wäre eine Fertigstellung des Buches nur schwerlich möglich gewesen. Daher gilt der Dank den Kollegen F. Scherer, M. Vogt, F. Ramsperger, H. Mai und C. Roesler.

Besonders dankend sei die angenehme und konstruktive Zusammenarbeit mit Herr Dr.-Ing. B. Gebhardt vom Springer-Verlag erwähnt.

Berlin, Frühjahr 2008   Achim Lechmann

Autorenverzeichnis

Baar, Roland, Dr.-Ing., Voith Turbo Aufladungssysteme, Braunschweig: *Die Motor- Turbolader-Kopplung bei Regelung mittels variablem Düsenring*

Bargende, Michael, Prof. Dr.-Ing., Universität Stuttgart: *Wall Heat Losses in Diesel Engines*

Blumenröder, Kurt, Dipl.-Ing., IAV GmbH, Berlin: *Wissenschaftler mit Leib und Seele*

Chmela, Franz, Large Engines Competence Center (LEC), Graz: *Globalphysikalische Modellierung der motorischen Verbrennung*

Dimitrov, Dimitar, Dipl.-Ing. Dr. techn., Large Engines Competence Center (LEC), Graz: *Globalphysikalische Modellierung der motorischen Verbrennung*

Eichlseder, Helmut, Prof. Dipl.-Ing. Dr. techn., Institut für Verbrennungskraftmaschinen und Thermodynamik, Technische Universität Graz: *Neue Aufladestrategien und teilhomogene Brennverfahren – Simulationsgestützte Optimierung am Motorprüfstand*

Eilts, Peter, Prof. Dr.-Ing., Institut für Verbrennungskraftmaschinen, TU Braunschweig: *Verfahren zur Auslegung des Aufladesystems von Dieselmotoren mit Fokus auf Reduzierung der Ruß- und NOX-Emissionen*

Flierl, Rudolf, Prof. Dr.-Ing., Lehrstuhl für Verbrennungskraftmaschinen TU Kaiserslautern: *Kreisprozesssimulation von Ottomotoren mit drosselfreier Laststeuerung durch mechanisch vollvariablen Ventiltrieb*

Friedrich, Ingo, Dr.-Ing., IAV GmbH Berlin: *Simulation und Aufladung und Modellbasierte Entwicklung verkürzt Entwicklungszeit*

Fuchs, Thorsten, Dipl.-Ing., Fachbereich Maschinenbau und Verfahrenstechnik, Universität Kaiserslautern: *Kreisprozesssimulation von Ottomotoren mit drosselfreier Laststeuerung durch mechanisch vollvariablen Ventiltrieb*

Geringer, Bernhard, Prof. Dipl.-Ing. Dr. techn., TU Wien: *Simulation der Ladungsbewegung und Gemischaufbereitung bei Ottomotoren mit homogenen Brennverfahren*

Görg, Karl Alfred, Dr.-Ing., BMW Group, München: *iDVA – eine instationäre Druckverlaufsanalyse am Beispiel eines aufgeladenen 6-Zylinder Ottomotors*

Grigoriadis, Panagiotis, Dr.-Ing., IAV GmbH Berlin: *Verfahren und Messmethoden zur Erfassung von Turboladerkennfeldern an Turboladerprüfständen*

Guhr, Carsten, Dipl.-Ing., Lehrstuhl Verbrennungsmotoren, Institut für Automobiltechnik Dresden – IAD, TU Dresden: *Aufgeladener Ottomotor – Quo Vadis?*

Haberland, Heiner, Dr.-Ing., MAN Diesel SE, Augsburg: *Empfindlichkeitsanalyse an einem Common-Rail-Einspritzsystem*

Harndorf, Horst, Prof. Dr.-Ing., Lehrstuhl für Kolbenmaschinen und Verbrennungsmotoren, Universität Rostock: *Potentialanalyse homogene Dieselverbrennung*

Haupt, Christian, Dipl.-Ing., Lehrstuhl für Verbrennungskraftmaschinen, TU München: *1D-Gesamtfahrzeugsimulation zur Bewertung von Wärmemanagementmaßnahmen*

Hohenberg, Günther, Prof. Dr.-Ing., TU Darmstadt: *Engine-in-the-Loop – Echtzeitsimulation am Motorprüfstand*

Kutzler, Kurt, Prof. Dr., Präsident der TU Berlin: *Grußwort des Präsidenten der Technischen Universität Berlin*

Lauer, Thomas, Dipl.-Ing. Dr. techn., Technische Universität Wien: *Simulation der Ladungsbewegung und Gemischaufbereitung bei Ottomotoren mit homogenen Brennverfahren*

Lindenkamp, Nils, Dipl.-Ing., Institut für Verbrennungskraftmaschinen TU Braunschweig: *Verfahren zur Auslegung des Aufladesystems von Dieselmotoren mit Fokus auf Reduzierung der Ruß- und NOX-Emissionen*

Majidi, Kitano, Prof. Dr.-Ing. habil., Hochschule Magdeburg-Stendal: *Einsatz von Methoden der CFD im Umfeld der Prozessrechnung*

Naumann, Tino, Dr.-Ing., Leopold Kostal GmbH, Lüdenscheid: *Die Rolle der Simulation im Produktentstehungsprozess*

Nickel, Jonas, Dipl.-Ing., General Motors Powertrain Schweden AB: *Verfahren und Messmethoden zur Erfassung von Turboladerkennfeldern an Turboladerprüfständen*

Offer, Thomas, Dr.-Ing., IAV GmbH Berlin: *Modellbasierte Entwicklung verkürzt Entwicklungszeit*

Piatek, Jan, Dipl.-Ing., Laboratorium für Antriebssystemtechnik, Helmut Schmidt Universität Hamburg: *Bestimmung von Turboladerkennfeldern auf Basis von Motorprüfstandsmessungen*

Pirker, Gerhard, Dipl.-Ing. Dr. techn., Large Engines Competence Center (LEC), Graz: *Globalphysikalische Modellierung der motorischen Verbrennung*

Prenninger, Peter, Dipl.-Ing. Dr. techn., AVL List GmbH Graz: *Analyse und Optimierung des instationären Turboladerbetriebes von HSDI Dieselmotoren mittels Kreisprozesssimulation*

Prevedel, Kurt, Ing., AVL List GmbH Graz: *Analyse und Optimierung des instationären Turboladerbetriebes von HSDI Dieselmotoren mittels Kreisprozesssimulation*

Raming, Stefan, Dipl.-Ing., Fachgebiet Kraftfahrzeugtechnik TU Berlin: *Motormodelle für Energie- und Nebenaggregatemanagement*

Reulein, Claus, Dr.-Ing., BMW Group München: *iDVA – eine instationäre Druckverlaufsanalyse am Beispiel eines aufgeladenen 6-Zylinder Ottomotors*

Roesler, Carsten, Dipl.-Ing., Fachgebiet Verbrennungskraftmaschinen TU Berlin: *Motormodelle für Energie- und Nebenaggregatemanagement*

Roß, Tilo, Dipl.-Ing., Lehrstuhl Verbrennungsmotoren, Institut für Automobiltechnik Dresden – IAD, TU Dresden: *Aufgeladener Ottomotor – Quo Vadis?*

von Rüden, Klaus, Dr.-Ing., IAV GmbH Berlin: *Simulation und Aufladung und Modellbasierte Entwicklung verkürzt Entwicklungszeit*

Scharrer, Otmar, Dr.-Ing., Porsche Engineering Services GmbH, Bietigheim-Bissingen: *Prozess-Simulation als Werkzeug zur Optimierung von Ventiltriebssystemen*

Schatzberger, Thorolf, Dipl.-Ing., Institut für Verbrennungskraftmaschinen und Thermodynamik, Technische Universität Graz: *Neue Aufladestrategien und teilhomogene Brennverfahren – Simulationsgestützte Optimierung am Motorprüfstand*

Schindler, Volker, Prof. Dr. rer. nat., Fachgebiet Kraftfahrzeugtechnik, TU Berlin: *Motormodelle für Energie- und Nebenaggregatemanagement und Energie, Emissionen und Mobilität*

Schmitt, Stephan, Dipl.-Ing., TU Kaiserslautern: *Kreisprozesssimulation von Ottomotoren mit drosselfreier Laststeuerung durch mechanisch vollvariablen Ventiltrieb*

Schubert, Michael, Dipl.-Ing., IAV GmbH, Berlin: *Wissenschaftler mit Leib und Seele*

Schutting, Eberhard, Dipl.-Ing. Dr. techn., Institut für Verbrennungskraftmaschinen und Thermodynamik, Technische Universität Graz: *Neue Aufladestrategien und teilhomogene Brennverfahren – Simulationsgestützte Optimierung am Motorprüfstand*

Schulze, Lothar, Dr.-Ing., Institut für mobile Systeme, Universität Magdeburg: *Empfindlichkeitsanalyse an einem Common-Rail-Einspritzsystem*

Schwarz, Christian, Prof. Dr.-Ing., BMW Group München: *iDVA – eine Instationäre Druckverlaufsanalyse am Beispiel eines aufgeladenen 6-Zylinder Ottomotors*

Schyr, Christian, Dr.-Ing., AVL List GmbH, Graz: *Engine-in-the-Loop-Echtzeitsimulation am Motorprüfstand*

Seifert, Hans, Prof. Dr.-Ing., Lüdenscheid: *Laudatio*

Thiemann, Wolfgang, Prof. Dr.-Ing., Laboratorium für Antriebssystemtechnik, Helmut Schmidt Universität Hamburg: *Bestimmung von Turboladerkennfeldern auf Basis von Motorprüfstandsmessungen*

Tschöke, Helmut, Prof. Dr.-Ing., Institut für mobile Systeme, Universität Magdeburg: *Wissenschaftliche Gesellschaft für Kraftfahrzeug- und Motorentechnik e.V. und Empfindlichkeitsanalyse an einem Common-Rail-Einspritzsystem*

Wachtmeister, Georg; Prof. Dr.-Ing., Lehrstuhl für Verbrennungskraftmaschinen, TU München: *1D-Gesamtfahrzeugsimulation zur Bewertung von Wärmemanagementmaßnahmen*

Wimmer, Andreas, Ao.Univ.-Prof. Dipl.-Ing. Dr. techn., Institut für Verbrennungskraftmaschinen und Thermodynamik, TU Graz und Large Engines Competence Center (LEC), Graz: *Globalphysikalische Modellierung der motorischen Verbrennung*

Wolkerstorfer, Josef, Dipl.-Ing. Dr. techn., AVL List GmbH Graz: *Analyse und Optimierung des instationären Turboladerbetriebes von HSDI Dieselmotoren mittels Kreisprozesssimulation*

Zarl, Stefan, Dipl.-Ing, TU Wien: *Simulation der Ladungsbewegung und Gemischaufbereitung bei Ottomotoren mit homogenen Brennverfahren*

Zellbeck, Hans, Prof. Dr.-Ing., Lehrstuhl Verbrennungsmotoren, Institut für Automobiltechnik Dresden – IAD, TU Dresden: *Aufgeladener Ottomotor – Quo Vadis?*

Engineering with Passion!

Leidenschaft – und der Wunsch, etwas zu bewegen: Das ist es, was uns als international aufgestelltes Engineering-Unternehmen antreibt. Wir bieten der Automobilbranche eine Vielzahl von Entwicklungsdienstleistungen für zukünftige Serienfahrzeuge und dazu das gewisse Etwas, das die IAV mit ihrer Liebe zum Automobil für ihre Auftraggeber so einzigartig macht.

Die Engineering-Kompetenz für das ganze Fahrzeug und interdisziplinäres Arbeiten zeichnen die über 3.000 IAV-Mitarbeiter aus – der Blick auf die Zusammenhänge garantiert serientaugliche Lösungen.

Mehr über die IAV erfahren Sie unter www.iav.de
oder rufen Sie uns an: +49 30 39978-0
IAV GmbH, Carnotstraße 1, 10587 Berlin

IAV GmbH
Ingenieurgesellschaft Auto und Verkehr

Inhaltsverzeichnis

Grußwort des Präsidenten der TU Berlin 1
K. Kutzler

Laudatio Professor Seifert 5

Wissenschaftler mit Leib und Seele 9
K. Blumenröder, M. Schubert

**Wissenschaftliche Gesellschaft für Kraftfahrzeug- und
Motorentechnik e.V.** 13
H. Tschöke

Grundlagen

Simulation und Aufladung 15
I. Friedrich, K. von Rüden
1 Einleitung 15
2 Berechnung der Zustandsgrößen im Zylinder und in den
    Gaswechselleitungen 16
3 Grundlagen und Simulation von Aufladeaggregaten 30
4 Zusammenfassung 48
5 Literaturverzeichnis 49

Energie, Emissionen und Mobilität 51
V. Schindler
1 Einleitung 51
2 Energieverbrauch in Deutschland 52
3 Wirkungen der Energieumsetzung 52
4 Anforderungen an einen idealen Kraftstoff 55
5 Möglichkeiten zur Minderung der global wirksamen Effekte
    der Kraftstoffnutzung 58
       5.1   Technische Maßnahmen am Kfz 58
       5.2   Sind andere Kraftstoffe erforderlich? 60
       5.3   Substitution von Energie durch Technik? 62
6 Politisch-wirtschaftliche Steuerung eines Prozesses der
    De-Carbonisierung des Verkehrssektors 65
7 Literatur 66

Globalphysikalische Modellierung der motorischen Verbrennung 67
F. Chmela, G. Pirker, D. Dimitrov, A. Wimmer
1 Einleitung 67
2 Bekannte Ansätze für die Reaktionsrate 68
    2.1 Reaktionsrate nach Magnussen 68
    2.2 Reaktionsrate nach Arrhenius 70
    2.3 Kombinierter Ansatz 71
3 Zündverzug 71
4 Brennratenverlauf 74
    4.1 Otto-Gasmotoren mit Direktzündung 74
    4.2 Otto-Gasmotoren mit Vorkammer 77
    4.3 Dieselmotoren 87
5 Zusammenfassung und Ausblick 92
6 Literaturhinweise 92

Einsatz von Methoden der CFD im Umfeld der Prozessrechnung. 95
K. Majidi
1 Einführung 95
2 Verbrennungssimulation 96
    2.1   Simulation der Strömungsvorgänge der
           Verbrennungsprozesse 97
    2.2   Simulation der chemischen Reaktionen der
           Verbrennungsprozesse 99
3 Strömungsmaschinensimulation 107
    3.1   Einleitende Bemerkungen 107
    3.2   Strömung im Relativsystem 109
    3.3   Instationäre Strömung in einer Strömungsmaschine 111
4 Literaturverzeichnis 124

Wall Heat Losses in Diesel Engines 129
M. Bargende
1 Introduction 129
2 Wall heat transfer in internal combustion engines 129
3 Measurement Techniques for Wall Heat Transfer Analysis 132
4 Heat transfer equations for real working process simulations 140
5 Application Examples 146
6 Heat transfer modeling using 3D-CFD 151
7 Literature 152

„Engine-in-the-Loop" – Echtzeitsimulation am Motorprüfstand .. 155
G. Hohenberg, C. Schyr
1 Einleitung 155
2 Applikationsaufgaben für Verbrennungsmotoren 156
3 Mögliche Prüfstandskonfigurationen 158
4 Simulation am Prüfstand 160

4.1	Reale und virtuelle Fahrzeugkomponenten	160
4.2	Manöverbasiertes Testen am Motorprüfstand	161
4.3	Anforderungen an die Simulationsmodelle	166
4.4	Wechselwirkungen der Simulationsmodelle	168

5 Motorprüfstand an der TU Darmstadt ... 169
    5.1 Systemaufbau in zwei Varianten ... 169
6 Zusammenfassung und Ausblick ... 172
7 Literatur ... 172

Aufgeladener Ottomotor – Quo Vadis? ... 175
H. Zellbeck, T. Roß, C. Guhr
1 Einleitung ... 176
2 Stand der Technik ... 177
3 Mehrstufige Aufladesysteme ... 178
4 Zweistufig geregelte Abgasturboaufladung im Detail ... 180
5 Ansätze zur Performancesteigerung ... 185
    5.1 Zwillingsstromturbine zur Verbesserung des Ladungswechsels ... 186
    5.2 Verschiebung des Zündabstands durch Übergang zum 3-Zylinder ... 187
6 Zusammenfassung und Ausblick ... 191
7 Literatur ... 192

Verfahren und Messmethoden zur Erfassung von Turboladerkennfeldern an Turboladerprüfständen ... 195
J. Nickel, P. Grigoriadis
1 Einleitung ... 195
2 Prinzipieller Aufbau eines Turboladerprüfstandes ... 196
3 Sensorik und Messtechnik an Turboladerprüfständen ... 197
    3.1 Druckmesstechnik ... 197
    3.2 Temperaturmesstechnik ... 199
    3.3 Durchflussmesstechnik ... 200
    3.4 Drehzahlmesstechnik ... 201
4 Einflussgrößen auf das Kennfeld von Turboladern ... 201
    4.1 Messrohrgeometrie ... 202
    4.2 Messstellengestaltung ... 203
    4.3 Messstellenplatzierung ... 203
    4.4 Wasserkühlung ... 205
    4.5 Abgaskrümmermodule ... 206
    4.6 Versuchsdurchführung und Leitungsgeometrie nach Verdichter ... 207
5 Zusammenfassung ... 209
6 Literatur ... 210

Bestimmung von Turboladerkennfeldern auf Basis von Motorprüfstandsmessungen 211
W. Thiemann, J. Piatek
1 Einleitung 211
2 Modellierung von Motor- und Turboladerprozess 212
    2.1 Motorprozessrechnung 212
    2.2 Turbinendurchfluss und Einlasstemperatur 213
    2.3 Turboladerwirkungsgrad 214
3 Prüfstandsaufbau 215
4 Ergebnisse 218
5 Zusammenfassung und Ausblick 221
6 Literatur 222

Die Motor-Turbolader-Kopplung bei Regelung mittels variablem Düsenring 223
R. Baar
1 Einleitung 223
2 Die Regelung einstufiger Turbolader 225
3 Kopplung von Motor und Turbolader 228
4 Typische Applikation variabler Turbolader 229
5 Downsizing und Dynamik 232
6 Wirkweise des Düsenrings 235
7 Ausblick 237
8 Literatur 238

Anwendung

Die Rolle der Simulation im Produktentstehungsprozess 239
T. Naumann
1 System- und Komponentenentwicklung in der Automobilindustrie 239
    1.1 Mechatronische Systeme und Systemkomponenten 239
    1.2 Formalisierung von Produktentstehungsprozessen (PEP) für die Mechatronikentwicklung 240
    1.3 Das iterative mechatronische V-Modell 242
2 Simulationsumfänge im iterativen mechatronischen V-Modell 245
    2.1 Klassifizierung der Simulationsverfahren 245
    2.2 Abbildung der Simulation im systemischen bzw. domänenspezifischen Entwurfsprozess 247
3 Simulation im Rahmen der Kennfeldoptimierung von Motorsteuergeräten 248
    3.1 Das Motorsteuergerät als mechatronische Systemkomponente 248
    3.2 MiL, SiL und HiL-Simulation am Beispiel der Motorprozessoptimierung 250

4	Fazit	254
5	Literatur	255

Modellbasierte Entwicklung verkürzt Entwicklungszeit ... 257
I. Friedrich, T. Offer, K. von Rüden

1	Motivation	257
2	Zukunft erfordert physikalischbasierte Modelle	261
3	Überblick THEMOS	262
4	Anwendungsbeispiele für THEMOS	269
	4.1 Entwicklung einer modellbasierten Luftpfadregelung	269
	4.2 Auslegung von Abgasnachbehandlungssystemen	277
5	Zusammenfassung	282
6	Literatur	282

1D-Gesamtfahrzeugsimulation zur Bewertung von Wärmemanagementmaßnahmen ... 283
C. Haupt, G. Wachtmeister

1	Einleitung	283
2	Bedeutung von Wärmemanagement im Fahrzeug	283
3	Aufbau des Gesamtfahrzeugmodells	285
	3.1 Überblick über das Gesamtmodell	286
	3.2 Motormodell	288
	3.3 Kühlsystem	290
	3.4 Abgassystem	292
4	Anwendungsmöglichkeiten des Modells	294
5	Zusammenfassung	295
6	Literatur	296

iDVA – eine instationäre Druckverlaufsanalyse am Beispiel eines aufgeladenen 6-Zylinder Ottomotors ... 299
K. A. Görg, C. Reulein, C. Schwarz

1	Einleitung	299
2	Modellvorstellung der stationären DVA	300
	2.1 Charakteristika der DVA	302
	2.2 Charakteristika des Experiments	302
3	Modellvorstellung der instationären DVA	302
	3.1 Charakteristika der iDVA	303
	3.2 Charakteristika des Experiments	303
4	Anwendungen der iDVA	303
	4.1 Lastsprung mit unterschiedlichen Regelstrategien	306
	4.2 Transiente Simulation eines Lastsprungs mit 1D-Vollmodell	314
5	Zusammenfassung und Ausblick	316
6	Literatur	317

Prozess-Simulation als Werkzeug zur Optimierung von Ventiltriebssystemen 319
O. Scharrer
1 Einleitung 319
2 Problemstellung 320
3 Simulationsmodell 321
    3.1 Basismodell 321
    3.2 Verbrennung 323
    3.3 Ergebnisse 331
    3.4 Mehrstufige Ventiltriebe mit kleinen Hüben 333
4 Zusammenfassung und Ausblick 335
5 Literatur 336

Kreisprozesssimulation von Ottomotoren mit drosselfreier Laststeuerungdurch mechanisch vollvariablen Ventiltrieb 337
R. Flierl, S. Schmitt, T. Fuchs
1 Einleitung 338
2 Funktionsweise und Auslegung „UniValve" 339
3 Beschreibung der durchgeführten Simulationen im Teillastbereich 347
4 Simulationsergebnisse 353
5 Simulation der Volllast von freisaugenden Ottomotoren 359
6 Fazit 361
7 Literatur 362

Motormodelle für Energie- und Nebenaggregatemanagement 363
S. Raming, C. Roesler, V. Schindler
1 Einleitung 363
2 Energiemanagement und Motorprozesssimulation 364
3 Strategien des Energiemanagements und deren Anforderungen an die Motormodelle 366
4 Zusammenfassung 370
5 Literatur 372

Potentialanalyse homogene Dieselverbrennung 373
H. Harndorf
1 Einleitung 373
2 Grundlagen der HCCI-Verbrennung 374
3 Auswahl homogenes Dieselbrennverfahren 376
4 Versuchsträger 377
5 Prozessstrategien homogenes Dieselbrennverfahren 378
    5.1 Vergleich interne / externe Restgasstrategie 380
6 Untersuchung HCCI Dieselbrennverfahren 381
    6.1 Vergleich frühe/späte Einspritzstrategie 382
    6.2 Thermodynamische Analyse / Verlustteilung 383

		6.3	Arbeitsprozessuntersuchungen mit synthetischem Dieselkraftstoff	386
7	Zusammenfassung			388
8	Literatur			390

Simulation der Ladungsbewegung und Gemischaufbereitung bei Ottomotoren mit homogenen Brennverfahren 391
B. Geringer, T. Lauer, S. Zarl

1	Einleitung		392
2	Untersuchungen zur Ladungsbewegung		393
	2.1	Prüfstand	393
	2.2	Simulation	394
3	Ergebnisse der Strömungsrechnung		395
	3.1	Zylinderinnenströmung	395
	3.2	Turbulenz	399
4	Ergebnisse der Gemischaufbereitung		400
5	Einfluss auf Verbrennung und Verbrauch		403
6	Ausblick		405
7	Literatur		406

Empfindlichkeitsanalyse an einem Common-Rail-Einspritzsystem 407
H. Haberland, H. Tschöke, L. Schulze

1	Einführung		407
2	Modellierung des Common-Rail-Einspritzsystems		408
3	Verifikation des Simulationsmodells		409
4	Empfindlichkeitsanalyse		411
	4.1	Anwendung der statistischen Versuchsplanung	411
	4.2	Definition der Zielgrößen	412
	4.3	Festlegung der Parameter und Variationsbereiche	413
	4.4	Beschreibung des Vorauswahlverfahrens (Screening)	415
	4.5	Ergebnisse	417
5	Zusammenfassung und Ausblick		434
6	Literatur		435

Neue Aufladestrategien und teilhomogene Brennverfahren – Simulationsgestützte Optimierung am Motorprüfstand 437
H. Eichlseder, T. Schatzberger, E. Schutting

1	Einleitung		437
	1.1	Teilhomogene Dieselverbrennung	437
2	Aufladung		440
3	Methodik		442
	3.1	1D-Simulation	442
	3.2	Versuchsplanung und Experiment	444

4	Lasterweiterung unter Berücksichtigung realer Aufladeverhältnisse		446
5	Literatur		451

Verfahren zur Auslegung des Aufladesystems von Dieselmotoren mit Fokus auf Reduzierung der Ruß- und NO_X-Emissionen 453
N. Lindenkamp, P. Eilts

1	Einleitung		453
2	Prüfstandsaufbau		455
	2.1	Variable Ansaug- und Abgasstrecke	455
3	Simulationsumgebung		461
	3.1	Motorsimulation	461
	3.2	Gesamtfahrzeugsimulation	463
4	Verfahren/Vorgehensweise zur Auslegung des Aufladesystems ...		464
	4.1	Grundvermessung des Motors	464
	4.2	Aufbau einer Simulation des Basismotors	465
	4.3	Simulation neuer Aufladesysteme	467
	4.4	Simulation von Aufladeverfahren am realen Motor	474
5	Zusammenfassung		474
6	Abkürzungen und Formelzeichen		475
7	Literatur		476

Analyse und Optimierung des instationären Turboladerbetriebes von HSDI Dieselmotoren mittels Kreisprozesssimulation 477
P. Prenninger, K. Prevedel, J. Wolkerstorfer

1	Einleitung	477
2	Numerische Simulation von transienten Vorgängen turboaufgeladener Motoren	479
3	Basisanalyse des Motorverhaltens	483
4	Optimierungsstrategien und Verbesserungspotentiale von VTG-Regelungen im transienten Motorbetrieb	485
5	Schlussfolgerungen	491
6	Literatur	492

Grußwort des Präsidenten der TU Berlin

K. Kutzler

Herr Kollege Pucher vertritt seit seiner Berufung im Jahr 1980, seit nunmehr fast drei Jahrzehnten an der Technischen Universität Berlin das Fachgebiet Verbrennungskraftmaschinen, das ein zentrales Fach für die Entwicklung des konstruktiven Maschinenbaus war und ist. Dieser traditionsreiche Lehrstuhl hat eine über 100-jährige Geschichte - vor fast genau fünf Jahren konnten wir sein hundertjähriges Bestehen feiern - in der so bedeutende Wissenschaftler wie Alois Riedler und Walter Pflaum gewirkt haben.

Professor Pucher wurde jung berufen, mit gerade 37 Jahren wurde er Professor an unserer Universität und hat diesen – man kann mittlerweile sagen altehrwürdigen – Lehrstuhl 28 Jahre nicht nur ausgefüllt, sondern ihn in herausragender Weise bis heute weitergeführt. Die Universität hat nun die nicht einfache Aufgabe einen würdigen Nachfolger zu finden.

Das Fachgebiet Verbrennungskraftmaschinen arbeitet heute an hochaktuellen Fragen zur Optimierung der Motortechnik, die eine größtmögliche Minimierung des Energieverbrauchs und somit der Abgasbelastung erzielen soll. Dies ist insbesondere in Hinblick auf die aktuelle Debatte um Energieversorgung und den anthropogen verursachten Klimawandel von zentraler Bedeutung. Der Verkehrssektor, insbesondere der motorisierte Straßenverkehr, gilt als einer der Hauptemittenten von Luftschadstoffen und trägt so maßgeblich zur Verunreinigung der Atmosphäre bei. Während bei den klassischen Luftschadstoffen wie Stickoxid, Kohlenwasserstoff, Ruß und Blei eine rückläufige Belastung erkennbar ist, gibt die Entwicklung beim Treibhausgas Kohlendioxid, das bei Verbrennungsprozessen entsteht, nach wie vor Anlass zur Sorge. Wissenschaft und Forschung stehen hier vor zentralen Herausforderungen bei der Entwicklung von Lösungen für eine effiziente Energienutzung und zur Vermeidung von Umweltschäden, deren weitreichende negative Folgen – auch auf globaler Ebene - hier allen bekannt sein dürften.

Vor diesem Hintergrund kommt dem Fachgebiet Verbrennungskraftmaschinen eine wichtige Rolle zu, denn an diesem Lehrstuhl wird zu den zentralen Aufgabenstellungen der Motorentechnik gearbeitet, u.a. zur Aufladetechnik, zu alternativen Kraftstoffen, zu Laststeuerkonzepten für den Ottomotor, zu Hybridantriebskonzepten und zur Motorprozessoptimierung. Dazu zählen die diversen Untersuchungs- und Simulationstechniken zu Strömungs- und Verbrennungsprozessen sowie zur Abgasemission von Motoren, Gasturbinen und anderes.

Unsere Hochschule leistet viele entscheidende Beiträge zur Entwicklung der technischen Wissenschaften; sie ist zudem ein bedeutender „Innovationsmotor" der Gesellschaft und trägt damit entscheidend zur gesamtgesellschaftlichen Entwicklung bei. Auch das Fachgebiet Verbrennungskraftmaschinen unserer Technischen Universität war und ist daran maßgeblich beteiligt. Wir sehen daher mit großer Erwartung auf die Forschung eines Bereiches, dessen großes Potenzial bei der Entwicklung technischer Lösungen auch für den Energiebereich von besonderer Bedeutung ist.

Das Thema Energie ist von höchster Aktualität und Fragen zu nachhaltiger Energieversorgung und -nutzung nehmen vor dem Hintergrund des Klimawandels eine herausgehobene Stellung ein.

Die TU Berlin hat es sich grundsätzlich zur Aufgabe gemacht, ihr Wissen und ihre Kompetenzen so einsetzen, dass sie einen entscheidenden Beitrag zur Lösung globaler gesellschaftlicher Probleme liefern kann. Aus diesem Grund richtet die Universität im Sinne der Profilschärfung ihren Fokus einerseits auf ihre Kernkompetenzen im Bereich der Natur- und Technikwissenschaften – einschließlich der Mathematik. Zum anderen haben wir im Hochschulstrukturplan 2004 sieben Zukunftsfelder definiert, denen eine besondere gesellschaftliche und politische Relevanz zukommt. Eines dieser strategischen Zukunftsfelder, das für Wissenschaft und Forschung eine große Bedeutung besitzt, ist Energie.

Mit der Gründung des Innovationszentrums Energie verstärkt die TU Berlin ihre Aktivitäten in diesem Bereich deutlich und trägt so ihrer gesellschaftlichen Verantwortung Rechnung. Sie hat einen universitären Schwerpunktbereich etabliert, der die verstreut und lange unabhängig agierenden Forschungskompetenzen der TU Berlin im Bereich Energie vernetzt, bündelt und strukturiert und der neue Themen und Kooperationen initiiert.

Am Fachgebiet Verbrennungskraftmaschinen von Professor Pucher werden nun die ersten Projektakquisitionen vorbereitet, die durch das Innovationszentrum Energie angeregt wurden. Fakultätsübergreifend und mit Partnern aus der Wirtschaft werden Projektkonzepte zur effizienten Energienutzung bei Verbrennungsmotoren sowie zur Erhöhung der Umweltverträglichkeit kleiner Blockheizkraftwerke erarbeitet.

Es ist nicht gute Forschung allein, die einer Universität Glanz verleiht; ganz im Humboldtschen Sinne bildet die Lehre zusammen mit der Forschung die Grundpfeiler einer Universität.

Die Weitergabe von Wissen und die Ausbildung des wissenschaftlichen Nachwuchses war Professor Pucher stets ein besonderes Anliegen. Zu Recht vertritt er die Position, dass die Universitäten in einem intensiven – und oft langwierigen – Prozess gezielt Persönlichkeiten auswählen, denen sie die Verantwortung für die Ausbildung des wissenschaftlichen Nachwuchses übertragen. Die Professoren bilden die nächste Generation von Wissenschaftlern aus, die ihnen in den Hochschulen nachfolgen und in den Wirtschaftsunternehmen zentrale und verantwortungsvolle Positionen bekleiden. Damit tragen sie eine große Verantwortung für die gesellschaftliche Entwicklung. In diesem Bewusstsein hat sich Professor Pucher durch sein herausragendes Engagement um die Lehre an der Technischen Universität Berlin und seine Studenten, Doktoranden und Habilitanden in besonderem Maße verdient gemacht.

Doch die Ehrung seiner Person wäre als solche nicht vollständig, würde nicht auch sein Engagement als Mitglied der Hochschule gewürdigt werden. Professor Pucher hat 28 Jahre, fast sein halbes Leben, an der Technischen Universität Berlin gewirkt. Diese besondere Verbundenheit wird auch durch sein langjähriges Engagement in der Akademischen Selbstverwaltung unserer Hochschule dokumentiert. Als Dekan hat er von 1987 bis 1989 die Geschicke des damaligen Fachbereiches Konstruktion und Fertigung der TU Berlin gelenkt. Von 1995 bis 2007 hat er als Mitglied des Akademischen Senats und des Konzils (1997 bis 2007) die Entwicklung der Universität aktiv und engagiert mit gestaltet. Auch dafür gebührt ihm ein persönlicher Dank meinerseits und von Seiten der gesamten Universität.

Herr Professor Pucher hat sowohl in Forschung und Lehre als auch in der Entwicklung der Hochschule Hervorragendes geleistet und so maßgeblich zum Erfolg dieser Universität beigetragen. Wir lassen ihn nur ungern gehen und hoffen sehr, dass er mit seiner Technischen Universität Berlin auch weiterhin verbunden bleibt. Lieber Herr Kollege Pucher, ich und die gesamte Technische Universität Berlin wünschen Ihnen alles erdenklich Gute, vor allem viel Gesundheit und Freude für die Zukunft.

Prof. Dr. Kurt Kutzler
(Präsident der Technischen Universität Berlin)

Laudatio

H. Seifert

Helmut Pucher war im Jahre 1980 in die Berufslaufbahn eines Universitätsprofessors berufen worden, die wohl im Vergleich zu anderen Sparten eine Spitzenstellung einnimmt. Mit einem großen Vertrauensvorschuss werden Professoren vom Staat beauftragt, nach freiem Ermessen die Lehre und Forschung ihres Fachgebietes zu gestalten. Professoren haben praktisch Gedankenfreiheit in beruflicher Hinsicht, die für manchen das Höchste bedeutet, was ein Mensch in unserer Gesellschaft erreichen kann. Für einen ehrgeizigen Hochschullehrer sind damit enorme Anforderungen in fachlicher und charakterlicher Hinsicht verbunden; denn in der technischen Forschung geht es nicht allein um die Analyse bereits verwirklichter Funktionen technischer Objekte, sondern auch um ihre Verbesserung durch kreatives Handeln, unterstützt durch problemlösendes Denken.

Gedankenarbeit in Freiheit prägt die Individualität eines Hochschullehrers und letztere gibt man nicht einfach am Tage der Emeritierung ab, indem man von nun an, bildlich gesprochen, „die Hände in den Schoß legt". Der berufene Professor hütet den Stand seiner Individualität. Im Gegenteil, er wird versuchen, sie in Teilen noch zu erweitern. Eine bessere Voraussetzung „geistig agil" und damit gesund zu bleiben bis ins hohe Alter gibt es nicht. Das ist zumindest die Meinung unserer Ärzte. Insofern ist die Emeritierung für viele Hochschullehrer als Übergang in eine andere Art geistiger Tätigkeit zu betrachten, die weit von dem entfernt ist, was man im Normalfall unter dem Ausscheiden aus dem Berufsleben versteht.

Ich bin sicher, dass Helmut Pucher zu den Hochschullehrern gehört, die dem gezeichneten Bild folgen werden. Bedauerlich wäre es, wenn er seine Begabung, Vorlesungen zu halten, nicht weiter in Seminaren und Vorträgen nutzen würde. Seine Studenten sind der Ansicht, dass es wohl in Deutschland nur wenige Hochschullehrer gäbe, die das Wissen über Verbrennungskraftmaschinen so hautnah vermitteln können, wie es Helmut Pucher getan hat. Er gehört sicherlich zu den Besten dieses Faches: Herzliche Gratulation zu der Meinung seiner Studenten. Diese Studenten belegten eine große Zahl von Studiengängen: Maschinenbau, Verkehrswesen, Wirtschaftsingenieurwesen, Global Production Engineering und den Lehrgang Technik für wissenschaftliche Lehramtskandidaten.

Wir stellen fest, dass Helmut Pucher den ersten Teil seines Berufungsauftrags, die Lehre auf dem Gebiet der Verbrennungskraftmaschinen in Zusammenhang mit der Auflading dieser Motoren frei zu gestalten, vorbildlich erfüllt hat.

Auf den zweiten Teil, der seine Leistungen auf dem Gebiet der Forschung würdigen soll, möchte ich erst zu sprechen kommen, wenn ich das spontan genannte erste Datum aus seinem Lebenslauf, es ist das Datum der Ernennung zum Universitätsprofessor, durch weitere persönliche Daten erweitert habe.

- Geboren in Österreich, in Haag am Hausruck, am 15. März 1943.
- 1961-1967 Studium des Allgemeinen Maschinenbaus an der TU Wien.
- 1968-1980 absolvierte er eine erfolgreiche Berufstätigkeit in der Dieselmotoren- Forschung im MAN-Werk Augsburg, zuletzt als Leiter der Abteilung Grundlagenforschung.
- 1974 promovierte er zum Dr.-Ing. an der TU Braunschweig.

Nach 1980 folgen zusätzliche Tätigkeiten im Universitätsbereich, die jedoch nicht alle, bis auf eine, genannt werden sollen: Von 2002 - 2007 war er Vorsitzender der Wissenschaftlichen Gesellschaft für Kraftfahrzeug- und Motorentechnik e.V..

Eine Zwischenzeit, 1970-1971, verbrachte er bei mir an der Ruhr-Universität Bochum. Zusammen mit einer größeren Gruppe von Mitarbeitern hatten wir im Auftrag der Forschungsvereinigung Verbrennungskraftmaschinen (FVV) ein Projekt der Grundlagenforschung begonnen. Es ging um eine genauere Berechnung des Gaswechsels von schnelllaufenden Mehrzylinder-Verbrennungsmotoren mit Berücksichtigung der instationären Gasströmungen in den angeschlossenen Rohrleitungen auf der Basis der Theorie der instationären Gasdynamik. Ich werde auf diesen Abschnitt seines Lebenslaufs noch mal zurückkommen.

Ich möchte jetzt im zweiten Teil auf die Verdienste zu sprechen kommen, die er sich auf seinen zahlreichen Forschungsgebieten erworben hat. Die Frage ist nur: Wie stelle ich es an, dass es kein trockener Bericht wird? Sonst könnte das Persönlichmenschliche auf der Strecke bleiben. Immerhin liegen 60 Veröffentlichungen vor, die auf mehrere Gebiete mit unterschiedlichen Inhalten Bezug nehmen. Darin wird bereits eine beeindruckende Eigenschaft von Helmut Pucher sichtbar: Es ist seine Flexibilität, sich Problemen zu stellen, die nicht von gleicher Art sind. Sie müssen also zu Lösungen geführt werden, die jeweils einen unterschiedlichen theoretischen Hintergrund haben. Aber auch ein gewisser Ehrgeiz muss daran teilhaben. „Geistig beweglich sein" nennt man das.

Es genügt sicherlich, einzelne ausgewählte Forschungsvorhaben aufzuzählen, die die Vielseitigkeit seiner Interessenlage deutlich machen.

Als erstes möchte ich das Forschungsvorhaben „Dynamisches Motormanagement" nennen, das von der FVV unterstützt wurde und zusammen mit Prof. Krause (als Vertreter des Fachgebietes „Industrielle Informationstechnik") entwickelt wurde. Es entstand ein META-Management-System, das der eigentlichen Motorregelung übergeordnet ist. Es stellt den Motor in jedem beliebigen Betriebszustand optimal ein, wobei die Optimierungsziele frei wählbar sind.

Zum Experimentieren stand zunächst ein dynamischer Motorprüfstand zur Verfügung, der jedoch wegen Aufgabe des Experimentierfelds in der Fasanenstraße geräumt werden musste. Ein neues Versuchsfeld mit einem neuen hochdynamischen Motorprüfstand wurde dann in der Carnotstraße eingerichtet (1996). Mit ihm lässt sich der dynamische Betrieb von PKW - und Nutzfahrzeugmotoren bis 310 kW entlang beliebig vorgegebener Fahrprofile vermessen.

Hohe Anforderungen erfüllt ein Turbinenprüfstand, dessen Kern eine Hochtemperatur-Brennkammer ist. Auf diesem Prüfstand werden Forschungsprojekte zu Turboladern im Besonderen und zur Aufladung von Motoren im Allgemeinen durchgeführt. Zu den herausragenden Untersuchungen gehörte die Entwicklung eines Turbinenpyrometers zur berührungslosen Messung höchster Oberflächentemperaturen an Gasturbinenschaufeln während des Betriebes. Das Pyrometer wurde zusammen mit der Siemens AG entwickelt.

Überhaupt spielen die Entwicklung und der Einsatz von Software zur unterschiedlichsten Unterstützung der Motorprozess-Simulation eine große Rolle. Zusammen mit der IAV GmbH, Berlin, ist ein Motorprozess-Simulator entwickelt worden, der unter realitätsnahen Randbedingungen den zylinderinternen Prozess in Echtzeit berechnet. Der Simulator tritt an die Stelle des Motors, die Kostenersparnis ist offensichtlich.

Im Rahmen des „down-sizing" tritt ein Innovationsproblem in den Vordergrund. Es betrifft den hohen Teillastverbrauch von Otto-Motoren, insbesondere den Verbrauch von Fahrzeugmotoren mit mechanischer und Turboaufladung. Diese Problemstellung ist nicht einfach zu lösen. Es geht darum, die klassische Steuerung des Teillastverhaltens des Otto-Motors mittels Drosselklappe, durch andere Steuereinrichtungen zu ersetzen.

Ich blicke noch einmal zurück auf die Jahre 1970/71 oder besser noch auf das Jahr 1968. In jenem Jahr trat Helmut Pucher als junger Diplom-Ingenieur und Anfänger in die Dieselmotorenforschung der MAN in Augsburg ein. Es begann eine steile Karriere, die 12 Jahre später als Universitätsprofessor zur Übernahme des Fachgebietes „Verbrennungskraftmaschinen" an der TU Berlin führte. Seine Chefs in Augsburg waren die Herren Prof. Zinner und Dr. Woschni, zwei maßgebende Größen des damaligen Motorenbaus. Bereits im Jahr 1969 stellte Pucher ein Rechenprogramm auf, welches nicht nur die Berechnung der Zustandsänderungen im Zylinder eines Dieselmotors erlaubte, sondern auch die Strömungsvorgänge in den Abgasleitungen von aufgeladenen Dieselmotoren in die Berechnung einschloss. Voraussetzung war, dass es sich um mittelschnelllaufende Motoren handelte. Basis der Berechnung war die so genannte Füll- und Entleermethode, die sich aus den Gleichungen der Thermodynamik ableiten lässt. Erstmalig war es möglich, die Hochaufladung von Dieselmotoren in die Berechnung einzubeziehen.

In schnelllaufenden Fahrzeugmotoren sind die Gaswechselvorgänge stark pulsierend, sodass die Füll- und Entleermethode die instationären Strömungsvorgänge in den Auslass- und Ansaugleitungen nicht mehr mit befriedigender Genauigkeit berechnet werden konnten.

Erst später erfuhr ich, dass Prof. Zinner als treibende Kraft dafür sorgte, dass unter Führung der FVV ein Programm zur Berechnung des Gaswechsels von Fahrzeugmotoren aufzustellen sei. Die physikalische Basis sollte jetzt die instationäre Gasdynamik und nicht mehr die Thermodynamik oder Akustik liefern. Da bereits an der Ruhr-Universität Bochum vorbereitende Arbeiten vorlagen, wurde ich mit der Leitung des Forschungsprojekts betraut.

Eine bemerkenswerte Besonderheit dieses FVV-Projekts war, dass zur Arbeitsgruppe der Ruhr-Universität im Jahr 1970 auch je ein Mitarbeiter der Firmen Daimler Benz, Klöckner Humboldt Deutz und MAN Augsburg nach Bochum delegiert wurden. Helmut Pucher war als Delegierter der MAN von Anfang an an diesem Projekt beteiligt. Wie er mir erzählt, erinnert er sich heute noch gerne des Hochgefühls der Arbeitsgruppe, als 1971 die ersten Testrechnungen mit dem dazu programmierten Lösungsverfahren, dem so genannten Charakteristikenverfahren, erfolgreich waren.

Der Einsatz von Helmut Pucher bei dieser Arbeit hat mich sehr beeindruckt. Als es nach 1 ½ Jahren ans Abschiednehmen ging, wollte ich ihn eigentlich fragen, ob er nicht geneigt sei, als Ober-Ingenieur in Bochum zu bleiben. Aber ich habe es nicht gewagt, diese Frage zu stellen. Ich dachte schließlich, vor dem Hintergrund seiner gestandenen Lehrer gehört es sich nicht, als junger Hochschulprofessor an eine solche Frage zu denken, geschweige denn sie auszusprechen.

Helmut Pucher war der erste meiner damaligen Mitarbeiter der mit der Charakteristikenmethode im Jahr 1974 an der TU Braunschweig promovierte. Der Inhalt seiner Dissertation hat nicht unwesentlich dazu beigetragen, ihn 1980 an die Universität Berlin als Universitätsprofessor zu berufen. Damit bin ich wieder an den Anfang zurückgekehrt.

Ich beende meine Laudatio mit einem persönlichen Schlusswort. Ich habe nicht im Auftrag einer Fachgemeinschaft gesprochen. Der Rednervorschlag kam aus dem Mitarbeiterkreis von Helmut Pucher. Das berührt mich besonders, weil offenbar nicht das Offizielle sondern das Individuelle den Ausschlag für die Rednerwahl gegeben hat. Meine Recherche seines Lebenslaufs brachte die zusätzliche Erkenntnis, dass dieser Mann, Helmut Pucher, auch ein Vorbild für mich in meinen jungen Jahren hätte sein können. Allerdings bleibt noch eine Frage offen. Ich weiß nicht, was ich höher bewerten soll? Seine Begabung, gute Vorlesungen zu halten oder seine Innovationskraft, technischen Fortschritt auch tatsächlich umzusetzen.

Lieber Helmut Pucher, alles erdenklich Gute für Sie und Ihre Familie auf Ihrem weiteren Lebensweg.

Prof. Dr.-Ing. Hans Seifert

Wissenschaftler mit Leib und Seele

K. Blumenröder, M. Schubert

Seit vielen Jahren verbindet die IAV und das Fachgebiet Verbrennungskraftmaschinen der TU Berlin unter der Leitung von Professor Helmut Pucher mehr als nur gute Nachbarschaft. Gemeinsame Projekte und Tagungen sowie die Zusammenarbeit in der Ausbildung der Studenten, z. B. bei der Betreuung von Diplom- und Doktorarbeiten, gehören zu den zahlreichen Facetten einer engen fachlichen und auch räumlichen Kooperation.

Die Nähe der IAV zur TU Berlin – Professor Hermann Appel gründete das Unternehmen 1983 als An-Institut der TU Berlin – war 1995 möglicherweise ausschlaggebend für die Entscheidung Professor Puchers, zur IAV in die Carnotstraße 1a zu ziehen, denn an dem bisherigen Sitz des Instituts in der Fasanenstraße sollte die Volkswagen Bibliothek entstehen. Eine nicht nur rückblickend betrachtet weitreichende Entscheidung, denn sie eröffnete beiden Seiten interessante Perspektiven und mündete in einer vielfältigen Zusammenarbeit.

Der fachliche Austausch und die Kooperationen mit Universitäten waren und sind für die IAV ein elementares Thema. Allein für die eigene Grundlagenforschung und Vorentwicklung ist die Einbindung und Betreuung von Diplomarbeiten und Dissertationen ein unschätzbarer Vorteil. Im Gegenzug gewinnen die Universitäten an Attraktivität durch einen stärkeren Praxisbezug. Studenten und Doktoranden profitieren von Einblicken und Mitarbeit in Industrieprojekten und erhalten am Ende oft eine feste Anstellung bei der IAV.

Aufgrund des außergewöhnlichen Engagements Professor Puchers für die Lehre im Allgemeinen und sein Fachgebiet im Besonderen ergaben sich früh übereinstimmende Interessen. Insbesondere auf den Gebieten Motorprozesssimulation, Aufladung und Motormanagement, die zu seinen Spezialdisziplinen gehören, gab es von Beginn an einen intensiven fachlichen Austausch, von dem beide Seiten bis heute gleichermaßen profitieren. Zu einem der ersten gemeinsamen Projekte gehörten die „Motorprozess-Simulationsrechnungen zu einer Bi-Turbo-Registeraufladung", eine rechnerische Untersuchung, ob und bei welcher Kombination von Verdichter und Turbine mit einer Bi-Turbo-Registeraufladung der stationäre bzw. dynamische Motorbetrieb gegenüber der konventionellen Abgasturboaufladung verbessert werden kann.

In einer weiteren Kooperation wurde das Motormodell en-DYNA® THEMOS® entwickelt, das theoretische Modellgrundlagen zur physikalisch basierten Kreisprozessrechnung liefert und sowohl Otto- als auch Dieselmotoren simulieren kann. In Zusammenarbeit mit dem Softwarehaus Tesis Dynaware wird dieses Modell gemeinsam weiterentwickelt und erfolgreich vermarktet.

Einen weiteren Meilenstein in der Zusammenarbeit stellt das von der Europäischen Union und dem Land Berlin co-finanzierte Förderprojekt „Entwicklung eines neuartigen Antriebes auf der Basis der homogenen Verbrennung (HCCI)" dar. Gemeinsam mit vier weiteren Partnern wurde eine innovative Betriebsstrategie für künftige Dieselmotoren entwickelt. Das Brennverfahren zeichnet sich dadurch aus, dass die Verbrennung bei hohem Motorwirkungsgrad und damit mit minimalem Ausstoß des Treibhausgases CO_2 nahezu ohne Bildung von Ruß und Stickoxiden abläuft. Für die Zukunft wird damit eine nachhaltige Lösung geschaffen, die weiterhin den Kraftstoffverbrauch von Fahrzeugen senkt und die Nutzung alternativer Kraftstoffe unterstützt. Die Partner ergänzten sich hierbei hervorragend sowohl mit ihren Kenntnissen auf dem Gebiet der Motorprozesssimulation als auch in dem zur Verfügung stehenden Equipment, wie dem zum Fachgebiet Verbrennungskraftmaschinen gehörenden hochdynamischen Motorenprüfstand und dem von der IAV entwickelten Einzylindermotor, an dem wichtige Untersuchungen vorgenommen werden konnten.

Die Motorprozesssimulation wurde auch auf einer anderen Ebene zu einem verbindenden Element: In einer gemeinsamen Kooperation wurde 2005 die bisher unregelmäßig stattfindende Tagung „Motorprozesssimulation und Aufladung", von Professor Pucher zu Beginn der achtziger Jahre ins Leben gerufen, wieder aufgenommen und zu einem festen Termin im Tagungskalender der Motorenentwickler ausgebaut. Die in einem Turnus von zwei Jahren veranstaltete Tagung wird 2009 zum dritten Mal stattfinden.

Ein Garant für den intensiven, nachbarschaftlichen Austausch sind selbstverständlich auch die ehemaligen Studenten und Assistenten Professor Puchers, die auf den Gebieten Motorelektronik, Turbolader- und Dieselvorentwicklung in der IAV tätig sind und durch ihre Verbundenheit zum Fachgebiet Verbrennungskraftmaschinen und seinem Leiter zum gegenseitigen fruchtbaren Wissenstransfer, beispielsweise durch die Ausrichtung von Lehrveranstaltungen mit praxisbezogenen Themen, beitragen.

Gute Nachbarschaft und Zusammenarbeit basieren auf mehreren Faktoren, gegenseitige Verbundenheit und Verantwortungsbewusstsein gehören zweifelsohne dazu. Die IAV teilt den Wunsch Professor Puchers nach Kontinuität und der nahtlosen Weiterführung des Fachgebiets Verbrennungskraftmaschinen und wird auch seinen Nachfolger willkommen heißen und unterstützen.

Großes Engagement und ein hoher Anspruch an sich und seine Arbeit zeichnen Professor Pucher aus. Wir schätzen ihn als einen hervorragenden Wissenschaftler, einen zuverlässigen und – zum Vorteil des Projekts – hartnäckigen Partner und blicken gerne auf viele gemeinsame Projekte und eine angenehme, langjährige Nachbarschaft zurück. Lieber Herr Professor Pucher, wir werden Sie vermissen!

Kurt Blumenröder
Sprecher der Geschäftsführung
IAV GmbH

Michael Schubert
Geschäftsführer
IAV GmbH

Wissenschaftliche Gesellschaft für Kraftfahrzeug- und Motorentechnik e.V.

H. Tschöke

Am 17. Februar 1996 traf sich der damalige Arbeitskreis „Lehre und Forschung Fahrzeug- und Motorentechnik" in der Universität Kaiserslautern und gründete die „Wissenschaftliche Gesellschaft für Kraftfahrzeug- und Motorentechnik". Sie waren bereits damals als Gründungsmitglied dabei und sind unserer WKM bisher nicht nur treu geblieben sondern Sie haben sie ganz wesentlich mitgestaltet.

Schon die Vorbereitungen zur Eintragung in das Vereinsregister beim Amtsgericht Berlin-Charlottenburg tragen Ihre Handschrift und seit dieser Zeit haben Sie bis zum 21. März 2007 in verantwortlicher Position der WKM hervorragende und man darf auch sagen selbstlose Dienste geleistet. Von Anfang an, zunächst als zweiter Vorsitzender bis zum Jahre 2002, waren Sie die tragende Stütze unseres Vereins und haben die Kontinuität sichergestellt, wenn die Vorsitzenden wechselten. Im Jahr 2002 übernahmen Sie den Vorsitz der WKM und haben dieses Amt bis zur Neuwahl eines Nachfolgers im März vergangenen Jahres geprägt.

Lieber Herr Pucher, alle vereinsorganisatorischen Dinge, wie z. B. die erfolgreichen Verhandlungen mit dem Finanzamt wegen Gemeinnützigkeit, die Vertretung der Vereinsinteressen gegenüber dem Amtsgericht, der Entwurf und die Diskussion sowie die Umsetzung unserer Satzung tragen Ihre Handschrift.

Da ich selbst viele Jahre im Vorstand mit Ihnen zusammenarbeiten durfte, habe ich Ihre ruhige, von hoher Sachkompetenz geprägte, geduldige und trotzdem nachdrückliche Arbeitsweise erfahren dürfen. Es war außerordentlich angenehm, mit Ihnen zusammenarbeiten zu können und Sie verbreiteten immer ein Gefühl der Sicherheit und Stabilität durch Ihre Anwesenheit.

Hierfür möchten wir, d. h. alle Mitglieder der WKM, Ihnen von ganzem Herzen Dank sagen. Es wäre für uns alle eine große Freude, wenn Sie trotz Ihres Ausscheidens aus dem aktiven beruflichen Leben den Kontakt zu unserer Gesellschaft aufrechterhalten und mit Ihrer sympathischen Art unsere Mitgliederversammlungen bereichern würden. Die WKM ist mit Ihrem Namen aufs Engste verbunden.

Wir wünschen Ihnen für die nun hoffentlich etwas entspannendere Zeit alles erdenklich Gute, insbesondere weiterhin beste Gesundheit und viel Freude an allen Ihren Aktivitäten und wenn Sie dabei die WKM nicht vergessen, sind auch wir glücklich.

Alles Gute und „Auf Wiedersehen".

Helmut Tschöke
Im März 2008

Simulation und Aufladung

I. Friedrich, K. von Rüden

1 Einleitung

Die Motorprozessrechnung hat sich seit den Anfängen ihrer Entwicklung [27] als ein wertvolles Hilfsmittel bei der Motorenentwicklung, besonders im Bereich der Aufladetechnik, erwiesen. Diese ersten Rechenprogramme zum Dieselmotor-Prozess wurden durch die Notwendigkeit, teure Versuche an Großmotoren zu vermeiden, eingesetzt, um das Zusammenspiel von Motor und Aufladeaggregaten zu untersuchen und zu optimieren. Danach wurden Methoden für die Berechnung der instationären Vorgänge in den Ansaug- und Abgasleitungen zur Anwendung gebracht [23]. Zeitgleich mit der elektronischen Berechnung des Zylinderprozesses wurde aus Gründen der programmtechnischen Umsetzung der gleichen thermodynamischen Zusammenhänge die thermodynamische Auswertung des gemessenen Zylinderdruckverlaufes eingeführt. [14]

In den letzten Jahren haben sich sowohl die Motorprozess-Simulation als auch die Prozessanalyse in der Entwicklung schnell laufender Otto- und Dieselmotoren für den PKW- und Nutzfahrzeugeinsatz fest etabliert, um Unterstützung bei verschiedenen Fragestellungen, beginnend mit grundsätzlichen Untersuchungen in der Konzeptphase [3], [21], [22] über die Bauteilauslegung [2] bis hin zur Applikationsunterstützung [6], [20], [7], [13], zu leisten. Wesentliches Ziel ist es dabei, sowohl Kosten z.B. durch den Verzicht auf den Bau von Prototypen, als auch Zeit durch z.B. frühzeitige Erkennung von Fehlern im Entwicklungsprozess, zu sparen.

Je nach Einsatzgebiet und Aufgabenstellung kommen unterschiedliche Komplexitätsgrade der Modelle zur Anwendung, die sich vor allem in örtlicher und zeitlicher Auflösung der zu untersuchenden Variablen unterscheiden. Für spezielle Anwendungsgebiete der Simulation spielt die Rechengeschwindigkeit eine entscheidende Rolle. So setzt die Analyse des Gesamtfahrzeugverhaltens bei einer großen Modelltiefe der einzelnen simulierten Baugruppen sehr hohe Rechenzeiten voraus. Typische Anwendungen sind die Abstimmung der Aufladeaggregate im transienten Betrieb oder die Entwicklung von Regelkonzepten [2], [17].

Die stetig ansteigende Leistungsfähigkeit von Prozessoren ermöglicht seit kurzer Zeit die Ausführung der kurbelwinkel-aufgelösten, physikalischen Motorprozessrechnung in Echtzeit. Der Nachteil der hohen Anforderungen an Rechenkapazität durch die damit notwendige Lösung eines Differentialgleichungssystems tritt gegenüber den Vorteilen immer mehr in den Hintergrund. Zudem errechnet die physikalische Motorprozess-Simulation prinzipbedingt alle Zustandsgrößen des Systems. Beispielsweise ist die Kenntnis des kurbelwinkelaufgelösten Momentenverlaufs Voraussetzung für die exakte Simulation von Kupplungsvorgängen oder zur Vermeidung von Ruckeln (Fahrkomfort). Diese Flexibilität dient auch der modellbasierten Entwicklung neuer Regelkonzepte mit zusätzlichen Sensoren, wie z.B. Zylinderdrucksensoren, welche mit der Motorprozess-Simulation als Streckenmodell virtuell zur Verfügung stehen.

Die Weiterentwicklung von Verbrennungsmotoren konzentriert sich zur Zeit stark auf die Absenkung des Kraftstoffverbrauchs bei gleichzeitiger Steigerung der Leistung, um auch den steigenden Komfort- und Sicherheitsansprüchen gerecht zu werden.

In der großen Vielfalt der in der Entwicklung befindlichen verbrauchssenkenden Konzepte wie zum Beispiel Hochdruckdirekteinspritzung, Zylinderabschaltung, vollvariable Ventilsteuerung hat Downsizing, die Verkleinerung des Hubvolumens, Reduzierung der Zylinderzahl und damit Verringerung des Motorbauvolumens, und Motorgewichtes bei gleichzeitiger Erhöhung der Motorleistung, eine große Bedeutung.

Ein weiterer Vorteil des Downsizing ist die sog. Entdrosselung beim Ottomotors. Ein hubraumkleinerer aufgeladener Motor wird bei höheren Lasten betrieben, die zu einer Verschiebung des Motorbetriebspunktes im Kennfeld zu Kennlinien niedrigeren spezifischen Verbrauchs führen. Ein Nachteil der Aufladung ist jedoch der höhere Kraftstoffverbrauch bei Anfettung im ottomotorischen Volllastbetrieb, die hier infolge der höheren Klopfgefahr häufiger eingesetzt wird als bei leistungsgleichen Saugmotoren.

Insbesondere beim Dieselmotor zeigen aktuelle Motorenkonzepte eindrucksvoll, wie die mehrstufigen Aufladesysteme zur Hochaufladung und damit zur Wirkungsgradsteigerung eingesetzt werden können.

Um all diese Aufladekonzepte in der frühen Entwicklungsphase effektiv untersuchen zu können, bedarf es entsprechender Entwicklungswerkzeuge wie der Motorprozess-Simulation. Im Folgenden werden die wesentlichen Grundlagen zur Motorprozess-Simulation und Aufladetechnik vorgestellt und ein Bezug zu den folgenden Beiträgen hergestellt.

2 Berechnung der Zustandsgrößen im Zylinder und in den Gaswechselleitungen

Im Zentrum der Betrachtung bei der Motorprozess-Simulation steht das Zylindermodell. Die Modelltiefe des Zylinders beschränkt sich hier auf ein nulldimensionales Einzonenmodell, d.h. innerhalb der Systemgrenze, der gestrichelten Linie in Abb. 2.1, wird ein Zustand, beschrieben durch die Zustandsgrößen Druck, Temperatur und Zylindergasmasse (und -zusammensetzung), berechnet. Das System wird dabei durch die momentan freie innere Buchsenfläche, den Kolbenboden und den Zylinderkopf mit Ventilen begrenzt.

Das beschriebene Nullzonenmodell ist zudem die Grundlage für Zwei- oder Mehrzonenmodelle. Nach [1] errechnet sich mit einem Zweizonenmodell im Vergleich zu einem Einzonenmodell ein leicht verschiedener Verlauf der kalorischen Stoffgrößen. Der später eingeführte Ansatz für die Berechnung des Wandwärmeübergangs ist für ein Einzonenmodell entwickelt worden. Darüber hinaus ist ein Zweizonenmodell die Grundlage für die Berechnung der NO_x-Emissionen nach [10].

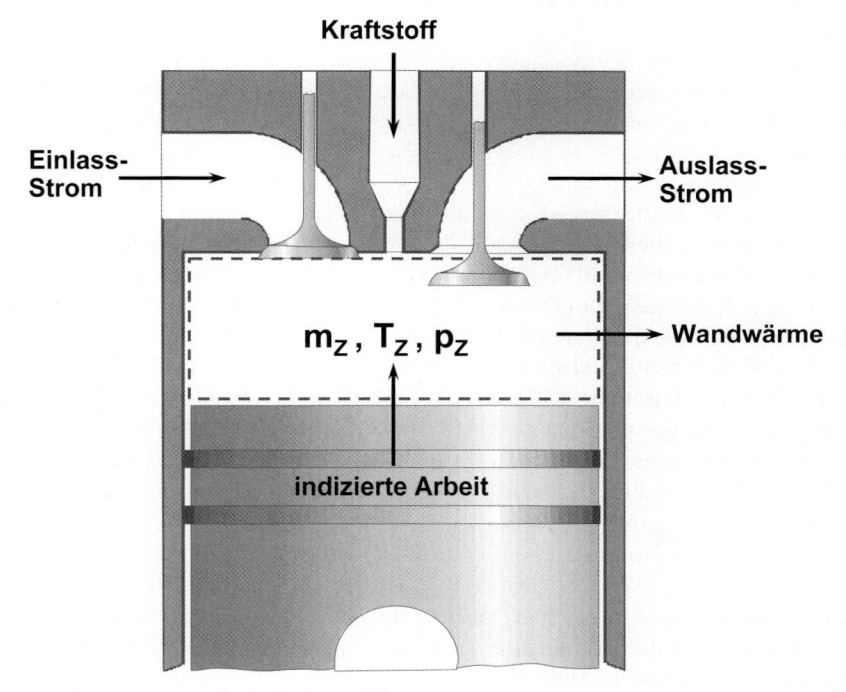

Abb. 2.1 Systemgrenzen des Zylindermodells

Für das Arbeitsgas im Zylinder gilt mit sehr guter Näherung die thermische Zustandsgleichung für ideale Gase

$$p_Z V = m_Z R T_Z \tag{2.1}$$

mit der spezifischen Gaskonstante $R = R_m / M$, die sich aus der allgemeinen Gaskonstante R_m und der molaren Masse M berechnet.

Bei einem gegebenen Volumen, dem aktuellen Zylindervolumen, werden je eine Gleichung für die Berechnung der Zylindermasse und der Temperatur benötigt, und schließlich p_Z aus Gl. (2.1) berechnet.

Für die Berechnung des aktuellen Zylindervolumens werden die Hauptkonstruktionsdaten Zylinderbohrung D, Kurbelradius r, das Kompressionsvolumen V_C und die Pleuellänge l benötigt. Für das Zylinderhubvolumen gilt

$$V(\varphi) = V_C + \frac{V_h}{2}\left(\sin\varphi - \frac{\xi}{2}\sin^2\varphi\right).\tag{2.2}$$

Für die Berechnung der Zylindertemperatur wird der erste Hauptsatz der Thermodynamik für ein instationäres offenes System

$$dE = dQ + dW + \left(h_E + \frac{c_E^2}{2} + gz_E\right)dm_E$$
$$-\left(h_A + \frac{c_A^2}{2} + gz_A\right)dm_A \tag{2.3}$$

angewendet. Dieser besagt, dass die algebraische Summe der Energien, die als Wärme (dQ), Arbeit (dW) und mit dem strömenden Medium über die Systemgrenzen zu- oder abgeführt werden, gleich der Änderung des Energiegehaltes des offenen Systems (dE) ist. Dabei ist dm_E das in das System eintretende Massenelement und dm_A das entsprechende austretende Massenelement.

Die Differentiale beziehen sich auf die Zeit als unabhängige Variable. Bei der Darstellung der Zusammenhänge im Zylinder ist es üblich, die Veränderung nicht in Abhängigkeit der Zeit t, sondern in Abhängigkeit vom Kurbelwinkel φ zu betrachten. Es gilt

$$dt = \frac{1}{\omega}d\varphi \tag{2.4}$$

mit der Kreisfrequenz $\omega = 2\pi n$. Dabei ist n die Motordrehzahl.

Mit einer Reihe von Annahmen und Vereinfachungen kann Gl. (2.3) in eine Differentialgleichung für die Zylindertemperatur überführt werden:

$$\frac{dT}{dj} = \frac{1}{m \cdot c_v}\left(\frac{dQ_B}{dj} - \frac{dQ_W}{dj} - p\frac{dV}{dj} + h_E\frac{dm_E}{dj}\right.$$
$$\left. -h_A\frac{dm_A}{dj} - u\frac{dm}{dj} - m\sum_i\frac{\delta u}{\delta n_i}\frac{dn_i}{dj}\right) \tag{2.5}$$

Dabei ist n_i die Stoffmenge der Komponente i in $kmol$, M_i die molare Masse der Komponente i in $kg/kmol$ und u_i die spezifische innere Energie der Komponente i in kJ/kg.

Die Lösung dieser Differentialgleichung setzt die Kenntnis des Brennverlaufs $dQ_B/d\varphi$, des Wandwärmestroms $dQ_W/d\varphi$ und der kalorischen Stoffwerte voraus, die in späteren Abschnitten beschrieben werden.

Für die Berechnung der aktuellen Gasmasse im Zylinder wird die Massenbilanz über die Systemgrenzen mit

$$\frac{dm_Z}{d\varphi} = \sum_i \left(\frac{dm_{E_i}}{d\varphi} - \frac{dm_{A_i}}{d\varphi} \right) \qquad (2.6)$$

angesetzt. Dabei stehen die Indizes E für Einlass, A für Auslass und der Laufindex *i* für unterschiedliche ein- und ausfließende Massenströme.

Während der Ladungswechselphase sind die Ventile entsprechend den Ventilerhebungskurven geöffnet. Es findet ein Massenstrom über die Systemgrenze statt, der abhängig ist von dem an den Ventilen anliegenden Druckverhältnis, von Druck und Temperatur vor dem Ventil und schließlich vom effektiven Ventilquerschnitt. Zur Berechnung dieses Massenstroms wird auf die isentrope Stromfadentheorie zurückgegriffen. Unter der Annahme einer stationären, adiabaten Strömung führt der Energiesatz unter Zuhilfenahme der thermischen Zustandsgleichung (2.1), der kalorischen Zustandsgleichung idealer Gase, der *zusätzlichen* Annahme einer isentropen Zustandsänderung und der Kontinuitätsgleichung zu der bekannten Form der Durchflussgleichung

$$\dot{m} = A_{Veff} \sqrt{p_1 \rho_1} \sqrt{\frac{2\kappa}{\kappa-1} \left[\left(\frac{p_2}{p_1}\right)^{\frac{2}{\kappa}} - \left(\frac{p_2}{p_1}\right)^{\frac{\kappa+1}{\kappa}} \right]} \qquad (2.7)$$

welche den Massenstrom durch einen Ventilkanal beim effektiven Ventilquerschnitt A_{Veff} bestimmt. Die zweite Wurzel wird als Durchflussfunktion Ψ bezeichnet. Die Abb. 2.2 zeigt die Durchflussfunktion in Abhängigkeit des Druckverhältnisses und des Isentropenexponenten. Am jeweiligen Maximum dieser Funktion (beim kritischen Druckverhältnis) tritt Schallgeschwindigkeit auf, welches sich leicht zeigen lässt, indem man die Durchflussfunktion nach dem Druckverhältnis ableitet und zu null setzt. Die zu verwendende Durchflussfunktion für überkritische Druckverhältnisse

$$\Psi_{max} = \left(\frac{2}{\kappa+1}\right)^{\frac{\kappa}{\kappa-1}} \sqrt{\frac{2\kappa}{\kappa+1}} \qquad (2.8)$$

hängt nur noch vom Isentropenexponenten ab. Die Gl. (2.7) beschreibt eine isentrope Zustandsänderung. Abweichungen der tatsächlichen Zustandsänderung, die im adiabaten Fall zu einer Entropiezunahme führen, werden durch die Einführung eines Durchflussbeiwerts berücksichtigt. Der experimentell zu ermittelnde Durchflussbeiwert beinhaltet die Effekte des Geschwindigkeitsverlustes durch Reibung und die Einschnürung der Strömung auf einen sich gegenüber dem geometrisch freien Querschnitt einstellenden effektiven Querschnitt, und ist definiert mit

$$\mu = \frac{\dot{m}_{gemessen}}{\dot{m}_{theoretisch}} = \frac{\dot{m}_{gemessen}}{A_{geo}(\varphi)\sqrt{p_1\rho_1}\,\Psi} = \frac{A_{eff}}{A_{geo}(\varphi)} \quad (2.9)$$

wobei der theoretische Massenstrom mit den gemessenen Zuständen Druck und Temperatur vor und dem gemessenen Druck nach der Drosselstelle mit Gl. (2.7) ermittelt wird. Der Massenstrom im Zähler wird direkt gemessen.

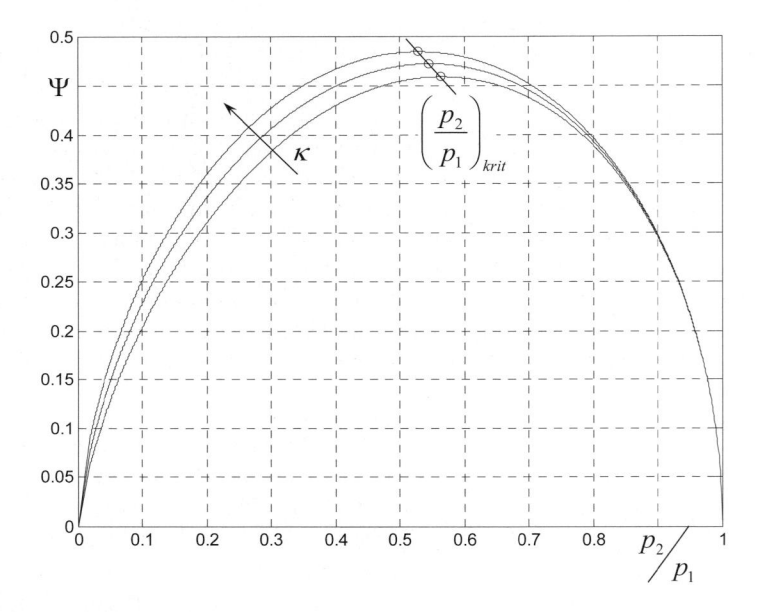

Abb. 2.2 Durchflussfunktion Ψ

Für Zylinderventile wird der Durchflussbeiwert üblicherweise in Abhängigkeit von Ventilhub dargestellt, erweiterte Modelle berücksichtigen auch das Druckverhältnis am jeweiligen Ventil.

Üblich ist auch der Bezug auf eine Referenzfläche. In Gl. (2.7) wird dann der aktuelle, freie geometrische Querschnitt durch eine über den Kurbelwinkel konstante Referenzfläche ersetzt. Der Durchflussbeiwert wird dann über den dimensionslosen Quotienten aus Ventilhub und Referenzdurchmesser aufgetragen. Als Referenzdurchmesser bietet sich der Durchmesser Ventiltellerfläche A_V an. Das hat den Vorteil, Parametervariationen der Ventilgröße durchführen zu können, ohne den Durchflussbeiwert ändern zu müssen, der dann als Maß für die strömungstechnische Güte eines Kanals verwendet werden kann.

Simulation und Aufladung

Die größte Herausforderung für eine möglichst realistische Berechnung der Zustandsgrößen im Zylinder stellt die Modellierung des Brennverlaufes dar. Die während der Verbrennung freigesetzte Energie ergibt sich aus der Kraftstoffmenge und dem zugehörigen Heizwert zu

$$Q_B = m_B H_u .\qquad(2.10)$$

Während die Ermittlung des realen Brennverlaufes für einen Betriebspunkt, für den der Zylinderdruckverlauf aus einer Messung bekannt ist, durch die thermodynamische Analyse möglich ist, liegt die Herausforderung in einer modellhaften Beschreibung des Brennverlaufes, der aus der Vielzahl der Einflussgrößen (Einspritzverlauf, Zündzeitpunkt, Brennraumgeometrie, Last, Drehzahl, Aufladung ...) die wichtigsten berücksichtigt, um (in engen Grenzen) eine Vorausberechnung zu ermöglichen. Aufgrund der Einführung und Ausnutzung einer immer größeren Anzahl von Freiheitsgraden bei der Brennverfahrensentwicklung (DI-Ottomotoren, Common-Rail-Dieselmotoren mit beliebig vielen Einspritzungen) bzw. durch Einführung völlig neuer Brennverfahren (PCCI, HCCI, CAI) ist es praktisch nur durch Computational Reactive Fluid Dynamics (CRFD)-Modelle möglich, die Verbrennung mit allen Einflussparametern abzubilden. Bei nulldimensionalen Modellen wird üblicherweise auf einen Ersatzbrennverlauf basierend auf Vibe zurückgegriffen, der Beginn, Dauer und Gestalt des realen Brennverlaufs so genau wie möglich abbilden sollte, um die wichtigen Kenngrößen eines Arbeitsspiels, indizierter Mitteldruck, Spitzendruck und Temperatur zum Zeitpunkt „Auslass öffnet", richtig wiederzugeben.

Die Gleichung für den Vibe-Brennverlauf lautet:

$$\frac{dQ_B}{d\varphi} = \frac{Q_{B,ges}}{\Delta\varphi_{BD}} \cdot a(m+1)\left(\frac{\varphi - \varphi_{VA}}{\Delta\varphi_{BD}}\right)^m e^{-a\left(\frac{\varphi - \varphi_{VA}}{\Delta\varphi_{BD}}\right)^{m+1}}\qquad(2.11)$$

Für die Annahme, dass bei $x = 1$, also bei Verbrennungsende, $y = 0{,}999$ ist, d.h. ein Umsetzungsgrad von 99,9% vorliegt, gilt für den Parameter a der konstante Wert $a = 6{,}908$. Die Gleichung (2.46) wird also nur durch die drei Parameter Verbrennungsanfang φ_{VA}, Brenndauer $\Delta\varphi_{BD}$ und den Formparameter m charakterisiert. Der Formparameter m kann dabei als ein Maß für die Brenngeschwindigkeit gedeutet werden. Die Abb 2.3 zeigt, dass, je größer m wird, desto später der Brennverlaufsschwerpunkt relativ zur gesamten Brenndauer erscheint. Diese Parameter müssen nun für den jeweiligen Betriebspunkt, für den der reale Brennverlauf vorliegt, mit zum Beispiel der Methode der kleinsten Fehlerquadrate angepasst werden. Wichtig dabei ist, dass der so bestimmte Ersatzbrennverlauf gegenüber dem realen Brennverlauf folgenden Forderungen genügt:

- Der Flächeninhalt unter dem realen und unter dem anzupassenden Brennverlauf und damit die jeweils freigesetzte Verbrennungsenergie sollen gleich sein.

- Die Kurbelwinkellage des jeweiligen Flächenschwerpunktes von realem und anzupassendem Brennverlauf soll übereinstimmen.
- Der Vibe-Formparameter m ist so anzupassen, dass der Verlauf von realem und anzupassendem Brennverlauf auch qualitativ möglichst übereinstimmt.

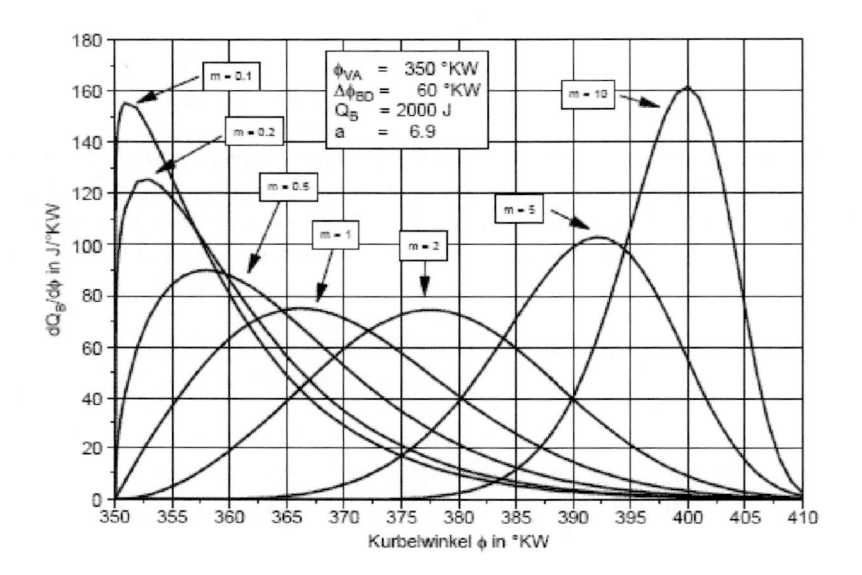

Abb. 2.3 Einfluss des Formfaktors m auf die Vibe-Funktion

Mit der Kenntnis des Brennverlaufs kann nun auch die Zusammensetzung des Arbeitsgases während der Verbrennung berechnet werden. Dabei ist es nicht notwendig, die Zusammensetzung des Arbeitsgases für jede einzelne der, hier sieben, am Prozess beteiligten chemischen Verbindungen zu verfolgen. Es genügt eine Zusammenfassung der beteiligten Massen zu einem Massenvektor $\vec{m}$, der aus den Komponenten unverbrannte Luft m_{Lu}, unverbrannter Kraftstoff m_{Bu}, verbrannte Luft m_{Lv}, und verbrannter Kraftstoff m_{Bv} besteht. Während der Verbrennung muss abhängig vom herrschenden Luftverhältnis zwischen den Massenkonten nach folgender Vorschrift umgebucht werden:

$$\frac{d\vec{m}}{d\varphi}\left(\frac{dm_B}{d\varphi}\right) = \begin{pmatrix} -\lambda \cdot L_{min} \cdot \frac{dm_B}{d\varphi} \\ -\frac{dm_B}{d\varphi} \\ \lambda \cdot L_{min} \cdot \frac{dm_B}{d\varphi} \\ \frac{dm_b}{d\varphi} \end{pmatrix} \tag{2.12}$$

Da nun die Zusammensetzung des Arbeitsgases zu jedem Zeitpunkt bekannt ist, können für das Gasgemisch die kalorischen Stoffwerte ermittelt werden. Die Grundlage hierfür liefert ein Polynomansatz für die spez. Enthalpie h_i der einzelnen Gaskomponenten i. Die spez. Enthalpie ist dabei nur eine Funktion der Temperatur.

$$h_i(T) = R_i(a_{1i}T + \frac{a_{2i}}{2}T^2 + \frac{a_{3i}}{3}T^3 + \frac{a_{4i}}{4}T^4 + \frac{a_{5i}}{5}T^5 + a_{6i} + a_{7i}) \tag{2.13}$$

Die spez. Enthalpie des unverbrannten Kraftstoffdampfes lässt sich mit dem Polynomansatz

$$h_i(T) = \frac{4186,8}{M_B}(a_{1i}T_n + \frac{a_{2i}}{2}T_n^2 + \frac{a_{3i}}{3}T_n^3 + \frac{a_{4i}}{4}T_n^4 - \frac{a_{5i}}{T_n} + a_{6i} + a_{7i}) \tag{2.14}$$

berechnen. M_B ist die molare Masse des Kraftstoffdampfes. Die Koeffizienten für die Ansätze sind detailliert in [11] zu finden.

Mit den Gln. (2.13) und (2.14) kann über die Beziehung

$$c_{pi} = \left(\frac{\delta h_i}{\delta T}\right)_p \tag{2.15}$$

die spezifische Wärmekapazität bei konstantem Druck berechnet werden. Mit der kalorischen Zustandsgleichung gilt für c_v

$$c_{vi} = c_{pi} - R_i \tag{2.16}$$

Die inneren Energien der einzelnen Gaskomponenten errechnen sich über die entsprechenden Enthalpien zu

$$u_i = h_i - R_i T \qquad (2.17)$$

Die kalorischen Stoffwerte des Arbeitsgases, das stets als homogene Mischung der Einzelkomponenten betrachtet wird, lassen sich durch gewichtete Mittelung der jeweiligen Stoffwerte der Einzelkomponenten berechnen.

$$u(T) = \sum_i \frac{n_i M_i}{m} u_i(T) \qquad (2.18)$$

$$h(T) = \sum_i \frac{n_i M_i}{m} h_i(T) \qquad (2.19)$$

$$c_v(T) = \sum_i \frac{n_i M_i}{m} c_{vi}(T) \qquad (2.20)$$

$$c_p(T) = \sum_i \frac{n_i M_i}{m} c_{pi}(T) \qquad (2.21)$$

Der Wärmeübergang im Zylinder eines Verbrennungsmotors lässt sich grundsätzlich in drei Arten der Wärmeübertragung unterteilen: Wärmeleitung, Konvektion und Strahlung.

Bei der Betrachtung der Wärmeübergangsverhältnisse im Zylinder muss zwischen der örtlichen Wärmeübergangszahl und der örtlich mittleren Wärmeübergangszahl unterschieden werden. Der örtliche Wärmeübergang an einer definierten Stelle ist vor allem für die Bestimmung der thermischen Belastung eines Bauteils interessant. Beim örtlich mittleren Wärmeübergang über die gesamte Zylinderoberfläche wird nach der dem Arbeitsgas insgesamt durch den Wärmeaustausch Gas-Wand entzogenen bzw. zugeführten Wärme gefragt, also nach der für das hier beschriebene Problem gesuchten Größe dQ_W. Dafür sind die örtlich mittleren Wärmeübergangsverhältnisse zwischen dem Arbeitsgas und der gesamten Zylinderoberfläche maßgebend.

Für den konvektiven Wärmeübergang gilt

$$\frac{dQ_W}{d\varphi} = \frac{1}{\omega} \cdot \alpha \cdot \sum_i A_i \cdot (T_G - T_{Wi}) \qquad (2.22)$$

T_G ist dabei die zeitlich veränderliche, örtlich mittlere Gastemperatur und α die zeitlich ebenfalls veränderliche, jedoch örtlich mittlere Wärmeübergangszahl zwischen Arbeitsgas und Zylinderwand. T_{Wi} ist die örtlich und zeitlich mittlere Temperatur der am Wärmeübergang beteiligten Wände i an der Brennraumseite.

Simulation und Aufladung

A_i sind die infolge der Kolbenbewegung zeitlich veränderlichen Oberflächen der jeweiligen Wände. Dabei wird der Zylinder meist in drei Bereiche unterteilt: den Kolbenboden, die brennraumseitige Zylinderkopfoberfläche, die die Oberflächen der Ventilteller einschließt, und die beim jeweiligen Kurbelwinkel vom Kolben nicht abgedeckte Zylinderlauffläche, die sich nach

$$A_3 = \pi d \cdot r \left(1 - \cos\varphi + \frac{\xi}{2}\sin^2\varphi\right) \qquad (2.23)$$

berechnet.

Ausgehend von Ähnlichkeitsgesetzen für den Wärmeübergang durch Konvektion gibt es verschiedene Ansätze für den Wärmeübergangskoeffizienten.

Der auf Woschni [26] zurückgehende Ansatz für den Wärmeübergangskoeffizienten geht von einer stationären, vollturbulenten, inkompressiblen Rohrströmung aus und stellt sich wie folgt dar

$$\alpha = C^* \cdot D^{-0,2} \cdot p^{0,8} \cdot w^{0,8} \cdot T^{-r} \qquad (2.24)$$

mit

$$r = m \cdot (1 + y) - x. \qquad (2.25)$$

Die Gl. (2.24) beschreibt den Wärmeübergang im Zylinder nur näherungsweise, da gewisse Voraussetzungen, wie die Verbrennung, nicht berücksichtigt werden. Weiterhin ist die mittlere Geschwindigkeit des Arbeitsgases w sowohl in ihrem Absolutwert als auch in ihrem zeitlichen Verlauf unbekannt. Es muss also eine Beziehung zu bekannten Größen im Zylinder gefunden werden, zu denen w proportional ist. Die Gasbewegung im Zylinder hat grundsätzlich zwei verschiedene Ursachen: einmal die Kolbenbewegung, zum anderen die Verbrennung. Für ersteres bietet sich als charakteristische Ersatzgröße die mittlere Kolbengeschwindigkeit c_m an. Unter zusätzlicher Betrachtung der Verbrennung überlagert sich zu dieser Grundbewegung des Weiteren eine Turbulenz, die nicht direkt messbar ist. Der Absolutwert dieser Größe hängt von der Brennraumgeometrie und der pro Arbeitsspiel freigesetzten Wärmemenge ab. Der von Woschni [26] gefundene Ansatz für die charakteristische Geschwindigkeit lautet unter Betrachtung der genannten Größen:

$$w = C_1 c_m + C_2 V_H \cdot \frac{T_{ES}}{p_{ES} V_{ES}} \cdot (p_Z - p_{schlepp}). \qquad (2.26)$$

mit

$$p_{schlepp}(\varphi) = p_{ES}\left(\frac{V_{ES}}{V(\varphi)}\right)^n. \qquad (2.27)$$

Die Konstanten C_1 und C_2 müssen experimentell ermittelt werden, wobei C_1 die Einströmverhältnisse und C_2 die Brennraumform bzw. das Brennverfahren berücksichtigen. Die experimentelle Ermittlung dieser Konstanten einschließlich der Konstanten C^* und r geschieht mittels Energiebilanzen aus im Zylinder gemessenen örtlichen und zeitlich gemittelten Werten. Eine genaue Bestimmung des zeitlichen Verlaufs ist dabei nicht möglich. Um wenigstens die während einzelner Teile des Arbeitsspiels übertragene Wärme bestimmen zu können, wurden das Arbeitsspiel in die Ladungswechselphase und die Hochdruckphase geteilt und diese beiden Phasen getrennt betrachtet. Unter der Voraussetzung, dass der Druck p in bar, der Zylinderdurchmesser D in mm und die Temperatur T in K angegeben wird, lauten die ermittelten Werte für die Konstanten $C^* = 127{,}93$, $r = 0{,}53$. Diese gelten sowohl für die Ladungswechselphase als auch für die Hochdruckphase. Die Konstante C_1 hat für die Ladungswechselphase und die Hochdruckphase verschiedene Werte

$$C_1 = \begin{cases} 6{,}18 + 0{,}417\dfrac{c_u}{c_m} : Ladungswechselphase \\ 2{,}28 + 0{,}307\dfrac{c_u}{c_m} : Hochdruckphase \end{cases} \qquad 2.28)$$

Das zweite Glied berücksichtigt jeweils den Einfluss des Eintrittsdralls, wobei $c_u = D\pi n_D$ die Umfangsgeschwindigkeit der Luft mit der im Stationärversuch bestimmten Drehzahl n_D eines Flügelradanemometers von $0{,}7D$ Durchmesser bedeutet. Das bedeutet, dass C_1 für verschiedene Betriebspunkte unterschiedlich groß wird. Für die Konstante C_2 werden folgende Werte angeben:

$$C_2 = \begin{cases} 6{,}22 \cdot 10^{-3} : Vorkammermotor \\ 3{,}24 \cdot 10^{-3} : Direkteinspritzer \end{cases} \qquad (2.29)$$

Weitere Modellansätze für die charakteristische Geschwindigkeit w finden sich in [3], [15], [25], [26].

Die mechanische Arbeit entsteht durch die Wirkung einer Kraft auf die sich bewegenden Systemgrenzen und ist definiert als Produkt aus der Kraft und der Verschiebung des Kraftangriffspunktes in Richtung der Kraft.

Vereinbarungsgemäß wird die dem System zugeführte Energie, also auch die zugeführte Arbeit, als positiv, die vom System geleistete, also abgeführte Arbeit als negativ gerechnet. Der bewegte Teil der Systemgrenze Zylinder ist die Fläche A des Kolbens, auf der sich Arbeitsgas und Kolben berühren. Das Arbeitsgas übt auf den Kolben die Kraft $F = -p'A$ aus, wobei p' der Druck ist, der vom Fluid auf die Kolbenfläche wirkt. Wird der Kolben um die Strecke dx_K verschoben, verändert sich das Volumen des Arbeitsgases um $dV = A dx_K$. Die an der Systemgrenze angreifende Kraft verschiebt sich und mit der Definition der Arbeit gilt

$$dW = F dx_K = -p'A \frac{dV}{dA} = -p'dV . \tag{2.30}$$

Während der Kolbenbewegung ändern sich der auf die Kolbenfläche wirkende Druck und das Volumen mit der Zeit. Aus der oben beschriebenen Volumenänderung lässt sich die Arbeit bestimmen, wenn auch die Abhängigkeit des Druckes von der Zeit bekannt ist. Diese Funktion hängt von der Kolbengeschwindigkeit, vom Zustand des Arbeitsgases und seinen Eigenschaften ab. Unter Annahme einer reversiblen Zustandsänderung vereinfacht sich die Berechnung der Arbeit. Die Zustandsänderung wird dann als quasistatisch angenommen und Dissipationseffekte werden vernachlässigt. Der Druck p' hängt dann nicht mehr explizit von der Zeit ab, sondern stimmt mit dem Druck des Arbeitsgases überein und kann über die Zustandsgleichung (2.1) berechnet werden. Für reversible Prozesse gilt daher

$$dW_{rev} = -p_Z dV . \tag{2.31}$$

Die Zulässigkeit der Annahme einer reversiblen Zustandsänderung lässt sich damit begründen, dass zum einen die bei der Volumenänderung auftretenden Druckwellen nur bei sehr hohen Kolbengeschwindigkeiten (nahe der Schallgeschwindigkeit) eine Rolle spielen. Zum anderen treten im Zylinder zusätzlich zum Druck Reibspannungen auf, die vor allem von der Viskosität des Arbeitsgases abhängen. Arbeitsverluste, die durch diese und durch mechanische Reibung entstehen, werden in einem gesonderten Reibmodell berücksichtigt und müssen daher in der Gleichung für die Arbeit nicht in Form einer Gestaltänderungsarbeit berücksichtigt werden.

Weiterhin ist Arbeit definiert als das Produkt aus einem Moment M und der Winkeländerung $d\varphi$ in Richtung des Momentes.

Aus Gl. (2.31) und der Beziehung

$$dW = M d\varphi \tag{2.32}$$

folgt, dass der Term $p \dfrac{dV}{d\varphi}$ dem aktuellen Moment der Kurbelwelle entspricht

$$M = -p \frac{dV}{d\varphi} . \tag{2.33}$$

Bisher wurden die Zustände vor Einlass- und nach Auslassventil als konstant angenommen. Tatsächlich werden durch den Ansaug- und den Auspuffvorgang der Zylinder instationäre Strömungsvorgänge hervorgerufen, die in Abhängigkeit der Form des Gaswechselleitungssystems zu Druckschwankungen an den Ventilen führen und wiederum die Kenngrößen des Ladungswechsels beeinflussen. Bei Mehrzylindermotoren sind die Zustandsgrößen in den einzelnen Zylindern über die Ansaug- und Abgasleitungen verknüpft. Um diese Kopplung zu berücksichtigen, müssen die Zustandsgrößen in den Leitungssystemen durch Differentialgleichungen gleichzeitig mit den Differentialgleichungen, die die Vorgänge im Zylinder beschreiben, gelöst werden. Zusätzlich besteht bei Motoren mit Abgasturboaufladung eine Kopplung zwischen dem Gaswechselleitungssystem und dem Turbolader. Um das Zusammenspiel von Motor und Turbolader abbilden zu können, müssen daher geeignete Ansätze zur Abbildung der Vorgänge in den Gaswechselleitungen und am Turbolader verwendet werden.

Die Füll- und Entleermethode stellt die einfachste und bezüglich des Rechenaufwandes günstigste Methode dar, die Änderungen der Zustandsgrößen in den Gaswechselleitungen zu beschreiben. Dies geschieht, wie im Falle der Berechnung der Zustandsgrößen im Zylinder, durch Anwendung der Energie- und Massenbilanzgleichungen, welche gewöhnliche Differentialgleichungen darstellen. Dabei werden die Gaswechselleitungen in Behälter und Drosselstellen aufgeteilt. In dieser quasistationären Betrachtungsweise wird der Behälter, charakterisiert durch das Behältervolumen, mit Arbeitsgas durch eine Drosselstelle, charakterisiert durch einen effektiven Querschnitt, aufgefüllt oder entleert. Quasistationär bedeutet, dass, wie im Zylinder, keine örtlichen Unterschiede der Zustandsgrößen und der Gaszusammensetzung berechnet und damit gasdynamische Welleneffekte nicht abgebildet werden. Die Zustandsgrößen sind nur Funktionen der Zeit. Das Leitungssystem wird also nur durch die Volumina der Behälter und den jeweiligen effektiven Querschnitt der Drosselstellen definiert. Abb. 2.4 verdeutlicht diese Modellvorstellung am Beispiel einer Abgasleitung.

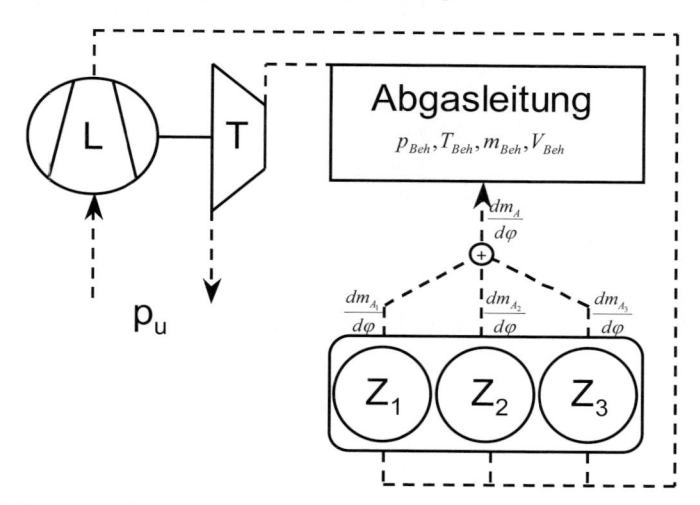

Abb. 2.4 Schemadarstellung der Füll- und Entleermethode [19]

Dabei werden die einzelnen Teilstücke der Abgasleitung zu einem Sammelbehälter mit dem Volumen V_{Beh} zusammengefasst. Der Behälter wird durch die drei angeschlossenen Zylinder über ihren jeweiligen Auspuff, der durch die Zündfolge versetzt auftritt, aufgefüllt. Die nach Gl. (2.6) errechneten Massenströme der einzelnen Zylinder werden zu einem Summenmassenstrom, der mit einem nach den Mischungsregeln gerechneten Gaszustand in die Abgasleitung einströmt, einfach addiert. Auf der anderen Seite wird der Behälter über die Turbine entleert. Analog wird mit den zu- und abgeführten Enthalpieströmen verfahren. In Hinblick auf den Rechenaufwand ergibt sich mit der Füll- und Entleermethode ein großer Vorteil.

Die Herleitung der Berechnungsgleichungen besteht in der Übertragung der Gleichungen zur Bestimmung des Zustandes im Zylinder. Dabei ist zu berücksichtigen, dass das Behältervolumen konstant ist, somit keine Arbeit am System verrichtet wird, dass bei der Modellierung der Abgasleitungen ein einfaches Wärmeübergangsmodell auf Basis turbulent durchströmter Rohre zur Anwendung kommt und keine Energiezufuhr in Form von Verbrennung stattfindet. Daraus ergeben sich die drei Bestimmungsgleichungen.

Die Änderung der Temperatur liefert eine modifizierte Gl. (2.5)

$$\frac{dT_{Beh}}{dt} = \frac{1}{m \cdot c_v} \left(\frac{dQ_W}{dt} + h_E \frac{dm_E}{dt} - h_A \frac{dm_A}{dt} - u \frac{dm}{dt} - m \sum_i \frac{\delta u}{\delta n_i} \frac{dn_i}{dt} \right) \qquad (2.34)$$

Der Wärmeübergang berechnet sich analog zum konvektiven Wärmeübergang im Zylinder. Zur Ermittlung des Wärmeübergangskoeffizienten α_{Beh} für die Abgasleitungen wird ein Ansatz nach [12] für ein turbulent durchströmtes Rohr der Form

$$Nu = \alpha_{Beh} \frac{d_{Beh}}{\lambda_{Beh}} = 1{,}6 \cdot \mathrm{Re}_{Beh}^{0{,}4}. \qquad (2.35)$$

angewendet.

Die Reynoldszahl wird dabei nach

$$\mathrm{Re}_{Beh} = \frac{c_{Beh} \cdot d_{Beh}}{v} = \frac{4 \cdot \dot{m}_{Beh}}{\pi \cdot d_{EL} \cdot \eta} \qquad (2.36)$$

bestimmt.

Die Berechnung der Werte der dynamischen Zähigkeit η und der Wärmeleitfähigkeit λ des Abgases erfolgt nach [18] mit

$$\eta = 3{,}55 \cdot 10^{-7} \cdot T^{0{,}679} \qquad (2.37)$$

und

$$\lambda = 2{,}02 \cdot 10^{-4} \cdot T^{0,837} \, .\tag{2.38}$$

Die Änderung der Gasmasse im Behälter berechnet sich über die Summation der zu- oder abgeführten Massenströme

$$\frac{dm_{Beh}}{dt} = \sum_i \left(\frac{dm_{E_i}}{dt} - \frac{dm_{A_i}}{dt} \right) \tag{2.39}$$

durch die Drosselstelle, die sich wiederum nach der Durchflussgleichung berechnet. Dabei sind für das Druckverhältnis jeweils die Drücke des Behälters vor und nach der Drosselstelle einzusetzen. Die Berechnung des Massenstromes im Falle von Turbine und Verdichter, die auch Drosselstellen darstellen, wird in Abschn. 3 beschrieben.

Die Füll- und Entleermethode wurde für große, mittelschnell und langsam laufende Motoren entwickelt, versagt aber aufgrund der fehlenden Betrachtung der örtlichen Auflösung und damit fehlender Abbildung der gasdynamischen Effekte umso mehr, je schneller die Motoren laufen und je länger die Gaswechselleitungen im Verhältnis zu ihrem Volumen sind. Vergleichende Ergebnisse von Messung und Rechnung für mittelschnell- und schnelllaufende Motoren mit der Füll- und Entleermethode und mit Ansätzen, welche die gasdynamischen Effekte berücksichtigen, sind in [19] und [21] dargestellt.

Bei der Berechnung der eindimensionalen, instationären, kompressiblen Rohrströmung mit Reibung und Wärmeübergang sind die Rohrleitungen entsprechend ihrer tatsächlichen Ausführung berücksichtigt. Zentrale Annahme ist dabei, dass die Zustandsgrößen durch Mittelwerte über die Rohrquerschnitte repräsentiert werden. Zusätzlich zu dem schon beschriebenen Erhaltungssatz für die Masse werden hier noch die Erhaltungssätze für die Energie und Impuls benötigt. Das resultierende System aus nichtlinearen, inhomogenen partiellen Differentialgleichungen ist in geschlossener Form nur unter bestimmten Randbedingungen lösbar. Eine anschauliche graphische Lösung bietet das Charakteristikenverfahren, welches in [23] detailliert beschrieben ist.

3 Grundlagen und Simulation von Aufladeaggregaten

Unter Aufladung versteht man die Anhebung der Dichte der Luft vor dem Einlassventil auf einen Wert oberhalb der Dichte der Umgebungsluft. Dies erfolgt über eine Druckanhebung auf den so genannten Ladedruck. Das damit verbundene erhöhte Luftangebot an den Motor erlaubt eine entsprechend erhöhte Kraftstoffzufuhr und schließlich eine dementsprechende Steigerung der Motorleistung. Die effektive Motorleistung P_e ist nach Gl. (3.1)

Simulation und Aufladung

$$P_e = \dot{m}_B \cdot H_u \cdot \eta_e \qquad (3.1)$$

von dem Kraftstoffmassenstrom $\dot{m}_B$, dem Heizwert H_u und dem effektiven Wirkungsgrad η_e abhängig.

Zur Verbrennung von $\dot{m}_B$ wird je nach Verbrennungsverfahren ein unterschiedlich großer Luftmassenstrom $\dot{m}_L$ benötigt. Somit kann $\dot{m}_B$ unter Verwendung des Luftmassenstroms $\dot{m}_L$, des Luftverhältnisses λ sowie des Mindestluftbedarfs L_{min} auch durch Gl. (3.2) beschrieben werden als

$$\dot{m}_B = \frac{\dot{m}_L}{L_{min} \cdot \lambda}. \qquad (3.2)$$

Der bei gegebenem Hubvolumen V_H und gegebener Drehzahl n_M vom Motor angesaugte Luftmassenstrom $\dot{m}_L$ wird von dem Liefergrad λ_l, der Zahl der Umdrehungen pro Arbeitsspiel, der so genannten Arbeitsspielfrequenz z, und von der vor dem Einlassventil herrschenden Luftdichte ρ_L gemäß Gl. (3.3) bestimmt:

$$\dot{m}_L = \lambda_l \cdot \rho_L \cdot V_H \cdot n_M \cdot z . \qquad (3.3)$$

Die Arbeitsspielfrequenz z ist abhängig vom jeweiligen Arbeitsverfahren nach Tabelle 3.1.

Tabelle 3.1 Arbeitsspielfrequenz für Zwei- und Viertaktmotoren

Arbeitsverfahren	Arbeitsspielfrequenz
Zweitakt	z = 1
Viertakt	z = 1/2

Durch Einsetzen von Gl. (3.3) in Gl. (3.2) und weiter in Gl. (3.1) lässt sich die effektive Motorleistung nach Gl. (3.4) bestimmen:

$$P_e = \frac{\lambda_l \cdot \rho_L \cdot V_H \cdot n_M \cdot H_u \cdot \eta_e}{L_{min} \cdot \lambda \cdot z}. \qquad (3.4)$$

Eine Steigerung der maximalen effektiven Motorleistung, die als Nennleistung bezeichnet wird, ist grundsätzlich über die Variation der in Gl. (3.4) dargestellten Parameter möglich. Bei vorhandenem Motor sind jedoch das Hubvolumen V_H und die Arbeitsspielfrequenz z konstant, die kraftstoffabhängigen Parameter H_u und L_{min} stellen ebenfalls Konstanten dar. Somit lässt sich Gl. (3.4) auch folgendermaßen darstellen:

$$P_e \sim \frac{\lambda_l \cdot \rho_L \cdot \eta_e \cdot n_M}{\lambda}. \tag{3.5}$$

Da das Luftverhältnis λ einen Minimalwert nicht unterschreiten darf, kann es zur Leistungssteigerung kaum beitragen. Beim Ottomotor wird das Luftverhältnis durch den schmalen Zündbereich begrenzt, und beim Dieselmotor wird es durch die Gefahr des Rußens auf einen Minimalwert begrenzt.

Der Liefergrad λ_l ist ein Maß für die Frischladung, die sich nach Abschluss des Ladungswechsels im Zylinder befindet. In dem Maße, in dem ein Motor noch Verbesserungspotential hinsichtlich des Liefergrades bietet, z.B. über ein Schaltsaugrohr, kann damit die Motorleistung gesteigert werden.

Die Motordrehzahl n_M müsste zur Leistungssteigerung angehoben werden. Da die Triebwerksmassenkräfte aber quadratisch mit der Drehzahl ansteigen, ist dies aus Festigkeitsgründen nur sehr begrenzt möglich.

Zur Steigerung des effektiven Wirkungsgrades η_e müsste nach Gl. (3.6) der innere und/ oder der mechanische Wirkungsgrad angehoben werden.

$$\eta_e = \eta_i \cdot \eta_m \tag{3.6}$$

Eine Verbesserung des inneren Wirkungsgrades, insbesondere durch verbesserte Brennverfahren, ist ohnehin das ständige Bestreben der Motorenentwicklung und kann nur begrenzten Spielraum zur Leistungserhöhung bieten. Die Erhöhung des mechanischen Wirkungsgrades macht sich gerade das Downsizing zunutze.

Somit stellt nach Gl. (3.5) lediglich die Luftdichte ρ_L denjenigen Parameter dar, über den die Leistung in einem besonders hohen Maße gesteigert werden kann. Die Luftdichte ist gemäß der allgemeinen Gaszustandsgleichung Gl. (3.7)

$$\rho_L = \frac{p_L}{R \cdot T_L} \tag{3.7}$$

abhängig vom Druck p_L, der Gaskonstanten R und der Temperatur T_L. Die Gaskonstante R ist nahezu konstant. Die Temperatur T_L kann ohne großen technischen Aufwand nicht unter das Niveau der Umgebungstemperatur abgesenkt werden. Somit bietet eine Anhebung des Druckes p_L vor Motoreinlass auf einen Wert oberhalb des Atmosphärendrucks, auf den so genannten Ladedruck p_L, das größte Potential zur Leistungssteigerung. Das dazu verwendete Aggregat bezeichnet man als Lader.

Je nach gewähltem Ladedruckverhältnis p2/p1 und isentropem Laderwirkungsgrad η_{SL}, der dem Laderkennfeld zu entnehmen ist, stellt sich die, im Lader erhöhte, Ladelufttemperatur T_2 gemäß Gl. (3.8) ein:

$$T_2 = T_1 \cdot \left(1 + \frac{1}{\eta_{sL}} \cdot \left[\left(\frac{p_2}{p_1}\right)^{\frac{\kappa-1}{\kappa}} - 1\right]\right). \tag{3.8}$$

Die Temperaturzunahme im Lader gemäß Gl. (3.8) bewirkt, dass die Dichtesteigerung geringer ausfällt als die Drucksteigerung. Dies lässt sich über eine Ladeluftkühlung kompensieren.

Der Ladeluftkühler (LLK) stellt bei aufgeladenen Ottomotoren ein unverzichtbares Aggregat im Lader-Motor-System dar. Durch den Einsatz eines dem Verdichter nachgeschalteten Ladeluftkühlers (Abb. 3.1) wird die Ladelufttemperatur T_2 abgesenkt.

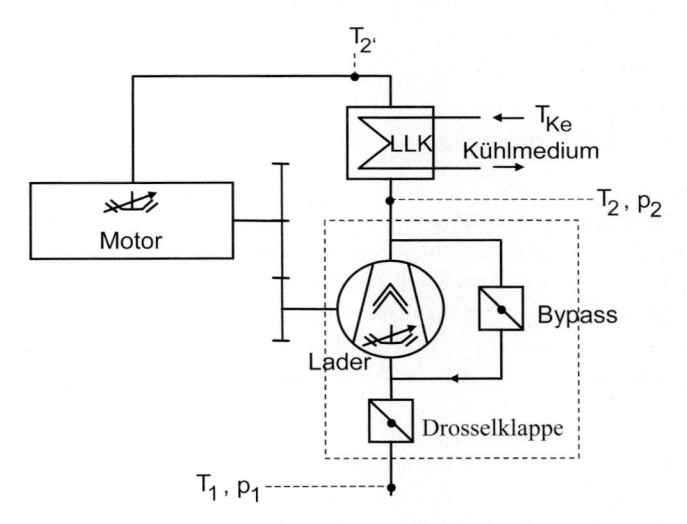

Abb. 3.1 Schematisches Blockschaltbild eines mechanisch aufgeladenen Motors mit Ladeluftkühlung

Die erreichbare Temperatur $T_{2'}$ nach Ladeluftkühler wird von dem Ladeluftkühlerwirkungsgrad η_{LLK} sowie von der Kühlmitteleintrittstemperatur T_{Ke} des Kühlmediums nach Gl. (3.9) bestimmt:

$$T_{2'} = T_2 - \eta_{LLK} \cdot (T_2 - T_{Ke}) \tag{3.9}$$

Ein leistungsfähiges Aufladeaggregat hat viele Anforderungen zu erfüllen, deren Gewichtung sich mit dem jeweiligen Stand der Motorenentwicklung und der Gesetzgebung, wie beispielsweise den zulässigen Abgasemissionen, wandeln kann. Insbesondere beim Einsatz an hubraumkleinen Motoren sind die Baugröße und die damit verbundenen, den Wirkungsgrad beeinflussenden Spaltverluste von großer Bedeutung. All diese Anforderungen lassen sich in den folgenden Punkten zusammenfassen [21]:

- Hoher Laderliefergrad, auch bei geringen Massenströmen,
- hohe Systemdynamik durch geringe Massenträgheit,
- hoher Gesamtwirkungsgrad, besonders im meistgenutzten Teillastbereich,
- einfache Steuerbarkeit von Ladedruck und Massenstrom,
- geringe Geräuschentwicklung,
- günstige Packageeigenschaften durch geringe Masse, geringes Bauvolumen und
- flexible Platzierbarkeit im Fahrzeug,
- geringe Kosten für Herstellung und Integration in das Antriebssystem,
- Wartungsfreiheit,
- Dauerhaltbarkeit von Lader und Antrieb über den Fahrzeuglebenszyklus,
- Eignung zur Erzielung hoher Ladedrücke,
- Kompatibilität mit Abgasreinigungssystemen wie Russfiltern und
- Abgaskatalysatoren,
- Möglichkeit zur einfachen Baureihenbildung.

Die Reihenfolge der Nennung stellt hier keine Gewichtung dar. Je nach Motorenkonzept bekommen die einzelnen Aspekte unterschiedliche Bedeutung.

So ist für einen hochaufgeladenen kleinvolumigen Motor, wie er beispielsweise im SMART angeboten wird, die Erzielung eines hohen Ladedrucks ($p_L = 2.2bar$) erforderlich, wogegen für ein 'Softturbo'-Konzept mit Ladedrücken von lediglich $p_L \approx 1.5bar$ die Möglichkeit zur einfachen Baureihenbildung im Vordergrund steht.

Durch den technischen Fortschritt, der auch im Bereich der Fertigungstechnik und der Werkstoffentwicklung fortwährend stattfindet, konnten die Aufladeaggregate in den letzten Jahren zum Teil deutlich verbessert werden, so dass ein bewertender Vergleich verfügbarer Aufladesysteme für den Einsatz an kleinvolumigen Ottomotoren sinnvoll erscheint.

Bei den heute eingesetzten Aufladesystemen unterscheidet man primär zwischen Systemen mit oder ohne Abgasenergienutzung. Systeme mit Abgasenergienutzung, welche die Abgasenergie zum Antrieb des Aufladeaggregats nutzen, sind die am häufigsten eingesetzten Systeme. Als Aufladeaggregat kommen dabei ausschließlich Abgasturbolader zum Einsatz, der Comprex-Lader wird nicht verwendet. Die Aufladeaggregate ohne Abgasenergienutzung beziehen ihre Antriebsenergie hingegen von der Kurbelwelle des Motors und werden aufgrund ihrer mechanischen Kopplung mit dem Motor als mechanische Lader bezeichnet. Der Vollständigkeit halber sei auch der Druckwellenlader genannt, der zwar ebenfalls die Verdichtungsarbeit zur Erzeugung des Ladedrucks aus der Abgasenergie entnimmt, diese aber nicht als mechanische Energie über eine Rotorwelle überträgt.

Die Abgasturboaufladung lässt sich unterteilen in einstufige und zweistufige Aufladung, mit und ohne Ladedruckregelung. Bei den mechanischen Aufladesystemen unterscheidet man Lader der Verdränger- und der Strömungsbauart, die später noch im Detail behandelt werden.

Die Abgasturboaufladung ist das am häufigsten eingesetzte Aufladeverfahren. Es wird sowohl bei langsamlaufenden Großmotoren eingesetzt als auch bei schnelllaufenden kleinen Motoren. Turbolader weisen nur in einem Betriebspunkt ihren besten Wirkungsgrad auf und müssen daher sorgfältig an Motorgröße und Motoreinsatzbedingungen angepasst werden. Bei Schiffsmotoren wird der Abgasturbolader beispielsweise für einen Motorbetriebspunkt nahe der Nenndrehzahl ausgelegt, da Schiffsmotoren zum Teil tagelang bei einem konstanten Betriebspunkt, eben in diesem Bestpunkt laufen. Bei den hochdynamisch betriebenen Fahrzeugmotoren hingegen muss der Turbolader so ausgelegt werden, dass er im Falle einer Fahrzeugbeschleunigung möglichst schnell den dafür gewünschten hohen Ladedruck aufbauen kann.

Beim Abgasturbolader sitzen Lader und Turbine auf einer gemeinsamen Welle und stehen bei einem stationären Motorbetriebspunkt im Leistungsgleichgewicht. Abbildung 3.2 zeigt dazu ein schematisches Blockschaltbild eines ATL-Motors.

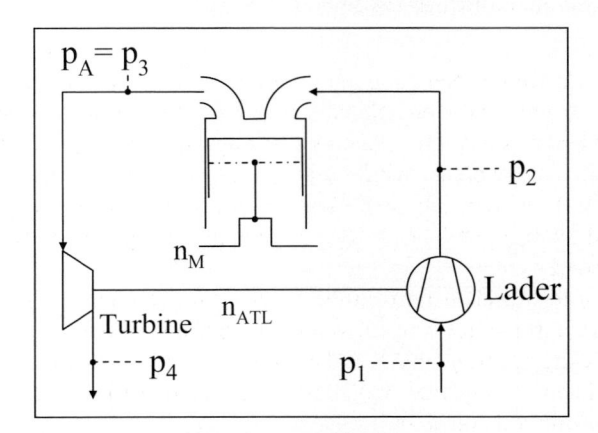

Abb. 3.2 Schematisches Blockschaltbild eines ATL-Motors

Das Zusammenwirken von Motor und Abgasturbolader ist in Abb.3.3 dargestellt. Dabei zeigt das obere linke Teilbild den Volumenstrom durch den Motor in Abhängigkeit von Motordrehzahl und Ladedruck, das so genannte Motorschluckverhalten.

Ausgehend von einem Motorbetriebspunkt I mit der Drehzahl n_I im Schlucklinienkennfeld, saugt der Motor nach Gl. (3.10) einen bestimmten Volumenstrom V_1 an.

$$\dot{V}_1 = \frac{\dot{m}_L}{\rho_1} = V_H \cdot \lambda_l \cdot \frac{n_M}{a} \cdot \frac{\rho_L}{\rho_1} \qquad (3.10)$$

Mit dem zugeführten Kraftstoff ergibt sich für den Betriebspunkt ein Abgasmassenstrom mit der Temperatur T_3. Dieser wird bei gegebenem Turbinenhalsquerschnitt Q_{T2} (Abb 3.3 rechtes unteres Teilbild) zu einem Druckverhältnis p_3/p_4 (Abb 3.3 rechtes oberes Teilbild) aufgestaut, woraus schließlich das Ladedruckverhältnis p_2/p_1 resultiert. Das ganze System befindet sich im Gleichgewicht. Erhöht man die Motordrehzahl auf $n_{II} \geq n_I$ steigt der vom Motor geförderte Durchsatz, was, wie oben beschrieben, bei gleichem Turbinenhalsquerschnitt, eine Erhöhung des Turbinendruckverhältnisses hervorruft und einen steigenden Ladedruck zur Folge hat. Die Höhe des Ladedrucks bei einem bestimmten Motorbetriebspunkt und damit die Lage der Motorbetriebslinie im Schlucklinienkennfeld kann bei einem ungeregelten Abgasturbolader durch den Einsatz unterschiedlich schluckfähiger Turbinengehäuse variiert werden. Würde man beispielsweise, ausgehend von Betriebspunkt II, einen Turbinenhalsquerschnitt $Q_{T3} \geq Q_{T2}$ wählen, nimmt dabei der Ladedruck mit dem größeren Turbinenhalsquerschnitt Q_{T2} ab und die Motorbetriebslinie verschiebt sich entsprechend zu kleineren Volumenströmen.

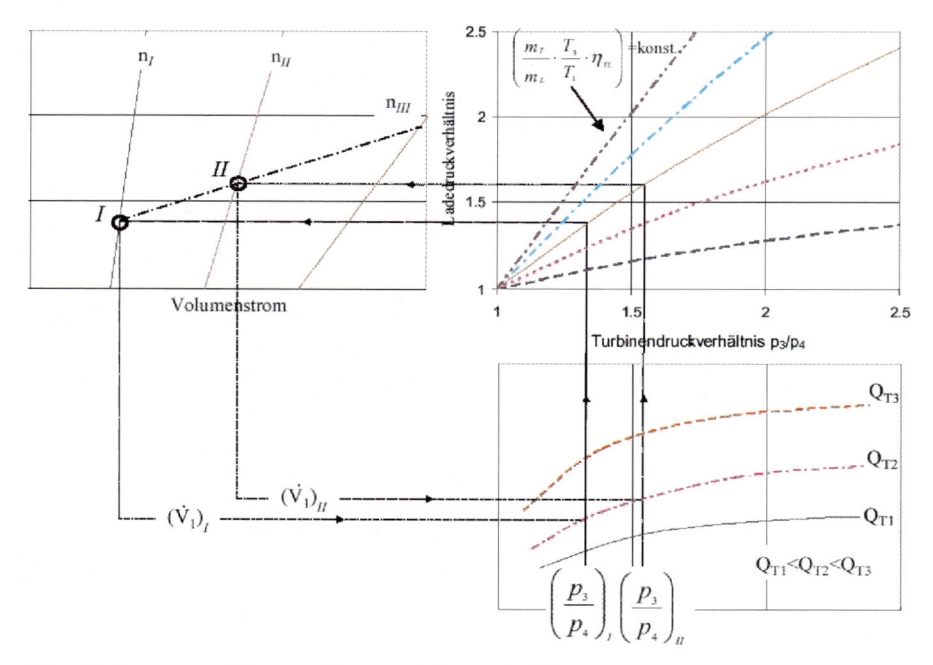

Abb. 3.3 Zusammenwirken von Motor und Abgasturbolader

Bei Fahrzeugmotoren wird die Turbine gerade so groß gewählt, dass bereits bei ca. 30 % der Motornenndrehzahl der maximale Ladedruck zur Verfügung steht. Bei Motordrehzahlen oberhalb des Turbolader-Auslegungspunktes ist der Ladedruck dann so zu regeln, dass der für den Fahrzeugbetrieb charakteristische Drehmomentverlauf erreicht wird. Aufgrund der großen Motordrehzahlspanne und der damit verbundenen großen Spreizung des Massendurchsatzes ist bei PKW-Ottomotoren eine Ladedruckregelung zwingend erforderlich. Würde ein Turbolader ohne Ladedruckregelung zum Einsatz kommen, müsste die Turbine, die den gesamten Abgasstrom bei Nenndrehzahl schlucken kann, so groß gewählt werden, dass der Turbolader, aufgrund seines dann großen Trägheitsmoments, beim Beschleunigen aus niedriger Motordrehzahl heraus nur stark verzögert ansprechen würde.

Bei PKW-Motoren werden heute ausschließlich elektronische Ladedruckregelverfahren eingesetzt. Gegenüber einer rein pneumatischen Regelung, die nur als eine Begrenzung des maximalen Ladedrucks wirkt, kann die elektronische Ladedruckregelung zu jedem Betriebspunkt den gewünschten Ladedruck einregeln. Insbesondere die immer strengere Abgasgesetzgebung erfordert elektronische Ladedruckregelungen zur Einhaltung der reglementierten Abgasemissionen. Der Ladedruck kann dabei in Abhängigkeit einer Vielzahl von Parametern, wie z.B. Ladelufttemperatur, Zündwinkel und Kraftstoffqualität, optimal eingestellt werden. Auch eine zeitweilige Überhöhung des Ladedrucks zur besseren Fahrzeugbeschleunigung (Overboost) ist möglich.

Zum Regeln des Ladedrucks kommen bei Ottomotoren überwiegend das Wastegate-Ventil (WG) zum Einsatz, hingegen wird bei Fahrzeug-Dieselmotoren heute fast ausschließlich die Leitschaufelverstellung der Turboladerturbine (Variable Turbinen Geometrie) eingesetzt.

Die schematische Darstellung einer Ladedruckregelung mit einem Wastegate-Ventil (WG) zeigt Abb. 3.4. Die Betätigung des WG (5) erfolgt über eine Druckdose, in der eine Membran (3), die durch eine Schraubenfeder vorgespannt ist, mit einem modulierten Steuerdruck (2) beaufschlagt wird. Dieser Steuerdruck ist niedriger als der Ladedruck (4) und wird mit einem Taktventil (1) erzeugt. Um auch bei niedrigen Ladedrücken (Teillast) abblasen zu können, ist die Feder nur schwach vorgespannt. Das Taktventil wird von der Motorelektronik angesteuert.

Abb. 3.4 Ladedruckregelung am Ottomotor durch elektronisch getakteten Steuerdruck

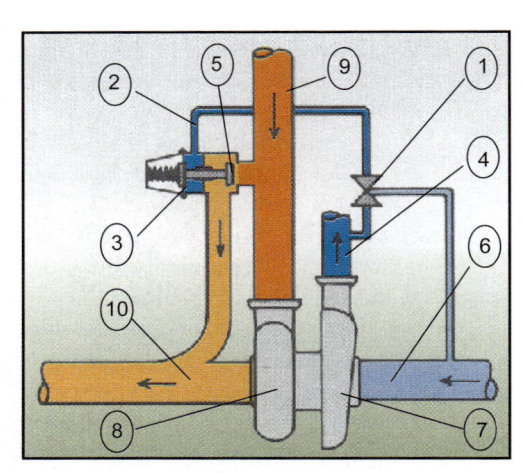

1 Taktventil
2 modulierter Steuerdruck
3 Membran
4 Ladedruck
5 Wastegateventil
6 Ansaugdruck
7 Lader
8 Turbine
9 Druck vor Turbine
10 Druck nach Turbine

Die elektronische Regelung misst den Ladedruck, vergleicht diesen mit dem im Motor-Steuergerät abgelegten betriebspunktabhängigen Sollwert und regelt diesen über das Taktventil ein. Je kleiner der bei Teillast einzustellende Ladedruck ist, umso kleiner ist dabei auch der Abgasgegendruck vor Turbine, was sich letztlich positiv auf den Kraftstoffverbrauch des Motors auswirkt.

Ein weiterer Vorteil der elektronischen Ladedruckregelung ist, dass im Bereich zwischen Volllastladedruck und dem Ladedruck entsprechend $\pi_L = 1$ die Zylinderfüllung nicht über die Stellung der (dissipativen) Drosselklappe dosiert werden muss.

Ein energetisch günstigeres Ladedruckregelverfahren als die Wastegateregelung stellt die sogenannte Variable Turbinengeometrie (VTG), Abb. 3.5 dar. Die VTG ermöglicht es durch die Veränderung von Anströmwinkel und – geschwindigkeit am Turbinenradeintritt die Turbinenleistung zu regeln.

Bei der VTG ermöglichen die drehbar angeordneten Leitschaufeln zwischen dem Spiralgehäuse und dem Turbinenlaufrad eine Querschnittsveränderung in der Turbine.

Dabei führt ein Aufstauen des Abgasmassenstroms durch das Schließen der Leitschaufeln (Abb. 3.5 linke Graphik) zu einem hohen Enthalpiegefälle über der Turbine und ermöglicht bereits bei niedrigen Motordrehzahlen einen hohen Ladedruck, wenngleich sich der Motorgesamtwirkungsgrad in diesem Bereich um ca. 3% verschlechtern kann [9]. Bei hohen Motordrehzahlen wird durch das zunehmende Öffnen der Leitschaufeln der Strömungsquerschnitt vergrößert (Bild 3.5 rechte Graphik). Der Vorteil der VTG-Regelung gegenüber der Wastegate-Regelung liegt darin, dass immer der gesamte Abgasmassenstrom über die Turbine geleitet wird und zur Leistungsumsetzung genutzt werden kann. Bei hoher Motordrehzahl entstehen dadurch Verbrauchsvorteile von bis zu 8% [9].

Simulation und Auflading

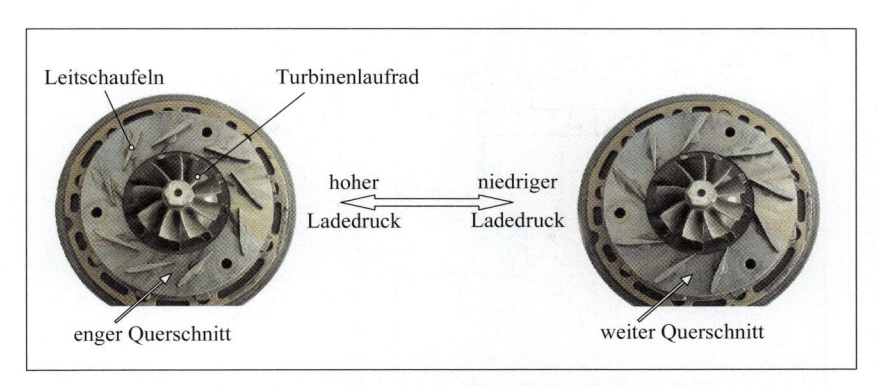

Abb. 3.5 Turbinenrad und verstellbare Leitschaufeln eines VTG-Turboladers

Trotz des hohen technischen Aufwands und der damit verbundenen Kosten konnte sich diese Form der Ladedruckregelung in den zurückliegenden Jahren gegenüber der Wastegate-Regelung beim Dieselmotor im Großserieneinsatz durchsetzen. Beim Ottomotor werden Abgasturbolader mit verstellbaren Leitschaufeln erst bei Fahrzeugen der Premiumklasse in der Serie eingesetzt, da die Abgasspitzentemperaturen mit bis zu 1050°C deutlich höher sind als beim Dieselmotor (850°C) und daher teure hochlegierte Stähle zur Gewährleistung der Dauerfestigkeit der Leitschaufeln zum Einsatz kommen.

Die Ansteuerung der verstellbaren Leitschaufeln erfolgt entweder durch eine Druckdose, die über ein vom Steuergerät getaktetes elektropneumatisches Ventil mit Druck beaufschlagt wird, oder direkt über einen elektrischen Stellmotor.

Für Mechanische Aufladesysteme werden überwiegend Verdrängerlader verwendet. Diese Systeme sind gekennzeichnet durch die mechanische Kopplung des Aufladeaggregats mit der Kurbelwelle des Motors. Dadurch können Verdrängerlader auch im dynamischen Betrieb stets den gewünschten Ladedruck liefern, im Gegensatz zur Abgasturboaufladung, bei der der Ladedruck erst entsprechend dem Abgasenergieangebot aufgebaut werden kann. Ferner haben mechanische Aufladesysteme beim Kaltstart den Vorteil, den Lader zur Sekundärlufteinblasung vor dem Katalysator für eine effektivere Abgasnachbehandlung einsetzen zu können. Abb. 3.6 zeigt ein schematisches Blockschaltbild eines Motors mit mechanischem Lader.

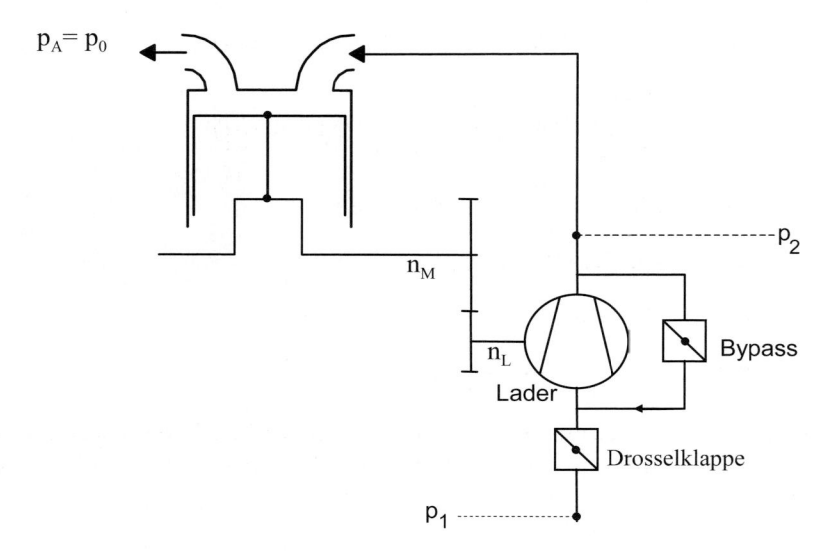

Abb. 3.6 Schematisches Blockschaltbild von Motor und mechanischem Lader

Den positiven Argumenten einer mechanischen Aufladung stehen auch Nachteile gegenüber. Ein wesentliches Kriterium bei der Bewertung eines mechanischen Aufladesystems ist die Leistungsaufnahme des Verdichters wegen ihres direkten Zusammenhangs mit dem Kraftstoffverbrauch. Der ständig mitlaufende Verdichter verlangt auch im Motorteillastbereich, in dem der Motor als Saugmotor betrieben wird, permanent Antriebsleistung zur Überwindung der Reibung in Lagern und Synchronisationsgetriebe und zur Umwälzung großer ungenutzter Luftmengen über das laderexterne Bypassventil. Es ist auch auf das Geräuschverhalten zu achten, welches abhängig ist von der Pulsationsanregung in der Druckleitung. Einen wesentlichen Einfluss darauf hat die Art der Prozessführung, speziell die Anpassung des Drucks im Lader an den Druck in der Saugleitung des Motors. Bei besonders sportlichen Fahrzeugen wird diese Eigenschaft auch beim Sound-Engineering zum Vorteil genutzt.

Die vom Motor aufzubringende Laderantriebsleistung P_L ergibt sich gemäß Gl. (3.11):

$$P_L = \dot{m}_L \cdot c_{pL} \cdot T_1 \cdot \frac{1}{\eta_{sL} \cdot \eta_{mL}} \cdot \left[\left(\frac{p_2}{p_1} \right)^{\frac{\kappa_L - 1}{\kappa_L}} - 1 \right] \quad (3.11)$$

mit

$\dot{m}_L$ Luftmassenstrom,

c_{PL} spez. Wärmekapazität der Luft bei konstantem Druck,

T_1 Temperatur der Luft vor Verdichter,

η_{sL} isentroper Wirkungsgrad des Laders,

η_{mL} mechanischer Wirkungsgrad des Laders,

p_1 Druck vor Lader,

p_2 Druck nach Lader,

κ_L Isentropenexponent der Ladeluft

Dabei wird der mechanische Lader über ein in der Regel konstantes Übersetzungsverhältnis i vom Motor angetrieben und läuft gemäß Gl. (3.12) mit der Drehzahl n$_L$:

$$n_L = i \cdot n_M . \tag{3.12}$$

Wird ein Viertakt-Ottomotor mit einem Verdrängerlader bei konstantem Übersetzungsverhältnis i_1 mechanisch angetrieben, ergibt sich bei ungedrosseltem Motor zwischen Lader und Motor der typische Ladedruckverlauf über dem vom Lader an den Motor gelieferten bezogenen Volumenstrom, wie er in Abb. 3.7 dargestellt ist. Die Motorbetriebslinie fällt mit sinkender Drehzahl und dementsprechend sinkendem Durchsatz zu leicht abfallendem Ladedruck, der durch die Wahl eines anderen Übersetzungsverhältnisses i_2 auf ein anderes Ladedruckniveau verschoben werden kann.

Einen Fahrzeugmotor unter Verwendung eines Strömungsladers mechanisch aufzuladen ist nicht sinnvoll, da der Ladedruck und damit das Motormoment bei konstantem Übersetzungsverhältnis mit abnehmender Drehzahl deutlich sinken. Um diesen Drehmomentabfall zu vermeiden, müsste ein Getriebe mit variablem Übersetzungsverhältnis zwischen Motor und Lader verwendet werden, was technisch aufwendig und sehr teuer ist. Daher verwendet man heutzutage für Serien-PKW als mechanische Aufladeaggregate ausschließlich Verdrängerlader.

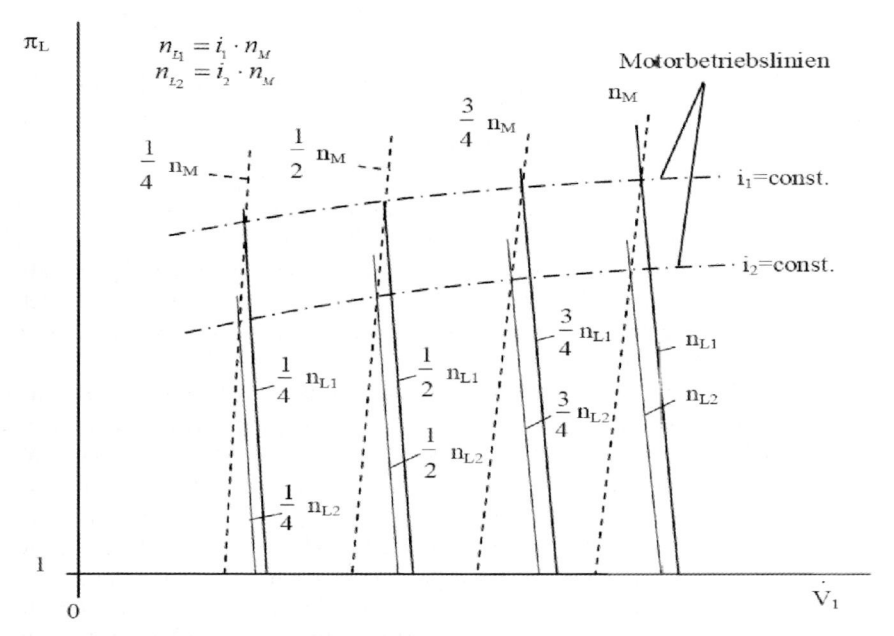

Abb. 3.7 Schematische Darstellung des Zusammenwirkens eines Viertaktmotors mit einem mechanisch angetriebenen Lader der Verdrängerbauart

Mechanisch angetriebene Lader mit konstantem Übersetzungsverhältnis zum Motor benötigen bei Einsatz am Ottomotor unbedingt eine Ladedrucksteuerung. Der Lader und das Übersetzungsverhältnis werden dabei zunächst so ausgelegt, dass die maximale Zylinderfüllung und damit das maximale Volllastdrehmoment bereits im Bereich niedriger Motordrehzahlen gewährleistet sind. Die Steuerung des Ladedrucks für einen Verdrängerlader kann durch laderinterne oder laderexterne Steuereinrichtungen erfolgen. Die laderexternen Steuerungseingriffe beeinflussen das Förderverhalten des Laders durch außerhalb des Laders angeordnete Steuerelemente. Beispiele sind die momentan in der Serienproduktion hauptsächlich verwendeten Steuerorgane Drosselklappe und Bypass, wie sie bereits in Abb. 3.7 schematisch dargestellt sind. Laderinterne Steuerungen, die jedoch nur bei Aufladeaggregaten mit innerer Verdichtung eingesetzt werden, beeinflussen das Förderverhalten durch eine unmittelbare Variation von Gestalt und Größe des Arbeitsraumes. Beispiele hierfür sind der vor allem bei Kältemittelschraubenkompressoren oft verwendete interne Bypass oder eine Schiebersteuerung [16]. Eine detaillierte Darstellung zu dieser Laststeuerung am Ottomotor findet sich in [21].

Eine weitere Möglichkeit, positiven Einfluss auf die Energiebilanz des Gesamtsystems Motor-mech.Lader zu nehmen, besteht im Abkoppeln des Laders über eine schaltbare Kupplung in Betriebspunkten im unteren Lastbereich. Dort, wo der Motor im Saugbetrieb arbeitet, kann so die unnötige Antriebsenergie für den Lader eingespart werden. Nachteilig zeigt sich jedoch beim Wiederzuschalten des

Laders die ruckartige Belastung auf den Antriebsstrang, wodurch der Fahrkomfort sinkt.

Um all diese Aufladeaggregate und -konzepte im Verbund mit einem Hubkolbenmotor bewerten zu können, bedient man sich bereits in der frühen Entwicklungsphase der Motorprozess-Simulation.

Die Darstellung von Aufladeaggregaten bei der Motorprozess-Simulation erfolgt üblicherweise über Kennfelder, die zuvor stationär am Verdichter- oder Heißgasturbinenprüfstand ermittelt wurden. In diesen Kennfeldern werden in der Regel bevorzugt bezogene Größen dargestellt, damit die abgelegten Eigenschaften unabhängig vom Umgebungszustand angegeben werden können. Die verwendeten Größen sind daher entweder dimensionslose (beispielsweise Π_L, η_{is}, μ) oder reduzierte Größen ($n_{red}, \dot{m}_{red}$).

Im Verdichterkennfeld sind analog zu Abb. 3.8 das Druckverhältnis Π_L über einem bezogenen Volumenstrom $\dot{V}$ oder dem Massenstrom aufgetragen, sowie die Linien konstanter Verdichterdrehzahl n_L und konstanten isentropen Wirkungsgrades η_{s_L}. Die eingetragene Pumpgrenze begrenzt den stabilen Betriebsbereich nach links und ist abhängig vom Zusammenwirken von Motor, Leitungsvolumina und Verdichter. Links der Pumpgrenze befindet sich der instabile Bereich. Rechts vom Arbeitsbereich treten hohe Strömungsgeschwindigkeiten auf, die bei der Messung die prüfstandsspezifische Widerstandskennlinie darstellen. Der Massenstrom ist drehzahlabhängig durch die Versperrung des Durchflussquerschnittes begrenzt (Stopfgrenze). Nach oben wird das Verdichterkennfeld durch die konstruktiv bedingte Maximaldrehzahl des Turboladers begrenzt.

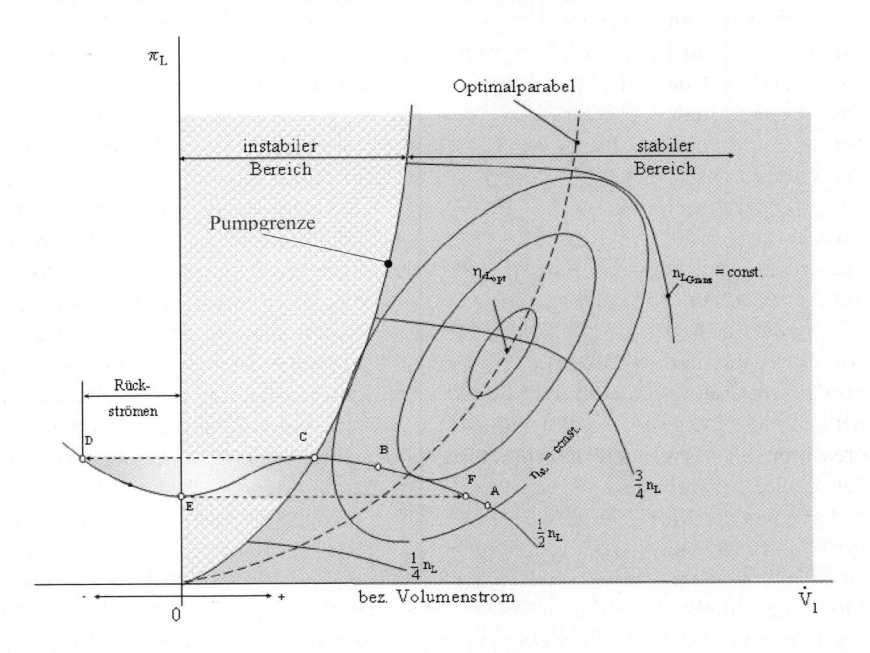

Abb. 3.8 Schematische Darstellung eines Strömungsladerkennfeldes

Es gibt zwei übliche Arten der Darstellung von Turbinenkennfeldern. Einmal sind über der Laufzahl u/c_0 (dem Quotienten der Umfangsgeschwindigkeit des Turbinenlaufrades und der theoretischen Anströmgeschwindigkeit der Turbine) der Turbinenwirkungsgrad η_T und die Durchflusszahl μ_T mit dem Druckverhältnis p_3/p_4 als Parameter aufgetragen. Als Alternative wird der bezogene Massenstrom $\dot{m}_{red}$ und der Wirkungsgrad η_T mit der reduzierten Drehzahl n_{red} als Parameter über dem Druckverhältnis π_T dargestellt. Letzteres ist in Abb. 3.9 dargestellt und soll hier Grundlage der weiteren Diskussion sein.

Bei der Berechnung der Zustandsänderungen in den Gaswechselleitungen gelten Verdichter und Turbine als Drosselstellen. Für ein anliegendes Druckverhältnis sind der Massenstrom und der isentrope Wirkungsgrad ein Ergebnis und können zum Beispiel im Falle des Verdichters vom Druckverhältnis und der errechneten Drehzahl aus dem stabilen Teil des Kennfeldes durch Interpolation bestimmt werden zu

$$\dot{m}_L = f\left(\Pi_L, n_L\right) \tag{3.20}$$

$$\eta_{sL} = f\left(\Pi_L, n_L\right). \tag{3.21}$$

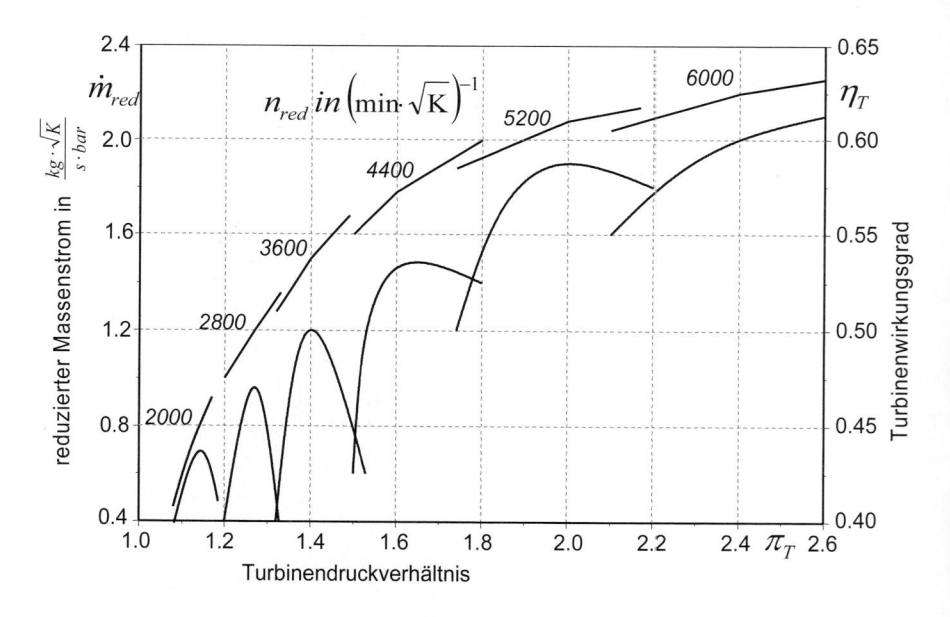

Abb. 3.9 Schematische Darstellung eines Turbinenkennfeldes über das Druckverhältnis

Besonderes Augenmerk bei einer Interpolation in dieser Form gilt hier dem Massenstrom im Verdichterkennfeld, da durch seine in Richtung Pumpgrenze meist wieder abfallenden Drehzahllinien mehrere Massenströme für das Wertepaar (Π_L, n_L) existieren können. Der Bereich einer Verdichterkennlinie vom maximalen Druckverhältnis bis zur Pumpgrenze oder darüber hinaus wird aus diesen Gründen oft durch eine leicht ansteigende Linie ersetzt oder erweitert. Durch diese Maßnahmen werden das Kennfeld und damit das Simulationsergebnis allerdings verfälscht. Als Lösung dieses Problems kann eine zusätzliche Abfrage implementiert, auf welcher Seite der Verdichterkennlinie der aktuelle Massenstrom berechnet werden muss.

Nach der Bestimmung des Druckverhältnisses wird der zweite Parameter, die Turboladerdrehzahl mit Leistungsbilanz, am Turbolader berechnet. Durch die mechanische Kopplung von Verdichter und Turbine folgt mit der Leistung am Verdichter (die Indizes kennzeichnen den Ort der Zustandsgröße nach Abb. 3.10)

$$P_L = \dot{m}_L (h_1 - h_2)_{is} \frac{1}{\eta_{is_L} \eta_{m_L}} \qquad (3.22)$$

und an der Turbine

$$P_T = \dot{m}_T (h_3 - h_4)_{is} \eta_{is_T} \eta_{m_T} \qquad (3.23)$$

die Differentialgleichung der Turboladerdrehzahl

$$\Theta_{ATL} \dot{\omega}_{ATL} = \frac{1}{\omega_{ATL}} (P_T - P_L - P_{Reib}). \qquad (3.24)$$

sich zu

$$\Delta h_{is,L} = c_{P_L} \cdot T_1 \cdot \left(\left(\frac{p_2}{p_1} \right)^{\frac{\kappa-1}{\kappa}} - 1 \right) \qquad (3.25)$$

$$\Delta h_{is,T} = c_{P_T} \cdot T_3 \cdot \left(1 - \left(\frac{p_4}{p_3} \right)^{\frac{\kappa-1}{\kappa}} \right). \qquad (3.26)$$

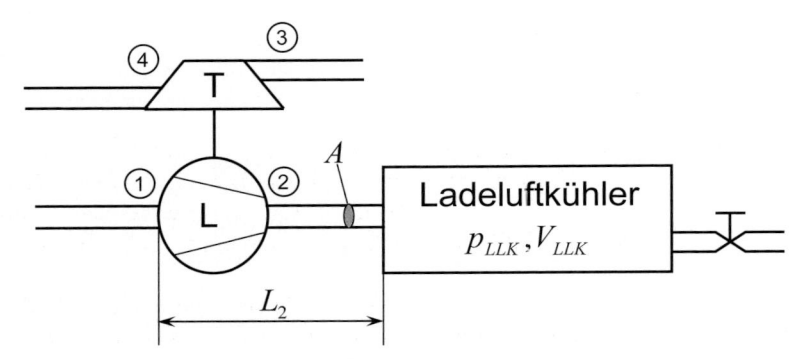

Abb. 3.10 Schemadarstellung zum Verdichtermodell mit Abbildung des dynamischen Verhaltens

Nachteil der stationär herausgefahrenen Kennfelddarstellung ist die statische Abbildung der Eingangsgrößen auf die Ausgangsgröße. Die Dynamik des Verdichter- bzw. Turbinenprozesses wird in der Kennfelddarstellung nicht berücksichtigt. Da hier eine genaue Dynamik des Gesamtsystems angestrebt wird, muss das Verdichtermodell um ein physikalisch begründetes Verzögerungsglied 1. Ordnung erweitert werden. Dabei wird eine Zeitspanne τ berücksichtigt, die ein Luftteilchen für das Durchlaufen von Verdichterlaufrad und Spiralgehäuse benötigt. Die am Verdichter tatsächlich auftretende Druckverhältnisänderung berechnet sich mit

$$\frac{d\Pi_{L,dyn}}{dt} = \frac{1}{\tau}\left(\Pi_{L,stat} - \Pi_{L,dyn}\right). \tag{3.27}$$

Der Druck nach Verdichter ergibt sich nun mit

$$p_2 = p_1 \cdot \Pi_{L,dyn}. \tag{3.28}$$

Für den Raum der Länge L_2, vom Verdichtereintritt über das Laufrad und das Spiralgehäuse bis zum Eintritt in den Ladeluftkühler, wird ein Kontrollraum mit gleichbleibendem Querschnitt A definiert, für den der Impulssatz

$$\rho_{LLK} A c_{LLK}^2 - \rho_2 A c_2^2 = p_2 A - p_{LLK} A \tag{3.29}$$

$$\dot{m}_{LLK} c_{LLK} - \dot{m}_2 c_2 = (p_2 - p_{LLK}) A \tag{3.30}$$

angewendet wird. Daraus folgt die Differentialgleichung zur Bestimmung des Verdichtermassenstroms

Simulation und Aufladung

$$\frac{d\dot{m}_L}{dt} = \frac{(p_2 - p_{LLK})A}{L_2}.$$ (3.31)

Das stationäre Druckverhältnis am Verdichter $\Pi_{L,stat}$ wird über einen Standardzugriff aus dem am Turboladerprüfstand stationär herausgefahrenen Kennfeld mit Hilfe der Leistungsbilanz Gl. (3.22) des in Gl. (3.31) errechneten Massenstroms ermittelt. Der Ladeluftkühlerdruck p_{LLK} errechnet sich über die Gln. (3.29) und (3.30).

Mit diesen Gleichungen lassen sich nun auch Phänomene wie das Verdichterpumpen darstellen. Dazu müssen die Kennfeldbereiche des Verdichterkennfeldes links der Pumpgrenze und im Bereich negativen Massenstroms (4. Quadrant) erweitert werden.

Zunächst muss zwischen der Instabilitäts- und der Pumpgrenze unterschieden werden. Die Instabilitätsgrenze ist nach Abb. 3.11 die Linie der maximalen Druckverhältnisse $\dot{m}_{L,\max}$ für die jeweilige Drehzahlkennlinie. Links der Instabilitätsgrenze bis hin zum Massenstrom null sind eine zunehmende Fehlanströmung der Laufradschaufeln und daher abfallende Kennlinien zu erwarten. Oft fallen Instabilitätsgrenze und Pumpgrenze zusammen.

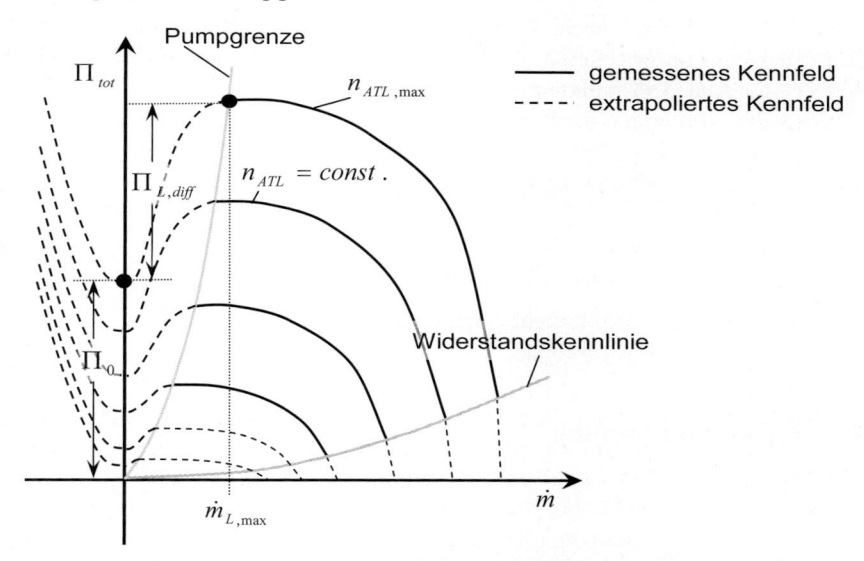

Abb. 3.11 Schematische Darstellung eines Verdichterkennfeldes mit Kennfelderweiterung

In [24] wird dieser Bereich mit einem Polynom dritten Grades abgebildet. Das Maximum der jeweiligen Drehzahllinie ist aus der Messung bekannt. Für eine Abschätzung des Schnittpunktes der Kennlinie mit der Ordinatenachse $(\dot{m}=0)$ wird das radiale Gleichgewicht am Laufrad

$$\frac{dp}{dr} = \rho \omega^2 r \tag{3.32}$$

über die Grenzen der geometrisch gegebenen Ein- und Austrittsradien des Laufrades integriert. Mit der Annahme einer isentropen Verdichtung ergibt sich in Abhängigkeit der Turboladerdrehzahl das Druckverhältnis

$$\Pi_0 = \left[1 + \frac{\kappa-1}{2\kappa R T_1} \omega^2 \left(r_2^2 - r_1^2\right)\right]^{\frac{\kappa}{\kappa-1}} \tag{3.33}$$

für den Massenstrom null. Mit diesem abgeschätzten Druckverhältnis kann die Gleichung

$$\Pi_L = \Pi_0 + \Pi_{L,diff} \cdot \left[3 \cdot \left(\frac{\dot{m}_L}{\dot{m}_{L,max}}\right)^2 - 2 \cdot \left(\frac{\dot{m}_L}{\dot{m}_{L,max}}\right)^3\right] \tag{3.34}$$

verwendet werden, um die Drehzahlkennlinie von der Stabilitätsgrenze bis zur Ordinatenachse zu erweitern. Dabei kann die Bedeutung der Variablen $\dot{m}_{L,max}$ und $\Pi_{L,diff}$ Abb. 3.11 entnommen werden.

Wird der Verdichter rückwärts durchströmt, so kann dieser als eine von der Turboladerdrehzahl abhängige Drossel betrachtet werden. Der Kennlinienverlauf im zweiten Quadranten wird durch das Polynom

$$\Pi_L = \Pi_0 + P \cdot \dot{m}^2 \tag{3.35}$$

dargestellt. Der Faktor P dient dabei der Anpassung der Kennlinie.

4 Zusammenfassung

In diesem Einführungsbeitrag wurden die physikalischen Grundlagen und Modellansätze bei der Simulation des Motorprozesses und der Aufladung beschrieben.

Die Motorprozess-Simulation hat sich als unverzichtbares Werkzeug in der Motorenentwicklung etabliert. Besonders die vielen derzeitig in Entwicklung befindlichen Downsizing-Konzepte lassen sich durch die Simulation perfekt erforschen und für den entsprechenden Serienmotor optimieren. Insbesondere die mehrstufigen Aufladesysteme mit ihren vielen Freiheitsgraden, bei denen die unterschiedlichsten Aufladeaggregate und Aufladeverfahren miteinander kombiniert werden, können durch die Simulation optimal aufeinander abgestimmt werden. Schließlich ermöglicht die physikalische Motorprozess-Simulation neben der Bauteiloptimierung auch die Entwicklung von Ladedruckregelalgorithmen und erleichtert die Kalibration eben dieser Algorithmen bereits am Schreibtisch.

5 Literatur

[1] Bargende, M.; Burkhardt, C.; Frommelt, A.: *Besonderheiten der thermodynamischen Analyse von DE-Ottomotoren*, MTZ 62 (2001), S. 56-68
[2] Birkner, C; Jung, C.; Nickel, J.; Offer, T.; von Rüden, K.: *Durchgängiger Einsatz der Simulation beim modellbasierten Entwicklungsprozess am Beispiel des Ladungswechselsystems - von der Bauteilauslegung bis zur Kalibration der Regelalgorithmen*. HdT-Tagung Simulation und Aufladung, Berlin, Juni 2005
[3] Buchwald, R.: *Motorprozeßsimulation als Werkzeug zur Optimierung von Ottomotoren*, Dissertation, TU Berlin, Wissenschaft und Technik Verlag, 2000
[6] Eichert, E.; Günther, M.; Zwahr, S.: *Simulationsrechnungen zur Ermittlung optimaler Einspritzparameter an DI-Ottomotoren*, Automotive Engineering Partners Ausgabe Nr.: 2005-05
[7] Friedrich, I.: Motorprozess-Simulation in Echtzeit – Grundlagen und Anwendungsmöglichkeiten, Dissertation TU Berlin, 2007
[8] Friedrich, I.; Pucher, H.; Offer, T.; von Rüden, K; Häntschel, U.: *Druckverlaufsanalyse – ein mächtiges Werkzeug für das Kalibrieren neuer Brennverfahren*, 1.Tagung Motorprozesssimulation und Aufladung, Berlin, 2005
[9] Gabriel, H.; Schmitt, F.; Weber, M.; Lingenauber, R.; Schmalzl, H.-P.: *Neue Erkenntnisse bei der variablen Turbinen- und Verdichtergeometrie für die Anwendung in Turboladern für PKW-Motoren*, www.turbos.bwauto.com, 05/2002
[10] Heider, G.: Rechenmodell zur Vorausberechnung der NO-Emission von Dieselmotoren, Dissertation TU München, 1996
[11] Heywood, J.B.: *Internal Combustion Engine Fundamentals*. McGraw-Hill, 1988
[12] Huber, E.W.; Koller, T.: Pipe friction and heat transfer in the exhaust pipe of firing combustion engine, CIMAC, Tokyo, 1977
[13] Kufferath, A.; Lejsek, D.; Scherrer D.; Kulzer, A.: Einsatz der Brennverlaufsanalyse im Motorhochlauf als Entwicklungs- und Applikationswerkzeug, MTZ 67 (2006) 6, S.434-438
[14] Lange, W.; Woschni, G.: Thermodynamische Auswertung von Indikatordiagrammen, elektronisch gerechnet, MTZ 25 (1964) 7, S. 284-289
[15] Merker, G. P.; Schwarz, C.: *Technische Verbrennung – Simulation verbrennungsmotorischer Prozesse*, B. G. Teubner GmbH Stuttgart/Leipzig/Wiesbaden, 1. Auflage, April 2001
[16] Mosemann, D.:*Schraubenverdichter für die Kälte- und Klimatechnik*, Luft- und Kältetechnik, 6/1994, S. 283-287
[17] Offer, T.; Siedel, R.; von Rüden, K.; Birkner, C.; Östreicher, W.: *Simulation und Test bei der Entwicklung von Regelstrategien*, HdT-Tagung, Simulation und Test, Berlin, 2005
[18] Pflaum, W.; Mollenhauer, K.: *Wärmeübergang in der Verbrennungskraftmaschine*. Die Verbrennungskraftmaschine, Bd. 3, Springer Verlag, Wien New York, 1977
[19] Pucher, H.: Vergleich der programmierten Ladungswechselrechnung für Viertaktdieselmotoren nach der Charakteristikentheorie und der Füll- und Entleermethode, Dissertation TU Braunschweig, 1975
[20] Rask, E.; Sellnau, M.: Simulation-Based Engine Calibration: Tools, Techniques, and Applications, SAE Paper 1264, 2004
[21] von Rüden, K: Beitrag zum Downsizing von Fahrzeug-Ottomotoren, Dissertation TU Berlin, 2004
[22] Scharrer, O.: Einflusspotential variabler Ventiltriebe auf die Teillast-Betriebswerte von Saug-Ottomotoren – eine Studie mit der Motorprozess-Simulation, Dissertation, TU Berlin, 2005

[23] Seifert, H.: Instationäre Strömungsvorgänge in Rohrleitungen an Verbrennungskraftmaschinen, Springer Verlag, Berlin, Göttingen, Heidelberg, 1962
[24] Theotokatos, G.; N.P. Kyrtatos: Diesel engine transient operation with turbocharger compressor surging. SAE-Paper 2001-01-1241, 2001
[25] Vogel, C.: Einfluß von Wandablagerungen auf den Wärmeübergang im Verbrennungsmotor, Dissertation TU München, 1985
[26] Woschni, G.: Die Berechnung der Wandverluste und der thermischen Belastung der Bauteile von Dieselmotoren, MTZ 31 (1970) 12, S. 491-499
[27] Woschni, G.: Elektronische Berechnung von Verbrennungsmotor-Kreisprozessen, MTZ 26 (1965) 11, S. 439–446

Energie, Emissionen und Mobilität

V. Schindler

Kurzfassung

Benzin, Diesel usw. haben sich als Kraftstoffe für mobile Anwendungen über mehr als hundert Jahre bewährt. Ein Wechsel auf einen anderen Endenergieträger ist weder aus Gründen der Verfügbarkeit noch aus solchen der geringeren Umweltbelastung erforderlich. Die Treibhausproblematik erfordert einen äußerst sparsamen Umgang mit den fossilen Energieträgern und Rohstoffen, auf denen heute die Herstellung von Benzin und Diesel fast ausschließlich beruht. Die Kosten für die Versorgung mit Kraftstoffen werden weiter ansteigen. Für die Autoindustrie kann sich daher eine Strategie lohnen, mit der es dem Kunden ermöglicht wird, variable Kosten durch Kraftstoffverbrauch durch erhöhte Fahrzeugpreise für verbrauchsgünstigere Fahrzeuge zu ersetzen. Einige Möglichkeiten zur Gestaltung eines solchen Szenarios werden betrachtet.

1   Einleitung

Der Straßenverkehr verbraucht ca. 29 % der in Deutschland insgesamt benötigten Mengen an Endenergie. Als Träger der Endenergie für mobile Anwendungen werden heute fast ausschließlich flüssige Kohlenwasserstoffe in der Form von Benzin, Diesel, Jetfuel, Schiffsdiesel usw. eingesetzt. Sie werden aus fossilem Rohöl gewonnen. Ihre Verbrennung setzt daher zusätzliches CO_2 frei und trägt zum Global Warming bei. Es wird zudem befürchtet, Erdöl werde zunehmend knapp und sei auch wegen politischer Instabilität in den Regionen mit den größten Vorkommen ein unsicherer Energieträger.

Der heute bestehende Zusammenhang Kraftstoffe – Erdöl führt vielfach zu der Überzeugung, man müsse mit der Primärenergie auch den Sekundärenergieträger wechseln. Im Folgenden wird gezeigt, dass die flüssigen Kohlenwasserstoffe auch unter Berücksichtigung aller derzeit diskutierten Einwände hervorragende Endenergieträger sind, ihre Bereitstellung nicht zwangläufig von der Verfügbarkeit von Rohöl abhängt und alle mit ihrer Nutzung verbundenen, technischen und Umwelt- Probleme gelöst werden können.

Allerdings werden die Kosten für Versorgungsketten, die nicht auf Rohöl basieren, erheblich teurer als die gewohnten. Es wird eine politische Strategie vorgeschlagen, wie eine konsequente De-Carbonisierung der Energieversorgung des Straßenverkehrs erreicht werden könnte.

2 Energieverbrauch in Deutschland

In Deutschland wurden 2006 9.261 PJ an Endenergie verbraucht. Davon entfielen 28,5 % auf den Verkehr, darunter 16,5 % auf den MIV, 7,2 % auf den Straßengüterverkehr, 3,8 % auf den Luftverkehr (siehe Tabelle 1 [1]). Die Dynamik der Veränderungen ist in den Verkehrssektoren unterschiedlich. Während der Energieverbrauch des gesamten Verkehrs seit 1995 praktisch unverändert ist, sanken die Anteile von Schienenverkehr (- 14 PJ) und MIV (- 80 PJ), während die des Straßengüterverkehrs (+ 15 PJ) und des Luftverkehrs (± 115 PJ) stiegen.

Tabelle 1.1 Endenergieverbrauch in Deutschland 2006 nach Sektoren; vorläufige Zahlen [1]

Industrie	[PJ]				2.608
Haushalte					4.010
Verkehr					2.643
davon	Schienenverkehr				81
	Straßenverkehr				2.201
	davon	Personenverkehr		1.530	
		davon	MIV	1.492	
			öffentlich	38	
		Güterverkehr		671	
	Luftverkehr			349	
	Binnenschifffahrt			12	
Summe					9.261
zusätzlich: Bunkerungen seegehender Schiffe					108

3 Wirkungen der Energieumsetzung

Die Umsetzung von Primärenergie zur End- und dann zur Nutzenergie führt physikalisch zwangsläufig zu Nebeneffekten z. B. in Form der Freisetzung von Spurengasen und Partikeln und von Treibhausgasen (THG). Das gilt natürlich auch für den Verkehrssektor. Aus der – praktisch ausschließlichen – Verwendung von Motoren mit innerer Verbrennung in Straßen-, Schienen- und Schiffsverkehr sowie

Energie, Emissionen und Mobilität

von Gasturbinen im Luftverkehr ergeben sich spezifische Emissionscharakteristika. Das Verständnis für die Wirkungen dieser Stoffe hat sich seit der Frühzeit des motorisierten Verkehrs allmählich entwickelt. Man konnte in der Vergangenheit Wellen der öffentlichen Aufmerksamkeit beobachten, die sich an Stichworten wie Kohlenmonoxid-Vergiftung, Blei im Blut, Saurer Regen, Benzol, Feinstaubemmissionen, Ozonalarm, Treibhauseffekt usw. festmachen lassen.

Bei den Emissionen von Schadstoffen aus mobilen Quellen kann man unterscheiden zwischen

- lokal wirksamen Schadstoffen (Kohlenmonoxid, unverbrannte Kohlenwasserstoffe, Stickstoffoxide, Partikel, …),
- regional wirksamen Schadstoffen, die z. B. zur Bildung von wie bodennahem Ozon beitragen können,
- global wirksamen Stoffen mit Wirkung auf den Strahlungshaushalt der Erde („Treibhauseffekt") oder auf die Chemie der hohen Atmosphäre („Ozonloch").

Die verschiedenen Spurengase sind Nebenprodukte der Verbrennung. Die freigesetzten Mengen konnten durch Maßnahmen am Fahrzeug in Form verbesserter Beherrschung der Verbrennung und durch Abgasnachbehandlung in Kombination mit Verbesserungen an den Kraftstoffen kontinuierlich vermindert werden und unterschreiten nun gesetzliche Grenzwerte, die eine Gefährdung durch die verbleibenden Reste nach heutigem Wissen ausschließen. Derselbe Prozess läuft derzeit für die Verminderung der Feinstaubemissionen ab.

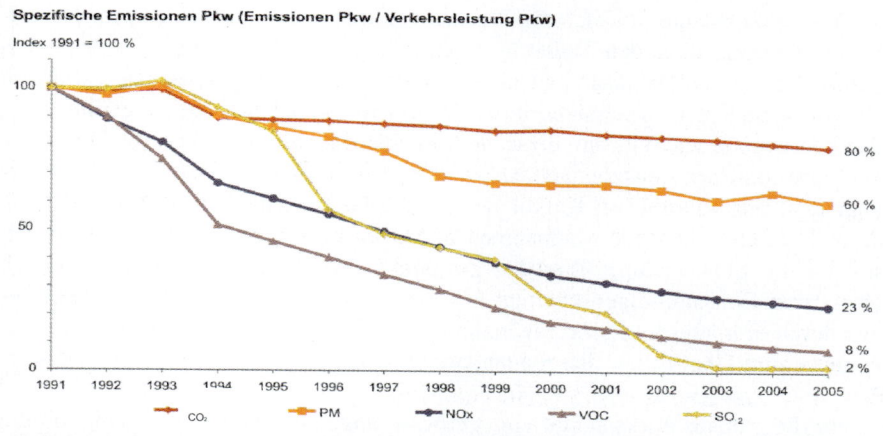

Spezifische Emissionen Pkw (Emissionen Pkw / Verkehrsleistung Pkw)
Index 1991 = 100 %

[Diagramm: Linien für CO_2 (80 %), PM (60 %), NOx (23 %), VOC (8 %), SO_2 (2 %) von 1991 bis 2005]

Quelle: Umweltbundesamt, Daten- und Rechenmodell TREMOD: Energieverbrauch und Schadstoffemissionen des motorisierten Verkehrs in Deutschland 1960-2030, Version 4, Heidelberg 2005, im Auftrag des Umweltbundesamtes 2006

Abb. 1.1 Spezifische Emissionen für Pkw [2]; PM = Particular Matter, VOC = Volatile Organic Compound

Grundsätzlich anders ist die Situation im Falle der Hauptprodukte der Verbrennung Kohlendioxid und Wasser. Während man bei bodennahem Wasserdampf kein Gefährdungspotential sieht, trägt jedes frei gesetzte CO_2-Molekül zum Treibhauseffekt bei. Eine Verringerung durch Maßnahmen der Abgasnachbehandlung ist hier nicht möglich. Es bleiben auf technischer Ebene nur die Möglichkeiten, die energetische Effizienz des gesamten Fahrzeugs zu verbessern oder zu einem Energieträger zu wechseln, der nicht oder zumindest viel weniger auf fossilem Kohlenstoff basiert.

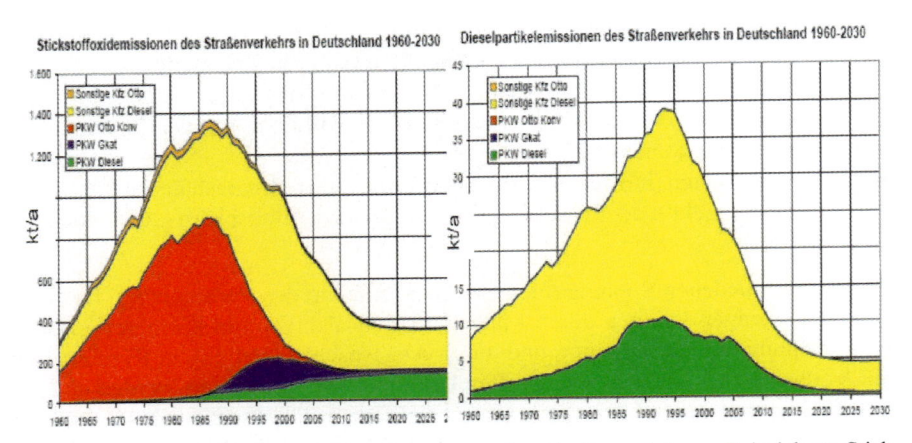

Abb. 1.2 Entwicklung der Schadstoffemissionen aus dem Straßenverkehr am Beispiel von Stickstoffoxiden und Dieselpartikeln [3]

Die Zeitkonstante, mit der der Prozess von der Entstehung eines gesellschaftlichen Konsens über den Wunsch, einen bestimmten Bestandteil im Abgas zu vermindern bis zur Wirksamkeit in der Flotte abläuft, hängt entscheidend davon ab, wie schnell neue Techniken in den Markt für Kraftfahrzeuge eingeführt werden können und wie wirksam diese sind. In einem gesättigten Markt wie Deutschland bestimmt der Ersatzbedarf die Nachfrage nach neuen Fahrzeugen. Er unterliegt dem wirtschaftlichen Kalkül der jeweiligen Entscheidungsträger und kann deshalb durch fiskalische Maßnahmen in Maßen beeinflusst werden. Das betrifft sowohl die Entscheidung über den Zeitpunkt einer Ersatzbeschaffung als auch über deren Emissionseigenschaften. Für die Eigenschaften neuer Fahrzeuge können durch ordnungspolitische Maßnahmen Mindeststandards vorgegeben werden, Anreize zum Übertreffen dieser Standards können wieder fiskalisch gesetzt werden.

Für die globale Wirksamkeit von Verbesserungen ist außerdem wichtig, ob die abgelösten Fahrzeuge endgültig stillgelegt oder weiter benutzt werden, z. B. nach dem Export in ein anderes Land. Von den 2006 in Deutschland aus dem Bestand gelöschten 3.202 Tausend Pkw wurden 516 Tausend. exportiert; bei den Lkw und Sattelzugmaschinen waren es 126 Tausend von 296 Tausend abgemeldeten Fahrzeugen [5].

Die Zeitkonstanten für grundlegende Änderungen im Energiesystem, also der quantitativ relevanten Versorgung eines sehr großen Verbrauchssektors mit einem oder mehreren grundsätzlich neuen Kraftstoffen, dürften nochmals deutlich länger sein als die für die Einführung neuer Fahrzeugtechniken.

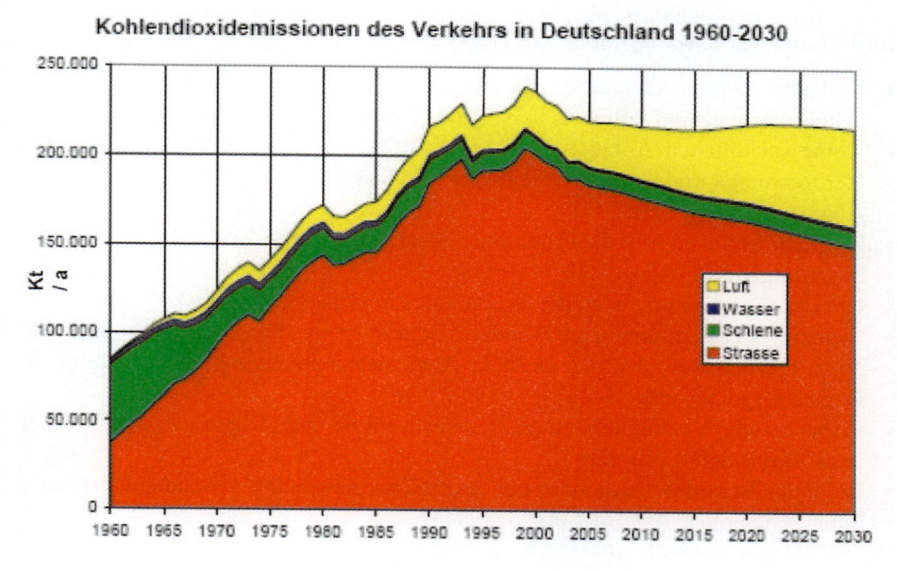

Abb. 1.3 CO_2-Emissionen des Verkehrs in Deutschland [3]

4 Anforderungen an einen idealen Kraftstoff

Energieträger für den Antrieb von Automobilen und anderen Verkehrsmitteln müssen eine Vielzahl von Anforderungen erfüllen, die sich teilweise erheblich von denen für stationäre Verwendungen unterscheiden. Die Wichtigsten werden im Folgenden in sehr summarischer Form angegeben (Reihenfolge ohne Wertung):

Anforderungen in Bezug auf das Fahrzeug:

- Gute Fähigkeit, den wechselnden Leistungsanforderungen im realen Fahrzeugbetrieb zu folgen; z. B.: Steht der Energieträger unmittelbar in der Form zur Verfügung, die der Energiewandler des Fahrzeugs benötigt, oder muss er über einen Umwandlungsprozess zuvor an Bord erzeugt werden?
- Gute Package-Effizienz durch hohe Energie- (Wh/kg und Wh/l) und Leistungsdichte (W/kg und W/l) des gesamten Systems (Energieträger, Energiespeicher, Peripherie); Möglichkeit zur freien Gestaltung der Form des Systems im Hinblick auf die Unterbringung im Fahrzeug

- Keine Energieverluste bei Nichtbenutzen des Fahrzeugs
- Keine Veränderung der Beschaffenheit des Kraftstoffs im Verlauf der Lagerung (Zersetzung, Entmischung, biologische Prozesse, ...)
- Der Kraftstoff löst keine Korrosion an den Materialien des Systems aus.

Anforderungen in Bezug auf den Energiewandler:

- Einhaltung enger Toleranzen für physikalische und chemische Eigenschaften: Zündgrenzen, Zündwilligkeit bzw. Klopffestigkeit, Dampfdruck, ...
- Keine schädlichen Ablagerungen von Inhaltsstoffen des Kraftstoffs oder von Verbrennungsprodukten im Gemischbildungssystem, im Brennraum und im Abgassystem
- Keine Substanzen, die die Abgasnachbehandlung behindern können (z. B. Katalysatorgifte)
- Geringe Anforderungen an die Technik des Energiewandlers
- Saubere Verbrennung, insbesondere Minimierung der Rohemissionen von NOx, HC und Ruß; dadurch einfache Abgasnachbehandlung zur Einhaltung der Emissionsgrenzwerte
- Tribologische Verträglichkeit (z. B. selbst schmierende Eigenschaften, Verträglichkeit mit Schmierstoffen)
- Bei einer Brennstoffzelle oder bei einem Energiewandler mit äußerer Verbrennung gelten diese Anforderungen analog.

Anforderungen in Bezug auf Handhabung und Sicherheit:

- Lagerbar und transportierbar bei allen Umgebungsbedingungen
- Gefahrlose und einfache Handhabung durch Laien
- Geringer Dampfdruck zur Vermeidung von Verdunstungsverlusten
- Kein Risiko bei mechanischen und thermischen Belastungen von Kraftstoff führenden Bauteilen
- Keine Neigung zur Bildung explosionsfähiger Gemische bei der Handhabung und bei Unfällen in Räumen und im Freien: Nutzung von engen Räumen ohne Einschränkungen möglich, z. B. Abstellen des Fahrzeugs in Garagen, Tunneldurchfahrt
- Keine Gefährdung für Mensch oder Umwelt bei normalen Service- und Reparaturprozessen

Anforderungen in Bezug auf die Wirtschaftlichkeit:

- Vertretbare und langfristig kalkulierbare Kosten
- Primärenergie und Rohstoffe verfügbar in großen Mengen aus unterschiedlichen Weltregionen
- Weltweite Verfügbarkeit des Kraftstoffs bzw. zumindest Verfügbarkeit auf quantitativ wichtigen Fahrzeugmärkten über dichte Infrastrukturen

Anforderungen in Bezug auf die Wirkung des Kraftstoffs und dessen Reaktionsprodukten auf den Menschen bei Kontakt oder Inhalation:

- Nicht toxisch
- Nicht narkotisierend
- Nicht ätzend
- Nicht geruchsbelästigend
- Nicht Allergie erregend
- Leicht ab- bzw. auswaschbar.

Anforderungen in Bezug auf schädigende oder andere unerwünschte Wirkungen entlang der gesamten Prozesskette vom Auffinden von Lagerstätten, der Gewinnung der Primärenergie oder des stofflichen Trägers der Endenergie, die Verarbeitung, die Lagerung, den Transport, das Tanken bis zur Nutzung im Fahrzeug:

- Keine Emissionen bei der Gewinnung der Rohstoffe und Primärenergien; keine Gefährdung durch die Lagerung von Verfahrensrückständen
- Keine Emissionen bei der Herstellung des Kraftstoffs
- Keine Emissionen bei Transport, Lagerung und Umfüllung des Kraftstoffs
- Keine Freisetzung von chemischen Elementen und Verbindungen bei der Nutzung, die in der Luft nicht natürlich vorkommen
- Kein photochemisches Potenzial der Abgase (geringer Beitrag zu Smog und Ozonbildung)
- Der Kraftstoff, die Gewinnung seiner Vorprodukte und die Verbrennungsprodukte sind nicht treibhauswirksam
- Keine Umweltschädigung bei ungewollter Freisetzung in Böden, im Wasser und in der Luft; biologisch leicht abbaubar

Die genannten Forderungen an Kraftstoffe stehen teilweise miteinander im Konflikt. Kein Energieträger kann allen Kriterien in gleicher Weise entsprechen. Durch hohe Werte für Energie- und Leistungsdichte und eine einfache Handhabbarkeit haben chemisch gebundene Energien für Verbrennungsprozesse große Vorteile. Das gilt ganz besonders, wenn die Reaktionsprodukte als Gase anfallen und an die Atmosphäre entlassen werden können. Um Luftverschmutzungen zu vermeiden, dürfen nur die Elemente Sauerstoff, Stickstoff, Wasserstoff und Kohlenstoff in einem solchen Kraftstoff enthalten sein.

Die bei Weitem breiteste Verwendung hat chemische Energie gespeichert in den Gemischen von flüssigen Kohlenwasserstoffen gefunden, die als "Benzin" und "Diesel" bekannt sind. Sie erfüllen heute fast ideal die wichtige Forderung, dass im Abgas keine Elemente vorkommen dürfen, die nicht in der Luft auch natürlich auftreten. Erdöl bietet die einzigartige Möglichkeit, einen billig gewinnbaren Rohstoff mit relativ geringem verfahrenstechnischem Aufwand zu hochwertigen Kraftstoffen zu veredeln. Deren Qualität wurde in einem langen Prozess schrittweise immer weiter verbessert (Verzicht auf Blei und andere Metall- und Halogenverbindungen, Entschwefelung, Reduzierung des Benzolgehalts, Verbesserung der physikalisch-chemischen Eigenschaften, Einengung von Toleranzbändern, ...). Parallel dazu wurden die Motoren auf die veränderten Eigenschaften der Kraftstoffe abgestimmt. In der Summe kann man von einer Ko-Evolution von Kraftstoffen und Energiewandlern sprechen, die immer noch andauert.

Die oben genannten Anforderungen werden in der Praxis in eine Fülle von Vorschriften umgesetzt, die beim Umgang mit Kraftstoffen zu beachten sind. Die professionellen und gelegentlichen Nutzer haben ein hohes Bewusstsein dafür entwickelt, wie die Gefährdungen, die vom Umgang mit Kraftstoffen ausgehen können, zu beherrschen sind. So kommt es, dass es trotz rund 1 Milliarde Tankvorgängen pro Jahr in Deutschland kaum zu schweren Unfällen mit Kraftstoffen kommt.

Bei den Energiewandlern haben sich aus Gründen des baulichen Aufwandes (Gewicht, Bauraum, Kosten) und des Ansprechverhaltens Prozesse mit innerer Verbrennung in Otto- und Dieselmotoren gegenüber solchen mit äußerer Verbrennung wie Dampfmaschinen oder Stirlingmotoren vollständig durchgesetzt. Elektrochemische Energiewandler werden weltweit seit ca. 15 Jahren mit großem Aufwand untersucht, haben aber bisher keine Anwendung in üblichen Kfz gefunden.

5 Möglichkeiten zur Minderung der global wirksamen Effekte der Kraftstoffnutzung

Nachdem die Freisetzung von Spurengasen in der Vergangenheit systematisch gemindert werden konnte (siehe Abb. 1.2), stehen nun die Hauptprodukte der Verbrennung im Vordergrund des Interesses. Im Folgenden werden die Möglichkeiten skizziert, die hier zu wesentlichen Verbesserungen führen können.

5.1 Technische Maßnahmen am Kfz

Wenn man bei der Verwendung von Kohlenwasserstoffen bleiben will, bleibt als Option zur Minderung der Emissionen an Kohlendioxid aus den Abgasanlagen nur die Minderung des Kraftstoffverbrauchs. Dazu kann man eine Vielzahl von technischen Möglichkeiten nutzen. Zunächst bietet es sich an, die Fahrwiderstände systematisch zu verringern: Beschleunigungswiderstand, Rollwiderstand, Luftwiderstand; der Fahrzeugmasse kommt dabei eine zentrale Rolle zu. Über die Jahrzehnte wurden kontinuierlich Verbesserungen erreicht, teilweise aber durch erhöhte Anforderungen an Fahrleistungen und Komfort, Fahrzeugsicherheit und im Interesse der Emissionsminderung wieder aufgezehrt. Dieser Prozess geht weiter; große Sprünge sind aber weder beim Gewicht noch bei den Widerstandsbeiwerten zu erwarten.

Eine weitere Gruppe von Möglichkeiten betrifft den Wirkungsgrad des Energiewandlers und der anderen Elemente des Antriebsstrangs. Auch hier gab es über die Jahrzehnte kontinuierliche Verbesserungen; Stichworte sind Direkteinspritzung bei Otto- und Dieselmotoren, Entdrosselung, Aufladung, Downsizing, Minderung der Reibleistung, Getriebe mit sechs bis acht Gängen u. V. m..

Ein drittes Feld für effizienzsteigernde Maßnahmen bietet die Optimierung der bedarfsgerechten Energiewandlungsprozesse. Hier sind vor allem Hybridantriebe zu nennen. Sie erlauben eine bessere Entkopplung des primären Energiewandlers von der Leistungsforderung, die sich aus dem Fahrbetrieb ergibt und öffnen damit Möglichkeiten für dessen Betrieb in verbrauchsgünstigeren Bereichendes Kennfeldes. Besonders attraktiv ist vielfach die Möglichkeit zur Bremsenergierückgewinnung. Eine weitere Entwicklungsrichtung könnte es sein, die Leistung, die das Fahrzeug zur Aufrechterhaltung seiner Funktion und für Komfortfunktionen benötigt, unabhängig von der Leistung für die Bewältigung der Fahraufgabe bereit zu stellen. Damit eröffnen sich interessante Potentiale für Systemoptimierungen. Die Nutzung des verbleibenden Anteils an Exergie in den Abwärmeströmen bietet ein weiteres Potential, das vor Allem dann beträchtlich ist, wenn das Fahrzeug häufig mit hoher Last betrieben wird. Speziell für Fahrzeuge mit großem Bedarf an Kälte können gekoppelte Prozesse für die Bereitstellung von mechanischer Arbeit – Wärme – Kälte attraktiv sein. Alle diese Ansätze erfordern ein detailliertes Verständnis der Nachfrage und des Angebots von Leistungen in den verschiedenen Energieformen im Fahrzeug und setzen bei der Umsetzung eine deutlich stärkere Disaggregierung von energiewandelnden Komponenten voraus, als sie heute gängig ist. Teilweise sind auch neue Komponenten erforderlich. Es ist noch nicht erkennbar, ob sich Einschränkungen bezüglich der Bildung von Komponentenbaukästen ergeben oder ob sich im Gegenteil neue Chancen für die Realisierung genau bedarfsgerechter „integrierter Fahrzeug-Energiesysteme" ergeben werden.

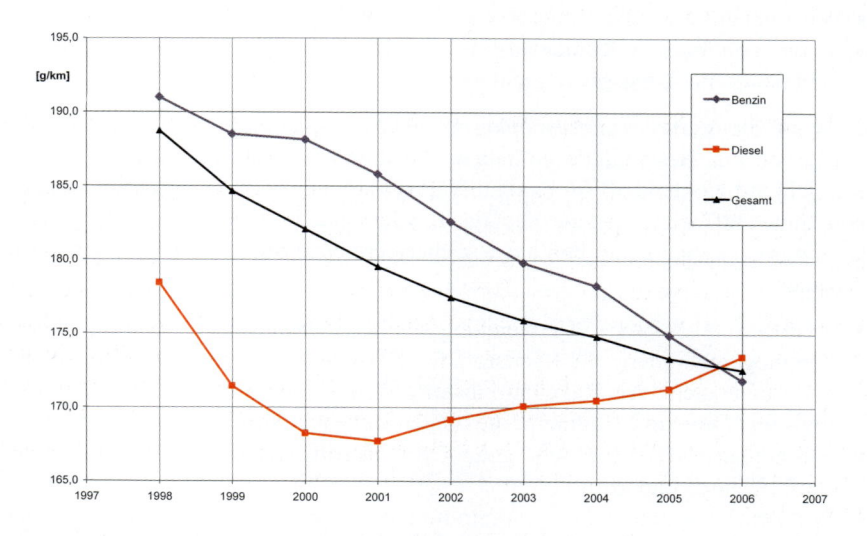

Abb. 1.4 Spezifische CO_2-Emissionen der jährlich in Deutschland neu zugelassenen Pkw-Fahrzeugflotte (eigene Darstellung nach Daten des KBA, 2007)

Eine weitere Gruppe von technischen Möglichkeiten zur Verminderung des Verbrauchs kann durch Assistenzsysteme erschlossen werden, die dem Fahrer einen energetisch optimalen Betrieb seines Fahrzeugs ermöglichen. Im einfachsten Fall ist das eine Schaltanzeige, künftige Systeme werden außer dem Ladezustand interner Energiespeicher und der Topografie der Strecke auch die aktuelle Verkehrssituation und viele weitere Größen berücksichtigen.

5.2 Sind andere Kraftstoffe erforderlich?

Der streckenbezogene Kraftstoffverbrauch kann durch die oben genannten und viele weitere Maßnahmen wesentlich weiter gesenkt werden. Es ist aber nicht möglich, die Freisetzung von Kohlendioxid als Hauptverbrennungsprodukt völlig zu vermeiden, solange Benzin und Diesel weiter als Kraftstoffe eingesetzt werden. Daher wäre es wünschenswert, wenn Kraftstoffe mit größerem H/C-Verhältnis zur Verfügung stünden. Den besten Kennwert bietet in dieser Hinsicht Methan. Ein Übergang auf CNG – Compressed Natural Gas – bietet diesen Vorteil; hinzu kommen Potentiale, die aus den besonderen Eigenschaften von Methan als Kraftstoff folgen. Sie werden aber mit erheblichen fahrzeugseitigen Nachteilen erkauft, die vor allem mit dem erforderlichen Hochdrucktank und dessen Unterbringung zusammen hängen. Ein großes Potential zur Substitution von Benzin und Diesel durch CNG besteht daher nicht.

Da der Weg der Verminderung des C-Gehalts des Kraftstoffs nicht zu einem praktikablen Ergebnis führt, bleiben zwei grundsätzliche Möglichkeiten:

- Verzicht auf Kohlenstoff als Bestandteil von Kraftstoffen.
- Ersatz von fossilem Kohlenstoff durch solchen, der „im Kreislauf geführt wird" und damit die Atmosphäre nicht belastet.

Wenn die Verbrennungsprodukte in die Atmosphäre entlassen werden sollen, dürfen sie nur Bestandteile enthalten, die dort auch natürlich vorkommen. Der Verzicht auf Kohlenstoff im Kraftstoff lässt dann nur noch Wasserstoff, Stickstoff und Sauerstoff als zulässige chemische Elemente in Kraftstoffen übrig. Damit kann immer noch eine große Zahl von energiereichen Substanzen gebildet werden, darunter

- Hydrazin (H_2N-NH_2): Verwendung als Raketentreibstoff, toxisch, allergen, karzinogen; Eignung als Kraftstoff für Kfz-taugliche Energiewandler offenbar nicht untersucht. Als Raketentreibstoffe weiter verbreitet sind heute Monomethyl- und Dimethyl-Hydrazin; die obigen Bedenken treffen auch hier zu.
- Ammoniak (NH_3): Ein sehr guter Ottokraftstoff, relativ leicht lagerbar, aber stark riechend und giftig.
- Wasserstoffperoxid (H_2O_2): Vermittelt durch einen Katalysator kann dieser Stoff zersetzt werden und bildet Wasserdampf und Sauerstoff, die z. B. in einer Turbine expandiert werden können; sehr gefährlich in der Handhabung.

- Wasserstoff (H_2): Ein sehr guter Ottokraftstoff, zudem derzeit der einzige Energieträger, der für PEM-Brennstoffzellen geeignet ist; die Herstellung ohne CO_2-Freisetzung erfordert viel elektrische oder thermische Energie aus nuklearer oder regenerativer Primärenergie; schwierige Lagerung entweder unter hohem Druck oder bei sehr tiefer Temperatur (- 253 °C).

Vor allem Wasserstoff wurde und wird sehr eingehend als Kraftstoff untersucht. Während die Energiewandlung in Ottomotoren und auch in Brennstoffzellen gut verstanden und beherrscht wird, ist die Speicherung im Fahrzeug nicht befriedigend gelöst.

Eine ganz andere Gruppe von möglichen Alternativen ergäbe sich, wenn die Bedingung aufgegeben würde, dass das Endprodukt der Verbrennung an die Atmosphäre abgegeben werden soll. Es müsste dann im Fahrzeug bis zu einer späteren Entsorgung oder Wiederaufarbeitung gesammelt werden. Daraus ergibt sich, dass es bei Umgebungsbedingungen entweder flüssig oder fest vorliegen muss. Motoren mit innerer Verbrennung sind dann in aller Regel nicht als Energiewandler geeignet. Systeme dieser Art sind wiederum in zwei Formen denkbar:

- Kraftstoff und Oxidationsmittel werden mitgeführt.
- Nur der Kraftstoff wird mitgeführt, als Oxidationsmittel wird der Sauerstoff der Luft verwendet.

Geschlossene elektrochemische Systeme wie Batterien kann man als Energiewandler der ersten Kategorie auffassen. In den letzten Jahren kann man auf diesem Gebiet rasche Fortschritte verzeichnen, die vor Allem das Lithium-Ionen-Batteriesystem betreffen. Aber auch bei anderen Systemen sind offensichtlich weitere Fortschritte gemacht worden (z. B. ZEBRA – NaNiCl-Batterie). Da in Batterien sowohl das Oxidations- als auch das Reduktionsmittel stets mitgeführt werden müssen, bleiben aber Nachteile bei Masse und Bauvolumen. Sie werden auch bei Redox-Flow-Akkumulatoren nicht aufgehoben. Hier hängen aber die maximale Leistung und die gespeicherte Energiemenge nicht voneinander ab und können je nach Anwendung gezielt angepasst werden. Die Größe des Stacks ist die Einflussgröße für die Leistung, die Menge an Elektrolyt die für die speicherbare Energie.

Die Möglichkeit, ein „luftatmendes Zero-Emission-System" zu schaffen, wurde bisher kaum untersucht. Ansätze gibt es in Form von Zn-Luft-Batterien [4] und Al-Luft-Batterien. Die Wasserstoff-Brennstoffzelle ist ebenfalls ein luftatmendes, elektrochemisches System, das Reaktionsprodukt wird aber in Form von Wasserdampf an die Atmosphäre abgegeben. Theoretisch wäre es auch möglich, durch Verbrennung von Metallen, Silizium oder Bor Wärme zu erzeugen und sie in thermische Maschinen mit äußerer Verbrennung zu nutzen. Die Asche läge fest vor und könnte entsorgt oder rezykliert werden. In allen Fällen wären die Kennwerte für Energie- und Leistungsdichte schlechter als für Systeme, die ihre Reaktionsprodukte an die Atmosphäre abgeben.

Da der völlige Verzicht auf Kohlenstoff im Kraftstoff bisher nicht zu praktikablen Ergebnissen geführt hat, bekommt die Option große Bedeutung, ihn „im Kreis zu führen". Dies erfordert im Idealfall einen Prozess, der dieselbe Menge an Kohlenstoff in Form von CO_2 der Atmosphäre entnimmt, die im Kraftstoff chemisch gebunden wird und bei dessen Verbrennung im Motor wieder frei wird. Theoretisch ist es z. B. mit einer Gaswäsche möglich, Kohlendioxid aus der Luft zu gewinnen. Die geringe Konzentration erfordert aber die Handhabung sehr großer Volumenströme und führt zu hohem Energiebedarf und entsprechenden fixen und variablen Kosten. Effizienter ist es, sich dazu der pflanzlichen Fotosynthese zu bedienen. Dieser Weg wird in Europa und in vielen anderen Ländern beschritten. Bisher bereits in größerem Umfang genutzte biogene Kraftstoffe sind Biodiesel, also die Ester von Pflanzenölen, und enzymatisch aus Zucker und Stärke hergestelltes Ethanol. Seit dem 1.1.2007 ist in Deutschland das Biokraftstoffquotengesetz in Kraft; es setzt die Ziele der EU-Richtlinie 2003/30 um und gibt darüber hinaus weitergehende Beimischungsziele vor. So gilt ein verbindlicher energetischer Mindestanteil von Biokraftstoffen an den in Verkehr gebrachten Kraftstoffen. Er beträgt 4,4 % für Dieselkraftstoff und 1,2 % für Ottokraftstoff. Die Mindestquote liegt für Dieselkraftstoff bei konstant 4,4 % für die Jahre 2007 bis 2015; für Ottokraftstoff steigt sie von 1,2 % in 2007 über 2,0 % in 2008 und 2,8 % in 2009 auf 3,6 % in 2010 und bleibt dann konstant.

5.3 Substitution von Energie durch Technik?

Alle oben beschriebenen Möglichkeiten zur Verminderung der Abhängigkeit des Verkehrs von fossilem Kohlenstoff setzen umfangreiche technologische Entwicklungen und organisatorische Änderungen voraus. Sie binden zudem Kapital in ganz beträchtlichem Umfang. Das allgemeine Ziel „Substitution von Energieträgern, die THGs freisetzen durch effizientere Technik" bedeutet daher beim Erzeuger von Energieträgern wie auch beim Anwender in vielen Fällen auch „Substitution von variablen Kosten durch fixe Kosten".

Bezogen auf die Kraftstoffbereitstellung ist heute erkennbar, dass angesichts stark gestiegener Preise für fossile Energieträger viele Alternativen zu den herkömmlichen Lagerstätten inzwischen rentabel geworden sind. Das betrifft zunächst vor Allem „nicht-konventionelles Öl", also Tiefseeöl, arktisches Öl, Schweröle, Teersande usw.; zur Gewinnung dieser Ölreserven ist ein teilweise beträchtlicher Energieaufwand erforderlich, die THG-Bilanz verschlechtert sich also in der well-to-wheel-Betrachtung. Auch von Gas-to-Liquid-Prozessen sind hier keine wesentlichen Entlastungen zu erwarten. Anders sieht es mit den Möglichkeiten zur Erzeugung von Kraftstoffen aus regenerativen Primärenergien aus. Relativ kurzfristig scheint die Preisentwicklung für Erdöl agrarisch erzeugte Energie- und Kohlenstoffträger in den Bereich unsubventionierter ökonomischer Konkurrenzfähigkeit zu bringen. Längerfristig könnte auch elektrische Energie aus regenerativen Quellen für die Erzeugung von Kraftstoffen relevant werden. In beiden Fällen ist aber die Verwendung des Energieträgers für stationäre Anwendungen wegen geringerer Kosten für die Veredelung und den Transport noch attraktiver. Deshalb ist zu vermuten, dass es zu einem Verdrängungsprozess kommt, der bisher stationär genutzte Ölprodukte ersetzt und diese Mengen für den mobilen Verbrauch freisetzt; dort können Vorteile in der Anwendung mit vergleichsweise höheren Preisen honoriert werden. Für den Betreiber von Kfz ergibt sich daraus die fast sichere Perspektive weiter steigender Kraftstoffpreise (siehe Abbildung 1.5).

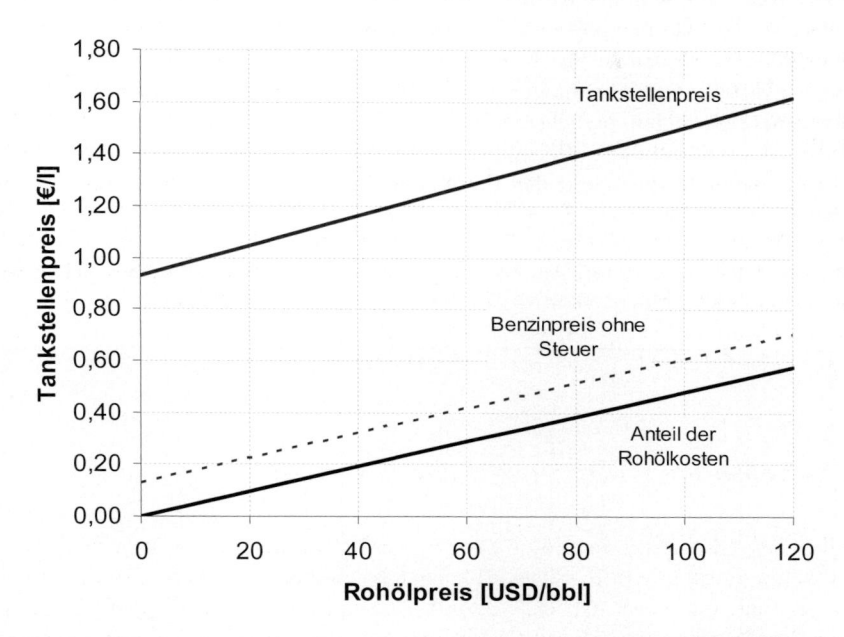

Abb. 1.5 Abschätzung des Tankstellenpreises für Benzin in Abhängigkeit vom Rohölpreis

Angesichts der beschriebenen Situation bei der Versorgung mit Kraftstoffen kommt der Senkung des spezifischen Verbrauchs eine immer stärkere Bedeutung zu. Eine Firma oder eine Privatperson kann sich leicht ausrechnen, ob sich die zusätzlichen Anschaffungskosten für ein verbrauchsgünstigeres Fahrzeug rentieren. Immer wenn der Gegenwartswert der ersparten Kraftstoffmenge den Mehrpreis für die Anschaffung eines sparsameren Fahrzeugs übertrifft, ist die Anschaffung wirtschaftlich. Dieser Gegenwartswert hängt einerseits von der künftigen Preisentwicklung für den Kraftstoff und vom Kalkulationszinssatz ab, andererseits vom spezifischen Verbrauch und vom Einsatzspektrum. (siehe Tabelle 1.2 für einige Beispiele). Unter heutigen Bedingungen lassen sich vor allem bei kommerziell eingesetzten Fahrzeugen mit hoher jährlicher Laufleistung erhebliche Mehrpreise rechtfertigen. Sie erlauben es dem Hersteller, Systeme und Komponenten mit beträchtlich höheren Herstellkosten zu verwenden und sie über den Preis vergütet zu bekommen. Bei geringen Laufleistungen ist dies aber weniger der Fall; es ist also ökonomisch eher gerechtfertigt, besonders verbrauchsgünstige Reiselimousinen für den Geschäftsmann, Taxis, Busse, Lieferwagen oder Langstrecken-Lkws zu entwickeln als mit Kleinfahrzeugen minimale streckenbezogene Verbrauchskennwerte zu erzielen.

Bisher werden die wirtschaftlich vertretbaren Möglichkeiten zur Verbrauchssenkung noch nicht voll genutzt. Dies hat seine Ursache auch im Käuferverhalten: Phasen besonders hoher Kraftstoffpreise wurden bisher mit Recht als vorübergehende Ereignisse betrachtet. Volatile Energiepreise führen tendenziell dazu, dass künftigen Ausgaben bei der Kaufentscheidung weniger Gewicht gegeben wird; in den Investitionsentscheidungen wird nicht das volle Potential für längerfristige Kosteneinsparungen berücksichtigt. Dieser Effekt wird dadurch verstärkt, dass Fahrzeuge mit hoher Laufleistung nach relativ kurzer Zeit ersetzt werden und auf dem Gebrauchwagenmarkt der Verbrauch für die Preisfindung keine große Rolle spielt.

Tabelle 1.2 Gegenwartswert von künftigem Kraftstoff-Minderverbrauch unter verschiedenen Randbedingungen: Minderverbrauch 1 l/100 km, bzw. Minderverbrauch 20 %

Verbrauch [l/100]	Kraftstoff	Kraftstoffpreis [€/l]	jährliche Fahrleistung [km]	Haltedauer [a]	Gesamtfahrleistung [km]	Gegenwartswert 1 l/100 km [€]	Gegenwartswert 20% [€]
6	B	1,5	11.000	11	121.000	1.615	1.939
8	B	1,5	11.000	11	121.000	1.615	2.585
10	B	1,5	15.000	11	165.000	2.203	4.406
12	B	1,5	25.000	5	125.000	3.671	8.811
6	D	1,4	11.000	11	121000	1.508	1.809
8	D	1,4	11.000	11	121000	1.508	2.412
10	D	1,4	15.000	11	165000	2.056	4.112
12	D	1,4	20.000	9	180000	2.741	6.579
20	D	1,4	70.000	5	350.000	9.595	38.378
35	D	1,4	125.000	6	750.000	17.133	119.933
35	D	1,4	250.000	5	1.250.000	34.266	239.855

Annahmen: Jährliche Steigerung des Kraftstoffpreises [%]   3,50
Kalkulationszinssatz [% p.a.]   6,00
Preis für Dieselkraftstoff [€/l]   1,40
Preis für Ottokraftstoff [€/l]   1,50

Die Strategie „Ersatz von Energieverbrauch durch effizientere Technik" kann nur langfristig gelingen. Sie erfordert langfristig verlässliche Rahmenbedingungen, auf die sich Hersteller und Käufer der Fahrzeuge einrichten können. Schon heute wird konzeptionell über die Fahrzeuge nachgedacht, die bis 2030 auf der Straße sein werden. Bei der Festlegung einer entsprechenden Politik muss auch beachtet werden, dass die Spreizung zwischen der in Deutschland/Europa geforderten Technik gegenüber der auf den Exportmärkten benötigten für die stark exportorientierte Industrie beherrschbar bleibt. Es wäre also äußerst wünschenswert, wenn sich zumindest die großen Industrieländer auf ein abgestimmtes Vorgehen einigen könnten.

6 Politisch-wirtschaftliche Steuerung eines Prozesses der De-Carbonisierung des Verkehrssektors

Alle technischen Optionen zur Minderung der CO_2-Emissionen führen zu mehr oder weniger erheblichen zusätzlichen Kosten. Es stellt sich also politisch die Frage, wie ein Steuerungssystem aussehen kann, dass die in volkswirtschaftlicher Sicht effizientesten Möglichkeiten automatisch begünstigt und die Verschwendung von gesellschaftlichen Ressourcen durch die Wahl ungünstigerer technischer Optionen vermeidet.

Zu diesem Zweck werden derzeit Systeme entwickelt, die dem Handel mit CO_2-Emissionsrechten dienen sollen. Die Übertragung dieser Konzepte auf den Straßenverkehr wird diskutiert. Hersteller von Kfz sollen verpflichtet werden, das Recht zum Verkauf von Fahrzeugen mit Emissionswerten, die bezogen auf die relevante Flotte über einem bestimmten Maximalwert liegen von solchen Herstellern zu kaufen, deren Fahrzeuge darunter liegen. Ein solches Regime hätte jedoch eine Reihe von Fehlanreizen zur Folge. Insbesondere würde der gravierende Unterschied in den jährlichen Fahrleistung zwischen den verschiedenen Fahrzeugkategorien gar nicht oder nur sehr pauschal berücksichtigt. Außerdem fehlt jeder Anreiz für den einzelnen Nutzer, durch Anpassung seiner Fahrweise oder durch Instandhaltung seines Fahrzeugs oder auch durch Veränderung seiner Nutzungsgewohnheiten zur Emissionsminderung beizutragen.

Zweckmäßiger erscheint es, den Input von fossilem Kohlenstoff in das Energiesystem – hier in die Erzeugung von Kraftstoffen – zu steuern und nicht den Output aus dem Auspuff in Form von CO_2. Nur relativ wenige wirtschaftliche Akteure sind mit der inländischen Gewinnung oder dem Import von Trägern von fossilem Kohlenstoff befasst. Bei ihnen könnte eine staatliche Steuerung der THG-Emissionen mit relativ geringem Aufwand ansetzen.

Von der Politik ist die Vorgabe konsistenter Signale zu fordern. Sie könnten so aussehen: Alle Träger von fossilem Kohlenstoff in allen Verwendungen werden in gleicher Weise fiskalisch – steuerlich oder durch quantitativ beschränkte, handelbare Emissionsrechte – belastet. Es gibt keine Sonderbehandlungen für bestimmte Verwendungen von Kraft- oder Brennstoffen. Nicht-fossiler Kohlenstoff wird konsequent von dem Teil der Belastung frei gestellt, der der Steuerung mit dem Ziel der Emissionsminderung dienen soll. Das bedeutet:

- Benzin und Diesel werden – unabhängig vom Verwendungszweck – bezogen auf den Energiegehalt und die CO2-Freisetzung gleich besteuert.
- Kraftstoffe für die Luftfahrt, den Schienenverkehr, die Schifffahrt werden in gleicher Weise besteuert wie Kraftstoffe für den Straßenverkehr.
- Energieträger für häusliche und industrielle Anwendungen einschließlich der Erzeugung von Strom oder anderen Sekundärenergieträgern werden in gleicher Höhe und nach gleicher Methodik besteuert wie der Einsatz fossiler Rohstoffe für die Herstellung von Kraftstoffen.

In den Raffinerieabgabepreisen wäre dann die Abgabe auf den fossilen Kohlenstoff schon enthalten. Agrarisch oder auf andere Weise regenerativ gewonnene Teilmengen minderten durch ihre Freistellung von der „Kohlenstoffabgabe" direkt die Gestehungskosten der Kraft- und Brennstoffe; ein Beimischungszwang würde verzichtbar.

Die Umstellung des Steuersystems muss aufkommensneutral erfolgen. Wenn es den Zweck erfüllen soll, variable Kosten durch fixe zu ersetzen, darf die Summe des für private Investitionen zur Verfügung stehenden Kapitals nicht reduziert werden, sie muss sogar entsprechend den zusätzlichen Kosten steigen. Wenn aber alle Steuersätze für Kraft- und Brennstoffe sowie für Strom auf das Niveau der heutigen Benzinbesteuerung in €/t CO_2 angehoben würden, wüchse das Steueraufkommen von 90 Mrd. €/a auf ca. 318 Mrd. €/a an. Es muss also an anderer Stelle zu genau entsprechenden Entlastungen kommen. Da zudem die Geschwindigkeit, mit der Fahrzeughersteller, Kraftstoffindustrie und Verbraucher auf die neuen Anreize reagieren können, wegen des existierenden Parks an Produktionsanlagen und Fahrzeugen, wegen der Umfangs des für die Umstellung erforderlichen Kapitals und wegen des notwendigen Knowhow-Aufbaus begrenzt ist, wird eine lange Übergangsphase erforderlich sein. Grundsätzlich sind aber Formen motorisierter, individueller Mobilität möglich, die ohne die Emission zusätzlichen Kohlenstoffs auskommen.

7 Literatur

[1] Verkehr in Zahlen 2007/2008
[2] Umweltbundesamt unter http://www.umweltbundesamt-umwelt-deutschland.de/ umweltdaten/public/document/downloadImage.do?ident=7065 am 10.2.2008
[3] IFEU, Energieverbrauch und Schadstoffemissionen des motorisierten Verkehrs in Deutschland 1960-2030, Zusammenfassung im Auftrag des Umweltbundesamtes, Heidelberg, 30. November 2005; www.ifeu.org/verkehrundumwelt/pdf/TREMOD_Zusammenfassung.pdf am 10.2.2008
[4] Siehe z.B. www.electric-fuel.com/ev/index.shtml, www.zincenergystorage.org/battery.html
[5] VDA, Tatsachen und Zahlen, 71. Folge, 2007

Globalphysikalische Modellierung der motorischen Verbrennung

F. Chmela, G. Pirker, D. Dimitrov, A. Wimmer

Kurzfassung

Neben den heute weithin verwendeten Software-Paketen für die dreidimensionale Simulation von Strömung, Gemischbildung und Verbrennung im Motor gibt es besonders zur Vor-Optimierung von Motorgeometrie und Betriebsparametern einen Bedarf an einfacher und schneller zu bedienenden Simulationswerkzeugen. Das Kompetenzzentrum für umweltfreundliche Stationärmotoren (LEC = „Large Engines Competence Center") in Graz hat es sich zur Aufgabe gemacht, für die besonders bei Großmotoren beachtliche Vielfalt an Kraftstoffen und Verbrennungsverfahren eine konsistente Simulationsmethodik auf der Basis von nulldimensionalen Modellansätzen zu entwickeln.

Die vorgestellte Methodik entstand in Zusammenarbeit mit den Firmen GE Jenbacher, AVL List Ges.m.b.H., Steirische Gas-Wärme und OMV mit Unterstützung durch das österreichische Bundesministerium für Wirtschaft und Arbeit, das Land Steiermark und die Stadt Graz.

1 Einleitung

Der steigende Zeit- und Kostendruck bei der Entwicklung von neuen Motoren führt zusammen mit den immer höher werdenden Anforderungen hinsichtlich Leistung, Verbrauch und Emissionen zur Notwendigkeit, Gemischbildung und Verbrennung bereits im Entwurfsstadium vorzuoptimieren.

Da die Anzahl der einstellbaren Parameter in der Motorsteuerung ständig steigt, muss bei der Optimierung des Gesamtsystems eine immer größere Zahl von Varianten untersucht werden. Simulationsverfahren mit einfacher Handhabung und kurzen Rechenzeiten erweisen sich hier als vorteilhaft. Nulldimensionale Verfahren kommen den genannten Forderungen in hohem Maße entgegen und wurden daher in dieser Arbeit als Grundlage gewählt.

Neben den klassischen Benzin- und Dieselmotoren gibt es besonders bei Großmotoren eine Vielzahl von Brennverfahren und Kraftstoffen. Um die Entwicklung von immer neuen Simulationsmodellen für diese Spezialfälle vermeiden zu können, ist es nützlich, möglichst allgemeingültige Modelle zur Verfügung zu haben. Ein hohes Maß an Allgemeingültigkeit kann von Modellen erwartet werden, die auf physikalischen Gesetzen beruhen und nur ein geringes Maß an Phänomenologie enthalten. In diesem Beitrag wird eine konsistente Simulationsmethodik vorgestellt, die diesen Bedingungen genügt.

2 Bekannte Ansätze für die Reaktionsrate

Der Zustand der Zylinderladung während des Hochdruck-Teils ist geprägt durch hohe Temperatur aus Verdichtung und Energiefreisetzung und durch hohe Turbulenzdichte, die generell durch die Kolbenbewegung und bei Dieselmotoren zusätzlich vom Einspritzstrahl-Impuls beziehungsweise bei Vorkammer-Gasmotoren vom Impuls der überströmenden Gasmasse erzeugt wird. Die Prozesse der Gemischbildung und Verbrennung werden daher durch diese beiden Gegebenheiten kontrolliert.

2.1 Reaktionsrate nach Magnussen

Die momentane Verfügbarkeit der Reaktionspartner für die Reaktion wird durch Transport- und Mischungsprozesse auf molekularer Ebene gesteuert. Die lokale Turbulenzdichte ist dabei das treibende Phänomen für die Mischungsgeschwindigkeit der Reaktanten. Die dadurch kontrollierte Reaktionsrate lässt sich mit Hilfe der Ansätze nach Magnussen [1] formulieren. In der folgenden Gleichung (1) ist k die Turbulenzdichte und ε die Dissipationsrate.

$$r_{Mag} = C_{Mag} \; c_R \left(\frac{\varepsilon}{k} \right) \qquad (1)$$

Diese sich auf das bei der drei-dimensionalen Simulation verwendete k-ε-Modell stützende Formulierung ist für die Verwendung in null-dimensionalen Modellen wenig geeignet. Mit Hilfe der bekannten Approximation (Gleichung (2)) von Taylor [2]

$$\varepsilon = \frac{k^{\frac{3}{2}}}{2l} \qquad (2)$$

und einer aus dem Zylindervolumen abgeleiteten charakteristischen Länge l lässt sich Gleichung (1) in die folgende für die null-dimensionale Berechnung besser geeignete Form bringen. Der Turbulenzterm enthält hier nur noch die aus den Gemischbildungsparametern bestimmbare Turbulenzdichte. Die charakteristische Länge l wird mit der Kubikwurzel des Zylindervolumens abgeschätzt.

Globalphysikalische Modellierung der motorischen Verbrennung

$$r_{Mag} = C_{Mag} \; c_R \; \frac{\sqrt{k}}{\sqrt[3]{V_{Zyl}}} \qquad (3)$$

C_{Mag} ist in Gleichung (3) eine Modellkonstante und c_R die ratenbestimmende Konzentration, die weiter unten noch näher erläutert wird.

Die Berechnung der Turbulenzdichte k aus dem Einspritzstrahl-Impuls wurde bereits in [3] und die Erzeugung aus Drallströmung und Quetschströmung in [4] ausführlich erläutert. Die Rechnung beginnt jeweils mit der Bestimmung der kinetischen Energie, wovon ein Teil in turbulente kinetische Energie umgewandelt wird. Dieser Anteil wird dann auf die Gemischmasse bezogen, die momentan an der Verbrennung teilnimmt.

Bei der ratenbestimmenden Konzentration c_R wird nach Magnussen unterschieden zwischen Diffusionsverbrennung und vorgemischter turbulenter Verbrennung sowie zwischen unter- und überstöchiometrischem Massenverhältnis von Luft bzw. Sauerstoff und Kraftstoff. Bei der Diffusionsverbrennung ist die ratenbestimmende Konzentration die relativ zur Stöchiometrie kleinere Konzentration, also bei $\lambda>1$ die Kraftstoffkonzentration c_K und bei $\lambda<1$ die Sauerstoffkonzentration c_O. Die beiden Konzentrationen lassen sich nach den folgenden Beziehungen mit Hilfe des Gemischvolumens V_{Gem} berechnen.

$$c_K = \frac{m_K}{V_{Gem}} \qquad (4)$$

$$c_O = \frac{0{,}232 \, m_L}{O_{2,min} \, V_{Gem}} = \lambda \frac{m_K}{V_{Gem}} \qquad (5)$$

Bei der turbulenten vorgemischten Verbrennung tritt an die Stelle der Konzentrationen der Ausgangsstoffe die Konzentration c_P der Verbrennungsprodukte CO_2 und H_2O (Gleichung (6)).

$$c_P = \frac{m_P}{\left(1+O_{2,min}\right) V_{Gem}} = \frac{3{,}\dot{6}\,c + 9\,h}{1 + 2{,}\dot{6}\,c + 8\,h + o} \frac{m_K}{V_{Gem}} = C_K \frac{m_K}{V_{Gem}} \qquad (6)$$

c, h und o sind dabei die Massenanteile von Kohlenstoff, Wasserstoff und Sauerstoff im Kraftstoff. λ ist das Luftverhältnis und $O_{2,min}$ der stöchiometrische Sauerstoffbedarf. Die Massen von Sauerstoff und der Verbrennungsprodukte sind jeweils auf die stöchiometrischen Massen bezogen. Der von der Kraftstoffzusammensetzung abhängige Term in Gleichung (6) soll weiterhin mit C_K bezeichnet werden.

Das Gemischvolumen V_{Gem} in Gleichung (7) enthält Kraftstoffdampf und, wenn man hier der Kürze halber von Beimischungen von Restgas und rückgeführtem Abgas absieht, die durch das lokale Luftverhältnis definierte Luftmenge.

$$V_{Gem} = m_K \left(\frac{1}{\rho_{K,d}} + \frac{\lambda L_{min}}{\rho_L} \right) \tag{7}$$

Ein wichtiges Beispiel für die Anwendbarkeit des Ansatzes nach Magnussen ist die mischungsgesteuerte Diffusionsverbrennung im direkteinspritzenden Dieselmotor, die sich damit gut beschreiben lässt.

2.2 Reaktionsrate nach Arrhenius

Die momentane Reaktionsrate zwischen den bereits gemischten Reaktionspartnern wird durch die Reaktionskinetik kontrolliert. Die zugrunde liegenden chemischen Reaktionen können näherungsweise als Bruttoreaktion zwischen Kraftstoff und Sauerstoff beschrieben werden. Unter der Annahme, dass die Konzentrationszunahme der Reaktionsprodukte einem Arrhenius-Gesetz folgt, stellt Gleichung (8) bei nicht turbulenten Oxidationsprozessen im Motor die Reaktionsrate in allgemeiner Form dar.

$$r_{Arr} = C_{Arr}\, c_K\, c_O\, p^a\, e^{\frac{-k_2 T_a}{T}} \tag{8}$$

In dieser Gleichung bedeuten c_K und c_O wieder die Konzentrationen von Kraftstoff und Sauerstoff in der Zylinderladung. p und T sind Druck und (lokale) Temperatur im Zylinder. T_a ist die aus Aktivierungsenergie und Gaskonstante abgeleitete Aktivierungstemperatur. Der Exponent a sowie die Aktivierungstemperatur T_a müssen je nach Reaktionstyp aus Messergebnissen bestimmt werden.

Die lokale Ladungstemperatur während der Verbrennung ist über ein die Frischgaszone und mindestens eine verbrannte Zone berücksichtigendes Mehrzonen-Modell zu bestimmen. Die Konzentrationen lassen sich wie vorher mit Hilfe von Gleichung (4) und (5) berechnen.

Beispiele für mit dem Arrhenius-Ansatz mit guter Näherung beschreibbare Prozesse sind allgemein die NO-Bildung und bei Ottomotoren das Anwachsen der Radikalkonzentration in der vorgemischten Frischladung, die dann zum Klopfen führt. Auch die Brennrate bei den Verbrennungsverfahren mit homogener Selbstzündung folgt dieser Gesetzmäßigkeit.

2.3 Kombinierter Ansatz

Bei der motorischen Verbrennung sind immer beide Reaktionstypen beteiligt, wenn auch mit unterschiedlichen Beiträgen. Zur Berechnung der Gesamtreaktionsrate können die für die Einzelprozesse benötigten Zeiten τ_{Mag} und τ_{Arr} als Kehrwerte der Reaktionsgeschwindigkeiten addiert werden, um vom Zustand vor der Mischung zum Zustand nach der Reaktion zu gelangen.

$$\tau_{ges} = \tau_{Mag} + \tau_{Arr} \tag{9}$$

Die Summe der beiden ist dann der Kehrwert der kombinierten Reaktionsrate, die in Gleichung (10) weiter ausgeführt ist.

$$r_{ges} = \frac{1}{\tau_{ges}} = \frac{1}{\frac{1}{r_{Mag}} + \frac{1}{r_{Arr}}} = \frac{r_{Mag} \, r_{Arr}}{r_{Mag} + r_{Arr}} \tag{10}$$

Diese Formulierung kann für eine Reihe von Modellen benutzt werden, zum Beispiel für den Zündverzug, den Rußabbrand oder auch für die Brennrate der vorgemischten Verbrennung im direkteinspritzenden Dieselmotor, wo in jedem Fall ein höheres Turbulenzniveau erfahrungsgemäß zu einer signifikanten Ratenerhöhung führt. Bei stark unterschiedlichen Reaktionsraten der Einzelprozesse kontrolliert die jeweils kleinere Rate den Gesamtprozess.

3 Zündverzug

Als Basis für die Berechnung des Zündverzugs wird die kombinierte Gleichung (10) zur Beschreibung der Zunahme der Radikalkonzentration herangezogen. Die für die Berechnung der Kraftstoffkonzentration nach Gleichung (4) erforderliche momentane Kraftstoffmasse wird bei direkteinspritzenden Motoren als bestimmter Anteil der nach Gleichung (11) aus der in [m³/°KW] angegebenen Einspritzrate v_E und der Motordrehzahl n ermittelten eingespritzten Kraftstoffmasse ermittelt.

$$\frac{dm_K}{dt} = 6 n v_E \rho_K \tag{11}$$

Das Gemischvolumen für die Berechnung der Konzentration wird nach Gleichung (7) bestimmt, wobei das lokale Luftverhältnis eine Modellkonstante darstellt. Bei gemischansaugenden Motoren sind die Konzentrationen von Kraftstoff und Sauerstoff natürlich gleich den Anfangswerten und das Gemischvolumen ist gleich dem Zylindervolumen.

Die Entflammung wird eingeleitet, wenn die so errechnete Radikalkonzentration einen bestimmten Schwellwert erreicht. Dies wird durch die folgende Gleichung (12) beschrieben.

$$\int_{t_{EB}}^{t_{VB}} r_{ges}(t)\,dt = 1 \qquad (12)$$

Die ratenbestimmenden Konstanten C_{Mag} und C_{Arr} werden dabei so gewählt, dass das Integral der kombinierten Reaktionsrate zum Zeitpunkt der Entflammung den Wert 1 erreicht.

Das Berechnungsverfahren gilt für beliebige Kraftstoffe und Verbrennungsverfahren. Die Modellkonstanten müssen jedoch jeweils aus Messwerten bestimmt werden.

In der folgenden Abbildung 1 sind die an zwei Gasmotoren mit offenem Brennraum und Funkenzündung an unterschiedlichen Betriebspunkten gemessenen Zündverzüge den Ergebnissen der Vorausrechnung gegenübergestellt.

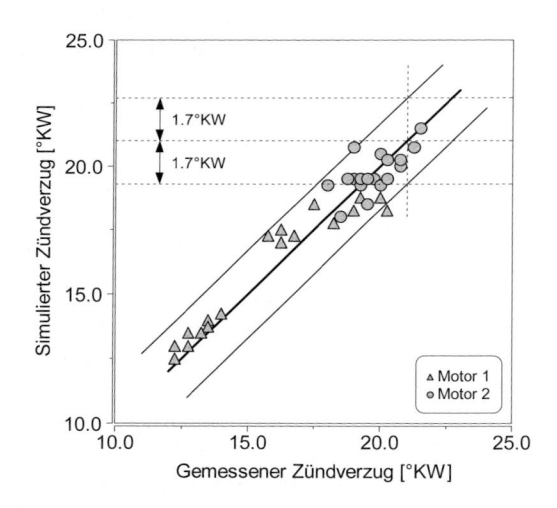

Abb. 1 Simulierter Zündverzug und Verifikation an zwei Gasmotoren

Die Unterschiede zwischen Vorhersage und Messung liegen hier in einem Streuband der Breite ±1.7 °KW.

Die nächste Abbildung 2 zeigt die Treffsicherheit der Vorausrechnung für einen Gasmotor mit gespülter Vorkammer. Die Unsicherheit der Voraussage beträgt hier ±0.2 °KW.

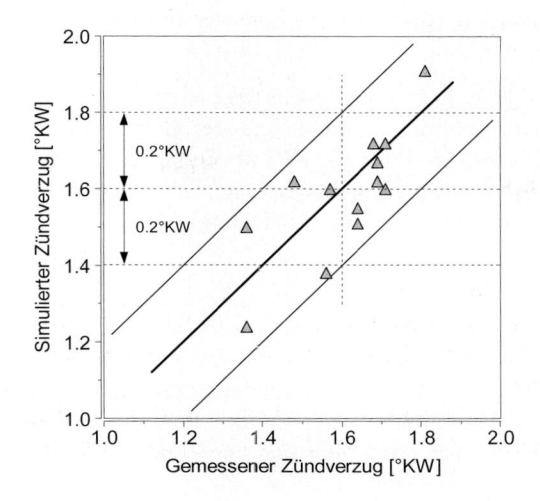

Globalphysikalische Modellierung der motorischen Verbrennung

Abb. 2 Simulierter Zündverzug und Verifikation an einem Gasmotor mit Vorkammer

Eine ähnliche Darstellung zeigt Abbildung 3, auf der die an zwei Dieselmotoren gemessenen Zündverzüge mit den Simulationsergebnissen verglichen werden. Das Streuband der Simulationsergebnisse zeigt hier eine Breite von ±0.5 °KW.

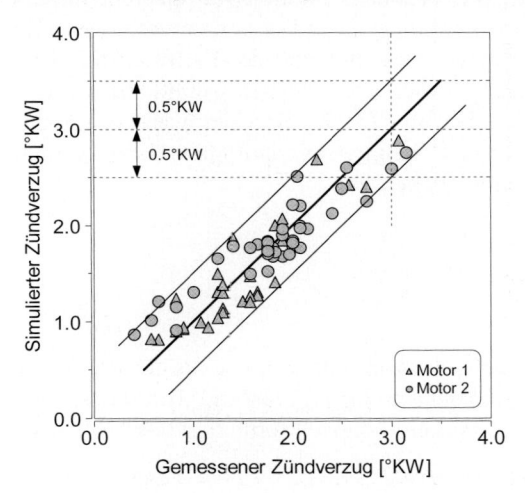

Abb. 3 Simulierter Zündverzug und Verifikation an zwei Dieselmotoren

4 Brennratenverlauf

Die Energieumsatzrate kann ebenfalls auf Basis der kombinierten Gleichung (10) formuliert werden. Um die Reaktionsrate der Dimension [kg m^{-3} s^{-1}] in eine Brennrate der Dimension [J/s] bzw. [W] überzuführen, ist die Multiplikation mit dem momentan zur Verfügung stehenden Gemischvolumen $V_{Gem,verf}$ und dem unteren Heizwert H_u erforderlich, siehe Gleichung (13).

$$\frac{dQ}{dt} = r_{ges} V_{Gem,verf} H_u \tag{13}$$

Diese Grundgleichung wird im Folgenden allerdings nur für die vorgemischte Verbrennung im Dieselmotor angewandt. Für die beiden konventionellen Verbrennungsverfahren in Ottomotor und Dieselmotor wird hier aus unterschiedlichen Gründen davon abgewichen.

Beim Ottomotor wird der Einfluss der Ladungstemperatur auf die Brennrate seit jeher mittels der stark temperaturabhängigen laminaren Flammengeschwindigkeit abgebildet. Um diese Wissensbasis hinsichtlich der Einflüsse der Temperatur und der Kraftstoffart weiter nutzen zu können, wurde hier eine analoge Formulierung der Reaktionskinetik gewählt. Beim Dieselmotor hingegen ist der Diffusionsteil des Verbrennungsablaufs so ausgeprägt mischungsgesteuert, dass sich dort die Berücksichtigung eines Temperatureinflusses erübrigt.

Die Brennrate beim Ottomotor und der Diffusionsteil der Verbrennung beim direkteinspritzenden Dieselmotor können somit auf Basis des Ansatzes von Magnussen nach Gleichung (3) beschrieben werden. Damit erhält man Gleichung (14), die für den Brennratenverlauf sowohl bei Ottomotoren als auch bei Dieselmotoren Gültigkeit besitzt.

$$\frac{dQ}{dt} = C_{Mag}\, c_R\, V_{Gem,verf}\, H_u\, \frac{\sqrt{k}}{\sqrt[3]{V_{Zyl}}} \tag{14}$$

Die ratenbestimmende Konzentration c_R, das für die Verbrennung momentan verfügbare Gemischvolumen $V_{Gem,verf}$ und die Turbulenzdichte k müssen für die jeweilige Motorkonfiguration speziell formuliert werden, siehe [3] und [4].

4.1 Otto-Gasmotoren mit Direktzündung

Beim direkt gezündeten Gasmotor wird das homogene Gemisch im Zylinder mit einer Zündkerze entflammt. Für diesen Fall der vorgemischten turbulenten Verbrennung wird Gleichung (14) unter Berücksichtigung von Gleichung (6) zu Gleichung (15) umgeformt.

$$\frac{dQ_G}{dt} = C_{Mag} \, C_K \, \frac{m_{K,u}}{V_{Gem}} V_{Gem,verf} \, H_u \, \frac{\sqrt{k}}{\sqrt[3]{V_{Zyl}}} \tag{15}$$

Das insgesamt im Zylinder vorhandene Gemischvolumen V_{Gem} ist natürlich gleich dem Zylindervolumen selbst. Der Anteil des momentan global vorhandenen noch unverbrannten Kraftstoffs $m_{K,u}$ in diesem Volumen nimmt jedoch mit fortschreitender Verbrennung ab, was mit der Gleichung (16) beschrieben werden kann.

$$m_{K,u}(t) = m_{K,0} - \frac{Q_G(t)}{H_u} \tag{16}$$

$m_{K,0}$ ist dabei die anfangs vor Verbrennungsbeginn vorhandene Kraftstoffmasse und Q_G ist das Integral der Brennrate, also die bisher freigesetzte Kraftstoffenergie. Mit diesem Term wird im Wesentlichen die Abnahme der Kraftstoffverfügbarkeit in der Ausbrandphase berücksichtigt, wenn die Flammenfront bereits die Brennraumwände erreicht hat.

Die Berechnung des momentan verfügbaren Gemischvolumens $V_{Gem,\,verf}$ für den Fall des Ottomotors mit homogener Ladung wurde bereits in [5] ausführlich beschrieben. Dabei wird von der Vorstellung ausgegangen, dass sich eine halbkugelförmige Flammenfront einer bestimmten Dicke s und dem momentanen Volumen V_{FF} von der Zündquelle ausgehend mit der turbulenten Flammengeschwindigkeit v_{turb} durch die Ladung bewegt, siehe Gleichung (17). t ist hier die seit Verbrennungsbeginn verstrichene Zeit.

$$V_{FF}(t) = 2\pi s \int_{t_{VB}}^{t} v_{turb}^{2} \, t^{2} \, dt \tag{17}$$

Das Volumen dieser Halbkugelschale entspricht dem momentan verfügbaren Gemischvolumen $V_{Gem,\,verf}$. Die turbulente Ausbreitungsgeschwindigkeit v_{turb} der Flammenfront wird nach Gleichung (18) mittels der turbulenten Schwankungsgeschwindigkeit u' aus der laminaren Flammengeschwindigkeit v_{lam} berechnet.

$$v_{turb} = \sqrt{v_{lam} \, u'} \cdot \text{Re}^{0,25} \tag{18}$$

Für die Berechnung der laminaren Flammengeschwindigkeit wird eine Formulierung von Peters [6] benutzt, die ebenso wie der Arrhenius-Ansatz einen temperaturabhängigen Exponentialterm enthält. Mit dieser Formulierung für die laminare Flammengeschwindigkeit ist analog zu der kombinierten Gleichung (10) für die Brennrate eine multiplikative Verknüpfung der Turbulenzdichte mit dem Exponentialterm für die Ladungstemperatur gegeben.

Nach wenigen Umformungen, die in [4] näher beschrieben sind, folgt mit einigen zusätzlichen Vereinfachungen schließlich die Brennratengleichung (19) für Ottomotoren mit homogener Ladung.

$$\frac{dQ_G}{dt} = C_G \frac{m_{K,0} H_u - Q_G}{V_{Zyl}^{\frac{7}{6}}} v_{lam} t^2 \qquad (19)$$

Der anfängliche Anstieg des Brennratenverlaufs ist durch den quadratischen Term in t geprägt, der die Ausbreitung der Flammenfront abbildet, während das Abklingen gegen Ende durch den Verfügbarkeitsterm im Zähler kontrolliert wird, der das Verschwinden des brennbaren Gemischs, das heißt, der noch verfügbaren Kraftstoffenergie wiedergibt.

Die beiden nächsten Abbildungen 4 und 5 zeigen Verifikationsbeispiele des Brennratenmodells für Variationen von Ladedruck und des Luftverhältnis.

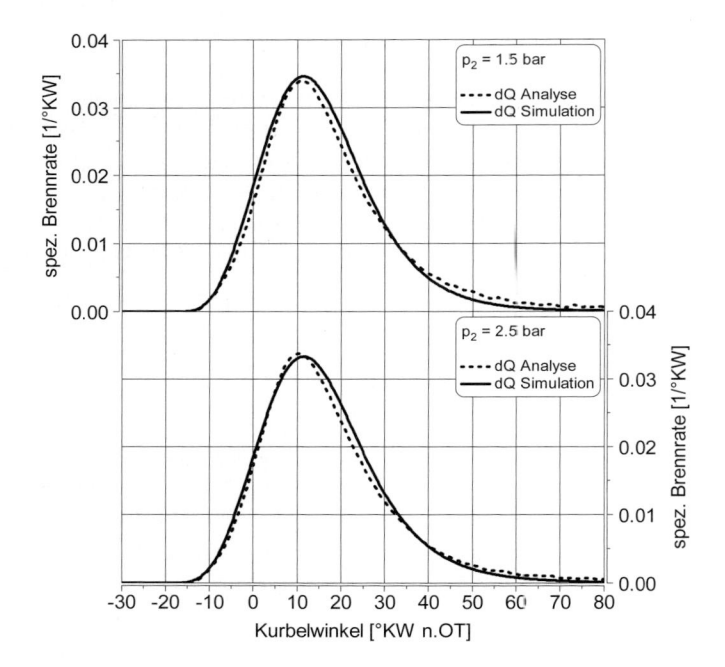

Abb. 4 Analysierter und simulierter Brennratenverlauf bei den Ladedrücken 1.5 und 2.5 bar

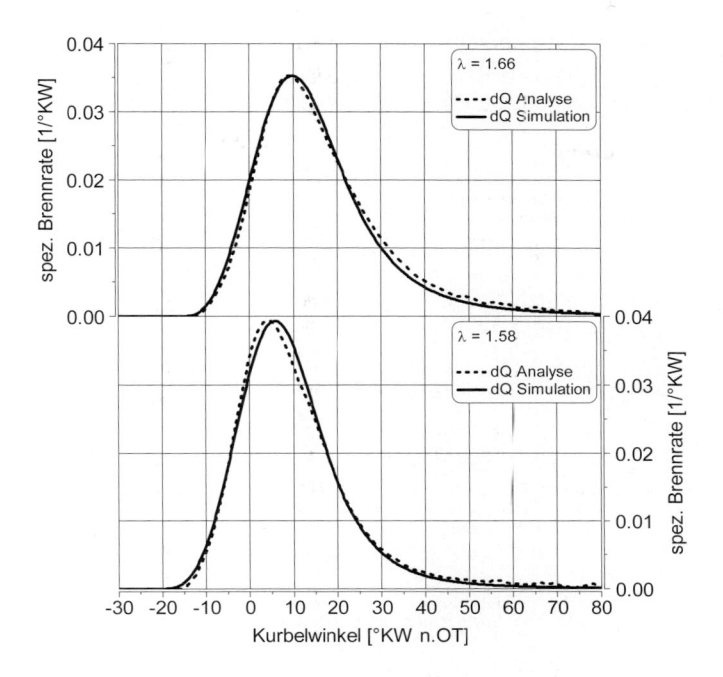

Abb. 5 Analysierter und simulierter Brennratenverlauf bei den Luftverhältnissen 1.66 und 1.58

Der allgemein gehaltene Aufbau des Modells legt nahe, dass sich dessen Anwendbarkeit auf alle gemischansaugenden Verbrennungsverfahren erstreckt, damit unter Anderem auch auf den Benzinmotor mit Saugrohreinspritzung.

4.2 Otto-Gasmotoren mit Vorkammer

Für den Gasmotor mit Vorkammer wurde das vorher beschriebene Brennratenmodell für den Gasmotor mit Direktzündung weiterentwickelt, wobei zur Abbildung der Effekte der aus der Vorkammer austretenden Zündfackeln Elemente des danach diskutierten Brennratenmodells für den direkteinspritzenden Dieselmotor verwendet wurden.

Als Grundlage der Modellentwicklung wurde zunächst eine Verifikationsbasis in Form von Messdaten an realen Motoren erstellt. Diese Datenbasis besteht hier aus den „langsamen" und „schnellen" Daten von zwei Einzylinder-Forschungsmotoren mit gasgespülter Vorkammer und unterschiedlichem Hubraum pro Zylinder, nämlich etwa 6 dm^3 (Motor 1) und etwa 4 dm^3 (Motor 2). Motor 1 wurde am LEC selbst vermessen, während die Daten von Motor 2 im Rahmen eines FVV-Projekts erstellt und freundlicherweise vom Lehrstuhl für Verbrennungskraftmaschinen an der TU München zur Verfügung gestellt wurden.

Abbildung 6 zeigt beispielhaft die Druckverläufe in der Vorkammer und im Hauptbrennraum von Motor 1 bei 1500 min^{-1}, einem Luftverhältnis im Hauptbrennraum von 1,8, einem Zündzeitpunkt von 20 °KW v.OT und einem Ladedruck von 2 bar.

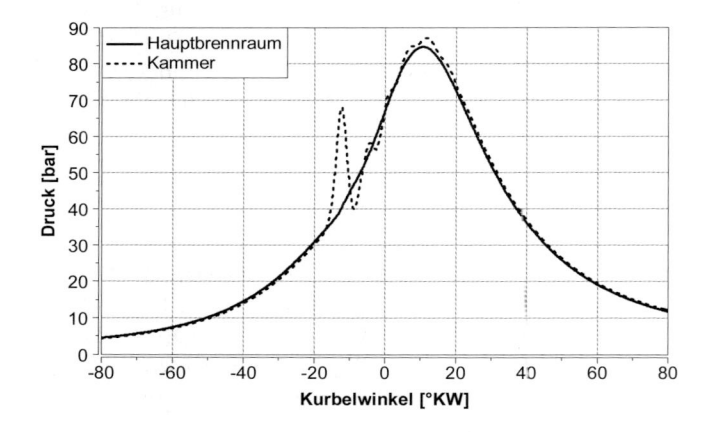

Abb. 6 Druckverläufe in Vorkammer und Hauptbrennraum von Motor 1

4.2.1 Analyse der Messdaten

Zur Auswertung der Druckverläufe wurde zunächst das bestehende Analyseprogramm für zwei über eine Drosselstelle verbundene Brennräume erweitert. Die beiden folgenden Gleichungen (20) und (21) für die Brennraten im Zylinder und in der Vorkammer stützen sich auf ein Zweizonen-Modell zur Beschreibung der Kalorik.

$$\frac{dQ_{B,Zyl}}{dt} = \frac{1}{\kappa_v - 1}\left(\left(V_v + V_u \frac{\kappa_v}{\kappa_u}\right)\frac{dp_{Zyl}}{dt} + p_{Zyl}\left(\kappa_{Zyl}\frac{dV_{Zyl}}{dt} + \frac{\kappa_{\ddot{u}}}{\rho_{Zyl}}\frac{dm_{\ddot{u}}}{dt}\right)\right) + \frac{dQ_{W,Zyl}}{dt} \quad (20)$$

$$\frac{dQ_{B,VK}}{dt} = \frac{1}{\kappa_v - 1}\left(\left(V_v + V_u \frac{\kappa_v}{\kappa_u}\right)\frac{dp_{VK}}{dt} + p_{VK}\frac{\kappa_{\ddot{u}}}{\rho_{VK}}\frac{dm_{\ddot{u}}}{dt}\right) + \frac{dQ_{W,VK}}{dt} \quad (21)$$

Die Indizes von κ, dem Verhältnis der spezifischen Wärmen, beziehen sich auf die unverbrannte und verbrannte Zone sowie auf den Zustand der überströmenden

Ladung. Eine weitere wichtige Größe in diesen beiden Formulierungen ist der Massenstrom über die als Drosselstelle wirkenden Überströmkanäle. Die Schwierigkeit liegt dabei in den nach Einlass-Schluss zunächst kleinen Druckunterschieden zwischen Hauptbrennraum und Vorkammer, was wegen der unvermeidlichen Messfehler die Anwendung der konventionellen Durchflussgleichung (Düsengleichung) unmöglich macht. Als Abhilfe kann hier eine Beziehung herangezogen werden, die unter der Voraussetzung gleicher Dichte in den beiden Räumen besagt, dass die Massenänderungen sich so verhalten wie die Volumen-Änderungen.

$$\frac{dm_{\ddot{u}}}{dt} = \mu \, \rho_{Zyl} \frac{V_{VK}}{V_{Zyl} + V_{VK}} \frac{dV_{Zyl}}{dt} \tag{22}$$

Die beim Überströmen auftretenden Verluste werden durch den Durchflussbeiwert μ abgebildet. Diese „Volumenbeziehung" kann bis etwa zum Verbrennungsbeginn in der Kammer verwendet werden. Die durch die Verbrennung in der Kammer bewirkte Drucksteigerung ermöglicht dann die Verwendung der Düsengleichung (23) zur Bestimmung der stationären Überströmgeschwindigkeit v_S.

$$v_S = \sqrt{R\,T_1} \sqrt{\frac{2\,\kappa}{\kappa-1}\left[\left(\frac{p_2}{p_1}\right)^{\frac{2}{\kappa}} - \left(\frac{p_2}{p_1}\right)^{\frac{\kappa+1}{\kappa}}\right]} \tag{23}$$

Da der Verlauf des Massenstroms durch die Überströmkanäle messtechnisch nicht direkt erfassbar ist, mussten als Verifikationsmöglichkeit Ergebnisse von CFD-Rechnungen herangezogen werden. Dabei zeigte sich, dass die nulldimensionale Betrachtungsweise zu nicht vernachlässigbaren Differenzen im Vergleich zu den CFD-Ergebnissen führte. Die Berücksichtigung der Massenträgheit mit Hilfe einer Beziehung nach Navier-Stokes bei der Berechnung der Überströmgeschwindigkeit $v_{\ddot{u}}$ führte zu einer deutlichen Verbesserung im zeitlichen Verlauf des nach Gleichung (24) berechneten Massenstroms.

$$\frac{dm_{\ddot{u}}}{dt} = \rho_{VK} \, v_{\ddot{u}} \, \mu \, A_{\ddot{u}} \tag{24}$$

Nach dem Ende der Verbrennung in der Kammer gleichen sich die Drücke in den beiden Räumen schnell wieder aus. Wegen der großen Dichteunterschiede wird für die Berechnung des Massenstromes jedoch statt der einfachen Volumenbeziehung die nach der überströmenden Masse umgestellte Gleichung (21) des 1. Hauptsatzes verwendet, siehe Gleichung (25).

$$\frac{dm_{\ddot{u}}}{dt} = \frac{\rho_K}{\kappa_{VK}\,p_{VK}} \left(-V_{VK} \frac{dp_{VK}}{dt} - (\kappa_{VK}-1)\frac{dQ_{W,VK}}{dt} \right) \tag{25}$$

Abbildung 7 zeigt für die Druckverläufe von Abbildung 6 den Verlauf des Massenstroms durch die Überströmkanäle zwischen Vorkammer und Hauptbrennraum. Der Überströmvorgang in den Hauptbrennraum wird somit in ähnlicher Weise erfasst wie mit einem 3D-CFD-Programm.

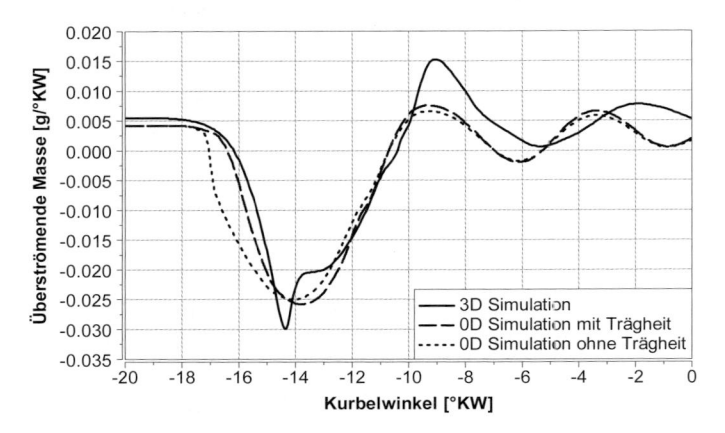

Abb. 7 Überströmende Masse pro Zeiteinheit

In Abbildung 8 sind die mit Hilfe des erweiterten Analyseprogramms errechneten Brennratenverläufe in Vorkammer und Hauptbrennraum für die Druckverläufe von Abbildung 6 wiedergegeben.

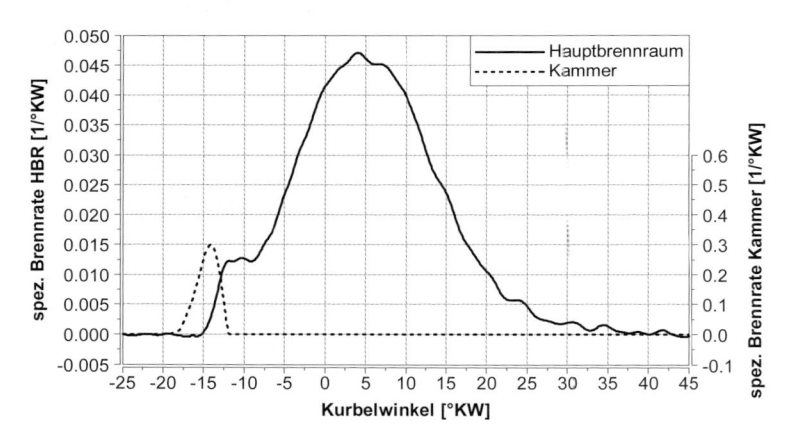

Abb. 8 Brennratenverlauf in Vorkammer und Hauptbrennraum von Motor 1

In der ersten Phase nach Verbrennungsbeginn im Hauptbrennraum ist deutlich die zeitlich begrenzte umsatzsteigernde Wirkung der brennenden Gasstrahlen zu erkennen, die offenbar einem einfachen dem Direktzünder entsprechenden Brennratenverlauf überlagert ist.

4.2.2 Modellierungsansatz

Als Vorlage für die Modellierung wurde aufgrund der Konfiguration und der Form der Brennratenverläufe die in Abbildung 9 dargestellte Vorstellung für den Ablauf der Vorgänge vom Zündzeitpunkt bis zum Verbrennungsende im Zylinder entwickelt.

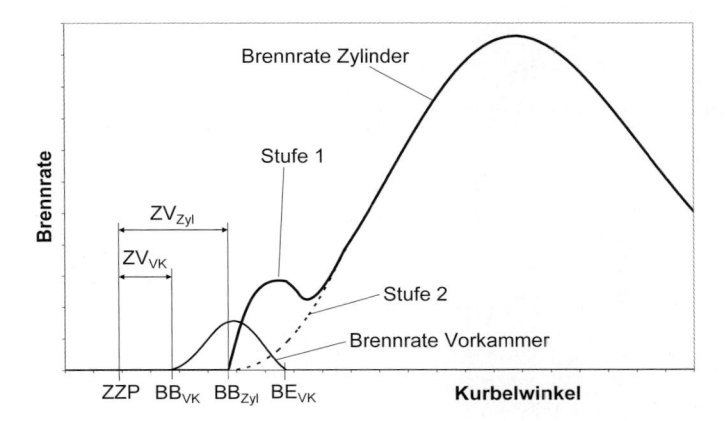

Abb. 9 Schematische Darstellung der Brennratenverläufe in Vorkammer und Hauptbrennraum

Ab dem Beginn des Funkenüberschlags (ZZP) an der in der Vorkammer befindlichen den Überströmkanälen gegenüber liegenden Zündkerze läuft der Zündverzug ZV_{VK} bis zum Beginn der Verbrennung in der Vorkammer (BB_{VK}) ab.

Die anfangs halbkugelförmige Flammenfrontfläche wird bald nach Verbrennungsbeginn durch Kontakt mit den Kammerwänden begrenzt, siehe Abbildung 10.

Die Flammenfront bewegt sich mit der turbulenten Flammengeschwindigkeit von der Zündkerze weg in Richtung der Überströmkanäle. Es wird angenommen, dass zu dem Zeitpunkt, in dem die Flammenfront die Überströmkanäle erreicht, erstmals brennendes Gemisch aus der Vorkammer in den Hauptbrennraum übertritt und dort ohne weitere Verzögerung die Entflammung einleitet (BB_{Zyl}). Die Verbrennung in der Vorkammer läuft noch weiter, bis auch die bis zu diesem Zeitpunkt von der Flammenfront nicht erfassten Bereiche verbrannt sind (BE_{VK}). Abbildung 11 zeigt beispielhaft den zeitlichen und räumlichen Ablauf dieser Vorgänge.

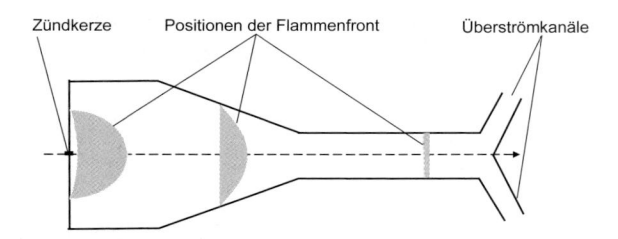

Abb. 10 Schematische Darstellung der veränderlichen Flammenfrontfläche in der Vorkammer

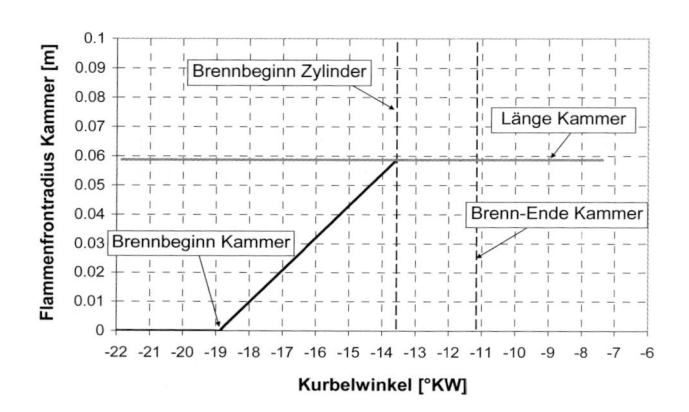

Abb. 11 Bestimmung des Brennbeginns im Zylinder

4.2.3 Zündverzug in der Vorkammer

Das schon vorher in Abschnitt 3 beschriebene Zündverzugsmodell muss hier nur hinsichtlich der Berechnung der Turbulenzdichte k modifiziert werden, die nach den Gleichungen (26) und (27) aus der kinetischen Energie der in die Kammer einströmenden Masse berechnet wird.

$$dE_{VK} = dm_{ü} \frac{v_{ü}^2}{2} \quad (26)$$

$$k_{VK} = C_{Turb} \frac{\int dE_{VK}}{m_{VK,ES} + \int dm_{ü}} \quad (27)$$

$m_{VK,ES}$ stellt dabei die bei Einströmbeginn in der Kammer enthaltene Gasmasse dar und C_{Turb} stellt den Anteilsfaktor für die aus der kinetischen Energie erzeugte turbulente kinetische Energie dar.

4.2.4 Brennrate in der Vorkammer

Die Brennrate in der Kammer wird in analoger Weise zu der Brennrate im offenen Brennraum des Direktzünders auf Basis von Gleichung (15) modelliert, wobei das Zylindervolumen V_{Zyl} durch das Kammervolumen V_{VK} zu ersetzen ist.

$$\frac{dQ_{B,VK}}{dt} = A\, H_u\, c_R\, V_{FF}\, \frac{\sqrt{k_{VK}}}{\sqrt[3]{V_{VK}}} \qquad (28)$$

Das Flammenfrontvolumen wird hier nach Abbildung 10 bestimmt. Die Turbulenzdichte k_{VK} wird wie für die Berechnung des Zündverzugs aus der kinetischen Energie der einströmenden Masse berechnet.

4.2.5 Brennrate im Hauptbrennraum – 1. Stufe

Die aus den Überströmkanälen austretenden brennenden Gasstrahlen vermischen sich mit einem Teil der umgebenden Frischladung und brennen mit diesem Ladungsteil zusammen turbulenzgesteuert aus. Gleichzeitig wirken sie ähnlich wie eine Zündkerze beim direktgezündeten Motor als Ausgangspunkt für die Entwicklung und das Fortschreiten einer Flammenfront. Die gesamte Energieumsetzung im Gasstrahl lässt sich auf Basis von Gleichung (14) beschreiben, wobei jedoch in diesem Falle einfachheitshalber die ratenbestimmende Konzentration zusammen mit dem Flammenvolumen nach Gleichung (29) durch die verfügbare Kraftstoffmasse direkt ersetzt wird.

$$c_R\, V_{FF} = m_{Kr} \qquad (29)$$

Die Differentialgleichung (30) für die momentan verfügbare Kraftstoffmasse enthält als Quellterm zunächst den im austretenden Gasstrahl noch unverbrannten Anteil $a_{kr,unv}$ sowie als weiteren Quellterm den Kraftstoffanteil der in den Gasstrahl zugemischten Frischladung. In der Senke für die Kraftstoffmasse tritt hier die Brennrate selbst auf.

$$\mathrm{dm}_{Kr,1} = a_{Kr,unv}\, dm_{\ddot{u}} + dm_{\ddot{u}}\, \frac{b}{1 + \lambda_{Zyl}\, L_{\min}} - \frac{dQ_{B,Zyl,1}}{H_u} \qquad (30)$$

Die Größe b im zweiten Quellterm stellt einen „Entrainment-Faktor" nach Gleichung (31) dar, wo dm_{Ldg} die in den Gasstrahl zugemischte Frischladung bedeutet.

$$b = \frac{dm_{Ldg}}{dm_{ü}} \qquad (31)$$

Ähnlich zur Berechnung der Turbulenzdichte in der Vorkammer wird die Turbulenzdichte E_1 im Gasstrahl ebenfalls aus der kinetischen Energie der überströmenden Gasmasse berechnet, jedoch wird dafür die aus der Vorkammer austretende Gasmasse herangezogen.

$$dE_1 = dm_{ü} \frac{v_{ü}^2}{2} \qquad (32)$$

Die Bezugsmasse ist hier die Gesamtmasse von Gasstrahl und mitgerissener Frischladung, die nach Gleichung (30) zu ermitteln ist.

$$k_1 = C_{Turb} \frac{\int dE_1}{(b+1) \int dm_{ü}} \qquad (33)$$

Gleichung (34) beschreibt dann die Brennrate für den brennenden Gasstrahl.

$$\frac{dQ_{B,Zyl,1}}{dt} = A \, H_u \, m_{Kr,1} \frac{\sqrt{k_1}}{\sqrt[3]{V_{Zyl}}} \qquad (34)$$

4.2.6 Brennrate im Hauptbrennraum – 2. Stufe

Das Modell für die zweite Stufe der Brennrate im Zylinder entspricht dem Aufbau nach dem Modell für die Brennrate im direktgezündeten Gasmotor [4]. Die Gleichung (19) muss nur hinsichtlich der verfügbaren Kraftstoffmasse $m_{Kr,2}$ und der Turbulenzdichte k_2 spezialisiert werden.

Die Differentialgleichung (35) für die momentan verfügbare Kraftstoffmasse enthält zwei Senken, nämlich den Kraftstoffanteil in der von den Gasstrahlen mitgerissenen Frischladung sowie wieder den verbrennenden Kraftstoff.

$$dm_{Kr,2} = -dm_{ü} \frac{b}{1 + \lambda_{Zyl} L_{min}} - \frac{dQ_{B,Zyl,2}}{H_u} \qquad (35)$$

Die Turbulenzdichte wird nach Gleichung (36) aus dem in der Ladung zum Zündzeitpunkt vorhandenen hauptsächlich aus Einlass-Strömung, Drall- und Quetschströmung erzeugten Anteil sowie dem aus der kinetischen Strahlenergie stammenden und auf die Zylindermasse bezogenen Anteil zusammengesetzt.

$$k_2 = k_{Zyl} + \frac{C_{Turb}}{m_{Zyl}} \int dE_1 \tag{36}$$

Damit folgt nun Gleichung (37) für die Brennrate der zweiten Stufe im Hauptbrennraum.

$$\frac{dQ_{B,Zyl,2}}{dt} = C_G \frac{m_{Kr,2} H_u}{V_{Zyl}^{\frac{7}{6}}} v_{lam} t^2 \tag{37}$$

4.2.7 Verifikation des Brennratenmodells

Um zu überprüfen, ob die Modelle für Zündverzug und Brennratenverlauf die jeweiligen Effekte ausreichend genau beschreiben, wurde aus der in der Einleitung erwähnten Datenbasis eine Reihe von Parametervariationen ausgewählt. In den folgenden Diagrammen sind jeweils die spezifischen Brennratenverläufe in Abhängigkeit des Kurbelwinkels dargestellt, die nach der folgenden Gleichung (38) aus dem zeitbezogenen Brennratenverlauf berechnet wurden.

$$\frac{dQ_{spez}}{d\varphi} = \frac{1}{6n \int_{VB}^{VE} dQ} \frac{dQ}{dt} \tag{38}$$

In Abbildung 12 sind die Brennratenverläufe aus Druckverlaufsanalyse und Modellvorhersage für die Luftverhältnisse 1,77 und 1,69 wiedergegeben. Die Effekte dieses für Gasmotoren wichtigen Betriebsparameters werden von den Modellen in befriedigender Weise beschrieben.

Abbildung 13 zeigt anhand von Messresultaten von Motor 2, dass auch der Effekt einer Ladelufttemperaturanhebung von 30 °C auf 60 °C richtig erfasst wird.

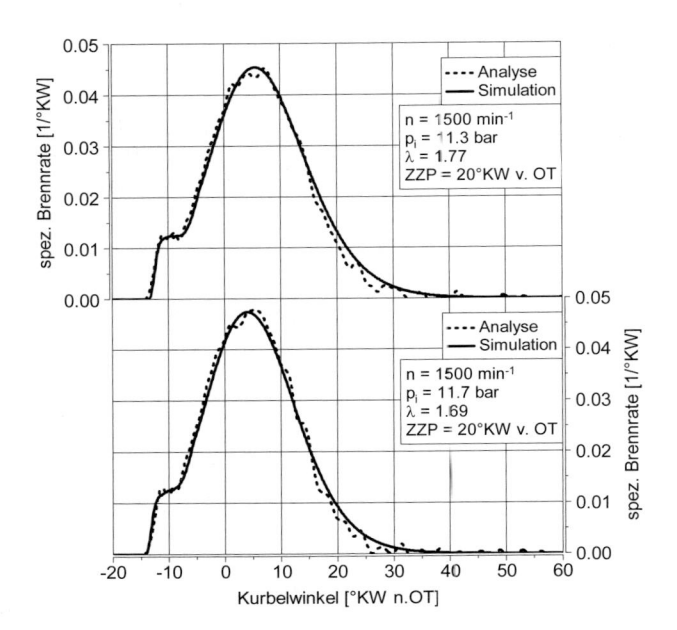

Abb. 12 Motor 1, Variation des Luftverhältnisses im Zylinder bei konstantem Ladedruck

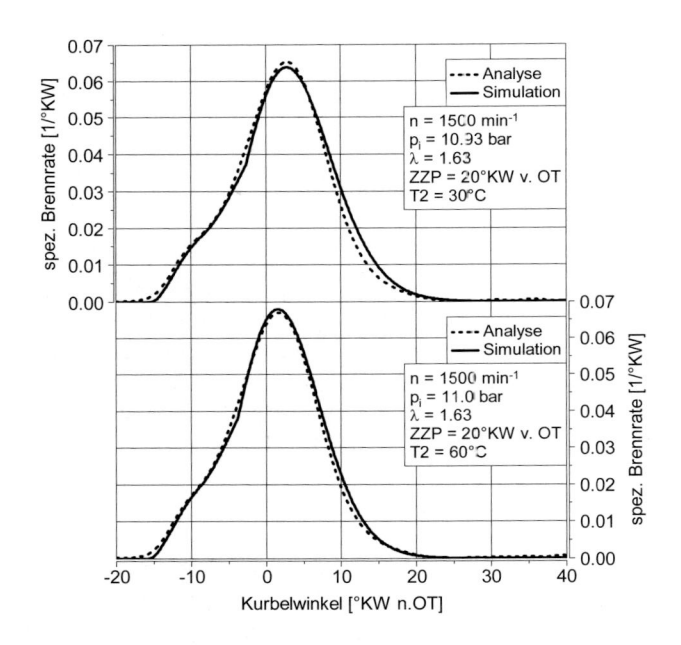

Abb. 13 Motor 2, Variation der Ladelufttemperatur bei konstantem Luftverhältnis

Globalphysikalische Modellierung der motorischen Verbrennung   87

4.3 Dieselmotoren

Wie auf Abbildung 14 dargestellt, können beim direkteinspritzenden Dieselmotor nach dem Einspritzbeginn drei Phasen mit unterschiedlichen Reaktionsregimes unterschieden werden, der Zündverzug, die Verbrennung am Kraftstoffstrahl und die Ausbrandphase.

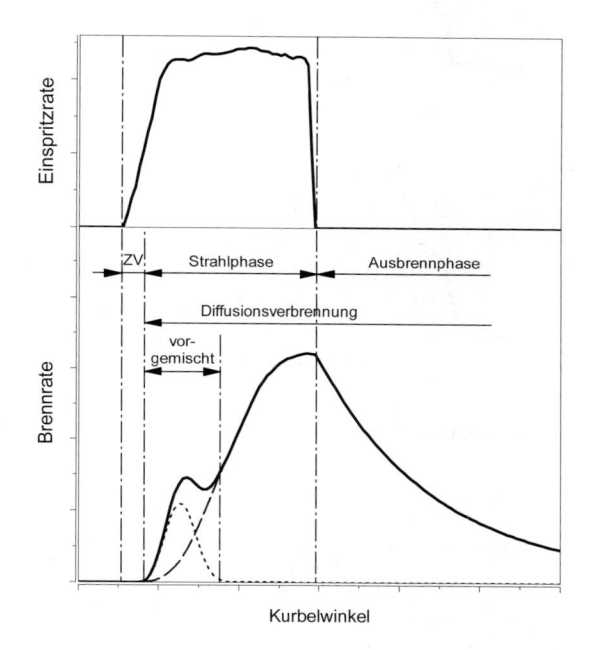

Abb. 14 Phasen des Brennratenverlaufs am Dieselmotor

Nach Ablauf des Zündverzugs wird zunächst das bis dahin gebildete Kraftstoff-Luft-Gemisch entflammt. Fast gleichzeitig mit der vorgemischten Verbrennung beginnt die turbulenzkontrollierte Diffusionsverbrennung im Einspritzstrahl. Kurz nach Ende der Einspritzung zerfällt der Einspritzstrahl, wonach der bis dahin noch nicht verbrannte Kraftstoff ebenfalls turbulenzgesteuert ausbrennt.

4.3.1 Vorgemischte Verbrennung

Wie bereits vorher bemerkt, kann als Basis für die Beschreibung der Brennrate der vorgemischten Verbrennung Gleichung (13) herangezogen werden. Die Reaktionsraten r_{Mag} und r_{Arr} werden dabei mit der momentan verfügbaren Kraftstoffmasse m_{vor} berechnet, die analog zu Gleichung (16) hier mit Gleichung (39) ermittelt wird. Dieser Beziehung liegt die Annahme zu Grunde, dass Kraftstoff für die vorgemischte Verbrennung nur bis Brennbeginn aus dem eingespritzten Kraftstoff zur Verfügung gestellt wird. Das bei der Berechnung des Gemischvolumens erforderliche lokale Luftverhältnis ist hier eine Modellkonstante.

Zur Ermittlung der verfügbaren Kraftstoffmasse wird auf die eingespritzte Kraftstoffmasse m_K zurückgegriffen, die bereits aus der Einspritzrate v_E nach Gleichung (11) berechnet wurde. Der Anteil der während des Zündverzugs eingespritzten Kraftstoffmasse, der in die vorgemischte Verbrennung geht, wird mit Hilfe eines Aufteilungsfaktors f_{vor} abgeschätzt.

$$m_{vor}(t) = f_{vor} \int_{t_{EB}}^{t_{VB}} dm_K - \frac{Q_{vor}(t)}{H_u} \tag{39}$$

Bei der Verifikation von Gleichung (13) wurde festgestellt, dass die momentan verfügbare Gemischmasse $V_{Gem,verf}$ sich analog zu Gleichung (17) für das Volumen der Flammenfront V_{FF} beim Direktzünder verhält. Damit erhält man die folgende Gleichung (40) für die Brennrate der vorgemischten Verbrennung am Dieselmotor.

$$\frac{dQ_{vor}}{dt} = C_{vor} \, r_{ges} \, H_u \, t^2 \tag{40}$$

Die Zeit t läuft hier natürlich vom Beginn der Verbrennung t_{VB}.

4.3.2 Diffusionsverbrennung

In früheren Veröffentlichungen über den MCC-Ansatz (Mixing Controlled Combustion) [7] wurde die Diffusionsverbrennung als ein einziger nicht weiter aufgelöster Prozess beschrieben, der nach Gleichung (14) durch die momentan verfügbare Kraftstoffmasse und die global ermittelte Turbulenzdichte, also durch zeitlich und räumlich integrale Größen, kontrolliert wurde. Damit konnte der Brennratenverlauf bei nicht allzu stark veränderlichem Einspritzstrahlimpuls befriedigend nachgebildet werden. Die durch das steigende Einspritzdruckniveau und die ebenfalls steigende Dynamik des Einspritzratenverlaufs bedingten Abweichungen zwischen Simulation und Realität gaben Anlass, ein Modell zu entwickeln, das den Zusammenhang zwischen Einspritzstrahlcharakteristik und Brennratenverlauf direkt, das heißt zeitlich differentiell und lokal aufgelöst, beschreibt, siehe [8].

Dabei wird von der Idee ausgegangen, dass die zweite und dritte Phase des Brennratenverlaufs an jeweils unterschiedlichen Orten stattfinden, nämlich im Kraftstoffstrahl und außerhalb. Dazu werden die für Gleichung (14) benötigten Größen, nämlich die ratenbestimmende Konzentration c_R, und das verfügbare Gemischvolumen $V_{Gem,verf}$ getrennt für die beiden Bereiche berechnet.

4.3.2.1 Umsetzung im Kraftstoffstrahl

Der Kraftstoffstrahl wird durch ein auf [9] basierendes Strahlmodell, das die räumliche Verteilung der Konzentrationen von Kraftstoff und Sauerstoff sowie der Geschwindigkeit u zu jedem Zeitpunkt liefert, beschrieben, siehe Abbildung 15. Dort sind die λ-Verteilung, sowie die axiale und radiale Geschwindigkeitsverteilung beispielhaft angegeben.

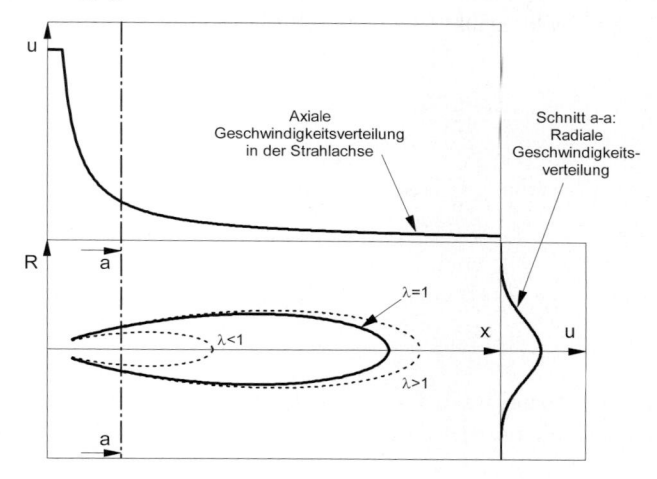

Abb. 15 Schematische Darstellung des Einspritzstrahls mit der λ-Verteilung sowie der axialen und radialen Verteilung der Strahlgeschwindigkeit u

Die λ-Verteilung wurde dabei mit Hilfe der aus den Gleichungen (4) und (7) abgeleiteten Gleichung (41) aus der Verteilung der Kraftstoffkonzentration c_K und dem stöchiometrischen Luftbedarf L_{min} ermittelt. ρ_L und $\rho_{K,d}$ bezeichnen die Dichten von Luft und Kraftstoffdampf.

$$\lambda = \frac{\rho_L}{L_{min}} \left(\frac{1}{c_K} - \frac{1}{\rho_{K,d}} \right) \tag{41}$$

Die ratenbestimmende Konzentration c_R wird in Abhängigkeit vom lokalen Luftverhältnis gemäß Abschnitt 2.1 definiert. Damit wird Gleichung (14) zum Brenngesetz des Kraftstoffstrahls nach Gleichung (42).

$$\frac{dQ_{Str}}{dt} = C_{Mag} H_u \frac{\sqrt{k}}{\sqrt[3]{V_{Zyl}}} \int c_R \, dV_{Strahl} \tag{42}$$

4.3.2.2 Umsetzung außerhalb des Kraftstoffstrahls und Ausbrandphase

Die Kraftstoffumsetzung im Bereich außerhalb des Kraftstoffstrahls erfolgt nach dem bisher verwendeten einfachen MCC-Ansatz wieder unter Benutzung von Gleichung (14). Dazu ist zunächst das Produkt aus ratenbestimmender Konzentration c_R und dem verfügbaren Gemischvolumen $V_{Gem,\,verf}$ zu bestimmen. Mit Gleichung (4) bekommt dieses Produkt nach Gleichung (43) die Bedeutung der restlichen beim Ausbrand verfügbaren Kraftstoffmasse m_{aus}.

$$c_R V_{Gem,verf} = \frac{m_K}{V_{Gem}} V_{Gem,verf} = m_{aus} \qquad (43)$$

Damit wird Gleichung (14) zum Brenngesetz nach Gleichung (44) für die Ausbrandphase.

$$\frac{dQ_{aus}}{dt} = C_{aus}\, m_{aus}\, H_u\, \frac{\sqrt{k_{aus}}}{\sqrt[3]{V_{Zyl}}} \qquad (44)$$

Der gesamte Brennverlauf für den direkteinspritzenden Dieselmotor ergibt sich dann durch Kombination der Gleichungen (40), (42) und (44).

$$\frac{dQ_D}{dt} = \frac{dQ_{vor}}{dt} + \frac{dQ_{Str}}{dt} + \frac{dQ_{aus}}{dt} \qquad (45)$$

Die beim Ausbrand verfügbare Kraftstoffmasse m_{aus} wird in ähnlicher Weise wie für die vorgemischte Verbrennung berechnet, nur wird hier die eingespritzte Kraftstoffmasse $m_{K,0}$ der bisher insgesamt verbrannten Masse gegenübergestellt, siehe Gleichung (46)

$$m_{aus}(t) = m_{K,0} - \frac{1}{H_u} \int_{t_{VB}}^{t} dQ_D \qquad (46)$$

Die Turbulenzdichte k_{aus} wird ebenfalls in der bisherigen globalen Weise ermittelt (siehe Abschnitt 2.1).

Zur Verifikation des Brennratenmodells nach Gleichung (45) zeigt Abbildung 16 einen Vergleich zwischen den realen und simulierten Brennverläufen bei einer Lastvariation, die auch eine Raildruckvariation mit einschließt.

In Abbildung 17 ist die Verifikation des Brennratenmodells bei unterschiedlichen Raildrücken aber gleichem Mitteldruck dargestellt.

Globalphysikalische Modellierung der motorischen Verbrennung

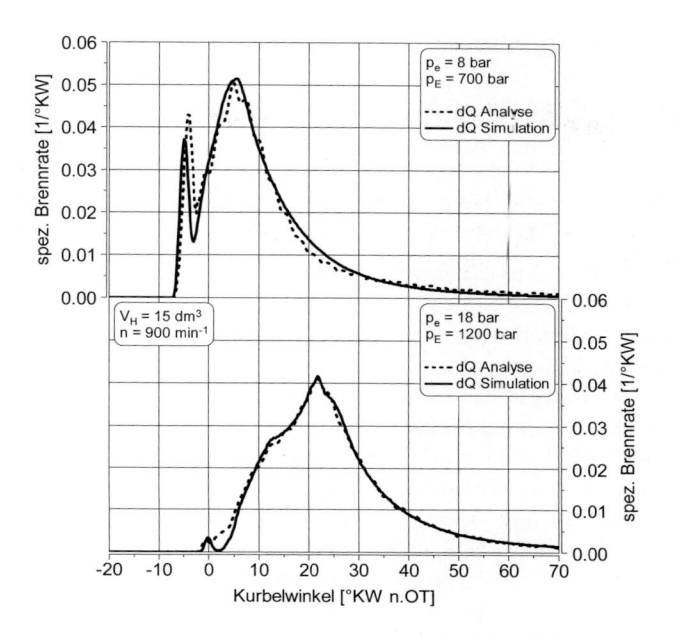

Abb. 16 Brennratenverlauf bei Mitteldrücken von 8 und 18 bar und Raildrücken von 700 und 1200 bar

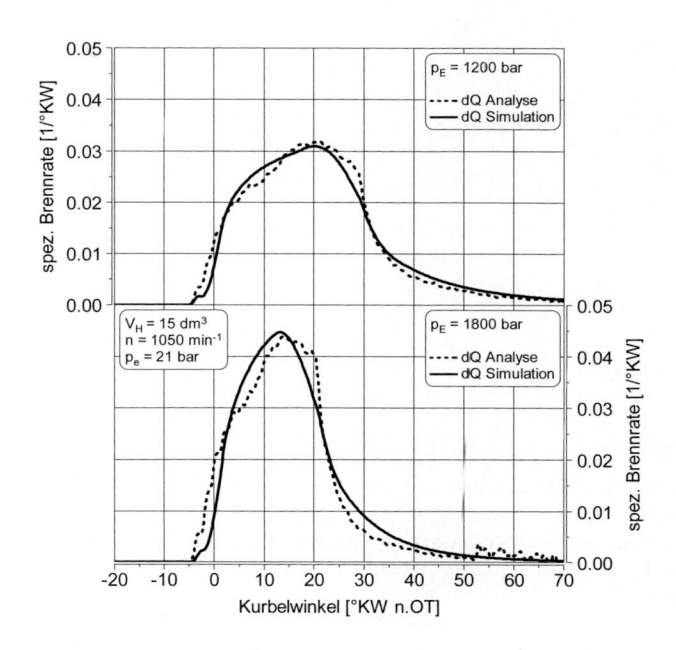

Abb. 17 Brennratenverlauf bei Einspritzdruckniveaus von 1200 und 1800 bar

5 Zusammenfassung und Ausblick

Der Modellentwicklung lag die primäre Zielvorstellung zu Grunde, die Geometrie des Motors sowie die Betriebsbedingungen, soweit als eben null-dimensional möglich, im Modell direkt abzubilden. Als weiteres Ziel sollten die betrachteten Verfahren der Gemischbildung und Verbrennung möglichst systematisch und einheitlich beschrieben werden. Dazu wurde auf einfache physikalische Gesetze wie die Reaktionsraten-Ansätze von Magnussen und Arrhenius und deren Kombination zurückgegriffen. Dies bietet den Vorteil, dass damit die allgemeine Gültigkeit des jeweiligen Modells maximiert und die Anzahl der abzustimmenden Modellparameter minimiert werden kann.

Mit dieser Strategie war es möglich, eine ganze Reihe von verschiedenen Prozessen auf zusammenhängende Weise zu modellieren. Im Einzelnen wurde der Zündverzug für beliebige Kraftstoffe und Brennverfahren sowie die vorgemischte Verbrennung und die Diffusionsverbrennung beim Dieselmotor modelliert. Hier wurde ein zweistufiger Ansatz verwendet, der die Vorgänge im Einspritzstrahl und das anschließende Ausbrennen separat beschreibt.

Auch für den Gasmotor mit offenem Brennraum und Funkenzündung wurde ein Brennratenmodell entwickelt, das den Magnussen-Ansatz mit der auf einem Arrhenius-Ansatz beruhenden laminaren Flammengeschwindigkeit verknüpft. Auf derselben Basis wurde für den Gasmotor mit gespülter Vorkammer ein Zusatz entwickelt, der die Verbrennung in der Vorkammer und die anschließende Verbrennung der aus der Kammer austretenden Gasstrahlen beschreibt.

Über die hier diskutierten Modelle hinaus wurde auch für den Aufbau der Konzentration von freien Radikalen in gemischansaugenden Motoren, die bei einer bestimmten Schwelle den Klopfvorgang auslöst, ein Modell auf den gleichen Grundlagen entwickelt [10]. In analoger Weise konnte gezeigt werden, dass sich auch die Brennratenverläufe für Brennverfahren mit homogener Selbstzündung für Dieselkraftstoff und Benzin mit Hilfe eines zweistufigen Arrhenius-Ansatzes beschreiben lassen. Diese weiterführenden Entwicklungsergebnisse sind Gegenstand einer künftigen Veröffentlichung.

6 Literatur

[1] Magnussen, B. F. und Hjertager, B. H.: On Mathematical Modeling of Turbulent Combustion with Special Emphasis on Soot Formation and Combustion. 16th International Symposium on Combustion, 1976

[2] Morel, T.; Keribar, R.: A Model for Predicting Spatially and Time Resolved Convective Heat Transfer in Bowl-in-Piston Combustion Chambers. SAE Paper 850204, 1985

[3] Chmela, F.; Orthaber, G.C.; Rate of Heat Release Prediction for Direct Injection Diesel Engines Based on Purely Mixing Controlled Combustion. SAE Paper 1999-01-0186, 1999

[4] Jobst, J.; Chmela, F.; Wimmer, A.: Simulation von Zündverzug, Brennrate und NOx-Bildung für direktgezündete Gasmotoren. 1. Tagung Motorprozesssimulation und Aufladung, Berlin, 2005

[5] Chmela, F.; Engelmayer, M.; Beran, R.; Ludu, A.: Vorausberechnung von Brennverlauf und NOx-Emission für Gasmotoren mit Funkenzündung. 3. Dessauer Gasmotoren-Konferenz, 2003

[6] Müller, U. C.; Bollig, M.; Peters, N.: Approximations for Burning Velocities and Markstein Numbers for Lean Hydrocarbon and Methanol Flames. Combustion and Flame 108: S. 349-356, 1997

[7] Chmela, F.; Orthaber, G.; Schuster, W.: Die Vorausberechnung des Brennverlaufs von Dieselmotoren mit direkter Einspritzung auf der Basis des Einspritzverlaufs. MTZ 7-8/98, 1998

[8] Pirker, G.; Chmela, F.; Wimmer, A.: ROHR Simulation for DI Diesel Engines Based on Sequential Combustion Mechanisms. SAE Paper 2006-01-0654, 2006

[9] López Sánchez, J.J.: Estudio teórico-experimental del chorro libre diesel no evaporativo y de su interacción con el movimiento del aire. Dissertation, Universidad Politécnica de Valencia, 2003

[10] Dimitrov, D.; Chmela, F.; Wimmer, A.: Eine Methode zur Vorausberechnung des Klopfverhaltens von Gasmotoren. 4. Dessauer Gasmotorenkonferenz, 2005

Einsatz von Methoden der CFD im Umfeld der Prozessrechnung

K. Majidi

1 Einführung

Die Möglichkeiten, mithilfe der CFD (Computational Fluid Dynamics) die Strömung und die Strömungsverluste im Verbrennungsmotor und dessen Umfeld zu berechen, haben sich in den letzten Jahren gewaltig verbessert.

In der zweiten Hälfte der Siebzigerjahre des 20. Jahrhunderts hat der Einsatz der numerischen Strömungsberechnung dank der fallenden Kosten für Hardware sowie der steigenden Computerkapazitäten und der wachsenden Rechengeschwindigkeiten der Rechenanlagen und der Optimierung der numerischen Algorithmen eine enorme Verbreitung gefunden. Die Weiterentwicklung der numerischen Strömungsberechnung ist eng mit der Entwicklung der Computer verbunden. Betrachtet man die explosionsartige Entwicklung der Hardware in den letzten Jahren, dann braucht man nicht viel Phantasie, um sich vorstellen zu können, dass in Zukunft die Möglichkeiten für die CFD noch enorm anwachsen und die Anwendungsgebiete der numerischen Simulation vielfältiger werden. Die CFD wird schon heute bei Strömungsuntersuchungen von etwa der Hälfte der Wissenschaftler und Forscher als ein Mittel zur Lösung der Strömungsfragen in Betracht gezogen. Durch den rasanten Fortschritt in der Computertechnologie geprägt, gewinnt diese Methode auch als Ingenieurwerkzeug große Bedeutung und wird sich in Zukunft weiter etablieren.

Im Kern der CFD geht es darum, die Strömungsvorgänge mithilfe von Computern zu simulieren. CFD bedeutet, dass die mathematischen Grundgleichungen der Strömungstechnik, welche die Strömungsvorgänge einigermaßen genau beschreiben und für alle Punkte in Raum und Zeit gültig sind, nicht exakt, sondern in Näherungen zu lösen sind. Die partiellen Differenzialgleichungen der Strömungstechnik werden durch die Anwendung der numerischen Verfahren in ein System von algebraischen Gleichungen transformiert. Dazu werden diese Differenzialgleichungen diskretisiert, das bedeutet, dass sie nur noch in endlich vielen ausgewählten Punkten in Raum und Zeit betrachtet werden. In diesen ausgewählten Punkten werden dann diese Differenzialgleichungen näherungsweise gelöst und in algebraische Gleichungen umgewandelt, die relativ leicht zu lösen sind.

Die Lösung dieser algebraischen Gleichungen liefert die gesuchten Strömungsgrößen, so dass letztlich das Strömungsgebiet vollständig, z. B. durch Geschwindigkeitsfelder, Druckfelder, Temperaturfelder, Turbulenzgrößen und die Verteilung der Wandschubspannungen beschrieben wird.

Im Gegensatz zur analytischen geschlossenen Lösung ist das Ergebnis aus der numerischen Strömungsberechnung eine numerische Quantifizierung von strömungstechnischen Größen.

Die Grundlage der CFD besteht aus physikalischen Modellen, die mathematisch formuliert und gewöhnlich in Form von Differenzial- oder Integralgleichungen dargestellt sind. Durch diese Gleichungen wird der Transport der Strömungsgrößen beschrieben. Es handelt sich dabei um die Erhaltungssätze für Masse, Impuls und Energie.

Die Anwendungsgebiete der numerischen Strömungsberechnung in Verbrennungsmotoren und deren Umfeld sind relativ vielfältig. Eine Ad-hoc-Auflistung dieser Gebiete soll die Mannigfaltigkeit der Einsatzbereiche darstellen, wobei diese Auflistung keinen Anspruch auf Vollständigkeit erhebt, jedoch die wichtigsten Aktivitäten wiederzugeben versucht.

Die numerische Simulationen kommt bei folgenden Fragestellungen zur Anwendung:

- Strömungs- und Verbrennungsvorgängen im Zylinder,
- Strömung und Zerstäubungsvorgängen in Einspritzsystemen,
- Strömungsvorgängen im Verdichter und in der Turbine des Turboladers,
- Strömungsvorgängen in Lüftern,
- Strömungsvorgängen und Wärmetransport in Kühlwasserpumpen,
- Strömungsvorgängen der Luft in Drallkanälen,
- Strömungsvorgängen in der Ölpumpe,
- Strömungsvorgängen und chemischen Prozessen des Abgaskatalysators,
- Ladeluftkühlung,
- Motorkühlung,
- Ölkühlung,
- Brennstoffkühlung,
- Klimatisierung des Innenraumes und
- aeroakustische Phänomene.

2 Verbrennungssimulation

Bei der Erforschung der Verbrennungsprozesse lag bis vor ein paar Jahren der Schwerpunkt auf dem Gebiet der experimentellen Untersuchungen. In den letzten Jahren kann man eine verstärkte Anwendung der Simulationsmethoden und eine erhebliche Weiterentwicklung der numerischen Modelle beobachten. Die Simulation der Strömungsvorgänge und der Verbrennung im Zylinderinnenraum von Verbrennungsmotoren gewinnt immer mehr an Bedeutung und wird als Ergänzung zu der sehr aufwändigen optischen Messtechnik angesehen.

Die numerische Simulation der Verbrennung erweist sich allerdings als sehr komplex, da sowohl strömungstechnische als auch chemische und thermodynamische Probleme gekoppelt zu lösen sind; dabei wird die Lösung dieser Problemfelder durch die Tatsache, dass es sich häufig um eine Zweiphasenströmung handelt, weiter kompliziert; es kommt noch hinzu, dass die Kolbenbewegung nur durch ein bewegliches Gitter zu modellieren ist. Zurzeit ist die numerische Simulation der Strömungsvorgänge und der Verbrennung im Zylinderinnenraum von Verbrennungsmotoren nur durch die zum Teil entkoppelte Berechnung der Einzelphänomene möglich. Die vollständige Berechnung der Prozesse unter Einbeziehung aller realen Phänomene ist noch nicht realisierbar.

Zurzeit liefern die numerischen Strömungsberechnungen qualitativ wertvolle Erkenntnisse über das Zusammenwirken von Ladungsbewegung, Gemischaufbereitung sowie Verbrennung und Schadstoffemission in Verbrennungsmotoren, z.B. [36], [34], [27]. Des Weiteren kann durch die CFD die Strömung in den Drallkanälen, in den Ventilen und im Brennraum von Verbrennungsmotoren numerisch "sichtbar" gemacht werden, siehe [51], [52], [54], [71] und [72]. Die Ergebnisse solcher Berechnungen können wertvolle Erkenntnisse über das Strömungsverhalten in diesen Bauteilen liefern.

Die genaueste Methode der Beschreibung der Verbrennungsprozesse ist die gekoppelte Modellierung der Strömungsvorgänge und der chemischen Prozesse auf molekularer Ebene. Jedoch ist die Beschreibung der Verbrennungsprozesse auf molekularer Ebene zurzeit und auch in näherer Zukunft wegen des enormen Rechenaufwands nicht realisierbar.

Zurzeit werden bei der Verbrennungssimulation die Strömungsvorgänge und die chemischen Reaktionen getrennt betrachtet und durch Quellterme in den Transportgleichungen gekoppelt.

2.1 Simulation der Strömungsvorgänge der Verbrennungsprozesse

Betrachtet man das chemisch reagierende Mehrkomponenten-Gemisch als ein Kontinuum, dann besteht die genaueste Methode der Simulation der turbulenten Strömung der Verbrennungsprozesse aus der direkten numerischen Simulation (DNS) der Erhaltungsgleichungen für Masse, Impuls und Energie. Bislang kann jedoch die DNS nur für die Untersuchung einfacher Verbrennungssysteme, bei denen z. B. die Strömung zwar schon turbulent, aber die Geschwindigkeiten immer noch relativ niedrig sind, also bei kleinen Reynolds-Zahlen, eingesetzt werden. Durch DNS kann man zwar nützliche Informationen über den Charakter der turbulenten Verbrennungsprozesse gewinnen; jedoch ist die DNS für praxisrelevante Fälle bislang noch nicht einsetzbar.

Eine Alternative zur DNS stellt die Grobstruktursimulation, Large-Eddy Simulation (LES), dar. Bei dieser Methode werden die großskaligen Turbulenzelemente direkt simuliert und die feinstskaligen, die nicht vom numerischen Gitter aufzulösen sind, modelliert. Durch die LES können die großskaligen energietragenden

Turbulenzballen, die einen höheren Beitrag zum Transport und zum Austausch der Erhaltungsgrößen leisten, erfasst werden. Die feinskaligen und feinstskaligen Turbulenzballen sind im Bezug auf Energieübertragung relativ schwach und können deshalb den Transport der Erhaltungsgrößen nur geringfügig oder überhaupt nicht beeinflussen. Daher ist es in vielen Fällen sinnvoll, die großskaligen Turbulenzballen detaillierter zu simulieren. Jedoch ist bei den Verbrennungsprozessen die Frage noch nicht geklärt, inwieweit kleinskalige Effekte wie Reaktion und molekulare Diffusion durch die großskaligen Turbulenzballen zu beschreiben sind.

Die ersten Ansätze zur Grobstruktursimulation von Verbrennungsprozessen sind schon vorhanden, z. B. [16], [55], [56], [53] und [63]. Es handelt sich jedoch bei allen diesen Fällen um Berechnungen für sehr einfache Geometrien. Die Vermutung liegt nahe, dass sich die LES in Zukunft bei der Simulation der Verbrennungsprozesse durchsetzen und die Nachteile der RANS (Reynolds-Averaged-Navier-Stokes) beheben wird. Dies gilt besonders bei Verbrennungsmotoren, bei denen die Strömung ohnehin instationär ist und somit die großen Vorteile der RANS nicht richtig zur Geltung kommen.

Die einfachste Methode der Simulation der turbulenten Strömung ist die Lösung der zeitlich oder massengewichtet (dichtegewichtet) gemittelten Transportgleichungen (RANS) oder (FANS, für Favré-Averaged-Navier-Stokes) in Kombination mit den Turbulenzmodellen.

Bei den Verbrennungsprozessen handelt es sich oft um eine Zweiphasenströmung. Eine zweiphasige Strömung besteht entweder aus zwei nicht ineinander löslichen Fluiden — wie z.B. aus Luft und einem flüssigen Brennstoff wie Dieselkraftstoff — oder aus einem Fluid und einem Feststoff — wie z.B. aus Luft und wie pulverisierter Kohle.

Bei der Berechnung der Zweiphasenströmungen ist es notwendig, die Wechselwirkungen zwischen den beiden Phasen zu berücksichtigen. Dazu wird üblicherweise die Hauptströmung des Trägerfluids (bei einer Verbrennung ist das Trägerfluid das Gemisch) als eine kontinuierliche Phase und der Brennstoff als eine so genannte disperse Phase betrachtet.

Zur Beschreibung der kontinuierlichen Phase der turbulenten Hauptströmung der Verbrennungsprozesse werden die Transportgleichungen eingesetzt, die durch eine Euler-Betrachtungsweise, also eine raumfeste Betrachtungsweise, hergeleitet sind.

Zur Betrachtung der dispersen Phase und zur Beschreibung der dispersen Teilchen (Tropfen) kann je nach Aufgabenstellung entweder eine Euler- oder eine Lagrange-Betrachtungsweise, also eine teilchenfeste Betrachtungsweise herangezogen werden.

Verwendet man sowohl für die kontinuierliche als auch für die disperse Phase ein raumfestes Koordinatensystem, dann spricht man von einem Euler-Euler-Verfahren. Betrachtet man dagegen die disperse Phase mit einem teilchenfesten Koordinatensystem, dann handelt es sich um ein Euler-Lagrange-Verfahren.

Bei dem Euler-Euler-Verfahren, das hauptsächlich bei relativ großer Anzahl der dispersen Teilchen und bei relativ hohem Volumenanteil der Teilchen zur Anwendung kommt, wird die disperse Phase in der Regel wie die kontinuierliche

Phase mit den Transportgleichungen der kontinuierlichen Phase behandelt. Dabei tritt der Phasenanteil als Wichtungsfaktor in den Gleichungen auf. Das Euler-Euler-Verfahren findet bei der Simulation der Mischvorgänge Anwendung.

Bei der Simulation der Verbrennungsprozesse wird in der Regel das Euler-Lagrange-Verfahren eingesetzt und es werden die Flugbahnen sowie die Verdampfungsraten der Brennstoffteilchen durch eine Lagrange-Modellierung berechnet; hierzu wird die disperse Phase durch repräsentative Partikel beschrieben, und in einem Modellsystem werden die Gruppen einzelner realer Partikel durch Modellpartikel zusammengefasst und ersetzt. Danach werden die Bahnlinien dieser Modellpartikel im Raum verfolgt und für diese Modellpartikel die Erhaltungsgleichungen für Masse, Impuls und Energie in einem teilchenfesten Koordinatensystem gelöst.

Die Kopplung und Wechselwirkung der dispersen Phase mit der kontinuierlichen Gasphase erfolgt über die Quellterme in den Erhaltungsgleichungen. Dabei kann man sowohl die Wirkung der kontinuierlichen Phase auf die disperse Phase berücksichtigen als auch umgekehrt. Des Weiteren ist es auch möglich, die Wechselwirkungen der Modellpartikel untereinander sowie mit den festen Bauteilen zu approximieren.

Bei flüssigen Brennstoffen muss die Gemischbildung, die den Verlauf des Verbrennungsprozesses maßgeblich beeinflusst, realistisch wiedergegeben werden. Dazu müssen relativ komplexe Phänomene modelliert werden, wie zum Beispiel der Sprühvorgang an der Einspritzdüse, die Strahlausbreitung, die Zerstäubung und Verdampfung der Brennstofftropfen. Dabei stellen die richtige Beschreibung der Interaktion der Tropfen mit einander, die Wandwechselwirkung sowie die Modellierung der Wirkung der Turbulenz auf Tropfenausbreitung und Tropfenzerfall eine Herausforderung an die Numerik dar.

2.2 Simulation der chemischen Reaktionen der Verbrennungsprozesse

Wie bei der numerischen Simulation der Strömungsvorgänge können bei der numerischen Simulation der chemischen Reaktionen verschiedene Ansätze mit unterschiedlichen Genauigkeiten herangezogen werden. Man kann eine chemische Reaktion unter der Voraussetzung einer Elementarreaktion beschreiben. Jedoch lassen sich die meisten chemischen Reaktionen nicht durch eine einzige Elementarreaktion wiedergeben, da während der Reaktion Zwischenprodukte sowie weitere Endprodukte auftreten. Diese Reaktionen werden deshalb als zusammengesetzte oder komplexe Reaktionen bezeichnet. Die zusammengesetzten Reaktionen können zwar in eine Vielzahl von Elementarreaktionen zerlegt werden, jedoch ist dies in den meisten Fällen sehr aufwändig und daher praktisch kaum anwendbar. So wären z.B. zur vollständigen Beschreibung der Verbrennung von Kohlenwasserstoffgemischen (Brennstoffen) mehrere tausend Elementarreaktionen zu berücksichtigen. Die Wechselwirkungen dieser Elementarreaktionen beeinflussen den gesamten Verbrennungsvorgang.

Vereinfacht kann der Reaktionsmechanismus durch eine einfache Reaktionsfolge, bestehend aus 2-, 3- oder Mehrschritt-Reaktionsmechanismen, oder auch durch einen Einschritt-Reaktionsmechanismus beschrieben werden.

In der Stoffaustauschgleichung, die bei chemischen Prozessen zu lösen ist, tauchen im Quellterm der Transportgleichung, die gemittelte Bildungs- oder Verbrauchsgeschwindigkeit des Stoffes in der molaren Skala, bzw. die Reaktionsgeschwindigkeit in der Massenskala, auf und werden zur Lösung der Gleichung benötigt. Diese Reaktionsgeschwindigkeit stellt in einem Verbrennungsprozess das Bindeglied zwischen den Strömungsvorgängen und den chemischen Reaktionen dar. Bei turbulenten Strömungen muss auch der Einfluss der Turbulenz auf die Reaktionsgeschwindigkeit berücksichtigt werden. Es ist also notwendig, eine mittlere Reaktionsgeschwindigkeit zu bestimmen. Die Ermittlung einer geeigneten mittleren Reaktionsgeschwindigkeit unter Berücksichtigung der Wechselwirkung der Turbulenz mit der komplexen Chemie ist die zentrale Aufgabe bei der numerischen Simulation von Verbrennungsvorgängen in turbulenten Strömungen.

Zur Ermittlung der Reaktionsgeschwindigkeit wird von verschiedenen Methoden mit unterschiedlichen Genauigkeiten Gebrauch gemacht. Dabei ist es wichtig zu prüfen, ob es sich um eine vorgemischte oder nicht-vorgemischte Flamme (Diffusionsflame) handelt und ob die Voraussetzung unendlich schneller Chemie — also lokaler chemischer Gleichgewichtszustand — zutrifft. Die Voraussetzung einer unendlich schnellen Chemie bringt nämlich eine wichtige Vereinfachung mit sich, da in diesem Fall die Kinetik der chemischen Reaktionen und alle Parameter, die sich mit endlich schneller Chemie und mit der Kinetik der chemischen Reaktionen befassen, zu vernachlässigen sind. Man kann von einem chemischen Gleichgewichtszustand und von unendlich schneller Chemie ausgehen, wenn die Zeitskala der chemischen Prozesse im Vergleich zur Zeitskala der Strömungsvorgänge — also Konvektion und Diffusion — wesentlich kleiner ist.

2.2.1 Nicht-vorgemischte Verbrennung

Die nicht vorgemischte Verbrennung kommt zum Beispiel in Dieselmotoren zur Anwendung. In einem Dieselmotor wird zunächst die Luft mithilfe des Kolbens komprimiert und erst danach wird der flüssige Brennstoff in den Brennraum eingespritzt. Die heiße komprimierte Luft wird vom Brennstoffstrahl mitgerissen, was zunächst zum Strahlzerfall und zur Zerstäubung und danach zur Verdampfung des flüssigen Brennstoffes und schließlich zu einer Selbstzündung führt. Während der ersten Phase der Verbrennung wird zunächst der durch den Einspritzvorgang vorgemischte Teil sehr schnell konsumiert; in der nächsten Phase findet die Verbrennung unter nicht-vorgemischten Bedingungen statt. Der Hauptteil von NO_x und Ruß wird zwar während der nicht-vorgemischten Verbrennung gebildet. Jedoch werden in dieser Phase auch gleichzeitig die notwendigen Voraussetzungen für die Oxidation von Ruß geliefert.

Als weitere Beispiele für den Einsatz der nicht-vorgemischten Verbrennungen kann man die Direkteinspritz-Ottomotoren sowie industrielle Feuerungen und Gasturbinen nennen.

Durch die Trennung von Brennstoff und Oxidator sind die Sicherheitsbedingungen besser zu erfüllen; dadurch gewinnen die nicht-vorgemischten Verbrennungen für praktische Anwendungen relativ große Bedeutung.

Die nicht-vorgemischten Flammen bieten hinsichtlich der Kontrolle der Flammenlänge und –form und der Intensität der Verbrennung größere Flexibilität. Des Weiteren können Brennstoff und Oxidator auch zum Teil vorgemischt werden.

Bei nicht-vorgemischten Verbrennungen werden sich die Reaktanden durch die Diffusion in einer dünnen Flammenzone mischen, und die Reaktionsrate wird hauptsächlich durch die Diffusion gesteuert. Man hat deshalb in der Vergangenheit die nicht-vorgemischte Flamme als Diffusionsflamme bezeichnet. Es ist jedoch jetzt bekannt, dass die Diffusion sowohl bei nicht-vorgemischten als auch bei vorgemischten Flammen eine Rolle spielt.

In einer nicht-vorgemischten Verbrennung ist die für turbulente Mischung — durch Konvektion und Diffusion verursacht — notwendige Zeit wesentlich länger als die für die chemischen Verbrennungsprozesse notwendige Zeit. Deshalb ist die Voraussetzung unendlich schneller Chemie zu rechtfertigen. Das bedeutet, dass die chemische Reaktion unendlich schnell statt findet, sobald sich der Brennstoff und der Sauerstoff gemischt haben. Es muss also lediglich bestimmt werden, wie schnell die Mischung zu Stande kommt.

Der Mischungsprozess der nicht-vorgemischten Verbrennungen ist in Abbildung 1 schematisch dargestellt. Im Zentralbereich, direkt nach der Brennstoffdüse, bilden sich Bereiche, in denen der Brennstoff überwiegt (fettes Gemisch), an den Randbereichen ist die Luft im Überschuss vorhanden (mageres Gemisch). An den Grenzen zwischen diesen beiden Bereichen liegt eine so genannte stöchiometrische Fläche — wo eine stöchiometrische Mischung vorliegt.

Es gibt in turbulenten Strömungen allerdings auch Fälle, bei denen die Zeitskala der lokalen Diffusion die gleiche Größenordnung hat wie die Zeitskala der chemischen Prozesse. In solchen Fällen ist die Voraussetzung unendlich schneller Chemie nicht mehr zutreffend, so dass die Ungleichgewichtseffekte berücksichtigt werden müssen. Die Ungleichgewichtszustände zeigen sich bei Verbrennungsprozessen manchmal als vorteilhaft und werden herbeigeführt. Zum Beispiel führt eine Reduzierung der Maximaltemperatur bei einem Ungleichgewichtszustand (zu kurzer Verweilzeit) zu einer Reduzierung der NO_x-Emissionen. Gegen moderate Temperaturen spricht jedoch die Tatsache, dass Ruß zur Oxidation die Anwesenheit des OH-Radikals benötigt, das nur bei relativ hohen Temperaturen entsteht. Folglich ist z.B. in Dieselmotoren ein Kompromiss zwischen NOx- und Rußemissionen notwendig. Wenn die Rußbildung kein Thema gewesen wäre, dann würde eine Verbrennung bei moderaten Temperaturen bei einem Ungleichgewichtszustand die beste Lösung liefern. Die Folge wäre eine vollständige Verbrennung bei minimalen NO_x-Emissionen.

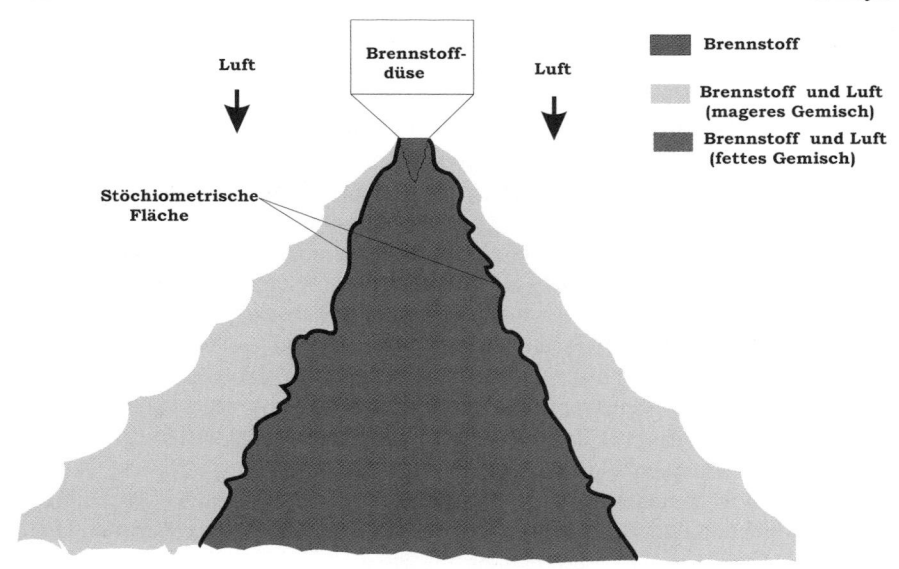

Abb. 1 Schematische Darstellung einer turbulenten nicht-vorgemischten Verbrennung

2.2.2 Vorgemischte Verbrennung

Bei dieser Art der Verbrennung sind die Reaktanden vor der Verbrennung bis zur molekularen Ebene gemischt, und die Flamme wird durch die Kinetik der chemischen Reaktion kontrolliert; dabei ist die Brenngeschwindigkeit von der chemischen Zusammensetzung und der Reaktionsrate abhängig und wird sowohl durch konvektive als auch durch diffusive Effekte gesteuert.

Bei einfachen laminaren stationären Flammenstrukturen kann man davon ausgehen, dass die Vormischflamme eine flache eindimensionale Struktur besitzt und eine charakteristische Flammengeschwindigkeit und eine Flammendicke aufweist, die von der jeweiligen Konfiguration der Verbrennung abhängig sind.

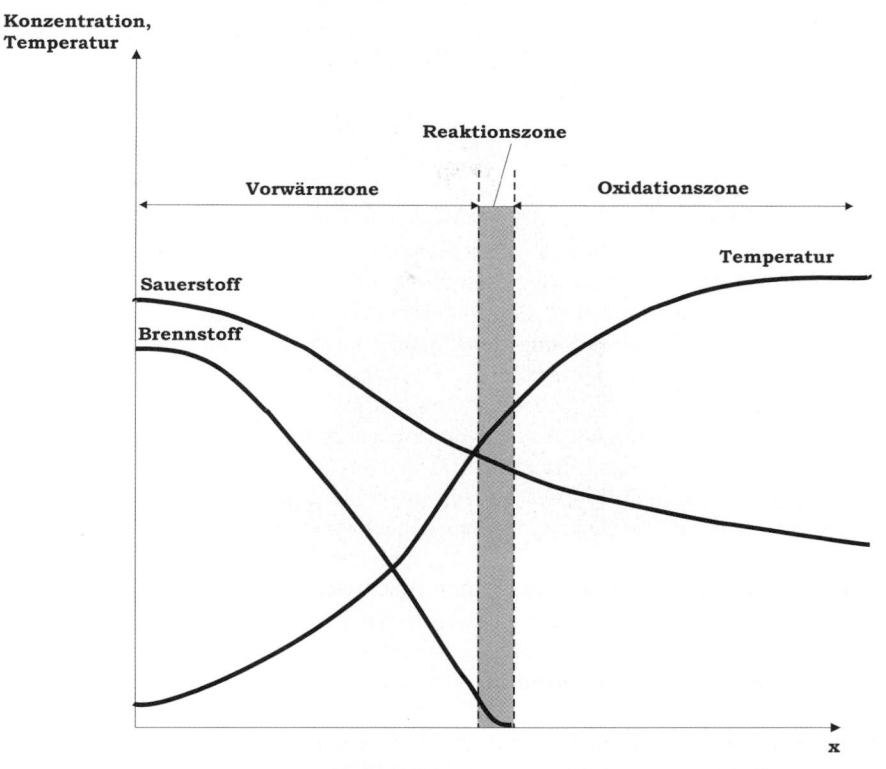

Abb. 2 Schematische Darstellung der Zonen der laminaren Flamme bei vorgemischter Verbrennung

Die laminare Flamme einer vorgemischten Verbrennung setzt sich aus einer Vorwärmzone, einer dünnen Reaktionszone und einer Oxidationszone zusammen, siehe Abbildung 2. In der Vorwärmzone, in der ein Gleichgewicht zwischen den konvektiven und den diffusiven Effekten besteht, findet keine chemische Reaktion statt. In der dünnen Reaktionszone wird der Brennstoff zu CO und H_2 umgesetzt und schließlich werden in der Oxidationszone sehr langsam CO und H_2 ausgebrannt. Die charakteristischen Größen der laminaren Vormischflammen, wie die laminare Flammengeschwindigkeit und laminare Flammendicke und somit die Zeitskala der chemischen Reaktion, auch die Zeitskala der Flamme genannt, lassen sich exakt beschreiben, siehe z.B. [55] und [52].

Bei laminaren Flammen geschieht der Transport nur durch molekulare Transportphänomene, es findet keine turbulente Diffusion statt. Dagegen leistet bei turbulenten Flammen die turbulente Diffusion einen wesentlichen Beitrag.

In der Praxis werden in der Regel turbulente Flammen eingesetzt, welche die physikalischen Strukturen der turbulenten Strömungen beinhalten. In turbulenten Strömungen findet eine Wechselwirkung zwischen der Turbulenz und der Flammenfront statt; dadurch ist die Bewegung turbulenter Vormischflammen dreidimensional und besteht aus einer Überlagerung der Flammenfortpflanzung und der turbulenten Schwankungen der Strömungen. Dabei kommen in Abhängigkeit vom Turbulenzgrad der Strömung verschiedene Flammenstrukturen zustande, die sich anhand eines von Borghi [7] vorgeschlagenen und nach ihm benannten Diagramms erklären lassen, siehe Abbildung 3. Es handelt sich um eine doppeltlogarithmische Auftragung von zwei dimensionslosen Größen, nämlich der mit der laminaren Flammengeschwindigkeit v_{lam} dimensionslos gemachten charakteristischen Geschwindigkeit v_L der großskaligen Turbulenzelemente und dem mit der laminaren Flammendicke δ_{lam} dimensionslos gemachten Längenmaß L der Turbulenz (Größe der großskaligen Turbulenzelemente).

Das Borghi-Diagramm wird durch mehrere Geraden in fünf verschiedene Bereiche unterteilt. Zur Darstellung der Geraden werden drei dimensionslose Größen, nämlich die Reynolds-Zahl Re_t der Turbulenz, die Damköhler-Zahl Da sowie die Karlovitz-Zahl Ka der Turbulenz herangezogen. Die makroskopische Reynolds-Zahl Re, die normalerweise von Ingenieuren zur Charakterisierung der Strömung verwendet wird, ist etwa 100-mal größer als die Reynolds-Zahl der Turbulenz. Die Damköhler-Zahl der Turbulenz stellt das Verhältnis der Zeitskala t_L der Bewegung der großskaligen Turbulenzelemente ($t_L = L/v_L$) zur Zeitskala t_c der chemischen Reaktionen ($t_c = \delta_{lam}/v_{lam}$) dar. Die Karlovitz-Zahl der Turbulenz stellt das Verhältnis der Zeitskala t_c der chemischen Reaktion zur Kolmogorov-Zeitskala t_k — also Frequenz der kleinstskaligen Turbulenzelemente — dar. Kombiniert man diese beiden Kennzahlen, dann stellt man folgenden Zusammenhang zwischen diesen beiden Kennzahlen und der Reynolds-Zahl Re_t der Turbulenz fest: $Re_t = Da^2 Ka^2$

Das Borghi-Diagramm wird durch die drei Geraden $Re_t = Da = Ka = 1$ und eine Gerade bei $v_L/v_{lam} = 1$ in fünf Bereiche eingeteilt.

Durch $Re_t = 1$ wird unten links ein Bereich abgegrenzt, wo $Re_t < 1$ und bei der Abwesenheit der Turbulenz keine turbulente sondern nur eine laminare Verbrennung stattfindet. In diesem Bereich hat die Flamme eine ebene flache Front und kann, wie oben erwähnt, analytisch vollständig berechnet werden.

Im Bereich unterhalb der Linie $v_L/v_{lam} = 1$ sind zwar turbulente Strukturen vorhanden, jedoch ist die charakteristische Geschwindigkeit dieser turbulenten Strukturen kleiner als die Flammengeschwindigkeit; deshalb können diese Turbulenzelemente die Flamme nur bewegen. Sie können jedoch in die Flammenfront nicht eindringen und diese zerstören. Die Flamme behält ihre laminare Struktur mehr oder weniger und wird nur von der Turbulenz ausgelenkt, gestreckt und leicht gewellt. Die turbulente Flamme besteht also aus vielen kleinen laminaren Flammen (so genannte Flamelets). Es wird von einer quasi-laminaren Verbrennung ausgegangen.

Oberhalb der Linie $v_L/v_{lam} = 1$ und unterhalb der Linien Ka $= 1$, also bei Ka < 1, hat die charakteristische Geschwindigkeit der Turbulenzelemente zugenommen und ist jetzt größer als die Flammengeschwindigkeit; die Turbulenzelemente können die Flammenfront wesentlich stärker verformen und falten. In diesem Gebiet beginnt die Turbulenz die Flammenfront zu zerstören und es bilden sich Inseln von Frischgas im Abgas oder umgekehrt. Trotzdem kann im Großen und Ganzen auch in diesem Gebiet von einer quasi-laminaren Verbrennung ausgegangen werden; deshalb wird der gesamte turbulente Bereich, der sich unterhalb der Geraden Ka = 1 befindet, als "Flamelet-Bereich" bezeichnet. Die motorische Verbrennung findet in diesem Gebiet statt; somit kommt das Flamelet-Modell, das für die Berechnung der Reaktionsgeschwindigkeit von einer Verbrennung mit quasilaminaren Eigenschaften ausgeht, hauptsächlich für motorische Verbrennungen zur Anwendung.

Je höher die charakteristische Geschwindigkeit der großskaligen Turbulenzelemente im Vergleich zur Flammengeschwindigkeit wird (Ka >1), desto mehr wird die Flamme durch die Turbulenzelemente gestört und desto komplizierter wird der Einfluss der Turbulenz. In diesem Gebiet kann es zu aufgerissenen Flammenfronten und zu Flammenverlöschungen kommen.

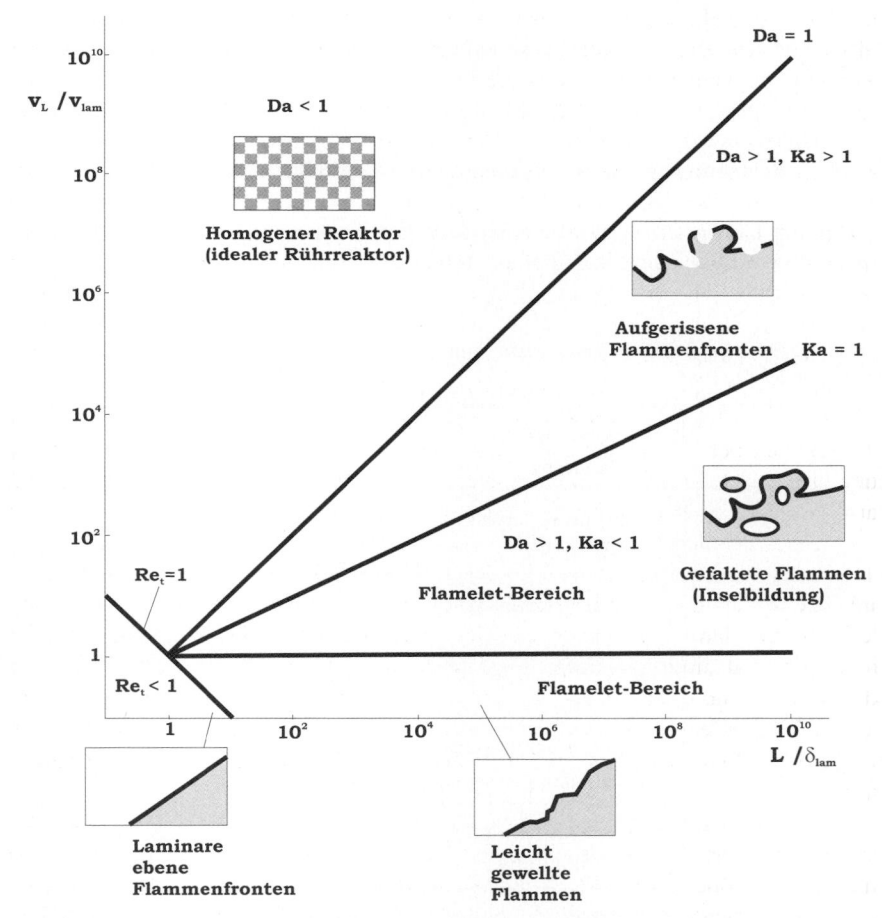

Abb. 3 Borghi-Diagramm der turbulenten vorgemischten Verbrennung nach [7]

Man kann auch die Damköhler-Zahl zur Beurteilung der Flamme heranzuziehen. Diese Kennzahl wurde von Damköhler [15] verwendet, um die turbulente Flammenstruktur zu identifizieren. Da < 1 bedeutet, dass die chemische Reaktion mehr Zeit benötigt als die turbulenten Strömungsvorgänge (Mischungszeit). Dadurch ist die turbulente Mischung reaktionsbestimmend; so sind die Komponenten der Reaktion vollständig und homogen vermischt, bevor eine Reaktion stattfindet. Deshalb wird dieser Bereich des Diagramms als homogener Reaktor (idealer Rührreaktor) bezeichnet. In diesem Bereich besteht überall eine Flammenstruktur, in der die Flammenfront kaum erkennbar ist.

In einer turbulenten Vormischflamme können mehrere dieser Bereiche an unterschiedlichen Orten der Flamme eintreten. Das Berechnungsmodell hat dieses zu berücksichtigen.

Das Borghi-Diagramm, das ursprünglich für vorgemischte Verbrennungen entwickelt wurde, kann nach [47] nach einigen Modifikationen auch zur Charakterisierung der nicht-vorgemischten Verbrennungen eingesetzt werden.

2.2.3 Bestimmung der Reaktionsgeschwindigkeit

Einige am häufigsten verwendete Modelle zur Bestimmung der mittleren Reaktionsgeschwindigkeit sind in Tabelle 1 dargestellt [52].

Tabelle 1 Modelle zur Bestimmung der mittleren Reaktionsgeschwindigkeit der turbulenten Verbrennungsprozesse

	Vorgemischte Verbrennung	Nicht-vorgemischte Verbrennung
Unendlich schnelle Chemie	Eddy-Break-Up-Modell (EBU-Modell)	
	Eddy-Dissipation-Modell (EDM)	
	-	Mischungsbruch
Endlich schnelle Chemie	Wahrscheinlichkeitsdichtefunktionen (Probability-Density-Functions, pdf)	
	Flamelet-Modell (G-Gleichung)	Flamelet-Modell (Mischungsbruch)

3 Strömungsmaschinensimulation

3.1 Einleitende Bemerkungen

Im Bereich der Verbrennungsmotoren wird CFD auch zur Strömungsberechnung in den Hilfsaggregaten (Turbolader, Kühlwasserpumpe, Ölpumpe, usw.) verwendet.

Die Strömung in Strömungsmaschinen (Pumpen, Turbinen und Verdichtern) ist im Allgemeinen dreidimensional, turbulent, wirbelbehaftet und komplex.

Zur Auslegung von Bauteilen von Strömungsmaschinen werden oft heute noch Ansätze verwendet, die mehr oder weniger auf empirischen Erkenntnissen beruhen. Die Gültigkeit dieser empirischen oder halbempirischen Ansätze sollte spätestens bei der Entwicklung von neuen Produkten entweder durch Experimente oder durch numerische Nachrechnung der Strömung überprüft werden. Des Weiteren hat der Wirkungsgrad von Strömungsmaschinen einen solchen Stand erreicht, dass dessen weitere Erhöhung auf dem Wege der Bauteiloptimierung (zum Beispiel durch hydro- oder aerodynamische Optimierung) ein detailliertes Wissen der Strömungsvorgänge in einem frühen Stadium der Auslegung und Entwicklung der Strömungsmaschinen voraussetzt. Diese detaillierten Informationen zum Strömungsverhalten könnten entweder durch Messungen oder durch numerische Berechnungen gewonnen werden. Es zeigt sich, dass solche Detailinformationen mit vertretbarem Aufwand nicht durch Experimente zu gewinnen sind. Die Möglichkeit, Strömungsvorgänge in Strömungsmaschinen durch numerische Simulation zu untersuchen, hat sich in den letzten Jahren gewaltig verbessert. Solche numerischen Untersuchungen liefern schon heute in vielen Teilgebieten der Strömungsmaschinen Ergebnisse, die sowohl qualitativ als auch quantitativ sehr zufrieden stellend sind.

Die Auslegungsziele der in Verbrennungsmotoren eingesetzten Kreiselpumpen haben sich in den letzten Jahren sehr stark verändert. Bisher bestand das Auslegungsziel darin, die Herstellungskosten minimal zuhalten. Zwar wird dieses Ziel weiterhin verfolgt, jedoch hat sich die gesamte Aufgabenstellung verändert. Neben geringen Herstellungskosten wird auch eine Verbesserung des Wirkungsgrades gegenüber bisherigen Ausführungen gefordert. Hierbei sind gegeben:

- Mögliche geometrische Eigenschaften des Laufrads und des Gehäuses entsprechend einem bezüglich der Kostenminimierung optimalen Herstellungsprozess.
- Mögliche Drehzahlen, Betriebsverhalten und Betriebsbereich, sowie Fluid und dessen Eigenschaften.

Gesucht werden die vertretbaren Lösungen, bei denen sich ein relativ hoher Wirkungsgrad — unter Einhaltung der oben gestellten Anforderungen — realisieren lässt. Hierfür müssen der Betriebsbereich sowie das Betriebsverhalten in diesem Bereich neu bestimmt werden.

Somit muss der Strömungsmaschinenbauer zum einen aktuelles Wissen über die Produktionsmethoden einbringen, und zum anderen ist er mit der Tatsache konfrontiert, dass die Auslegung beeinflussende Parameter in ihrer Bedeutung stark zugenommen haben. Bis vor kurzem wurden empirische oder halbempirische Ansätze, wie zum Beispiel die Euler-Strömungsmaschinenhauptgleichung zur Auslegung der Kreiselpumpen eingesetzt. Diese empirischen Ansätze wurden durch die so genannten Erfahrungskoeffizienten — zum Beispiel die Minderleistungskoeffizienten — an die realen Verhältnisse angepasst und korrigiert. Jedoch können die neu definierten Aufgaben nicht mehr durch die alten Auslegungsverfahren und allein durch die experimentellen Optimierungsmethoden bewältigt werden. Hierzu wurde der Einsatz der CFD notwendig.

Die Fähigkeit der numerischen Untersuchung der Laufradströmung in Pumpenstufen hat zu gewaltigen Fortschritten bei der Pumpenauslegung geführt, siehe z.B. [70], [28], [29], [69] und [5]. Es wird von Pumpenherstellern berichtet, dass in manchen Fällen der Wirkungsgrad der Pumpen um bis zu fünf Prozent, die Lebensdauer des Laufrades — zum Beispiel von sechs Monaten auf vier Jahre — gesteigert wurde und dass die Geräuschbildung wesentlich reduziert werden konnte [48], [26]. Des Weiteren kann durch die Anwendung der CFD-Berechnungen der Auslegungsprozess wesentlich verkürzt werden.

Durch numerische Simulationen werden verschiedene Strömungsphänomene qualitativ sehr gut beschrieben und wiedergegeben. Des Weiteren ist es heute möglich und auch üblich, die Kennlinie der Kreiselpumpen mithilfe von CFD-Berechnungen zu bestimmen. Dabei können die durch CFD berechneten Förderhöhen allerdings um bis zu fünf Prozent von den tatsächlichen Werten abweichen. Der Grund liegt darin, dass bei einer CFD-Berechnung in der Regel nicht alle Verluste berücksichtigt werden, da sonst der Zeitaufwand für die Berechnungen zu hoch würde. Oft werden zum Beispiel die Spaltverluste oder die Radseiten-Reibungsverluste — also die Reibungsverluste zwischen dem Absolut- und dem Relativsystem — vernachlässigt.

Bei der Auslegung der Radialverdichter spielt — wie bei der Auslegung aller Strömungsmaschinen — die Forderung nach einem möglichst hohen Wirkungsgrad eine dominante Rolle. Jedoch sind auch andere Kriterien, wie zum Beispiel ein breiter Betriebsbereich, die Stabilität, die mechanischen Eigenschaften sowie die Herstellungskosten wichtig. Dabei entscheidet das Anwendungsgebiet des Verdichters über die Priorität und die Wichtigkeit der einzelnen Kriterien. Die Turboladerverdichter müssen zum Beispiel neben einem breiten Kennfeld — zum Einsatz bei einem möglichst breiten Betriebesbereich — auch relativ niedrige Herstellungskosten besitzen, die in der Regel durch eine nicht-variable Geometrie besser zu bewältigen sind.

Obwohl die breite Palette des Anwendungsgebiets zu unterschiedlichen Schwerpunkten bei der Auslegung der Radialverdichter führt, kann bei der Auslegung auf eine allgemeine Technologie — mit relativ hohem Stand — zurückgegriffen werden.

Das aktuelle, moderne Auslegungsverfahren eines Radialverdichters kann folgendermaßen gegliedert werden: Erstauslegung mithilfe der eindimensionalen

Stromfadentheorie und der Minderleistungstheorie, vorläufige Bestimmung des Kennfeldes, Definition der Laufradgeometrie, aerodynamische und strömungstechnische Untersuchungen und Nachrechnung der Laufradströmung beim Bestpunkt und Korrektur der Erstauslegung, Nachrechnung der Strömung in anderen Bauteilen, z. B. im Diffusor und eventuell weitere Korrektur der Auslegung, Nachrechnung der Strömung bei Teil- und Überlast und Korrektur und endgültige Bestimmung des Kennfeldes, Mechanische Untersuchungen und Erzeugung der notwendigen Informationen für den Herstellungsprozess.

Somit ist das Auslegungsverfahren ein iterativer und interaktiver Prozess, bei dem die CFD mindestens für die Nachrechnung der Strömung im Laufrad und in anderen Bauteilen des Verdichters sowie bei der Bestimmung des endgültigen Kennfeldes zum Einsatz kommt. Dabei ist es heute z. B. problemlos möglich, die Druckverteilung bei der Umströmung von Schaufelprofilen zu bestimmen. Auch die Berechnung der Pumpgrenze gelingt ohne große Probleme.

3.2 Strömung im Relativsystem

Zur Simulation der dreidimensionalen turbulenten Strömung in Turbomaschinen können je nach Fragestellung entweder das Euler-Verfahren oder die zeit- bzw. die dichtegemittelten Navier-Stokes-Gleichungen verwendet werden.

Im Allgemeinen ist das Strömungsverhalten in den Strömungsmaschinen durch hohe Reynolds-Zahlen charakterisiert. Zur ersten Abschätzung des Strömungsfeldes kann das Euler-Verfahren eingesetzt werden, wenn die Reibung nicht dominiert. Bei den Fragestellungen, bei denen die Reibung eine wichtige Rolle spielt, zum Beispiel bei der Erfassung der Sekundärströmungen und der Strömungsablösungen, bei der Simulation des Teillastverhaltens in Arbeitsmaschinen sowie bei der Bestimmung der Kennlinien der Maschine muss allerdings das verwendete mathematische Modell in der Lage sein, die Reibungseinflüsse zu berücksichtigen. In diesen Fällen sind die Navier-Stokes-Gleichungen anzuwenden.

Bei Strömungsmaschinen ist es sinnvoll, die Strömung im Relativsystem zu betrachten, da hier im Gegensatz zum Absolutsystem die Laufradströmung als stationär anzusehen ist. Zur Betrachtung der Strömung im Relativsystem wird eine Transformation der Gleichungen vorgenommen werden. Dazu wird die Relativgeschwindigkeit eingeführt und berücksichtigt, dass die Absolutgeschwindigkeit aus vektorieller Summe der Relativgeschwindigkeit und der Umfangsgeschwindigkeit besteht.

Zur Simulation der Strömung in Turbomaschinen stehen verschiedene Möglichkeiten zur Verfügung: Die Berechnung der Strömung in einem einzigen Koordinatensystem (Relativsystem) oder die Berechnung der Strömung in mehreren Koordinatensystemen.

Die erste Möglichkeit kann genutzt werden, um z.B. die Strömung in einem einzigen Schaufelkanal einer Strömungsmaschine, in rotierenden Seitenkanälen der Strömungsmaschinen oder auch im gesamten Laufrad zu modellieren.

Die zweite Möglichkeit kommt zur Anwendung, wenn man mehrere Stufen, also sowohl die Lauf- als auch die Leiträder oder das Laufrad und das Gehäuse zusammen modellieren will. Bei solchen Berechnungen werden die Laufräder im Relativsystem und die Leiträder oder das Gehäuse im Absolutsystem berechnet. Hierbei ist es notwendig, die Berechnungen in verschiedenen Koordinatensystemen gekoppelt durchzuführen. Dazu kann die Grenzfläche zwischen zwei Koordinatensystemen folgendermaßen definiert werden:

- Mischungsebenen-Verbindung
- Frozen-Rotor-Verbindung
- Rotor-Stator-Verbindung (auch als "Sliding-Interface" bezeichnet)

Bei der Kopplung durch eine so genannte Mischungsebene, die ursprünglich von Denton und Singh [19] vorgeschlagen wurde, erfolgt die Weitergabe von einem Koordinatensystem in das nächste über die gemittelten Werte der Strömungsgrößen. Hierbei werden an der Verbindungsfläche zwischen den beiden Koordinatensystemen die im Relativsystem berechneten Strömungsgrößen in der Umfangsrichtung gemittelt; dann werden die gemittelten Größen an die Nachbarelemente im Absolutsystem als Randbedingung weitergegeben. Bei dieser Methode wird also von einer gleichmäßigen Verteilung der Strömungsgrößen in der Umfangsrichtung ausgegangen, was eigentlich nie in einer Strömungsmaschine zutrifft und eine Idealisierung der realen Strömungsverhältnisse darstellt; durch diese Idealisierung kommt ein Teil der vorhandenen Verluste nicht zur Geltung und soll bei der Auslegung der Maschine extra berücksichtigt werden. Trotz der Mittelung der Strömungsgrößen bei einer Mischebene ist diese Methode besonders geeignet um das Strömungsverhalten in mehrstufigen Strömungsmaschinen zu betrachten.

Bei der zweiten Möglichkeit — der so genannten Frozen-Rotor-Verbindung — wird zwar keine Mittelwertbildung der Strömungsgrößen über die Umfangsrichtung vorgenommen, jedoch bleibt die relative Lage des Laufrads zu den Leiträdern, bzw. zum Gehäuse während der gesamten Berechnung unverändert. Diese Methode ist besonders geeignet, die Strömung in einstufigen Strömungsmaschinen, also im Laufrad und im Gehäuse, stationär zu berechnen. Des Weiteren können die Ergebnisse der Berechnung mit einer Frozen-Rotor-Verbindung als Anfangswerte für die Berechnung instationärer Strömungen mithilfe einer Rotor-Stator-Verbindung dienen. Die Frozen-Rotor-Verbindung kann zum Beispiel bei der Simulation der Turbolader, die nach dem Stauaufladungsprinzip arbeiten, eingesetzt werden.

Sowohl bei der Anwendung der Mischungsebene als auch bei der Benutzung einer Frozen-Rotor-Verbindung werden von stationären Strömungen ausgegangen und die Zeitglieder in den Transportgleichungen vernachlässigt. Deshalb können bei diesen Methoden die instationären Phänomene, wie zum Beispiel die Interaktion zwischen dem Laufrad und den Leiträdern bzw. dem Gehäuse, nicht erfasst werden.

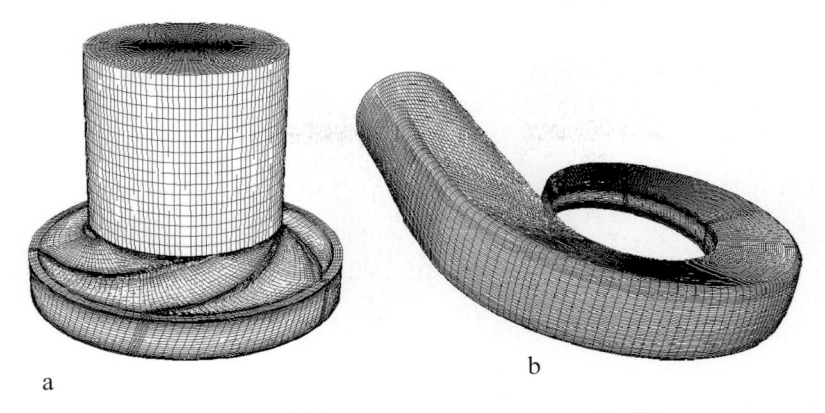

Einsatz von Methoden der CFD im Umfeld der Prozessrechnung 113

a b

Abb. 5 Gitter zur numerischen Berechnung der Strömung im Laufrad (a) und Gehäuse (b) der radialen Kreiselpumpe

Nach der Netzgenerierung besteht der nächste Schritt einer numerischen Berechnung aus der Definition und Festlegung der Randbedingungen. Bei Strömungen inkompressibler Fluide und im Allgemeinen müssen für alle Berandungen des Berechnungsgebietes Randbedingungen vorgegeben werden.

Es ist bei Berechnungen der instationären Strömungen in Strömungsmaschinen üblich, zunächst eine Berechnung unter Voraussetzung stationärer Strömungen durchzuführen und das Ergebnis dieser Berechnung zur Initialisierung und als die Anfangswerte der Berechnung der instationären Strömungen zu verwenden. Es sei denn, das Ziel der instationären Berechnung ist die Simulation des Anfahrvorgangs der Maschine; in solchen Fällen ist eine stationäre Berechnung nämlich nicht mehr notwendig.

Als Randbedingung der Berechnungen der stationären Strömungen der inkompressiblen Fluide kann man zum Beispiel am Einströmrand den Massenstrom oder direkt die Geschwindigkeit der Strömung vorgeben. Da die Strömung in der Pumpe turbulent ist, werden auch die Randbedingungen für das angewendete Turbulenzmodell notwendig. Hierzu kann man den Turbulenzgrad und das Längenmaß der Turbulenz als Randbedingung definieren. Am Ausströmrand kann für alle Variabeln mit Ausnahme des Druckes die Null-Gradient-Bedingung definiert werden. Bei dieser Randbedingung wird davon ausgegangen, dass es sich um eine ausgebildete Strömung handelt und die Strömungsgrößen keine Gradienten senkrecht zum Rand besitzen.

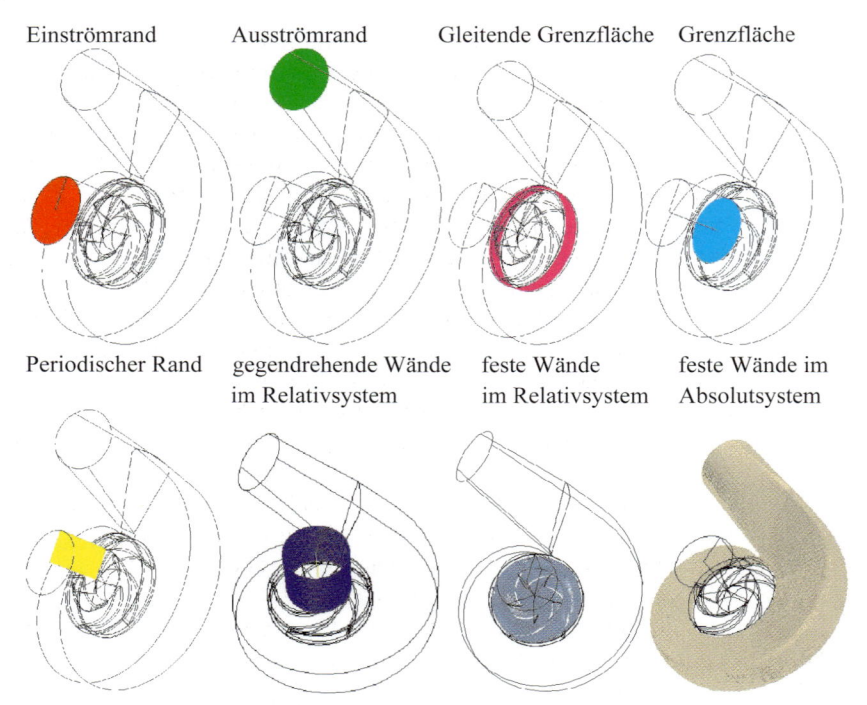

Abb. 6 Randbedingungen bei der Berechnung der stationären und der instationären Strömung der numerisch untersuchten Kreiselpumpe

An den festen Wänden gilt die Haftbedingung, d.h. das Fluid hat die gleiche Geschwindigkeit wie die Wand.

Des Weiteren werden die Gitter des Saugmundes und des Laufrades durch eine Grenzfläche miteinander in Verbindung gebracht. Am Übergang zwischen dem Relativ- und dem Absolutsystem wird eine gleitende Grenzfläche eingesetzt; bei den stationären Berechnungen kann an dieser gleitenden Grenzfläche eine Frozen-Rotor-Verbindung definiert werden. Bei einem Frozen-Rotor-Interface bleibt die relative Lage des Laufrades zum Gehäuse während der gesamten Berechnung unverändert.

Da es sich beim Gitter des Saugmundes um ein strukturiertes O-Gitter handelt, wird dort auch eine periodische Randbedingung notwendig. Da der Saugmund wie das Laufrad im Relativsystem berechnet wird, ist es notwendig, die festen Wände des Saugmundes als gegendrehende Wände im Relativsystem zu definieren und dadurch stehende Wände im Absolutsystem zu modellieren.

Bei der Berechnung der instationären Strömungen werden als Randbedingungen sinnvollerweise am Einströmrand statt eines festgelegten Massenstroms der Totaldruck im Absolutsystem und am Austrittsrand der statische Druck an einer Einzelgitterfläche definiert. Die Werte für diese Randbedingungen können zum Beispiel aus den Ergebnissen der Berechnung der stationären Strömungen — mit festgelegtem Massenstrom am Einströmrand — genommen werden. Des Weiteren wird an der gleitenden Grenzfläche zwischen dem Laufrad und dem Gehäuse eine Rotor-Stator-Verbindung definiert. Bei dieser Randbedingung ändert sich während der Berechnung die relative Lage des Laufrades zum Gehäuse entsprechend der Drehzahl des Laufrades. Der Koordinatenwechsel vom Relativ- zum Absolutsystem geschieht, wenn das Fluid die Grenzfläche überquert und zwar ohne jegliche Mittelung der Strömungsgrößen über der Grenzfläche. Die Rotor-Stator-Verbindung ist geeignet, um die Laufrad-Gehäuse-Interaktion zu erfassen. Die Randbedingungen der Berechnungen sind in Abbildung 6 dargestellt.

Bei der Berechnung der instationären Strömungen muss auch der Zeitschritt der Berechnungen festgelegt werden. Der Zeitschritt muss einerseits ausreichend klein gewählt werden, um die notwendige zeitliche Auflösung der instationären Phänomene zu gewährleisten; anderseits darf der Zeitschritt nicht zu klein gewählt werden, da sonst der Zeitaufwand für die Berechnungen enorm ansteigt. Für die Berechnung instationärer Strömungen in Strömungsmaschinen wird sinnvollerweise der Zeitschritt der Berechnung mit der Drehzahl des Laufrades in Verbindung gebracht und so ausgewählt, dass eine volle Umdrehung des Laufrades in etwa 150 bis 200 Zeitschritten vollzogen wird. Bei dem vorliegenden Fall werden für eine volle Laufradumdrehung genau 200 Zeitschritte benötigt.

Als Ergebnis der numerischen Berechnungen der instationären (zeitabhängigen) dreidimensionalen Strömung im gesamten Laufrad und im Gehäuse der Kreiselpumpe liegen detaillierte, grundlegende Informationen über das Strömungsverhalten in der untersuchten Kreiselpumpe vor. Viele Strömungsphänomene werden durch CFD-Berechnungen sichtbar. Abbildung 7 stellt z.B. die normierte Druckverteilung im Laufrad und in der Mittelebene des Gehäuses beim Bestpunkt dar. In der Strömungstechnik ist es üblich, die Strömungsgrößen normiert darzustellen. Der statische Druck p wird oft mithilfe eines dynamischen Drucks dimensionslos gemacht und als Druckkoeffizient c_p dargestellt. Als Referenzdruck wird in diesem Fall der Druck im Saugmund der Pumpe gewählt.

Abb. 7 Druckverteilung im Querschnitt der radialen Kreiselpumpe beim Bestpunkt

Das Druckfeld in Abbildung 7 weist in verschiedenen Schaufelkanälen unterschiedliche Verteilungen auf. Auffällig sind Gebiete niedriger Drücke an den Schaufelsaugseiten an der Deckscheibe.

Bei einem Überlastbetrieb — also bei einem Massenstrom, der größer als der Bestmassenstrom ist — kann ein für Überlast typisches Phänomen beobachtet werden. Beim Eintritt ins Laufrad nämlich, direkt neben der Schaufelvorderkante, stellt sich an der konkaven Seite der Schaufeln (Saugseite) ein höherer Druck ein als an der konvexen Seite (Druckseite), siehe Abbildung 7. Dieses Phänomen weist darauf hin, dass der Strömungswinkel beim Eintritt in das Laufrad nicht stoßfrei ist, sondern einen negativen Incidence-Winkel aufweist. Das bedeutet, dass der Staupunkt, der sich in der Regel bei einem stoßfreien Strömungswinkel an der Schaufeldruckseite direkt neben der Schaufelvorderkante befindet, zur Schaufelsaugseite verschoben wurde.

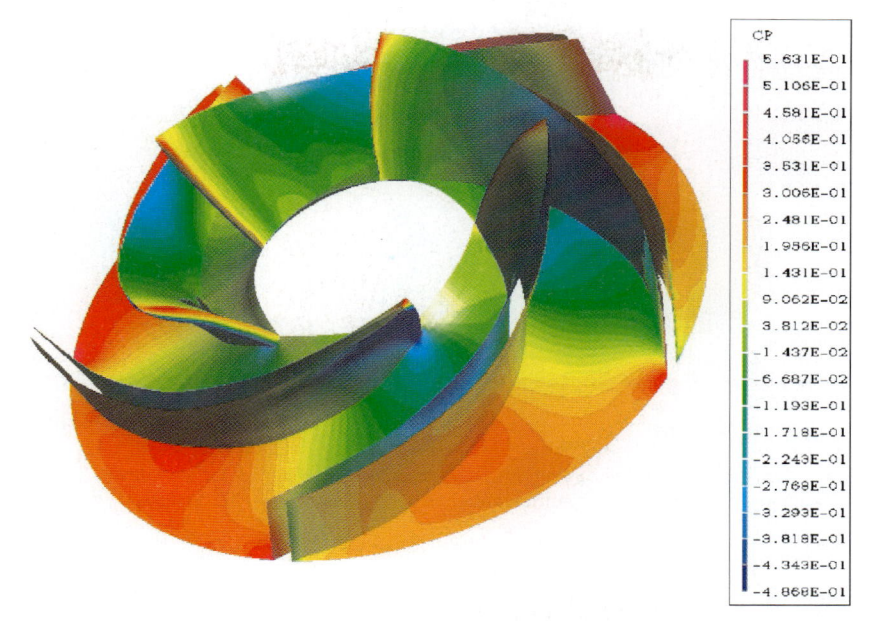

Einsatz von Methoden der CFD im Umfeld der Prozessrechnung 117

Abb. 8 Druckverteilung im Laufrad der radialen Kreiselpumpe bei Überlast

Durch die Berechnungen der instationären Strömungen kann die Interaktion zwischen dem Laufrad und dem Gehäuse der Pumpe erfasst werden. Die Abbildungen 9 und 10 zeigen die Druckverteilung in der Mittelebene des Laufrades und des Gehäuses bei Teil- und Überlast bei verschiedenen Zeitschritten; dabei ist der Zeitschritt 800 genau nach vier Laufradumdrehungen erreicht. Wie aus diesen Bildern ersichtlich ist, führt die Interaktion zwischen den Schaufeln des Laufrades und der Zunge des Gehäuses sowohl bei Teillast (Abb. 9) als auch bei Überlast (Abb. 10) zu relativ starken Druckschwankungen in der Nähe der Zunge. Diese Druckschwankungen pflanzen sich ins Gehäuse der Kreiselpumpe fort und breiten sich sogar bis zum Diffusor aus. Da aber die Strömung eine Unterschallströmung ist und elliptische Eigenschaft aufweist werden diese Druckschwankungen auch ins Laufrad reflektiert; damit erreichen sie den Eintrittsbereich des Laufrades sowie den Saugstutzen der Pumpe.

Gemäß den Abbildungen 9-10 nimmt bei Teillast der Druck im Gehäuse mit dem Zentriwinkel ständig zu; bei Überlast hingegen nimmt der Druck in der Spirale ab, und nimmt im Diffusor teilweise wieder zu. Die in der Nähe der Zunge erzeugten starken Druckschwankungen werden bei Teillast im Gehäuse gedämpft und sind bis zum Diffusor zum Teil abgeklungen.

Bei Überlast, siehe Abbildung 10, sind diese starken Druckschwankungen im Diffusor immer noch zu beobachten.

Zeitschritt 800	Zeitschritt 810	Zeitschritt 820
$\Theta = 4 \times 360°$	$\Theta = 4 \times 360° + 18°$	$\Theta = 4 \times 360° + 36°$

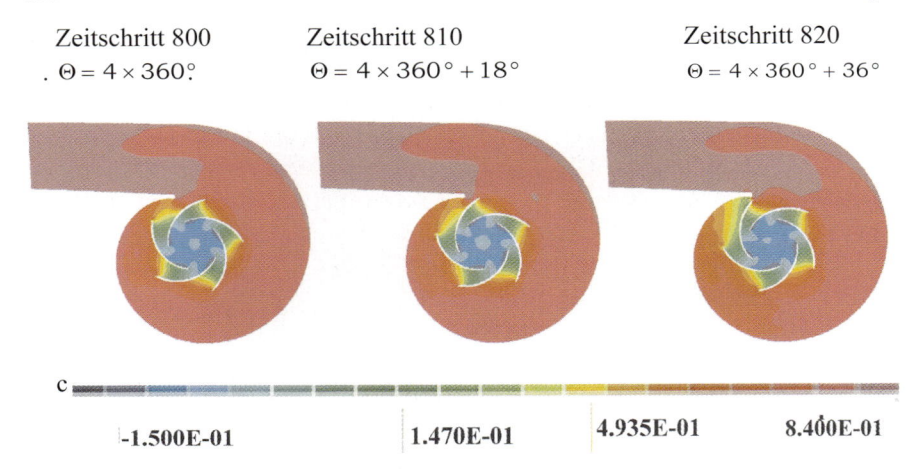

-1.500E-01   1.470E-01   4.935E-01   8.400E-01

Abb. 9 Instationäre Druckverteilung im Laufrad und im Gehäuse bei verschiedenen Zeitschritten — begonnen nach vier vollen Laufradumdrehungen, $\Theta = 4 \times 360°$ — bei Teillast

Zeitschritt 800	Zeitschritt 810	Zeitschritt 820
$\Theta = 4 \times 360°$	$\Theta = 4 \times 360° + 18°$	$\Theta = 4 \times 360° + 36°$

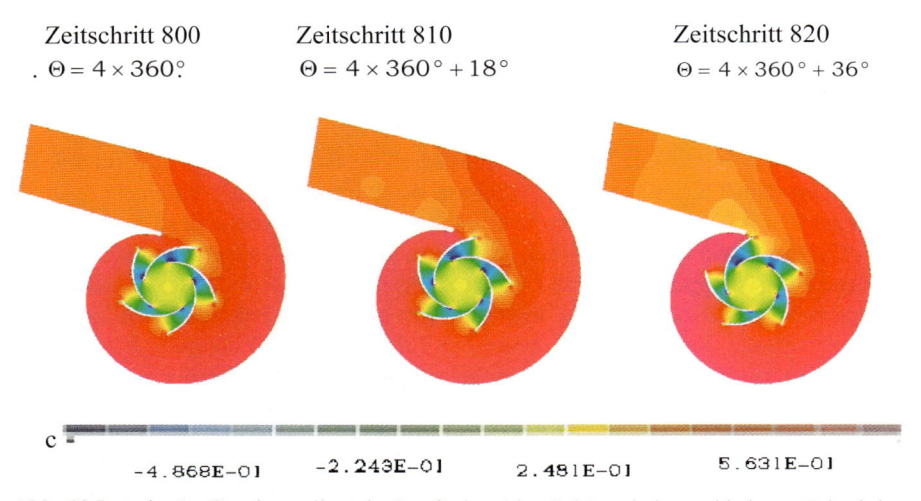

-4.868E-01   -2.243E-01   2.481E-01   5.631E-01

Abb. 10 Instationäre Druckverteilung im Laufrad und im Gehäuse bei verschiedenen Zeitschritten — begonnen nach vier vollen Laufradumdrehungen, $\Theta = 4 \times 360°$ — bei Überlast

Bei Überlast, siehe Abbildung 10 sind diese starken Druckschwankungen im Diffusor immer noch zu beobachten.

Die Druckschwankungen können besser beobachtet werden, wenn man den Zeitverlauf der Druckverteilungen an sinnvoll ausgewählten Gitterpunkten darstellt. Der zeitliche Verlauf der instationären Druckverteilungen wird an verschiedenen Gitterpunkten diskutiert, die in einem Schaufelkanal und in der Spirale sowie im Diffusor des Gehäuses ausgewählt sind. Die Gitterpunkte 1PM-2PM und 1SM-2SM befinden sich in der Mittelebene (Midspan M) des Schaufelkanals 2, wobei die Punkte 1PM und 2PM an der Druckseite (Pressure, P) am Ein- bzw.

Austritt und 1SM und 2SM an der Saugseite (Suction, S) des Kanals liegen. Diese Gitterpunkte befinden sich im Relativsystem, d.h. sie rotieren mit dem Laufrad. Die Gitterpunkte 1VM und 2VM sind in der Mittelebene der Spirale (Volute V) bei verschiedenen Zentriwinkeln φ und 1DM und 2DM am Ein- bzw. am Austritt des Diffusors (D) gewählt. Diese Gitterpunkte befinden sich im Absolutsystem. Die untersuchten Gitterpunkte sowie die Reihenfolge der Nummerierung der Schaufelkanäle sind in Abbildung 11 dargestellt.

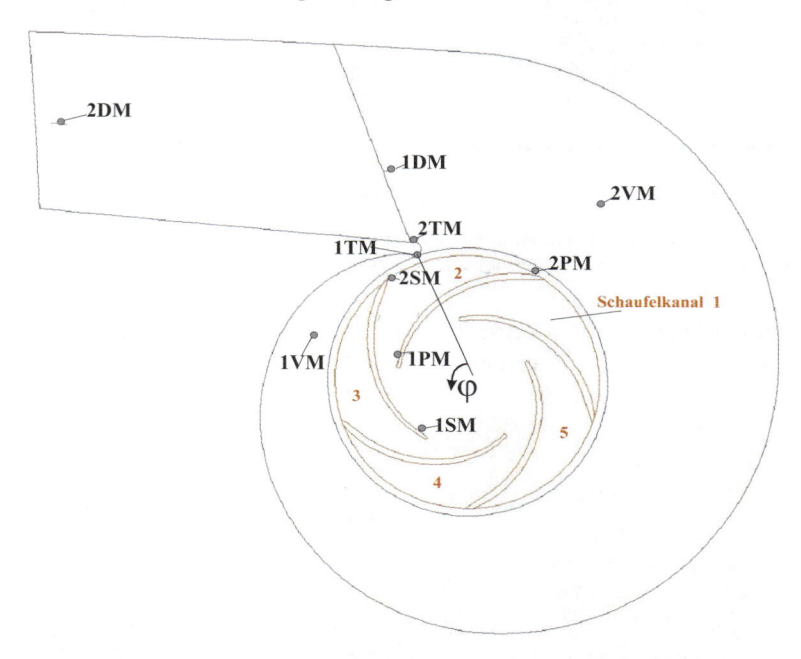

Abb. 11 Untersuchte Gitterpunkte in einem Schaufelkanal und in der Spirale sowie im Diffusor des Gehäuses

Die Zeitverläufe der Druckverteilungen für die untersuchten Gitterpunkte im Schaufelkanal beim Bestpunkt sind in Abbildung 12 dargestellt. Es soll erwähnt sein, dass bei der Gruppe der für die Berechnung instationärer Strömung verwendeten Randbedingungen — also der Totaldruck im Absolutsystem am Einströmrand und der statische Druck an einer Einzelgitterfläche am Austritt — der Massenstrom nur grob eingestellt werden kann. Der zeitgemittelte berechnete Wert des Massenstroms $\dot{m}$ trifft den Bestmassenstrom $\dot{m}_{opt}$ relativ genau und liegt nur sehr leicht darüber ($\dot{m}/\dot{m}_{opt} = 1,005$).

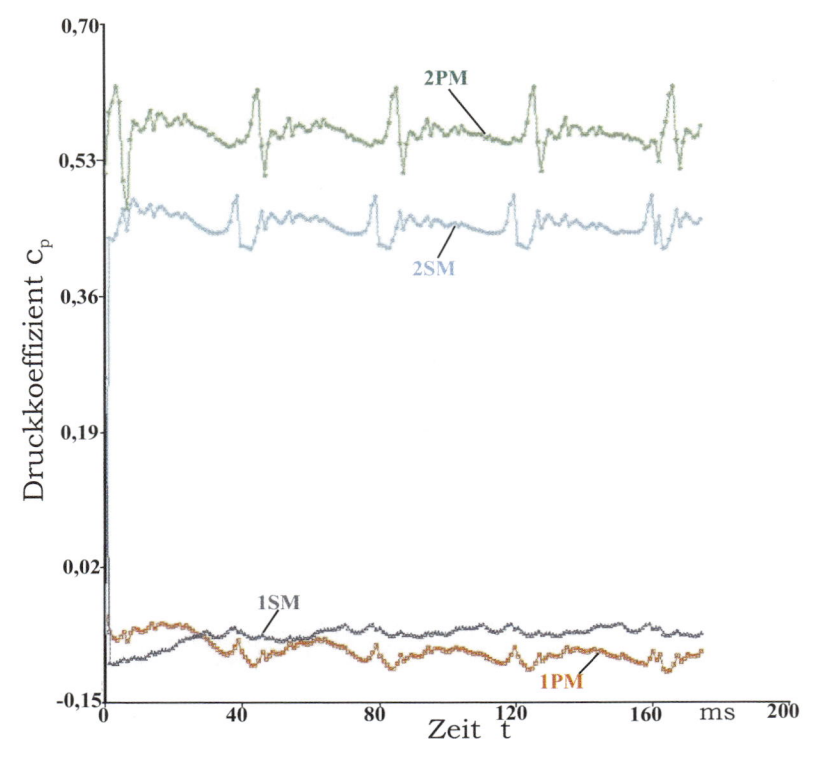

Abb. 12 Instationäre Druckverteilung an den untersuchten Gitterpunkten im Schaufelkanal im Bestpunkt $\dot{m}/\dot{m}_{opt} = 1,005$

Nach Abbildung 12 wird die endgültige instationäre Lösung nach etwa einer Laufradumdrehung erreicht, wobei eine Laufradumdrehung 40,486 ms benötigt. Im Bestpunkt wurden die Berechnungen für 4,5 Laufradumdrehungen durchgeführt. Die Amplitude der Druckschwankungen nimmt von der Schaufelvorderkante bis zur -hinterkante zu. Vergleicht man die Amplituden der Druckschwankungen an der Schaufelsaugseite mit den entsprechenden Amplituden an der Druckseite, dann stellt man fest, dass die Druckschwankungen an der Schaufeldruckseite stärker als auf der Schaufelsaugseite sind.

Das gleiche Verhalten wie im Bestpunkt können auch bei Teil- und Überlast beobachtet werden, siehe Abbildungen 13 und 14. Bei Teil- und Überlast wurden die Berechnungen für fünf Laufradumdrehungen durchgeführt.

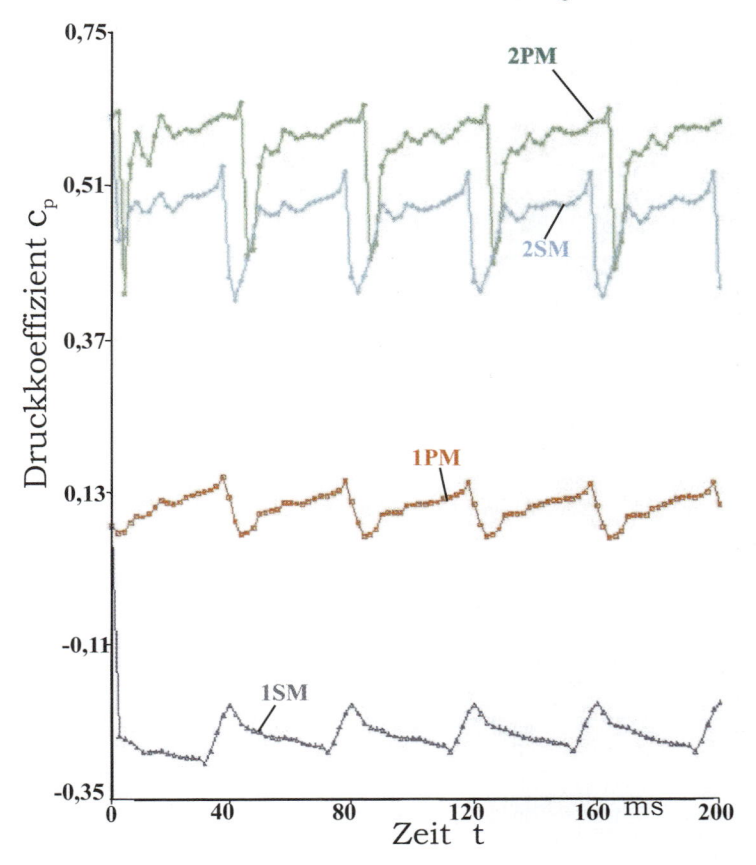

Abb. 13 Instationäre Druckverteilung an den untersuchten Gitterpunkten im Schaufelkanal bei Teillast $\dot{m}/\dot{m}_{opt} = 0{,}74$

Die starken Saug- und Druckspitzen am Laufradaustritt entstehen dadurch, dass die Schaufel an der Zunge vorbeiläuft. Die kleinen Spitzen entstehen, wenn die Nachbarschaufeln die Zunge passieren. Das bedeutet, dass die Druckschwankungen, die durch die Interaktion zwischen einer Schaufel und der Zunge verursacht werden, auch in den Nachbarschaufelkanälen wahrgenommen werden. Da das Fluid inkompressibel ist, sind diese Druckschwankungen auch im Schaufelkanaleintrittsbereich, also bei den Gitterpunkten 1PM und 1SM, zu beobachten.

Vergleicht man den Zeitverlauf der Druckschwankungen bei verschiedenen Betriebspunkten (Abb. 12-14), dann stellt man fest, dass die Druckschwankungen im Bestpunkt am schwächsten und bei Überlast am stärksten sind.

Das Phänomen des stoßbehafteten Strömungswinkels beim Eintritt ins Laufrad — also ein negativer Incidence-Winkel — ist bei Überlast, Abbildung 14, eindeutig zu erkennen. Auch in Abbildung 12 kann ein sehr leichter negativer Incidence-

Winkel beobachtet werden. Der Grund liegt darin, dass — wie auch vorher erwähnt — der Massenstrom geringfügig über dem Bestmassenstrom liegt.

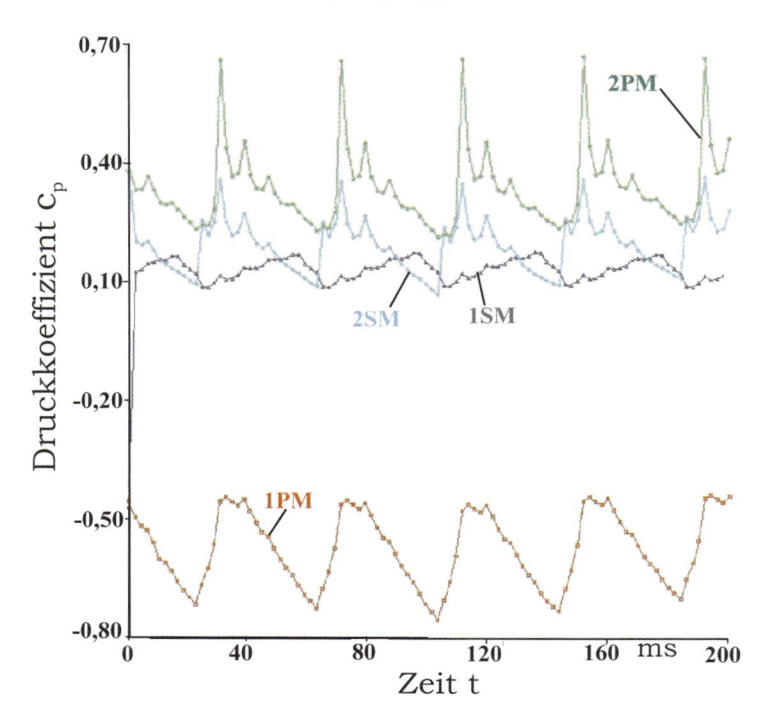

Abb. 14: Instationäre Druckverteilung an den untersuchten Gitterpunkten im Schaufelkanal bei Überlast $\dot{m}/\dot{m}_{opt} = 1,34$

Im Gehäuse sind anscheinend die Amplituden der Druckschwankungen in den Gebieten in der Nähe der Zunge, zum Beispiel in den Gitterpunkten 1VM und 1DM, kritischer als bei den Gitterpunkten, die von der Zunge entfernt sind, also bei den Gitterpunkten 2VM und 2DM, siehe Abbildung 15. Die Druckschwankungen sind also die Folge der Interaktion zwischen den Schaufeln und der Zunge und sie entstehen am Laufradaustritt im Gehäuse in der Nähe der Zunge. Sie werden im Gehäuse gedämpft, sind jedoch beim Eintritt in den Diffusor — im Gitterpunkt 1DM — immer noch beträchtlich. Beim Austritt aus dem Diffusor — im Gitterpunkt 2DM — sind diese Druckschwankungen nahezu verschwunden. Es soll allerdings darauf aufmerksam gemacht werden, dass dies auch zum Teil auf die benutzte Randbedingung — also die Vorgabe des statischen Drucks an einer einzigen Gitterfläche am Austritt — zurückzuführen ist.

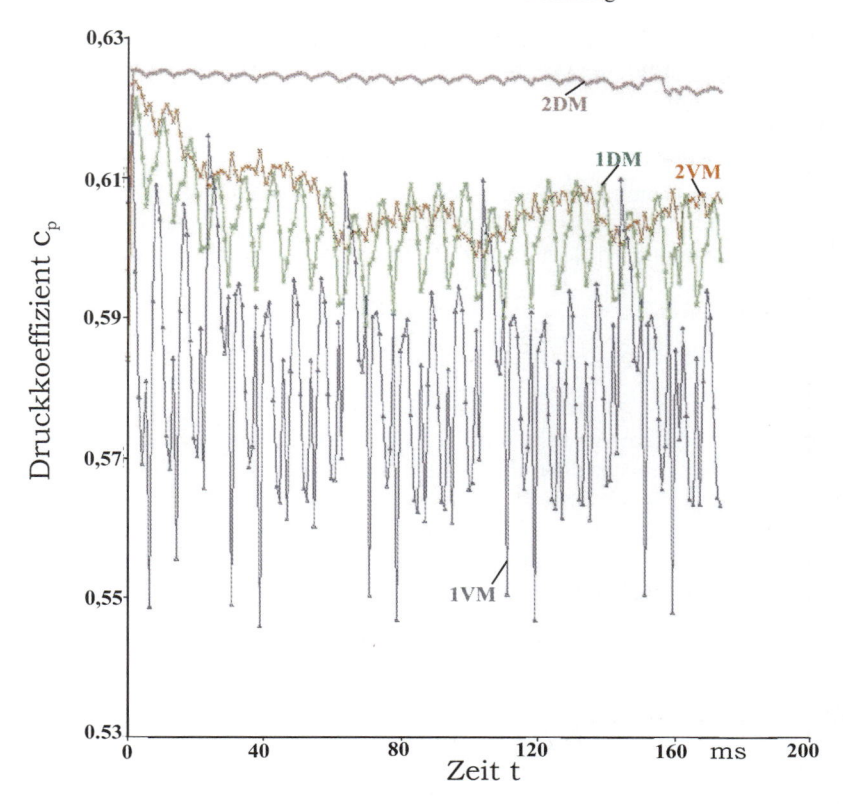

Abb. 15 Instationäre Druckverteilung an den untersuchten Gehäuse-Gitterpunkten im Bestpunkt $\dot{m}/\dot{m}_{opt} = 1,005$

Die durch die Interaktion entstandenen Druckschwankungen beeinflussen den Massenstrom durch die verschiedenen Schaufelkanäle des Laufrades. Der periodische Druck am Laufradeintritt und –austritt führt zu einem periodischen Massenstrom — mit Schwankungen von ca. 10% — durch jeden Schaufelkanal und resultiert in einer zyklischen Beschleunigung und Verzögerung der Strömung durch jeden Schaufelkanal in Abhängigkeit von der relativen Lage des Schaufelkanals zur Zunge des Gehäuses.

Infolge der unsymmetrischen Form der Spirale sowie infolge der Laufrad-Gehäuse-Interaktion ist die Druckverteilung im Laufrad und am Laufradaustritt und beim Eintritt ins Gehäuse nicht mehr, wie erwünscht, gleichmäßig, sondern deformiert und unsymmetrisch. Diese ungleichmäßige Druckverteilung führt zu radialen Kräften, die von einem Lager aufgenommen werden müssen; da aber die Druckverteilung wegen der Laufrad-Gehäuse-Interaktion instationär ist — mindestens periodisch instationär — und starken Schwankungen unterworfen ist, sind auch die resultierenden radialen Lagerkräfte instationär und starken Schwankungen unterworfen. Das Ziel der instationären Berechnungen besteht u.a. darin, diese instationären Lagerkräfte, die in Strömungsmaschinen zu starken Schwingungen und zur Geräuschbildung führen können und daher sehr unerwünscht sind, zu erfassen. Dadurch können eventuelle Maßnahmen zur Bekämpfung der Schwingungen ermöglicht werden.

Zur Validierung der numerischen Berechnungen können auch die Integralwerte herangezogen werden. In diesem Fall wurde die durch numerische instationäre Berechnungen gewonnne Förderhöhe der Pumpe beim Bestpunkt mit der gemessenen Förderhöhe verglichen:

$$H_{gemessen} = 46{,}68 \text{ m} \qquad \text{und} \qquad H_{CFD} = 49{,}56 \text{ m}$$

Die berechnete Förderhöhe ist also größer als die gemessene, d.h., die Verluste in der Strömungsmaschine wurden durch die numerischen Untersuchungen unterschätzt. Dieses Ergebnis war aber zu erwarten, da manche Verluste, zum Beispiel die Spaltverluste oder die Radseiten-Reibungsverluste, also die Verluste in den Seitenräumen zwischen dem Relativ- und Absolutsystem, bei den numerischen Untersuchungen nicht berücksichtigt wurden.

4 Literaturverzeichnis

[1] Adymczyk, J. J.: Aerodynamic Analysis of Multistage Turbomachinery Flows in Support of Aerodynamic Design, ASME-Paper 99-GT-80, 1999
[2] Arnone, A; Pacciani, R.: Rotor/Stator Interaction Analysis Using the Navier-Stokes Equations and Multigrid Method, ASME J. Turbomachinery, 118, pp. 676-689, 1996.
[3] Assanis, D. N.; Hong, S. J.; Nishimura, A.; Papageorgakis, G.; Vanzieleghem, B.: Studies of Spray Breakup and Mixture Stratification in a Gasoline Direct Injection Engine Using KIVA-3V, ASME J. Eng. Gas Turbines and Power, 122 (3), pp. 485-493, 2000
[4] Bader, R.: Simulation kompressibler und inkompressibler Strömungen in Turbomaschinen, VDI-Berichte, Reihe 7, Strömungsmechanik, Nr. 396, 2000
[5] Benini, E.: Design of Centrifugal Compressor Impellers for Maximum Pressure Ratio and Maximum Efficiency, Proceedings of the 5th European Conference on Turbomachinery Fluid Dynamics and Thermodynamics, pp. 641-651, 2003
[6] Bohn, D; Bonhoff, B.; Emunds, R.; Köster, C.; Krüger, U.: Überblick über die Möglichkeiten der numerischen Berechnung von Strömungen und Strömungsverlusten in Turbomaschinen unter besonderer Berücksichtigung von Turbulenzmodellen, VDI-Berichte 1109, Seite 1-28, VDI-Verlag, Düsseldorf, 1994
[7] Borghi, R.: Turbulence and Combustion Models for Engines, In: Computational Fluid Dynamics 94, ECCOMAS 94 (edited by: Wagner, S.; Périaux, J.; Hirschel, E. H.), pp. 503-510, 1992
[8] Brookes, S. J.; Cant, R. S.; Dupere, I. D. J.; Dowling, A. P.: Computational Modeling of Self-Excited Combustion Instabilities, ASME J. Eng. Gas Turbines and Power, 123 (2), 2001
[9] Burbank, J.: Zur Berechnung der chemischen Reaktion in einer Gasturbinen-Brennkammer, Diss., Technische Universität München, 1995

[10] Came, P.M.; Swain, E.; Backhous, R.J.; Woods, I. H.: A Computational Design System for Centrifugal Compressors, VDI Berichte Nr. 1185, Seite 225-239, 1995
[11] Casey, M. ; Wintergerste, T. (eds.): Best Practice Guidelines, Version 1.0, Special interest group on quality and trust in industrial CFD, published by European Research Community on Flow, Turbulence and Combustion (ERCOFTAC), 2000
[12] Carvalho, M. G.; Lockwood, F.; Taine, J. (eds.), Heat Transfer in Radiating and Combusting Systems, Springer, pp. 128-145, 1990
[13] CFX-TASCflow, Documentation, Version 2.11, AEA Technology Engineering Ltd.
[14] Crocker, D. S. and Fuller, E. J. and Smith, C. E.: Fuel Nozzle-Aerodynamic Design Using CFD Analysis, ASME Paper 96-GT-127, 1996
[15] Damköhler, G.: Der Einfluss der Turbulenz auf die Flammengeschwindigkeit in Gasgemischen, Zeitschrift für Elektrochemie 46 (11), Seite 601-652, 1940
[16] De Byuyn Kos, S. M.; Riley, J. J.: Large-Eddy Simulation of Non-premixed Turbulent Combustion, ASME-Paper FEDSM99-7767, 1999
[17] Denton, J.D.: The Calculation of Three-Dimensional Viscous Flow through Multistage Turbomachine, ASME J. Turbomachinery, 114, No. 1, pp. 18-26, 1992
[18] Denton, J.D.: Loss Mechanisms in Turbomachines, ASME-Paper 93-GT-435, 1993
[19] Denton, J. D.; Singh, U.K.: Time-Marching Methods for Turbomachinery Flow Calculations, VKI-LEC-SER-1979-7, Von Kármán-Institute for Fluid Dynamics, Belgium, 1979
[20] Faeth, G. M.:Mixing, Transport and Combustion in Sprays, Prog. Energy Combust. Sci., 13, pp 293-345,1987
[21] Favré, A. J. A.: Formulation of the Statistical Equations of Turbulent Flows with Variable Density, In: Studies in Turbulence, (edited by: Gatski, T. B.; Sarkar, S.; Speziale, C., G.), Springer, New York, 1991.
[22] Ferreira, J. C.: Steady and Transient Flamelet Modeling of Turbulent Non-premixed Combustion, Prog. Comput. Fluid Dynamics, 1 (1-3), pp. 29-42, 2001
[23] Ferziger, J. H.; Peric´, M.:Computational Methods for Fluid Dynamics,Springer, Berlin, 1996
[24] Görner, K.: Technische Verbrennungssysteme, Springer-Verlag, 1991
[25] González, J.; Fernández, J.; Blanco, E.; Santolaria, C.: Numerical Simulation of the Dynamic Effects Due to Impeller-Volute Interaction in a Centrifugal Pump", ASME J. Fluids Eng., 124, pp. 348-355. 2002
[26] Gopalakrishnan, S.: Pump Research and Development: Past, Present, and Future —An American Perspective, ASME J. Fluids Eng., 121 (2), pp. 237-247, 1999
[27] Gosman, A. D.; Ionnides, E.: Aspects of Computer Simulation of Liquid-fueled Combustors, J. Energy, 7, pp. 482-490, 1983
[28] Goto, A.; Zangeneh, M.: Hydrodynamic Design of Pump Diffuser Using Inverse Design Method and CFD, ASME J. Fluids Eng., 124 (2), pp. 319-328, 2002
[29] Goto, A.; Nohmi, M.; Sakurai, T.; Sogawa, Y.: Hydrodynamic Design System for Pumps Based on 3-D CAD, CFD, and Inverse Design Method, ASME J. Fluids Eng., 124, pp. 329-337, 2002
[30] Griebel, M.; Dornseifer, T.; Neunhoffer, T.: Numerische Simulation in der Strömungsmechanik, Vieweg, Braunschweig, 1995
[31] Gülich, J. F.: Kreiselpumpen, Handbuch für Entwicklung, Anlagenplanung und Betrieb, Springer, Berlin, 2004
[32] Gupta, A. K.; Lilley, D. G. (eds.): Flowfieldmodelling and Diagnostics, Abacus Press, 1985
[33] Hall, E. J.: Aerodynamic Modelling of Multistage Compressor Flow Fields, ASME-Paper 97-GT-344, 1997
[34] Hasse, C.; Peters, N.: Modellierung dieselmotorischer Verbrennungsprozesse unter Verwendung detaillierter Chemie, Tagung: Motorische Verbrennung, ISBN 3-931901-17-3, Haus der Technik e. V., 2001
[35] He, L.; Chen, T.: Analysis of Rotor-Rotor and Stator-Stator Interfaces in Multi-Stage Turbomachines, ASME-Paper GT-2002-30355, 2002

[36] Hell, B.: Dreidimensionale Simulation der Strömung und Verbrennung im Zylinder eines Otto-Forschungsmotors, Diss., Universität Karlsruhe, 1997
[37] Hergt, P. H.: Pump Research and Development: Past, Present, and FutureASME J. of Fluids Eng., 121, pp. 248-253, 1999,
[38] Jacobson, T.: Computational Fluid Dynamics Aided Combustion Analysis, Acta Polytechnica Scandinavica, Mechanical Engineering Series No. 131, ISBN 952-5148-61-0, Espoo 1998
[39] James, S.; Anand, M. S.; Razdan, M. K.; Pope, S. B.:Calculation in Combustor Flow Analyses, ASME J. Eng. Gas Turbines and Power, 123 (4), pp. 747-756, 2001
[40] Japikse, D.: Centrifugal Compressor Design and Performance, Concepts ETI, Inc., Wilder, Vermont, 1996
[41] Johnson, P. J.: Effects of System Rotation on Turbulence Structure — A Review Relevant to Turbomachinery Flow — Proceedings of the 6th International Symposium on Transport Phenomena and Dynamics of Rotating Machinery (ISROMAC 6), Volume II, pp. 1-17, 1996
[42] Kaupert, K. A.; Staubli, T.: The Unsteady Pressure Field in a High Specific Speed Centrifugal Pump Impeller, Part I: influence of the Volute, ASME J. Fluids Eng., 121, pp. 621-626, 1999
[43] Lai, M. K.: CFD Analysis of Liquid Spray Combustion in a Gas Turbine Combustor, ASME-Paper 97-GT-309, 1997
[44] Lefebvre, A. H.:Gas Turbine Combustion,Hemisphere, New York, 1983
[45] Lilley, D. G.: Chemically Reacting Flows (Combustion), In: The Handbook of Fluid Dynamics (edited by: Johnson, R. W.), CRC Press LLC & Springer, 1998
[46] Majidi, K.: Numerical Study of Unsteady Flow in a Centrifugal Pump, ASME J. Turbomachinery, 127, pp. 363-371, 2005
[47] Nau, M. : Berechnung turbulenter Diffusionsflammen mit Hilfe eines Verfahrens zur Bestimmung der Wahrscheinlichkeitsdichtefunktion und automatisch reduzierter Reaktionsmechanismen, Diss., Universität Stuttgart, 1997
[48] Ohashi, H., Tsujimoto, Y.: Pump Research and Development: Past, Present, and Future — Japanese PerspectivenJ. Fluids Engineering, pp. 254-257, Vol. 121, June 1999
[49] Oran, E. S.; Boris, J. P. (ed.): Numerical Approaches to Combustion Modelling, Progress in Astronautics and Aeronautics, Volume 135, AIAA, 1991
[50] Paschedag, A. R.: CFD in der Verfahrenstechnik, Wiley-VCH, Weinheim, 2004
[51] Pasqualotto, E.; Benim, A.C.; Birinci, I.: A new phenomenological modelling approach for diesel engine side injection systems and comparison with computational fluid dynamics, Progress in Computational Fluid Dynamics, 1 (1-3), pp. 149-158, 2001
[52] Peters, N.: Turbulent Combustion, Cambridge University Press, 2000
[53] Pierce, C. D.; Moin, P.: Large-Eddy Simulation of a Confied Coaxial Jet With Swirl and Heat Release, AIAA Paper 98-1892, 1998
[54] Pinchon, P.; Baritaud, T.: Modelling of Flow and Combustion in a Spark Ignition Engine with a Shrouded Valve: Comparison with Experiments, In: Heat and Mass Transfer in Gasoline and Diesel Engines (edited by: Spalding, D. B. and Afgan, N. H.), Hemisphere, New York, 1989
[55] Pitsch, H.: Extended Flamelet Model for LES of Non-premixed Combustion, Proc. Comb. Institute, Center for Turbulence Research, Annual Research Briefs, pp. 149-157, 2000
[56] Pitsch, H.; Steiner, H.: Large-Eddy Simulation of a Turbulent Piloted Methane/Air Diffusion Flame (Sandia Flame D), Phys. Fluids, 12, 2000
[57] Pope, S.B.: PDF Methods for Turbulent Reactive Flows, Prog. Energy Combust. Sci., 11, pp. 119-192, 1985
[58] Pope, S. B.: Computation of Turbulent Combustion: Progress and Challenges, In: Proceedings of 23th International Symposium on Combustion, pp. 591-612, The Combustion Institute, Pittsburg, 1990
[59] Pucher, H.: Internal Combustion Engine Cycle Simulation Methods Aid Engine Development, J. Non-Equilib. Thermodyn. 11, 1986

[60] Rizk, N. K.; Chin, J. S.; Marshall, A. W.; Razdan, M. K.: Predictions of NO_X Formation Under Combined Droplet and Partially Premixed Reaction of Diffusion Flame Combustors, ASME J. Eng. Gas Turbines and Power, 124 (1), pp. 31-38, 2001

[61] Schmitt, F. : Numerische Simulation der Bildung und der Reduktion von Stickstoffoxiden in unterschiedlichen Anwendungsfällen, VDI-Fortschritt-Berichte, Reihe 12 Verkehrstechnik/Fahrzeugtechnik, Nr. 359, 1998

[62] Schneider, R. : Beitrag zur numerischen Berechnung dreidimensional reagierender Strömungen in industriellen Brennkammern, VDI-Forschungsberichte, Reihe 6 Energieerzeugung, Nr. 385, 1998

[63] Sethian, J. A.: Large Eddy Interaction with Propagation Flames, In: Computational Fluid Dynamics and Reacting Gas Flows (edited by: Engquist, B.; Luskin, M.; Majda, A.), pp. 333-346, Springer-Verlag, New York, 1988

[64] Spalding, D. B.: Mixing and Chemical Reaction in Steady Confined Turbulent Flames, Proceedings of the 13th Symp. (Int.) on Combustion, pp. 649-657, The Combustion Institute, Pittsburgh, 1970.

[65] Traupel, W.: Die Theorie der Strömung durch Radialmaschinen, Verlag G. Braun, Karlsruhe, 1962

[66] Warnatz, J.; Maas, U.; Dibble, R. W.: Verbrennung, Springer, Berlin 1997

[67] Wesseling, P.: Principles of Computational Fluid Dynamics, Springer, Berlin, 2001

[68] Whitfield, A.; Baines, N.C.: Design of Radial Turbomachines, Longman Science & Technical, Harlow, 1990

[69] Zangeneh, M.; Vogt, D.; Roduner, C.; Improving a Vaned Diffuser for a Given Centrifugal Impeller by 3D Inverse Design, ASME-Paper GT-2002-30621, 2002

[70] Zhang, M.; Wang, H.; Tsukamoto, H.: Numerical Analysis of Unsteady Hydrodynamic Forces on a Diffuser Pump Impeller due to Rotor-Stator Interaction, ASME-Paper FEDSM2002-31181, 2002

[71] Zimont, V.; Polifke, W.; Bettelini, M.; Weisenstein, W.: An Efficient Computational Model for Premixed Turbulent Combustion at High Reynolds Numbers Based on a Turbulent Flame Speed Closure, ASME J. Eng. Gas Turbines and Power, 120 (3), pp. 526-532, 1998

[72] Zimont, V. L.; Biagioli, F.; Syed, K.: Modelling turbulent premixed combustion in the intermediate steady propagation regime, Prog. Comput. Fluid Dynamics, 1 (1-3), pp. 14-28, 2001

Wall Heat Losses in Diesel Engines

M. Bargende

1 Introduction

The wall heat losses (Q_W) and the enthalpy of the exhaust gases (H_E) are considered to be the most significant internal losses when operating an internal combustion engine, as shown by the energy balance integrated over a complete engine cycle expressed in equation 1.

$$Q_b + Q_W + H_E + H_I + H_b + H_L + W_i = 0 \tag{1}$$

The energy released by the fuel (Qb), the system internal work (Wi), the intake gases enthalpy (HI) and the fuel enthalpy (Hb), as well as the enthalpy (HL) of the leakage (which is supposed to be negligible), can be easily measured or calculated using a standard approach for a real working cycle simulation. The exact determination of the wall heat losses is however much more complicated. Due to its wide importance on the working process, the combustion efficiency and the characterization of pollutants, this phenomenon has been intensively studied for decades and will remain a fundamental topic also in future research.

Because of its popularity many technical papers and books dealing with this subject can be easily found, such as the well-known „Der Wärmeübergang in der Verbrennungsmotoren" by Pflaum/Mollenhauer [25] published in 1977.

In order to give a comprehension of the most important theoretical background and the measurement systems, in the following article an overview on the most important equations governing the wall heat losses in 0-dimensional real working cycle simulations and the modeling of three dimensional CFD heat transfer phenomena are proposed. The content is highly related to the appropriate chapter in the third edition of the book "Handbuch Dieselmotoren" [23], which was introduced to the market in fall 2007.

2 Wall heat transfer in internal combustion engines

The integral wall heat losses (Q_w) from the combustion chamber to the surrounding walls during an engine working cycle are usually determined using the Newton's approach, i.e. integrating the difference between the wall temperature (T_w) and the temperature of the in-cylinder gases (T_g) over the combustion cycle:

$$Q_w = \frac{1}{\omega} \cdot \int \alpha \cdot A \cdot (T_w - T_g) \cdot d\varphi \qquad (2)$$

The temperature difference in equation (2) assumes a negative value for energy flows out of the boundary, defined within the combustion chamber which internal surface is represented by A. The temperature difference is multiplied with the heat transfer coefficient α and integrated over the crank angle φ. The angular frequency is defined as ω.

In the Newton's approach it is assumed that the wall heat transfer is mainly dominated by forced convection and doesn't take conduction and radiation transfer mechanisms into account, due to their negligible influence. In fact, as explained below, in the proximities of the combustion chamber walls gas flow assumes laminar characteristics making the heat conduction the dominant mechanism within the boundary layer.

The radiative heat transfer is strongly connected to the soot produced during the combustion process, which is considered to be the only relevant source of radiative heat (i.e. [32, 8]), while other mechanisms can be neglected. Heat losses relative to radiation are proportional from the one side to the mass and the temperature of the soot and from the other to the intensity of the convection in the system. This is the reason why in slow speed diesel engines these losses gain usually high values [28] and a specific term in the heat release equation is needed for taking them into account.

Nusselt Number

$$Nu = \frac{\alpha \cdot d}{\lambda}$$

Reynolds Number

$$Re = \frac{w \cdot d \cdot \rho}{\eta}$$

Prandtl Number

$$Pr = \frac{\nu}{a}; \frac{\delta_t}{\delta_w} = \frac{1}{\sqrt{Pr}}; a = \frac{\lambda}{c_p \cdot \rho}; \nu = \frac{\eta}{\rho}$$

Thermal Boundary Layer

$$\left[\alpha = \frac{\lambda_g}{\delta_t'} \right]$$
$$\dot{q}_w = \alpha \cdot (T_w - T_\infty)$$

"Flow" Boundary Layer

Combustion Chamber

Combustion Chamber Wall

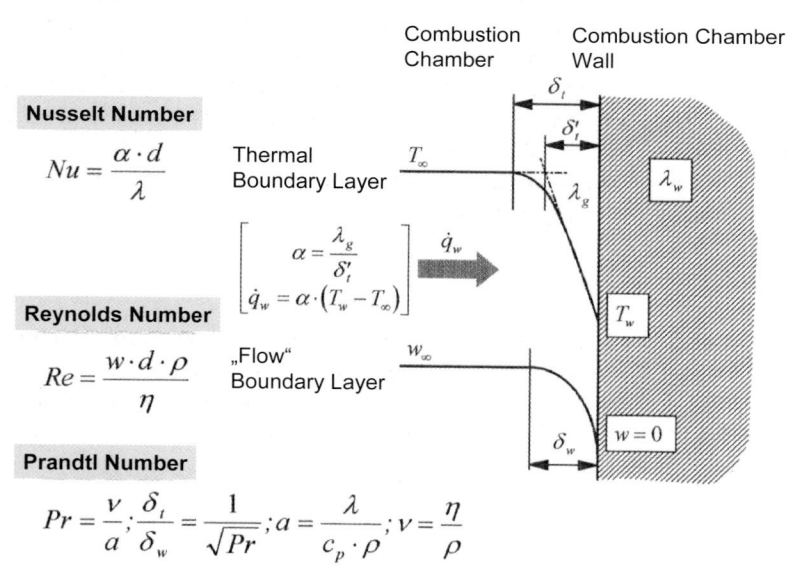

Figure 1 Schematic representation of forced convection heat release mechanism in the proximity of the combustion chamber wall

It must be considered that the knowledge of all physical processes taking place in the combustion chamber is not a trivial task. In fact, the determination of in-cylinder pressure, temperature and mixture composition at each time fraction doesn't afford enough information and variables such as the wall temperature and the intensity of the gas motion turbulence are required.

A reliable approach to look at heat release mechanisms in the proximity of the combustion chamber wall is the utilization of similitude models (Figure 1). In this concept dimensionless parameters are used to describe physical phenomena and their connections. In the case of forced convection these are:

- the Nusselt number for the thermal boundary layer ($Nu = \dfrac{\alpha \cdot d}{\lambda}$)

- the Reynolds number ($Re = \dfrac{w \cdot d \cdot \rho}{\eta}$) for the fluid dynamic in the boundary layer

- the Prandtl number ($Pr = \dfrac{\upsilon}{a}$) for information about the relationship between these two boundary layers

For instance, for Pr=1, the thickness of both layers is identical. Typically for air and burned gases Pr is always < 1. This means that the "flow" boundary layer is always thinner than that of the thermal boundary layer. Nevertheless, the similitude models proposed here can be considered trustworthy only in case of stationary or quasi stationary system dynamics. In other words this is possible only by small and slow changes and consequently if no instability arise. As a matter of fact the wall heat transfer inside the combustion chamber can not be considered as a stationary process, but on the opposite it is characterized by rapid changes, in particular in high speed engines. However it must be said that any influence on the wall heat transfer caused by unsteady phenomena has never been demonstrated utilizing today's measurement techniques.

A simple way to determine the heat transfer coefficient α is by solving the following dimensionless exponential equation:

$$Nu = C \cdot Re^n \cdot Pr^m \tag{3}$$

Extensive investigations [34] have demonstrated that for internal combustion engines the exponent m and n assume identical values as in turbulent pipe flows, that is m=0.33 and n=0.78. With this value a similarity model for the determination of the heat transfer coefficient into the combustion chamber can be found:

$$\alpha = C \cdot d^{-0.22} \cdot \lambda \cdot \left(\dfrac{w \cdot \rho}{\eta}\right)^{0.78} \tag{4}$$

The thermal conductivity λ is sensitive to temperature and mixture composition changes and values resulting from empirical polynomial equations can be found in

[25] as well as for the dynamic viscosity η. Mixture density ρ results by solving the equation of state

$$\rho = const \cdot \frac{p}{T}.$$

In order to solve the heat transfer equation it is first necessary to quantify the characteristic length d, the flow speed w and the scalar constant parameter C. Due to the complexity of the system under investigation, these values can not be determined using numerical or analytic solutions. In fact, a reliable interpretation can be only found exploiting empirical models based on appropriate engine measurements and an extensive database.

A more detailed explanation of these measurement techniques and their application will be given in the following chapter.

3 Measurement Techniques for Wall Heat Transfer Analysis

Nowadays the development of empirical models for the heat transfer equation and constitution of a reliable database it is made use of three different approaches:

In-cylinder heat balance (Figure 2) allows a quantification of the mean (over the system and time) wall heat transfer to the chamber walls, as shown in the energy balance equation (Equation 1).

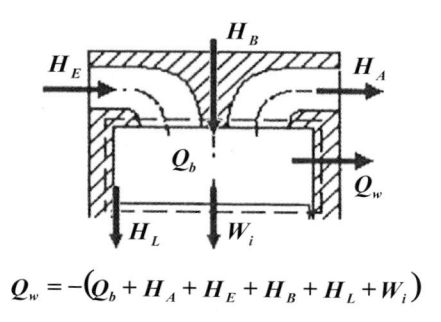

$$Q_w = -(Q_b + H_A + H_E + H_B + H_L + W_i)$$

Figure 2 Principle of the in-cylinder heat balance

Enthalpy measurements of intake gas, exhaust gas, leakage and injected fuel are required. The burned heat Qb results from the multiplication of the injected fuel quantity and the lower heating value H_u of the fuel ($Q_b = m_b \cdot H_u$). The internal system work W_i must be calculated integrating the product between the pressure trace (p) and the derivative of the volume trace (dV/dφ) over each working cycle:

$$W_i = \int_{ASP} p \cdot \frac{dV}{d\varphi} \cdot d\varphi \tag{5}$$

Under the assumption of a complete combustion of the entire injected fuel mass, as usually is by conventional diesel engines, this simple method affords satisfactory and reliable results. Nevertheless, only spatially mean and time averaged information can be found, therefore it is not sufficient for an accurate determination of the heat losses to the chamber wall [3]. In fact, the in-cylinder heat balance method doesn't allow any prediction about the time development of the wall heat flow to the chamber walls, which is for instance required in the combustion analysis via pressure trace analysis

$$\frac{dQ_b}{d\varphi} = \frac{dU}{d\varphi} + p \cdot \frac{dV}{d\varphi} - \frac{dQ_w}{d\varphi} - h_B \cdot \frac{dm_B}{d\varphi} - h_L \cdot \frac{dm_L}{d\varphi} \tag{6}$$

Last but not least the in-cylinder heat balance finds a very useful application as a verification tool for simulations and a numerical analysis of heat transfer models, since the balance for the full working cycle expressed by equation 1 must be accomplished.

A more accurate methodology for measuring the heat flux to the chamber walls p.u.a. $\dot{q}_w$ (expressed in W/cm^2) can be obtained using wall heat flux probes as shown in Figure 3.

$$\dot{q}_w = \lambda \cdot \frac{T_2 - T_1}{s}$$

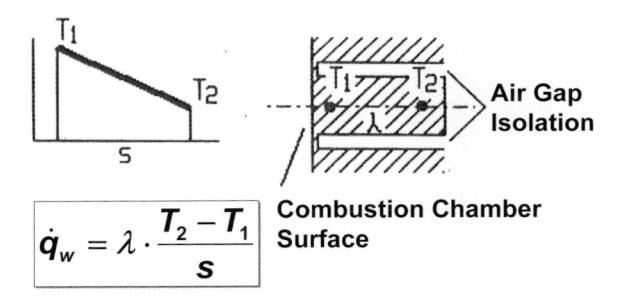

Figure 3: Working principle of a wall heat flux probe

This probe must be accurately placed on the inner surface of the cylinder head, in other words on the surface facing into the combustion chamber. Inside the probe a well defined one-dimensional heat transfer passage, insulated between two air gaps, takes place. Since the thermal conductivity λ of the probe material is known using two thermocouples (placed at defined distance s) it is possible to determine the heat flux resulting from the temperature difference between T_1 and T_2. The heat flux results finally from a simple one-dimensional, stationary heat conduction equation:

$$\dot{q}_w = \lambda \cdot \frac{T_2 - T_1}{s} \tag{7}$$

An example of a wall heat flux probe is shown in Figure 4 but more detailed information about the correct application can be found in [3] and [25]; even if the principle explained above seems to be simple, the correct application and usage of the probes requires some detailed knowledge, especially when high accuracy is required.

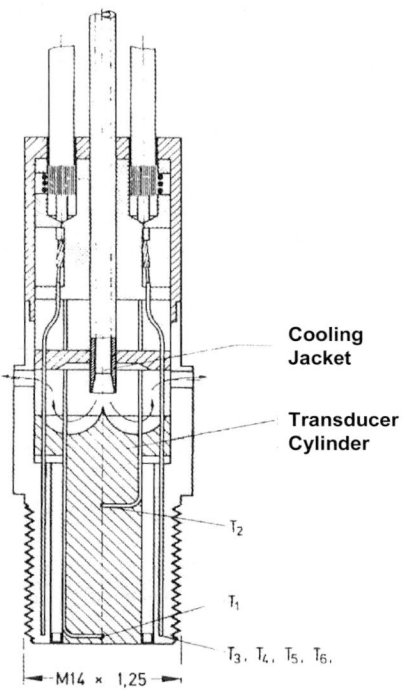

Figure 4: Section view of a water cooled wall heat flux probe with iron measurement core [17].

The main advantage of this approach is the quite simple application together with the high level of accuracy that can be achieved. In fact only a few measurement points in the combustion chamber have to be monitored and furthermore each single probe relays sufficient information for the determination of the heat flux.

On the other hand, the invasive nature of the wall heat flux probe create some disadvantages that have to be taken into account. Because of their relatively big dimensions, relative to the available space in the cylinder head, no more than two probes can usually be placed in one cylinder. Finally it has to be considered that in order to obtain reliable measurements the part of the probe facing into the combustion chamber must be flush with the wall surface, avoiding in this way the negative influence of otherwise existing edges.

With the two approaches presented thus far only a mean value over the cycle time of the losses due to wall heat flow can be determined. During a real combustion process however, the mixture temperature changes continuously with consequently important influences on the heat flux to the walls.

The only known approach which can give the required information about the local wall heat flux is the so called "surface temperature method". As shown in Figure 5, the cylinder head is equipped with temperature probes fitted flush with the surface and facing into the combustion chamber. The probes are able to measure continuously the temperature changes resulting from the heat flux to the wall. For instance shielded thermocouples using thin film technology to deposit a multimetal layer with a thickness of only 0.3µm are adopted in this approach; a section view is shown in Figure 6 [3].

$$\dot{q}_w = -\lambda \cdot \frac{dT}{dx}$$

$$\frac{\delta T}{\delta t} = a \cdot \frac{\delta^2 T}{\delta x^2}$$

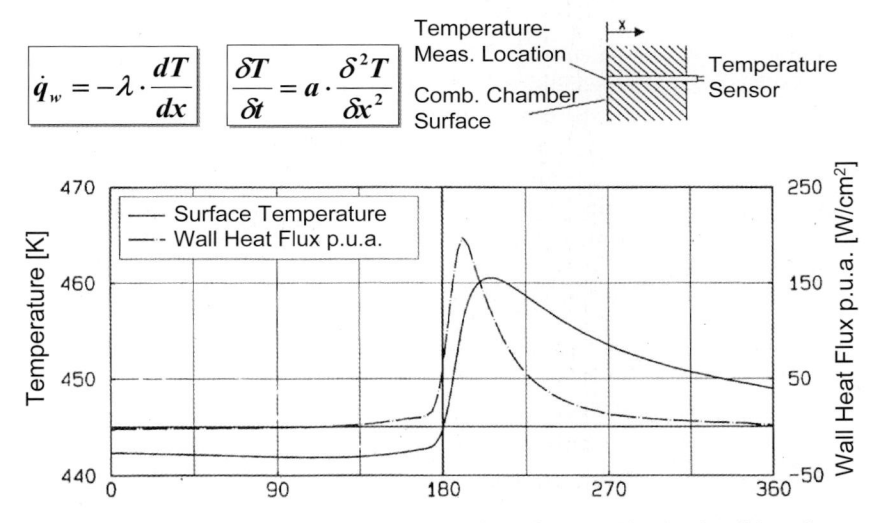

Figure 5: Principles of the "surface temperature method" for measuring local wall heat flux

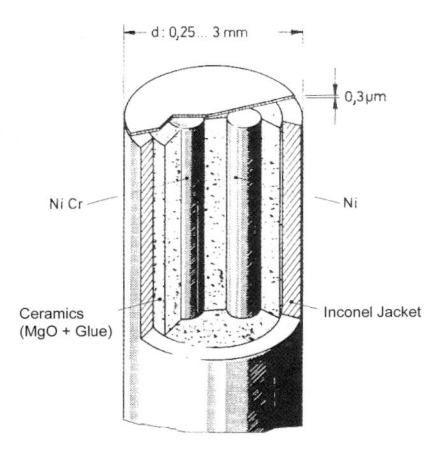

Figure 6: section view of a surface thermocouple [3]

Figure 7 shows calculated surface temperature traces for a heavy duty truck DI-diesel engine in motored conditions. Each trace represents a different depth in the cylinder head; interestingly the temperature rise results are particularly small compared with the change in the in-cylinder gas temperature. The reason behind that is the difference between the heat penetration coefficient b (Equation 9), which for metals is usually 500 times larger than for gaseous substances. Moreover, the amplitude of the temperature oscillation decreases significantly in the material and already by a depth of 2mm the temperature can be assumed to be constant.

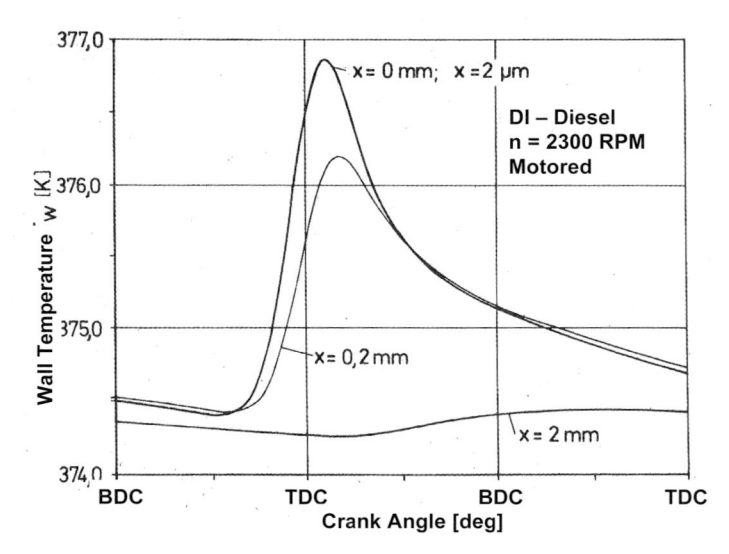

Figure 7: calculated surface temperature traces. Heavy duty truck DI-diesel, motored, n=2300 rpm [4]

In order to obtain reliable measurements of the combustion chamber surface temperature it is therefore important to fit the probe flush, e.g. with a maximum depth of 2μm.

Assuming a one-dimensional unsteady temperature field, the heat flux can be obtained transforming the time dependent oscillations in a Laplace differential equation. The first solution ever of this differential equation has been given by Eichelberg [7] and is shown in Equation 8.

$$\frac{\delta T}{\delta t} = a \cdot \frac{\delta^2 T}{\delta x^2}$$

$$T(t,x) = T_m - \frac{\dot{q}_m}{\lambda} \cdot x + \sum_{i=1}^{\infty} e^{-x\sqrt{\frac{i\omega}{2a}}} \cdot \left[A_i \cdot \cos\left(i\omega t - x\sqrt{\frac{i\omega}{2a}}\right) + B_i \cdot \sin\left(i\omega t - x\sqrt{\frac{i\omega}{2a}}\right) \right] \quad (8)$$

$$\dot{q} = -\lambda \cdot \left(\frac{\delta T}{\delta x}\right)_{x=0}$$

$$\dot{q} = \dot{q}_m + \lambda \cdot \sum_{i=1}^{\infty} \sqrt{\frac{i\omega}{2a}} \cdot \left[(A_i + B_i) \cdot \cos(i\omega t) + (B_i - A_i) \cdot \sin(i\omega t)\right]$$

The accuracy used for fitting the probes in the engine head and the quality of the thermal connection with the head material are the crucial parameters for the reliability of the surface temperature method. Furthermore an exact determination (temperature independent) of the heat penetration coefficient

$$b = \frac{\lambda}{\sqrt{a}} = \sqrt{\rho \cdot c \cdot \lambda} \quad (9)$$

of the head material at least the one surrounding the probe, is needed which can be done in two different ways, numerical [3] or using specific measurement techniques [35].

Finally the problem of finding a time dependent mean value for the heat flux $\dot{q}_m$ must be solved. From the technical side this could be possible by combining temperature sensors in wall heat flux probes, but as shown in the following paragraphs it can be also done by fitting a large amount of temperature probes in the engine head.

An alternative way is the application of the so called „zero crossing method". Neglecting the influence of any unsteady effects, at the temperature difference $(T_w - T_g) = 0$ during the compression stroke a trivial solution for Equation 2 $\dot{q} = 0$ can be found. It results the following solution for Equation 8:

$$\dot{q}_m = -b \cdot \sqrt{\frac{\omega}{2}} \cdot \sum_{i=1}^{\infty} \sqrt{i} \cdot \left[(A_i + B_i) \cdot \cos(i\omega t_0) + (B_i - A_i) \cdot \sin(i\omega t_0)\right] \quad (10)$$

$$t_0 = t_{(T_g = T_w)}$$

Because of the absence of significant temperature differences in the combustion chamber gas during the compression stroke, especially if compared with the combustion one, Equation 10 can be conveniently applied also for single surface thermocouples. In fact, only in this case, a mass mean temperature T_g for the mixture can be calculated using the state equation.

$$T_g = T_z = \frac{p \cdot V}{m_z \cdot R_g} \tag{11}$$

Particularly with diesel engines, but also with gasoline engines, the formation of undesired deposits (soot, oil, etc.) on the probe surface can reduce significantly the quality of the measurement by decreasing the amplitude of the temperature rise, as explained before. Methods for a post processing correction of this side effect are proposed in [3] and [35], but it is comprehensible that their effectiveness is limited at a maximal thickness of the deposit layer.

Investigations with low soot producing fuels are recommended in order to avoid any measurement problems. Even though, it must be considered that the results found using model fuels can be rarely used for modeling the combustion of commonly used fuels. In fact, it is almost impossible to reproduce certain aspects of the combustion process like for an instance the mixture formation or the interaction with the combustion chamber walls. This is the reason why it is preferable to interrupt the measurements with several in-cylinder inspections.

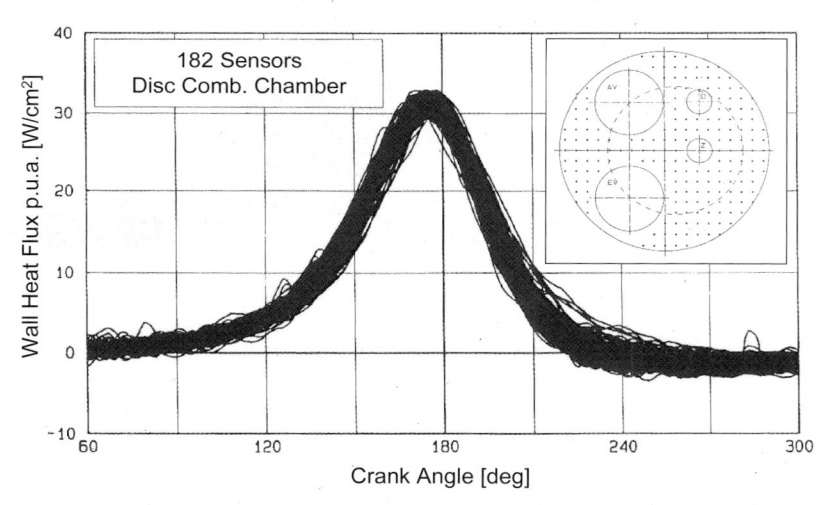

Figure 8: 182 Heat flux traces, Gasoline engine, disc shaped combustion chamber, motored, n=1465 rpm, WOT [3]

The surface temperature method is known to be the only reliable method for measuring the local, time dependent heat transfer rate to the combustion chamber walls and for this reason it has been adopted in many investigations.

Wall Heat Losses in Diesel Engines

Most of the time however, in order to reduce experimental facility costs, only a few commercial temperature probes [5] are fitted in the engine head (i.e. [12] to [13]); important information has been found fitting a gasoline engine with 182 probes, as reported in [3]. In Figure 8 the temperature traces for a motored condition and a schematic view of the cylinder head surface design are shown. Interestingly, because of the high turbulence level generated by the intake valve, temperature traces averaged over 100 cycles showed almost the same behavior. However, as illustrated in Figure 9, this was not the case in fired operation.

After the ignition (IP) of the mixture a steep increase in the heat flux can be noticed. After a more accurate analysis it results that this increase corresponds to the overrun by each probe of the flame front, which is known to propagate spherically for these types of spark ignited engines. This is the reason why the peripheral probes see a less steep and less intense increase due to the central position of the spark plug. Whilst the increase can be easily explained with the flame front overrun, the more chaotic decrease of the heat flux can only find a tentative explanation in the decreasing turbulence intensity which characterizes the expansion stroke.

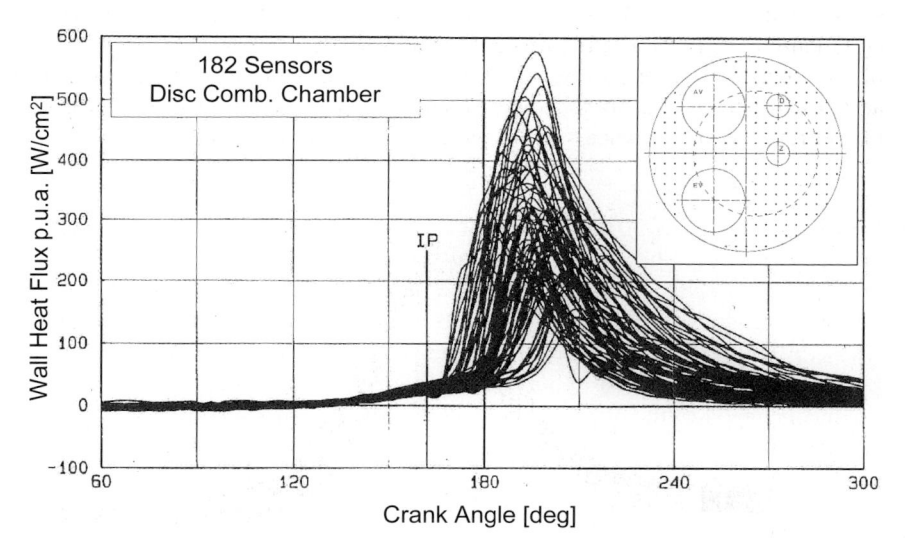

Figure 9: 182 Heat flux traces, Gasoline engine, disc shaped cylinder head, fired, n=1500 rpm, IMEP = 7.35 bar [3], IP: ignition

The results illustrated above clearly show the advantages of using a large amount of probes in order to obtain reliable measurements. Results found by solving the heat transfer equation on the base of single probe data are not supposed to be trustworthy.

Finally, using an averaged value for the local heat flux measurements over the entire combustion chamber surface, the heat transfer coefficient α can be determined. In fact, because of the high temperature peaks resulting from the combustion process, which are unknown, it is necessary to make reference to a mass mean temperature T_g in the mixture calculated (see previous paragraph) using the state equation.

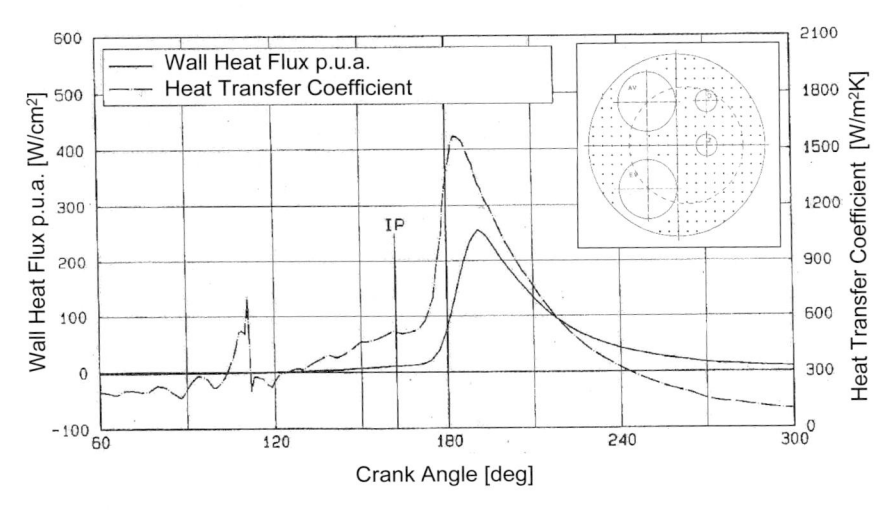

Figure 10: heat flux averaged over the entire wall surface area using 182 probes and resulting heat transfer coefficient, Gasoline engine, disc shaped cylinder head, fired, n=1500 rpm, IMEP = 7.35 bar [3], IP: ignition timing

Figure 10 illustrates a typical result for the heat transfer coefficient. The discontinuity showed at 110 deg must not be considered as a real unsteady behavior in the system but rather as a marginal phase shift between the in-cylinder pressure and the measured temperature (T_g and surface temperatures) trace processed using the zero crossing method. This can be easily seen looking at the equation $\dot{q}/(T_g - T_w) = \dot{q}/\Delta T = \alpha$, which is used for the determination of the heat flux; at temperature difference $\Delta T = 0$ ($\dot{q} = 0$) the equation results in a pole.

In conclusion of the discussion about the available measurement approaches, it results that to date there is no device which allows measurements of the heat flux time changes over an averaged surface area. With the existing techniques only measurements of the local heat flow or heat flux are possible.

4 Heat transfer equations for real working process simulations

The first empirical attempt in the formulation of a heat transfer equation for the determination of the heat losses to the combustion chamber walls were published by Nusselt at the beginning of the last century, when, for the description of the forced convective heat transfer, the dimensionless Nusselt number was defined [24]. In this early form however, the exponent and the constant parameters defined in the equation were derived by empirical observations only, e.g. without making

Wall Heat Losses in Diesel Engines

use of the similitude model. The heat transfer equation formulated by Nusselt evolved in the following years in many ways but it never changed its empirical character. For this reason none of the developed equations had a universal validity, in other words no application on different engine characteristics would have been possible.

First in the 1954 [9], Elser based the formulation of the heat transfer equation on the similitude model and published it in the form described above.

The first similitude model based heat transfer equation remained unchanged and found many applications in the work of Woschni [36] (together with Zapf and Zinner) which developed, through many years of investigations, the basic principle of the heat transfer processing analysis as it is known today.

The heat transfer equation published for the first time by Woschni in the 1965 [34] – with enhancements from 1970 - has the following form:

$$\alpha = 130 \cdot D^{-0.2} \cdot T_z^{-0.53} \cdot p_z^{0.8} \cdot \left(C_1 \cdot c_m + \underbrace{C_2 \cdot \frac{V_h \cdot T_1}{p_1 \cdot V_1} \cdot (p_z - p_0)}_{\text{Combustion Term}} \right)^{0.8} \quad (12)$$

w

where	$C_1 = 6.18 + 0.417\, c_u/c_m$	from exhaust valve opening to intake valve closing
	$C_1 = 2.28 + 0.308\, c_u/c_m$	from intake valve closing to exhaust valve opening

and	$C_2 = 0.00324$ m/(s K)	for single combustion chamber engines
	$C_2 = 0.0062$ m/(s K)	for multiple combustion chamber engines (main chamber and pre chamber)
	$C_2 = 0$	for compression and pumping strokes

In the heat transfer equation proposed by Woschni the Re-number exponent is rounded from the original value of 0.78 to 0.8. The characteristic length l is represented by the cylinder bore diameter D. There is no explicit radiative heat transfer term present in the equation. In fact - following his interpretation - the combustion itself generates additional turbulence, which can be expressed by the pressure difference between p_z (with combustion) and p_0 (w/o combustion, motored). The constant coefficient C_2 assumes a value only during the combustion stroke but remains equal to zero for both the compression and gas exchange strokes. The heat transfer relevant speed term is additionally scaled with the mean piston velocity c_m and the swirl rate c_u/c_m.

For the pumping strokes different constant coefficients are available. Even if this solution provides a good model quality, the change of coefficients and the exclusion of the combustion term generate some discontinuity in the calculated heat transfer trace, as shown in Figure 11.

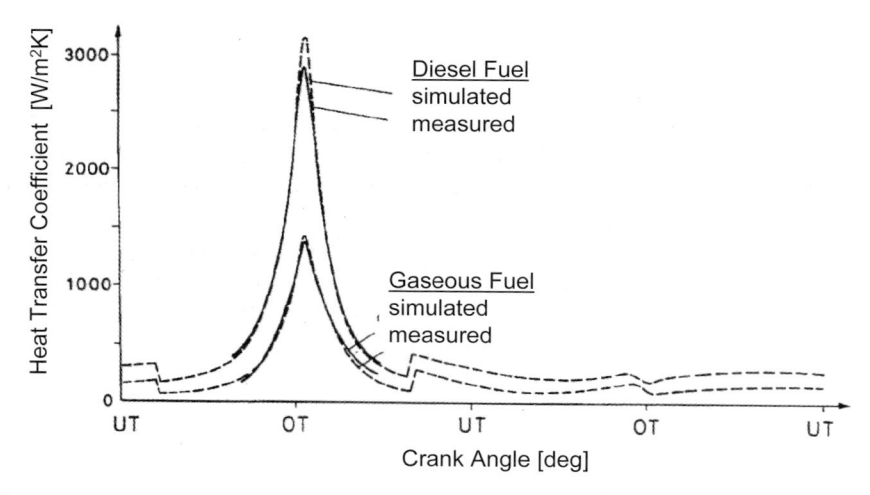

Figure 11: Comparison between heat transfer coefficient traces calculated using Equation 12 with surface temperature measurement data collected on a Diesel engine [30] and an Otto engine [12]

Equation 12 is the result of many investigations in which its validity has been proved (Woschni [12] and [30]), and even after more than 35 years it still represents a basic tool in the heat transfer analysis. A further investigation by Kolesa [20] allowed a deeper understanding of the wall temperature effect on the heat losses. In fact, it was observed that by increasing the wall temperature over 600K the value of the heat transfer coefficient rises rapidly. The reason behind this is found to be the reduced quenching effect on the flame approaching the wall and the resulting higher temperature in the boundary layer. Therefore, even if on the one hand a higher wall temperature should lead to a decrease in the heat transfer with the hot gases, on the other the decreased thickness of the temperature layer generates the opposite effect. The balance between these two phenomena results in an increased heat loss at first and only for very high wall temperatures, approaching the mean gas temperature T_z, a decrease in the heat losses is observed. Investigating this phenomenon on single combustion chamber engines, Kolesa introduced new conditions for the constant coefficient C_2:

$T_w \leq 600K$
$C_2 = 0.00324$
$T_w > 600K$
$C_2 = 2.3 \cdot 10^{-5} \cdot (T_w - 600) + 0.005$

Formulation that found a better expression in the work of Schwarz, 1993 [29]

$T_w < 525K$

$C_2^* = C_2 = 0.00324$ (14)

$T_w \geq 525K$

$C_2^* = C_2 + 23 \cdot 10^{-6} \cdot (T_w - 525)$

After several applications of the equation formulated by Woschni an underestimation of the heat transfer at low engine load and engine motored conditions came out. Moreover, a strong dependency of the heat losses on the soot deposition in the combustion chamber was found.

In order to make up for this weakness, a new variable velocity term C_3 was introduced by Huber [35] and Vogel [31]. The values shown here refer to Diesel engines. For other combustion systems this constant changes to $C_3 = 0.8$ for gasoline and $C_3 = 1.0$ for methane.

Where:

$$2 \cdot C_1 \cdot c_m \cdot \left(\frac{V_c}{V_\varphi}\right)^2 \cdot C_3 \geq C_2 \cdot \frac{V_h \cdot T_1}{p_1 \cdot V_1} \cdot (p_z - p_0)$$

than:

$$\alpha = 130 \cdot D^{-0.2} \cdot T_z^{-0.53} \cdot p_z^{0.8} \cdot w_{mod}^{0.8} \quad (15)$$

with:

$$w_{mod} = C_1 \cdot c_m \cdot \left(1 + 2 \cdot \left(\frac{V_c}{V_\varphi}\right)^2 \cdot C_3\right)$$

$$C_3 = 1 - 1.2 \cdot e^{-0.65 \cdot \lambda_v}$$

In the US the equation of Woschni found in the work of Assanis et al, 2004 [13], an interesting application on HCCI combustion systems.

Even after the heat transfer equation of Woschni has been developed and improved over many years of research, any general formulation for all different combustion systems can not be identified. This means, that for any new application an adaptation of the equation is required.

A valid alternative to the Woschni equation has been developed by Hohenberg and published in the 1980s [17]. The Hohenberg equation for the determination of the heat transfer coefficient is also based on the similitude model and can be used as a comparison tool for the equation of Woschni [13].

$$\alpha = 130 \cdot V^{-0.06} \cdot T_z^{-0.53} \cdot p_z^{0.8} \cdot \left(T_z^{0.163}(c_m + 1.4)\right)^{0.8} \tag{16}$$

For the characteristic length l Hohenberg utilized, instead of the engine bore diameter, the radius of a sphere with a volume equal to the actual volume of the combustion chamber. The advantage of using a sphere was that this geometrical form could be defined using only one dimension parameter, e.g. the radius. The improvement introduced by Hohenberg allowed the representation of engines with different bore/stroke-ratios. However, due to the third power of the radius (V = π r³) the exponent assumed a small value (-0.06) showing a rather weak dependence of the heat transfer coefficient on the engine geometry.

The mean piston velocity c_m was maintained as the relevant velocity parameter. Nevertheless, Hohenberg introduced a constant term (1.4), which represented the influence of the combustion on the heat transfer, and multiplied both with slight gas temperature dependence ($T_z^{0.163}$). Hohenberg reported a dependence between the velocity and the gas pressure in the dimension of $p_z^{0.2}$. In order to maintain the similitude model character of the equation, Hohenberg chose to reduce the pressure term exponent from 0.8 to 0.6.

Differently to the equation formulated by Woschni, in equation 16 the free area of the top land crevice is taken into account by calculating the total area of relevance:

$$A = A_{Combust.Chamber} + A_{Crevice} \cdot 0.3 \tag{17}$$

Where the crevice area is simply obtained multiplying the bore circumference with the crevice height times two ($A_{Crevice} = D \cdot \pi \cdot 2 \cdot h_{Crevice}$). The correction term 0.3 means that the heat transfer in the crevice area is only about 30% if compared with the other areas of the combustion chamber.

Equation 16 results from an extensive experimental investigation on different combustion systems and using different measurements techniques, [17] and [18].

The third heat transfer equation discussed here has been developed by Bargende [3, 2] for Otto (Gasoline) engines, but finds application on Diesel engines as well (i.e. [1] and [21]).

The equation for the determination of the heat transfer coefficient was published in 1991 and is based on the similitude model also:

$$\alpha = 253.5 \cdot V^{-0.073} \cdot \left(\frac{T_z + T_w}{2}\right)^{-0.477} \cdot p_z^{0.78} \cdot w^{0.78} \cdot \Delta \tag{18}$$

Similar to the Hohenberg equation, the present formulation makes use of the exact value for the exponent, e.g. n = 0.78 instead of 0.8. The geometrical term is maintained, even if it is expressed in a different way ($d^{-0.22} \cong V^{-0.073}$). However, a different reference temperature is calculated, which results from the mean average between the wall and the gas temperatures $T_m = \frac{T_z + T_w}{2}$. This value better

Wall Heat Losses in Diesel Engines

represents the temperature balance in the boundary layer and can also be used for the determination of the thermo-physical properties, such as λ, η and the density ρ.

For a more accurate analysis it is also possible to formulate a dependency between the air fraction r and the mixture composition λ.

$$r = \left(\frac{\lambda - 1}{\lambda + \frac{1}{L_{min}}} \right)_{\lambda \geq 1} \tag{19}$$

Which assumes the value r = 0 at stoichiometry (λ = 1), and r = 1 for pure air ($\lambda \to \infty$). The thermo-physical term results in:

$$\lambda \cdot \left(\frac{\rho}{\eta} \right)^{0.78} = 10^{1.46} \cdot \frac{1.15 \cdot r + 2.02}{[R \cdot (2.57 \cdot r + 3.55)]^{0.78}} \cdot \left(\frac{T_z + T_w}{2} \right)^{-0.477} \cdot p_z^{0.78} \tag{20}$$

The relevant velocity for the heat transfer is calculated using a simplified k-ϵ-turbulence model:

$$w = \frac{\sqrt{\frac{8}{3} \cdot k + c_k^2}}{2} \tag{21}$$

Where c_k is the actual piston speed. The specific kinetic energy rate is considered as:

$$\frac{dk}{dt} = \left[-\frac{2}{3} \cdot \frac{k}{V} \cdot \frac{dV}{dt} - \varepsilon \cdot \frac{k^{1.5}}{L} + \left(\varepsilon_q \cdot \frac{k_q^{1.5}}{L} \right)_{\varphi > ZOT} \right]_{ES \leq \varphi \leq A\ddot{O}} \tag{22}$$

With $\varepsilon = \varepsilon_q = 2.184$ and the characteristic swirl dimension $L = \sqrt[3]{6/(\pi \cdot V)}$. For the determination of the specific kinetic energy k_q due to squish flow it is necessary to define a cylindrical shaped piston bowl, which reproduces ideally the real proportions [3].

In difference to the models of Woschni and Hohenberg, no combustion term is integrated in the flow characterization; a more accurate approach is given by the introduction of a multiplicative term Δ in which two different temperatures, one for the unburned (T_{uv}) and one for the burned zone (T_v), are taken into account [3]. The equation of Bargende, compared to the older equations of Woschni and Hohenberg, doesn't allow an easy understanding of the direct influence that each engine parameter has on the heat transfer equation. For instance, looking at the

Woschni and at the Hohenberg equations it appears clearly that an increase in the engine speed will result in a non linear reduction of the heat losses to the walls because of the exponent with value 0.2. On the opposite, the k-ε-model implemented by Bargende doesn't allow this interpretation.

The loss in clearness presented here is a typical side effect which results from the in-depth study of the physical processes and their application in computational analysis methods. This is a trend in modern heat transfer phenomena modeling that will most probably persist in the future, which is shown by the recent works [28] and [8]. Nevertheless, it must be kept in mind, that without an empirical validation none of these models can be considered more accurate than the others, and that their potential is limited within the validity range used for the calibration only.

5 Application Examples

A comparison between the existing heat transfer equations presented in the previous section is often used for the validation of new formulations and for the comparison between calculated and experimental data.

In order to better understand the differences between these three most relevant equations, in the present section an analysis is proposed.

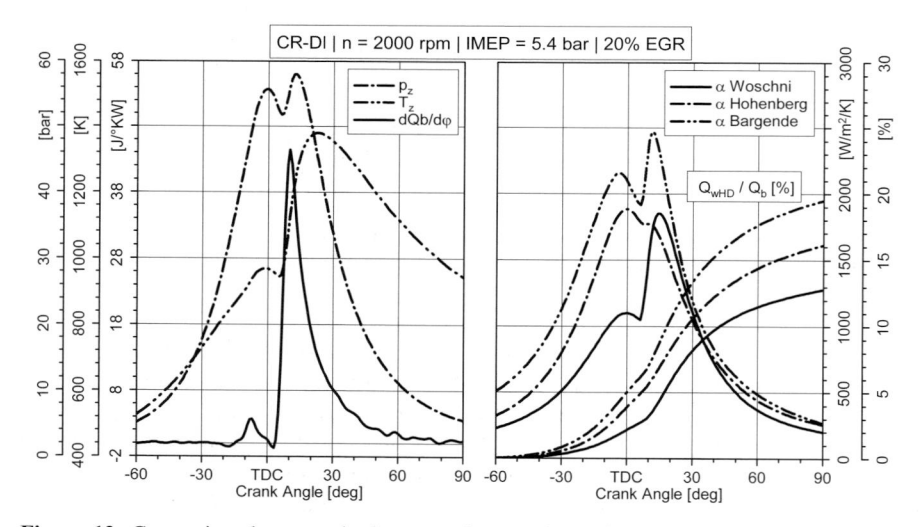

Figure 12: Comparison between the heat transfer equations of Woschni, Hohenberg and Bargende for a conventional heterogeneous combustion in a passenger car CR-DI-Diesel engine at part load operation, with pilot injection and 20% cooled external EGR

Figure 12 shows the measured in-cylinder pressure trace on the left hand side together with the mass mean temperature and the heat release traces derived from a single zone thermodynamic analysis. The experiments are conducted on a modern passenger direct injected (DI) common rail (CR) Diesel engine operated at part load with heterogeneous mixture formation and pilot injection. In the diagram on the right hand side the heat transfer coefficients calculated using the approaches of Woschni (equation 12), Hohenberg (equation 16) and Bargende (equation 18), as well as the cumulative wall heat losses during the high pressure phase (HD) are plotted.

For the same engine setup and similar load conditions in Figure 13 the results for a fully homogeneous combustion (HCCI) are given. Interestingly, an apparent pre-combustion similar to the one resulting from the ignition of a pilot-injection can be distinctively noticed. The so called „cool-flame" is a typical aspect of the HCCI combustion of Diesel fuel.

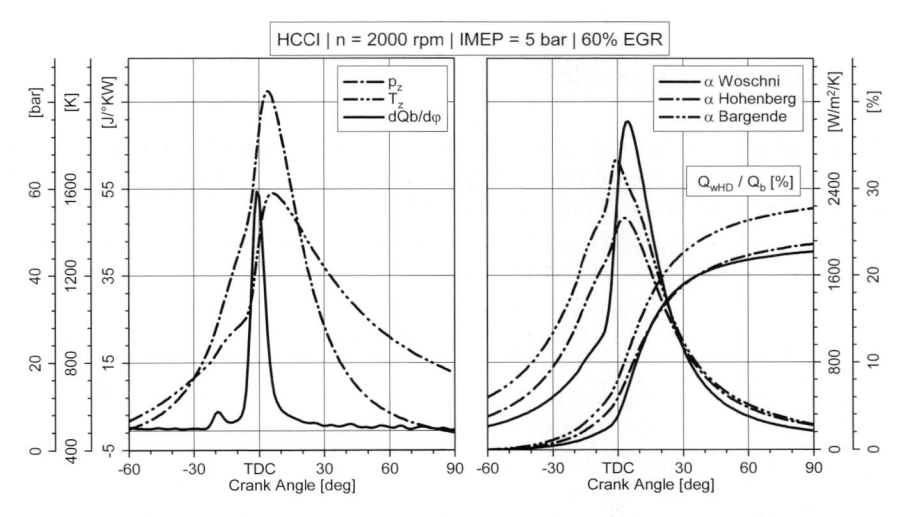

Figure 13: Comparison between the heat transfer equations of Woschni, Hohenberg and Bargende for a homogeneous combustion (HCCI) in a passenger car CR-DI-Diesel engine at part load operation and 60% cooled external EGR

Due to the short lasting and faster starting combustion of the HCCI process, compared with the heterogeneous one, the pressure peak in the combustion chamber reaches a much higher level at a relatively earlier location, moving closer to the top dead center (TDC). This explains the larger heat transfer coefficient values calculated for the homogeneous combustion. Due to the increased mixture temperature, caused by the pressure rise, but in particular because of the relatively smaller amount of combusted fuel energy Q_b, the HCCI combustion is characterized by noticeably larger heat losses during the high pressure phase (HD), if compared with the heterogeneous one.

The total amount of heat losses calculated using the three different methods differ significantly at the end of the high pressure phase. The reason for this discrepancy is to be found mainly in the noticeably poor match between the calculated heat transfer coefficients.

As a matter of fact, this discrepancy can also be found in looking at the energy balance as shown in Figure 14. The energy balance has been calculated by dividing the maximum value of the integrated transferred energy over the combustion $Q_{b\ Max}$ with the amount of energy introduced with the fuel Q_{Fuel}, from which the energy stored in the partially burned CO and unburned HC were subtracted ($Q_{HC,CO}$). The underestimation resulting from the Woschni equation in modelling heterogeneous combustion processes is already well known [35, 31].

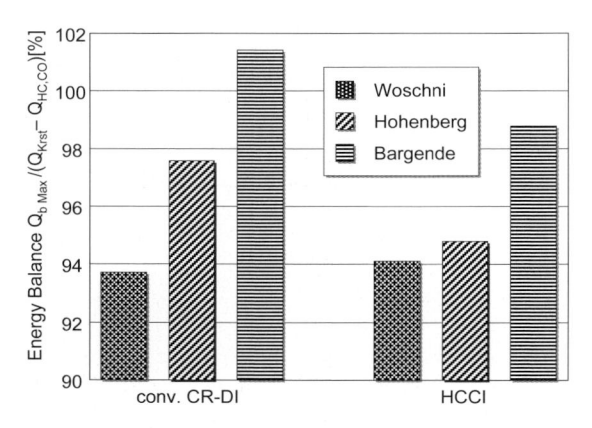

Figure 14: Heterogeneous (CR-DI) and homogeneous (HCCI) combustion in a passenger car CR-DI-Diesel, n=2000 rpm / part load / cooled, external EGR

In the case of homogeneous combustion however it is more difficult to establish which of the proposed methods delivers the most reliable result. In fact, even considering the best accuracy in measuring the in-cylinder pressure trace an error of at least ± 2 % must be taken into account.

Nevertheless, any of the solutions found for the HCCI mode can be refuted by the others since none of the heat transfer equations has been developed or tested in this range of engine operation. This is an interesting example that shows the wide potential of equations based on the similarity model.

As predicted, the equation of Bargende leads to the best energy balance in the case of HCCI mode which, from the energetic point of view, is known to be more similar to a Otto-combustion process, e.g. with a turbulent flame propagating from a singular ignition point in a homogeneous mixture.

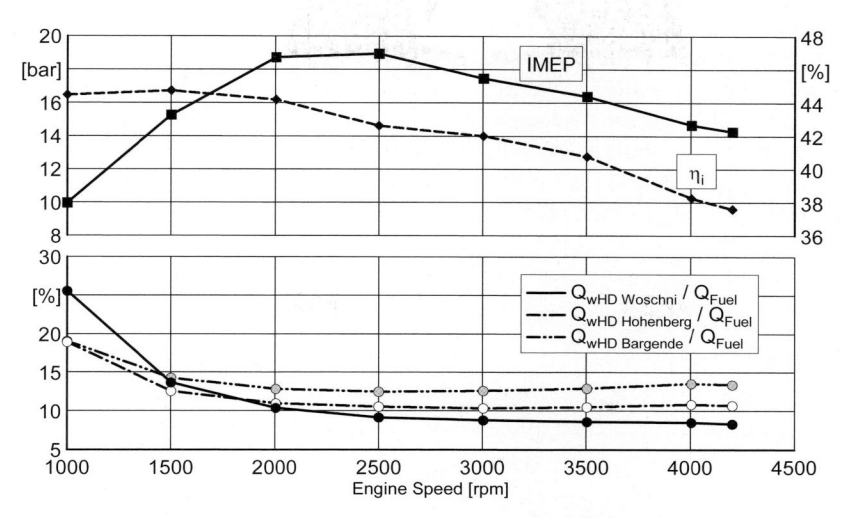

Figure 15: Heat transfer equations of Woschni, Hohenberg and Bargende at full load DI mode (passenger car CR-DI-Diesel)

A marked discrepancy between the heat transfer coefficient traces can also be observed at full load DI mode. In the upper diagram of Figure 15 the indicated mean effective pressure IMEP and the indicated efficiency η_i are plotted over a variation of the engine speed for a passenger car CR-DI Diesel engine operated at full load, in respect to Euro-4, FSN, peak pressure and exhaust gas temperature limitations. In the lower diagram, the corresponding averaged heat losses in the high pressure phase (HD) are shown. From the qualitative point of view it could be said that there is a good match between the three equations but in fact, from a quantitative point of view, the differences in evaluating the heat losses are relevant, in particular for the equation of Woschni. E.g., at n=1000 1/min there is a significant gap between Woschni and the other approaches, difference that doesn't find confirmation in the quite constant indicative efficiency between 1000 and 1500 1/min. At higher engine speeds the low wall heat loss values below 10 % of the burned fuel energy found with the Woschni equation are also dubious.

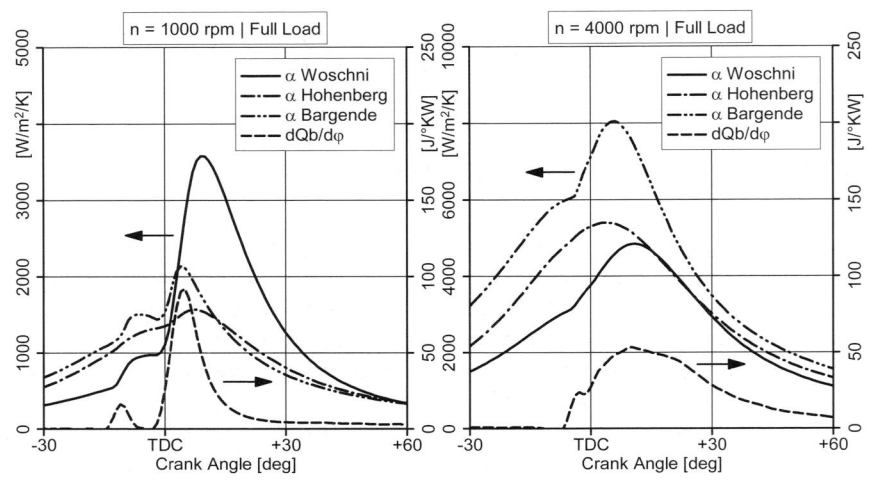

Figure 16: Heat transfer equations of Woschni, Hohenberg and Bargende at n=1000 rpm and n=4000 rpm (passenger car CR-DI-Diesel)

A more detailed analysis of the heat transfer coefficient traces (Figure 16) shows that the equation of Woschni leads to an overestimated value at n = 1000 rpm and to an underestimated one at n = 4000 rpm, in fact this is a good explanation of the differences in the determination of the cumulative wall heat losses.

It appears clear that comparable applications of the discussed equations may lead to inconsistent results. The equation of Woschni is known to provide the best predictions for large Diesel engines [37] whereas the equation of Hohenberg is particularly suited for commercial vehicle Diesel engines [17]. Because of the similarity with Otto engines, in particular for the heat transfer duration and its position relative to the TDC, for the analysis of the heat transfer in HCCI mode the equation of Bargende is the most indicated [15, 16].

Nevertheless, all the presented equations were developed about 35, 25 and 15 years ago, respectively.

In the last decade the diesel combustion system has undergone many changes, i.e. the possibility of multiple injections given by the flexibility of the common rail system. However, even with its well known and demonstrated limitations, the Woschni equation still remains the most used approach for heat loss analysis today.

It is obvious, that before a new, improved heat transfer equation gains similar renown a clear validation on a large basis of investigations is required.

The problem of finding a reliable estimation for the „heat transfer from the combustion chamber to the walls" remains a fundamental topic for further investigations.

Nowadays it is only possible to advise a very critical approach when applying any of the heat transfer equations. Particularly indicated is a comparison with other equations and when possible to verify the results in a reliable range of plausibility. In conclusion, there exists no universal correct solution for this problem and the only way to achieve plausible results is through wide experience.

6   Heat transfer modeling using 3D-CFD

The support of high speed computational techniques has allowed in the last years the creation of new simulation software for the analysis of combustion processes, and in particular of unsteady, three dimensional phenomena. During the early development phase high expectations have been placed on the reliability of heat transfer equations, based on the similitude model, for the prediction of heat flow phenomena in the combustion chamber.

Because of their successful implementation in CFD computational techniques, classical logarithmic turbulent models for the flow conditions in – or close to - the boundary layers of the wall have been implemented [22, 26]. Unfourtunately the implementation of these models showed little potential in the calculation of the total heat loss to the walls, which showed a five times smaller heat loss compared to the one derived by the combustion process heat balance.

The main reason for this large discrepancy is to be seen in the very thin thermal boundary layers in the combustion chamber, and particularly the laminar, viscous one. An estimation of the viscous sub-layer thickness δ'_t can be easily found using the following equation, as proposed above:

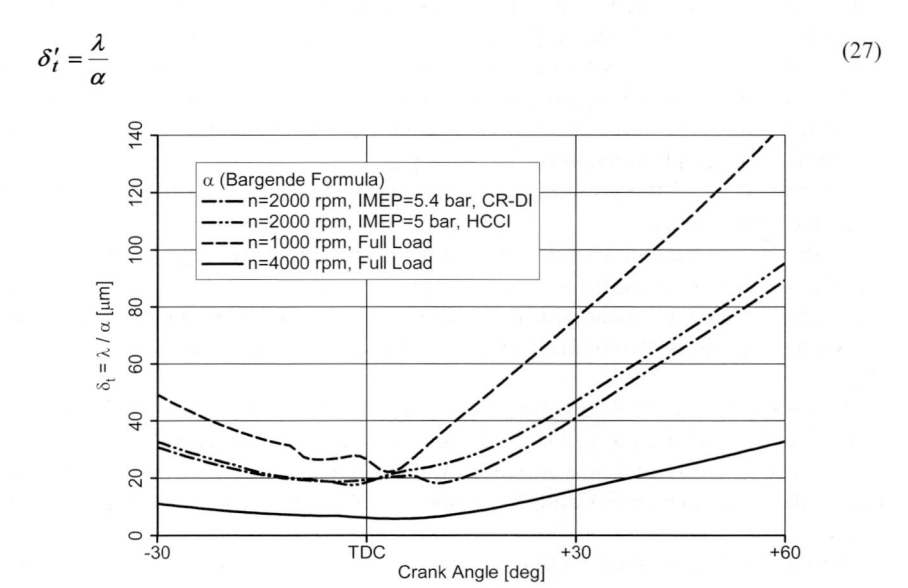

$$\delta'_t = \frac{\lambda}{\alpha} \qquad (27)$$

Figure 17: Averaged thickness traces of the viscous sub-layer in the engine thermal boundary layer. Heat transfer coefficient according to Bargende equation (passenger car CR-DI-Diesel engine)

Figure 17 shows the resulting traces of the spatially averaged thickness for the viscous sub-layer in the engine thermal boundary layer for the four load conditions discussed previously. Even if the results showed only have an indicative value, it appears clearly that the numerical discretization of a sub-layer, which reaches a maximum thickness of only 20µm, is quite impossible. Also it has to be kept in mind that these traces represent the **average** thickness of the sub-layer, meaning that there areas on the combustion chamber surface with even thinner layers due to higher heat transfer coefficients exist.

As soon as solutions to overcome this problem are developed it seems a recommendable way to integrate similitude model based equations in 3D-CFD approaches. This is especially true when it comes to fast turn around times with short CPU times due to a strong demand to use the 3D-CFD simulation as a development time saving tool [6].

7 Literature

[1] Barba C., Burkhardt C., Boulouchos K., Bargende M.: A Phenomenological Combustion Model for Heat Release Rate Prediction in High-Speed Di Diesel Engines With Common Rail Injection, SAE-Paper 2000-01-2933 (2000)
[2] Bargende M., Hohenberg G., Woschni G.: Ein Gleichungsansatz zur Berechnung der instationären Wandwärmeverluste im Hochdruckteil von Ottomotoren, 3.Tagung „Der Arbeitsprozess des Verbrennungsmotor" Graz (1991)
[3] Bargende M.: Ein Gleichungsansatz zur Berechnung der instationären Wandwärmeverluste im Hochdruckteil von Ottomotoren, Dissertation TU Darmstadt 1991
[4] Bargende M.: Berechnung und Analyse innermotorischer Vorgänge, Vorlesungsmanuskript Universität Stuttgart (2006)
[5] Bendersky D.: A Special Thermocouple for Measuring Transient Temperatures, ASME-Paper (1953)
[6] Chiodi M., Bargende M.: Improvement of Engine Heat Transfer Calculation in the three dimensional Simulation using a Phenomenological Heat Transfer Model, SAE-Paper 2001-01-3601 (2001)
[7] Eichelberg G.: Zeitlicher Verlauf der Wärmeübertragung im Dieselmotor, Z. VDI 72, Heft 463 (1928)
[8] Eiglmeier C., Lettmann H., Stiesch G., Merker G.P.: A Detailed Phenomenological Model for Wall Heat Transfer Prediction in Diesel Engines, SAE-Paper 2001-01-3265 (2001)
[9] Elser K.: Der instationäre Wärmeübergang im Dieselmotor, Dissertation ETH Zürich (1954)
[10] Enomoto Y., Furuhama S., Takai M.:Heat Transfer to Wall of Ceramic Combustion Chamber of Internal Combustion Engine, SAE Paper 865022 (1986)
[11] Enomoto Y., Furuhama S.: Measurement of the instantaneous surface temperature and heat loss of gasoline engine combustion chamber, SAE-Paper 845007 (1984)
[12] Fieger J.: Experimentelle Untersuchung des Wärmeüberganges bei Ottomotoren, Dissertation TU München (1980)
[13] Filipi Z. S. et al.: New Heat Transfer Correlation for An Hcci Engine Derived From Measurements of Instantaneous Surface Heat Flux, SAE-Paper 2004-01-2996 (2004)
[14] Gerstle M.: Simulation des instationären Betriebsverhaltens hoch aufgeladener Vier- und Zweitakt-Dieselmotoren, Dissertation Uni Hannover (1999)

[15] Haas S., Berner H.-J., Bargende M.: Potenzial alternativer Dieselbrennverfahren, Motortechnische Konferenz, Stuttgart, Juni (2006)
[16] Haas S., Berner H.-J., Bargende M.: Entwicklung und Analyse von homogenen und telihomogenen Dieselbrennverfahren, Tagung Dieselmotorentechnik TAE Esslingen (2006)
[17] Hohenberg G.: Experimentelle Erfassung der Wandwärme von Kolbenmotoren, Habilitationsschrift Graz (1980)
[18] Hohenberg G.: Advanced Approaches for Heat Transfer Calculations, SAE-Paper 790825 (1979)
[19] Klell M., Wimmer A.: Die Entwicklung eines neuartigen Oberflächentemperaturaufnehmers und seine Anwendung bei Wärmeübergangsuntersuchungen an Verbrennungsmotoren, Tagung „Der Arbeitsprozess der Verbrennungsmotors" Graz (1989)
[20] Kolesa K.: Einfluss hoher Wandtemperaturen auf das Brennverhalten und insbesondere auf den Wärmeübergang direkteinspritzender Dieselmotoren, Dissertation TU München (1987)
[21] Kozuch P.:Ein phänomenologisches Modell zur kombinierten Stickoxid- und Rußberechnung bei direkteinspritzenden Dieselmotoren, Dissertation Uni Stuttgart (2004)
[22] Merker G. et al.: Verbrennungsmotoren, Simulation der Verbrennung und Schadstoffbildung, Teubner-Verlag, 2.Auflage (2004)
[23] Mollenhauer K., Tschöke H.: Handbuch Dieselmotoren, 3rd Edition, Springer ISBN 978-3-540-72164-2, 2007
[24] Nusselt W.: Der Wärmeübergang in der Verbrennungskraftmaschine. Forschungsarbeiten auf dem Gebiet des Ingenieurwesens, 264 (1923)
[25] Pflaum, Mollenhauer: Der Wärmeübergang in der Verbrennungskraftmaschine
[26] Pischinger R., Klell M., Sams T.: Thermodynamik der Verbrennungskraftmaschine, Springer-Verlag, 2.Auflage (2002)
[27] Sargenti R., Bargende M.: Entwicklung eines allgemeingültigen Modells zur Berechnung der Brennraumwandtemperaturen bei Verbrennungsmotoren, 13. Aachener Kolloquium Fahrzeug- und Motorentechnik (2004)
[28] Schubert C., Wimmer A., Chmela F.: Advanced Heat Transfer Model for CI Engines, SAE-Paper 2005-01-0695 (2005)
[29] Schwarz C.: Simulation des transienten Betriebsverhaltens von aufgeladenen Dieselmotoren, Dissertation TU München (1993)
[30] Sihling K.: Beitrag zur experimentellen Bestimmung des instationären, gasseitigen Wärmeübergangskoeffizienten in Dieselmotoren, Dissertation TU Braunschweig (1976)
[31] Vogel C.:Einfluss von Wandablagerungen auf den Wärmeübergang im Verbrennungsmotor, Dissertation TU München (1995)
[32] Wiedenhoefer J., Reitz R. D.: Multidimensional Modelling of the Effects of Radiation and Soot Deposition in Heavy-Duty Diesel Engines, SAE-Paper 2003-01-0560
[33] Wimmer A., Pivec R., Sams T.: Heat Transfer to the Combustion Chamber and Port Walls of IC Engines - Measurement and Prediction, SAE-Paper 2000-01-0568 (2000)
[34] Woschni G.: Die Berechnung der Wandverluste und der thermischen Belastung von Dieselmotoren, MTZ 31 (1970) 12
[35] Woschni G., Zeilinger K., Huber K.: Wärmeübergang im Verbrennungsmotor bei niedrigen Lasten, FVV-Vorhaben, Heft R452 (1989)
[36] Woschni G.: Beitrag zum Problem des Wärmeüberganges im Verbrennungsmotor, MTZ 26 (1965) 11, S. 439
[37] Woschni G.: Gedanken zur Berechnung der Innenvorgänge im Verbrennungsmotor, 7.Tagung „Der Arbeitsprozess des Verbrennungsmotor" Graz (1999)
[38] Zapf H.: Beitrag zur Untersuchung des Wärmeübergangs während des Ladungswechsels im Viertakt-Dieselmotor, MTZ 30, S. 461ff, (1969)

„Engine-in-the-Loop" – Echtzeitsimulation am Motorprüfstand

G. Hohenberg, C. Schyr

1 Einleitung

In früheren Zeiten wurden am Motorprüfstand Untersuchungen mehr oder weniger nur im stationären Motorbetrieb durchgeführt. Vor rund 25 Jahren begann man dann auf so genannten dynamischen Motorprüfständen mit Entwicklungsaufgaben im instationären Motorbetrieb. Dies war auch der erste Forschungsschwerpunkt des Verfassers zu Beginn seiner Lehrtätigkeit an der TU Darmstadt [1, 2, 3, 4].

Damals war allerdings die Simulation durch die Leistungsfähigkeit der Prüfstandsbremse begrenzt und ein aufwändiges Simulationsmodell des Fahrzeugs (noch) nicht notwendig. Inzwischen haben sich die Bremseinrichtungen durch Verbesserungen am Elektromotor selbst und vor allem auch in der zugehörigen Leistungselektronik in ihrer Dynamik wesentlich gesteigert.

Extrem schnelle Vorgänge wie z.B. ein Schaltvorgang oder das Ruckeln des Fahrzeugs sind heute elektrisch darstellbar so dass man dafür auch entsprechende Simulationsmodelle in Echtzeit benötigt.

Damit steht der aus Sicht von Entwicklungsdauer und –kosten gewünschten Verschiebung von „Road to Rig" grundsätzlich nichts mehr im Wege, die Frage ist allerdings, in welcher Form dies geschehen soll. Denn wenn man schon das gesamte Fahrzeug mit Simulation nachbildet, so erscheint es nahe liegend, dies auch am Verbrennungsmotor anzuwenden.

Durch vielfältige Arbeiten zur Prozessrechnung sind die Grundlagen für eine solche Vorgehensweise vorhanden – siehe die Arbeiten des Jubilars Prof. Pucher zu diesem Thema [5, 6, 7]. Die simulatorische Abbildung des motorischen Arbeitsprozesses stellt also kein Problem dar. Auch die erforderliche Rechenzeit erscheint zumindest in naher Zukunft beherrschbar. Der eigentliche Grund für den Einsatz des realen Verbrennungsmotors liegt unseren Erachtens nach in der ausreichend genauen Abbildung der Rohemissionen und der immer komplexer werdenden Abgasnachbehandlung. Die Vorgänge sind sowohl strömungstechnisch als auch thermisch höchst sensibel und auch in absehbarer Zukunft nicht über die Simulation beherrschbar.

Hierzu kommt ein extrem hoher Bedatungsaufwand sowohl hinsichtlich der Datenmenge als auch der erforderlichen Genauigkeit der Vorgabewerte. Ein Weg, den hohen Bedatungsaufwand zu verringern, sind sogenannte halbempirische Motormodelle. Grundidee ist hier, abgeleitet aus der Vermessung eines realen Motors eine Datenreduktion auf die wesentlichen Parameter anzustreben [8].

Damit ist es möglich den Verbrennungsmotor in erster Näherung auch für den instationären Betrieb abzubilden. Bei komplexen Anwendungen wie Hybridantrieben bzw. bei einer mehrstufigen Abgasnachbehandlung sind jedoch die Grenzen der Anwendbarkeit erreicht. Der vernünftige Kompromiss ist hier die Kombination des realen Verbrennungsmotors mit der Simulation des restlichen Fahrzeugs auf dem dynamischen Motorprüfstand – also „Engine-in-the-Loop".

Wesentliche Voraussetzung ist hierzu, dass die Simulationsmodelle der einzelnen Komponenten so einfach wie möglich aber auch noch so genau wie nötig rechnen. Nur so erreicht man echtzeitfähige Simulationsmodelle mit ausreichender Genauigkeit. In einer Kooperation von TU Darmstadt, TU Karlsruhe und TU Graz mit der AVL List GmbH wurde diese Idee als Projekt INSITE (Integration von Simulation und Test) verfolgt und realisiert [9, 10].

Der vorliegende Beitrag beschreibt als Anregung für zukünftige Entwicklungen die wesentlichen Erkenntnisse bzw. Ergebnisse aus den bisherigen Arbeiten auf dem Gebiet der Motorentwicklung am dynamischen Motorprüfstand.

2 Applikationsaufgaben für Verbrennungsmotoren

Einleitend muss man sich die Frage stellen, welche Applikationsschritte man von der Straße auf den Prüfstand verlagern sollte und auch könnte. In einer umfangreichen Befragung innerhalb der deutschen Automobilindustrie ergab sich die in Abbildung 1 dargestellte Situation.

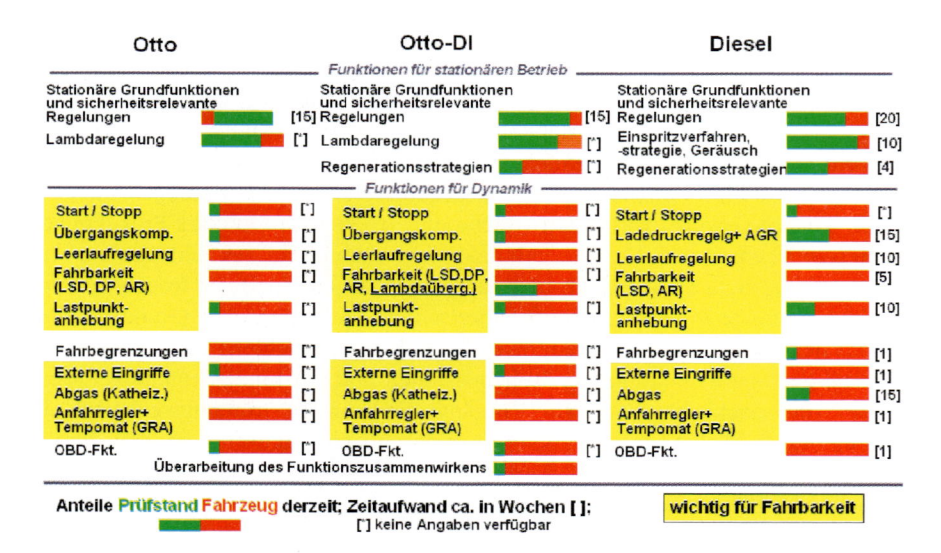

Abb. 1 Mögliche Applikationsaufgaben am Motorprüfstand

"Engine-in-the-Loop" – Echtzeitsimulation am Motorprüfstand

Wie im Abbildung 1 zu erkennen, wird heute der stationäre Motorbetrieb schon weitgehend am Prüfstand abgestimmt. Die Funktionen für die Dynamik hingegen sind überwiegend im Fahrzeug vorgesehen. Dies liegt sicherlich an der Frage, wieweit die Verhältnisse am Motorprüfstand mit denen am Rollenprüfstand bzw. im Straßenversuch übereinstimmen.

Diesbezüglich gezielt durchgeführte Untersuchungen an der TU Darmstadt haben gezeigt, dass es sehr wohl möglich ist die Übertragbarkeit vom Straßen- auf den Prüfstandstest sicherzustellen – aber dass bei falscher Einstellung auch entscheidende Fehlinterpretationen auftreten können. Bei sorgfältiger Beachtung der entsprechenden Anforderungen ist also eine Ausweitung der Applikation von dynamischen Funktionen denkbar. Dennoch ist der Umfang im Verhältnis zum Gesamtaufwand noch immer relativ gering und es ist fraglich, ob sich das in naher Zukunft überhaupt ändern kann.

Der entscheidende Schlüssel dazu liegt in der Beurteilung der Fahrbarkeit am Motorprüfstand wie z.B. durch das System AVL DRIVE oder vergleichbare Produkte anderer Hersteller. Diese für die ECU-Abstimmung besonders wichtige Komponente ist heute nur näherungsweise am Motorprüfstand erfassbar. Das bedeutet, die Applikation kann maximal als Vorabstimmung gelten und muss durch eine finale Abstimmung im Fahrzeug ergänzt werden. Eine wirkliche Einsparung von Zeit bzw. Kosten ist damit nicht gegeben. Daraus folgt die zwingende Forderung, eine bessere Beurteilung der Fahrbarkeit am Motorprüfstand zu realisieren.

Eine weitere kritische Herausforderung bei der Applikation besteht in erforderlichen realen Simulationsfrequenzen am Motorprüfstand. Geht man davon aus, dass eine ECU Funktion wie Lastschlagdämpfung in der Größenordnung um 10 Hz ausregeln kann, so ergibt sich dass diese Frequenz auch am Prüfstand darstellbar sein muss (Bild 2).

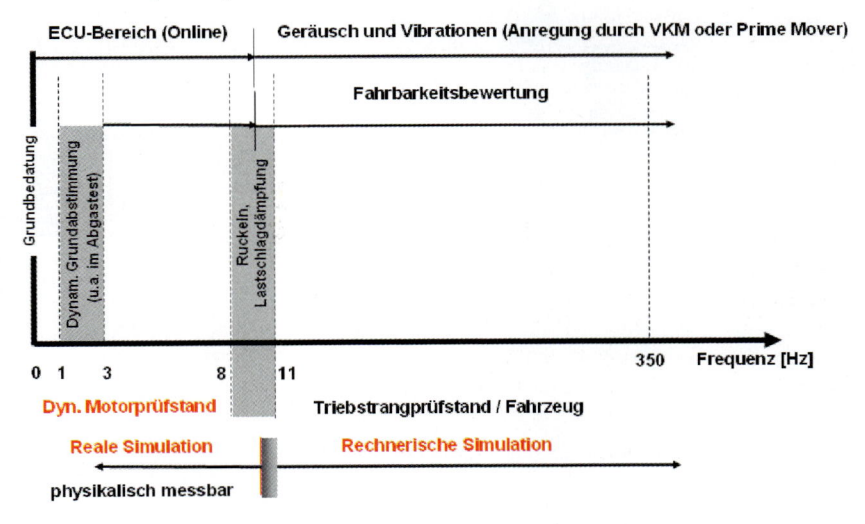

Abb. 2 Erforderliche Frequenzen bei der dynamischen Antriebsoptimierung

Für einen breiteren Einsatz der Applikation am Motorprüfstand muss es daher das Ziel sein, Frequenzen bis zu etwa 10 Hz real am Prüfstand nachzubilden. Die darüber liegenden Frequenzen sind zwar ebenfalls für die Fahrbarkeit relevant, können aber rechnerisch in die Fahrbarkeitsbewertung einfließen.

Eine solche kombinierte Vorgehensweise erscheint aus heutiger Sicht der aussichtsreichste Weg um in Verbindung mit Echtzeitmodellen einen entsprechenden Fortschritte auf dem Gebiet der Fahrbarkeitsbeurteilung zu erzielen.

3 Mögliche Prüfstandskonfigurationen

In Abbildung 3 sind die drei wesentlichen Prüfstandsanordnungen dargestellt. Je nachdem ob Motor, Getriebe oder Triebstrang real vorhanden sind, müssen die restlichen Teile über Simulationsmodelle nachgebildet werden. Für den Motorprüfstand selbst ergeben sich die in Abbildung 4 dargestellten drei Varianten: Stationärprüfstand, dynamischer Prüfstand bis 3 Hz und als High-End-Lösung der dynamische Prüfstand mit einer Simulationsfrequenz bis 10 Hz und Parallelrechnung.

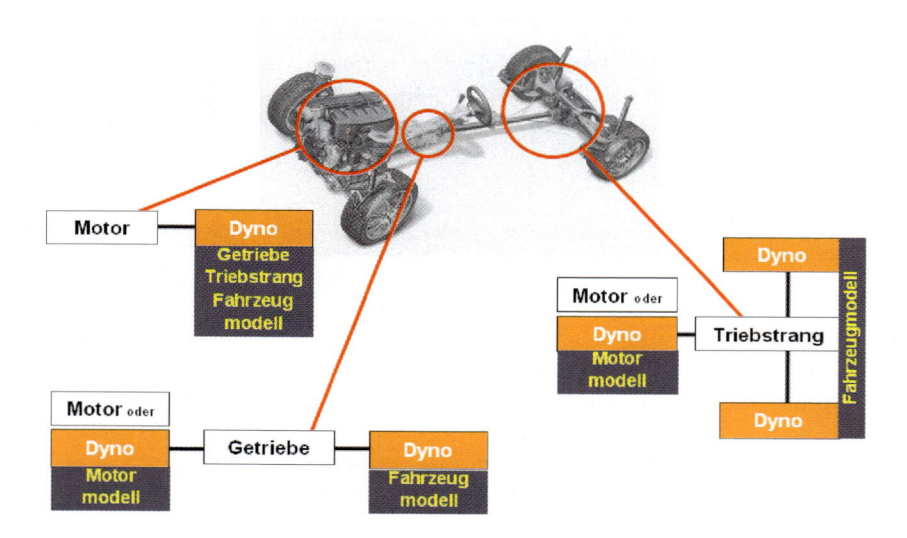

Abb. 3 Prüfstandsanordnungen für die Einzelkomponenten

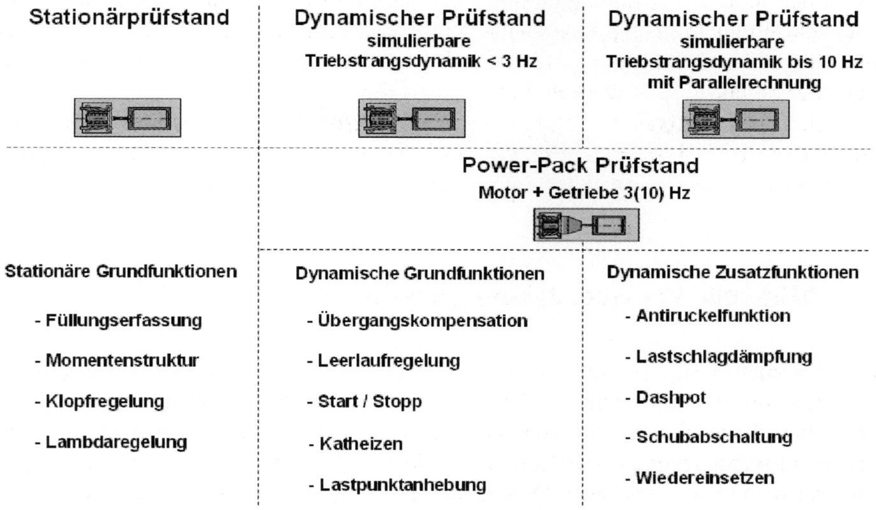

"Engine-in-the-Loop" – Echtzeitsimulation am Motorprüfstand

Stationärprüfstand	Dynamischer Prüfstand simulierbare Triebstrangsdynamik < 3 Hz	Dynamischer Prüfstand simulierbare Triebstrangsdynamik bis 10 Hz mit Parallelrechnung
	Power-Pack Prüfstand Motor + Getriebe 3(10) Hz	
Stationäre Grundfunktionen	Dynamische Grundfunktionen	Dynamische Zusatzfunktionen
- Füllungserfassung	- Übergangskompensation	- Antiruckelfunktion
- Momentenstruktur	- Leerlaufregelung	- Lastschlagdämpfung
- Klopfregelung	- Start / Stopp	- Dashpot
- Lambdaregelung	- Katheizen	- Schubabschaltung
	- Lastpunktanhebung	- Wiedereinsetzen

Abb. 4 Prüfstandsvarianten und mögliche Aufgaben

Betrachtet man die in Abbildung 4 für die einzelnen Prüfstandsvarianten angeführten möglichen Aufgaben, so ist zu erkennen, dass wichtige Funktionen wie z.B. Antiruckelfunktion nur am High-End-Prüfstand zu bearbeiten sind. Um die damit verbundene hohe Anforderung einer realen Simulationsfrequenz um 10 Hz erfüllen zu können, sind folgende Einflussfaktoren maßgebend:

- Dämpfung des realen Antriebstranges: Als Zielgröße vorgegeben
- Anregung bzw. max. Momentenanstieg: Als Zielgröße vorgegeben
- Bremsen-Dynamik: Relativ unproblematisch
- Ankopplung von Motor / Bremse: Mechanische Eigenfrequenz des Prüfstandes
- Dämpfung der Kopplungselemente (Verbindungswelle): Zielkonflikt, da sich Simulationsfrequenz und mechanische Eigenfrequenz annähern, muss im Bereich um 10 Hz optimiert werden
- Regelungsfrequenz bzw. Totzeit des Dynamometers:
    ~ 20 msec bei DC mit Analog Interface: Veraltet
    ~ 5 msec bei ASM mit Profibus Interface: Stand der Technik
    ~ 1 msec bei PSM mit KIWI Interface: Technisch gelöst, jedoch nicht immer wirtschaftlich

Jede der zuvor angeführten Punkte ist sicherlich nur mit aufwändigen Lösungen zu bewältigen, aber machbar. Zusammenfassend lässt sich daher sagen, dass heute eine Nachbildung des realen Fahrzeugs am Motorprüfstand mit entsprechendem Aufwand möglich ist. Und zwar Aufwand hinsichtlich des Prüfstands als auch der Simulation und letztlich beeinflusst durch die Kenntnisse und den Erfahrungsstand des Entwicklungsingenieurs als Anwender.

4 Simulation am Prüfstand

4.1 Reale und virtuelle Fahrzeugkomponenten

Die Hauptaufgabe der im vorigen Kapitel beschriebenen Prüfstandskonfigurationen liegt in der Integration von realen und virtuellen Fahrzeugkomponenten in Echtzeit. So wird das im Gesamt-Fahrzeugmodell enthaltene Teilmodell des Verbrennungsmotors durch den realen Motor am Prüfstand ersetzt. Um diesen Unterschied zu den herkömmlichen Prüfständen für Steuergeräte zu verdeutlichen wird anstelle des üblicherweise eingesetzten Begriffes „Hardware-in-the-Loop" (HiL) der spezifischere Begriff „Engine-in-the-Loop" (EiL) verwendet. Damit soll aber auch die unmittelbare Rückwirkung des simulierten Triebstrang-, Fahrzeug- und Fahrerverhaltens auf den real aufgebauten Motor verdeutlicht werden.

Ein weiterer Unterschied zwischen HiL und EiL ergibt sich durch die Anwendung. Bei HiL steht der Entwurf, die Kalibrierung und die Validierung von Steuergeräten im Vordergrund, während bei EiL der Schwerpunkt auf der Analyse und Optimierung des transienten Motorverhaltens in Bezug auf Leistung, Verbrauch und Abgas liegt. Bei modernen Fahrzeugkonzepten werden diese Eigenschaften von den über CAN vernetzten Steuergeräten für Verbrennungsmotor, Getriebe, Fahrdynamik und Fahrerassistenz maßgeblich bestimmt und daher sind wie in Abbildung 5 dargestellt diese Steuergeräte auch auf Motorprüfständen an die entsprechenden physikalische Komponenten anzuschließen. Diese Komponenten werden nun je nach Prüfstandskonfiguration entweder real aufgebaut oder auf einem Echtzeitsystem wie z.B. AVL InMotion simuliert und über entsprechende I/O an das Steuergerät angebunden. Für die Entwicklung von hybriden Antriebskonzepten wird dazu am Motorprüfstand nur der Verbrennungsmotor real aufgebaut und der Elektromotor simuliert oder der Verbrennungsmotor im Verbund mit einem Elektromotor wie z.B. einem integrierten Startergenerator (ISG) und zugehörigen Umrichter sowie der realen Batterie oder einem Batteriesimulator aufgebaut.

Am Powerpack-Prüfstand wird zusätzlich zum Motor das Getriebe real aufgebaut. Am Antriebsstrangprüfstand wird das Querdifferential und bei Allradkonzepten auch das Längsdifferenzial aufgebaut und Fahrwerk, Reifen, Bremsen und Chassis simuliert. Am Rollenprüfstand sind auch diese Komponenten real vorhanden. In allen Prüfstandskonfigurationen werden die Strecke, der umgebende Verkehr sowie der Fahrer simuliert.

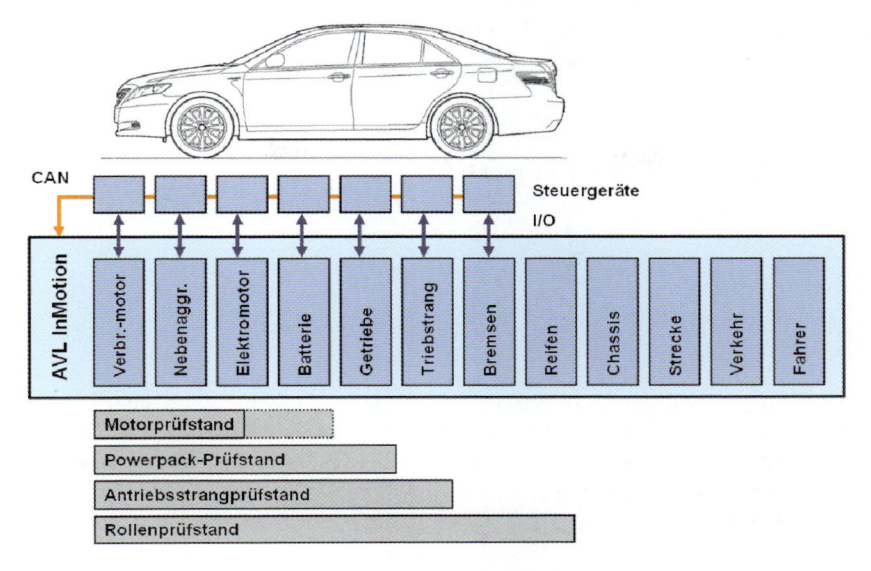

Abb. 5: Simulationsebenen der einzelnen Prüfstandskonfigurationen

4.2 Manöverbasiertes Testen am Motorprüfstand

In der herkömmlichen Prüfstandserprobung von Antriebsstrangkomponenten erfolgt die Belastung der Prüflinge durch die Vorgabe der Zeitverläufe von Zustandsgrößen wie Drehzahl und Moment. Diese werden entweder aus Fahrzeugmessungen oder aus Offline-Simulationen bestimmt. Bei reaktiven Systemen wie hybriden Antriebssträngen ist diese Vorgehensweise aber problematisch. In Abbildung 6 ist dazu beispielhaft der Verlauf der Drehzahlen von Verbrennungsmotor und Motor-Generator (MG1) sowie der Raddrehzahl am Beispiel des Toyota Camry Hybrid im NEDC Abgaszyklus am Motorprüfstand dargestellt.

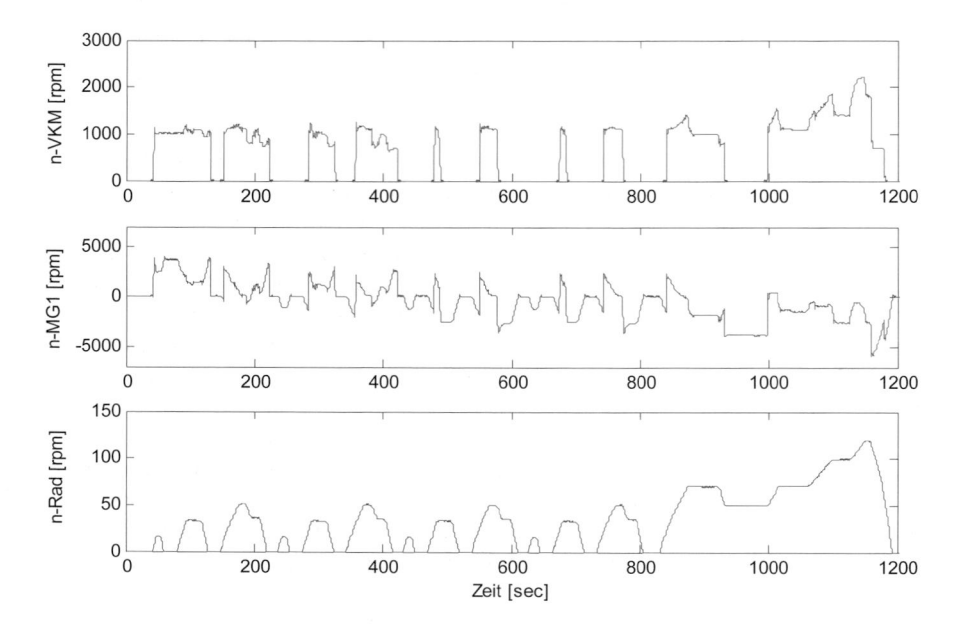

Abb. 6 NEDC Abgaszyklus am Beispiel des Toyota Camry Hybrid

Die Verläufe der einzelnen Zustandsgrößen sind eine unmittelbare Folge der in den einzelnen Steuergeräten implementierten Strategien sowie deren Bedatung. Daraus folgt die Notwendigkeit, für alle relevanten Steuergeräte dieselbe signaltechnische Umgebung wie im realen Fahrzeug bereitzustellen. Ein wesentlicher Aspekt sind dabei die durchgeführten Prüfläufe in Form von Fahrmanövern. Diese bestehen immer aus einer Kombination von folgenden Einzelmodulen:

Strecke: Diese wird entweder synthetisch mittels Streckensegmenten erzeugt oder basierend auf Messdaten importiert. Dabei ist auf der Simulationsplattform AVL InMotion eine minimale Auflösung von 10 x 10 cm bei Streckenlängen größer als 20 km möglich.

Fahrzeug: Es werden die Parameter für alle simulierten Module wie Antriebsstrang, Fahrzeug, Anhänger, Bremssystem und Reifen definiert. Zusätzlich können Lasten an beliebigen Stellen im Fahrzeug definiert werden und ermögliche damit die Simulation unterschiedlicher Beladungszustände während eines Fahrmanövers.

Fahrer: Es werden der Fahrertyp sowie die zugehörigen Fahrerparameter definiert. Dabei wird zwischen längsdynamischen und querdynamischen Fahrereigenschaften unterschieden.

Umgebung und Verkehr: Als zusätzliche Eingangssignale in die Simulation von Fahrzeug und Fahrer werden Umgebungsgrößen wie Wind, Verkehrszeichen, stationäre Hindernisse und bewegte Hindernisse wie z.B. andere Fahrzeuge entlang der Strecke definiert.

Am Motorprüfstand erfolgt vor Beginn eines virtuellen Fahrmanövers neben einer mechanischen, elektrischen und thermischen Konditionierung der real aufgebauten Komponenten auch eine signaltechnische Vorbereitung der angebundenen Steuergeräte, damit zu Beginn der Prüfaufgabe ein identischer Zustand der Steuergeräte wie im realen Fahrversuch vorherrscht. Weiter werden während der Durchführung der Prüfaufgaben die virtuellen Fahrzustände auf Plausibilität innerhalb festgelegter Grenzen überwacht. Bei einer Verletzung dieser Grenzen z.B. durch instabile Fahrzustände wird der Motorprüfstand nach definierbaren Verfahren in einem sicheren Zustand gehalten.

Bei Fahrmanövern zur Optimierung bestimmter Zielgrößen wie z.B. Abgas, Verbrauch oder Rundenzeit kann das am Prüfstand eingesetzte Optimierungssystem zusätzlich zu den Parametern bzw. Kennfeldern auf den Steuergeräten auch über eine Softwareschnittstelle auf die Simulationsparameter des virtuellen Fahrzeugs in AVL InMotion zugreifen und diese während der Testläufe innerhalb festgelegter Grenzen verändern.

Die am Prüfstand durchführbaren Fahrmanöver können in folgende Gruppen eingeteilt werden:

- Gesetzliche Verbrauchs- und Abgaszyklen (NEDC, FTP, etc.)
- Fahrleistungsmanöver wie
    - Beschleunigung in Teil- und Volllast
    - Elastizität und Lastwechsel
    - Höchstgeschwindigkeit
    - Anfahren und Konstantfahrten in der Ebene und am Hang
    - Verzögern
    - Ausrollen
    - Rückwärtsfahren und Hill-Holding
- Fahrdynamische Normmanöver auf gesperrten Teststrecken wie
    - Lenkwinkelsprung (ISO 7401)
    - Doppelter Fahrspurwechsel (ISO 3888-1) und Ausweichtest (ISO 3888-2)
    - Slalom (10 x 18m, 10 x 36m)
    - Bremsen auf mu-Split (ISO 14512)

- - Kreisfahrt stationär (ISO 4138) und Kurvenbremsen (ISO 7975)
  - Lenkungspendeln (ISO 17288) und Weave-Test (ISO 13674-1)
  - Frequenzgang (ISO 7401)
  - Lastwechsel Gaswegnahme (ISO 9816)
  - Vorbeifahrt am Seitenwindgebläse (ISO 12021-1)
  - Gespannstabilität (ISO 9815)
  - Handling- und Fahrsicherheitsparcours
- Testfahrten im öffentlichen Straßenverkehr wie
  - Bergstrecken (z.B. Großglockner)
  - Rennstrecken (z.B. Nürburgring-Nordschleife)
  - Stadt-, Überland- und Autobahnstrecken
  - Referenzstrecken der Fachpresse für Vergleichsfahrten
- Test auf Bedienungsfehler und Missbrauch wie
  - Betätigen des Starterknopfes während der Fahrt
  - Gleichzeitiges Betätigen von Fahr- und Bremspedal
  - Einlegen niedriger Fahrstufen bei höheren Geschwindigkeiten
  - Aufschaukeln des Fahrzeugs durch zyklisches Betätigen des Fahrpedals
  - Hindernisüberfahrt mit hoher Geschwindigkeit

"Engine-in-the-Loop" – Echtzeitsimulation am Motorprüfstand

In den Abbildungen 7 bis 9 sind Beispiele für Fahrmanöver im realen Fahrversuch und im virtuellen Fahrversuch mittels AVL InMotion dargestellt.

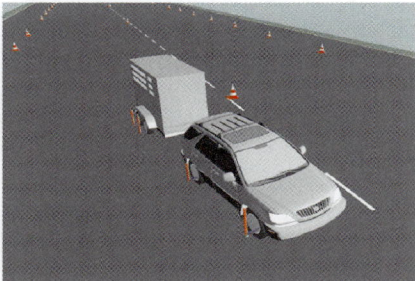

Abb. 7 Dynamikplatte mit Gleitfläche und Slalom

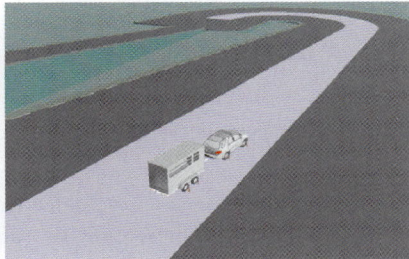

Abb. 8 Gefällestrecke mit Gleitfläche und Kurve

Abb. 9 Bergfahrt am Großglockner

In Abbildung 10 sind Hindernisse wie Bodenschwellen und Schlaglöcher sowie Marker wie z.B. Verkehrschilder und Pylonen entlang der Strecke platziert und werden von Fahrermodell entsprechend berücksichtigt. Zur Integration von Fahrerassistenzsystemen wie z.B. Adaptive Cruise Control (ACC) am Prüfstand werden die anderen Verkehrsteilnehmer entlang der Strecke parallel zum zu testenden virtuellen Fahrzeug sowie die verbaute Umfeldsensorik simuliert.

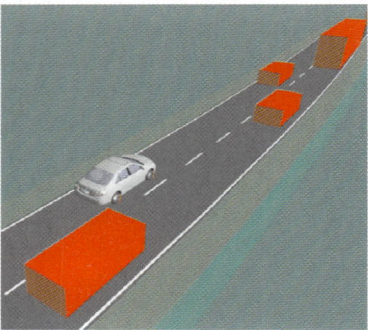

Abb. 10 Hindernisse und Verkehr

4.3 Anforderungen an die Simulationsmodelle

Zur Darstellung der gewünschten Effekte des Gesamtfahrzeugs sind entsprechende Komponentenmodelle einzusetzen. In vielen Fällen bedingen aber komplexe Modelle einen hohen Rechen- und Parametrieraufwand, daher sind alternativ dazu auch messdatenbasierte halbempirische Modelle möglich, die aber die relevanten Details komplex abbilden. In Tabelle 1 sind dazu beispielhaft die für die Durchführung von dynamischen Fahrversuchen von Hybridfahrzeugen notwendigen Effekte zusammengefasst.

Tabelle 1 Relevante Komponenteneigenschaften für das Systemverhalten

Komponentenmodell	Simulierte Effekte
Verbrennungsmotor	Abgasemissionen, Abgasnachbehandlung
Nebenaggregate	Wirkungsgrade, thermisches Verhalten
Elektromotor	Wirkungsgrade, dynamisches Verhalten
Batterie	Lade- und Entladeverhalten, Temperaturverhalten
Getriebe	Schwingungsverhalten, Schalt- und Kuppelverhalten
Triebstrang	Steifigkeiten, nichtlineare Dämpfungen
Reifen	Dreidimensionales dynamisches Verhalten
Strecke	Dreidimensionale unebene Fahrbahnoberfläche
Verkehr	Sensierung von anderen Fahrzeuge und Hindernissen
Fahrer	Situationsabhängiges und vorausschauendes Verhalten

Besonderes Augenmerk ist bei der Auswahl, Bedatung und Bewertung der Komponentenmodelle auf die erforderliche Genauigkeit bzw. die enthaltenen Effekte zu legen. Beispielhaft ist dazu in Abbildung 11 der Vergleich einer Fahrersimulation im Abgaszyklus auf einem Motorprüfstand mit drei unterschiedlichen menschlichen Versuchsfahrern am Rollenprüfstand dargestellt. Sowohl der simulierte als auch die menschlichen Fahrer sind innerhalb des vorgegebenen Geschwindigkeits-Toleranzbandes, die Fahrzeuggeschwindigkeit und die Motordrehzahl unterscheiden sich aber zwischen den menschlichen Versuchsfahrern deutlich. Dies bedeutet, dass ein exakt reproduzierbar fahrender Mensch als Benchmark für den simulierten Fahrer nicht verfügbar ist.

Oder anders ausgedrückt, dass bei der Simulation nicht nur die Güte des Modells selbst sondern auch die gewählten Parameter von entscheidender Bedeutung für die Verwendbarkeit der Ergebnisse sind.

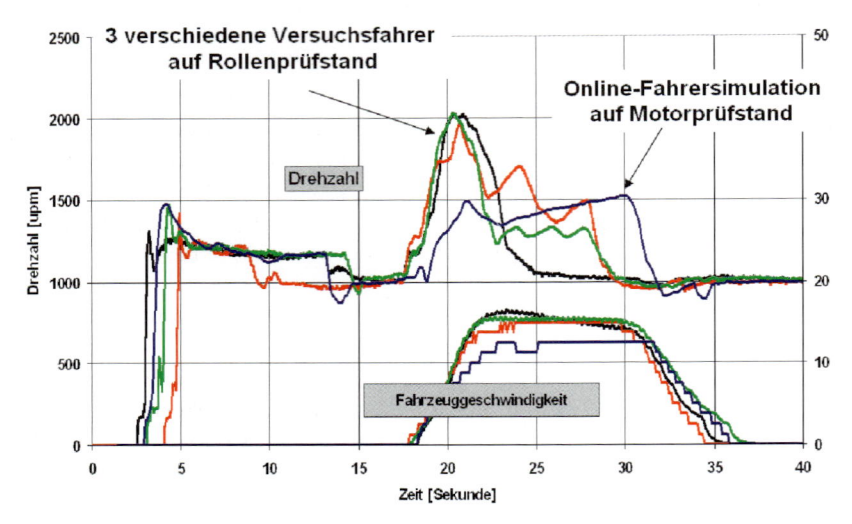

Abb. 11 NEDC Abgaszyklus zur Abstimmung der Katalysatorheizfunktion

4.4 Wechselwirkungen der Simulationsmodelle

Neben den internen Effekten der Komponentenmodelle sind auch deren gegenseitige Beeinflussungen zu analysieren und in der Modellierung des Gesamtsystems zu berücksichtigen. In Tabelle 2 sind dazu beispielhaft solche Wechselwirkungen zwischen physikalischen Komponenten als auch der zugehörigen Steuergeräte zusammengefasst.

Jedes dieser Komponentenmodelle ist für sich optimal zu erstellen. Falls hier Fehler vorhanden sind, so gehen sie in das einzelne Simulationsmodell entsprechend ein. Darüber hinaus kann jedoch zusätzlich ein Fehler durch die unterschiedlichen Auswirkungen auf die anderen Komponentenmodelle auftreten.

Als Beispiel sei hier die Wechselwirkung von Batterie und Verbrennungsmotor genannt. Beide Komponenten sind sehr stark von gemessenen Kennfeldern abhängig und eine relativ kleine Abweichung auf einer Seite kann sich auf der anderen Seite überproportional auswirken.

Tabelle 2 Wechselwirkungen zwischen den Komponentenmodellen

Komponentenmodelle	Wechselwirkungen
Batterie - Verbrennungsmotor	Betriebspunkte des Motors bei unterschiedlicher Ladestrategie der Batterie
Lenksystem - Antriebsstrang	Längs- und Querdynamik bei Rekuperation und Boosten
Reifen - Verbrennungsmotor	Verbrauchsreduktion bei Low-Resistance Reifen
Fahrbahn - Antriebsstrang	Dissipative Verluste auf unebener Fahrbahn
Fahrer - Batterie	Ladeverhalten bei unterschiedlichem Fahrstil
Strecke - Antriebsstrang	Vorausschauende Hybridstrategie
Verkehr - Fahrer	Einfluss des Verkehrs auf den Fahrstil

5 Motorprüfstand an der TU Darmstadt

5.1 Systemaufbau in zwei Varianten

Speziell zur Untersuchung von hybriden Antriebskonzepten wurde im Fachbereich Verbrennungskraftmaschinen der TU Darmstadt in Kooperation mit der AVL List GmbH ein dynamischer Prüfstand mit der entsprechenden Simulationstechnik ausgerüstet. In Aufbauvariante I wird nur der Verbrennungsmotor mit seinen Nebenaggregaten aufgebaut, in Variante II zusätzlich der Elektromotor wahlweise mit einem Batteriesimulator oder einer realen Batterie. Das restliche Hybridfahrzeug samt zugehörigen Steuergeräten wird in beiden Varianten in Echtzeit simuliert (Abbildung 12).

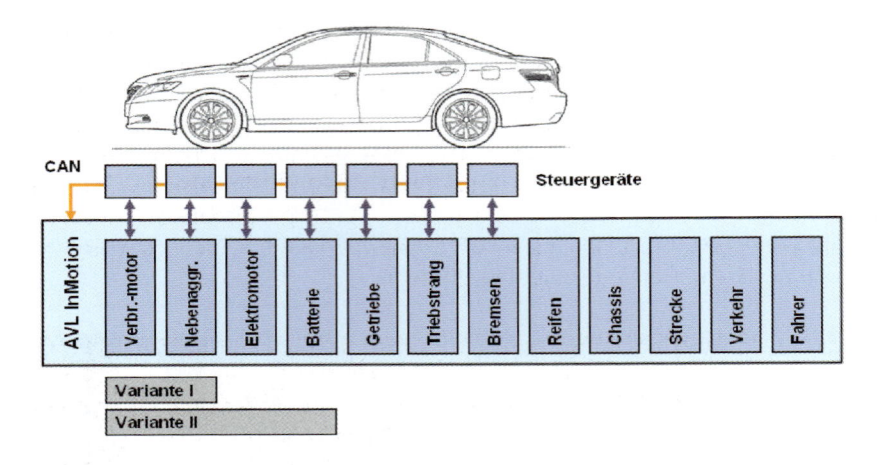

Abb. 12 Simulationsebenen am Motorprüfstand TUD

Ein leistungsfähiger Echtzeitrechner mit modularem I/O-System ist am Prüfstand zwischen dem Automatisierungssystem und dem Prüfling bzw. dem Dynamometersystem integriert (Abbildung 13) und ermöglich mit Simulationsschrittweiten bis zu 0.1 msec die Darstellung der in Kapitel 4 beschriebenen Komponenteneffekte. Dieses Simulationssystem übernimmt zusätzlich die Emulation von Steuergerätefunktionen, insbesondere des Hybridmanagements und der Fahrdynamikfunktionen und versorgt via CAN-Schnittstelle die real aufgebauten Steuergeräte mit den notwendigen Signalen.

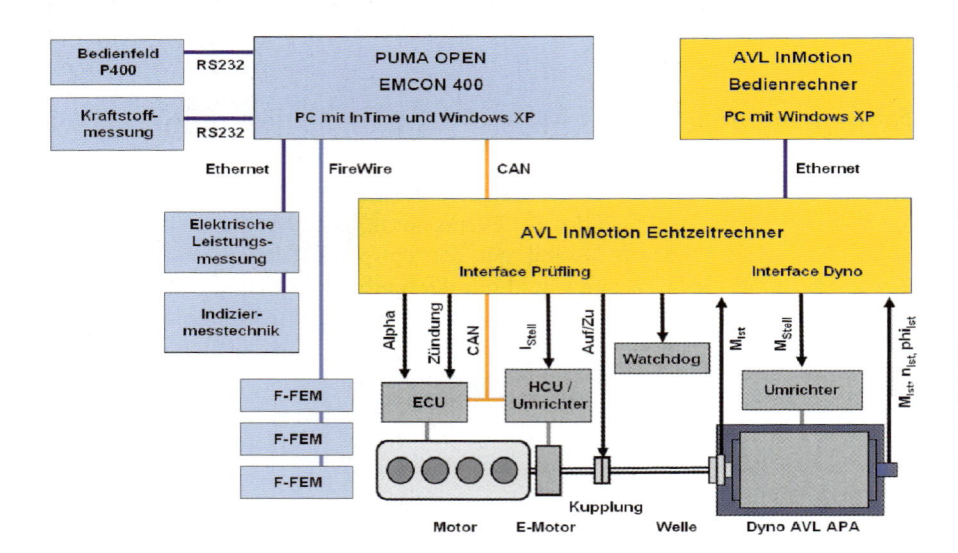

Abb. 13 Simulationssystem am Motorprüfstand TUD – Variante II

Der mechanische Aufbau (Abbildung 14) besteht aus einer steifen Wellenanbindung des Verbrennungsmotors am Dynamometer um dessen hohe Momentendynamik maximal nutzen zu können. Als Momentensignale stehen das berechnete elektrische Moment des Dynos, das mittels Biegebalken gemessene Reaktionsmoment und ein gemessenes Drehmoment am Messflansch zwischen Motor und Dyno zur Verfügung. Zusätzlich wird das Drehzahl- und Winkelsignal des Dynos einschließlich Nullmarke zur Darstellung von lagegeregelten Start/Stopp-Verfahren eingesetzt. Optional kann in Variante II eine Prüfstands- oder eine Prüflingskupplung eingebaut und angesteuert werden.

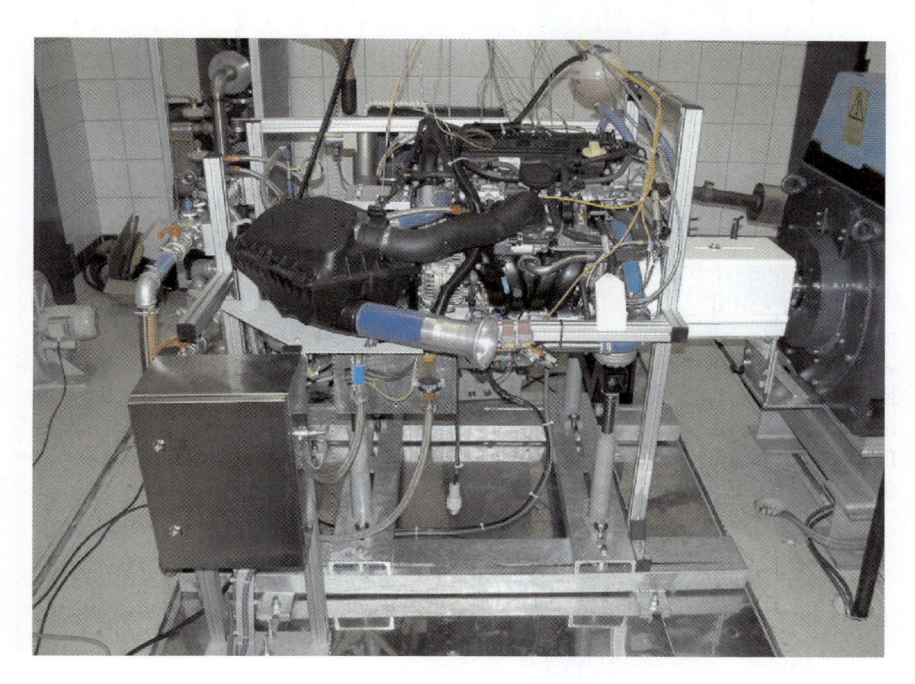

Abb. 14 Mechanischer Aufbau Motorprüfstand TUD – Variante I

Als Benutzerschnittstelle wird zusätzlich zum Automatisierungssystem (links in Abbildung 15) ein eigener Bedienrechner mit graphischer Oberfläche für das Simulationssystem eingesetzt (rechts in Abbildung 15).

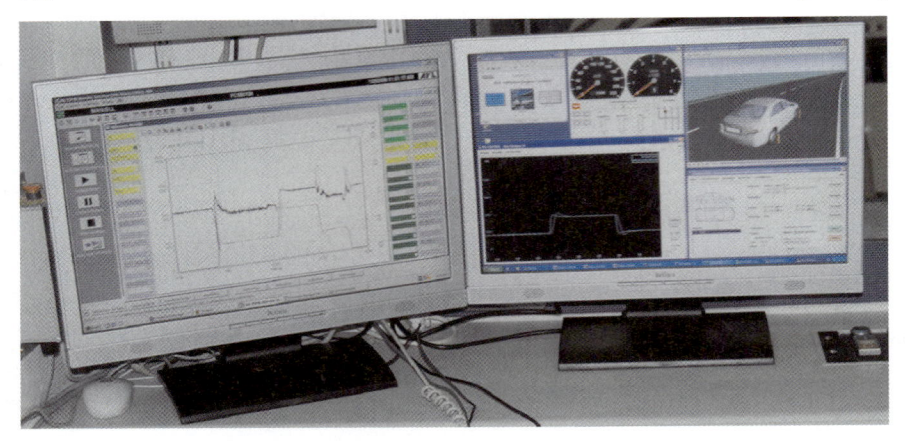

Abb. 15 Benutzerschnittstelle Motorprüfstand THD

6 Zusammenfassung und Ausblick

„Engine-in-the-Loop" bedeutet Test eines realen Verbrennungsmotors am dynamischen Prüfstand. Wesentlich dabei ist, daß der Prüfstand ausreichend dynamisch arbeitet und die Simulation des restlichen Fahrzeuges in Echtzeit erfolgt. Damit kommt in die Simulation der neue Aspekt der Echtzeitanforderung. Die Basis für solche Echtzeitsysteme ist die Offline-Simulation der komplexen Vorgänge, um so nicht nur Komponenten genauer auszulegen, sondern auch die Zusammenhänge richtig verstehen zu können.

Der Jubilar Prof. Pucher hat hier im Laufe seines Berufslebens wertvolle Beiträge geliefert. An dieser Stelle sei als Beispiel seine Arbeit zur Simulation der Aufladung genannt. Damit hat Prof. Pucher einen nicht zu übersehenden und allseits anerkannten Beitrag auf dem Gebiet der Simulation geleistet.

Alles Gute für den neuen Lebensabschnitt wünschen die beiden Verfasser Prof. Dr.-Ing. G. Hohenberg und Dr.-Ing. Chr. Schyr

7 Literatur

[1] Lenzen, B.: Beitrag zur Auslegung und Anwendung des dynamischen Motorenprüfstands der Technischen Hochschule Darmstadt. Dissertation Darmstadt 1991
[2] Hohenberg, G.; Lenzen, B.: Air-Fuel Ratio and Combustion Process of SI-Engines in Transient Conditions. Proceedings EAEC Straßburg 1987
[3] Hohenberg, G.; Indra, F.: Untersuchungen des Ansprechverhaltens von Aufladesystemen am dynamischen Prüfstand. 10. Internationales Wiener Motorensymposium 1989

[4] Janthur, I.; Hohenberg, G.; Fehl, G.: Unterschiede in Elastizität und Beschleunigung bei Otto-, Turbo- und Saugmotor gleicher Leistung. 14. Internationales Wiener Motorensymposium 1993
[5] Pucher, H.: Vergleich der programmierten Ladungswechselrechnung für Viertaktdieselmotoren nach der Charakteristikenmethode und der Füll- und Entleermethode. Braunschweig 1975
[6] Pucher et al.: Erweiterte Darstellung und Extrapolation von Turbolader-Kennfeldern als Randbedingung der Motorprozess-Simulation. 5. Internationales Stuttgarter Symposium Kraftfahrwesen und Verbrennungsmotoren 2003
[7] Pucher et al.: Predictive engine part load modelling for the development of a double variable cam phasing strategy. SAE-Paper 2004-01-0614
[8] Combé, T: Beitrag zur Drehmomentsimulation von Verbrennungsmotoren in Echtzeit. Dissertation Darmstadt 2006
[9] Combé, T.; Kollreider, A.; Riel, A.; Schyr, C.: Modellabbildung des Antriebsstrangs - Echtzeitsimulation der Fahrzeuglängsdynamik. In: Motortechnische Zeitschrift 66 (2005), Nr. 1, S. 50-56
[10] Hohenberg, G.; Dein Dias Terra, T.; Schyr, C.; Gschweitl, K.; Christ, C.: Anforderungen an Prüfstände für Hybridfahrzeuge. In: MTZ-Konferenz Motor 2006 (Stuttgart 2006). Wiesbaden : vieweg technology forum, 2006

Aufgeladener Ottomotor – Quo Vadis?

H. Zellbeck, T. Roß, C. Guhr

Kurzfassung

Am Markt verfügbare aufgeladene Ottomotoren lassen noch immer eine ausgeprägte Unterteilung in „Low End Torque"-Variante und Leistungsvariante zu. Ursächlich hierfür ist das Fehlen einer zum Dieselmotor vergleichbaren variablen Technologie am Abgasturbolader. Ein Ausweg bietet sich hier durch den Übergang zu mehrstufigen Aufladesystemen an. Als mögliche Ausführungen wurden die unterstütze Aufladung mit mechanischem bzw. elektrischem Zusatzverdichter und die zweistufig-geregelte Abgasturboaufladung vorgestellt. Das größte Potential zur Responseverbesserung zeigte sich bei der Verwendung der mechanischen Unterstützung. Der bauliche Aufwand ist hier jedoch von Nachteil. Als bester Kompromiss aus Responseverbesserung und technischem Aufwand stellte sich die zweistufig-geregelte Abgasturboaufladung heraus.

Aufgrund der grundsätzlich höheren Sensibilität auf den Restgasgehalt ist das Hauptaugenmerk auf einen bestmöglichen Ladungswechsel zu legen. Durch den Vergleich von einflutiger und zweiflutiger Turbinenbauweise konnte eindrucksvoll der positive Einfluss einer kompletten Zündfolgetrennung bis zum Turbinenrad auf den Ladungswechsel aufgezeigt werden. Für eine zweistufig-geregelte Abgasturboaufladung ist aber aufgrund der Baugröße der Hochdruckstufe keine zweiflutige Ausführung der Turbine möglich und kann dadurch hier nicht zur Responseverbesserung herangezogen werden.

Entwicklungsziel für die zweistufig-geregelte Aufladegruppe kann sowohl eine Leistungssteigerung unter Beibehaltung des Hubraums als auch eine Hubraumreduzierung bei gleicher Motorleistung sein. Ausgehend von einer Basisauslegung wurde in einer Variantenstudie die Grenze einer geometrischen Hubraumreduktion am 4-Zylinder Ottomotor umfassend aufgezeigt. Betrachtet wurden hierbei lediglich einlassseitige Maßnahmen. Mit keiner der betrachteten Varianten konnte das Dynamikkriterium „200 Nm/l in < 2 s ab 1500min^{-1}" erreicht werden. Zur Erschließung des abgasseitig ungenutzten Potenzials wurde anschließend ein Modell mit vergrößertem Zündabstand untersucht. In einer Gegenüberstellung eines 3-Zylinders mit dem zuvor analysierten hubraumgleichen 4-Zylinder Motor konnten deutliche Vorteile im Ladungswechsel für diese Zylinderzahl aufgezeigt werden. Während der Restgasgehalt bei der 4-Zylinder Variante mit sinkender Drehzahl kontinuierlich auf 8.9 % bei 1000 min^{-1} ansteigt, liegt er für die 3-Zylinder Variante bei dieser Drehzahl bei lediglich 1.6 %. Sowohl die stationär als auch die dynamisch (200 Nm/l in 1.85 s; 1500 min^{-1}) ermittelten Leistungsdaten liegen hierbei deutlich über denen des 4-Zylinders. In Konsequenz der Untersuchung ist festzustellen, dass die Leistungsfähigkeit eines hochaufgeladenen Ottomotors auch in erheblichem Maß von der Zahl der gekoppelten Zylinder abhängig ist.

1 Einleitung

In Europa dominieren heute Ottomotoren als Antrieb von PKW's. Sie sind preiswert in den Herstellungskosten, zeigen als Saugmotoren ein spontanes Drehmomentverhalten und die Leistungskonzentration ist wegen der hohen Luftausnutzung in der Nähe des stöchiometrischen Luftverhältnisses relativ hoch. Der Kraftstoffverbrauch leidet einmal, weil die preiswerte Abgasnachbehandlung mittels 3-Wege-Katalysator ein stöchiometrisches Luftverhältnis vorschreibt, andererseits weil bei Motoren mit Drosselklappe in der Teillast hohe Verluste auftreten. Abgasturboaufgeladene PKW-Dieselmotoren zeichnen sich durch eine hohe Leistungskonzentration, hohes spezifisches Drehmoment und einen niedrigen Kraftstoffverbrauch – vor allem in der Teillast – im Vergleich zum Ottomotor aus. Der Unterschied in den Herstellungskosten steigt erheblich an, weil weitere Emissionsregularien die Einführung von Partikelfilter und Denoxierungseinrichtung erforderlich machen. Daher ist es folgerichtig, den preiswerten Ottomotor in den Punkten spezifischer Kraftstoffverbrauch und spezifisches Drehmoment zu verbessern.

Nur wenige Technologien der vergangenen 25 Jahre haben die Entwicklung des Verbrennungsmotors als PKW-Antrieb so beeinflusst wie die Aufladung. Ausgehend vom ursprünglichen Ziel der reinen Leistungssteigerung bzw. der Bereitstellung einer technologiegetriebenen Topmotorisierung entwickelte sich die Aufladung immer mehr zur Schlüsselkomponente in den Punkten Verbrauchsabsenkung durch Downsizing sowie Erhöhung der Leistungsdichte. Der unter dem Begriff Downsizing bekannte Ansatz, aktuelle Motoren durch hubraumkleinere, bei höherem Mitteldruck arbeitende Aggregate zu ersetzten, scheint derzeit der Vielversprechendste. Der Verbrauchsvorteil dieses Konzeptes resultiert nicht nur aus der Verringerung der mechanischen Verluste, sondern wird zum großen Teil durch den im Mittel häufigeren Betrieb nahe dem wirkungsgradoptimalen Auslegungspunkt erzielt. Da die Ansprüche des Fahrers bezüglich Fahrleistung und Ansprechverhalten gleich bleiben, muss die Hubraumreduktion unter Beibehaltung aller stationären wie transienten Kennwerte erfolgen. Die bei hubraumkleinen Motoren ausgeprägte Drehmomentschwäche im unteren Drehzahlbereich ist durch Einsatz geeigneter Technologien auszugleichen. Das Potenzial bzw. die Akzeptanz entsprechender Antriebskonzepte ist dabei unmittelbar von der Leistungsfähigkeit des Aufladekonzeptes abhängig.

2 Stand der Technik

Nahezu alle der derzeitig am Markt verfügbaren aufgeladenen Verbrennungsmotoren sind mit einer einstufigen Abgasturboaufladung ausgerüstet. Entsprechend den Eigenheiten der otto- bzw. dieselmotorischen Verbrennung kommen hierbei unterschiedliche Technologien am Abgasturbolader zum Einsatz. Tabelle 2.1 gibt einen Überblick über die wichtigsten motorischen Kenngrößen aktueller Motorenkonzepte sowie die dazu eingesetzte Ladertechnik.

Tabelle 2.1 Kennwerte aktueller aufgeladener Motoren

	Otto		Diesel
	„Low End Torque"-Variante	Leistungsvariante	
Aufladesystem	Waste-Gate-ATL Turbine teilweise in zweiflutiger Ausführung (Twin-Scroll)		VTG-ATL
Spezifische Leistung	75 kW/l	100 kW/l	65 kW/l
Spezifisches Drehmoment (Effektiver Mitteldruck) ab Drehzahl	140 Nm/l ($\approx$ 18 bar) 1800 min^{-1}	175 Nm/l ($\approx$ 22 bar) 2500 min^{-1}	175 Nm/l ($\approx$ 22 bar) 1800 min^{-1}

Die Schwierigkeit der Kopplung von Strömungs- und Verdrängermaschine besteht dabei in der rein thermodynamischen Kopplung der Systeme, die prinzipbedingt nur in einem Auslegungspunkt optimal ist. Zur Auflösung dieses Konfliktes wurde der einflutige Abgasturbolader um zusätzliche Technologien wie Wastegate, zweiflutige Turbinengehäuse oder die Leitschaufelverstellung ergänzt. So hat erst die variable Turbinengeometrie (VTG) die eindrucksvolle Weiterentwicklung des Dieselmotors zum heutigen Stand ermöglicht. Die Übertragung dieser Erfolge auf den Ottomotor wird wegen der wesentlich höheren Anforderungen an Temperaturbeständigkeit, Durchsatzspanne und Rückwirkungsarmut auf den Hochdruckprozess erschwert, so dass noch immer bei der Auslegung in eine Leistungsvariante und eine „Low End Torque"-Variante – nachfolgend auch Drehmomentvariante genannt – unterschieden werden muss. Daher ist beim Ottomotor aufgrund der grundsätzlich höheren Sensibilität auf Restgas, bedingt durch Brennverfahren (Klopfgrenze) wie auch geometrische Motordaten (Kompressionsvolumen), ein bestmöglicher Ladungswechsel anzustreben. Entsprechend dieser Forderung werden deshalb am 4-Zylinder bzw. am 6-Zylinder Ottomotor zunehmend Abgasturbinen in Twin-Scroll-Ausführung eingesetzt. Neben einer direkten Absenkung des Restgasgehaltes durch Ausblenden störender Druckstöße im Abgassystem eröffnet sich hierbei insbesondere in Verbindung mit einer direkten Einspritzung des Kraftstoffes die Möglichkeit einer aktiven Brennraumspülung.

Für alle einstufigen Systeme ist jedoch festzustellen, dass das Potenzial zur Steigerung des Aufladegrades bei gleichzeitig bestem transienten Verhalten nahezu vollständig erschlossen ist. Insbesondere der erforderliche hohe Aufladegrad eines zur Verbrauchsabsenkung im Hubraum reduzierten Ottomotors macht eine grundlegende Weiterentwicklung des Verbundsystems Hubkolbenmaschine – Aufladesystem unabdingbar.

3 Mehrstufige Aufladesysteme

Alternativen zur variablen Turbinengeometrie ergeben sich mit dem Übergang zu mehrfach aufgeladenen Systemen. Als mögliche Umsetzungen dieses Ansatzes können folgende Technologien genannt werden (Abb. 3.1):

- Wastegate-ATL in Verbindung mit mechanische Zusatzverdichtung (Pscroll)
- Wastegate-ATL in Verbindung mit elektrische Zusatzverdichtung (eBooster)
- Zweistufig geregelte Abgasturboaufladung

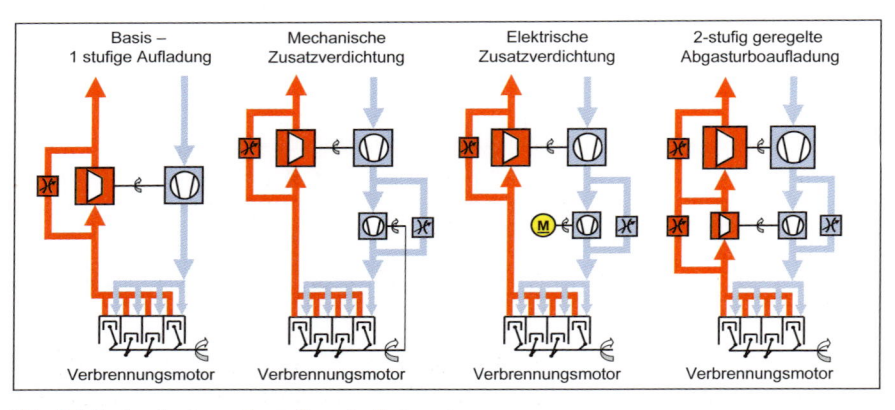

Abb. 3.1 Technologien mehrstufiger Aufladesysteme

Deshalb wurden am Lehrstuhl Verbrennungsmotoren innovative Aufladesysteme untersucht, und dem mit konventionellem Wastegate-Abgasturbolader aufgeladenen 4-Zylinder Ottomotor mit 1.8L Hubraum gegenübergestellt. Wie die Ergebnisse (Abb. 3.2) bei einem Lastsprung bei einer Motordrehzahl von 2000 min^{-1} zeigen, verkürzen alle drei untersuchten Varianten die Zeit bis zur Bereitstellung des stationären Mitteldrucks der Basisvariante beträchtlich.

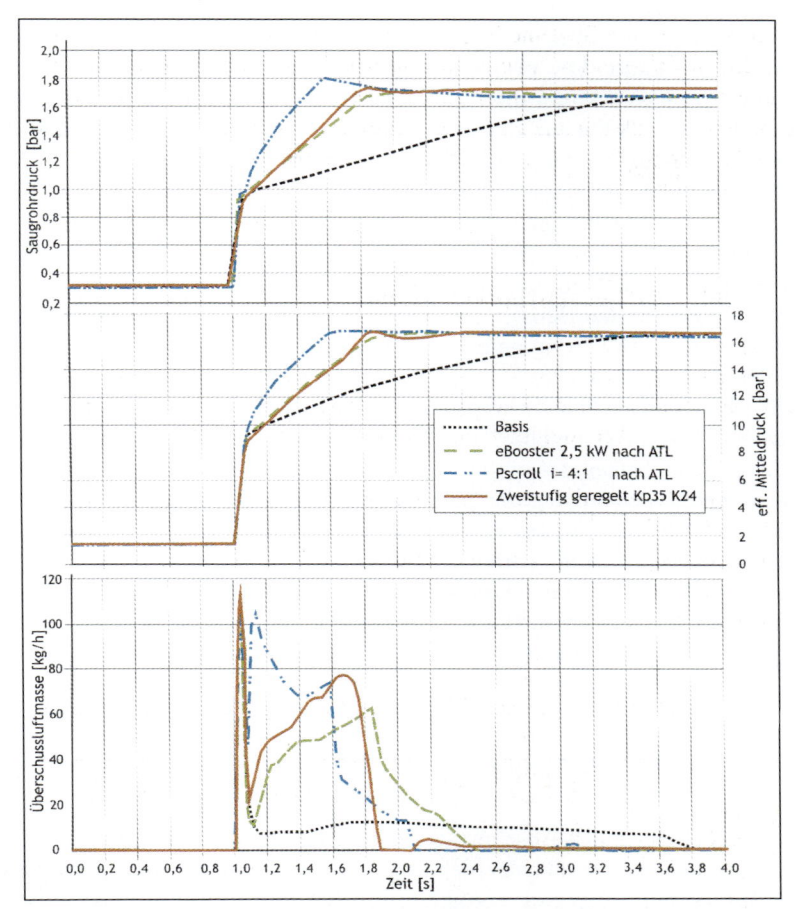

Abb. 3.2 Saugrohrdruck, effektiver Mitteldruck, Überschussluftmasse - mehrstufiger Aufladesysteme

Die zweistufige Aufladung erreicht das Zielmoment nach 0.85 s, die Variante mit elektrischem Zusatzverdichter nach 0.8 s. Die deutlichsten Verbesserungen im Saugrohr- und Mitteldruckaufbau ergeben sich jedoch mit dem mechanischen Zusatzverdichter. Die berechnete Responsezeit von 0.6 s entspricht dabei einer Reduktion um 77 %. Ein wichtiges Kriterium zur Bewertung der Systeme hinsichtlich ihres Potenzials zur Erhöhung des Saugrohrdruckgradienten ist die Differenz zwischen der Luftmasse, die von der Aufladeeinheit gefördert wird und der Luftmasse, welche der Motor schluckt. Mit Hilfe dieser Überschussluftmasse wird der Druck im System erhöht. Während sowohl beim elektrischen Zusatzverdichter als auch bei der zweistufig geregelten Aufladung sich erst mit der Zeit eine deutliche Überschussluftmasse aufbaut, stellt der mechanische Zusatzverdichter entsprechend seinem volumetrischen Förderprinzip sofort das während seiner Unterstützungsdauer auftretende Maximum der Differenzluftmasse zur Verfügung, welches zudem wesentlich höher ausfällt als die Maxima des elektrischen bzw. der zweistufigen Aufladung. Der prinzipbedingte Nachteil des mechanisch angetriebenen Systems, dass vom Motor die Antriebsleistung sofort aufzubringen ist, wird dabei durch die hohe Differenz des Saugrohrdruckes zu den anderen Systemen überkompensiert.

Der mechanische Zusatzverdichter ergibt somit das größte Potenzial zur Verbesserung des dynamischen Betriebsverhaltens. Nachteilig ist jedoch der erhöhte Bauraumbedarf als auch die Festlegung auf die Riemenebene des Motors. Beim elektrischen Zusatzverdichter besteht weiterhin die Problemstellung der Energiebereitstellung für den Booster. Das vom technischen Aufwand her einfachste System ist hier die zweistufig geregelte Abgasturboaufladung und stellt damit die favorisierte Lösung dar.

Die Kopplung mehrerer Abgasturbolader erlaubt durch die indirekt realisierte „variable Turbinengeometrie" eine getrennte Optimierung unterschiedlicher Betriebsbereiche. Neben der analog zur direkt verstellbaren Turbinengeometrie möglichen Durchsatzspreizung der Turbinen gestattet einen solches System auch eine deutliche Verbreiterung des nutzbaren Verdichterkennfeldes mit erprobten Komponenten. Ferner ist im Vergleich zur variablen Turbinengeometrie in den Grenzbereichen der Aufladeeinheit ein deutlich besserer Turbinen- als auch Verdichterwirkungsgrad zu erwarten. Die Kopplung mehrerer Lader kann dabei prinzipiell in Form einer Register- (parallel) oder Stufenaufladung (seriell) erfolgen.

4 Zweistufig geregelte Abgasturboaufladung im Detail

Wie im vorangehenden Abschnitt gezeigt werden konnte, ist neben den elektrisch bzw. mechanisch unterstützten Verfahren auch die zweistufig-geregelte Abgasturboaufladung ein geeignetes Verfahren, welches alle erforderlichen Freiheitsgrade bietet. Das gebotene Potenzial kann dabei abhängig vom Entwicklungsziel unterschiedlich genutzt werden. Ausgehend von einem einstufig abgasturboaufgeladenen Ottomotor in Drehmomentausführung ist z. B. durch den Einsatz einer zweistufig-geregelten Abgasturboaufladung bei gleichem Grundhubraum eine Leistungssteigerung in der Größenordnung von 33 % ohne Verlust von Dynamik im untersten Drehzahlbereich realisierbar. Neben dieser im Umfeld der Motorenfamilie als Top-Variante anzusehenden Ausführung bietet sich allerdings auch die Möglichkeit bei gleichen Leistungswerten den Hubraum im Sinne eines Downsizingkonzeptes um ca. 25 % zu reduzieren (Abb. 4.1).

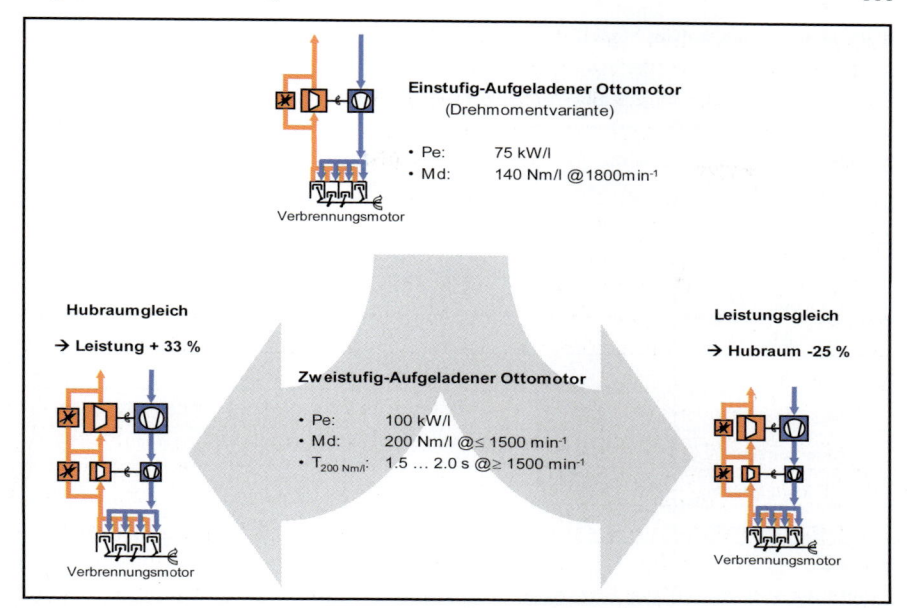

Abb. 4.1 Zweistufig-geregelte abgasturboaufgeladene Ottomotorenkonzepte

Für die angestrebte Analyse eines im Hubraum reduzierten, mit einer zweistufig-geregelten Abgasturboladerauffladegruppe ausgerüsteten Ottomotors, wurde eine Prozesssimulation mittels GT-POWER durchgeführt. Die Hubraumreduzierung des Motors wurde unter Beachtung der geometrischen Ähnlichkeit umgesetzt. D.h. alle wichtigen Abmessungen des Grundmotors incl. des Abgaskrümmers wurden im gleichen Maße reduziert. Alle anderen Komponenten wie Abgasanlage und Frischluftführung blieben unverändert (Tabelle 4.1). Die Auswahl der Abgasturbolader der zweistufigen Variante besteht aus einer nach Dynamikkriterien ausgelegte Hochdruckstufe und einer auf erhöhte Nennleistung bei optimiertem Kraftstoffverbrauch angepassten Niederdruckstufe (Tabelle 4.2).

Tabelle 4.1 Kennwerte der Modellmotoren

	Einheit	Basismotor	Hubraumreduzierte Variante
Zylinderzahl	-	4	4
Hubraum	cm³	1899	1424
Hub	mm	91	82.8
Bohrung	mm	81.5	74
Hub/Bohrung	-	1.12	
Verdichtung	-	10	
Einspritzung	-	Direkt	
Nennleistung	kW	142.4 (75 kW/l)	142.4 (100 kW/l)
Nennmoment	Nm	283	
eff. Mitteldruck	bar	18.75	25
Abgaskrümmer	-	colspan 4 in 1 (gleiche Länge)	
max. Turbineneintrittstemperatur	°C	950	

Aufgeladener Ottomotor – Quo Vadis?

Tabelle 4.2 Kennwerte der Abgasturbolader

		Hochdruckstufe		
		Einheit	Basismotor	Hubraumreduzierte Variante
Verdichter	Außendurchmesser	mm	-	35
Verdichter	max. red. Volumenstrom	m³/s	-	0.076
Turbine	Außendurchmesser	mm	-	30 (Durchmessergrenze)
Turbine	Durchsatzkennwert	$kg/s * \sqrt{K}$	-	0.54
Laufzeug	polares Trägheitsmoment	kg*m²	-	$2.9 * 10^{-6}$
		Niederdruckstufe / Monolader		
		Einheit	Basismotor	Hubraumreduzierte Variante
Verdichter	Außendurchmesser	mm	52.5	
Verdichter	max. red. Volumenstrom	m³/s	0.171	
Turbine	Außendurchmesser	mm	45	
Turbine	Durchsatzkennwert	$kg/s * \sqrt{K}$	1.22	1.55
Laufzeug	polares Trägheitsmoment	kg*m²	$1.45 * 10^{-6}$	

Die mit dieser Auslegung erzielte Volllastkurve sowie die der Basisvariante sind in Abb. 4.2 dargestellt. Die ermittelten Werte mit der hubraumreduzierten Variante im quasi einstufigen Betrieb (≥ 2600 min^{-1}) entsprechen dem erwarteten Verlauf.

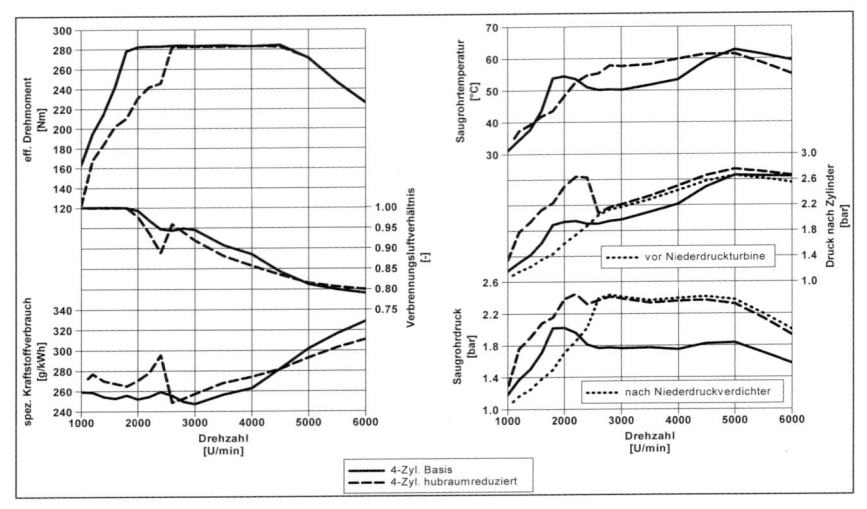

Abb. 4.2 Volllastkurve der hubraumreduzierten zweistufigen Variante im Vergleich zur Basis

Demgegenüber konnte bei aktiver Hochdruckstufe, d.h. bei niedrigerer Motordrehzahl, das Potenzial des zweistufigen Aufladesystems nicht vollständig genutzt werden. Begrenzt durch die Eigenschaften des modellierten Brennverfahrens – hier sei stellvertretend die Klopfgrenze angeführt – war ein energetisch sinnvoller Umsatz des mit der Aufladegruppe darstellbaren Ladedrucks in Drehmoment nicht möglich. Als Grenze der Prozessverschlechterung durch einen späten Umsatzschwerpunkt wurde im Modell ein Wert von 30 °KWnOT definiert. Ein Haupteinflussparameter auf die Klopfgrenze und somit auf die Schwerpunktlage ist der Anteil des beim Ladungswechsel nicht aus- bzw. zurückgespülten Abgases.

Neben den stationären Leistungsdaten ist für die Bewertung eines hochaufgeladenen Motorenkonzeptes die Reaktion auf eine spontane Lastanforderung ein entscheidendes Kriterium. Abb. 4.3 zeigt den transienten Verlauf wichtiger Prozessgrößen für einen Lastsprung aus 2 bar effektiven Mitteldrucks bei 1500 min^{-1}. Das abgegebene Motormoment der hubraumreduzierten zweistufigen Variante liegt bis 2.5 s nach Lastanforderung unterhalb der Basisvariante. Insbesondere das für das Anfahrverhalten bedeutsame Spontanmoment fällt mit 104 Nm zu 152 Nm deutlich geringer aus. Der zur Hubraumreduktion überproportionale Rückgang um mehr als 31 %, ist, da beide Varianten unmittelbar nach dem Öffnen der Drosselklappe den gleichen Saugrohrdruck aufweisen, auf einen im Vergleich zur Basis ca. 2.5 % niedrigeren Liefergrad zurückzuführen. Als wesentliche Ursache für dieses Verhalten lässt sich analog zur stationären Betrachtung der gegenüber der Basis ca. 2.0 %-Punkte höhere Restgasgehalt anführen.

Aufgeladener Ottomotor – Quo Vadis?

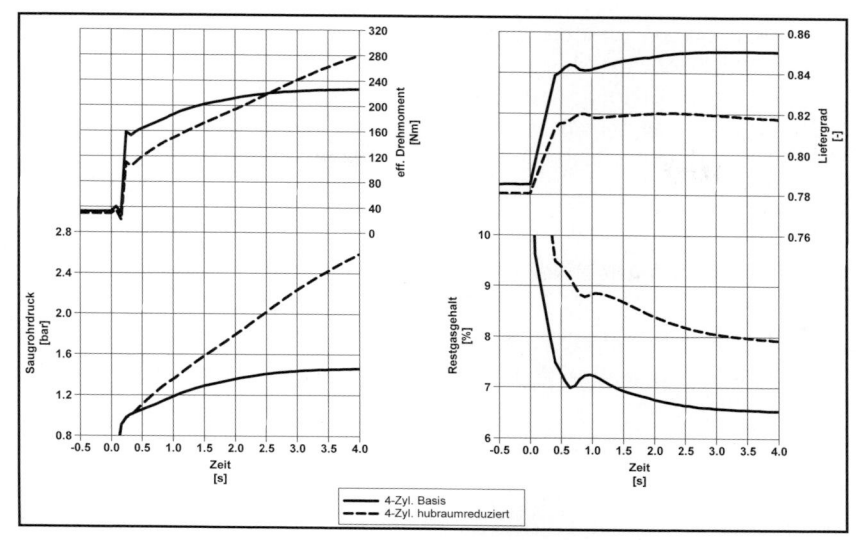

Abb. 4.3 Lastsprung bei 1500 min^{-1}

Beachtet man zusammenfassend die im Vergleich zur Basis sowohl stationär als auch dynamisch deutlich geringere Leistungsfähigkeit, so ist die geometrische Hubraumreduktion in Verbindung mit einer zweistufig-geregelten Abgasturboaufladung ohne zusätzliche Maßnahmen als nicht zielführend einzuschätzen.

5 Ansätze zur Performancesteigerung

Wie in der vorangehenden Analyse dargestellt, erschwert der unzureichende Ladungswechsel die vollständige Nutzung des durch die zweistufige Abgasturboaufladung möglichen Potenzials zur Steigerung des Aufladegrades. Die schlechte Restgasausspülung ist hierbei nur sekundär auf das modifizierte Aufladesystem rückführbar, sondern vielmehr im Zündabstand von 180 °KW beim 4-Zylindermotor begründet. Bei konventionellem, in der Öffnungsdauer konstantem Ventiltrieb steht hierbei die Forderung nach einer minimalen Überschneidung in Konkurrenz zur gleichfalls erforderlichen Minimierung des Rückschiebens von bereits angesaugter Frischladung. Aus diesem Verhalten heraus lassen sich unterschiedliche Ansätze zur Verbesserung des Ladungswechsels ableiten:

- Erhöhung des Liefergrades durch Optimierung der einlassseitigen Steuerzeit
  - → Phasensteller
  - → Systeme zur Beeinflussung der Ventilerhebungskurve

- Absenkung des Restgasgehaltes durch Verminderung der störenden Druckstöße im Abgassystem
    → Zwillingsstromturbine (Twin-Scroll)
    → Segmentbeaufschlagte Turbine
    → Verschiebung des Zündabstand (3-Zylinder)

5.1 Zwillingsstromturbine zur Verbesserung des Ladungswechsels

Beim einflutigen Wastegate-Abgasturbolader (Abb. 5.1) führt ein Verschieben der Einlasssteuerzeit um 30 °KW nach früh nicht zu einer wesentlich gesteigerten Frischgasfüllung.

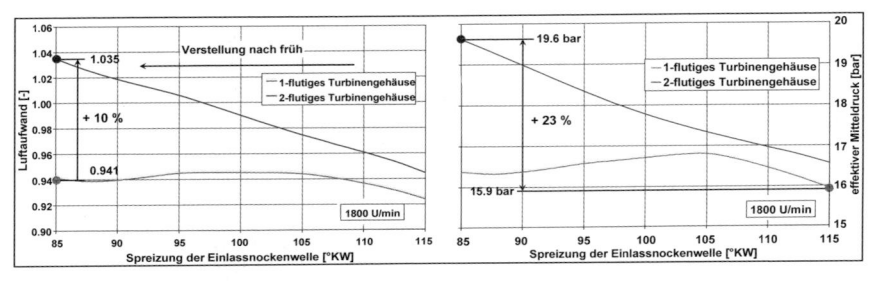

Abb. 5.1 Luftaufwand und effektiver Mitteldruck – Phasenverstellung auf der Einlassseite

Bei der Zwillingsstromturbine erfolgt zusammen mit dem zweiflutigen Abgaskrümmer eine weitgehende Entkopplung der Gaswege bis zum Turbinenrad. Diese Maßnahme führt bereits in später Stellung zu einem deutlich gesteigerten Luftaufwand. Noch deutlicher zeigen sich die Vorteile bei früher Steuerzeit, hier steigt der Luftaufwand von 0.941 um 10 % auf 1.035. Neben der daraus resultierenden primären Füllungssteigerung führt das gestiegene Energieangebot an der Turbine zu einem höheren Ladedruck und somit zu einer weiteren Erhöhung der Zylinderfrischgasladung. Beide Effekte führen in der Summe zu einem wesentlich höherem effektiven Mitteldruck.

Die Auswirkungen einer aktiven Spülung des Zylinders wurden durch eine Phasenverstellung des Auslassventilhubes untersucht. Wie erwartet fällt der Fanggrad für die zweiflutige Turbine mit zunehmender Überschneidung (Abb. 5.2). Bei maximaler Überschneidung wird mit fast 20 % der angesaugten Frischladung der Brennraum gespült und der Restgasanteil weiter abgesenkt. Für gleiche Steuerzeitenvariation mit der einflutigen Variante ergab sich im Bereich großer Überschneidungen ein ganz ähnliches Verhalten. Durch die Ausweitung der Überschneidungsphase über die Dauer des Druckberges im Abgastrakt hinaus, ergibt sich auch hier die Möglichkeit zur aktiven Brennraumspülung mit dem positiven Effekt auf die Masse der Frischladung. Da jedoch vor dem eigentlichen Spülvorgang das während der ersten Phase der Überschneidung rückgespülte Abgas aus-

Aufgeladener Ottomotor – Quo Vadis?

geschoben werden muss, ist diese Variante wesentlich stärker von den Druckverhältnissen über dem Zylinder abhängig.

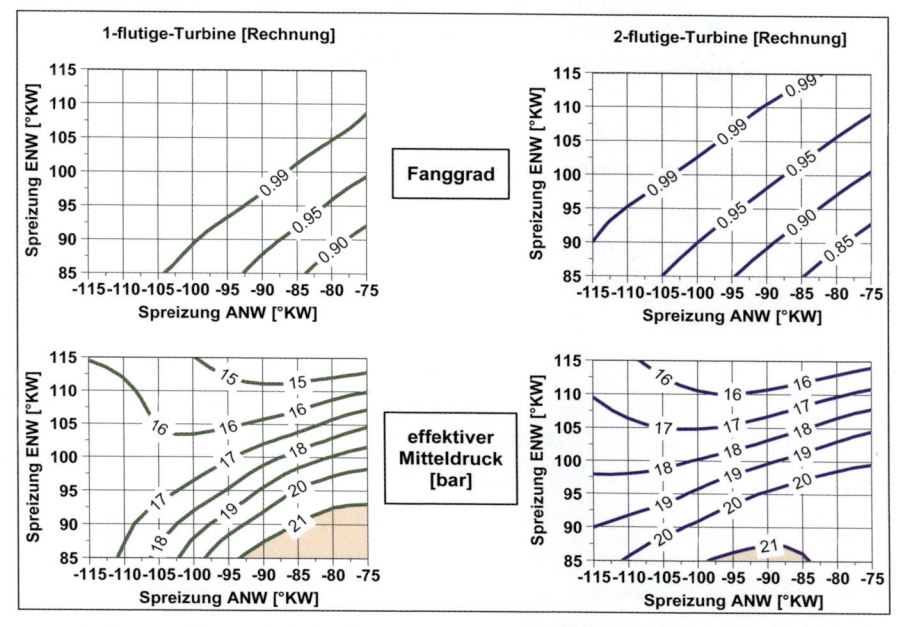

Abb. 5.2 Fanggrad und effektiver Mitteldruck – Phasenverstellung auf der Ein- und Auslassseite

Demgegenüber ist festzuhalten, dass derzeit keine der aufgeführten Turbinenbauformen in der für die Hochdruckstufe notwendigen Baugröße von 30 mm (Durchmesser des Turbinenrads) am Markt verfügbar ist. Die Optimierung des Motorenkonzeptes „hubraumreduzierter zweistufig abgasturboaufgeladener 4-Zylindermotor" bleibt somit auf einlassseitige Maßnahmen beschränkt.

5.2 Verschiebung des Zündabstands durch Übergang zum 3-Zylinder

Wie vorangehend aufgezeigt, ist die Performance hubraumreduzierter abgasturboaufgeladener Motoren in erheblichem Maße von der Effektivität des Ladungswechsels abhängig. Insbesondere Restgasgehalt und Steuerzeit beeinflussen die Umsetzung des gebotenen Ladedrucks in Frischladung sowie die anschließende Qualität der Energieumsetzung erheblich. In diesem Zusammenhang soll nachfolgend das Konzept des 3-Zylinder-Motors als Teil der Strategie „Verschiebung des Zündabstands" näher betrachtet werden.

Das Simulationsmodell wurde analog der hubraumreduzierten 4-Zylindervariante aus dem Basismodell hergeleitet, wobei der relevante Unterschied im Wegfall von Zylinder 4 liegt. Alle geometrischen Daten des Zylinders sowie der Peripherie blieben unverändert. In Tabelle 5.1 sind wichtige Kennwerte des 3-Zylinders im Vergleich zur Basis bzw. zum hubraumreduzierten 4-Zylinder zusammengefasst.

Tabelle 5.1 Kennwerte der Modellmotoren

	Einheit	Basismotor	Hubraumreduzierte Variante	
Zylinderzahl	-	4	3	4
Hubraum	cm^3	1899	1424	
Hub	mm	91	82.8	
Bohrung	mm	81.5	74	
Hub/Bohrung	-	1.12		
Verdichtung	-	10		
Einspritzung	-	Direkt		
Nennleistung	kW	142.4		
Nennmoment	Nm	283		
eff. Mitteldruck	bar	18.75	25	
Abgaskrümmer	-	4 in 1 / 3 in 1 (gleiche Länge)		
max. Turbineneintrittstemperatur	°C	950		

Wie bereits erörtert, liegt während der Ventilüberschneidungsphase beim 3-Zylinder in einem weiten Drehzahlbereich über dem Zylinder ein positives Spülgefälle vor, sodass selbst bei früher Stellung der Einlassnockenwelle kein Rückspülen von Abgas stattfindet. Vielmehr wird durch die aktive Spülung des Brennraums ein Teil des sonst im Kompressionsvolumen verbleibenden Restgases ausgespült. Gleichzeitig wird durch eine frühe Positionierung der Einlassöffnung ein Rückschieben von angesaugter Frischladung nach dem unteren Totpunkt verhindert. Wie erwartet und in Abb. 5.3 ersichtlich, liegt beim 3-Zylinder im gesamten Drehzahlbereich der Restgasgehalt unter dem der 4-Zylindervarianten.

Entgegen den 4-Zylindervarianten, wo mit geringer werdender Motordrehzahl der Restgasgehalt kontinuierlich auf bis zu 8.9 % (1000 min^{-1}, hubraumreduzierte Variante) ansteigt, fällt der Restgasgehalt der 3-Zylinder Konfiguration auf 1.6 % bei 1000 min^{-1} ab. Dieser niedrige Absolutwert ist unter anderem eine Folge der bereits angesprochenen aktiven Restgasausspülung. Wie dem Verlauf des Fanggrades zu entnehmen ist, wird bis zu einer Drehzahl von 3500 min^{-1} mit einem Teil der Frischladung der Zylinder gespült. Der Anteil der Spülluft steigt entsprechend dem größeren Zeitquerschnitt hin zu niedrigerer Drehzahl auf bis zu 5.5 % an. Ein weiteres Absenken des Restgasanteils wäre durch eine noch größer gewählte Ventilüberschneidung problemlos darstellbar. Allerdings würde der damit verbundene weitere Anstieg des Sauerstoffgehaltes im Abgas – bereits jetzt liegt der Anteil bei ca. 1.2 % (1000 min^{-1}), bei global $\lambda = 1$ – das Nachbehandlungssystem thermisch erheblich belasten.

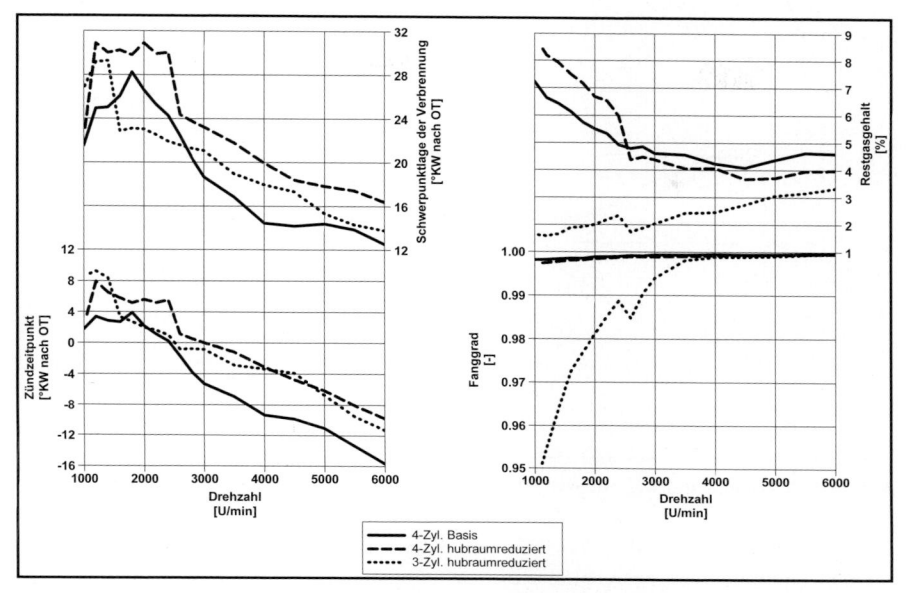

Abb. 5.3 Volllastkurve der hubraumreduzierten zweistufigen 3-Zylinder Variante im Vergleich

Durch den extrem abgesenkten Restgasgehalt beim 3-Zylinder liegen für das ottomotorische Verfahren deutlich günstigere Bedingungen vor. Durch die geringere Klopfneigung wird insbesondere bei geringer Motordrehzahl eine wesentlich bessere Prozessführung möglich. Lediglich bei 1200min^{-1} und 1400min^{-1} wurde auch mit dieser Variante der als Effizienzkriterium definierte Umsatzschwerpunkt von 30 °KWnOT erreicht, so dass auch hier das mögliche Ladedruckpotenzial nicht vollständig genutzt werden konnte. Abb. 5.4 zeigt die erreichte Volllastkurve im Vergleich zur Basis sowie der hubraumreduzierten 4-Zylindervariante.

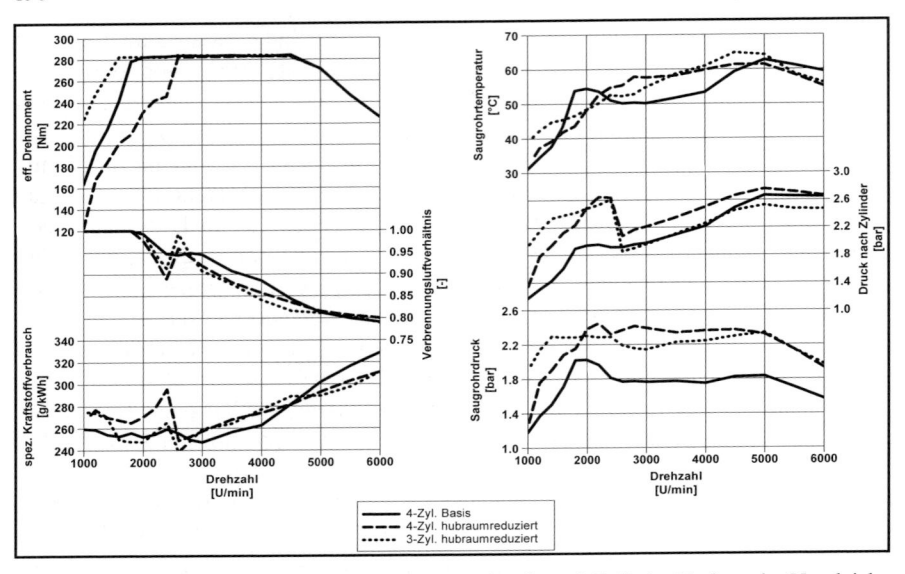

Abb. 5.4 Volllastkurve der hubraumreduzierten zweistufigen 3-Zylinder Variante im Vergleich

Die bisher aufgezeigten Vorteile des 3-Zylinders im stationären Betrieb (effizienter Hochdruckprozess, gute Füllung, niedriger Ladedruckbedarf) lassen gegenüber dem 4-Zylinder auch einen klaren Vorteil in der transienten Performance erwarten. Abb. 5.5 zeigt den Drehmomentaufbau für eine Lastaufschaltung aus 2 bar effektiven Mitteldrucks bei 1500 min^{-1}.

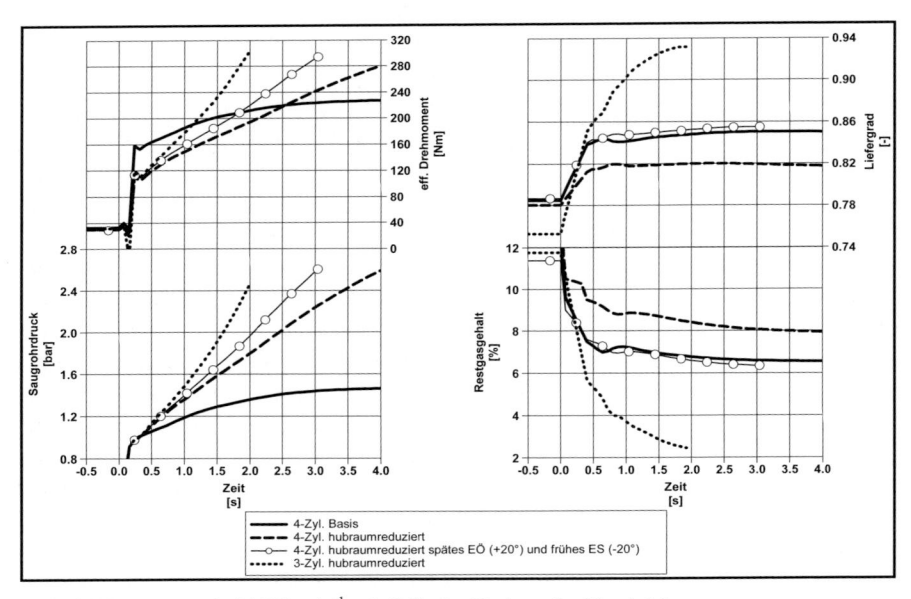

Abb. 5.5 Lastsprung bei 1500 min^{-1} – 3-Zylinder Variante im Vergleich

Wie erwartet erfolgt der Drehmomentaufbau der 3-Zylindervariante im Vergleich zur hubraumreduzierten 4-Zylindervariante mit Basissteuerzeit und optimierter Steuerzeit auf der Einlassseite wesentlich dynamischer. Auch steigt das spontan nach Öffnen der Drosselklappe verfügbare Drehmoment auf 110 Nm an. Der Aufbau des Drehmoments erfolgt dabei im Gegensatz zu den 4-Zylindervarianten progressiv. Dieses abweichende Verhalten ist auf die Abhängigkeit des Restgasgehaltes und somit auch des Liefergrades vom bereitgestellten Ladedruck rückführbar. Entgegen den 4-Zylindervarianten, bei welchen nur ein geringer Einfluss des Ladedrucks auf die genannten Größen festzustellen ist, verbessert sich beim 3-Zylinder mit zunehmendem Ladedruck die Restgasausspülung aus dem Zylinder. Der folglich höhere Liefergrad führt zu einer überproportional ansteigenden Zylinderfüllung welche letztendlich den aufgezeichneten Drehmomentaufbau ermöglicht. Dieser Effekt wird durch das gleichfalls gestiegene Abgasenthalpieangebot und den daraus resultierenden beschleunigten Laderhochlauf noch unterstützt. Vergleicht man die 3-Zylindervariante mit der Basis, so zeigt sich im Spontanmoment noch immer ein erhebliches Defizit von 42 Nm. Allerdings erreicht der hubraumreduzierte 3-Zylinder bereits nach 1.1 s mit 190 Nm das gleiche Drehmoment wie die Basis. Das Nennmoment von 283 Nm ist nach 1.85 s verfügbar. Die untersuchte 3-Zylindervariante erfüllt somit nicht nur im stationären Betrieb die Anforderungen an die Hochaufladung, sondern genügt auch dem dynamisch geprägten Kriterium im Drehzahlbereich ≥ 1500 min^{-1} das Nennmoment innerhalb von 1.5 – 2.0 s bereitzustellen.

6 Zusammenfassung und Ausblick

Die Untersuchungen am Lehrstuhl für Verbrennungsmotoren haben verschiedene Wege zur Optimierung abgasturboaufgeladener Motoren aufgezeigt. So konnten durch gezielten Eingriff in den Ladungswechsel eines konventionell aufgeladenen direkteinspritzenden Vierzylinder-Ottomotors beträchtliche Mitteldrucksteigerungen nachgewiesen werden. Unter Einsatz einer Zwillingsstromturbine und einer Phasenverstellung auf der Einlassseite wurde eine Mitteldrucksteigerung von über 23 % ermittelt. Weiterhin wurde durch eine zusätzliche Phasenverstellung auf der Auslassseite das Verhalten bei extremer Ventilüberscheidung untersucht und die Möglichkeit einer aktiven Brennraumspülung nachgewiesen. In der vorgenommenen Bewertung neuer Strategien zur Verbesserung des Responseverhaltens stellte sich der mechanische Zusatzverdichter durch sein Förderprinzip als deutlich überlegen dar. Gegenüber dem konkurrierenden System elektrische Zusatzverdichtung konnte im Versuch eine um 39 % kürzere Zeit bis zur Bereitstellung des Nennmomentes nachgewiesen werden. Beide Varianten gehen allerdings mit einem großen technischen Aufwand einher. Somit ergibt sich die zweistufig-geregelte Abgasturboaufladung als favorisierte Variante. Die durchgeführte Simulationsrechnung zur zweistufig-geregelten Abgasturboaufladung hat die grundlegende

Abhängigkeit der Gesamtperformance von den Eigenheiten des eingesetzten Grundtriebwerks verdeutlicht.

Ausgehend von einem 4-Zylinder-Basistriebwerk, welches den aktuellen Stand der Technik abgasturboaufgeladener Ottomotoren abbildet, wurde eine im Hubraum reduzierte nominell leistungsgleiche zweistufig-geregelte Variante abgeleitet und untersucht. Die ermittelten Leistungsdaten unter stationären wie transienten Bedingungen zeigten eine deutlich schlechtere Leistungsfähigkeit. Insbesondere der hohe Restgasgehalt von bis zu 8.9 % (1000 min^{-1}) im zweistufigen Betrieb verhindert bei Drehzahl < 2600 min^{-1} infolge der Klopfbegrenzung des ottomotorischen Arbeitsverfahrens eine effiziente Umsetzung des möglichen Ladedrucks. Durch den Einsatz einer in der Öffnungsdauer optimierten Einlassnockenwelle konnte trotz einer deutlichen Verbesserung im transienten Drehmomentaufbau nicht die gewünschte Performance erreicht werden.

Entsprechend dem aufgezeigten Restgasproblem des 4-Zylinders wurde, wiederum ausgehend vom Basismodell, mit dem 3-Zylinder eine alternative Möglichkeit der Hubraumreduzierung untersucht. Durch die mit dem vergrößerten Zündabstand abweichende Dynamik des Abgassystems konnte eine wesentliche Reduktion des Restgasgehalts auf minimal 1.6 % bei 1000 min^{-1} nachgewiesen werden. Die mit dieser Variante erreichten Leistungsdaten erfüllen sowohl die stationär (100 kW/l; 200 Nm/l bei ≤ 1500 min^{-1}) als auch die dynamisch (200Nm/l < 2 s bei ≥ 1500 min^{-1}) an ein hochaufgeladenes Motorenkonzept gestellten Forderungen.

Als Quintessenz der Untersuchungen ist festzustellen, dass der Erfolg hochaufgeladener, hubraumreduzierter Motoren nicht nur eine Frage des zum Motor passenden Aufladesystems, sondern auch eine der zum Aufladesystem passenden Zylinderzahl ist. Eine Alternative bietet beim 4-Zylinder nur die Verwendung eines auslassseitigen Ventiltriebsystems, welches den Einfluss der Zündfolge kompensieren kann.

7   Literatur

[1] Zellbeck, H., Friedrich, J., Roß, T., Experimentelle Methoden zur Potentialermittlung des Drehmoment-Response-Verhaltens aufgeladener Ottomotoren, 8. Aufladetechnische Konferenz, Dresden, 2002

[2] Sonner, M., Kuhn, M., Wurms, R., Friedrich, J., Elektrisch unterstützte Aufladung beim Otto-Turbomotor – Chancen und Grenzen, 8. Aufladetechnische Konferenz, Dresden, 2002

[3] Zellbeck, H., Roß, T., Friedrich, J., Rechnerische und experimentelle Betrachtungen zur Optimierung aufgeladener Motoren, 9. Aufladetechnische Konferenz, Dresden, 20040

[4] Zellbeck, H., Roß, T., Aufladung – dominiert sie bald auch am Ottomotor, 7. Symposium, Technische Akademie Esslingen, 2004

[5] Zellbeck, H., Roß, T., Guhr, C., Zweistufig-geregelte Aufladung – Analyse unterschiedlicher Auslegungsstrategien, 10. Aufladetechnische Konferenz, Dresden, 2005

[6] Hagelstein, D., Theobald, J., Michels, K., Pott, E., Vergleichverschiedener Aufladeverfahren für direkteinspritzende Ottomotoren, 10. Aufladetechnische Konferenz, Dresden 2005

[7] Zellbeck, H., Roß, T., Guhr, C., Hochaufladung – der passende Ladungswechsel für 100kW/L, 11. Aufladetechnische Konferenz, Dresden, 2006
[8] Zellbeck, H., Roß, T., Guhr, C., Der Ladungswechsel bei Hochaufladung –Differenzierte Analyse des Ottomotors, 8. Symposium, Technische Akademie Esslingen, 2006
[9] Zellbeck, H., Roß, T., Guhr, C., Der hochaufgeladene Ottomotor mit Direkteinspritzung - Ein konsequenter Weg zur Reduzierung der CO_2-Emission, MTZ Heft 08, 2007
[10] Zinner, K., Aufladung von Verbrennungsmotoren, 2. Auflage, Springer-Verlag, Berlin-Heidelberg-New York, 1980

Verfahren und Messmethoden zur Erfassung von Turboladerkennfeldern an Turboladerprüfständen

P. Grigoriadis, J. Nickel

Kurzfassung

Die Auslegung moderner turboaufgeladener Motoren mit Hilfe der Motorprozesssimulation erfordert eine Bedatung des Motormodells mit präzise vermessenen und vergleichbaren Verdichter- und Turbinenkennfeldern des Turboladers. Die Grundlagen des Aufbaus von Turboladerprüfständen und der bei der Kennfeldmessung anzuwendenden Messmethoden mit dem Ziel möglichst genaue Turboladerkennfelder zu ermitteln, werden in diesem Beitrag beschrieben. Dabei liegt der Schwerpunkt der Erläuterungen zum ersten auf der Messstellengestaltung und der Auswahl der Messtechnik, die für eine genaue Erfassung des Verdichter- und des Turbinenwirkungsgrades erforderlich sind, welche für die thermische Auslegung des Motors und die Berechnung des Leistungsgleichgewichts relevant sind. Zum zweiten wird auf die messtechnische Erfassung und auf den Einfluss des Prüfstandsaufbaus auf die Pumpgrenze eingegangen, deren Lage einen entscheidenden Einfluss auf das erreichbare Drehmoment bei niedrigen Drehzahlen hat.

1 Einleitung

Für die Entwicklung moderner, emissionsarmer und verbrauchsgünstiger Turbomotoren ist eine optimierte thermodynamische Auslegung erforderlich, die alle Anforderungen an das Aggregat bereits in einer möglichst frühen Projektphase berücksichtigt. Da die Auslegung in der Regel mit Hilfe einer Motorprozesssimulation erfolgt, ist eine möglichst genaue Bedatung des Motormodells für eine erfolgreiche Optimierung unerlässlich. Hierbei spielen das Verdichter- und das Turbinenkennfeld des Turboladers eine hervorgehobene Rolle, da die Fördercharakteristik und der Abgasgegendruck des Turboladers die realisierbaren Leistungsdaten und die Verbrauchseigenschaften eines damit ausgerüsteten Motors wesentlich beeinflussen. Präzise und vergleichbare Kennfeldmessdaten des Turboladers sind daher eine Grundvoraussetzung für die zuverlässige Auslegung des Motors.

Die erzielbare Messunsicherheit wird signifikant vom mechanischen Aufbau des Turboladerprüfstandes, der Gestaltung der Messstrecken, der Auswahl der Messtechnik und dem Ablauf der Kennfeldvermessung beeinflusst. Im Folgenden werden diese vier Einflussfaktoren näher beschrieben. Dabei wird insbesondere auf die Optimierung der Messunsicherheit bei der Ermittlung der Verdichter- und der Turbinenwirkungsgrade sowie bei der Bestimmung der Lage der Pumpgrenze eingegangen, da diese Größen für die Leistungsbilanz des Turboladers, die Effizienz des Ladungswechsels und das realisierbare Volllastmoment von eminenter Relevanz sind.

2 Prinzipieller Aufbau eines Turboladerprüfstandes

Die Kennfeldvermessung von Turboladern auf Turboladerprüfständen erfolgt im Allgemeinen mit zwei getrennten Gaspfaden, d.h. die vom Verdichter komprimierte Luft wird in das Abgas gegeben, und die Luftversorgung für den Antrieb der Turbine erfolgt mit Hilfe von externen Verdichtern. Dies hat den Vorteil, dass der Turbolader auch bei unterschiedlichen Massenströmen durch Verdichter und Turbine im Leistungsgleichgewicht betrieben werden kann und dass die Gasflüsse auf unterschiedlichen Druckniveaus betrieben werden können, was bis zu einem bestimmten Grad die Simulation des instationären Turboladerbetriebs bei Leistungsungleichgewicht ermöglicht. Ein vereinfachtes Gasflussschema eines Turboladerprüfstandes ist in Abb.1 dargestellt.

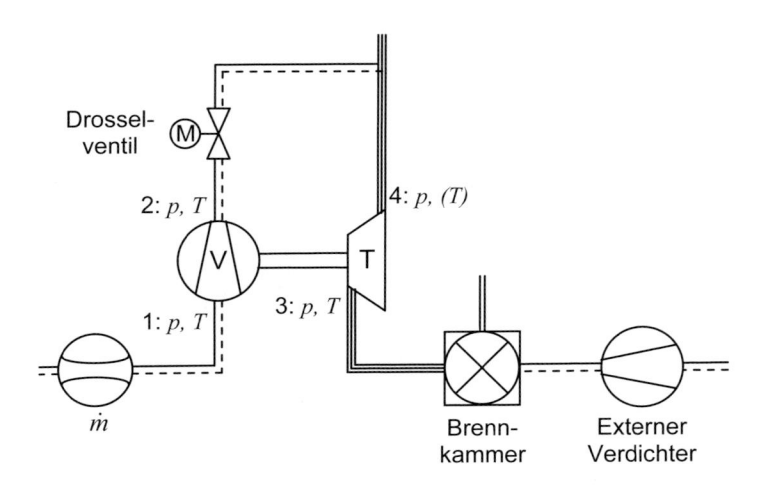

Abb. 1 Vereinfachtes Gasflussschema eines Turboladerprüfstandes

Eine wesentliche Grundlage einer genauen Kennfeldvermessung ist eine stabile Heißgasversorgung, um die Turboladerturbine mit einer konstanten Drehzahl be-

betreiben zu können. Für die Generierung des Heißgases werden ein möglichst stabiler Luftmassenstrom von den externen Verdichtern sowie eine zeitlich konstante Erwärmung der Luft in einer elektrischen Heizung oder einer Prüfstandsbrennkammer benötigt.

Für die Luftversorgung kommt in der Regel eines von zwei Konzepten zum Einsatz: Entweder fördert der externe Verdichter in einen oder mehrere Puffertanks, denen die Luft anschließend mittels eines Regelventils entnommen wird oder der Verdichter fördert drehzahlgeregelt einen Massenstrom zur Turbine, wobei überschüssige Luft durch ein geregeltes Bypassventil abgeblasen wird. Zum Antrieb der Turbine muss die Luft anschließend mindestens so weit erwärmt werden, dass sich kein Kondensat bzw. Eis am Turbinenaustritt bilden kann. Prüfstände, auf denen die aerodynamische Auslegung der Turbine untersucht werden soll, beschränken sich in der Regel auf eine elektrische Heizung, die diese Kriterien erfüllt. Dies hat den Vorteil, dass die Wärmeströme aus der Turbine minimiert werden können und die Vergleichbarkeit der aerodynamischen Messungen erhöht wird. Aus Sicht der Bedatung einer Motorprozessrechnung sind diese Versuche allerdings nicht zielführend, da die ermittelten Turbinenwirkungsgrade nicht denen entsprechen, die im Motorbetrieb auftreten. Aus Gründen der Vergleichbarkeit sollten Messungen für die Bedatung einer Prozessrechnung möglichst nahe an der tatsächlich auftretenden Betriebstemperatur durchgeführt werden. Häufig wird in der Praxis ein Wert von mindestens 600 °C angestrebt; für Ottomotoren sind 900 °C oder mehr ideal. Für solche Turbineneintrittstemperaturen ist eine Brennkammer erforderlich, die mit Gas oder Diesel befeuert wird. Eine stabile Regelung des Feuerungsbetriebes ist für konstante Turbineneintrittstemperaturen und vergleichbare Kennfelder unbedingt erforderlich, wobei eine auf den weiten Betriebsbereich von Turboladerprüfständen ausgelegte Brennerfeuerung eine Grundvoraussetzung jedes Regelkonzeptes ist.

3 Sensorik und Messtechnik an Turboladerprüfständen

Außer auf einen robusten Aufbau des Prüfstandes und eine genaue Regelung der Turbineneintrittstemperatur muss auf die Auswahl und Installation der Messtechnik und der Messstrecken geachtet werden, um die gewünschten Messunsicherheiten zu erzielen. Im Einzelnen müssen der Druck, die Temperatur, der Durchfluss sowie die Drehzahl für die Erstellung der Turboladerkennfelder so genau wie möglich gemessen werden.

3.1 Druckmesstechnik

Die Werte der statischen Druckmessung an den Stellen (1), (2), (3) und (4) des Aufladesystems (siehe Abb. 1) gehen in die Ermittlung des Totaldruckverhältnisses π_V am Verdichter und des Druckverhältnisses π_T an der Turbine ein und diese wiederum in die Verdichter- und Turbinen-Wirkungsgradberechnung (siehe Gl. 4.1 und Gl. 4.2). Aus diesem Grund sollten die Messbereiche der Sensoren aufeinander abgestimmt werden, und die Messunsicherheit der Sensoren sollte so ausgewählt werden, dass eine maximale Abweichung von 0,1% vom Endwert nach DIN EN 61298-2 nicht überschritten wird. Eine Messbereichsaufteilung bei der Druckmessung nach Verdichter und vor Turbine bringt eine weitere Verbesserung in der Messgenauigkeit. Abb. 2 zeigt einen Vergleich der Messunsicherheiten einer Konfiguration mit zwei 600 mbar Relativdrucksensoren gegenüber einer Konfiguration mit zwei 2000 mbar Absolutdrucksensoren. Aus dem Vergleich lässt sich erkennen, dass die Messunsicherheit des statischen Verdichterdruckverhältnisses bei niedrigen Drehzahlen und Druckverhältnissen auf rund ein Drittel gesenkt werden kann, wenn Drucksensoren mit einem angepassten Messbereich verwendet werden.

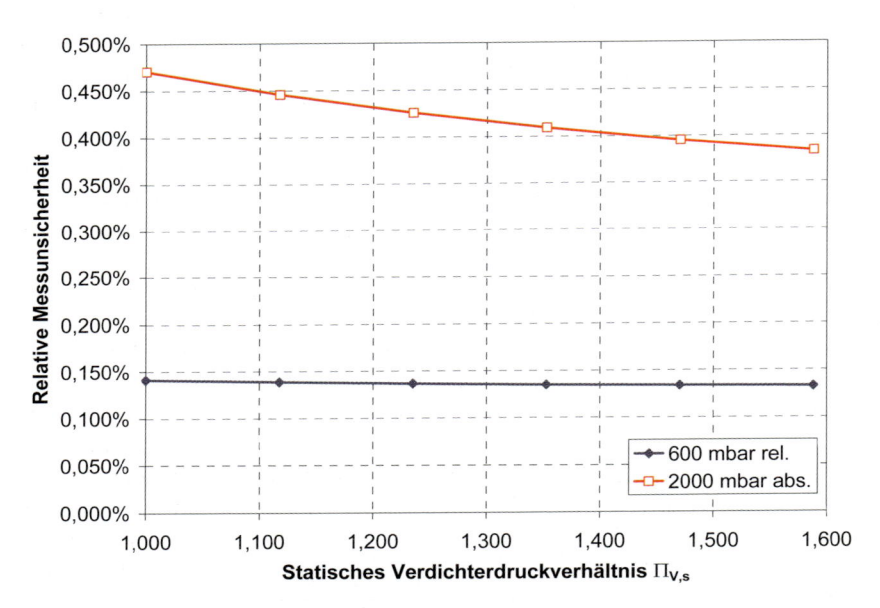

Abb. 2 Vergleich der relativen Messunsicherheit des statischen Druckverhältnisses bei Verwendung von 600 mbar Relativdrucksensoren gegenüber 2000 mbar Absolutdrucksensoren

Neben der Auswahl der Drucksensoren haben auch die Messrohrgeometrie und die Gestaltung der Druckmessstellen einen erheblichen Einfluss auf die resultierende Messunsicherheit. Ihr Aufbau wird in den Abschnitten 4.1 – 4.3 erläutert.

3.2 Temperaturmesstechnik

Zur Messung der Temperaturen in den gasführenden Leitungen kommen unterschiedliche Sensortypen, wie z. B. Widerstandsthermometer (Pt100) und Thermoelemente (NiCr-Ni), zum Einsatz. Des Weiteren ist zwischen jenen Temperaturfühlern zu unterscheiden, die näherungsweise statische Temperaturen messen und solchen, die Totaltemperaturen messen. Unabhängig vom Sensortyp sollten stets hohe Ansprüche an die Messgenauigkeit gestellt werden, da die Temperaturen signifikant in die Wirkungsgradberechnung von Verdichter und Turbine eingehen.

Die Einstellzeit von Temperaturfühlern hat potentiell einen wesentlichen Einfluss auf die Versuchsdurchführung und die für eine Messung benötigte Zeit. Grundsätzlich sind Temperaturfühler umso robuster, je größer ihr Durchmesser ist, allerdings nimmt damit auch ihre thermische Trägheit deutlich zu. Im Vergleich von Thermoelementen und Widerstandsthermometern gelten erstere als wesentlich schnellere Sensoren. Für eine Auswahl des Sensortyps ist daher ein direkter Vergleich von Sensoren mit vergleichbaren Einbaumaßen sinnvoll [3]. In Abb. 3 sind die Temperatur- und Temperaturgradientenverläufe zweier statischer (Pt100, NiCr-Ni) und eines Totaltemperaturfühlers (Pt100) aufgetragen. In der ersten Phase des Versuchs wurde eine schlagartige Temperaturabsenkung, hervorgerufen durch Entdrosselung, im zweiten Teil eine Temperaturerhöhung durch Drosselung des Verdichters eingestellt. In dem dabei durchfahrenen Temperaturbereich (90 – 180 °C) weisen Widerstandsthermometer gegenüber Thermoelementen einen deutlichen Vorteil hinsichtlich der Messgenauigkeit auf, während in der Einstellzeit keine großen Unterschiede festzustellen sind, sodass sich Widerstandsthermometer für stationäre Messungen anbieten.

Weitere wesentliche Faktoren sind die Einbaulage und -tiefe der Temperaturfühler. Die Einbaulage muss die Temperaturverteilung in der Gasströmung berücksichtigen, um einen repräsentativen Temperaturwert zu messen, während die Einbautiefe groß genug sein muss, um die Vefälschung des Temperaturwertes durch Wärmeableitung vom Sensorelement zur Rohrwand zu minimieren. Der genaue Wert hängt von der Einbausituation des Sensors ab, jedoch kann ab einer Eintauchtiefe, die dem 15 bis 20-fachen des Fühlerdurchmessers entspricht, von einer guten Entkopplung von der Umgebung ausgegangen werden. Da die meisten Rohrleitungen keinen ausreichenden Durchmesser besitzen, muss der Fühler dann in die Strömung gebogen werden, wobei zu berücksichtigen werden ist, dass sich der Recovery-Faktor, also das Verhältnis von gemessener zu totaler Gastemperatur gegenüber einer senkrecht in der Strömung stehenden Sonde verändert.

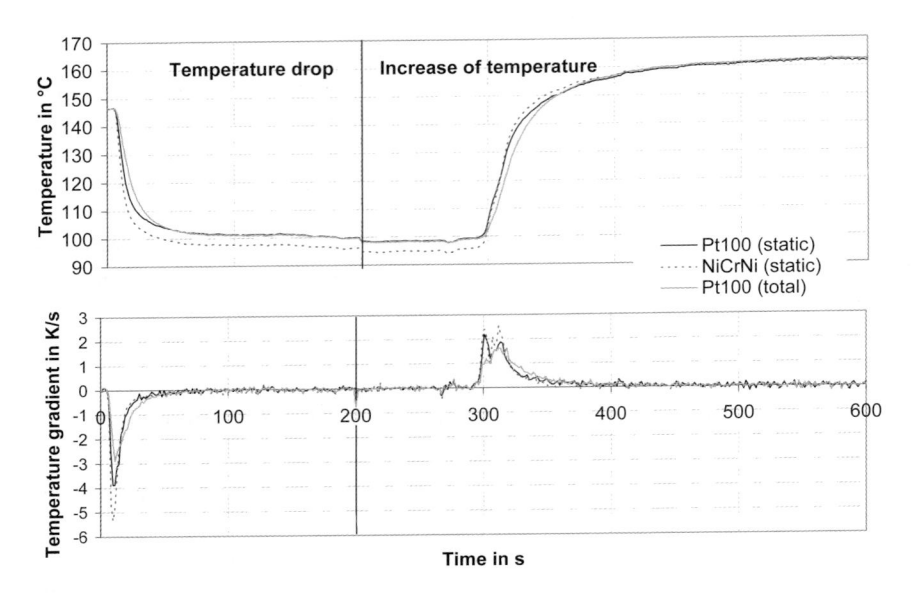

Abb. 3 Temperatur- und Temperaturgradientenverlauf für einen Pt100- (statisch), einen Pt100 (total) und einen NiCr-Ni-Temperaturfühler (statisch) [3]

3.3 Durchflussmesstechnik

Der Volumen- bzw. Massenstrom des Turboladers muss mit einer möglichst geringen Messunsicherheit erfasst werden, um Turboladerkennfelder zu erhalten die sich für die Prozessrechnung eignen. Allerdings ist es schwieriger als bei allen anderen Messgrößen der Kennfeldvermessung, einen Massenstrom mit hoher Genauigkeit zu bestimmen, zumal die Spreizung von minimalem und maximalem Verdichter- und Turbinenmassenstrom sehr hoch ist. An einem Prüfstand für Pkw- und leichte Nutzfahrzeugturbolader liegt das Verhältnis zwischen dem größten und dem kleinsten Massenstrom bei rund 1:30. Da dies zu recht großen Messunsicherheiten bei kleinen Massenströmen führen kann, werden je nach Turboladerprüfstand verschiedene Messverfahren eingesetzt, um dem Problem zu begegnen. Zu den an Turboladerprüfständen eingesetzten Verfahren gehören **Wirkdruckverfahren** wie etwa Messblenden, Einlaufdüsen oder eine Venturidüsen, **Turbinenradzähler**, **Drehkolbenzähler**, **Heißfilmanemometer** und **gravimetrische Verfahren** wie etwa die Kraftstoffwaage in Prüfständen.

3.4 Drehzahlmesstechnik

Die Drehzahl geht zwar nicht direkt in die Berechnung der Turbolader-Kennfelder ein, sie ist jedoch eine wichtige Größe zur Bestimmung des Turbolader-Betriebspunktes und des stationären Zustands. Zur Drehzahlmessung haben sich die induktiven gegenüber den optischen und den magnetischen Messverfahren durchgesetzt. Wird die Bohrung zum Anbringen des induktiven Sensors im Gehäuse des Verdichters sorgfältig gesetzt, und zwar senkrecht zur Schaufelkante, ist die Schwankung des Drehzahlsignals minimal und der Fehlereinfluss damit vernachlässigbar klein.

4 Einflussgrößen auf das Kennfeld von Turboladern

Die an einem Turboladerprüfstand ermittelten Kennfelder sollten im Idealfall ausschließlich das Betriebsverhalten des Turboladers selbst darstellen. Zur Bestimmung der Messgrößen Druck und Temperatur werden Messrohre mit den darin enthaltenen Messstellen am Verdichterein- und -austritt und am Turbinenein- und -austritt angebracht. Für eine relativ hohe Messgenauigkeit, vor allem in der Druckmessung, sind gewisse Ein- und Auslaufstrecken einzuhalten. Dadurch führt die Systemgrenze, bedingt durch die Länge der Messrohre, nicht entlang der Flansche und Stutzen des Turboladers, sondern durch die Messstellen (1), (2), (3) und (4) (siehe Abb. 4).

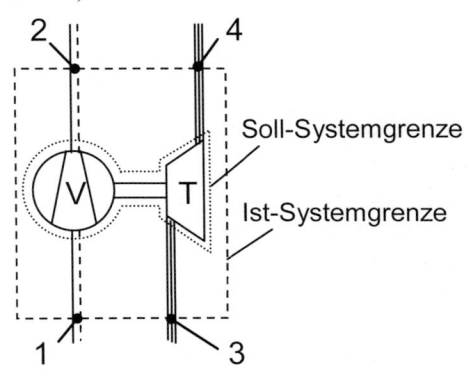

Abb. 4 Soll- und Ist-Systemgrenze bei der Bestimmung von Turboladerkennfeldern an einem Turboladerprüfstand [3]

Alle in diesem Ist-System (siehe Abb. 4) auftretenden Zustandsänderungen, hervorgerufen durch das Verhalten des Turboladers, aber auch durch das der angeschlossenen Messrohre, wie z.B. die darin auftretenden Wärmeübergänge und Druckverluste, fließen in die Kennfelder mit ein.

In den folgenden Unterabschnitten wird der Einfluss

- betriebsbedingter und
- aufbaubedingter

Parameter auf die Turboladerkennfelder dargestellt.

4.1 Messrohrgeometrie

Möchte man den Einfluss der am Turbolader angebrachten Messrohre, vor allem auf die Druckmessung, so gering wie möglich halten, so sind diese senkrecht zur Flansch- bzw. Stutzenquerschnittsebene anzubringen. Andere Anordnungen führen zu Strömungsablenkungen und damit zu mehr oder weniger großen Drossel- und damit Druckverlusten. Ebenfalls negativ auf die Druckmessung wirkt sich eine Querschnittsveränderung im Messrohr aus.

Beide Einflussfaktoren, der Winkel der Messrohre zu den Flansch- bzw. Stutzenebenen und die Querschnittsveränderungen im Messrohr, bewirken Drosselverluste. Da sich der Druckverlust proportional mit dem Quadrat der Strömungsgeschwindigkeit verändert, werden die Verdichter- und Turbinenkennfelder bei einer ungünstigen Messrohranordnung und -geometrie besonders stark im Bereich hoher Massenströme beeinflusst. Abb. 5 zeigt Verdichterkennlinien eines Turboladers für zwei unterschiedliche Drehzahlen und für zwei unterschiedlich ausgeführte Messrohre nach Verdichter. Die Drosselung nach Verdichter führt zu einem Druckabfall und zu einer Absenkung des Massenstroms bei gleicher Drehzahl.

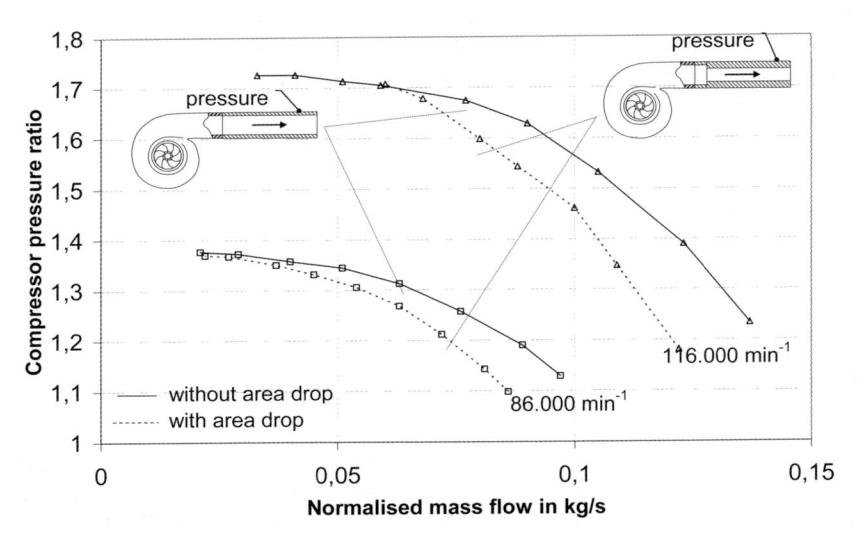

Abb. 5 Einfluss der Messrohrgeometrie auf das Verdichterkennfeld eines Abgasturboladers [3]

4.2 Messstellengestaltung

Vor einer Druckmessstelle sollte nach Möglichkeit eine gerade Einlaufstrecke von 10 D liegen, um ein gleichmäßiges Strömungsprofil zu erhalten. Ebenso sollte eine Auslaufstrecke von 5D vorhanden sein, um Effekte stromabwärts liegender Störungen zu minimieren. Da dies jedoch nicht immer möglich ist, sind Druckmessstellen im Allgemeinen so aufgebaut, dass eventuell auftretende ungleichmäßige Druckverteilungen herausgemittelt werden können. Entweder wird der Druck an drei bis vier am Umfang verteilten Stellen mittels einzelner Sensoren direkt gemessen, oder diese Messbohrungen werden mithilfe von Druckleitungen zusammengeführt und von einem einzelnen Sensor gemessen. Bei der Verwendung eines einzelnen Sensors wird meist die so genannte Ringmessstelle (siehe Abb. 6, links) verwendet, da damit verschieden hohe Drücke an den Messbohrungen recht gut ausgeglichen werden. Untersuchungen K.A. Blakes[1] haben jedoch gezeigt, dass Ringmessstellen bei einem ungünstigen Aufbau und stark gestörten Strömungen zu Messunsicherheiten von 2% bis 7% führen können, da der Druck aufgrund unterschiedlicher Leitungslängen von den Bohrungen zum Sensor nicht genügend ausgeglichen wird. Stattdessen schlägt Blake eine „dreifach-T-Konfiguration" vor, die sich durch exakt gleiche Leitungslängen von den Messbohrungen bis zum Drucksensor auszeichnet (siehe Abb. 6, rechts). Mit Hilfe dieses Aufbaus ließ sich die strömungsinduzierte Messunsicherheit auf maximal 0,8% begrenzen.

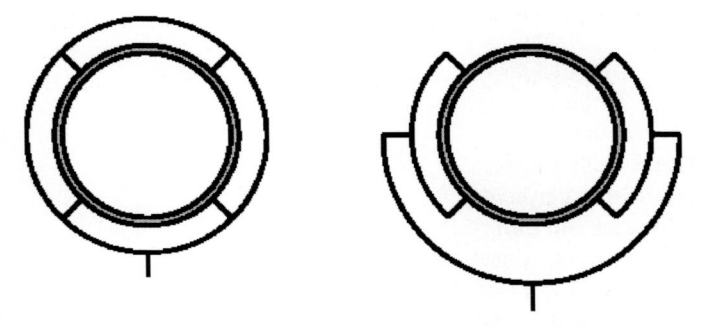

Abb. 6 Aufbau der klassischen Ringmessstelle (links) im Vergleich mit der 3-fach-T-Messstelle (rechts)

4.3 Messstellenplatzierung

Werden, wie üblich, gerade Messrohre verwendet, kann der Einfluss der Länge auf die Strömungsverluste und damit auf die Druckmessung als vernachlässigbar klein angenommen werden. Bei der Temperaturmessung hingegen übt die Länge, vor allem die eines unisolierten Messrohres, einen starken Einfluss auf die Bestimmung des Verdichter- und des Turbinenwirkungsgrads aus.

Die Wirkungsgrade von Verdichter und Turbine werden üblicherweise unter der Annahme, dass diese adiabate Maschinen sind, berechnet.

$$\eta_{sV} = \frac{T_1 \cdot \pi_V^{\frac{\kappa_L-1}{\kappa_L}} - T_1}{T_2 - T_1} \tag{4.1}$$

$$\eta_T = \eta_{sT} \cdot \eta_m = \frac{c_{pL} \cdot T_1 \cdot \left(\pi_V^{\frac{\kappa_L-1}{\kappa_L}} - 1\right) \cdot \dot{m}_V}{c_{pA} \cdot T_3 \cdot \left(1 - \frac{p_{4s}}{p_{3t}}^{\frac{\kappa_A-1}{\kappa_A}}\right) \cdot \dot{m}_T \cdot \eta_{sV}} \tag{4.2}$$

mit

η_{sV} isentroper Verdichterwirkungsgrad
η_{sT} isentroper Turbinenwirkungsgrad
η_T Turbinenwirkungsgrad
η_m mechanischer Turboladerwirkungsgrad
T_1 Temperatur vor Verdichter
T_2 Temperatur nach Verdichter
T_3 Temperatur vor Turbine
p_{3t} Totaldruck vor Turbine
p_{4s} statischer Druck nach Turbine
π_V Totaldruckverhältnis Verdichter
κ_L Isentropenexponent von Luft
κ_A Isentropenexponent von Abgas
c_{pL} spez. Wärmekapazität von Luft
c_{pA} spez. Wärmekapazität des Abgases
$\dot{m}_V$ Luftmassenstrom des Verdichters
$\dot{m}_T$ Abgasmassenstrom der Turbine

Die im Verdichter verdichtete und dabei erwärmte Luft kühlt sich auf ihrem Weg zur Temperaturmessstelle infolge des Wärmeübergangs im Messrohr ab. Dies führt zu einem scheinbar höheren Verdichterwirkungsgrad (siehe Gl. 4.1 und 4.2). An der Messstelle vor der Turbine wird noch eine relativ hohe Abgastemperatur gemessen, die jedoch infolge des Wärmeübergangs bis zum Turbineneintritt abfällt, wodurch ein scheinbar niedrigerer Turbinenwirkungsgrad berechnet wird (siehe Gl. 4.2). Diese Effekte wirken sich besonders stark bei niedrigen Massenströmen und gleichzeitig hohen Temperaturen am Turbineneintritt bzw. Verdichteraustritt aus (siehe Abb. 7).

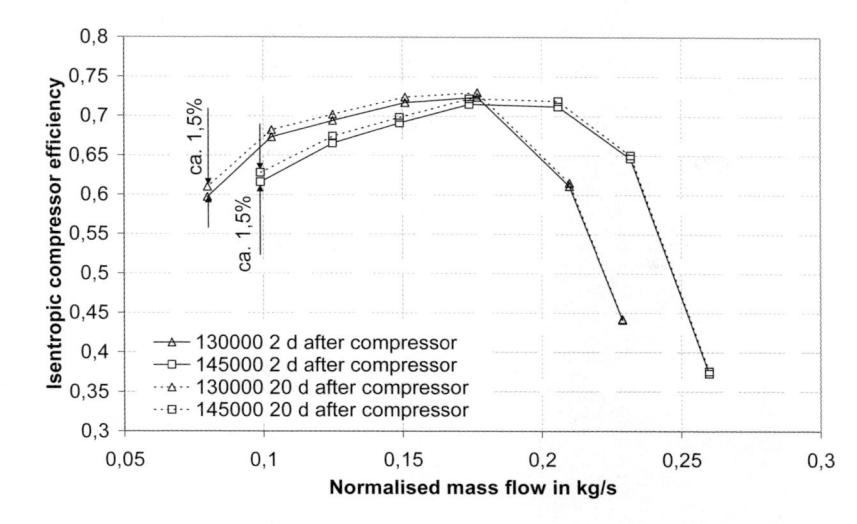

Abb. 7 Auswirkung des Wärmeübergangs im Messrohr auf den berechneten isentropen Verdichter-Wirkungsgrad eines Abgasturboladers [3]

Durch Isolieren der Messrohre kann dieser unerwünschte Wärmeübergang verringert werden. Eine weitere Maßnahme zur Reduzierung des Wärmeübergangseinflusses ist, die Temperaturfühler direkt am Verdichteraustritt bzw. Turbineneintritt zu platzieren.

4.4 Wasserkühlung

Abgasturbolader für Ottomotoren werden üblicherweise mit Motorkühlwasser gekühlt. Bei der Vermessung der Turbolader am Turboladerprüfstand steht die Option zur Verfügung, diese Turbolader mit oder ohne Kühlung zu betreiben. Der Einfluss der Wasserkühlung auf den Verdichter- und den Turbinenwirkungsgrad ist exemplarisch in Abb. 8 dargestellt. Bei diesen Versuchen wurde die Turbine mit Heißgas (T_3 = 950 °C) beaufschlagt, die Differenz zwischen Kühlwasserein- und -austritt war kleiner als 10 K. Die Differenz $\Delta\eta_{sV}$ zwischen den Wirkungsgraden eines gekühlten zu denen eines ungekühlten Turboladers beträgt im Verdichterkennfeld bis zu +7% und im Turbinenkennfeld bis zu -10%.

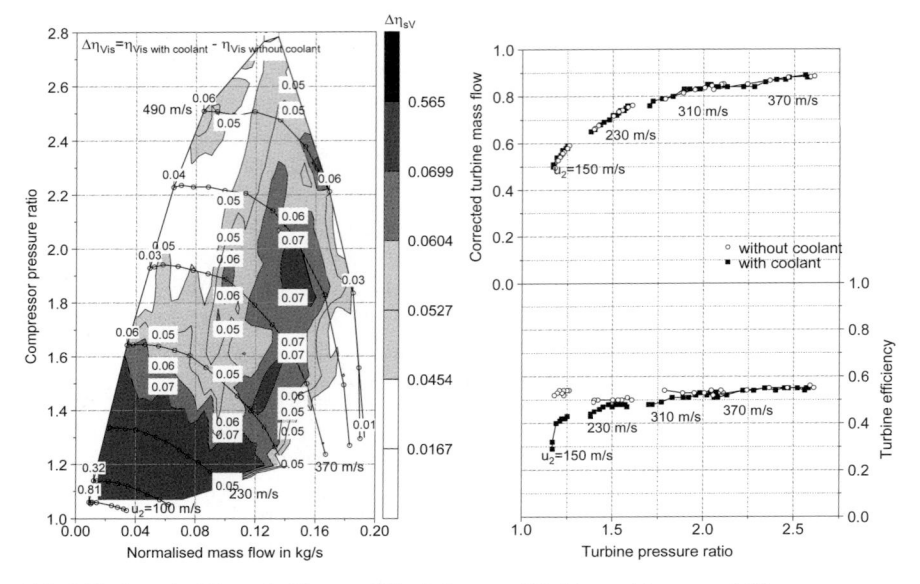

Abb. 8 Einfluss der Wasserkühlung auf Verdichter- und Turbinenwirkungsgrad [3]

4.5 Abgaskrümmermodule

Im Pkw-Bereich kommen verstärkt so genannte Abgaskrümmermodule oder Integralkrümmer zum Einsatz, bei denen das Turbinengehäuse im Abgaskrümmer integriert ist. Dadurch lassen sich kurze Strecken zwischen Zylinderauslass und Turbineneintritt realisieren, was geringere Wärmeverluste und ein besseres Ansprechverhalten des Turboladers zur Folge hat. Außerdem lassen sich mit Abgaskrümmermodulen kompaktere Motorpackages realisieren.

Bei der Vermessung eines Turboladers mit Integralkrümmer gibt es, bedingt durch diesen Aufbau, mehrere Möglichkeiten, die Turbine mit Heißgas zu beaufschlagen:

1. Das am Prüfstand erzeugte Heißgas wird in (nur) einen der Zuströmflansche des Abgaskrümmers geleitet.
2. Der Abgaskrümmer wird am Turbineneintritt abgetrennt und ein Messrohr angebracht, so dass die Turbine direkt angeströmt werden kann.

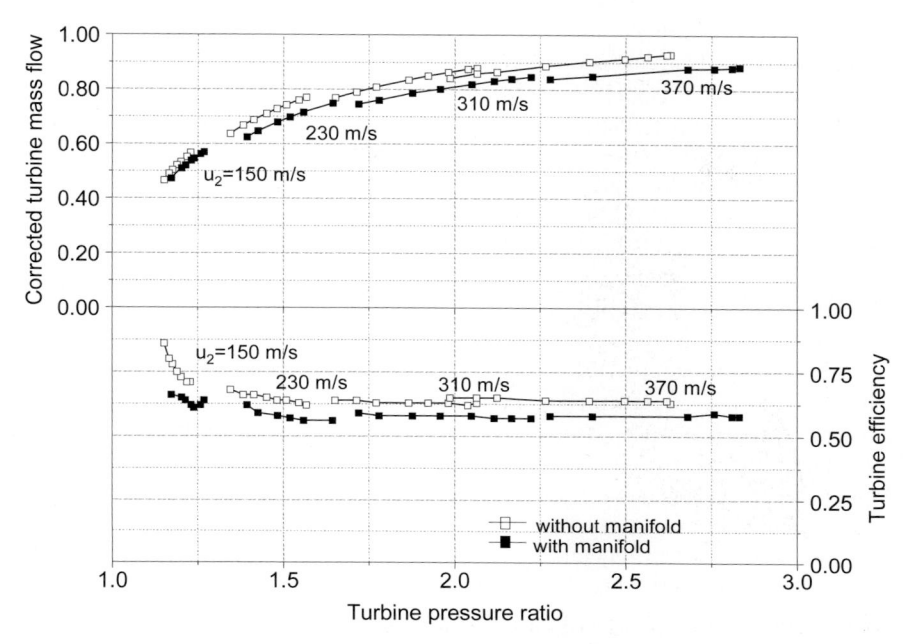

Verfahren und Messmethoden zur Erfassung von Turboladerkennfeldern 207

Abb. 9 Einfluss des Aufbaus des Turbinengehäuses auf das Turbinenkennfeld [3]

Bei der Wahl der Art der Vermessung (1. oder 2.) ist die Systemgrenze, die man für die Anpassung zwischen Turbolader und Motor um den Turbolader zieht, entscheidend. Gehört der Abgaskrümmer nicht zum System „Turbolader", entspricht das eher der ersten, andernfalls eher der zweiten Option. In Abb. 9 ist der Einfluss des Turbinengehäuseaufbaus auf das Turbinenkennfeld dargestellt. Bei gleicher Drehzahl und gleichem Druckverhältnis ist im Betrieb mit Abgaskrümmer der Turbinenwirkungsgrad um ca. 6 %-Punkte geringer. Die Drehzahl stellt sich bei gleicher Leistungsabnahme durch den Verdichter und ohne Abgaskrümmer schon bei niedrigeren Druckverhältnissen ein. Der Massenstrom durch die Turbine steigt dabei an.

4.6 Versuchsdurchführung und Leitungsgeometrie nach Verdichter

Zur Erfassung einer Verdichterkennlinie wird ausgehend von der Widerstandskennlinie des Prüfstands der Verdichter bei konstanter Turboladerdrehzahl stufenweise gedrosselt, bis sich ein instabiler Betrieb, das sogenannte Pumpen, einstellt. Der letzte noch stabile Betriebspunkt wird als Punkt an der Pumpgrenze aufgefasst. Der maximal fahrbare Kennfeldbereich eines Verdichters wird also zu hohen Durchsätzen hin durch die Widerstandskennlinie - oftmals auch etwas irreführend als „Stopfgrenze" bezeichnet - und zu niedrigen Durchsätzen hin durch die Pumpgrenze begrenzt. Auf die Lage dieser beiden Grenzen nimmt die dem Verdichter nachgeschaltete Leitungsgeometrie großen Einfluss.

Gegenüber einem idealen Leitungssystem (gerade, relativ kurz) erhöht sich der Widerstand eines Leitungssystems prinzipiell mit zunehmender Anzahl an darin eingebrachten Krümmungen und mit zunehmender Leitungslänge. In der Folge nimmt auch die Steigung der Widerstandskennlinie zu. Die Kennlinien eines Verdichters erstrecken sich bei hohen Durchsätzen im ungedrosselten Betrieb idealerweise bis zu einem Druckverhältnis von eins, in der Realität werden sie jedoch abhängig von der Steigung der Widerstandskennlinie limitiert, was letztendlich auch den Informationsgehalt eines Kennfelds reduziert.

Das Verdichterpumpen stellt einen höchst instabilen Betrieb des Turboladers dar und ist ein Effekt, der sich insbesondere bei relativ hohen Druckverhältnissen bei gleichzeitig geringen Massenströmen ausbildet. Der Pumpvorgang ist durch einen periodisch schwankenden Druck und durch einen periodisch schwankenden Massenstrom am Verdichter gekennzeichnet. Die Frequenz des Pumpvorgangs ist abhängig vom Rohrvolumen nach Verdichter und liegt üblicherweise zwischen 5 und 10 Hz. Die Abtastfrequenz der in einem Leitungssystem standardmäßig eingebrachten Druck- und Massenstromsensoren liegt üblicherweise zwischen 10 und 100 Hz und kann daher prinzipiell dazu verwendet werden das Pumpen zu erfassen.

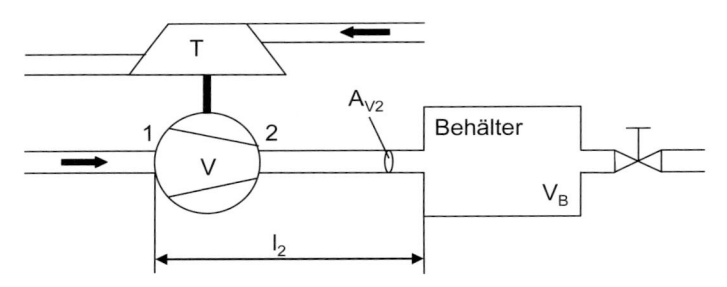

Abb. 10 Schematischer Aufbau eines Leitungssystems und die auf die Lage der Pumpgrenze wirkenden Haupteinflussgrößen.

Der instabile Betrieb ist vor allem im Fahrzeugeinsatz unerwünscht, da Schäden am Laufzeug des Turboladers und am Motor selbst verursacht werden können und soll daher vermieden werden. Die Lage der Pumpgrenze ist ein Parameter, welcher z.B. bei dem bei Dieselmotoren üblicherweise auftretenden Zielkonflikt, ein möglichst hohes Drehmoment bei gleichzeitig stabilem Verdichterbetrieb zu erzielen, maßgeblich Einfluss nimmt. Auf die Lage der Pumpgrenze wirken insbesondere die drei Leitungssystem-Parameter, Leitungslänge l_2, Leitungsquerschnitt A_{V2} und Behältervolumen V_B (siehe Abb. 10). Diese Einflussgrößen können im B_0-Parameter zusammengefasst werden, welcher Auskunft über die Lage der Pumpgrenze gibt [2].

$$B_0 = \frac{1}{2}\sqrt{\frac{V_B}{A_{V2}l_2}} \qquad (4.3)$$

Je kleiner B_0 ist, desto weiter links im Kennfeld lässt sich die Lage der Pumpgrenze vermuten. Üblicherweise liegen B_0-Werte von Turboladerprüfstands-Leitungsgeometrien zwischen 1,5 und 2,5. Der B_0-Wert für das Leitungssystem eines Pkw-Ottomotors wurde beispielhaft berechnet und beträgt 1,4. Für den Aufbau des diesem Pkw-Ottomotor zugehörigen Turboladers an einem Turboladerprüfstand wurde ein B_0 von 2,3 ermittelt. Abb. 11 zeigt, dass die Lage der Pumpgrenzen gut mit den entsprechenden B_0-Werten korreliert.

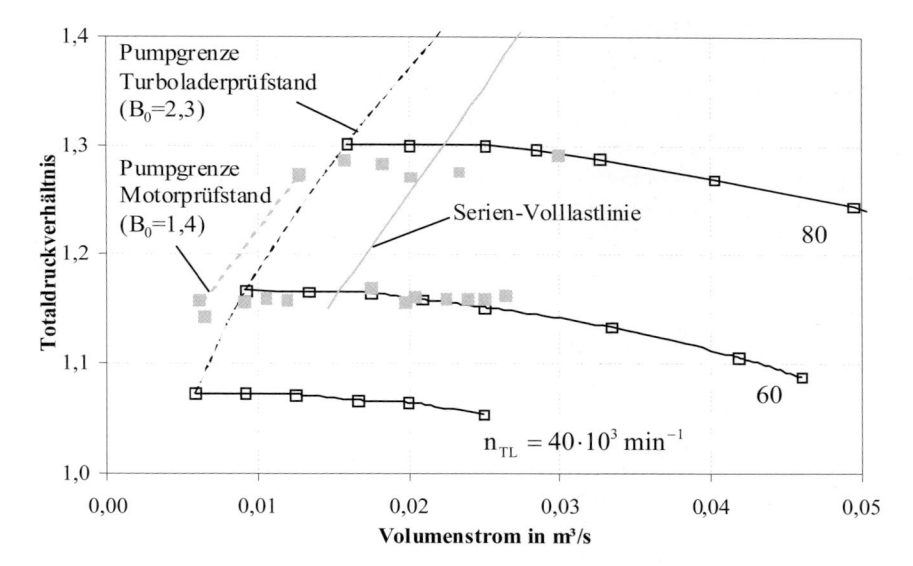

Abb. 11 Motorbetriebspunkte im Kennfeld des Pkw-Ottomotor-Turboladerverdichters, Pumpgrenze am Motor- und am Turboladerprüfstand

5 Zusammenfassung

Die präzise Vermessung vergleichbarer Verdichter- und Turbinenkennfelder von Turboladern für die Motorprozessrechnung auf Turboladerprüfständen erfordert die Berücksichtigung einer Vielzahl von Faktoren, angefangen von der mechanischen Grundauslegung des Prüfstandes, über die Auswahl der Messtechnik und die Gestaltung der Messstellen bis hin zur Planung, Durchführung und Auswertung der Versuche. Der hier gegebene Einblick stellt lediglich einen kleinen Ausschnitt der Arbeiten dar, die für einen erfolgreichen Prüfstandbetrieb notwendig sind. Das Ziel der Turboladerkennfeldvermessung sollte nicht nur in einer Vergleichbarkeit der Kennfelder untereinander liegen, sondern auch darin, die Messgrenze möglichst nahe an die reale Systemgrenze des Turboladers zu legen, bzw. die durch größere Messabstände verursachten Effekte zu minimieren, damit sich die Kennfelder problemlos in einer Motorprozesssimulation weiterverwenden lassen.

6 Literatur

[1] Blake, K. A.: The design of piezometer rings, Journal of Fluid Mechanics, Vol. 78, No. 2, Seiten 415–428, 1976

[2] Grigoriadis, P.: Experimentelle Erfassung und Simulation instationärer Verdichterphänomene bei Turboladern von Fahrzeugmotoren, Technische Universität Berlin, 2008

[3] Nickel, J.; Sens, M.; Grigoriadis, P. ; Pucher, H.: Einfluss der Sensorik und der Messstellenanordnung bei der Kennfeldvermessung und im Fahrzeugeinsatz von Turboladern, 10. Aufladetechnische Konferenz Dresden, 22. – 23. September 2005

Bestimmung von Turboladerkennfeldern auf Basis von Motorprüfstandsmessungen

W. Thiemann, J. Piatek

1 Einleitung

Für moderne Motorkonzepte ist der Abgasturbolader ein etabliertes Aggregat zur Steigerung von Leistung und Wirkungsgrad.

Die Auswahl und Adaption eines Turboladers an den Verbrennungsmotor, die das Betriebsverhalten des Antriebs maßgeblich bestimmen, basieren auf aufwändig an stationären Strömungsprüfständen erstellten Kennfeldern von Verdichter und Turbine [6]. Diese Kennfelder beinhalten die Abhängigkeiten von Massenströmen, Druckverhältnissen und Wirkungsgraden für die beiden Strömungsmaschinen Verdichter und Turbine, aus denen mittels der vom Motor bereitgestellten Randbedingungen für die Turbine auf das Verhalten des Gesamtsystems geschlossen werden kann.

Der Vorteil der Untersuchung von Abgasturboladern an speziellen Strömungsprüfständen ist, dass dort die Fluidtemperaturen und Massenströme fast beliebig eingestellt werden können. Vielfach ist es aber von Interesse, das Verhalten des Turboladers direkt am Motor zu untersuchen, da die Turboladerprüfstände in Anschaffung und Betrieb sehr teuer und aufwändig sind. Weiterhin wird der bei Fahrzeugantrieben bedeutsame Effekt der instationären Massenstrombeaufschlagung der Turbine durch die dominante Stoßaufladung nicht nachgebildet [1]. In der Literatur [5] werden Ansätze beschrieben, diesen Einflüssen auch auf Strömungsprüfständen gerecht zu werden, womit deren Komplexität allerdings nochmals steigt.

Hier wird daher ein Ansatz präsentiert, auf Basis von Messungen am Motorprüfstand Aussagen über das Wirkungsgradverhalten von Verdichter und Turbine eines Abgasturboladers im Motorbetrieb zu erhalten. Dazu wird eine Motorprozessrechnung mit einem Ansatz zur Berechnung von Durchfluss und Wirkungsgrad am Turbolader verknüpft. Gegenüber dem großen Aufwand, den eine detaillierte Modellierung der Prozesse an Verdichter und Turbine mit sich bringt [4], wird der Schwerpunkt hier auf die globale Betrachtung der Zustandsgrößen am Aufladeaggregat gelegt, wodurch zugunsten der Handhabbarkeit Rechenaufwand und Modellparameterumfang reduziert werden. Das Ziel ist die Bereitstellung von Informationen zu möglichem Optimierungspotenzial bestehender Motor-Turboladerkonfigurationen.

Die Untersuchungsansätze werden am Beispiel zweier Dieselmotoren aus dem Pkw-Bereich dargestellt.

2 Modellierung von Motor- und Turboladerprozess

2.1 Motorprozessrechnung

Der in dieser Arbeit genutzte Ansatz zur Motorprozessrechnung ist durch eine einfache Handhabung und einen geringen Bedarf an Randbedingungen gekennzeichnet. Entsprechend ist die Genauigkeit der berechneten Größen sicher nicht mehr als befriedigend, allerdings hat eine Sensitivitätsanalyse der Eingangsgrößen gezeigt, dass die resultierenden Abweichungen für den hier im Fokus stehenden Prozess des Abgasturboladers nur eine untergeordnete Bedeutung haben.

Als Basisparameter und Prüfstandsmesswerte werden die in Tabelle 1 aufgeführten Größen verwendet.

Tabelle 1 Modellparameter und Messgrößen am Motorprüfstand

Modellparameter	Messgrößen am Motorprüfstand
Bohrung, Hub	Druck / Temperatur vor Verdichter
Kubelradius	Druckverlauf / Temperatur hinter Verdichter
Verdichtungsverhältnis	Zylinderdruckverlauf
Pleuelstichmaß	Druckverlauf / Temperatur vor Turbine
Abgaskrümmervolumen	Druckverlauf / Temperatur hinter Turbine
mechanischer Laderwirkungsgrad	Motorbetriebspunkt (Drehzahl, Drehmoment)
Verdichterquerschnitt	Turboladerdrehzahl
Turbinenquerschnitt	Kraftstoffmassenstrom
Einspritzbeginn und -Dauer	Luftvolumenstrom

Die Berechnung des Wirkungsgradverlaufes der Turbine basiert auf den kurbelwinkelaufgelösten Werten von Abgasmassenstrom und Abgastemperatur am Turbineneintritt. Diese werden mittels einer nulldimensionalen Prozessrechnung auf Grundlage der gemessenen und geglätteten Druckverläufe für den Motor und den Abgaskrümmer bestimmt. Für den Hochdruckteil des Motorprozesses wird durch diskrete Auswertung der Gleichung 1 die Heizverlaufsrechnung nach Hohenberg [2] genutzt, so dass hier eine Modellierung der Wandwärmeverluste entfallen kann.

$$\Delta Q_H = \frac{c_V}{R} \cdot V_2 \cdot \left(p_2 - p_1 \cdot \left(\frac{V_1}{V_2} \right)^\kappa \right) \qquad (1)$$

Die beim Ladungswechsel auftretenden Massenströme über die Ein- und Auslassventile sowie der Brennraumtemperaturverlauf werden durch Lösung des ersten Hauptsatzes der Thermodynamik für die Zylinder gekoppelt berechnet. Dabei wird die Ventilüberschneidung von Ein- und Auslassventil vernachlässigt, die aber bei den untersuchten Dieselmotoren ohnehin klein ist. Auf diese Weise kann auf Strömungskennwerte der Ladungswechselorgane verzichtet werden. Dieser Ansatz führt auf die Gleichung 2 für die Brennraumtemperatur T_Z, wobei immer mindestens einer der Massenströme dm_e oder dm_a Null sein muss.

$$\frac{dT_Z}{d\varphi} = \frac{1}{m_Z \cdot c_V}\left[\frac{dQ_H}{d\varphi} - p_Z \cdot \frac{V_Z}{d\varphi} + \frac{dm_e}{d\varphi}\cdot(u_e + R_e \cdot T_e - u_Z) - \frac{dm_a}{d\varphi}\cdot(R_Z \cdot T_Z)\right] \quad (2)$$

Die Nutzung dieser Rechenvorschrift, bei der Temperatur und Massenstrom gemeinsam iterativ bestimmt werden, zeichnet sich durch eine hohe Stabilität bei guter Genauigkeit aus.

Der Wärmeübergang an die Brennraumwand in den Ladungswechseltakten wird nach einem Ansatz von Hohenberg [3] bestimmt. Zur Abbildung der veränderlichen kalorischen Stoffgrößen der Zylinderladung dient ein Polynom nach Urlaub [7]. Der so gewonnene Temperaturverlauf der Zylinderladung wird genutzt, die Temperatur des in den Abgaskrümmer eintretenden Abgases zu berechnen.

2.2 Turbinendurchfluss und Einlasstemperatur

Der in den Abgaskrümmer einströmende und somit für die Turbine zur Verfügung stehende instationäre Massenstrom aus einem Zylinder berechnet sich nach Gleichung 3 aus den Zustandsgrößen im Zylinder.

$$\frac{dm_a}{d\varphi} = \frac{-\frac{c_v}{R_z}\left(V_z \cdot \frac{dp_z}{d\varphi} + p_z \cdot \frac{dV_z}{d\varphi}\right) - \frac{dQ_w}{d\varphi} - p \cdot \frac{dV_z}{d\varphi}}{R_z \cdot T_z + c_v \cdot T_z} \quad (3)$$

Der Abgaskrümmer fasst die Massenströme aller Zylinder zusammen, für die jeweils um den Zündabstand verschoben ein identisches Verhalten angenommen wird, da nur ein Zylinder über Indiziermesstechnik verfügt. Der über die Turbine ausströmende Massenstrom kann über die Durchflussgleichung, bei der die Turbine als Drosselstelle mit variablem Querschnitt abgebildet wird, berechnet werden. Dazu ist eine Schätzung des effektiven Turbinenquerschnitts A_{eff} notwendig.

$$\frac{dm_{Turbine}}{d\varphi} = A_{eff} \cdot \frac{p_3}{\sqrt{R_3 T_3}} \cdot \sqrt{\frac{2 \cdot \kappa}{\kappa - 1} \left[\left(\frac{p_4}{p_{AK}} \right)^{2/\kappa} - \left(\frac{p_4}{p_{AK}} \right)^{\kappa+1/\kappa} \right]} \cdot \frac{1}{n \cdot 360} \quad (4)$$

Der Massenstrom durch die Turbine kann nur gekoppelt mit der Temperatur im Krümmer, also direkt vor der Turbine, bestimmt werden. Der erste Hauptsatz für das offene System Abgaskrümmer führt auf Gleichung 5.

$$\frac{dT_3}{d\varphi} = \frac{1}{m_3 \cdot c_v} \left[-\frac{dQ_3}{d\varphi} + \frac{dm_a}{d\varphi} \cdot (h_a - u_3) - \frac{dm_{Turbine}}{d\varphi} \cdot (R_3 \cdot T_3) \right] \quad (5)$$

Der Wandwärmeverlust dQ_3 im Abgaskrümmer wird dabei zunächst vernachlässigt. Zinner [9] geht davon aus, dass die zur Messung in der Abgasanlage genutzten trägen Thermoelemente in Relation zur benötigten thermodynamisch mittleren Temperatur einen zu geringen Wert anzeigen, da die kurzzeitigen Phasen großer Massenströme mit hoher Temperatur unterbewertet werden. Dieser Fehler durch die zeitliche, kaum enthalpiegewichtete Mittelung der Thermoelemente kompensiert die Vernachlässigung der Wandwärmeverluste, da die resultierenden Temperaturänderungen erfahrungsgemäß in ähnlichen Größenordnungen liegen.

Zur Absicherung der Berechnung von Temperaturverlauf im Abgaskrümmer und Massenstrom durch die Turbine stellt eine iterative Adaption des effektiven Turbinenquerschnitts A_{eff} in der Berechnung sicher, dass die zeitlich mittlere Temperatur der vor Turbine gemessenen entspricht, sowie dass der mittlere Massenstrom mit der Summe aus gemessenem Luft- und Kraftstoffmassenstrom übereinstimmt.

2.3 Turboladerwirkungsgrad

Zur Bestimmung des Turbinenwirkungsgrades wird das Leistungsgleichgewicht zwischen dem starr gekoppelten System aus Verdichter und Turbine genutzt. Der Prozess über den Verdichter ist in Druck und Temperatur zeitlich deutlich weniger dynamisch als der Turbinenprozess und somit mit höherer Genauigkeit abzubilden. Der isentrope Verdichterwirkungsgrad ist definiert als Quotient aus isentroper und realer Enthalpiedifferenz über den Verdichter und kann durch Einsetzen der Isentropenbeziehung durch die Drücke und Temperaturen vor und nach dem Verdichter ausgedrückt werden.

$$\eta_{VTT} = \frac{h_{02,isentrop} - h_{01}}{h_{02} - h_{01}} = \left[\left(\frac{p_{02}}{p_{01}} \right)^{\frac{\kappa-1}{\kappa}} - 1 \right] \cdot \frac{T_{01}}{T_{02} - T_{01}} \quad (6)$$

Dabei werden üblicherweise die Totalgrößen der gemessenen Drücke und Temperaturen eingesetzt. Analog hierzu gilt für den Turbinenwirkungsgrad

$$\eta_{TTS} = \frac{h_{03} - h_4}{h_{03} - h_{04s}} = \frac{P_{T,real}}{P_{T,reversibel}}. \tag{7}$$

Wegen der sich innerhalb eines Arbeitsspiels stark ändernden Temperaturrandbedingungen, die mit hinreichender Dynamik kaum zu messen sind, wird der Turbinenwirkungsgrad über die reversible Turbinenleistung und die reale Verdichterleistung ermittelt. Dabei wird hinter der Turbine nur der statische Druck betrachtet, da die dort vorhandene kinetische Energie ohnehin nicht mehr genutzt werden kann.

$$\eta_{TTS} = \frac{P_V}{\eta_m \cdot P_{T,isentrop}} = \frac{\dot{m}_{Luft} \cdot c_{p,Luft} \cdot (T_{02} - T_{01})}{\eta_m \cdot \dot{m}_{Turbine} \cdot c_{p,Turbine} \cdot T_{03} \cdot \left[1 - \left(\frac{p_4}{p_{03}}\right)^{\frac{\kappa-1}{\kappa}}\right]} \tag{8}$$

In der Auswertung werden der Turbinenwirkungsgrad η_{TTS} und der mechanische Wirkungsgrad η_m gekoppelt betrachtet.

3 Prüfstandsaufbau

Der Aufbau der untersuchten Motoren erfolgt auf Prüfständen mit Wirbelstrombremse (Vierzylindermotor) beziehungsweise Pendelmaschine (Dreizylindermotor). Zum Abgleich der Prozessrechnung werden der Kraftstoffverbrauch gravimetrisch mit einer Kraftstoffwaage und der Luftdurchsatz volumetrisch in einem Drehkolben-Gaszähler bilanziert. Abbildung 3.1 zeigt den Prüfstandsaufbau des Dreizylindermotors, der wie im Fahrzeug um 45° zur Zylinderachse geneigt montiert ist.

Abb. 3.1 Dreizylinder Dieselmotor auf dem Prüfstand

Als Basis für die Zylinderdruckmessung wurde wegen des einfachen Zugangs ohne Änderungen am Zylinderkopf ein moderner ungekühlter Miniaturdruckaufnehmer in einem Glühkerzenadapter gewählt. Gemessen an dem einfachen Ansatz für die Prozessrechnung hat sich dessen Abbildungsgenauigkeit als mehr als ausreichend erwiesen. Die Referenzierung des Absolutdrucks erfolgt über einen Abgleich mit dem Absolutdruckaufnehmer im Luftverteiler in einem Kurbelwinkelbereich bei geöffnetem Einlassventil.

Die Absolutdruckverläufe des Aufladeaggregates werden mit piezoresistiven Absolutdruckaufnehmern gemessen, die in der Abgasanlage in wassergekühlten Adaptern montiert sind. Zusätzlich verfügen beide untersuchte Turbolader über einen Wirbelstromsensor, mit dem die auftretenden Laderdrehzahlen von bis zu 300000 1/min zuverlässig gemessen werden können. Die Datenaufzeichnung und Kurbelwinkelzuordnung erfolgt mittels eines kommerziellen 14-Bit-Indiziersystems. Die Abbildungen 3.2 und 3.3 vermitteln einen Eindruck über Aufladeaggregate und Messtechnik der beiden untersuchten Motoren.

Die serienmäßige Abgasrückführung der Motoren wurde zur Vereinfachung der Massenstrombilanzen außer Funktion gesetzt. Weiterhin ist zu beachten, dass die berechneten Massenströme nur in Betriebspunkten mit geschlossenem Waste-Gate Ventil gelten.

Bestimmung von Turboladerkennfeldern 217

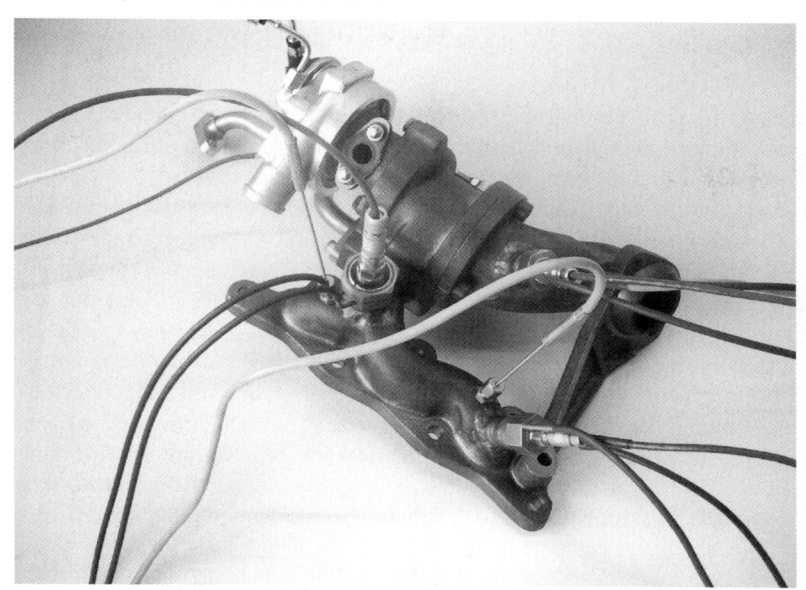

Abb. 3.2 Turbolader und Abgaskrümmer des Dreizylindermotors mit gekühlten Drucksensoren und Thermoelementen

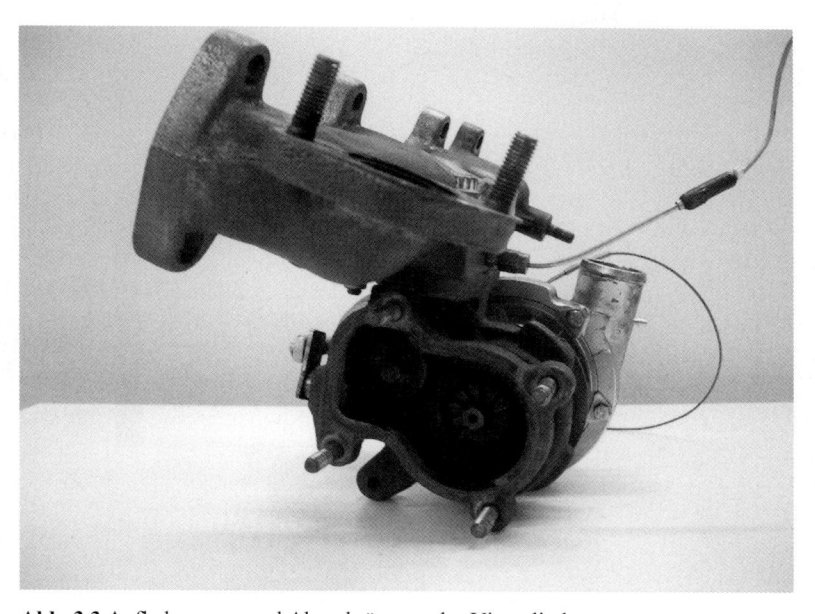

Abb. 3.3 Aufladegruppe und Abgaskrümmer des Vierzylindermotors

4 Ergebnisse

Die Messdaten für den stationären Motorbetrieb sind für 200 aufeinander folgende Arbeitsspiele aufgenommen und gemittelt worden, die Berechnung der Turboladergrößen basiert also auf einem repräsentativen mittleren Arbeitsspiel.

Als Einstieg in die Diskussion der Mess- bzw. Rechenergebnisse zeigt Abbildung 4.1 für den kleinen Dreizylindermotor den Gesamtwirkungsgrad des Turboladers als Produkt aus Verdichter-, Turbinen- und mechanischem Wirkungsgrad in dem Ausschnitt des Motorkennfeldes, in dem Messungen (die Punkte im Diagramm markieren die Stützstellen) durchgeführt wurden. Erwartungsgemäß für eine gut abgestimmte Aufladegruppe steigen die Wirkungsgrade mit zunehmendem Durchsatz, also mit steigender Motordrehzahl, aber auch mit steigender Last, an. Der Abstimmungskompromiss für das gesamte Kennfeld bringt es mit sich, dass im häufig genutzten Teillastbereich unten links im Diagramm keine guten Wirkungsgrade zu erwarten sind, da die Turbinenquerschnittsfläche für diese Massenströme zu groß dimensioniert ist, um einen ausreichenden Druckaufbau zu realisieren.

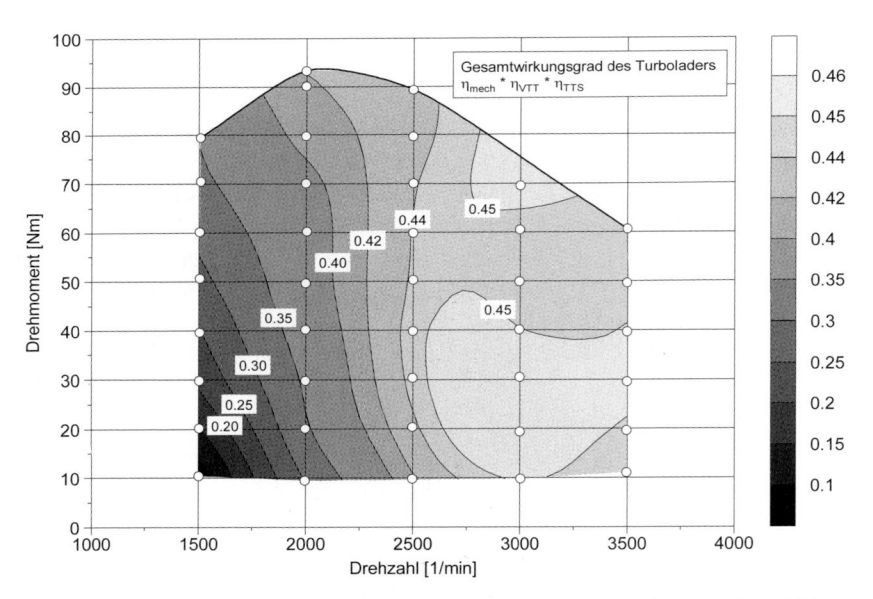

Abb. 4.1 Gesamtwirkungsgrad η_{ATL} des Turboladers des 0,8l Motors im Motorkennfeld

Auch die Absolutwerte der Rechenergebnisse liegen in einem plausiblen Bereich für den sehr kleinen Lader des Dreizylindermotors.

Einen Vergleich zwischen Messdaten vom Stationärprüfstand mit den Ergebnissen des hier beschriebenen Ansatzes am Motorprüfstand erlaubt Abbildung 4.2. Zur weiteren Differenzierung des Turboladerwirkungsgrades ist dort nur der isentrope Verdichterwirkungsgrad in der üblichen Kennfelddarstellung über dem bezogenen Verdichtervolumenstrom und dem Verdichterdruckverhältnis aufgetragen.

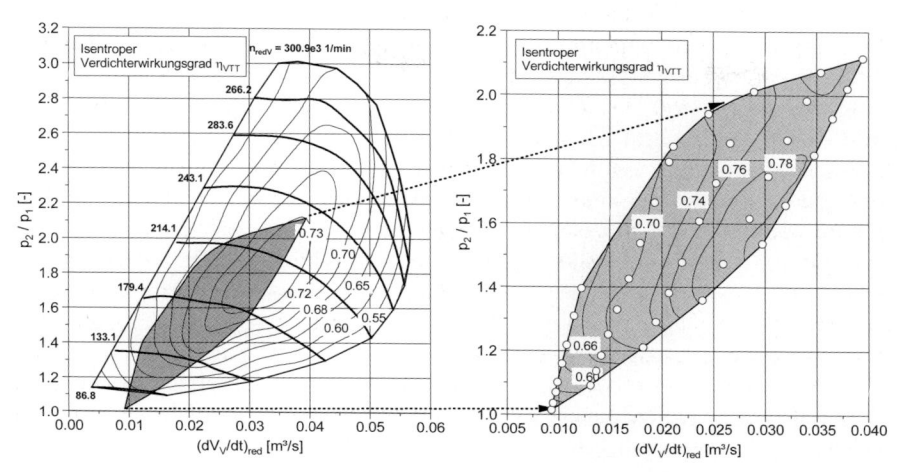

Abb. 4.2 Vergleich der Verdichterkennfelder des 0,8l Dreizylindermotors gemessen am Strömungsprüfstand [8] (links) und am Motorprüfstand (rechts)

Der Verlauf der Linien konstanten Wirkungsgrades im am Motor vermessenen Kennfeld stimmt gut mit den Strömungsprüfstandsergebnissen überein. Lediglich die Absolutwerte weichen um 3 bis 5 Prozentpunkte nach oben ab. Der am Motor genutzte Kennfeldbereich des Verdichters ist zumindest im stationären Betrieb deutlich kleiner als der am Turboladerprüfstand darstellbare.

Vor der Betrachtung der Turbinenkennfelder wird mit Abbildung 4.3 auf die Druck-, Temperatur und Massenstromrandbedingungen des Turbinenprozesses für beide untersuchte Motoren eingegangen. Es ist gut zu erkennen, dass die Druckverläufe und die daraus berechneten Massenstrom- und Temperaturverläufe für den Dreizylinder signifikant pulsierender sind als beim Vierzylindermotor. Die kleinere Turbine ist also sehr stark stoßbeaufschlagt.

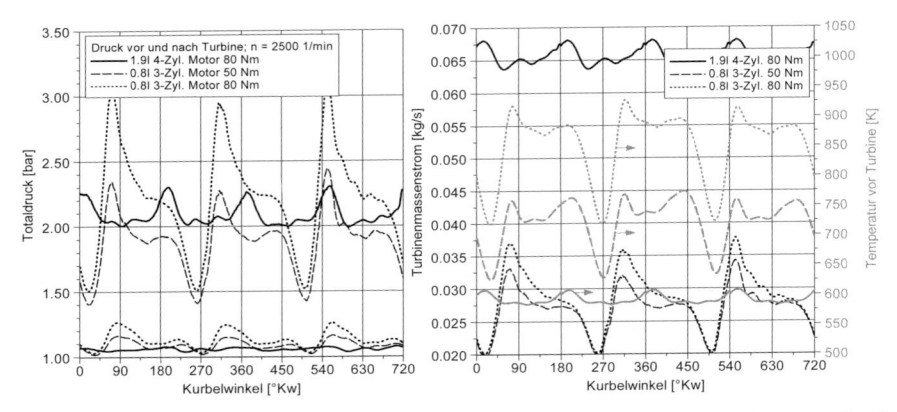

Abb. 4.3 Kurbelwinkelaufgelöste Druck-, Massenstrom und Temperaturrandbedingungen für die Turbinen des Dreizylindermotors und des Vierzylindermotors

Daraus resultieren Probleme bei der Turbinen-Wirkungsgradbestimmung nach dem hier genutzten vereinfachenden Ansatz, der diesen Anteil der Nutzung der kinetischen Abgasenergie zeitaufgelöst nicht darstellt. Abbildung 4.4 zeigt die kurbelwinkelaufgelösten Leistungen von Turbine und Verdichter beider Motoren sowie das daraus berechnete Produkt aus mechanischem Wirkungsgrad und scheinbarem Turbinenwirkungsgrad.

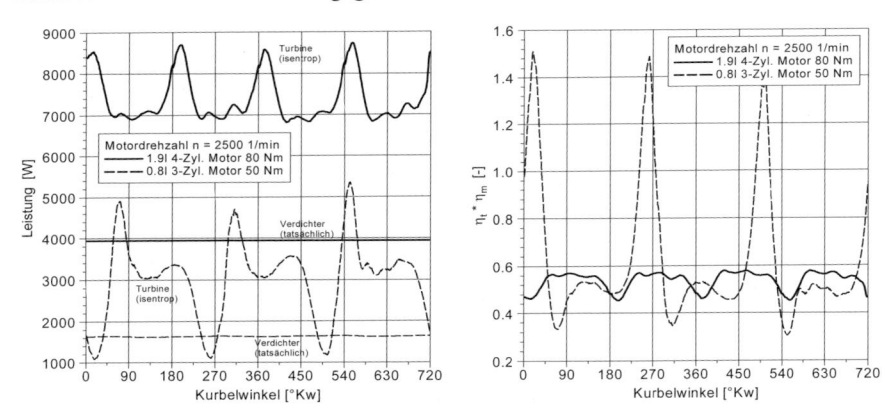

Abb. 4.4 Kurbelwinkelaufgelöste Verdichterleistung, isentrope Turbinenleistung und Turbinenwirkungsgrad bei 2500 1/min für den 0,8 l Dreizylindermotor und den 1,9l Vierzylindermotor

Aufgrund des kurzzeitigen Einbruchs der Turbinendrucks am Dreizylinder sinkt dessen Turbinenleistung unter die quasi konstante Verdichterleistung, womit der Wirkungsgrad auf unphysikalische Werte über Eins ansteigt. Eine enthalpiegewichtete Mittelung über das gesamte Arbeitsspiel, wie sie beim Vierzylindermotor problemlos darstellbar ist, bringt hier zwangsläufig zu große mittlere Wirkungsgrade mit sich. Es erweist sich als praktikabel den Wirkungsgrad bei dominanter Stoßaufladung nur mit den mittleren Leistungen von Verdichter und

Bestimmung von Turboladerkennfeldern 221

Turbine zu berechnen. In Abbildung 4.5 sind die Turbinenkennfelder des 0,8l Motors von Turboladerprüfstand und Motorprüfstand dargestellt.

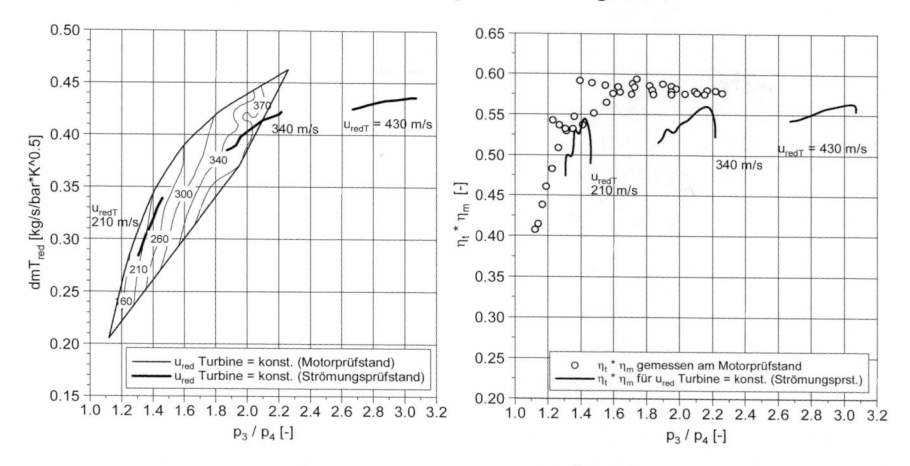

Abb. 4.5 Vergleich der Kennfelder für den Turbinenmassenstrom und den Turbinenwirkungsgrad zwischen Strömungsprüfstands- und Motorprüfstandsmessungen am Dreizylindermotor

Die Verläufe konstanter reduzierter Umfangsgeschwindigkeiten liegen für Motor- und Strömungsprüfstand fast übereinander. Die Turbinenschlucklinien werden also sehr gut abgebildet. Auch die Turbinenwirkungsgrade zeigen den vom Strömungsprüfstand erwarteten Verlauf. Erst ab Turbinendruckverhältnissen oberhalb von 1,6 ergeben sich am Motorprüfstand Wirkungsgrade, die um etwa 2 bis 3 Prozentpunkte höher sind als die Referenz der stationären Durchflussmessung. Insgesamt ist das gemessen an dem überschaubaren Auswertaufwand und der generell starken Sensitivität des Turbinenwirkungsgrades ein sehr gutes Ergebnis.

5 Zusammenfassung und Ausblick

Im Rahmen der hier vorgestellten Ergebnisse wurde das Potenzial eines mit einer einfachen Motorprozessrechnung gekoppelten Ansatzes zur Berechnung der Verläufe der isentropen Wirkungsgrade von Abgasturbine und Verdichter an einem Motorprüfstand nachgewiesen.

Dem geringen Umfang an spezifischen Modellparametern steht eine gute Abbildungsgüte des motorbetriebspunktabhängigen Wirkungsgradverlaufs der Aufladegruppe gegenüber. Auch an einem durch starke Stoßbeaufschlagung der Turbine gekennzeichneten Dreizylindermotor ergeben sich im direkten Vergleich mit Strömungsprüfstandsmessungen nur kleine Abweichungen. Damit steht ein Ansatz zur Verfügung, das Zusammenwirken von Abgasturbolader und Verbrennungsmotor direkt am Prüfstand zu untersuchen.

Für weiterführende Untersuchungen müssen die Effekte der Stoßbeaufschlagung ebenfalls detailliert berechnet werden, womit auch der kurbelwinkelaufgelöste Verlauf des Turbinenwirkungsgrads realitätsnah abzubilden sein sollte. Dabei besteht das Potenzial, das Zusammenwirken von Turbolader und Motor auch im transienten Motorbetrieb zu betrachten.

Die bestehenden Grenzen der Massenstromberechnung bei geöffnetem Waste-Gate Ventil oder aktiver Abgasrückführung bieten ebenfalls Raum für mess- und auswerttechnische Optimierung des hier beschriebenen Verfahrens zur Turboladerkennfeldmessung an Motorprüfständen.

6 Literatur

[1] Grigoriadis, P.; Müller, D.: Dynamisches Verhalten von Turboladern nahe der Pumpgrenze, Zwischenbericht über das FVV Vorhaben Nr. 845, Heft R 533, Informationstagung Motoren , Frankfurt am Main, Frühjahr 2006
[2] Hohenberg, G.: Der Verbrennungsablauf – ein Weg zur Beurteilung des motorischen Prozesses, 4. Wiener Motorensymposium, 1982
[3] Hohenberg, G.: Berechnung des gasseitigen Wärmeübergangs in Dieselmotoren, MTZ Motortechnische Zeitschrift 41, 1980
[4] Kessel, J.-A.: Modellbildung von Abgasturboladern mit variabler Turbinengeometrie an schnelllaufenden Dieselmotoren, Diss. TU Darmstadt, 2003
[5] Luján, J.M.; Bermúdez, V.; Serrano, J.R.; Cervelló, C.: Test Bench for Turbocharger Groups Characterisation, SAE 2002-01-0163, Warrendale, PA, 2002
[6] Naundorf, D.; Bolz, B.; Mandel, M.: Design and Implementation of a New Generation of Turbo Charger Test Benches Using Hot Gas Technology, SAE 2001-01-0279, Warrendale, PA, 2001
[7] Urlaub, A.: Verbrennungsmotoren, zweite Auflage, Berlin/Heidelberg, Springer Verlag, 1995
[8] Thiemann, W.; Finkbeiner, H.; Brüggemann, H.; Dietz, M; Nester, U.: The New Common-Rail Direct-Injection Diesel Engine for the smart, Offprint MTZ 60 vol. 11 and 12, Friedr. Vieweg & Sohn Verlagsgesellschaft mbH, Wiesbaden, 1999
[9] Zinner, K.: Aufladung von Verbrennungsmotoren, 3. Auflage, Springer Verlag, 1985

Die Motor-Turbolader-Kopplung bei Regelung mittels variablem Düsenring

R. Baar

Kurzfassung

Die Auflading von Verbrennungsmotoren mittels Abgasturboladern ist eine effektive Maßnahme, in Kombination mit einer Variation der Einspritzung die Motorleistung, sehr variabel zu gestalten. Zur Realisierung hoher Anforderungen an einen weiten Betriebsbereich, eine gute Dynamik und geringe Emissionen ist dies nur durch leistungsstarke und flexible Aufladesysteme möglich. Hohe spezifische Leistungen, ohne die Downsizing und damit verbundenen Verbrauchsreduzierungen nicht möglich sind, lassen sich nur mit Turboladersystemen realisieren, die den Ladedruck bedarfsgerecht regeln können. Daher haben sich bei PKW-Dieselmotoren Turbolader durchgesetzt, die mit einem variablen Düsenring geregelt werden, weil sie bezüglich der Zielstellungen der Motorentwicklung optimale Voraussetzungen schaffen. Die Funktionsweise eines Turboladers mit variablem Düsenring wird durch eine Veränderung des Strömungsquerschnitts im Eintrittsleitkranz vor der Turbine bestimmt, die Veränderung der Strömungsrichtung hat nur sekundäre Wirkung.

1 Einleitung

Die Bedeutung der Auflading hat in der Motorentechnik in der aktuellen Vergangenheit sehr stark zugenommen. Der Einsatz von Turboladern war ein Grund für den Erfolg von Dieselmotoren in den letzten Jahren. Dabei hat die Regelung mittels eines aus Leitschaufeln gebildeten, variablen Düsenrings vor dem Turbinenrad eine bedeutende Rolle gespielt. Heute hat nahezu jeder Dieselmotor einen Turbolader, der Anteil aufgeladener Ottomotoren ist noch verhältnismäßig gering. Es wird allerdings erwartet, dass der Anteil der aufgeladenen Motoren durch Zunahme des Anteils an Dieselmotoren sowie Zunahme des Anteils aufgeladener Ottomotoren langfristig weiter wachsen wird. Die Technologien zur Erfüllung gleichzeitig steigender Anforderungen hinsichtlich Verbrauch, Emissionen und Leistung werden auf verschiedenen Ebenen intensiv weiterentwickelt und die Auflading spielt dabei stets eine zentrale Rolle. Hierzu werden bei der Mehrzahl der Verbrennungsmotoren unterschiedliche Abgasturbolader (Beispiel: Abb. 1) eingesetzt.

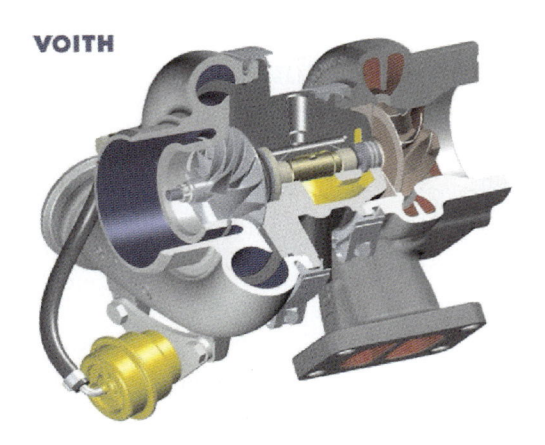

Abb. 1 Aufbau eines Abgasturboladers

Dies hat seinen Grund insbesondere darin, dass gegenüber anderen Aufladesystemen höhere Aufladegrade bei besseren Wirkungsgraden und verhältnismäßig geringem konstruktiven Aufwand am Motor erreicht werden. Turbolader sind die technische Voraussetzung, um durch Verkleinerung von Motoren bei gleicher Leistung den Kraftstoffverbrauch dadurch zu senken, dass die Reibung reduziert, die Wärmeverluste verringert, die Gemischbildung verbessert und der Betriebsbereich in verbrauchsgünstigere Bereiche verschoben wird („Downsizing"). Charakterisierend dafür steigt die spezifische Leistung der Verbrennungsmotoren in den vergangenen Jahren stetig an (Abb. 2).

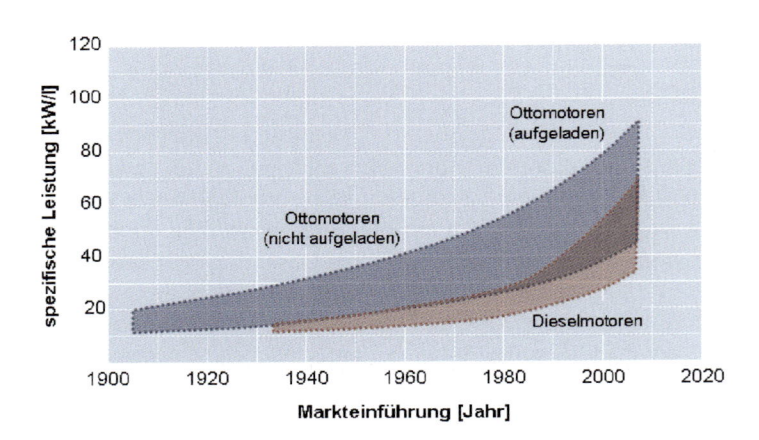

Abb. 2 Entwicklung der spezifischen Motorleistung

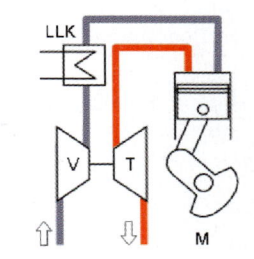

M   Verbrennungsmotor
LLK Ladeluftkühler
V   Verdichter
T   Turbine

Abb. 3 Prinzip der Turbo-Aufladung

Prinzipiell lässt sich sagen, dass die Aufladung von Verbrennungsmotoren dazu dient, die Luftmenge, die für den Verbrennungsprozess im Motor zur Verfügung steht, zu steigern, um bei bestimmten Vorgaben für das Mengenverhältnis aus Kraftstoff und Luft die Menge an zugeführtem Kraftstoff steigern zu können, um damit wiederum die Leistung des Motors zu steigern. Die Abgasturboaufladung hat ein thermo-fluid-dynamisches Antriebsprinzip. Die Energie zur Aufladung wird dem Abgas entzogen (Prinzip Abb. 3). Dies hat den Vorteil, dass dabei ein Teil der Wärmeenergie des Abgases genutzt werden kann, was den Wirkungsgrad des Motors verbessert. Dabei erfolgt die Energiebereitstellung durch eine Turbine prinzipiell dadurch, dass Abgas durch die Turbine entspannt wird. Das Abgas wird vor dem Turbinenrad beschleunigt, im Laufrad wird die entsprechende Energie in Form von Drall auf die Welle übertragen. Für einen guten Wirkungsgrad ist eine hohe Leistungsdichte mit großen Umfangsgeschwindigkeiten des Laufrads nötig, was andererseits in verhältnismäßig kleinem Bauvolumen der Turbolader resultiert. Bei Motoren für Personenkraftwagen werden Turbolader eingesetzt, die Drehzahlen weit oberhalb von 200.000 1/min haben können und dabei hinsichtlich Struktur und Strömung an Grenzen stoßen. Eine spezifische Einschränkung des Betriebsbereichs von Abgasturboladern ergibt sich aus Strömungsinstabilitäten des Verdichters, die mit der sogenannten „Pumpgrenze" charakterisiert werden. Bei der genauen Regelung von Motorparametern, die über ein komplexes Zusammenspiel von Sensoren und Aktuatoren erfolgt, deren Mittelpunkt das elektronische Motorsteuergerät und Haupttreiber das Einspritzsystem darstellen, werden auch an den Abgasturbolader steigende Anforderungen an seine Regelung gestellt.

2   Die Regelung einstufiger Turbolader

Ein Fahrzeugmotor wird naturgemäß nicht nur im Nennpunkt, sondern in einem weiten Last- und Drehzahlbereich eingesetzt. Bei einem aufgeladenen Motor ist insbesondere die Änderung des Momentes durch Anpassung des Luftdurchsatzes in Abhängigkeit von der Drehzahl wichtig. Es gibt verschiedene Möglichkeiten, diesen mit Hilfe des Turboladers zu regeln. Heute sind bei einstufigen Systemen zwei Regelungsarten von Bedeutung (Abb. 4).

a) Regelung über Bypass - „WG"

b) Regelung über verstellbaren Düsenring - „VN"

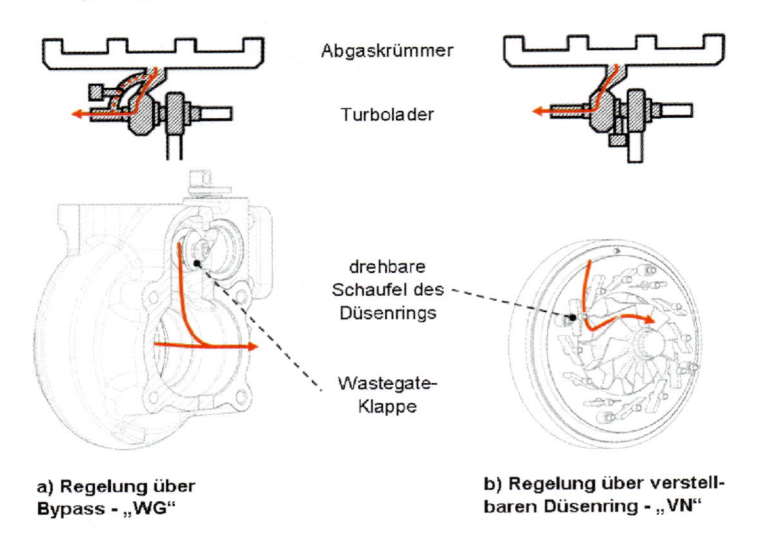

Abb. 4 Regelungsarten einstufiger Turbolader

Bei Turboladern mit Bypassregelung (Wastegate, WG) wird ein Teil des Abgasmassenstroms um die Turbine herumgeführt, sodass dieser Teil nichts zur Verdichterleistung beiträgt (Abb. 4a). Damit kann eine kleinere Turbine verwendet werden, die einerseits für höhere Motorleistung bei kleinen Motordrehzahlen und andererseits für eine verbesserte Motordynamik sorgt. Zur Begrenzung des Ladedrucks bzw. Vermeidung von Überdrehzahlen bei Nennleistung wird eine Klappe oder ein Ventil vor dem Bypass geöffnet. Die Regelung erfolgt selbstregelnd oder Kennfeld-gesteuert durch einen Überdruck-Aktuator, bei dem der Verdichterdruck an einer Membrane anliegt, die über ein Gestänge die Bypassklappe betätigt.

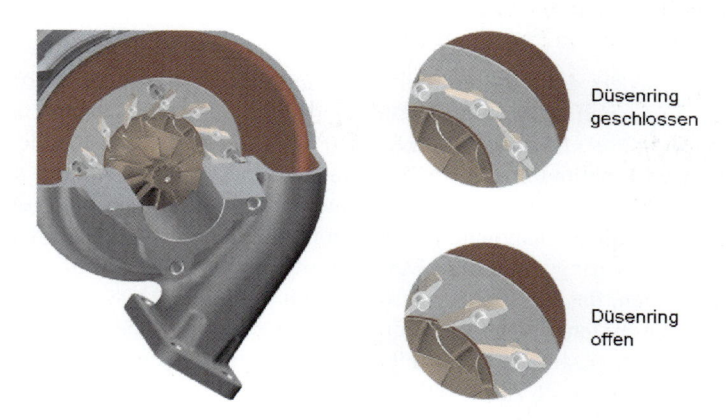

Abb. 5 Stellungen des Eintrittsleitkranzes

Turbolader mit Regelung über einen verstellbaren Düsenring (VN) nutzen im gesamten Betrieb den gesamten Abgasmassenstrom. Zur Verbesserung der Energieausnutzung und der Regelbarkeit hat sich in anspruchsvollen PKW-Dieselmotoren die Regelung mit dem verstellbaren Düsenring durchgesetzt (Abb. 4b; Technologie erstmals bei Dieselmotoren eingesetzt im Jahr 1996 im Audi/VW-4-Zylinder-Motor, 1.9l, 81kW und bei Ottomotoren im Jahr 2006 im Porsche-6-Zylinder-Boxermotor, 3.6l, 353kW). Hierbei wird der gesamte Abgasmassenstrom durch die Turbine geführt. Die Leitschaufeln bilden einen Düsenkranz, mit dem das Druckgefälle über die Turbine entsprechend der verdichterseitigen Anforderungen dargestellt und durch Verdrehung (Düsenring öffnen oder schließen, Abb. 5) variiert werden kann. Dabei steht die Düsenwirkung (Beschleunigung der Strömung) gegenüber der Leitwirkung (Richtung der Strömung) im Vordergrund. Die Nachteile (gegenüber Turboladern mit Bypassregelung) größerer Turbinenräder können durch diese Regelung hinsichtlich der Motordynamik überkompensiert werden. Der erweiterte Kennfeldbereich sowie die genauere Regelbarkeit haben sich insbesondere bei höheren Emissionsanforderungen als Vorteil erwiesen. Die Ansteuerung und Regelung des Verstellmechanismus erfolgt mit Hilfe eines pneumatischen oder elektrischen Aktuators.

Bei anderen aufgeladenen Motoren konnte sich die Regelung mit variablem Düsenring bisher noch nicht nennenswert durchsetzen. Bei LKW-Dieselmotoren stellen Ladedruck (und damit der Druck vor der Turbine) sowie hohe Laufleistung besondere Anforderungen dar. Bei Ottomotoren liegen die Herausforderungen an Konstruktion und Werkstoffe in der Höhe der Abgastemperatur begründet.

3 Kopplung von Motor und Turbolader

Der Regelungsbedarf der Turbine ergibt sich aus der Leistungsanforderung des Verdichters. Für einen optimalen Motorbetrieb wird der Verdichter bis an seine Grenzen herangeführt. Im Verdichterkennfeld kann die Motorvolllastlinie dargestellt werden (Beispielmotor, Abb. 6), wodurch dieser Zusammenhang deutlich wird. Im stationären Betrieb wird der Ladedruck ab einer mittleren Motordrehzahl begrenzt. Solche hohen Ansprüche lassen sich mittels Regelung des Antriebs über den variablen Düsenring darstellen. Der Turbinenbetrieb lässt sich im Turbinenkennfeld aufzeigen, das bei einem Turbolader mit variablem Düsenring aus mehreren Kennlinien bestehen. Diese Kennlinien repräsentieren, anders als beim Verdichter, hier einen gesamten Drehzahlbereich bei verschiedenen Stellungen der Eintrittsschaufeln (Abb. 7). Zusätzlich sind in dieser Grafik Wirkungsgradverläufe gezeigt. Die Motor-Volllastlinie erstreckt sich in dieser Applikation über den kompletten Regelbereich der Turbine. Bei kleiner Motordrehzahl sind auf Grund des verhältnismäßig kleinen Massenstromangebots die Schaufeln in geschlossener Stellung, um Gas aufzustauen. Die Schaufeln werden erst geöffnet, wenn das Turbinendruckverhältnis deutlich angestiegen ist. In dem Bereich, in dem das Verdichterdruckverhältnis konstant gehalten wird, kann das Turbinendruckverhältnis auf Grund des wachsenden Massenstroms durch weiteres Öffnen der Schaufeln abgesenkt werden. Hin zur Nennleistung steigt das Turbinendruckverhältnis wiederum an.

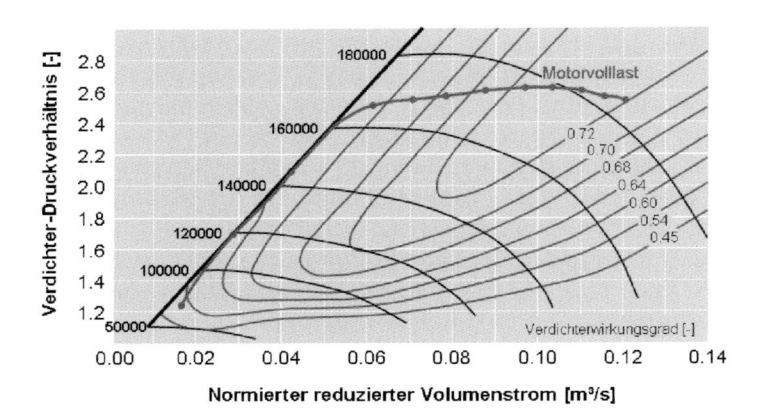

Abb. 6 Motorvolllast im Verdichterkennfeld

Die Motor-Turbolader-Kopplung bei Regelung mittels variablem Düsenring

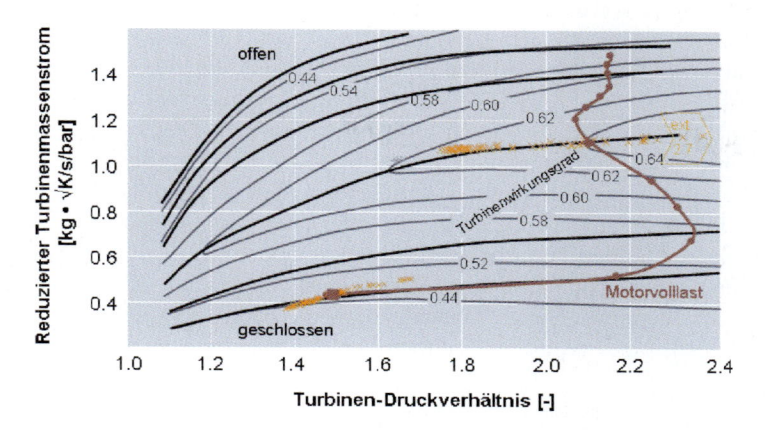

Abb. 7 Motorvolllast im Turbinenkennfeld

4 Typische Applikation variabler Turbolader

Zur Bewertung der Aufladung sind Turbolader-Zustandsgrößen im gesamten Motorkennfeld interessant. Besonders deutlich wird die Bedeutung der Regelung im Vergleich zwischen einem Motor mit ungeregeltem und einem Motor mit Düsenring geregeltem (VN) Turbolader (bezogener Vergleich, Abb. 8 - 11). Zunächst ist auffällig, dass der ungeregelte Turbolader bei kleinen Motordrehzahlen in einem Mitteldruck-Nachteil des Motors resultiert. Die Auslegung eines solchen Turboladers ist bedingt durch das fehlende Regelungssystem unflexibel und nur für einen kleinen Wirkbereich optimal. Es wäre möglich, durch eine kleinere Auslegung den Mitteldruck bei kleinen Motordrehzahlen zu steigern, dies würde jedoch zu Überdrehzahlen, Wirkungsgradeinschränkungen und Durchsatzgrenzen bei Nennleistung führen. Eine typische Applikation des Motors mit geregeltem Turbolader weist an der Volllast einen schnellen Ladedruckaufbau bei kleiner Motordrehzahl und verhältnismäßig konstanten Ladedruck zwischen dem maximalen Drehmoment (Mitteldruck) und der maximalen Leistung auf (Verdichterdruckverhältnis, Abb. 8), während im ungeregeltem Fall der Ladedruck kontinuierlich im gesamtem Kennfeld zunimmt. Diese Spezifika des Leistungsbedarfs am Verdichter spiegeln sich naturgemäß im Turbinendruckverhältnis wider (Abb. 9). Während sich das Druckverhältnis an der Turbine im ungeregelten ähnlich dem des Verdichters verhält und kontinuierlich im Kennfeld ansteigt, zeigen sich im geregelten Fall verschiedene Auffälligkeiten. Zunächst liegt der Maximalwert des Turbinendruckverhältnisses im Bereich des maximalen Drehmoments. Durch Schließen der Eintrittsleitschaufeln wird an der Turbine ein hoher Druck aufgestaut, der für den - gegenüber dem ungeregelten Fall - hohen Ladedruck genügend Energie bereitstellt. Im Bereich des konstanten Druckverhältnisses an der Volllast zwischen maximalem Moment und maximaler Leistung ist auch das Turbinendruckverhältnis verhältnismäßig konstant. Eine weitere Auffälligkeit stellt der Bereich eines ausgedehnten Turbinendruckverhältnisses bei mittlerer Motordrehzahl und mittlerem bis niedrigem Moment dar, der durch einen geschlossenen Düsenring realisiert wird. Der Hintergrund hierfür ist nicht primär in einem Leistungsbedarf des Verdichters zu sehen. Vielmehr drückt dies eine Besonderheit der Applikation aus, die sich aus den Emissionsanforderungen in dem relevanten Motorbetriebsbereich ergibt. Durch einen erhöhten Turbineneintrittsdruck ergibt sich ein erhöhtes Spülgefälle zwischen Turbine und Verdichter. Dieses wird genutzt, um die Abgasrückführmengen zu steigern. Diese Maßnahme wird dafür eingesetzt, in dem relevanten Bereich eines typischen Fahrbetriebs die Stickoxidemission zu minimieren.

Der Regelmechanismus des Turboladers lässt sich also nicht nur zur Leistungsoptimierung, sondern auch zur Emissionsoptimierung einsetzen. Die Stellung des Düsenrings hat natürlich auch Einfluss auf den Kraftstoffverbrauch des Motors. Eine Steigerung des Turbinendruckverhältnisses wird mit einem höheren Kraftstoffverbrauch im Motor „bezahlt" (Abb. 11). Das Regelungssystem alleine bewirkt hier offenkundig keinen Vorteil, bietet aber die Option, Motoren höher aufzuladen und damit über das sogenannte „Downsizing" den Verbrauch zu senken. Ein Blick auf die Abgastemperaturen der verglichenen Motoren zeigt, dass der Motor mit dem geregelten Turbolader bereits spezifisch höher belastet ist (Abb. 11).

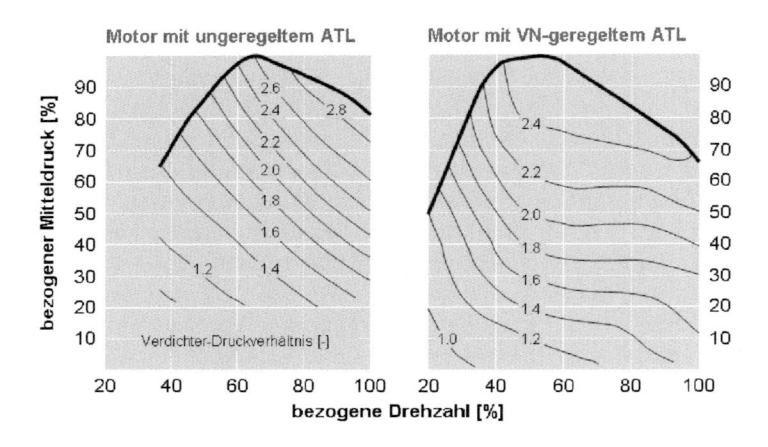

Abb. 8 Kennfeldvergleich, Verdichter-Druckverhältnis

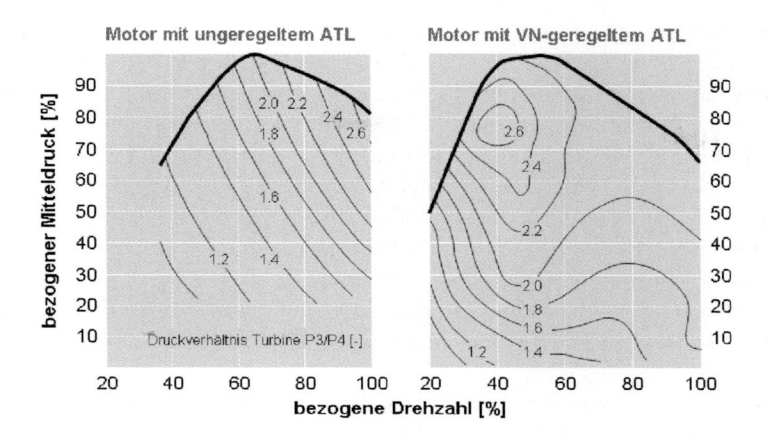

Die Motor-Turbolader-Kopplung bei Regelung mittels variablem Düsenring

Abb. 9 Kennfeldvergleich, Turbinen-Druckverhältnis

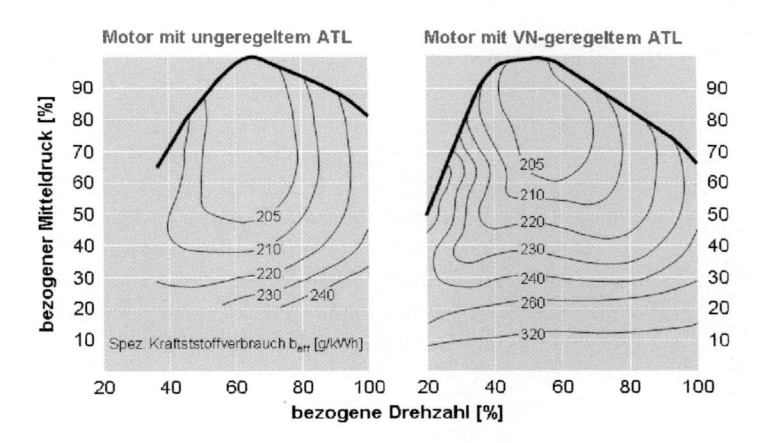

Abb. 10 Kennfeldvergleich, Kraftstoffverbrauch

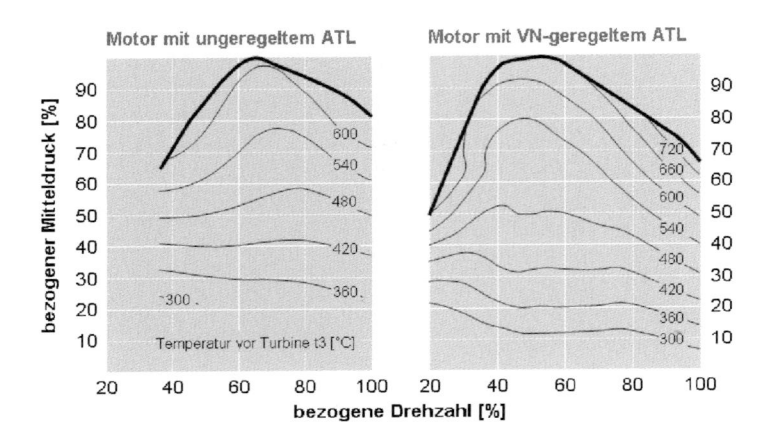

Abb. 11 Kennfeldvergleich, Abgastemperatur

5 Downsizing und Dynamik

Die Möglichkeiten, die die Aufladung für eine Leistungssteigerung bringt, sind wie bereits erwähnt ein Grund für den Erfolg des Dieselmotors. Ein Motor gleichen Hubraums (z.B. 2.0l, Prinzipdarstellung Abb. 12) lässt eine weites Spreizung der Leistung zu, indem der Ladedruck und damit die Luftmenge variiert wird (im Beispiel Leistung von 100kW, 125kW und 150kW bei 2.0l Hubraum). Basierend auf einer Applikation hoher Leistung (hier 150kW) kann die Leistung durch Reduzierung des Hubraums angepasst werden, ohne dass dabei die spezifische Leistung (Leistung bezogen auf Hubraum) reduziert (100kW, 1.3l) wird. Es zeigt sich, dass gleiche Motorleistungen mit Motoren unterschiedlichen Hubraums durch Anpassung des Ladedrucks darstellbar sind. Eine entsprechende Verringerung der Motorgröße wird als Downsizing bezeichnet. Verbrauchsvorteile ergeben sich insbesondere dadurch, dass Wärmeverluste und Reibung kleinerer Motoren vermindert sind. Dies wäre mit nicht- oder einfach-geregelten Turboladern in diesem Maße nicht möglich. Die Regelung mittels variablen Düsenrings ermöglicht eine variable Luftversorgung des Motors auch bei hohen spezifischen Motorleistungen. Grenzen ergeben sich einerseits dadurch, dass die Schaufeln nicht beliebig weit geschlossen werden können, ohne dass massive Wirkungsgradnachteile auftreten und andererseits dadurch, dass der Volllastbetrieb bereits bei niedriger spezifischer Motorleistung nahe der Verdichter-Pumpgrenze appliziert wird und eine höhere spezifische Motorleistung größere Verdichter mit ungünstigerer Pumpgrenze benötigt.

Die Motor-Turbolader-Kopplung bei Regelung mittels variablem Düsenring

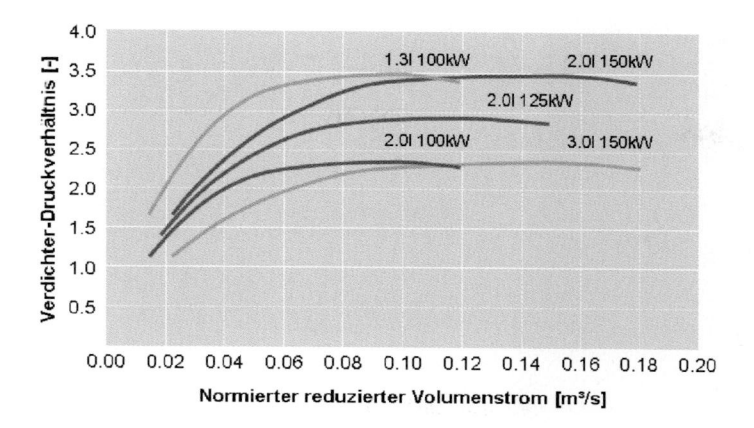

Abb. 12 Motorleistung, Hubraum und Aufladungsgrößen verschiedener Dieselmotoren

Bereits die vorherigen Vergleiche haben gezeigt, dass es schwer fällt, verschiedene Applikationen basieren auf gleichen Randbedingungen und Voraussetzungen angemessen vergleichbar zu bewerten. In der Praxis bewähren sich daher häufig vereinfachte Darstellungen, die die Auswirkungen von Ladersystemen bei bedeutenden Betriebspunkten miteinander vergleichen. Eine typische Applikation eines Motors weist hohe Ladedrücke bei niedrigen Drehzahlen und geringem Verbrauch bei Nennleistung auf. Es liegt also nahe, diese Zustände in Relation darzustellen (Beispiel Abb. 13). Dabei können Ladedruck und Verbrauch eines Motors mit Turbolader mit variabler Düsenringregelung (VN) beispielsweise verschiedenen Motorvarianten mit Turboladern unterschiedlicher Turbinengröße (gestrichelte Linie; kleinere Turbinen bewirken einen gesteigerten Ladedruck bei ebenfalls gesteigertem Verbrauch) verglichen werden.

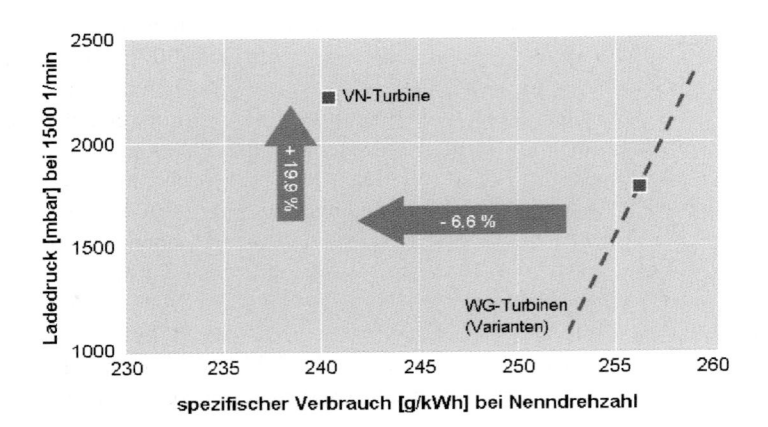

Abb. 13 Bewertungsmöglichkeit von Regelungssystemen

Die bisherigen Untersuchungen beziehen sich auf einen stationären Betrieb des Motors. Bekanntermaßen ist ein Nachteil des Turbomotors sein dynamisches Verhalten. Der Ladedruckaufbau eines Turboladers ist gegenüber dem stationären Betrieb reduziert, wenn eine Steigerung der Motorleistung dynamisch in einem kurzen Zeitraum erfolgt. Die Gründe dafür liegen darin begründet, dass Motor und Turbolader nur thermo-fluid-dynamisch gekoppelt sind. Einerseits muss im dynamischen Fall die Masse des Turbolader-Rotors beschleunigt werden (mechanische Trägheit), andererseits steht der Turbine erst zeitlich verzögert eine gesteigerte Gasmenge zum Antrieb zur Verfügung (thermische Trägheit).

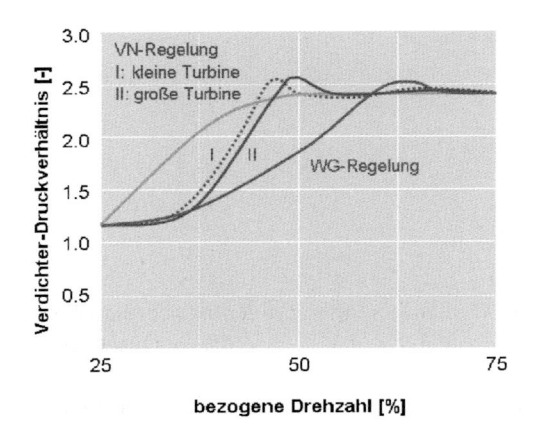

Abb. 14 Dynamischer Ladedruckaufbau

Zur Untersuchung des Turbolader-Einflusses werden Versuche am Motor durchgeführt, bei denen die Motordrehzahl an der Motorvolllast gleichmäßig in kurzer Zeit (bei einem 2l-Motor typischerweise von 1000U/min auf 3000U/min in 5 bis 15 Sekunden) gesteigert wird (Abb. 14). Der Motor mit einem Wastegate-Turbolader hat hier gegenüber der stationären Volllast (graue Linie) eine deutliche Abweichung. Die Regelung mit variablem Düsenring kann diesen Nachteil zumindest teilweise kompensieren, allerdings bleibt das „Turboloch" auch weiter bestehen. Dies ist zunächst umso erstaunlicher, da der Wastegate-Turbolader gegenüber dem variablen Düsenring-Turbolader ein kleineres Turbinenrad hat, weil im Nennlastfall nicht der gesamte Abgasmassenstrom durch die Turbine gefördert werden muss. Das kleinere Turbinenrad, das auf Grund der Materialdichte den größten Teil der Massenträgheit des Turboladerläufers ausmacht, bewirkt aber nur ganz am Anfang der Drehzahlsteigerung eine (sehr) kleinen Ladedruckvorteil. Danach bestimmt beim variablen Lader die flexible Energiebereitstellung der variablen Turbine den Ladedruckaufbau.

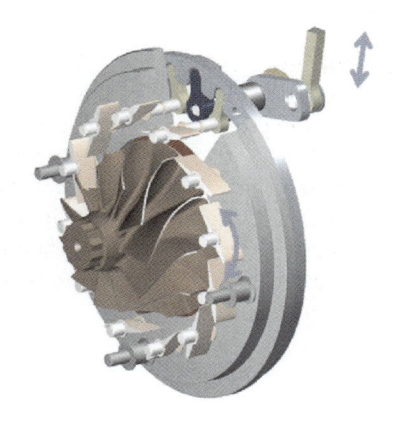

Abb. 15 Wirkweise des variablen Düsenrings

6 Wirkweise des Düsenrings

Die Auswirkung der Stellung der Schaufeln des variablen Düsenring (Abb. 15) ist mehrfach beschrieben worden. Es bleibt zu klären, wie dieser Düsenring tatsächlich wirkt.

Der Düsenring hat offenkundig zwei Auswirkungen auf die Strömung. Er beschleunigt die Strömung durch die Düsenwirkung der Eintrittsleitschaufeln und verändert zudem den Strömungswinkel. Für die Leistungsbereitstellung der Turbine ist das Druckverhältnis entscheidend, das wiederum primär durch den Eintrittsleitkranz bestimmt wird. Die Auswirkung der Strömungsrichtung soll im Folgenden dargestellt werden. Verallgemeinert kann gesagt werden, dass bei einer typischen Applikation die Schaufeln bei kleiner Motordrehzahl in geschlossener Stellung und bei großer Motordrehzahl in offener Stellung stehen (Abb. 16) und damit jeweils den Austrittswinkel aus dem Düsenring bestimmen. Der für die Strömung der Turbine optimale Eintrittswinkel in das Turbinenrad ist geometrisch festgelegt. Im nicht-rotierenden Bezugssystem stellt sich dieser Winkel im Motorkennfeld jedoch auf Grund unterschiedlicher Drehzahlen und Massenströme als variable Größe dar (Abb. 17).

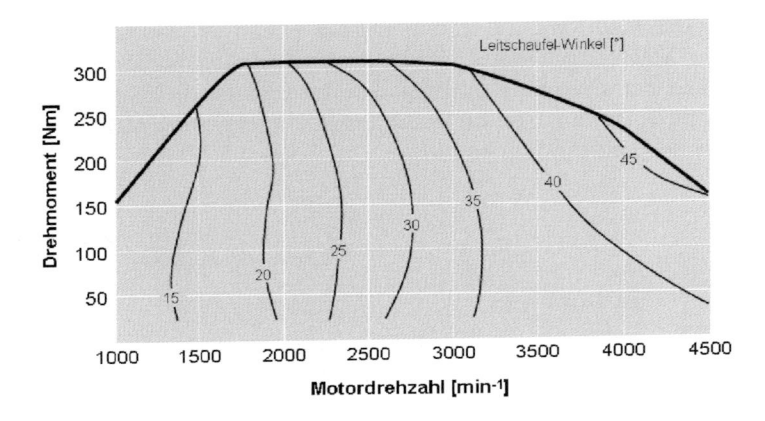

Abb. 16 Strömungswinkel am Austritt aus den variablen Düsenring

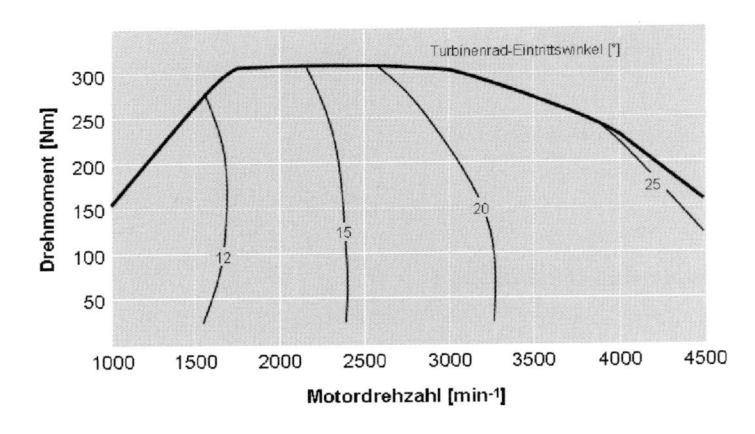

Abb. 17 Strömungswinkel am Eintritt in das Turbinenrad (raumfestes Bezugssystem)

Interessant ist eine Betrachtung der sich ergebenden prozentualen Abweichung der Zuströmung zum Turbinenrad, also der Differenz der Abströmung aus dem variablen Düsenring mit der Zuströmung zum Turbinenrad im nicht-rotierenden System (Abb. 18). Bei kleiner Motordrehzahl ist die Abweichung tatsächlich sehr klein und nahezu vernachlässigbar. Die Fehlanströmung nimmt aber hin zu größeren Motordrehzahlen zu. Hier zeigt sich, dass das System durchaus Optimierungspotential hat, da die Fehlanströmung Auswirkungen auf Funktionen wie Ladedruckaufbau, Verbrauch und Dynamik hat. Es gibt die Möglichkeit, die Abweichungen zu minimieren, was jedoch sehr individuelle konstruktive Lösungen mit entsprechenden Aufwendungen bedeuten würde.

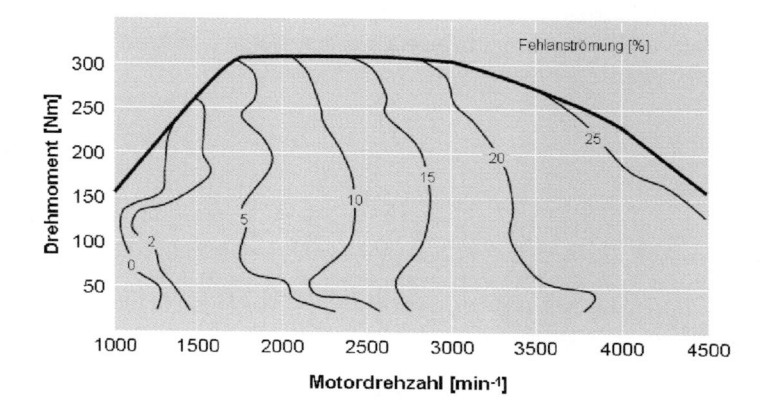

Abb. 18 Fehlanströmung zwischen Düsenring-Abströmung und Laufrad-Zuströmung

7 Ausblick

Die Aufladung von Verbrennungsmotoren hat seit einigen Jahren eine Schlüsselrolle bei der Verbesserung von Verbrennungsmotoren eingenommen. Mit ihr lassen sich alle relevanten Bereiche eines Motorbetriebs beeinflussen. Solange Kraftstoffe als Energiespeicher für Antriebssysteme verbrannt werden, wird die Bedeutung der Aufladung zunehmen. Sowohl Lader- als auch Motorhersteller arbeiten daher intensiv an neuen Technologien. Obwohl sich der Turbolader seit seiner Erfindung 1905 im grundsätzlichen Aufbau nicht wirklich verändert hat, so gab es doch gerade in den letzten Jahren viele bedeutende Erfindungen rund um die Aufladung. Es ist damit zu rechnen, dass sich in den kommenden Jahren einige neue Technologien durchsetzen werden. Hier sind neue Regelungsarten zu nennen, z.B. auch die Realisierung von Kennfelderweiterungen durch variable Verdichter. In der Zukunft werden sich zudem eine Vielzahl an erweiterten Ladersystemen etablieren. Auch zweistufige Systeme aus zwei Turboladern oder einem

Turbolader und einem mechanischen Lader können dafür die Basis sein. Schließlich kann davon ausgegangen werden, dass der Anteil aufgeladener Ottomotoren kontinuierlich ansteigen wird, nicht zuletzt um durch deutliche Verbrauchseinsparungen den hohen Kraftstoffpreisen Rechnung zu tragen. Dies bedeutet, dass sich neue Technologien zur Turbolader-Regelung für die spezifischen Anforderungen von Ottomotoren durchsetzen werden. Dies können Turbolader mit variablem Düsenring sein.

Die Komplexität des Aufbaus von Turboladern mit variablem Düsenring begrenzt in heutigen Anwendungen noch die Zuverlässigkeit im Dauerbetrieb, was sich insbesondere bei hoher Laufleistung negativ auswirkt. Neue Systeme sind hier in Untersuchung und sollen Verbesserungen hinsichtlich Lebensdauererwartungen bringen. Weil variable Turbolader bestimmte spezifische Vorteile hinsichtlich Regelbarkeit und Bauraum aufweisen, werden sie sich trotz Weiterentwicklung anderer Systeme weiter durchsetzen.

8 Literatur

[1] Baines, Nicholas C.: Fundamentals of Turbocharging, Conceps NREC, 2005
[2] Golloch, Rainer: Downsizing bei Verbrennungsmotoren, Springer, 2005
[3] Braess, Hans-Hermann und Seiffert, Hans-Hermann: Handbuch Kraftfahrzeugtechnik, Vieweg 2007

Die Rolle der Simulation im Produktentstehungsprozess

T. Naumann

1 System- und Komponentenentwicklung in der Automobilindustrie

1.1 Mechatronische Systeme und Systemkomponenten

Mechatronische Systeme bzw. deren Komponenten bestimmen heute einen Großteil der Funktionalität in Kraftfahrzeugen. Der Begriff Mechatronik beschreibt die Zusammenführung und Kopplung von mechanischen, elektrischen und elektronischen Komponenten sowie Softwareanteilen zur Erfüllung einer Systemaufgabe. Beispiele hierfür sind Systeme der aktiven Fahrzeugsicherheit wie ABS, Elektronische Fahrwerksstabilisierungssysteme, elektronische Überlagerungslenkungen , Komfortsysteme wie aktives Kurvenlicht und Adaptive Cruise Control und regelungstechnische Systeme der Mororsteuerung, um nur eine Auswahl zu nennen.

Ein wesentliches Merkmal mechatronischer Systeme ist die digitale Verarbeitung von Prozessinformation und eine darauf basierende steuerungs- bzw. regelungstechnische Beeinflussung des mechanischen Energiestromes [2]. Mechatronische Systemkomponenten beinhalten mindestens eine Schnittstelle zwischen den Domainen Mechanik, Elektronik und Informationsverarbeitung. Beispielsweise wandeln Sensoren bzw. Aktoren mechanische in elektrische Information bzw. umgekehrt. Elektronische Steuergeräte (ECU's) verarbeiten elektrische Signale über digitale Rechenalgorithmen.

Die Mechatronik ist keine Grundlagendisziplin, sondern verknüpft die Wissensdomänen Mechanik, Elektrotechnik/Elektronik und Informationsverarbeitung zur Lösung von Systemproblemen. Mechatronische Aufgabenstellung stellen auf Grund ihrer domänenübergreifenden Komplexität hohe Anforderungen an die Entwurfs- und Validierungssystematik und bedingen ein tiefes System- und Domänenverständnis der am Entwurfsprozess beteiligten Personen. Systematisierte und vor allem formalisierte Entwicklungsprozesse sind deshalb Grundvoraussetzung für die qualitätsgerechte Entwicklung und Produktion mechatronischer Systemkomponenten. Mechatronische Fahrzeugsysteme lassen sich in der Regel nur unter detaillierter Einbeziehung der Regelstrecke Fahrzeug/Fahrer/Fahrzeugumfeld auslegen und validieren. Vor diesem Hintergrund müssen auch Simulationsverfahren für mechatronische Systemkomponenten die gesamte Systemkette abbilden können. Auf solche so genannten „In-the-Loop"-Simulationen wird in den folgenden Abschnitten detaillierter eingegangen.

1.2 Formalisierung von Produktentstehungsprozessen (PEP) für die Mechatronikentwicklung

Zunehmende Kundenorientierung sowie steigender Wettbewerbsdruck im Zuge der Globalisierung von Wertschöpfungsketten haben in den letzten beiden Dekaden zu einer drastischen Reduktion von Produktentstehungszeiten (Time to Market) bei gleichzeitig steigenden Anforderungen bezüglich Produkt- und Preisqualität geführt. Im Rahmen dieser globalen Veränderungsprozesse wurden sowohl bei Automobilherstellern als auch deren Zulieferern unternehmensinterne Prozesse konsolidiert, wobei dabei auf die Formalisierung und Optimierung des Produktentstehungsprozesses ein besonderer Schwerpunkt gelegt wurde. Im Zuge dieser Schwerpunktsetzung wurden branchenweit Projektmanagementpraktiken sowie das Projekt als temporäre, zielorientierte Arbeitsorganisation eingeführt. Trends der Gegenwart liegen weniger in der Verkürzung der Gesamtentwicklungszeiten sondern vielmehr im Frontloading von Prozessaufwendungen. Das heißt, dass für die Komponentenkonzeption und Validierung der Komponenten im allgemeinen weniger Zeit zur Verfügung stehen wird, die Phasen für die System- und Fahrzeugintegration hingegen tendenziell mehr Zeit in Anspruch nehmen werden. So hat sich beispielsweise bei gleichbleibender Gesamtdauer des PEP für Mechatronikkomponenten im Komfortmechatronikbereich die Dauer der ersten PEP-Phase bis zur Designfreigabe in den letzten 3 Jahren um durchschnittlich 20% verkürzt.

Formalisierte Produktentstehungsprozesse haben im Allgemeinen zum Ziel, unternehmensinterne Abläufe über mehrere funktional orientierten Bereiche - wie z.B. Vertrieb, Entwicklung, Simulation, Produktionsplanung, Validierung, Einkauf, Baureihen-/Plattformverantwortliche - sowie Arbeitsprodukte über mehrere Stufen der Lieferkette zeitlich zu synchronisieren. Dazu dienen in der Regel Meilensteine oder Gateways, die auf die Rahmenterminplänen eines Projektes abgestimmt sind, und bei deren Erreichen die Synchronität wichtiger Projektaktivitäten über Checklisten abgefragt wird. Üblicherweise werden Meilensteine/Gateways im Rahmen von sogenannten Simultaneous Engineering Teams freigegeben bzw. bei unbeherrschbaren Risiken eine Eskalation innerhalb des Unternehmens eingeleitet.

Abbildung 1 zeigt am Beispiel eines typischen Produktentstehungsprozesses die Synchronisation von Arbeitsprodukten im Projekt. Die erste Phase des Produktentstehungsprozesses (hier Gateway 1-3) hat im Allgemeinen den Zweck, die Entwicklungsschritte Anforderungsanalyse, Funktionsentwicklung, Architekturentwurf, Detaillierung und Produktvalidierung entlang ihrer kausalen Abhängigkeitskette abzubilden. Die Simulationsumfänge werden hierbei in der Regel als

Bestandteil dieser Entwicklungsschritte betrachtet, ohne weitergehende Detaillierungen vorzunehmen. In der Überlappungsphase von Produkt- und (Fertigungs-)Prozessentwicklung (Gateway 3-5) werden die Arbeitsprodukte aus den verschiedenen Funktionalbereichen synchronisiert, um nach Abschluss der Prozessvalidierung (Gateway 6-10) mit einem jeweils ausgereiften Produkt und Produktionsprozess in die Serienfertigung überzugehen.

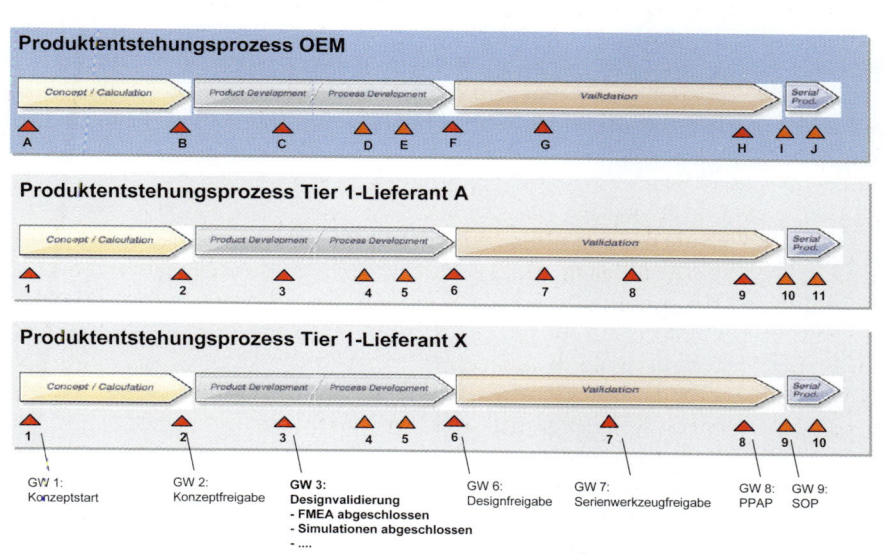

Abb. 1 Synchronisierte Produktentstehungsprozesse zwischen OEM und Lieferanten

Bezogen auf die Simulationsaktivitäten in einem Projekt hat diese Vorgehensweise zur Folge, dass nur der Zustand „Simulation abgeschlossen" überwacht wird, nicht jedoch der Reifegrad des Teilprozesses Simulation. Auch die Festlegung und Reifegradverfolgung einer Simualtionshierarchie (System, Mechanik, Elektronikhardware, Software) ist über diese Beschreibungsebene des Produktentstehungsprozesses nicht möglich. Hierin liegt eine generelle Schwäche des Metamodells der sequentiellen Gateway-gesteuerten Produktentstehungsprozesse begründet. Eine kontinuierliche Reifegradverfolgung oder gar die Steuerung einzelner iterativer Prozesse, wie sie im Rahmen des kreativen Entwicklungsprozesses üblich sind, ist nicht möglich. Abhilfe schaffen hier Modellansätze aus der Softwareentwicklung, wie z.B. Wasserfallmodelle oder das V-Modell [7], die mit der PEP-Beschreibung synchronisiert werden müssen.

1.3 Das iterative mechatronische V-Modell

Das iterative mechatronische V-Modell hat seinen Ursprung im Ende der 1980er Jahre für behördliche und militärische IT-Entwicklungen erarbeiteten V-Modell. Dieses umfassende Prozessmodell wurde seitdem kontinuierlich für die Anwendung in der IT und in der Embedded Softwareentwicklung weiterentwickelt und stellt in seiner jetzigen Form V-Modell XT eine komplette Prozess- und Methodenlandschaft für die Entwicklung softwarebestimmter System zur Verfügung.

Über den klassischen V-Modellansatz wird folgende Prozesskette abgebildet, wobei auf jeder Ebene des Modells ein Entwurfs- mit einem Test- bzw. Validierungsschritt korrespondiert:

1. Anforderungs-/Systemanalyse   (systemspezifisch)
2. Systemarchitektur   (systemspezifisch)
3. Systementwurf   (systemspezifisch)
4. Softwarearchitektur   (domänenspezifisch)
5. Softwareentwurf   (domänenspezifisch)
6. Software- (Unit)-Test   (domänenspezifisch)
7. Integrationstest   (systemspezifisch)
8. Systemintegration   (systemspezifisch)
9. Systemtest   (systemspezifisch)

Bis auf die Prozessschritte 4-6 lässt sich dieses Modell generisch auf jeden Entwicklungsprozess für mechatronische Systeme anwenden. Um auch die domänenspezifischen Entwurfsschritte innerhalb der Mechanik- und Elektronikhardwareentwicklung in den Prozessansatz des V-Modells integrieren zu können, wird das Modell um zwei zusätzliche V-Modelle für die Entwurfsdomänen Mechanik und Elektronikhardware erweitert, die sich aus dem Prozessschritt Systementwurf parallel zu den Prozessschritten der Software-Domäne ausleiten. (vgl. Abb. 4).

Das so entstandene einfache mechatronische V-Modell hat jedoch einen entscheidenden Nachteil im Bezug auf seine Anwendbarkeit als Beschreibungsmodell für Mechatronikentwicklungen in der Automobilindustrie. In der Regel erfolgt eine iterative Reifegradsteigerung der Produkte über so genannte Release-Stände oder Musterstufen, mit Hilfe derer die Synchronisierung zwischen Auftraggeber (OEM) und Tier-1-Lieferant im Fahrzeugtest und der darauf folgenden Anforderungsverfeinerung gesteuert wird.

Als Metamodell für Mechatronikprojekte mit schrittweiser Reifegradverbesserung (Release-Modell) wurde deshalb Anfang dieses Jahrzehnts das iterative Mechatronik-V-Modell eingeführt. Es kommt seitdem zunehmend in Unternehmen der Automobilindustrie zum Einsatz (Abb. 2). Dabei wird der Zyklus eines mechatronischen V-Modells mehrfach – in der Regel 3-4 Mal - durchlaufen. Am Beginn des ersten V-Modells steht die Spezifikation, die mit den Ergebnissen der Testschritte des ersten V-Modells weiter verfeinert wird, und dann wiederum Eingangsinformation für den nächsten V-Modell-Zyklus ist. Arbeitsprodukte eines jeden V-Modells sind Musterstände (Releases) des gewünschten Produktes, die von Kunden bewertet bzw. in die Fahrzeugumgebung eingebettet und getestet werden können. Der Musterstand am Ende des ersten V-Modells kann auch virtueller Natur sein, d.h. vollständig in einer Simulationsumgebung erstellt worden sein.

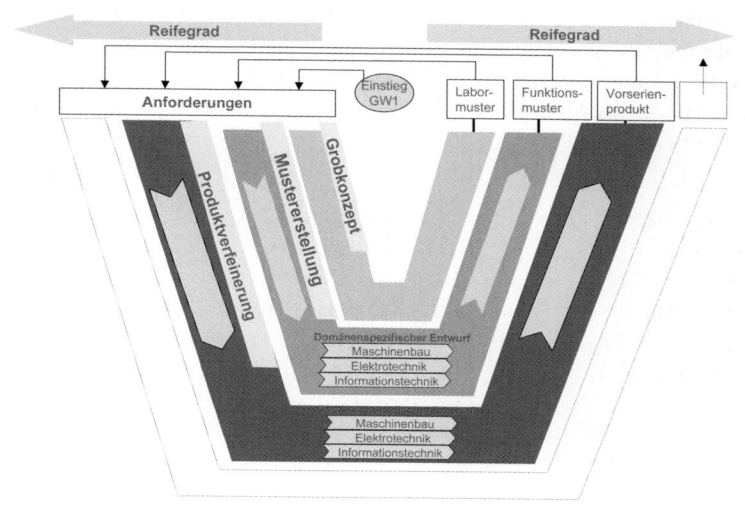

Abb. 2 Das iterative V-Modell nach [7]

Abbildung 3 zeigt die Verknüpfung des iterativen mechatronischen V-Modells mit einem Meilenstein-orientierten Produktentstehungsprozess. Als Synchronisationspunkte dienen hier Meilensteine des PEP, deren Terminierung auf die Lieferung von Musterständen ausgerichtet ist. Auffällig ist, dass bei der Entwicklung der Software des mechatronischen Produktes wesentlich mehr V-Modell-Zyklen erlaubt werden, als bei den System-, Mechanik-, und Elektronikhardware-Umfängen. Das liegt darin begründet, dass während der Entwicklung von Embedded Software auch Software-Releases entstehen, die ohne Änderung der Zielhardware bzw. Mechanik in Musterstände implementiert und getestet werden. Da hiervon die Abläufe in der Produktionsplanung und im Werkzeugbau weitestgehend unberührt bleiben, können diese Zwischenzyklen von der Synchronisation mit dem PEP ausgenommen werden.

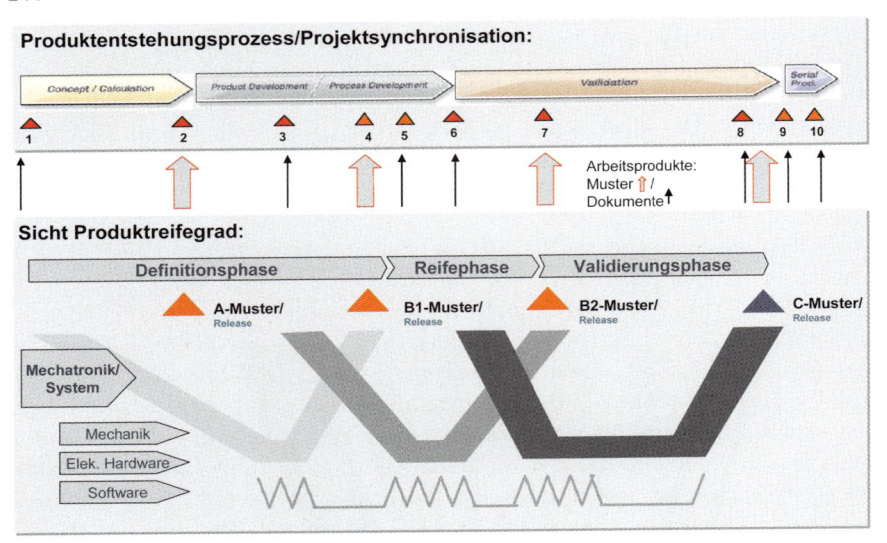

Abb. 3 Schnittstellen zwischen dem iterativen mechatronischen V-Modell und dem Produktentstehungsprozess (PEP)

Im Rahmen der oben definierten Prozesslandschaft kann eine detaillierte Beschreibung der systemischen und domänenspezifischen Entwicklungsschritte über den iterativen V-Modell-Ansatz erfolgen, ohne dass eine direkte Verbindung zum PEP hergestellt werden muss. Für die Planung der Simulationsumfänge in einem Mechatronikprojekt ist es hinreichend, die benötigte Simulationshierarchie reifegrad- und domänenspezifisch anhand des mechatronischen V-Modells festzulegen. Daraus ergeben sich folgende Vorteile in der operativen Projektplanung und -abwicklung:

- Der PEP gilt generisch für alle Produktentwicklungen in einem Unternehmen, unabhängig davon, welche Entwicklungsdomänen betroffen sind (reines Mechanikprojekt vs. komplexes Mechatronikprojekt)
- Das skalierbare V-Modell ist an die Entwicklungsaufgabe anpassbar, d. h. bei Bedarf lassen sich in jedem Prozessschritt Simulations- und Testumfänge ergänzen bzw. überspringen (Tayloring)
- Die Auswahl der jeweils richtigen Simulationsmethodik bleibt den Experten vorbehalten und wird nicht starr über den PEP vorgegeben

Im Folgenden soll aufgezeigt werden, wie Simulationsumfänge über das iterative mechatronische V-Modell definiert und verfolgt werden können.

2 Simulationsumfänge im iterativen mechatronischen V-Modell

2.1 Klassifizierung der Simulationsverfahren

Simulation kommt immer dann zur Anwendung, wenn die Erprobung des realen Systems zu zeit- oder kostenaufwendig ist, eine analytische Beschreibung des Systemverhaltens nicht möglich ist oder das reale System bzw. Teile des Systems noch nicht zur Verfügung stehen, sich also noch in ihrer Entwicklung befinden.

Ziel der Simulation ist es, über Experimente am Systemmodell Erkenntnisse über das reale Systemverhalten zu erlangen. Dazu ist zunächst ein Abstraktionsmodell des realen Systems bzw. seiner Teilsysteme zu erstellen und das gewünschte Abbildungsverhalten zu verifizieren. Für sich wiederholende Aufgabenstellungen, wie sie in der Systementwicklung der Automobilindustrie typisch sind, haben sich generische und in gewissen Grenzen parametrierbare Simulationsmodelle und -methoden - im Folgenden Simulationsverfahren genannt - etabliert.

Tabelle 1 gibt eine Übersicht über gängige Simulationsverfahren, die in typischen Produktentwicklungsprozessen für mechatronische Systeme zur Anwendung kommen. In der Überleitung auf die beiden Äste des V-Modells wird dabei zwischen entwurfsbegleitender und validierungsbegleitender Simulation unterschieden.

Auf Systemebene kommt den so genannten „In-the-Loop"-Simulationen eine besondere Bedeutung zu. Dabei werden das virtuelle Produkt bzw. Release-Stände des realen Produkts in ein Modell der Systemumgebung eingebunden und das Systemverhalten darüber simuliert. Ein solches Modell kann den Verbrennungsmotor, den Antriebsstrang oder gar das gesamte Fahrzeug mit abstrahierter Längs- und Querdynamik umfassen [4]. Sobald ein reales Produkt mit einem solchen Umgebungsmodell gekoppelt wird, handelt es sich in der Regel um einen Testlauf des Produktes. Deshalb werden die Verfahren Software-in-the-Loop (d.h. die Zielsoftware existiert, wird aber nicht auf der Zielhardware implementiert) und Hardware-in-the-Loop (Steuergerät mit Zielsoftware inkl. oder exkl. Sensoren und Aktoren existiert) als validierungsbegleitend eingestuft. Bei der Modell-in-the-Loop-Simultion sind sowohl die Systemkomponenten als auch das Systemumfeld virtuell. Die Motorprozessrechnung kann man den Modell-in-the-Loop-Simulationen zuordnen, so lange nur Steuergerätealgorithmen auf Modellebene eingebunden werden.

Tabelle 1 Klassifizierung der Simulationsverfahren

Domäne	Entwurfsbegleitende Simulationsverfahren	Validierungsbegleitende Simulationsverfahren
System/ Mechatronik	➢ MiL (Model in the Loop) ➢	➢ SiL (System in the Loop) ➢ HiL (Hardware in the Loop) ➢ Vehicle in the Loop, [1] ➢ ...
Mechanik/ Optik	➢ FEM (Finite-Elemente-Methode) ➢ CFD (Computional fluid dynamics) ➢ MKS (Mehrkörpersimulation) ➢ Lichtsimulation ➢	➢ Chrash-Simualtionen ➢ Weibull-Extrapolation ➢ Statische ppm-Berechnung über FMEA
Elektronikhardware	➢ Schaltungssimualtion (VHDL) ➢	➢ Thermosimulation ➢ FMEDA (Failure Mode Effects and Detection Analysis) ➢ FTA (Fault Tree Analysis) ➢ EMC-Simualtion ➢ ....
Software	➢ modellbasierte Entwicklung ➢ …	➢ White-Box-Simualtion (Test) ➢ ....

Neueste Technologien erlauben die Überlagerung von Umfeldsimulation und realem Fahrzeugversuch in Echtzeit. Mit einer solchen Methodik können beispielsweise virtuelle Fahrzeuge in das Sichtfeld eines Fahrers eingeblendet werden, um das Systemverhalten des adaptiv geregelten Tempomat bzw. des Bremsassistenten unter möglichst realen Umfeldbedingungen zu testen, ohne dass es zum Risiko eines Aufpralls kommt [1].

In-the-Loop-Simulationen haben generell den Vorteil, dass das Systemverhalten in gefährlichen Situationen wie bei Fahrzeugkollisionen und Komponentenversagen ohne Risiken für Fahrer und Umwelt überprüft werden kann. Solche Simulationen sind insbesondere in frühen Reifegradphasen der Systeme und ihrer Komponenten unabdingbar.

Die Rolle der Simulation im Produktentstehungsprozess

In den Domänen Mechanik und Elektronikhardware werden verstärkt Validierungsbegleitende Verfahren eingesetzt. FMEDA, FTA sowie Weibull-Simulationen erlauben über statistische Abstraktionen des Komponentenverhaltens die Vorausberechnung von Ausfallraten mechatronischer Komponenten im Feld. Übliche tolerierte Ausfallraten für Fahrzeugkomponenten liegen heute im Bereich weniger ppm/12 Monate. Ein Nachweis der Produktqualität über reale Systemversuche wäre wirtschaftlich nicht darstellbar. Fehlernetzsimulationen in Verbindung mit halbempirisch, analytisch oder messtechnisch ermittelten Komponentenzuverlässigkeiten erlauben hier zuverlässige Vorhersagen. Auch die Simulation von thermischen und elektromagnetischen Komponentenverhalten hat mittlerweile eine Qualitätsstufe erreicht, die eine effektive Komponentenoptimierung ohne kostenintensive Versuchsketten erlaubt.

In der Domäne Software ist der Simulationsbegriff streng genommen nicht anwendbar, da sich sowohl virtuelle (Simulation) als auch reale (Versuch) Experimente auf einen Algorithmus und damit nicht auf eine physische Systemkomponente beziehen. Im Rahmen der modellbasierten Softwareentwicklung werden allerdings komplexitätsreduzierende Abstraktionsebenen, wie Zustandsautomatenbeschreibungen und andere regelungstechnische Modelle eingeführt, die in ihrer Ausführung einen simulativen Charakter haben.

2.2 Abbildung der Simulation im systemischen bzw. domänenspezifischen Entwurfsprozess

In Abbildung 4 ist die Einbettung der beschriebenen Simulationsverfahren in die Prozessbeschreibung des mechatronischen V-Modells dargestellt.

"In-the-Loop"-Simulationen werden in der Systemebene des V-Modells platziert. Domänenspezifische Simulationsverfahren werden in der jeweiligen Entwurfsdomäne für Mechanik, Elektronikhardware und Software verplant.

Über die iterative Abarbeitung des V-Modells in Verbindung mit dem mechatronischen Produktentstehungsprozess (vgl. Abschnitt 1.3) ist sichergestellt, dass notwendige Simulationsverfahren in den verschiedenen Domänen zu jedem Releasestand zur Anwendung kommen. Je weiter man im PEP fortschreitet, desto stärker wird man die validierungsbegleitenden Simulationsumfänge zu Gunsten realer Testläufe auf Prüfständen bzw. im Fahrzeug reduzieren. Auch können sich die entwurfsbegleitenden Simulationsverfahren in Abhängigkeit vom Produktreifegrad verändern. So ist es zum Beispiel sinnvoll, MKS-Simulationen der Mechanikkomponenten in den frühen Durchläufen des V-Modells abzuschließen und später durch die Verfeinerung über Komponentensimulationen mittels FEM-Rechnungen zu ersetzen. HiL-Simulationen wiederum sind erst ab einem bestimmten Reifegrad der Systemkomponenten sinnvoll.

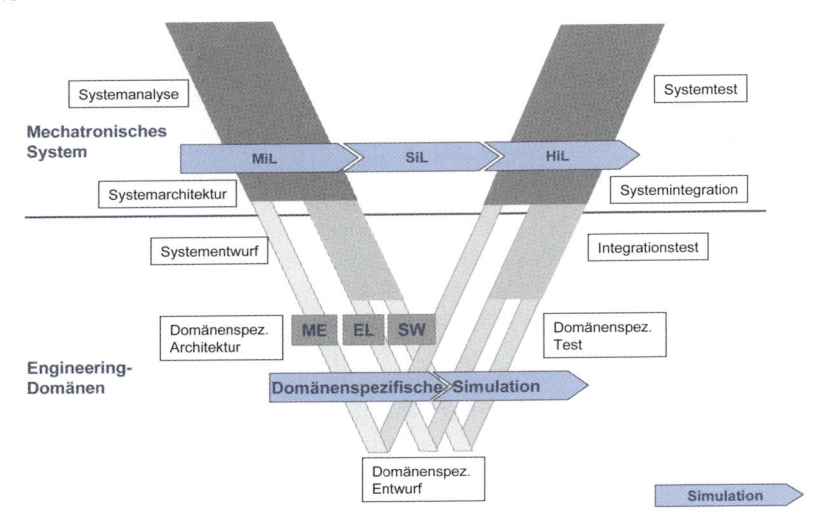

Abb. 4 „In-the-Loop"- bzw. Domänenspezifische Simulation im mechatronischen V-Modell

Zur gezielten Steuerung von Ressourcen (Simulatiosnexperten, Labors, etc.) ist es unerlässlich, alle Simulationsaktivitäten eines Produktentstehungsprozesses zeitlich und inhaltlich zu planen. Das Prozessmodell des iterativen mechatronischen V-Modells ist dazu sehr gut geeignet und wird deshalb heute bei führenden Automobilherstellern und deren Zulieferern angewendet.

3 Simulation im Rahmen der Kennfeldoptimierung von Motorsteuergeräten

3.1 Das Motorsteuergerät als mechatronische Systemkomponente

Der Entwicklungsprozess für Motorsteuergeräte folgt den im Kapitel 1 dargestellten Abläufen des iterativen mechatronischen V-Modells. Auf der Systemebene des V-Modells erfolgt die so genannte Funktionsentwicklung, in deren Ergebnis die Spezifikationsdokumente für die mechatronischen Systemkomponenten wie Sensoren, Aktoren sowie für die Softwareimplementierung liegen. Bereits im Rahmen der Funktionsentwicklung spielt die Simulation unter Einbeziehung des realen Motorverhaltens eine herausragende Rolle. Je nach Reifegradstufe und geforderter Modellqualität werden dazu einfache, aber echtzeitfähige Modelle mit eher qualitativem Charakter (Kennfeldmodelle, künstliche neuronale Netze) bzw. sehr genaue physikalische Prozessmodelle wie PROMO, THEMOS oder FIRE) eingesetzt, die Ladungswechsel-, Gemischbildungs- und Verbrennungsvorgänge auf Basis von konstruktiven Motordaten schon in einer sehr frühen Phase der Motor- und Steuergeräteentwicklung vorausberechnen können [5]. Ergänzt werden sie

Die Rolle der Simulation im Produktentstehungsprozess 249

über domänenspezifische, rechenintensive Simulationsverfahren, wie 3D-Ladungswechsel- bzw. Verbrennungssimulationen, deren Ergebnis über vereinfachte Schnittstellen dem Gesamtprozessmodell zur Verfügung gestellt wird. Auch halbempirische Modelle werden zur Modellierung von Teilsystemen herangezogen. Das gilt insbesondere für die Modellierung des Emissionsverhaltens von Verbrennungsmotoren, da hiefür kaum analytische oder numerische Berechnungsalgorithmen vorliegen.

In jedem iterativen Durchlauf des V-Modells erfolgt eine Bedatung der freien Funktionsparameter des Motorsteuergeräts. Mann spricht hierbei von der Steuergeräte-Kalibrierung. Diese kann virtuell, d.h. am Steuergerätemodell oder real im Steuergerät selbst erfolgen. In der Regel handelt es sich bei den Parametern um Steuerkennfelder bzw. Reglerparameter, deren Struktur im Rahmen der Funktionsentwicklung vorgegeben wurde. Abb. 5 zeigt die Entwicklung der Anzahl der in einem typischen Motorsteuergerät zu kalibrierenden Parameter. Moderne Steuergeräte verwenden physikalisch motivierte modellbasierte Ansätze in der Struktur ihrer Algorithmen, um eine weitere Explosion der Komplexität in der Applikation zu verhindern.

Mit den Simulationsverfahren MiL, SiL und HiL wird es möglich, die Steuergerätesoft- und -hardware parallel zur eigentlichen mechanischen Motorentwicklung voranzutreiben. Oben beschriebene Motor- bzw. Fahrzeugmodelle kommen dabei in jeder Detaillierungsstufe des Entwurfs- und Validierungsprozesses zum Einsatz.

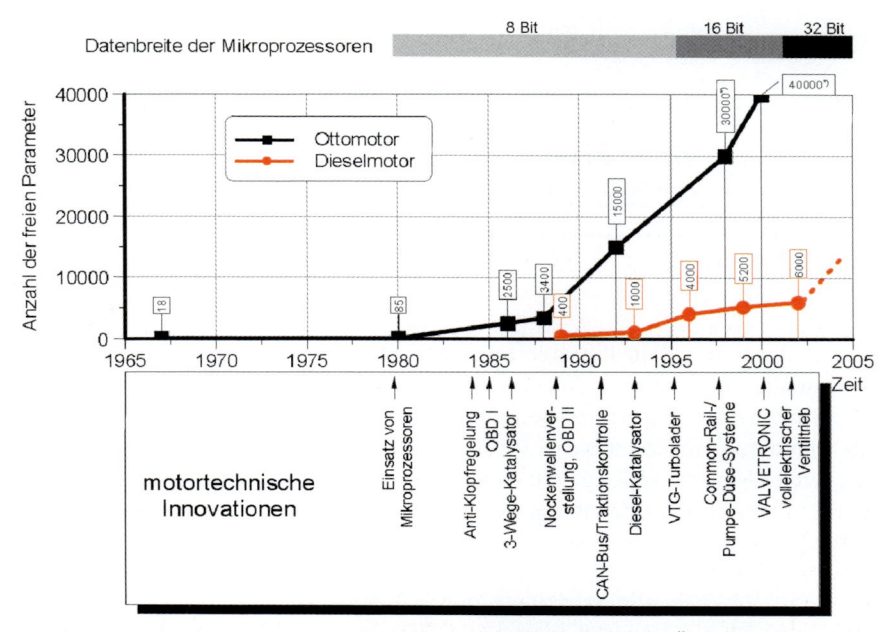

Abb. 5 Entwicklung der Anzahl der freien Parameter in Motorsteuergeräten[*)] Hochrechnung nach [3]

3.2 MiL, SiL und HiL-Simulation am Beispiel der Motorprozessoptimierung

Die Ermittlung optimaler Parametersätze von Motorsteuergeräten muss unter Berücksichtigung vielfältiger zum Teil konkurrierender Ziele durchgeführt werden. Ziele der Prozessoptimierung sind beispielsweise minimaler spezifischer Kraftstoffverbrauch, maximale Motorleistung/maximales Motordrehmoment und minimale Schadstoffemissionen. Ohne die Anwendung von Simulationsverfahren wäre eine effiziente und kostenseitig vertretbare Lösung dieser multikriteriellen Optimierungsaufgabe nicht möglich. Eine Kalibrierung des Steuergerätes auf Basis realer Messwerte am Motorenprüfstand bzw. im Zielfahrzeug ist zwar nach wie vor Bestandteil der Validierungsphase, kann aber durch Vorabdaten aus modellbasierten Optimierungsläufen deutlich effizienter und wirtschaftlicher durchgeführt werden.

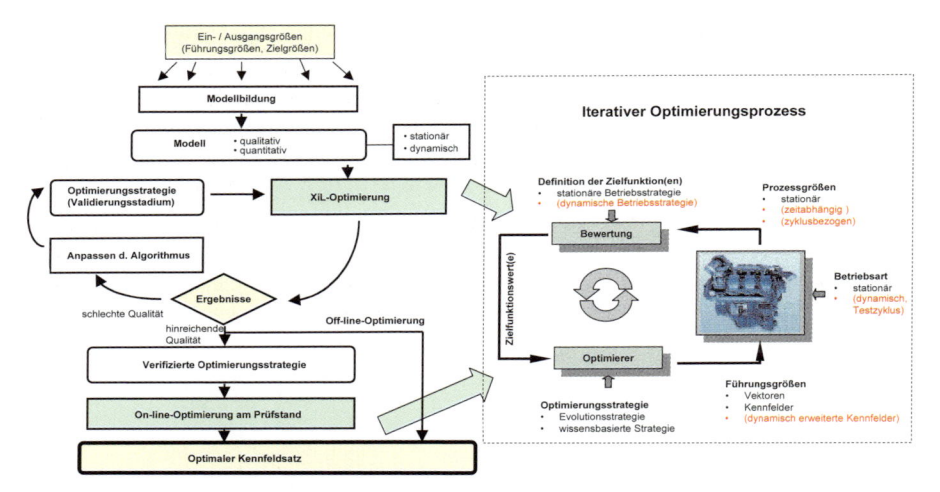

Abb. 6 Iterative Parameteroptimierung von Motorsteuergeräten (rechts) und Vorgehensweise zur Verifizierung der Optimierungsstrategie für die Online-Optimierung (links)

Im Folgenden sollen die drei Verfahren der „In the Loop"-Simualtionen als XiL-Simulation zusammengefasst werden. Welches Simulationsverfahren genau zum Einsatz kommt, hängt ausschließlich von Reifegrad des Motorsteuergerätes, also vom aktuell durchlaufenem V-Modell-Zyklus ab. In allen Fällen wird jedoch das gleiche Motormodell für die Simulation der geschlossenen Regelkreise verwendet. Dazu wird in der Regel zunächst ein mehr oder weniger exaktes parametrisches Motormodell erstellt, an dem mittels mathematischer Algorithmen optimale Parameterkombinationen für die Prozessführung errechnet werden. Die über diese XiL-Voroptimierung ermittelten Kennfelder und Parametersätze sind dann Basis für eine zumeist manuelle Kalibrierung am Motorenprüfstand – die Online-Optimierung. In Abb. 6 ist die beschriebene Optimierungskette dargestellt (rechts).

XiL- und Online-Optimierung stellen unterschiedliche Anforderungen an den verwendeten Optimierungsalgorithmus. Ziel der XiL-Optimierung ist es, das globale Optimum im Modell einzugrenzen, wodurch dann, eine ausreichende Modellgüte vorausgesetzt, nur noch wenige Online-Nachoptimierungen am Prüfstand notwendig sind. Die Anzahl der dafür benötigten Optimierungsschritte ist eher zweitrangig, da die Initialkosten zur Erstellung des Motormodells fix sind und darüber hinaus keine weiteren Prüfstandskapazitäten benötigt werden. Die Online-Optimierung hingegen verlangt schnelle Algorithmen, um kostenaufwendige Prüfstandskapazitäten zu schonen. Universalität und Robustheit sind für den Online-Optimierungsalgorithmus keine notwendigen Kriterien, da die Online-Optimierung bereits in der Nähe des globalen Optimums aufsetzt. Die für die XiL-Simulation in Frage kommenden Motorprozessmodelle wurden bereits im Abschnitt 3.1 vorgestellt.

Beiden Optimierungsaufgaben gemeinsam ist der Ansatz der sukzessiven Approximation. Eine analytische Lösung des Optimierungsproblems ist bei vielparametrischen, nichtlinearen Systemen, zu denen auch der Verbrennungsmotor gehört, in der Regel nicht möglich. Vielmehr werden hierzu schrittweise arbeitende mathematische Suchverfahren eingesetzt, die sich zumeist durch die Auswertung des Gradienten der Suchtrajektorie dem Optimum mit variabler Schrittweite nähern. Voraussetzung für die Konvergenz einer Optimierung ist das Vorhandensein einer mehrdimensionalen Zielfunktion, deren numerisches Optimum der vom Anwender definierten optimalen Motorbetriebsstrategie entspricht. Zielfunktion und Optimierungsverfahren bilden zusammen die Optimierungsstrategie. Eine Optimierungsstrategie muss in der Regel über umfangreiche XiL-Simulationsläufe verifiziert werden, bevor eine effiziente Online-Optimierung in Betracht gezogen werden kann (Abb. 6, links).

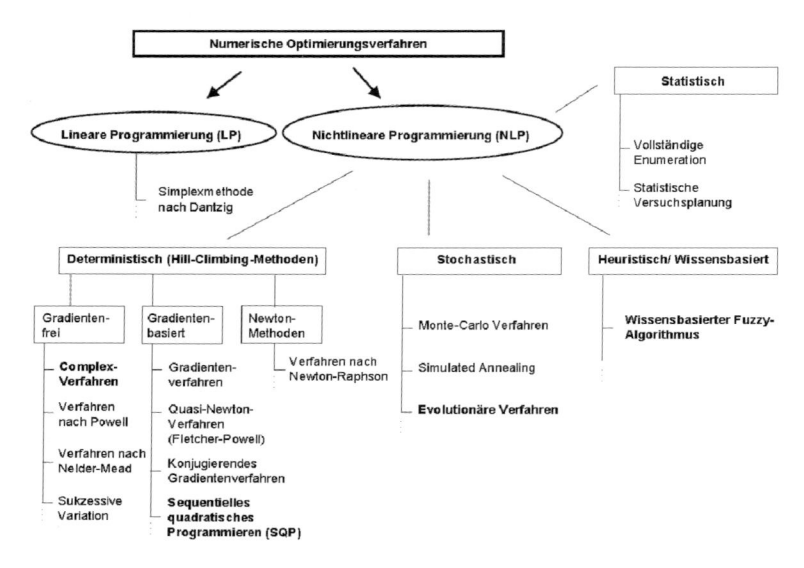

Abb. 7 Klassifizierung numerischer Optimierungsverfahren (fett: erprobte Verfahren für die XiL-Optimierung von Steuergeräteparametern)

Man unterscheidet darüber hinaus zwischen stationärer und dynamischer Motorprozessoptimierung, wobei man letztere noch in quasistationäre und echte dynamische Optimierung differenzieren kann [3]. Bei der stationären Optimierung handelt es sich um die Optimierung der Führungsgrößenvektoren beim Betrieb des Motors in einem nominellen Stationärpunkt. Die quasistationäre dynamische Optimierung variiert Stützstellen von Führungsgrößenkennfeldern unter der Annahme, dass sich ein Testzyklus aus aneinander gereihten stationären Motorbetriebspunkten zusammensetzen lässt. Je nach Aufgabenstellung sind dazu stationäre bzw. zyklusbezogene Prozessgrößen über eine problemspezifische Zielfunktion zu bewerten.

Die zur klassischen Lösung nichtlinearer Probleme am häufigsten verwendete Klasse der Suchmethoden werden unter dem Oberbegriff Hill-Climbing-Verfahren zusammengefasst, da sie in einer „Bergkuppe" des (n-dimensionalen) Zielfunktionals ein charakteristisches Merkmal für das Optimum sehen (Abb. 7). Darin liegt auch ein Nachteil dieser Ansätze begründet. Der Suchalgorithmus detektiert in der Regel das zum Startpunkt nächstgelegene lokale Optimum. Ob dieses tatsächlich der Optimaleinstellung im Sinne der Optimierungsstrategie entspricht, kann nur durch zusätzliche Untersuchungen herausgefunden werden. Die wachsende Komplexität des zu optimierenden Systems „Verbrennungsmotor" machte die Suche nach alternativen robusteren Algorithmen notwendig. So konnte durch den Einsatz stochastischer Algorithmen, wie der Evolutionsstrategie [6], die Robustheit im Sinne des Auffindens des globalen Optimums wesentlich verbessert werden. Dennoch ist auch bei diesen Verfahren insbesondere bei hoher Zahl freier Modellpa-

Die Rolle der Simulation im Produktentstehungsprozess 253

rameter die Praktikabilitätsgrenze schnell erreicht, da die benötigte Anzahl von Optimierungsschritten überproportional ansteigt bzw. gar kein Optimum mehr detektiert wird. In [3] und [5] wurde ein wissensbasiertes Verfahren vorgestellt, welches sich gegenüber den genannten Methoden durch folgende Merkmale auszeichnet:

- Fuzzy-basierter Interpretationsansatz auf Basis einer linguistischen Wissensbasis mit bereits bekannten motortechnischen Zusammenhängen
- Geringe Suchschrittanzahl und hohe Geschwindigkeit, da die Suchtrajektorie auf Basis bereits bekannten Motorwissens ermittelt wird (Eignung für Online-Optimierung)
- Die Robustheit des Algorithmus lässt sich durch Hinzufügen von neuen Regeln entsprechend dem steigenden Erfahrungsschatz des Anwenders schrittweise verbessern. Dazu sind keine mathematischen Spezialkenntnisse erforderlich
- Die Definition einer skalaren Zielfunktion entfällt, das Optimierungsziel ist Teil der Regelbasis

In Abb. 8 sind die XiL-Optimierungsläufe am Modell mit Fuzzy-Optimierer und mit Goal-Attainment- bzw. Quasi-Newton-Verfahren im Referenzbetriebspunkt gegenübergestellt. Man erkennt, dass der Fuzzy-Optimierer deutlich schneller zum Optimum findet als andere Strategien. Im gesamten modellierten Kennfeldbereich gelang es, unabhängig von der Wahl des Optimierungsstartpunktes eine Verringerung der für den jeweiligen Optimierungslauf benötigten Berechnungen um den Faktor 10 zu erzielen. Die Qualität des erreichten Abbruchpunktes liegt nicht unter der des globalen Optimums, welches die Hill-Climbing-Verfahren relativ exakt trafen. Prinzipbedingt variierende Ergebnisse des Fuzzy-Algorithmus bei unterschiedlichen Startpunkten sowie eine leichte Überschreitung der Emissionsgrenzwerte stellen in der Praxis keine qualitativen Einschränkungen dar.

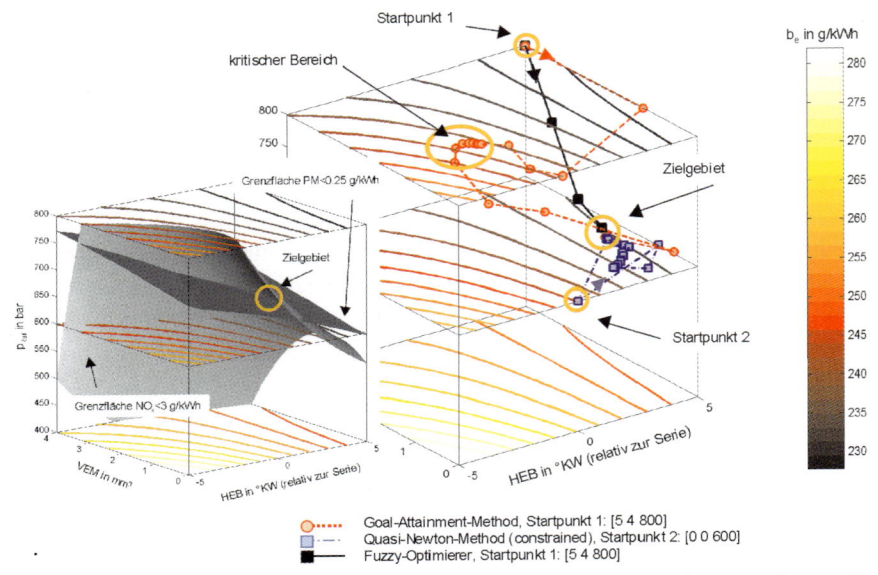

Abb. 8 Vergleich der Effizienz von XiL-Optimierungsstrategien am Beispiel einer stationären Betriebspunktoptierung eines Common-Rail-Dieselmotors (Parameter: HEB -Haupteinspritzbeginn, VEM - Voreinspritzmenge)

Der überragende Geschwindigkeitsvorteil des Fuzzy-Optimierers wird bei der Optimierung ganzer Führungsgrößenkennfelder deutlich, da sich hierbei die Effizienzvorteile der stationären Optimierung vervielfachen.

4 Fazit

Die Simulation von mechatronischen Systemen ist ein wesentlicher Beitrag zur kosten- und zeiteffizienten Entwicklung von Kraftfahrzeugen und deren Komponenten. Bei mechatronischen Systemen kommt neben domänenspezifischen Simulationsverfahren insbesondere den „In-the-Loop" (XiL)-Simulationsverfahren eine wachsende Bedeutung zu. Diese Verfahren erlauben es, Komponenten und Systeme unter Einbeziehung von geeigneten Umfeldmodellen zu simulieren und so aufwendige und zum Teil risikoreiche Versuche mit realen Fahrzeugen zu ersetzen. Bei der Entwicklung von Steuergeräten für mechatronische Systeme wird durch die Kombination von XiL-Simulation und modernen numerischen Optimierungsalgorithmen eine hervorragende Qualität bei der Funktionsentwicklung und in der modellbasierten Parameteroptimierung erreicht. Prozessmodelle wie das iterative mechatronische V-Modell erlauben eine strukturierte und planbare Einbettung aller notwendigen Simulationsaufgaben in den Produktentstehungsprozess für mechatronische Systeme und deren Komponenten.

5 Literatur

[1] Bock,T; Maurer, M.; van Meel, F.; Müller, T.: Kopplung virtueller mit realer Fahrerprobung. ATZ 110(01): 10-17, 2008.
[2] Isermann, R (Hrsg.): Fahrdynamik-Regelungen. Vieweg Verlag Wiesbaden, 1. Auflage 2006, Seiten 3-12.
[3] Naumann, T.: Wissensbasierte Optimierungsstrategien für elektronische Steuergeräte von Common-Rail-Dieselmotoren, Dissertation TU Berlin, Berlin, 2002
[4] Naumann, T.; Pucher, H.; Pumplun., K.: Optimierung von Betriebsstrategien dieselektrischer Hybridantriebe für Stadtbusse. Automobiltechnische Zeitschrift (ATZ) 102(2000)12, Seiten 1108-1115
[5] Pucher, H.; Naumann, T.: Fuzzy-basierter Optimierungsalgorithmus zur Online-Optimierung von Common-Rail-Einspritzsystemen. Motortechnische Zeitschrift (MTZ) 64(9), 2003
[6] Pucher, H.; Krause, F.-L.; Bauer, M.; Bredenbeck, J.; Raubold, W.: Online-Prozessoptimierung für aufgeladene Dieselmotoren. Motortechnische Zeitschrift (MTZ), 57(6):354-360, 1996
[7] Verein Deutscher Ingenieure (VDI): Entwicklungsmethodik für mechatronische Systeme. VDI-Richtlinie 2206, Beuth Verlag, 2004.

Modellbasierte Entwicklung verkürzt Entwicklungszeit

I. Friedrich, T. Offer, K. von Rüden

Kurzfassung

Trotz der steigenden technischen Anforderungen wird eine Verkürzung der Entwicklungszeiten und –kosten gefordert. Dies ist nur durch einen effektiveren Entwicklungsprozess machbar. Als ein möglicher Lösungsbeitrag wird nachfolgend die modellbasierte Entwicklung zunächst allgemein vorgestellt. Anschließend wird die Vorgehensweise durch Beispiele aus dem Bereich Aufladung bzw. Abgasnachbehandlung untermauert.

1 Motivation

Für die Entwicklung von Regelalgorithmen ist im Automobilbereich die Anwendung des V-Prozesses üblich, Abb. 1.1. In dessen linken Ast wird zunächst das grobe Konzept entwickelt, welches nachfolgend detailliert spezifiziert und anschließend konkret umgesetzt bzw. implementiert wird. Im rechten Ast wird diese Implementierung in das Gesamtsystem integriert und gegen die im linken Ast spezifizierten Erwartungen getestet. Erst bei der finalen Kalibration stellt sich heraus, ob die Kette erfolgreich durchlaufen wurde, oder ob ein Fehler aufgetreten ist.

Beim Durchlaufen des V-Prozesses hat die Komplexität aufgrund der fortschreitenden Detaillierung zugenommen. Wird also der Fehler erst am Ende der Kette festgestellt, so ist dessen Lokalisierung aufwändig. Da der Fehler unter Umständen bereits am Anfang der Kette gemacht wurde und sich dann durch die Kette fortgepflanzt hat, erfordert dessen Behebung eine große Schleife, welche entsprechend langwierig und kostenintensiv ist.

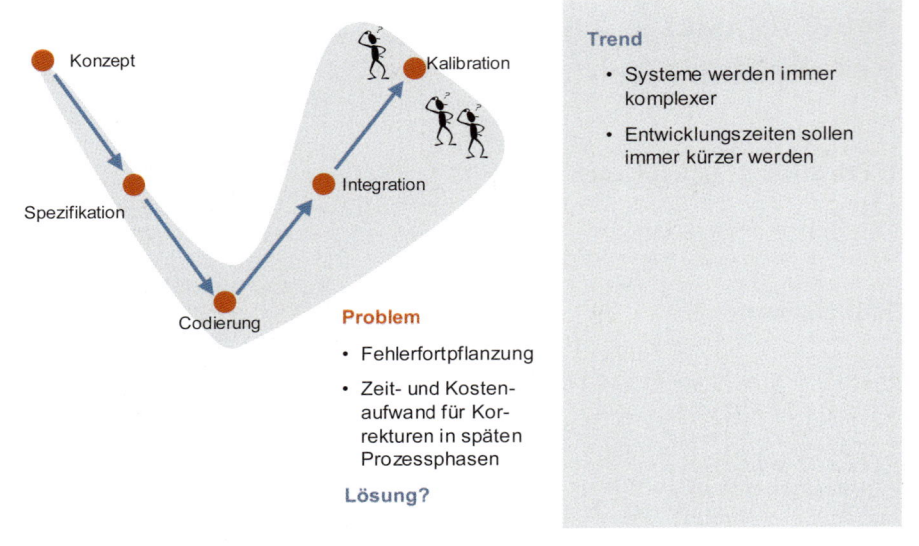

Abb. 1.1 Fehlerfortpflanzung im V-Prozess.

Eine Verkürzung der Entwicklungszeiten und -kosten resultiert also aus der frühen Fehlererkennung sowie den damit verbundenen kleinen Schleifen zur Fehlerbehebung. Somit stellt sich die Frage, wie die Fehler möglichst früh erkannt werden können. Hierfür bietet sich die Simulation an. Die Simulation kann bereits in frühen Projektphasen zum Testen genutzt werden, in denen ein Test in der Realität – z.B. mangels realer Bauteile - noch nicht möglich ist.

Bereits die Erstellung eines simulationsfähigen Motormodells steigert das Systemverständnis ("Modelling is learning"). Anschließend kann das Modell genutzt werden, um das Systemverhalten zu studieren, welches entscheidend für die Formulierung von neuen Lösungskonzepten ist, Abb. 1.2. Für die Konzept-Phase eignen sich besonders physikalisch basierte Modelle, da mit diesen basierend auf den grundlegenden geometrischen Eigenschaften das grobe Verhalten abgebildet werden kann. Datengetriebene black-box Modelle können in dieser Phase meistens noch nicht eingesetzt werden, da ein realer Prototyp als Datenlieferant hier im Allgemeinen noch nicht verfügbar ist.

Modellbasierte Entwicklung verkürzt Entwicklungszeit   259

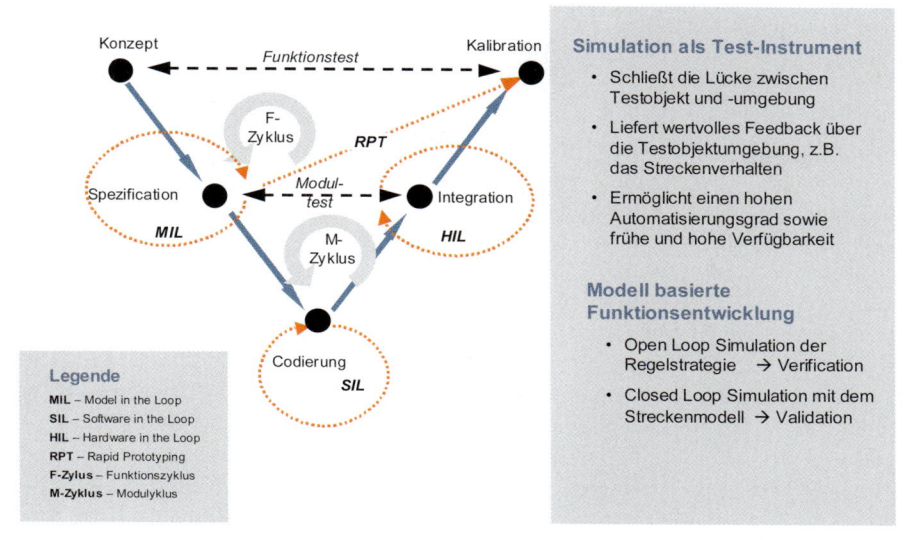

Abb. 1.2 Modellbasierte Entwicklung im V-Prozess.

Das Motor-Modell aus der Konzept-Phase wird in der Spezifikationsphase weiterverwendet. Unter Einsatz dieses Motormodells werden in einer graphischen Programmiersprache die Regelalgorithmen spezifiziert. Hierfür werden Blockschaltbilder miteinander verbunden und daraus das Modell für den Regelalgorithmus erstellt. Dieses wird im Zusammenspiel mit dem Motormodell fortlaufend gegen vorab definierte Anforderungen getestet (Model in the loop, MIL). Hierdurch wird die Entwicklung des Reifegrades mit dem Ziel verfolgt, genau dann die Spezifikationsphase zu beenden, wenn die Anforderungen (Testfälle) erfüllt sind. Eine Automatisierung der Testdurchführung und Reifegradentwicklung ist somit hilfreich. Werden alle Testfälle erfolgreich absolviert, kann die Spezifikation gemeinsam mit den Testdaten (Kalibrationswerte, Stimuli, Outputs) an die Implementierung übergeben werden.

In der Codierungsphase wird die grafische Spezifikation in Software, wie z.B. C-Code, umgesetzt. Fehler, die bei dieser Transformation entstehen, werden ebenfalls durch wiederholte Tests entdeckt und in somit klein gehaltenen Schleifen beseitigt (Software in the Loop, SIL). Erst durch die modellbasierte Entwicklung kann in dieser Phase gegen das Referenzverhalten, nämlich die o.g. Testdaten und -fälle aus der Spezifikationsphase, getestet werden. Ohne die modellbasierte Entwicklung wäre ein aufwändiger manueller Test erforderlich.

In der Integrationsphase kann aufgrund der MIL- und SIL-Tests davon ausgegangen werden, dass die Module jeweils den Anforderungen genügen. Ein Modultest ist im Falle der modellbasierten Entwicklung daher nicht mehr erforderlich. Die Tests in der Integrationsphase können sich darauf beschränken, ob die Module richtig interagieren. Da die Module nun auf dem Steuergerät integriert sind, können sie nicht mehr direkt stimuliert werden. Eine Anregung sowie Beobachtung der Module ist nur noch über die Inputs und Outputs des realen Steuergerätes möglich. Aus diesem Grund wird das Steuergerät nun in Kombination mit dem Motormodell betrieben (Hardware in the Loop). Für diese Tests können aus der Spezifikationsphase die Kalibrationswerte sowie jene Testfälle übernommen werden, welche auf das Gesamtsystem bezogen sind, wie z.B. ein Fahrzyklus.

Hinsichtlich der Kalibrationsphase wird durch die modellbasierte Entwicklung nicht nur ein höherer Reifegrad der Regelalgorithmen bereitgestellt. Zusätzlich erhält der Kalibrateur zum Start seiner Arbeit bereits eine Basis-Kalibration, auf der er aufsetzen kann. Dadurch kann die aufwändige Inbetriebnahme wesentlich verkürzt werden. Für die anschließende Optimierung der Kalibrationsdaten kann eine Nachsimulation der Messungen genutzt werden [6], [7].

Eine Zusammenfassung der Vorteile der modellbasierten Entwicklung ist Abb. 1.3 zu entnehmen. Trotz signifikanter Vorteile ist die modellbasierte Entwicklung (noch) nicht überall akzeptiert. Als wesentlicher Kritikpunkt wird der Aufwand genannt, der erforderlich ist, um eine modellbasierte Entwicklung umzusetzen: Zunächst muss ein geeignetes Motormodell erstellt werden. Weiterhin muss die grafische Spezifikation wirklich als Programmierung und nicht als Malwerkzeug genutzt werden. Dies erfordert eine interdisziplinäre Teamarbeit.

Neben der modellbasierten Entwicklung ist das Rapid Prototyping (RPT) ein mächtiges Werkzeug zur Effizienzsteigerung. Auf dieses wird hier jedoch nicht näher eingegangen.

Konzept	• "Modelling is Learning" → Studium des Streckenverhaltens • Quantitative Definition der Testfälle
Spezifikation	• Entwicklung im geschlossenen Regelkreis gegen Testfälle • Kontinuierliche Verfolgung des Reifegrades • Erstellung der ersten Kalibration • Modelle verwendbar für Kalibrationsoptimierungen • Erstellung von Referenzdaten für spätere Testfälle
Codierung	• Wiederverwendung von Testfällen und Referenzdaten
Integration	• Keine Modultests mehr notwendig • Schwerpunkt liegt bei der Untersuchung des Zusammenwirkens der Module mit dem Gesamtsystem • Wiederverwendung der globalen Testfälle • Wiederverwendung der Motormodelle für HIL-Anwendungen
Kalibration	• Wiederverwendung der ersten Kalibration • Wiederverwendung der Streckenmodelle für Kalibrationsoptimierungen gegen Messungen

Abb. 1.3 Vorteile der modellbasierten Entwicklung.

2 Zukunft erfordert physikalischbasierte Modelle

In der Motorenentwicklung werden je nach Einsatzgebiet und Entwicklungsphase Modelle unterschiedlicher Komplexität genutzt, die sich vor allem in örtlicher und zeitlicher Auflösung der zu untersuchenden Variablen unterscheiden. Für spezielle Anwendungsgebiete der Simulation spielt die Rechengeschwindigkeit eine entscheidende Rolle. So verursacht die Analyse des Gesamtfahrzeugverhaltens bei einer großen Modelltiefe der einzelnen simulierten Baugruppen sehr hohe Rechenzeiten. Typische Anwendungen sind die Abstimmung der Aufladeaggregate im transienten Betrieb und die Entwicklung von Regelkonzepten [1], [2]. Schnelle Rechenmodelle ermöglichen hier unter vertretbarem Zeitaufwand eine hohe Zahl an Parametervariationen. Noch höhere Anforderungen an die Rechengeschwindigkeit stellen Simulationsanwendungen im Rahmen der modellbasierten Entwicklung und Validierung von Steuergerätefunktionen in einer „Software in the Loop" (SiL)- oder „Hardware in the Loop" (HiL)-Umgebung. Speziell beim letzten Punkt ist die Echtzeitfähigkeit der Modelle auf der spezifisch verwendeten Hardware-Plattform obligatorisch. Typische Modelle zur Abbildung des Verbrennungsmotors sind Kennfeldmodelle oder neuronale Netze. Der große Vorteil dieser Modelle liegt in dem geringen Bedarf an Rechenkapazität, der hauptsächlich für die Interpolation im Kennfeld genutzt wird. Der Hauptnachteil von Kennfeldmodellen liegt hingegen darin, dass für eine große Anzahl an Variablen das Kennfeld um eben diese Anzahl an Dimensionen erweitert werden muss. Zudem besteht für eine einmal festgelegte Form des Kennfeldes keine weitere Möglichkeit an Parametervariationen. Ändert sich ein Parameter, der keine Dimension des Kennfeldes darstellt, muss das Modell erneut erstellt werden. Weiterhin stellen die einzelnen Stützstellen des Kennfeldes stationäre Zustände dar. Bei der Simulation des transienten Betriebes wird zwischen diesen stationären Zuständen interpoliert. Das eigentliche Zeitverhalten durch Massenträgheitsmomente und Wärmekapazitäten kann so aber nicht abgebildet werden. Die erwähnten Nachteile gelten auch für alle nicht parametrischen Modellformen, wie z.B. neuronale Netze.

Die stetig ansteigende Leistungsfähigkeit von Prozessoren ermöglicht seit kurzer Zeit die Ausführung der kurbelwinkel-aufgelösten, physikalischen Motorprozessrechnung in Echtzeit. Der Nachteil der hohen Anforderungen an Rechenkapazität durch die damit notwendige Lösung eines Differentialgleichungssystems tritt gegenüber den Vorteilen immer mehr in den Hintergrund. Zudem errechnet die physikalische Motorprozess-Simulation prinzipbedingt alle Zustandsgrößen des Systems. Beispielsweise ist die Kenntnis des kurbelwinkelaufgelösten Momentenverlaufs Voraussetzung für die exakte Simulation von Kupplungsvorgängen oder zur Vermeidung von Ruckeln (Fahrkomfort). Diese Flexibilität dient auch der modellbasierten Entwicklung neuer Regelkonzepte mit zusätzlichen Sensoren, wie z.B. Zylinderdrucksensoren, welche mit der Motorprozess-Simulation als Streckenmodell virtuell zur Verfügung stehen.

Um eine möglichst exakte Simulation des Motorprozesses in Echtzeit durchführen zu können, gilt es eine Reihe von Fragen bezüglich Modellauswahl und numerischer Stabilität zu beantworten. Gleichzeitig erfordert die Einführung der Prozess-Simulation in Anwendungsgebiete, in denen bisher mit Kennfeldmodellen gearbeitet wurde, gegenüber bisherigen Methoden der Bedatung echtzeitfähiger Modelle [3] eine neue Vorgehensweise bei der Modellbedatung, unter besonderer Berücksichtigung des Verbrennungsmodells. Die Modellbedatung und Validierung der Modelle stellen einen kritischen Punkt dar. Einerseits ist die Beschaffung der notwendigen Daten nicht immer einfach, andererseits erfordert die Bedatung und Validierung nicht unerhebliches Wissen über das zu simulierende System.

In dem vorliegenden Aufsatz werden die Werkzeuge der echtzeitfähigen Motorprozess-Simulation THEMOS® und deren Anwendungsgebiete aufgezeigt.

3 Überblick THEMOS

Während physikalische oder auch theoretische Modelle aus elementaren, physikalischen Gesetzen abgeleitet werden – wie bei THEMOS - und meist in Form eines Satzes gewöhnlicher oder partieller Differentialgleichungen vorliegen, werden Black-Box-Modelle oder auch empirische Modelle aus einer experimentellen Datengrundlage (Messungen) gewonnen.

Dabei werden aus der Vielzahl der möglichen Größen, die auf das System einwirken, sinnvolle Ein- und Ausgangsgrößen und meist ein mathematischer Zusammenhang hergestellt. Wenn für den zu ermittelnden Zusammenhang eine Struktur vorgegeben wird, handelt es sich um parametrische Modelle. Bei der bloßen Darstellung der Zusammenhänge in Tabellen, Kennfeldern oder einer graphischen Darstellung spricht man von nicht-parametrischen Modellen. Im Sonderfall der Modellform „Frequenzgang" kann das Verhalten des Systems für beliebige Eingangssignale berechnet werden. Die physikalischen Modelle können weiter bezüglich der Betrachtung der räumlichen Dimensionen und der zeitlichen Auflösung unterteilt werden. Die Gruppe der nulldimensionalen Modelle bildet im Fall der Motorprozess-Simulation den einfachsten Modelltyp. Die Energiefreisetzung wird hier durch die Vorgabe des zeitlichen Verlaufs, des Brennverlaufs, beschrieben. Zur Darstellung des Prozessverlaufs werden der erste Hauptsatz der Thermodynamik und die Massenbilanz sowie die thermische Gaszustandsgleichung innerhalb der Systemgrenze des Zylinders und einzelner Behälter angewendet. Eine Ortsabhängigkeit der Zustandsgrößen wird nicht berücksichtigt, dafür ist die benötigte Rechenzeit sehr gering. Nulldimensionale Modelle stoßen da an ihre Grenzen, wo lokale Vorgänge im Zylinder, zum Beispiel die Berechnung von Schadstoffemissionen, untersucht werden sollen. Hier kann man sich mit empirischen Modellen behelfen und/oder nulldimensionale Mehrzonenmodelle einführen, die den Brennraum in mehrere homogene Bereiche einteilen, um örtliche Temperatur- und Stoffkonzentrationen abzubilden.

Bei der so genannten eindimensionalen Prozess-Rechnung wird die Änderung der Gaszustandsgrößen in den Gaswechselleitungen für eine Ortskoordinate, die Strömungsrichtung, berücksichtigt. Die Darstellung der Vorgänge im Zylinder

Modellbasierte Entwicklung verkürzt Entwicklungszeit 263

entspricht den nulldimensionalen Modellen. Mehrdimensionale CFD-Modelle können Zustandsänderungen zeitlich und örtlich aufgelöst darstellen. Mit diesen Modellen lassen sich z.B. turbulente Strömungsverhältnisse im Zylinder unter Berücksichtigung der Kolbenbewegung oder von Gemischbildungsvorgängen simulieren. Die Modell-Bildung ist aber sehr komplex und rechenaufwändig. Es muss ein hoher experimenteller Aufwand betrieben werden, um die Rechenergebnisse zu verifizieren.

Eine mögliche Ordnung der Modellarten kann nach dem Abstraktionsgrad erfolgen, wobei bekannt ist, dass eine frühere Entwicklungsphase einen höheren Abstraktionsgrad erfordert. Eine geringere örtliche und zeitliche Auflösung oder graphische und verbale Modelle stellen einen höheren Abstraktionsgrad dar.

Abb. 3.1 stellt für vier verschiedene Abstraktionsgrade jeweils eine Modellart mit einem Anwendungsbeispiel dar.

Kennfeldmodell des Gesamtmotors
- Untersuchung der globalen Interaktion (Gesamtfahrzeugverhalten)

0D Modell Gesamtmotor
- Abbildung der Grundfunktion einzelner Baugruppen
- Parameterstudien
- Erstellung der Konzepte für Steuerungsfunktionen

1D Ladungswechselmodell
- Detaillierte Baugruppenmodellierung
- Auslegungsstudien

3D CFD/FEM Bauteilmodell
- Detailoptimierung zum Teil am Prototypen

Abstraktionsgrad

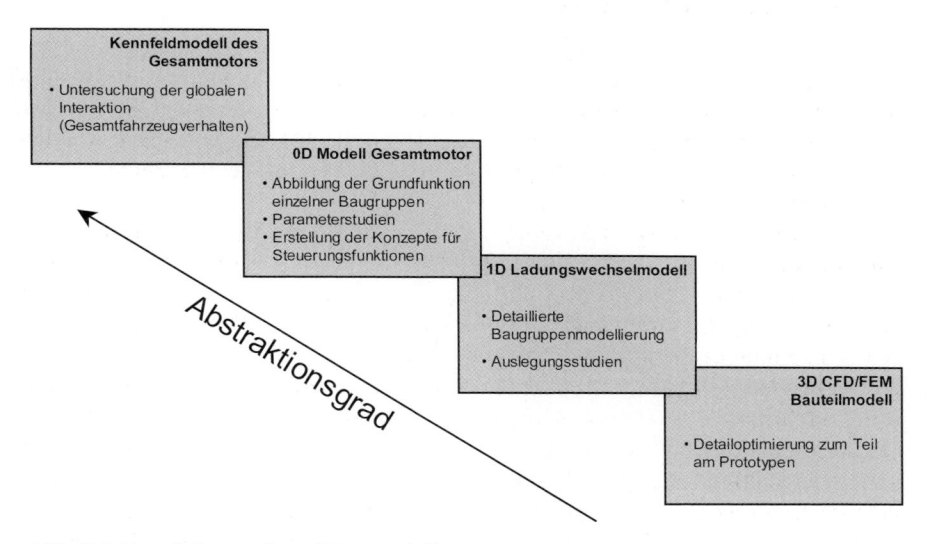

Abb. 3.1 Abstraktionsgrad von Motormodellen.

In der Konzeptphase der Motorenentwicklung werden auf Basis bisheriger Erfahrungen und Variantenbetrachtungen verschiedener Konzepte strategische Entscheidungen getroffen, die mit Trendaussagen der Simulation gestützt werden. Besonders bei den Teilproblemen Gaswechselleitungssystem (Ventilsteuerzeiten bis zu Aufladeaggregaten), Thermomanagement (Motorkühlung, Luftkühlung, Komfort), Brennverfahren und Abgasnachbehandlung stehen eine Vielzahl verschiedener Softwarewerkzeuge zur Verfügung. Üblicherweise werden bei den Variantenbetrachtungen Parametervariationen in Hinblick auf bestimmte Zielfunktionen durchgeführt und bewertet. Als Beispiel sei hier der Einfluss von Ventilsteuerzeiten auf den Teillastwirkungsgrad genannt [4]. Neben der typischen Frage der Optimierung der Teilprobleme bezüglich einer Zielfunktion ist hier auch schon die Frage nach dem Verhalten des Gesamtsystems, des Fahrzeugs, interessant. Das Gesamtfahrzeug stellt ein komplexes System dar, in dem die einzelnen Komponenten auf physikalischer Ebene Rückwirkungseffekte aufeinander ausüben. Die Bewertung der einzelnen Komponenten ist damit nur unter der Berücksichtigung im Gesamtsystem zielführend. Spezialisierte Tools für spezielle Fragestellungen können eine Antwort auf diese Frage nicht leisten.

In der Entwurfs- bzw. Konstruktionsphase kommen meist Simulationswerkzeuge zur Anwendung, indem CAD-Daten dreidimensionalen CFD- oder FEM-Programmen übergeben werden, um Fragestellungen wie mechanische und thermische Haltbarkeit einzelner Bauteile zu klären. Die Randbedingungen für solche Rechnungen mit engen Systemgrenzen müssen entweder händisch oder mit Hilfe globaler Softwarewerkzeuge vorgegeben werden. Als Teil der Entwurfsphase werden oft Prototypen einzelner Bauteile (sowohl mechanischer als auch elektronischer) erstellt. Hier werden ständig Iterationsschleifen zwischen Simulation und Versuch durchlaufen, wobei die meist teuere Versuchszeit am Prüfstand durch Simulation verkürzt werden soll, gleichzeitig werden die Versuchsergebnisse der Simulation zur Verfügung gestellt. Im Idealfall liefert die Simulation zusätzliche Aussagen, z.B. zur Akustik oder zur Verlustteilung, die am Prüfstand durch reine Messung nicht ermittelt werden können. Auf der Motorelektronik-Seite können Prototypen mit Hilfe der Simulation als Teil von HiL-Prüfständen getestet werden.

Als Teil der Ausarbeitungsphase kann bei der Motorenentwicklung die Kalibration betrachtet werden. Bestehende Entwürfe von Motor-Hardware und Steuerungssoftware sind meist am Prüfstand so zu optimieren, dass Anforderungen bezüglich Verbrauch, Emissionen und Komfort erfüllt werden. Hier kann die Simulation in Form von Prüfstandswerkzeugen unterstützend wirken.

Entwicklungsphase	Modellart	typische Anwendung	Beispiel für kommerzielle Software
Klären der Aufgabenstellung	Kennfeld 0D-Modelle	Informationsbeschaffung, Festlegung Lastenheft bezüglich Volllastkurve und Verbrauch	Advisor GPA, THEMOS
Konzept	0D-Modelle 1D-Modelle	Turboladermatching und Ansprechverhalten Nocken-, Ventilsteuerzeitenoptimierung Einlasskrümmerauslegung AGR-Konzepte, Thermomanagement	GPA, THEMOS GT-Power, Promo Flowmaster
Entwurf/ Konstruktion	1D-Modelle CFD-Modelle	Untersuchung thermische Belastung Kolben Strömungsverhältnisse und Emissionsentstehung im Zylinder Schwingungsuntersuchungen, Stabilität	GT-Power, Promo Ansys, Abacus Fluent, Star-CD ADAMS (MKS)
Ausarbeitung/ Kalibration	DoE-Modelle 0D-Modelle	Kalibrationsunterstützung zur Verringerung der Prüfstandslaufzeiten	THEMOS®DVA

Tabelle 3.1 Simulationswerkzeuge in unterschiedlichen Entwicklungsphasen.

Tabelle 3.1 ordnet den einzelnen Entwicklungsphasen Modellarten mit typischen Anwendungsfällen zu und gibt Beispiele für kommerzielle Software an. Zusammenfassend ist festzustellen, dass in frühen Entwicklungsphasen Simulationswerkzeuge mit größerem Abstraktionsgrad und allgemeinen Aussagen Anwendung finden, während in späteren Entwicklungsphasen Werkzeuge mit sehr genauen, örtlich und zeitlich hoch aufgelösten Modellen Aussagen über spezielle Fragestellungen leisten können. Für jede Modellart bzw. jeden Abstraktionsgrad existieren auf dem Markt mehrere Softwareprodukte. Um einen Datenaustausch auf gleicher Abstraktionsebene oder zwischen Abstraktionsebenen zu ermöglichen, bieten diese Simulationswerkzeuge verschiedene Schnittstellen an. Eine einheitliche Schnittstelle existiert nicht.

Die nulldimensionale und damit prinzipiell echtzeitfähige Simulation findet fast in jeder Stufe der Entwicklung Anwendung. Das liegt bei konsequenter entwicklungsbegleitender Simulation zum einen am möglichen frühen Einsatz bei der Unterstützung der Informationsbeschaffung und der Erstellung des Lastenheftes durch, im Vergleich zu komplexeren Modellen, noch einfache Bedatung. Zum anderen können durch einen jederzeit möglichen Rücksprung, durch Verwendung von Simulationsergebnissen niederer Abstraktionsstufen, z.B. CFD-Rechnungen, diese Ergebnisse auch im (simulierten) Gesamtsystem bewertet werden. Ein im Verlauf des Entwicklungsprozesses durch genauere Rechnungen und schon vorliegende Messungen schrittweise verbessertes nulldimensionales Motormodell kann weiterhin im Entwicklungsprozess von Steuergeräten weiterverwendet werden. Hier spielt neben der vorteilhaften geringen Rechenzeit die Echtzeitfähigkeit eine entscheidende Rolle.

Moderne Steuerungs- und Regelungssysteme müssen im gesamten Motorkennfeld den Motor so betreiben können, dass unter Einhaltung gesetzlicher Abgasvorschriften ein möglichst geringer Kraftstoffverbrauch, ein hoher Fahrkomfort und hohe Betriebssicherheit sichergestellt sind. Durch die Einführung einer immer größeren Anzahl von Freiheitsgraden wie vollvariable Ventilgeometrie, Schaltsaugrohre und moderne Brennverfahren, ist es möglich geworden, die gesetzlichen Vorschriften bei zusätzlicher Leistungssteigerung einzuhalten. Damit steigt allerdings auch der Komplexitätsgrad des Regelungssystems, dessen Herz das Steuergerät darstellt. Analog zum Entwicklungsprozess beim Konstruieren und in Anlehnung an [5] sind in Abb. 2.2 die fünf Phasen dargestellt, die während der Entwicklung der Regelalgorithmen durchlaufen werden.

Die Modelle, die für den SiL-, MiL- und HiL-Test als Strecke dienen, müssen Stellersignale des Steuergerätes verarbeiten und daraufhin Sensorsignale generieren können. Das bedeutet, dass Phänomene wie der Einfluss einer möglichen Abgasrückführung oder der Schaltsaugrohrstellung auf den Prozess, ein hoch aufgelöstes Drehzahlsignal oder Klopfen vom Modell abgebildet werden müssen. Im komplexesten Fall muss sogar ein Zylinderdrucksignal generiert werden. Dies leistet die Motorprozess-Rechnung, die auf physikalischen Gleichungen basierende Modelle nutzt, deren Vorteile gegenüber den auf diesem Gebiet bisher üblichen Kennfeldmodellen schon im ersten Abschnitt aufgezählt wurden.

Bevor auf die Herausforderung der Abbildung des Motorprozesses mit physikalischen Modellen in Echtzeit eingegangen wird, soll zunächst der für diese Arbeit wichtige Begriff „Echtzeit" definiert werden: "Echtzeitbetrieb ist ein Betrieb eines Rechensystems, bei dem Programme zur Verarbeitung anfallender Daten ständig derart betriebsbereit sind, dass die Verarbeitungsergebnisse innerhalb einer vorgegebenen Zeitspanne verfügbar sind. Die Daten können je nach Anwendungsfall nach einer zeitlich zufälligen Verteilung oder zu vorherbestimmten Zeitpunkten anfallen." [8].

Für die Durchführung der Motorprozess-Simulation in Echtzeit gibt es zwei limitierende Randbedingungen. In Hinblick auf HiL-Anwendung ist als vorgegebene Zeitspanne für die Echtzeitanforderung die Zeitspanne der Regler auf dem Steuergerät ausschlaggebend. Diese liegt im schnellsten Fall im Millisekundenbereich. Die Rechenzeit der Simulationsmodelle muss auf entsprechender Hardware mindestens in diesem Bereich liegen. Im Gegensatz zu den bisher verwendeten Mittelwert- oder Kennfeldmodellen sind als entscheidende Randbedingungen bei der Motorprozess-Simulation die Modellstabilität und die Größe des numerischen Fehlers bei großen Rechenschrittweiten anzusehen. Im Fall der Motorprozess-Simulation gilt es, die Rechenschrittweite möglichst groß zu wählen, um einerseits die Echtzeitbedingungen auf einer gegebenen Hardware zu erfüllen, andererseits muss die Modellstabilität sichergestellt werden und der numerische Fehler sollte sich in akzeptablen Grenzen bewegen.

Aus den bisher dargelegten Fakten ergeben sich zusätzlich zur im Simulationswerkzeug verwendeten Modellart Anforderungen an die verwendete Programmiersprache bzw. Softwareplattform in Hinblick auf notwendige Schnittstellen und die Hardware, auf der die Software ausgeführt werden soll, um es als geeignetes Simulationswerkzeug für den gesamten Motor- und Steuergeräteentwicklungsprozess sinnvoll einsetzen zu können.

Folgende aus den bisher dargelegten Fakten abzuleitende Anforderungen an ein solches Simulationswerkzeug können aufgezählt werden:

1. Verwendung physikalischer Modelle
   Hauptgründe für die Verwendung physikalischer Modelle sind die Möglichkeit der Parametervariation, die Abbildung dynamischen Verhaltens und eine relative Unabhängigkeit von Messwerten. Eine Einbindung nicht physikalischer Teilmodelle wird damit nicht ausgeschlossen.
2. Mögliche Simulation verschiedener Abstraktionsebenen
   Ausgehend von einem hohen Abstraktionsgrad soll es durch eine sinnvolle Modellstruktur möglich sein, Teilmodelle zu detaillieren oder durch eine Co-Simulation mit Simulationswerkzeugen niedrigerer Abstraktionsgrades eine höhere Modellgenauigkeit darzustellen.
3. Verwendung einer geeigneten Softwareplattform
   Die verwendete Softwareplattform soll möglichst systemunabhängig sein, im Idealfall als Schnittstelle einzelner Simulationswerkzeuge dienen und Echtzeitfähigkeit ermöglichen.
4. Einfache Modellbedatung
   Physikalische Modelle besitzen von Natur aus eine einfache Bedatungsmöglichkeit, größtenteils durch Verwendung relativ leicht zu ermittelnder geometrischer Größen. Für einzelne Teilmodelle ist dennoch eine Unterstützung der Bedatung durch Softwarewerkzeuge und eine Bedatungssystematik notwendig.

5. Parameter-Datenbank

Die im Verlaufe des Entwicklungsprozesses ermittelten Daten und Ergebnisse müssen in einer Parameterdatenbank abgelegt werden können.

THEMOS® ist eine gemeinsame Entwicklung des Fachgebiets Verbrennungskraftmaschinen der Technischen Universität Berlin und der Ingenieurgesellschaft Auto und Verkehr GmbH (IAV). Die in THEMOS® enthaltenen Ansätze werden in Zusammenarbeit zwischen der IAV sowie dem Softwarehaus Tesis Dynaware zum Produkt en-Dyna® THEMOS® kommerzialisiert. Grundsätzlich handelt es sich bei THEMOS® um einen durchgängigen Ansatz von Modellbibliotheken für Simulation und Druckverlaufsanalyse (THEMOS®DVA), mit dem Ziel, von der Konzeptphase der Motorenentwicklung bis, aufgrund der Echtzeitfähigkeit, zum Software- und Hardwaretest der Steuergeräteentwicklung in HiL-Systemen Anwendung zu finden.

THEMOS® basiert auf Matlab®/Simulink, einem Softwareprodukt, welches die Modellierung, Simulation und Analyse dynamischer Systeme mit Simulink als Oberfläche und Standardbibliothek erlaubt, wobei sich die Darstellung auf gewöhnliche Differentialgleichungen mit der Zeit als Variablen beschränkt. Für Ansätze, für die Simulink als Programmplattform nicht geeignet ist, besteht die Möglichkeit C/C++ Modelle problemlos einzubinden. Matlab®/Simulink ermöglicht mit der Zusatzbibliothek „Real Time Workshop" ein automatisches Generieren eines C-Codes aus dem Simulink-Modell, welches anschließend mit Hilfe des „Real Time Interfaces" und einem Compiler auf eine beliebige Hardware kompiliert und heruntergeladen werden kann.

Die Verwendung von Matlab®/Simulink als Softwareplattform für THEMOS® hat also im Wesentlichen zwei Gründe: Zum einen sind unter Matlab®/Simulink erstellte Modelle Hardwareplattform-unabhängig, zum anderen haben die meisten Simulationswerkzeuge eine Schnittstelle zu MATLAB®/Simulink als Regelungstechnik-Standardwerkzeug. Matlab®/Simulink stellt somit eine flexible Schnittstelle zur Verfügung, sodass eine Verknüpfung von THEMOS® mit weiteren Simulationswerkzeugen einfach zu realisieren ist.

Um den dargelegten Anforderungen an ein entwicklungsbegleitendes Simulationswerkzeug gerecht zu werden, wurden übliche physikalische Ansätze der Motorprozessrechnung auf die beschriebenen Anforderungen an Echtzeitfähigkeit überprüft und zu Modulen umgesetzt. Module sind beispielsweise

- die thermische Gaszustandsgleichung für ideale Gase,
- die Massenbilanz oder
- die Energiebilanz.

Auf diese Module greift die Bauteilbibliothek zu, die die Gleichungen so verknüpft, dass einzelne Modelle für physische Motorkomponenten, wie zum Beispiel einen Verdichter, eine Drosselklappe oder einen Ladeluftkühler zur Verfügung stehen.

Der Vorteil dieser Bibliotheksstruktur liegt in ihrer Flexibilität. Die Umsetzung eines Bauteilmodells kann prinzipiell mit unterschiedlichen Ansätzen erfolgen.

Dazu können einzelne physikalische Gleichungen zum Beispiel durch Kennfelder ersetzt werden. Weiterhin ist es auf einer höheren Ebene möglich, ganze Bauteile/-gruppen wie z.B. den Zylinder durch alternative Mittelwertmodelle zu ersetzen. Grundlage dieser Bibliotheken ist ein einheitliches Schnittstellensystem auf der Bauteilebene. Eine Verbindung der einzelnen Bauteile zu einem Gesamtmodell ist beispielhaft in Abb. 3.2 dargestellt.

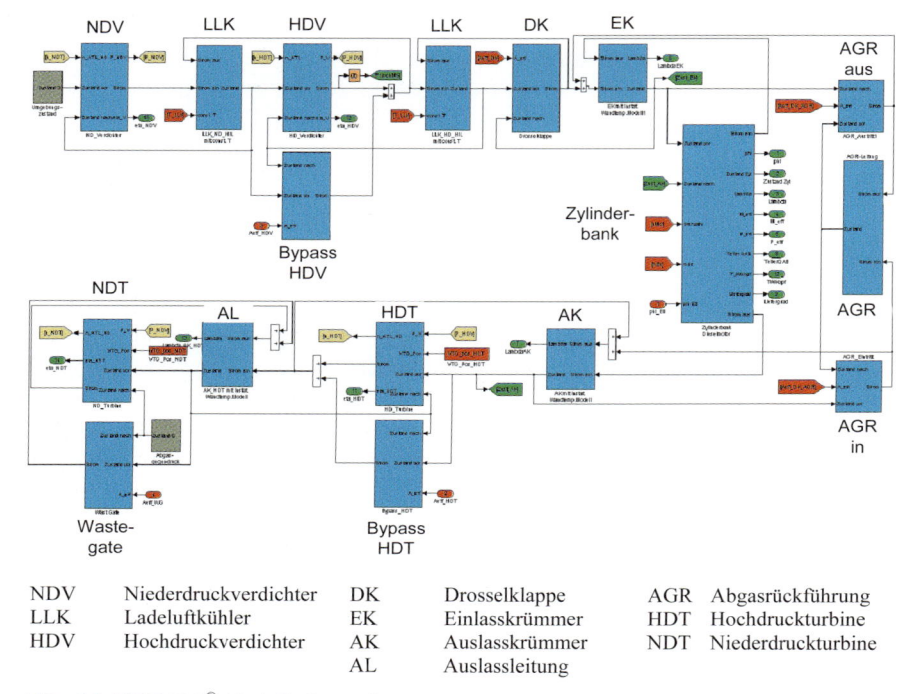

NDV	Niederdruckverdichter	DK	Drosselklappe	AGR	Abgasrückführung
LLK	Ladeluftkühler	EK	Einlasskrümmer	HDT	Hochdruckturbine
HDV	Hochdruckverdichter	AK	Auslasskrümmer	NDT	Niederdruckturbine
		AL	Auslassleitung		

Abb. 3.2 THEMOS®-Modellschema für Zylinder und Ladungswechselstrecke eines Dieselmotors mit zweistufiger Aufladung zusammengestellt aus der Bauteilbibliothek.

Der Modellumfang der THEMOS®-Bibliothek umfasst neben Modellen von Zylinder und Gaswechselleitungssystem, Modelle für Einspritzung und Verbrennung und für die Simulation des transienten Motorbetriebes notwendige Fahrzeug, Fahrer- und ECU-Modelle, die es ermöglichen, Standard-Fahrzyklen (FTP, MVEG, US-06 usw.) und frei definierte Geschwindigkeitsprofile abzufahren.

Modellbasierte Entwicklung verkürzt Entwicklungszeit

4 Anwendungsbeispiele für THEMOS®

Nachfolgend wird zunächst in Abschnitt 5.1 der Einsatz der prinzipiell echtzeitfähigen Modelle während der Entwicklung eines Reglungskonzeptes beschrieben. Besonderes Augenmerk liegt hier auf der Betrachtung und der Optimierung des transienten Betriebsverhaltens.

Anschließend wird in Abschnitt 5.2 skizziert, wie die nulldimensionalen echtzeitfähigen THEMOS-Modelle auch bei der Konzeptauslegung kompletter Abgasanlagensysteme eine wertvolle Unterstützung leisten.

4.1 Entwicklung einer modellbasierten Luftpfadregelung

Die Entwicklungsziele bezüglich des Betriebsverhaltens zukünftiger Fahrzeugmotoren erfordern unter anderem eine Steigerung der spezifischen Leistung bei gleichzeitiger Senkung des spezifischen Kraftstoffverbrauches und Einhaltung der gesetzlichen Abgasnormen. Für den Motor ergibt sich damit die Forderung nach einem hohen Drehmoment schon von niedrigen Drehzahlen an über eine hohe Drehzahlspanne. Der dafür erforderliche hohe Ladedruck muss vom Aufladesystem mit hoher Systemdynamik bereitgestellt werden. Die Abgasturboaufladung mit variabler Turbinengeometrie (VTG) stellt bei Nutzfahrzeug-Dieselmotoren den Stand der Technik dar. Zur weiteren Verbesserung des dynamischen Betriebsverhaltens kann zum Beispiel eine geregelte zweistufige Aufladung verwendet werden.

Bei einem gegebenem Aufladesystem kann gegenüber von konventionellen, kennfeldbasierten Regelungsmethoden mit modernen physikalisch basierten Regelungsansätzen das Emissionsverhalten deutlich verbessert werden ohne die Leistung einzuschränken oder den Kraftstoffverbrauch zu erhöhen. Ein simulationsgestützter Entwicklungsprozess ermöglicht die effiziente Entwicklung moderner Regelungsansätze. Mittelpunkt dieses Entwicklungsprozesses ist das Streckenmodell erstellt mit THEMOS®.

Für Zylinder und Gaswechselleitungssystem werden rein physikalische Ansätze eingesetzt. Das Zylindermodell, genauer das Verbrennungsmodell, wurde anhand von Messungen am Referenzmotor mit der konventionellen Regelstrategie bedatet. Als Verbrennungsmodell wurde ein Doppel-Vibe-Ansatz verwendet. Die genaue physikalische Modellierung von Zylinder und Gaswechselleitungen stellt korrekt berechnete Eingangsgrößen für das Turbinenmodell sicher.

Wenn, wie in diesem Falle, der Untersuchungsschwerpunkt bei den Aufladeaggregaten liegt, sollten die etwas aufwändigeren Kennfeldmodelle für Verdichter und Turbine, zum Einsatz kommen. Diese berücksichtigen auch Phänomene wie Pumpen und liefern daher auch in den Randbereichen der vermessenen Kennfelder und darüber hinaus (niedrige Drehzahlen) sinnvolle Werte. Unter Verwendung des Fahrzeug- und Fahrermodells liefert THEMOS® durch die Möglichkeit der Simulation des transienten Betriebes schließlich Kennwerte zur thermischen Belastung von Motor- und Kühlsystem.

Basierend auf den Kenntnissen des Streckenverhaltens die während des Aufbaus und Bedatens des Streckenmodels erworben wurden, kann nun das Regelkonzept entworfen werden. Erste Umsetzungen der Regelkonzepte werden mit Hilfe der Streckenmodelle und der Testumgebung im geschlossenen Regelkreis analysiert und bezüglich der Anforderungen bewertet. Dabei wird in Abb. 4.1 der Motor durch das Motormodell ersetzt. Da zur Beurteilung der Konzepte meist komplette Fahrzyklen wie beispielsweise der in Abb. 4.2 dargestellte FTP-Zyklus für Nutzfahrzeugmotoren, abgefahren werden, ist eine hohe Berechnungsgeschwindigkeit der Simulationsmodelle auf entsprechend schneller Desktophardware vorteilhaft. Weiterhin können kritische Teile des Zyklus' (im Abb. 4.2 rot markiert) definiert werden um bei den iterativen Kalibrationsvorgängen nicht den ganzen Zyklus durchfahren zu müssen.

Das Testen stellt somit keine zeitaufwändige und daher eigenständige Phase mehr dar, sondern ist ein einfaches Kontrollinstrument innerhalb der Entwicklung. Bereits in der Konzeptphase entsteht somit ein Funktionsentwurf, der hinsichtlich der Anforderungen beurteilt werden kann und bereits eine erste Kalibration zulässt.

Der klassische Ansatz der Regelung mittels adaptiver PID-Regler mit einer vom Motorbetriebspunkt abhängigen Vorsteuerung bildet die Grundlage des hier verwendeten Regelkonzeptes.

Abb. 4.1 zeigt das Schema der entworfenen Regelstrategie. Durch Verwendung der physikalischen Ansätze im Regelalgorithmus wird zum einen die Systemdynamik gesteigert, zum anderen wird der Kalibrationsaufwand reduziert.

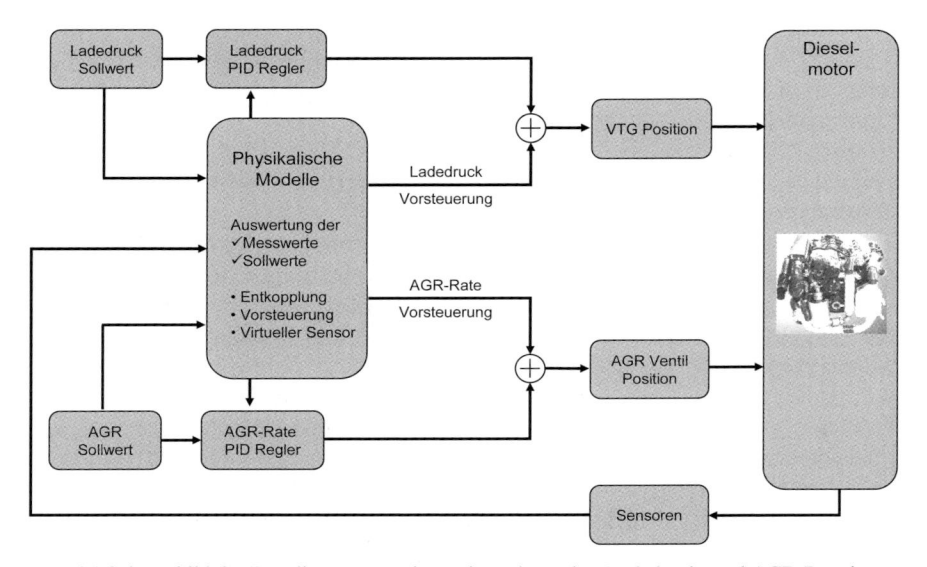

Abb. 4.1 Schemabild des Regelkonzeptes mit passiv entkoppelter Ladedruck- und AGR-Regelung.

Zur Untersuchung der Regelstrategie muss diese zunächst kalibriert werden. Da sowohl Regelalgorithmus als auch Streckenmodell in Matlab®/Simulink vorliegen, kann die Kalibration teilweise automatisiert erfolgen: Die auf dem Steuergerät zur Regelung benutzten Modelle beruhen auf physikalisch basierten Ansätzen. Aufgrund der begrenzten Rechenleistung des Steuergerätes weisen diese Modelle eine geringeren Detailgrad auf als die THEMOS®-Modelle können aber grundsätzlich direkt der THEMOS®-Bibliothek entnommen werden. Zusätzlich zur Kalibrierung durch Übernahme der aus der Motorauslegung bekannten Parameter wie Leitungsvolumina, Strömungsquerschnitte usw., müssen noch Korrekturparameter und –kennlinien bestimmt werden, welche die einfachen Modelle auf die erforderliche Genauigkeit justieren. Diese kann automatisiert durch Abgleich mit der Referenz erfolgen. Nachfolgend werden die Parameter für die PID-Regler bestimmt. Die Überprüfung erfolgt wieder in definierten Testzyklen und hochdynamischen Beschleunigungsvorgängen mit Hilfe von Fahrzeug- und Fahrermodellen.

Abbildung 4.3 und Abbildung 4.4 zeigen den Verlauf des simulierten Ladedruckes beziehungsweise des simulierten Frischluftmassenstroms über der Zeit während einer ausgewählten kritischen Rampe im FTP Zyklus. Aus Abb. 4.2 und Abb. 4.3 ist zu erkennen, dass schnelle Änderungen im Soll-Momentenprofil zu schnellen Schwankungen im Sollladedruck führen. Es kann festgestellt werden, dass der Ist-Ladedruck dem vorgegebenen Soll-Ladedruck in allen Bereichen gut folgt. Der virtuelle Test der Regelstrategie bezüglich des Regelverhaltens des Frischluftmassenstroms fällt befriedigend aus.

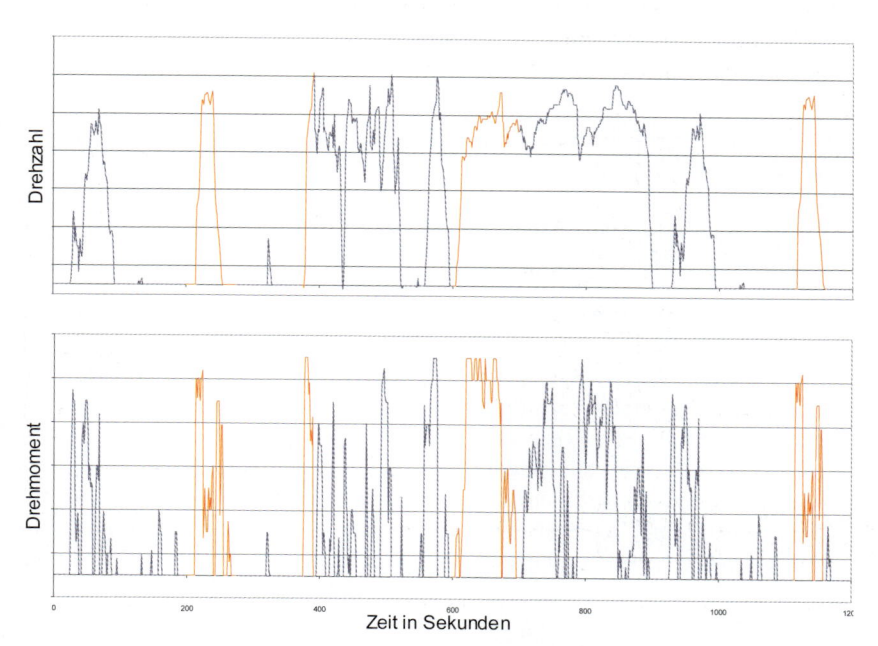

Abb. 4.2 FTP-Zyklus für Nutzfahrzeuge; besonders kritische Phase sind in rot markiert.

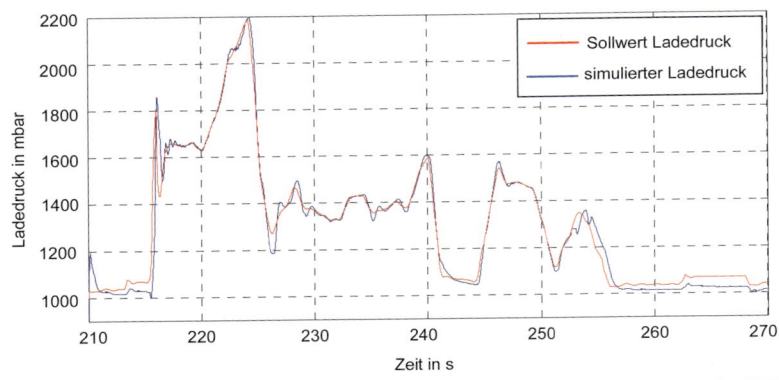

Abb. 4.3 Sollladedruckverlauf und simulierter Ladedruck an einer kritischen Rampe im FTP Zyklus.

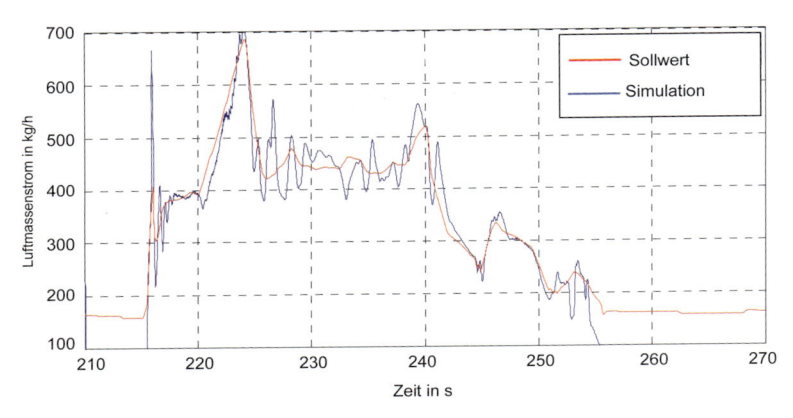

Abb. 4.4 Soll-Frischluftmassenstromverlauf und simulierter Fischluftmassenstrom an einer kritischen Rampe im FTP Zyklus.

Im Folgenden wird als klassisches Einsatzgebiet echtzeitfähiger Modelle der Verlauf des Integrationstests an einem HiL-Prüfstand beschrieben. Ziel eines solchen „Hardware in the loop"-Systems ist es, Motorpüfstandszeit und damit Kosten einzusparen. Mit steigender Rechnerleistung steigen die Möglichkeiten und Ansprüche an die Testmodelle. Inzwischen entsteht der Bedarf an physikalischen Modellen, die zum Beispiel die Beladung und die Regeneration des Partikelfilters abbilden und dabei gleichzeitig den Einfluss der Regeneration auf Aufladeaggregate, Abgasrückführung, abgegebenes Motormoment usw. berücksichtigen. Die hier dargelegte Vorgehensweise bezieht sich größtenteils auf [2].

Während der Integrationsphase werden einzelne Teile der Software, in diesem Beispiel die Funktion zur Regelung des Ladedruckes und der AGR-Rate, aus dem vorangehenden Abschnitt in definierten Versionen zu einem Gesamtsoftwarestand zusammengefügt. Automatisierte Tools prüfen die Interfaceverknüpfung der ein-

Modellbasierte Entwicklung verkürzt Entwicklungszeit 273

zelnen Funktionen sowie die Übereinstimmung der Datendeklarationen von Spezifikation und Software auf der ECU. Der funktionale Integrationstest erfolgt am „Hardware in the loop"-Prüfstand unter dem Aspekt, dass spezifizierte Funktionen über Modulgrenzen hinweg im Gesamtsystem funktionieren. In Abb. 4.5 sind der Aufbau und die einzelnen Komponenten eines HiL-Systems dargestellt. Über Signalleitungen ist ein reales Steuergerät mit Ersatzlasten und Ein- und Ausgangsschnittstellen des Simulationssystems (Simulationshardware) verbunden. Steuergeräteausgänge werden erfasst, und, in einer Signalkonditionierung von elektrischen Signalen in physikalische Signale gewandelt. Diese Größen sind schließlich Eingangsgrößen für das eigentliche echtzeitfähige THEMOS®-Motormodell, welches ein Fahrzeug- und Fahrermodell beinhaltet. Eine Einprägung von standardisierten Fahrzyklen über das Fahrermodell, wie auch frei definierbare Signalverläufe der Aktoren und Sensoren und eine Reproduktion von Prüfstandsfahrten stehen zur Verfügung. Über eine anschließende Signalkonditionierung werden dem Steuergerät über Hardwarekarten die über die Simulation berechneten Sensorsignale wieder zugeführt und der Kreislauf geschlossen.

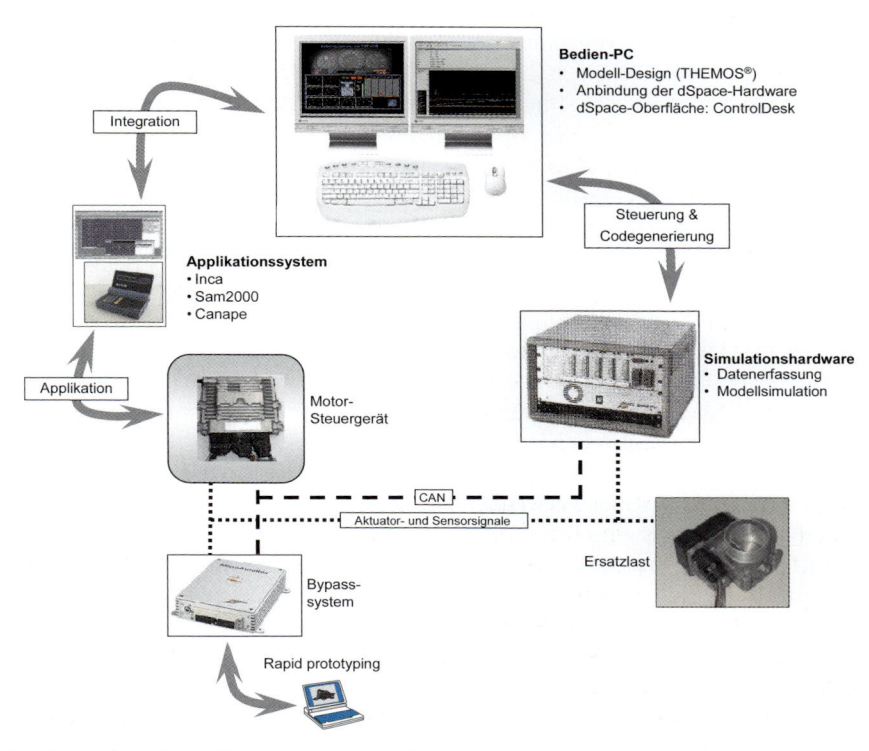

Abb. 4.5 Aufbau eines „Hardware in the loop" Systems.

Mittels eines Bypass-Systems können Teile der Software bestehender Steuergeräte optimiert, überarbeitet oder eine neue Regelstrategie erstellt werden. Dazu muss die mittels Bypass-System dargestellte Funktionalität im Original-Steuergerät freigeschnitten werden. In diesem Beispiel ist ein Motor-Steuergerät über die Steuergeräte-Schnittstelle mit dem Bypass-Rechner verbunden. Das Original-Steuergerät führt alle unveränderten Funktionen aus, während die neue zu untersuchende Funktion von dem Bypass-Rechner berechnet wird. Die Ergebnisse werden anschließend zurück an das Original-Steuergerät übertragen. Reale Komponenten wie Drosselklappe, Zündspule, Einspritzsystem, Heißfilmluftmassenmesser usw. können direkt angeschlossen werden. Dies ist vor allem dann relevant, wenn Sicherheitsstrategien wie Ein- und Ausgangstest im Steuergerät bedient werden müssen oder der Aktuator bzw. der Sensor Objekt der Untersuchung ist. Mit einem optionalen Applikationssystem kann die Kalibration der Steuergerätesoftware vorgenommen werden. Über den Bedien-PC erfolgt die Entwicklung der Modell-Software über Matlab®/Simulink und die Anbindung an die Simulationshardware. Im Falle von Hardware der Firma dSpace erfolgt dies oberflächengeführt über ControlDesk, über die übersichtlich die Modelleinstellungen auf der Simulationshardware in Echtzeit vorgenommen werden können.

An dieser Stelle soll noch einmal unterstrichen werden, dass es sich bei dem Motor-Modell für den HiL-Einsatz um das gleiche Modell wie bei der Konzeptphase handelt. Aufgrund der Softwareplattform Matlab®/Simulink kann dieses Modell automatisch und hardwareunabhängig auf die jeweilige Echtzeithardware über den Real Time Workshop und das Real Time Interface kompiliert und heruntergeladen werden.

Das neu zu entwickelnde modellbasierte Regelungskonzept wurde mit Unterstützung eines ausreichend genauen Motormodells (Streckenmodell) entwickelt. Durch die Möglichkeit der Simulation des Gesamtsystems konnten schon bei der Konzeptentwicklung Überlegungen zur Regelstruktur einfließen. Beim Reglerentwurf selbst konnte das für die Konzeptphase erstellte Modell verwendet werden, um den Stand der Entwicklung fortlaufend closed-loop zu testen und zu dokumentieren. Dabei entstehen bereits erste Kalibrationsdaten, welche im Laufe des Entwicklungsprozesses ständig erweitert und verbessert werden. Aufgrund der Echtzeitfähigkeit des hier verwendeten Simulationswerkzeuges konnten die Modelle durchgängig bis zum Integrationstest am HiL-Prüfstand verwendet werden.

Im Folgenden wird die Leistungsfähigkeit der erstellten modellbasierten Regelungsstrategien die mit Hilfe eines Bypass-Systems am realen Motor getestet wurde vorgestellt. Dabei wurde die Reglerperformance mit der sich in Serie befindenden konventionellen, kennfeldbasierten Reglerstruktur verglichen. Abb. 4.6 demonstriert das, gegenüber der konventionellen Serien-Regelstrategiestrategie, die modellbasierte Regelstrategie mit einer ersten, groben Kalibration ein deutlich günstigeres Ladedruckführungsverhalten aufweist, welches günstigere Partikelemissionen erwarten lässt. Ein aggressiveres Verstellen der VTG-Aktoren beeinflusst allerdings durch eine schnellere Änderung des Abgasgegendruckes auch die AGR-Strecke und damit den Regelung des Frischluftmassenstroms.

Modellbasierte Entwicklung verkürzt Entwicklungszeit 275

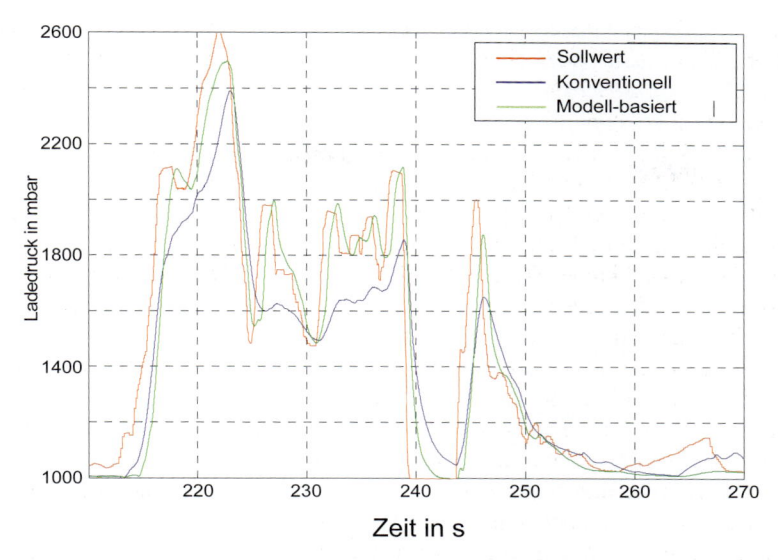

Abb. 4.6 Sollladedruckverlauf und gemessene Ladedrücke an einer kritischen Rampe im FTP Zyklus.

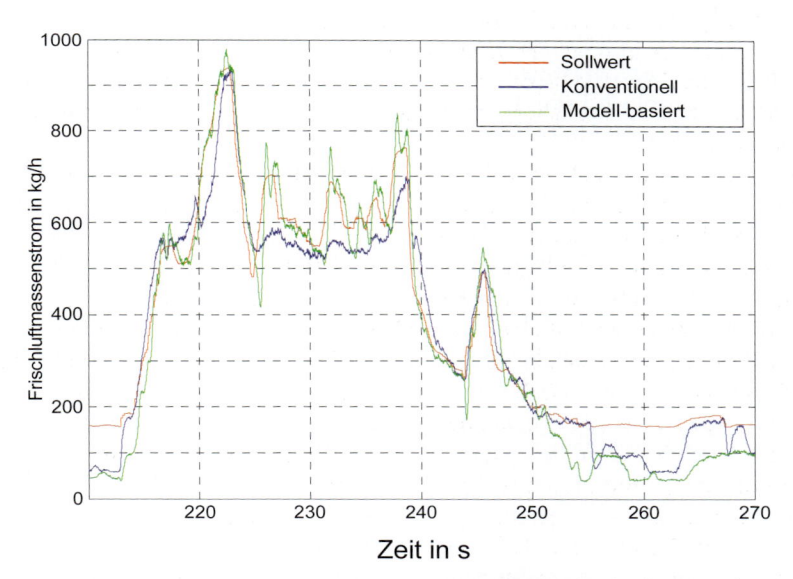

Abb. 4.7 Soll-Frischluftmassenstromverlauf und gemessene Frischluftmassenströme an einer kritischen Rampe im FTP Zyklus.

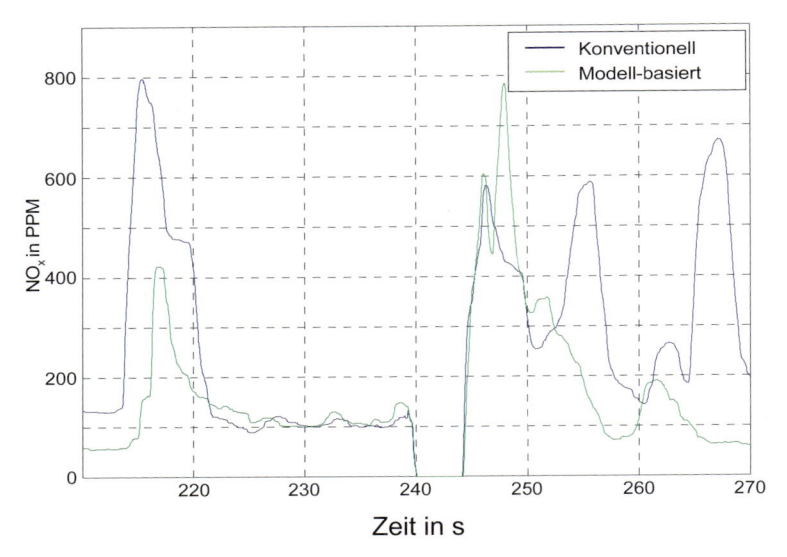

Abb. 4.8 Vergleich der Stickoxidemissionen beider Regelstrategien.

Abbildung 4.7 beweist, dass trotz schneller Änderungen des VTG-Aktors die modellbasierte Regelstrategie dem Sollfrischluftmassenstrom, und damit der Soll-AGR-Rate, gut folgen kann. Dieser Zusammenhang ist in den in Abb. 5.8 dargestellten Verläufen der Stickoxidemissionen dargestellt.

Zusammenfassend wurde durch die Anwendung eines modellbasierten Softwareentwicklungsprozesses in kurzer Zeit und mit einem minimalem Prüfstandsaufwand von fünf Wochen der Prototyp einer modellbasierten Luftpfadreglers in Betrieb genommen, bei dem gegenüber der Serienregelung die Partikelemission auf 63% des Ausgangswertes verringert werden konnte. Bei vergleichsweise geringer Erhöhung des spezifischen Kraftstoffverbrauchs konnten darüber hinaus auch die Stickoxidemissionen verringert werden. Die genauen Zahlen sind in Tabelle 4.1 aufgelistet.

Regelungsstrategie	NO_x [g/kWh]	PM [g/kWh]	Spez. Verbrauch [g/kWh]
Konventionell	1.275	0.097	769
Modell-basiert	1.23	0.061	800

Tabelle 4.1 Vergleich von Verbrauch und Schadstoffemissionen beider Regelstrategien.

Modellbasierte Entwicklung verkürzt Entwicklungszeit

4.2 Auslegung von Abgasnachbehandlungssystemen

Ein guter Ladedruck und AGR-Regler, wie im Abschnitt 4.1 beschrieben, stellt nur eine Maßnahme dar, um die zukünftigen Grenzwerte für die Schadstoffemissionen einzuhalten. Die ständige Weiterentwicklung der Einspritztechnologie verbessert ebenfalls kontinuierlich den innermotorischen Prozess und reduziert damit die Rohemissionen, ergänzend müssen aber effiziente Abgasnachbehandlungssysteme eingesetzt werden.

Abb. 4.9 verdeutlicht die Notwendigkeit solcher Abgasnachbehandlungssysteme. Dargestellt wird die schrittweise Herabsetzung der Grenzwerte für Stickoxid- und Partikelemissionen vom heutigen Stand (EURO IV) bis zum Jahre 2014 (EURO VI):

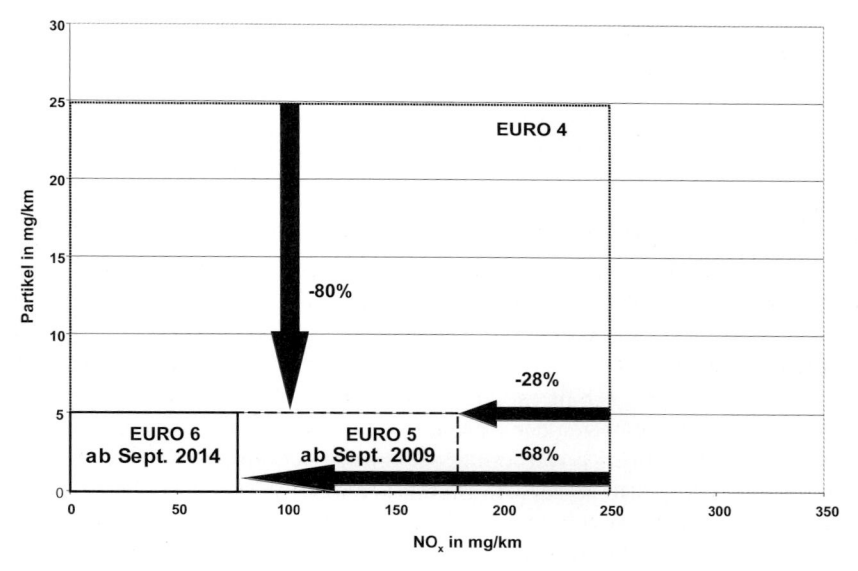

Abb. 4.9 Partikel- und NO_x-Grenzwerte der Abgasnormen Euro 4-6.

Der Schritt von EURO IV zu EURO V im Jahre 2009 fordert beim Stickoxidgrenzwert eine Verringerung um 28%, bei den Partikeln um 80%. Die Einführung der EURO VI Grenzwerte im Jahre 2014 erfordert eine nochmalige Verringerung der Stickoxidemissionen um 55,6%.

Abgasnachbehandlungssysteme werden bereits seit vielen Jahren in Serie eingesetzt. Während bei einem Fahrzeugmotor, der mit einem Verbrennungsluftverhältnis von $\lambda_v = 1$ betrieben wird (konventioneller Ottomotor), ein Drei-Wege-Katalysator zur Reduzierung der Stickoxidemissionen und der übrigen Schadstoffkomponenten wie Kohlenmonoxid und Kohlenwasserstoffe verwendet wird, funktioniert das 3-Wege-Prinzip in magerem, und damit sauerstoffreichem Abgas nur eingeschränkt.

Die Oxidation von Kohlenmonoxid sowie Kohlenwasserstoffen läuft in sauerstoffreichem Abgas bevorzugt mit Sauerstoff und nicht mit Stickoxiden ab. Hierdurch haben die Stickoxide keinen Reduktionspartner mehr und können nicht reduziert werden. Somit müssen bei mager betriebenen Otto- sowie Dieselmotoren andere Konzepte zur Reduzierung der Stickoxide angewendet werden, wie beispielsweise die Verwendung eines SCR- Kats („Selective Catalytic Reduction"). Beim Ottomotor wird der SCR-Kat nach dem 3-Wege-Kat angeordnet, beim Dieselmotor kann der SCR-Kat vor oder nach dem Dieselpartikelfilter eingesetzt werden. Tabelle 5.2 zeigt die Vor- und Nachteile der einzelnen Anordnungen:

SCR hinter DPF	SCR vor DPF
+ passive DPF Regeneration durch NO_2	+ schnellere Aufheizung des SCR-Katalysators
- dadurch weniger NO_2 im SCR-Katalysator	- Rußbeladung des SCR-Katalysators, vermindet die NO_x-Umsatzrate
- Thermische Belastung des SCR-Katalysators während der Regeneration	- DPF-Nacheinspritzung zur Erhöhung der Temperatur muss hinter SCR-Katalysator eingespritzt werden

Tabelle 4.2 Vor- und Nachteile verschiedener SCR-Katalysator-Anordnungen.

Zwei wesentliche Kenngrößen für die Anordnung und Auslegung eines Abgasanlagensystems sind die Kenntnis von Massenstrom und Abgastemperatur des jeweiligen Motors nach der Turbine, unmittelbar am Eintritt in den Katalysator. Infolge der hohen Wirkungsgrade moderner Motoren sind die Abgastemperaturen, die für ein schnelles Aufheizen der Anlage auf die sogenannte light off Temperatur und für eine wirksame Konvertierung der Emissionen im jeweiligen Katalysator (Oxi-Kat, 3-Wege-Kat, SCR-Kat) erforderlich sind, sehr niedrig. Daher muss bereits in der frühen Entwicklungsphase neben der Betrachtung des Motors auch die Einbausituation der Abgasanlage unter dem zugehörigen Fahrzeug mitmodelliert werden, da sich das Abgas vom Zylinder zum Kat aufgrund der Fahrtwindanströmung deutlich abkühlen kann.

Bevor ein Motormodell für dynamische Simulationen in einer Fahzeugumgebung eingesetzt wird, muss gewährleistet sein, dass das stationäre Motorverhalten sehr genau dargestellt wird. Betrachtet wird im Folgenden ein zweistufig aufgeladener Motor, für den bereits in der frühen Entwicklungsphase von Motor und Fahrzeug die Auslegung und Anordnung des Abgasanlagensystems unterstützt wurde. Dazu wurde zunächst ein Motormodell unter THEMOS anhand geometrischer und physikalischer Motor- und Fahrzeugdaten parametriert und anhand stationärer Prüfstandsmessungen vom ersten Prototypenmotor kalibriert. Abb. 4.10 stellt die wesentlichen Input und Outputgrößen des Modells dar.

Modellbasierte Entwicklung verkürzt Entwicklungszeit 279

Inputs
1. Motordrehzahl
2. Einspritzmenge
3. Kühlwasserstarttemperatur
3. Soll-Ladedruck
4. Soll-EGR-Rate
6. Beginn Haupteinspritzung
8. erste Voreinspritzmenge
9. Beginn erste Voreinspritz.
10. zweite Voreinspritzmenge
11. Beginn zweite Voreinspritz.
12. späte Nacheinspritzmenge
13. Beginn späte Nacheinspritz.
14. Harnstoff Einspritzstrategie
14. frühe Nacheinspritzmenge
15. Beginn späte Nacheinspritz.
16. Drosselklappenstellung

Einflüsse
Umgebungsdruck
Umgebungstemperatur
Fahrzeug-Geschwindigkeit
....

THEMOS®

Outputs
Drehmoment
Kraftstoffverbrauch
Zylinderdruck und -temperatur
Kühlwassertemperatur
Massenstrom
Drücke und Temperaturen in den Leitungen (Frischgas und Abgas)
Emissionen über DOE (HC, CO, NO_x, PM)

Abgas - Temperaturen
SCR - Temperaturen
NO_x- Konvertierung
NH_3- Schlupf
Abgas - Temperaturen
DPF - Temperaturen
DPF-Partikel Beladung

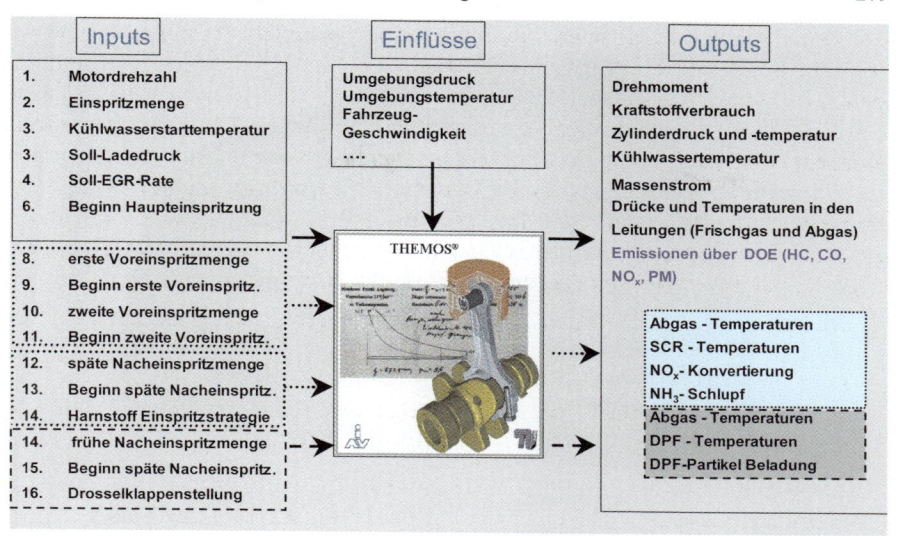

Abb. 4.10 Eingangs- und Ausgangsgrößen eines THEMOS-Modells.

Abbildung 4.11 und Abbildung 4.12 zeigen Rechnungs-Messungs-Vergleiche zum stationären Motorverhalten. Sowohl der Abgasmassenstrom als auch die Abgastemperatur nach Turbine zeigen eine sehr gute Übereinstimmung.

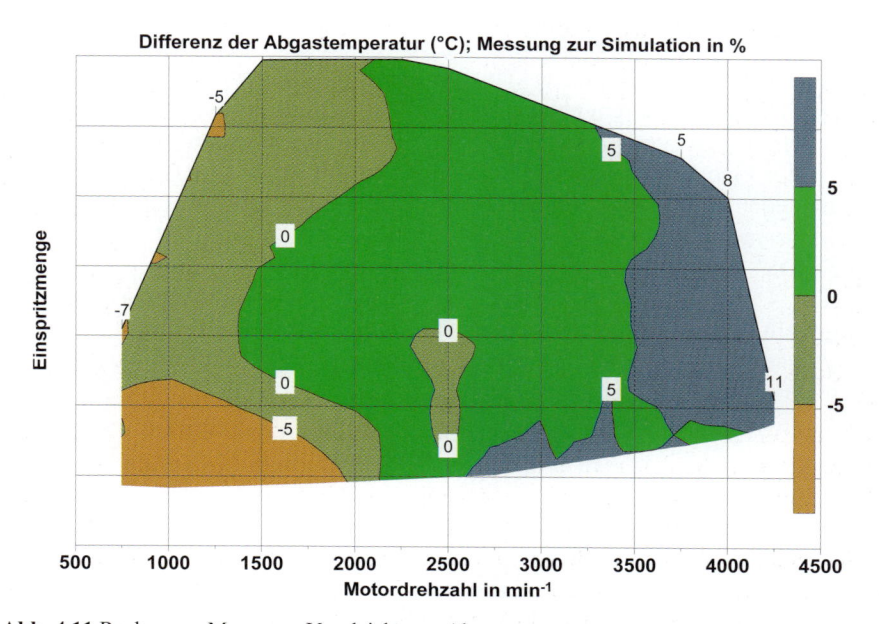

Abb. 4.11 Rechnungs-Messungs-Vergleich zum Abgasmassenstrom.

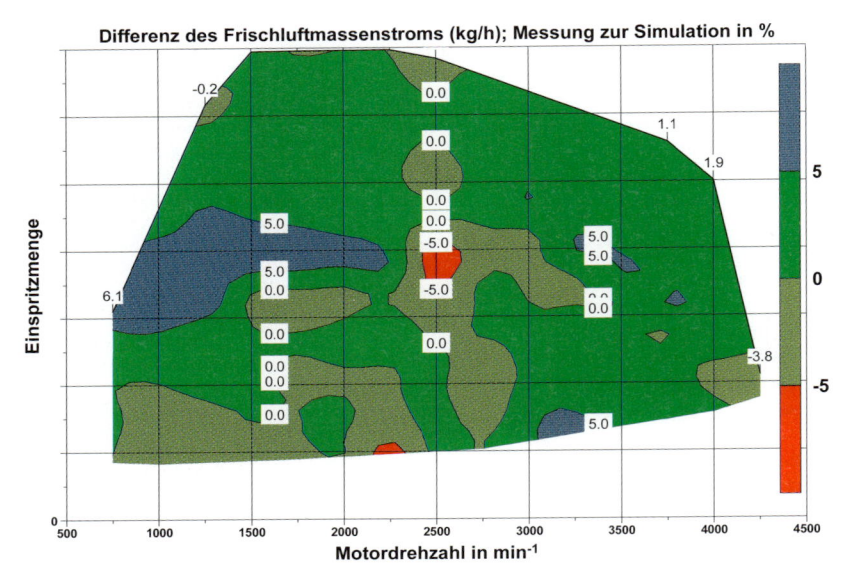

Abb. 4.12 Rechnungs-Messungs-Vergleich zur Abgastemperatur.

Die Zertifizierung eines Pkw's bzw. leichten Nutzfahrzeuges erfolgt in Europa im sogenannten Neuen Europäischen Fahrzyklus (NEFZ, engl. auch NEDC genannt). Dieser Fahrzyklus besteht aus je vier sich wiederholenden Stadtfahrten (ECE) und einer Überlandfahrt (EUDC) von insgesamt 1180 Sekunden. Gestartet wird das Fahrzeug im Zyklus in kaltem Zustand (20°Celsius).

Da THEMOS® auf rein physikalischen Gesetzen basiert, lässt sich das dynamische Betriebsverhalten in einem solchen Zyklus sehr genau darstellen und vorhersagen [9]. Eine Vorhersage von Emissionen ist mit den hier verwendeten Einzonenmodellen jedoch nicht möglich. Für diese werden daher aus den stationären Emissionsmessungen DOE-Modelle erzeugt, die dann die dynamischen THEMOS®-Ausgangsparameter als Eingänge nutzen.

Abb. 4.13 zeigt einen Rechnungs-Messungs-Vergleich im NEFZ-Zyklus. Blau dargestellt sind die Simulationsergebnisse, die als Basisdaten für die Auslegung der Abgasanlage verwendet wurden. Rot gegenübergestellt sind die Messergebnisse, die im Fahrversuch gewonnen worden.

Modellbasierte Entwicklung verkürzt Entwicklungszeit

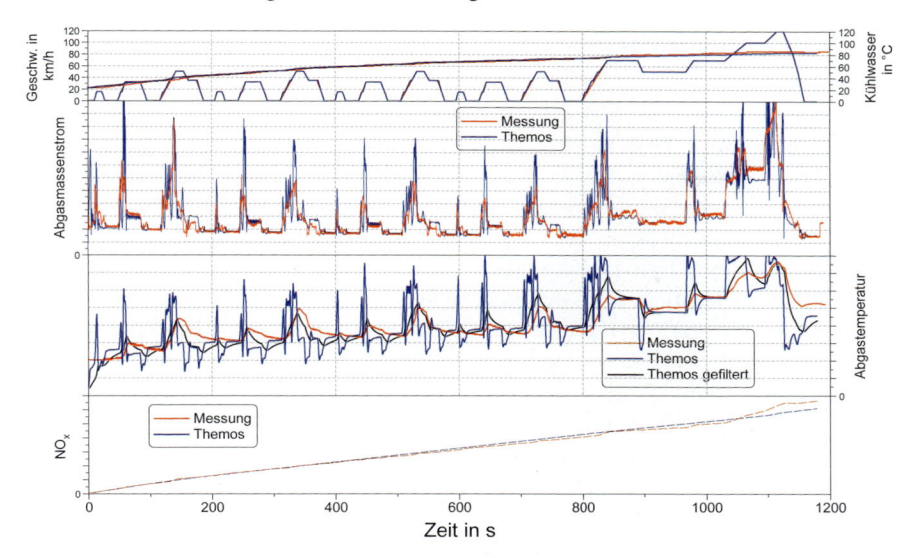

Abb. 4.13 Rechnungs-Messungs-Vergleich im NEFZ-Zyklus

Die obere Grafik zeigt den Verlauf der Kühlwassertemperatur. Rechnung und Messung sind nahezu deckungsgleich. Damit ist sicher gestellt, dass das thermische Aufheizverhalten des Motors durch die Simulation bereits in der Konzeptphase korrekt simuliert wurde. Der Abgasmassenstrom zeigt auch eine gute Übereinstimmung, lediglich in den Beschleunigungsphasen zeigt die Simulation stärkere Schwingungen, was auf die stark vereinfachten Regelalgorithmen in der Simulation zurückzuführen ist.

Die berechnete Abgastemperatur (im mittleren Bild blau dargestellt) zeigt deutlich höhere Abweichungen von der rot dargestellten Messung. Hier zeigt sich das Phänomen, dass die gemessene Temperatur aufgrund der großen Trägheit des Seriensensors stark geglättet gemessen wird. Zur Verifikation dieses Phänomens wurde mit THEMOS® gewonnene Temperatur mit einer Zeitkonstante von 15 Sekunden tiefpassgefiltert. Der gefilterte Temperaturverlauf ist in schwarz dargestellt. Ein Vergleich zwischen der gefilterten Abgastemperatur und der gemessenen Temperatur zeigt nun eine gute Übereinstimmung. Damit wird deutlich, dass die im Fahrzeug gemessene Abgastemperatur, die eine sehr wichtige Messgröße darstellt, für eine weitere Verwendung korrigiert werden müsste. In Regelungskonzepten entscheidet die Dynamik des Temperatursensors über die Güte der Motorregelung. Ferner ist die genaue Kenntnis der Abgastemperatur zum Bauteischutz von Turbine oder Katalysator sehr wichtig. Ein möglicher Lösungsansatz sind schnelle Temperaturmodelle [10], auf die hier aber nicht näher eingegangen wird. Die vierte Grafik in Abb. 4.13 zeigt, wie gut die Synergien zwischen Simulation und DOE genutzt werden können. Die NO_x-Rohemission zeigt eine sehr gute Übereinstimmung zwischen Rechnung und Messung.

5 Zusammenfassung

Die steigenden Anforderungen an Motoren führen dazu, dass die Systeme immer komplexer werden. Dies bewirkt, dass die Wahrscheinlichkeit von Fehlern während der Entwicklung größer wird. Gleichzeitig sollen jedoch die Entwicklungszeiten immer weiter verkürzt werden. Dieser Herausforderung muss mit angepassten Entwicklungsprozessen gelöst werden. Einen wertvollen Beitrag dazu leistet die modellbasierte Entwicklung. Durch diese kann bereits früh mit den ersten Tests begonnen werden. Die kontinuierliche Ausführung der Tests ermöglicht eine frühe Fehlererkennung sowie eine zielgerichtete Regelung des Reifegrades [11].

Diese Vorgehensweise wurde zunächst für die verschiedenen Entwicklungsstadien erläutert. Dabei wurden die Vorteile durch Synergie-Effekte dargestellt. Anschließend wurden die Anforderungen an entsprechende Motormodelle hergeleitet und THEMOS® als geeignetes Tool vorgestellt. Anhand einer Ladedruckregelung für einen aufgeladenen Nutzfahrzeugmotor wurde beispielhaft der Entwicklungsprozess unter Einsatz der Simulations- und Testumgebung veranschaulicht. In einem zweiten Beispiel wurde dargestellt, wie die Simulation zielgerichtet bei der Konzeptauslegung von Abgasanlagensystemen genutzt werden kann.

6 Literatur

[1] Birkner, C; Jung, C.; Nickel, J.; Offer, T.; von Rüden, K.: Durchgängiger Einsatz der Simulation beim modellbasierten Entwicklungsprozess am Beispiel des Ladungswechselsystems - von der Bauteilauslegung bis zur Kalibration der Regelalgorithmen. HdT-Tagung Simulation und Aufladung, Berlin, Juni 2005.
[2] Offer, T.; Siedel, R.; von Rüden, K.; Birkner, C.; Östreicher, W.: Simulation und Test bei der Entwicklung von Regelstrategien, HdT-Tagung, Simulation und Test, Berlin, 2005.
[3] Kämmer, A.: Erstellung von Echtzeitmotormodellen aus Konstruktionsdaten von Verbrennungsmotoren, Dissertation TU Dresden, 2003.
[4] Scharrer, O.: Einflusspotential variabler Ventiltriebe auf die Teillast-Betriebswerte von Saug-Ottomotoren – eine Studie mit der Motorprozess-Simulation, Diss., TU Berlin, 2005
[5] VDI Richtlinie 2221: Methodik zum Entwickeln und Konstruieren technischer Systeme und Produkte, VDI Verlag, 1993.
[6] Rask, E.; Sellnau, M.: Simulation-Based Engine Calibration: Tools, Techniques, and Applications, SAE Paper 1264, 2004.
[7] Eichert, E.; Günther, M.; Zwahr, S.: Simulationsrechnungen zur Ermittlung optimaler Einspritzparameter an DI-Ottomotoren, Automotive Engineering Partners Ausgabe Nr.: 2005-05.
[8] Deutsches Institut für Normung. Informationsverarbeitung - Begriffe, DIN 44300, Beuth-Verlag, Berlin, Köln, 1985.
[9] von Rüden, K.: Beitrag zum Downsizing von Fahrzeug-Ottomotoren, Dissertation TU-Berlin, 2004.
[10] Judex, J; Mertins, F.: Vorrichtung zum Messen der Temperatur von strömenden Fluiden, Patentschrift DE 10 2005 003 832 B4 2007.06.28, IAV GmbH, Berlin.
[11] Friedrich, I.; Offer, T.; von Rüden, K.: Physikalisch-basierte Modellierung beschleunigt Entwicklung, HdT-Tagung, Simulation und Test, Berlin, 2008.

1D-Gesamtfahrzeugsimulation zur Bewertung von Wärmemanagementmaßnahmen

C. Haupt, G. Wachtmeister

Kurzfassung

Der Beitrag beschreibt den grundlegenden Aufbau eines echtzeitfähigen Gesamtfahrzeugsimulationsmodells in Dymola / Modelica und gibt einen Überblick über Einsatzmöglichkeiten des Modells zur Untersuchung von Wärmemanagementmaßnahmen. Die in Kooperation mit der BMW Group entwickelte Modellbibliothek ermöglicht zum einen die Simulation des Energiehaushalts eines Serienfahrzeugs der Oberklasse, bei der alle wesentlichen Energieströme und -formen berücksichtigt werden. Zum anderen kann das Modell des Referenzfahrzeugs durch eine Vielzahl von modellierten Alternativkonzepten modifiziert werden, sodass z.B. der Einfluss des Warmlaufverhaltens auf den Kraftstoffverbrauch des Fahrzeugs mit einem parallel-hybriden Antriebsstrang simuliert werden kann.

1 Einleitung

Mit steigenden Kraftstoffkosten, strengeren gesetzlichen Vorgaben zu CO_2- und Schadstoffemissionen aber gleichzeitig steigenden Anforderungen an Komfort, Sicherheit und Fahrdynamik wird es für den Erfolg der Automobilhersteller entscheidend sein, dieses Spannungsfeld mit innovativen Konzepten aufzulösen. Dazu ist eine energetische Optimierung des gesamten Fahrzeugs durch ein ganzheitliches Energiemanagement von großem Vorteil, welches auf die intelligente Nutzung und Verteilung aller im Fahrzeug vorkommenden Energieformen zur Verbrauchs- und Emissionsreduzierung abzielt [1]. Um derartige Energiemanagementsysteme zeitnah entwickeln zu können, ist der Einsatz effektiver Werkzeuge und Methoden unerlässlich.

Durch den Einsatz von Simulationswerkzeugen in einem frühen Stadium des Entwicklungsprozesses kann das Verhalten komplexer Systeme bereits vor der konstruktiven Umsetzung vorausberechnet und analysiert werden. So ist es auch für die Entwicklung energieeffizienter Fahrzeugmodelle sehr vorteilhaft, bereits in der Entwurfsphase den Einfluss neuartiger Konzepte auf den Energiehaushalt des noch virtuellen Fahrzeugs vorhersagen und zu erwartende Einsparpotenziale frühzeitig abschätzen zu können.

Die in diesem Artikel vorgestellten Simulationsmodelle entstanden im Rahmen eines interdisziplinären Projekts der TU München in Kooperation mit der BMW Group, welches zum Ziel hatte, die Energieflüsse in einem Fahrzeug der Oberklasse zu analysieren, daraus Verbesserungspotenziale bzgl. eines effizienteren Energieeinsatzes abzuleiten und mit Hilfe der Simulation zu quantifizieren. In diesem Kontext stellte die Untersuchung alternativer Antriebskonzepte unter Berücksichtigung der Wechselwirkungen zwischen mechanischen, thermischen und elektrischen Energieflüssen ein zentrales Projektziel dar.

Als Referenzfahrzeug wurde ein BMW 745i mit einem V8 Ottomotor ausgewählt, da in diesem Fahrzeug bereits eine Reihe fortschrittlicher Energiemanagementmaßnahmen, wie z.B. die Kennfeldkühlung oder ein geregelter Getriebeöl-Wasser-Wärmetauscher, eingesetzt werden. Weiterhin ermöglichte die umfangreiche Ausstattung des 745i die Betrachtung einer Vielzahl vernetzter energetischer Systeme.

Im folgenden Abschnitt wird einführend die Bedeutung des Wärmemanagements im Fahrzeug zusammengefasst, bevor ein Überblick über Aufbau und Systemarchitektur des Gesamtfahrzeugmodells gegeben wird, um dann auf die Möglichkeiten der Simulation bezüglich Wärmemanagementmaßnahmen einzugehen.

2 Bedeutung von Wärmemanagement im Fahrzeug

Der größte Teil der in einem Fahrzeug mit Verbrennungsmotor umgesetzten Primärenergie wird durch verlustbehaftete Prozesse in Wärme umgewandelt und ungenutzt an die Umgebung abgegeben. Hauptziel eines Wärmemanagementsystems ist es daher, durch intelligentes Lenken und Leiten thermischer Energieflüsse die Prozesse im Fahrzeug so zu führen, dass

- ein hoher Gesamtwirkungsgrad erreicht bzw. der Kraftstoffverbrauch gesenkt wird,
- die Schadstoffemissionen innerhalb der gesetzlichen Grenzen bleiben
- und Fahrgastkomfort und -sicherheit erhöht werden [2].

Diese Anforderungen stehen sich jedoch in einem Spannungsfeld gegenüber. So erreichen z.B. Fahrzeuge mit modernen direkteinspritzenden Dieselmotoren einen relativ niedrigen Kraftstoffverbrauch. Aufgrund geringerer thermischer Verluste ist hier das Abwärmeangebot für die Innenraumheizung deutlich geringer als z.B. bei Ottomotoren, sodass zur Aufrechterhaltung des Insassenkomforts besondere Maßnahmen erforderlich sind. In heutigen Fahrzeugen finden daher zunehmend Wärmemanagementmaßnahmen, wie eine bedarfsorientierte Motorkühlung Anwendung, die in erster Linie den Warmlaufvorgang des Motors verkürzen und somit eine geringere Reibleistung bei gleichzeitiger Sicherstellung des Heizkomforts in der Warmlaufphase ermöglichen. Jedoch muss gewährleistet sein, dass der Verbrennungsmotor unter allen kundenrelevanten Betriebsbedingungen vor thermischer Überlastung geschützt ist.

Eine Bewertung möglicher Maßnahmen zum Wärmemanagement ist bereits vor der prototypischen Umsetzung im Fahrzeug notwendig, um diese möglichst frühzeitig in den Entwicklungsprozess einfließen zu lassen. Hierbei gilt es, auch die Wechselwirkungen mit den nicht direkt durch die Maßnahmen betroffenen Systemen, wie dem elektrischen Bordnetz, der Abgasanlage oder dem Getriebe zu berücksichtigen. Nur so kann das tatsächliche Optimierungspotenzial bestimmter Maßnahmen im Gesamtfahrzeug quantifiziert werden. Dazu eignet sich die 1D-Simulation im besonderen Maße, da so das Verhalten komplex vernetzter technischer Systeme mit überschaubarem Zeitaufwand untersucht werden kann.

3 Aufbau des Gesamtfahrzeugmodells

Das im Rahmen des Kooperationsprojektes entstandene Gesamtfahrzeugmodell in Dymola / Modelica ist unter dem Fokus der Analyse des Energiehaushalts sowohl für konventionelle als auch für Kraftfahrzeuge mit alternativen Antriebskonzepten entwickelt worden. Im Vordergrund der Untersuchungen stehen einerseits die Bewertung hybrider Antriebskonzepte und Fahrfunktionen, wie z.B. Motor-Start-Stopp, Rekuperation und elektrisches Fahren. Andererseits kann das Energieeinsparpotential ausgewählter Alternativkonzepte für Teilsysteme, wie z.B. Lenkung, Wankstabilisierung oder Wasserpumpe [3] bewertet werden. Aufgrund der Forderung nach einer ganzheitlichen Betrachtung des Energiehaushalts ist es erforderlich, auch das thermische Verhalten der Fahrzeugsysteme in der Simulation zu berücksichtigen, um insbesondere den Einfluss eines veränderten Warmlaufverhaltens auf den Energiehaushalt betrachten zu können. Daher eignet sich das Gesamtfahrzeugmodell grundsätzlich auch zur Bewertung von Wärmemanagementmaßnahmen sowohl für das Referenzfahrzeug als auch für hybride Antriebskonzepte.

Bei der Modellbildung wird, soweit möglich und hinsichtlich des Rechenaufwands akzeptabel, eine physikalische Modellierung der Einzelkomponenten präferiert, um eine bestmögliche Übertragbarkeit der Modelle auf ähnliche Varianten zu gewährleisten. Es ist jedoch erforderlich, eine Reihe von Teilsystemen mit Hilfe von Kennfeldern, die auf eigenen Messungen oder Herstellerangaben basieren, zu implementieren, um die Modellkomplexität zu begrenzen und so die Echtzeitfähigkeit des Gesamtmodells zu gewährleisten. Zum Aufbau der Teilmodelle kann auf eine Vielzahl von Grundkomponenten aus der *Modelica Standard Library* und der *Modelica PowerTrain Library* zurückgegriffen werden, jedoch ist es insbesondere bei den thermischen Modellen erforderlich, neue Basismodelle mit eigenen Konnektoren zu entwickeln, um den gestellten Anforderungen gerecht zu werden.

Bevor auf die für das Wärmemanagement besonders relevanten Teilmodelle Motor, Kühlsystem und Abgassystem eingegangen wird, soll ein zusammenfassender Überblick über die übrigen Komponenten des Gesamtfahrzeugmodells gegeben werden.

3.1 Überblick über das Gesamtmodell

Das Gesamtfahrzeugmodell besteht neben Modellen des Antriebsstrangs aus Teilmodellen des elektrischen Bordnetzes, des Kühlsystems, des Abgassystems sowie des Heiz-/ Klimasystems (Abb. 1). Die Teilmodelle tauschen im Gesamtmodell Signale bzw. physikalische Größen über standardisierte Konnektoren untereinander aus und kommunizieren über ein Signalbussystem miteinander.

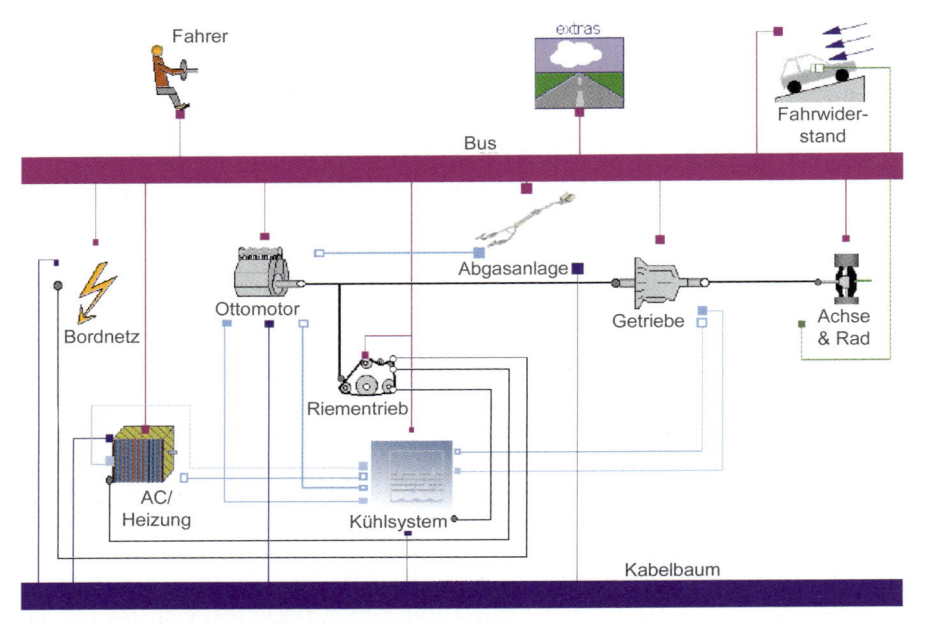

Abb. 1 Gesamtfahrzeugmodell in Dymola / Modelica

Im Modell *Fahrer* sind mehrere auswählbare Fahrzyklen hinterlegt, deren charakteristische Größen bei der Simulation über das Bussystem an die übrigen Teilmodelle übermittelt werden. Zudem ist in diesem Modell ein Regler implementiert, der die Fahrpedalstellung und die Bremskraft entsprechend der Regeldifferenz aus gewünschter und tatsächlicher Fahrgeschwindigkeit einstellt. Das Modell *Fahrwiderstand* bestimmt den Gesamtfahrwiderstand aus der Summe von Roll-, Beschleunigungs-, Luft- und Steigungswiderstand.

Das Modell *Achse&Rad* beinhaltet Teilmodelle von Hinterachsgetriebe, Bremsen und Rädern. Über die Räder wird der Antriebsstrang mit dem Gesamtfahrwiderstand beaufschlagt. Im Modell Hinterachsgetriebe werden die Wechselwirkungen zwischen thermischem Zustand des Systems und den mechanischen Verlusten berücksichtigt.

Das Modell des *6-Gang-Automatikgetriebes* besteht aus Teilmodellen für Planetengetriebe, Wandler, Ölversorgung, Getriebesteuerung und Getriebeöl-Wasser-Wärmetauscher. Es bestimmt das Verlustmoment in Abhängigkeit von Fahrzustand und Öltemperatur. Der Wärmeeintrag in Getriebeöl bzw. Getriebegehäuse ist wiederum abhängig vom Verlustmoment, dem thermischen Zustand der Bauteile und der Umgebungstemperatur. Das Getriebeöl wird mittels Getriebeöl-Wasser-Wärmetauscher gekühlt bzw. während des Warmlaufvorgangs geheizt.

Die Primärenergiewandlung im Gesamtfahrzeugmodell erfolgt durch das Modell *Ottomotor*, in welchem neben der Drehmoment- und Verbrauchscharakteristik das thermische Verhalten des Referenzmotors abgebildet ist.

Alle für den Energiehaushalt des Fahrzeugs relevanten Nebenaggregate, wie z.B. Klimakompressor, Lenkhilfepumpe oder Wasserpumpe, sind als Leistungsverbraucher abgebildet. Sie sind über das Modell *Riementrieb*, in welchem auch die Riemenverluste berücksichtigt werden, an den Antriebsstrang gekoppelt.

Das Modell *Kühlsystem* verbindet die Hauptwärmequelle *Ottomotor* über Fluid-Konnektoren mit dem Hauptkühler, der Innenraumheizung und dem Getriebeöl-Wasser-Wärmetauscher. Die Aufteilung des Massenstromes auf Bypass- und Kühler wird vom Thermostatmodell bestimmt, welches zusätzlich über eine Kennfeldbeheizung verfügt. Das *Kühlsystem* beinhaltet weiterhin Modelle des elektrischen Kühlerlüfters und der mechanischen Wasserpumpe.

Im Modul *AC/Heizung* ist die Innenraumheizung zusammen mit der Klimaanlage und einem thermischen Fahrgastraummodell abgebildet. Im Modell der Heizung wird der Warmwassermassenstrom über ein Taktventil entsprechend der im Heizungssteuergerät berechneten Tastfrequenz eingestellt. Das Heizungswärmetauschermodell ist entsprechend der realen Luftführung im Kreuzstrom aus acht miteinander gekoppelten Segmenten aufgebaut und berechnet die Austrittstemperaturen von Kühlmittel und Luft. Die Klimaanlage ist aufgrund der instationären Vorgänge und des stattfindenden Phasenwechsels im Kältemittel stark vereinfacht modelliert worden, um den Rechenaufwand zu begrenzen. So kommen bei der Modellierung das Verdichterdrehmoments und des Verdichtungsdrucks lokal-lineare neuronale Netze zur Anwendung, die aus umfangreichen Messdaten und mit Hilfe der Matlab-Toolbox LOLIMOT generiert werden.

Das Modell des elektrischen Bordnetzes des Referenzfahrzeugs besteht aus einem Generatormodell, das mechanisch an den Riementrieb gekoppelt ist. Über den Kabelbaum sind die elektrischen Verbraucher in anderen Teilsystemen angebunden und ergeben zusammen die Generatorlast. Neben dem konventionellen 12 V-Bordnetz steht ein hybrides Bordnetzmodell einschließlich Betriebsstrategie in der Modellbibliothek zur Verfügung. Hierbei wird der konventionelle Generator durch eine elektrische Maschine ersetzt, die auf der Kurbelwelle zwischen Verbrennungsmotor und Getriebe angebracht ist und mit einer Impulsstartkupplung den Drehmomentfluss zum Motor unterbrechen kann. Auf diese Weise wird ein paralleler, hybrider Antriebsstrang realisiert. Als auswählbare Speichertechnologien wurden Modelle von Doppelschichtkondensatoren sowie von Bleisäure-, NiMH- und Li-Ionen-Batterien verschiedener Größe hinterlegt. Das Zusammenspiel der am hybriden Antrieb beteiligten Komponenten steuert ein Betriebsstrategiemodell, welches entscheidet, zu welchem Zeitpunkt eines Fahrprofils eine bestimmte Fahrfunktion aktiviert wird. Hierbei stehen folgende Funktionen zur Auswahl: Konventionelles Fahren mit dem Verbrennungsmotor, elektrisches Fahren mit der elektrischen Maschine, verbrennungsmotorisches Fahren und gleichzeitiges Nachladen des Energiespeichers über die elektrische Maschine sowie Rekuperation [6].

3.2 Motormodell

Ein zentrales Modell der Gesamtfahrzeugsimulation bildet der Verbrennungsmotor, da er für die Umwandlung der Primärenergie verantwortlich ist und als größte Verlustquelle im Fahrzeug gilt. Das Motormodell ermittelt in Abhängigkeit der Eingangsgrößen (Abb.2) den Verbrauch, das Antriebsmoment, die Wärmeeinträge in die Motorstruktur und in die den Motor durchströmenden Medien (Kühlmittel, Öl). Zudem wird das Reibmoment in verschiedenen Reibgruppen temperatur-, drehzahl- und lastabhängig berechnet und der daraus resultierende Einfluss auf effektives Drehmoment und Kraftstoffverbrauch berücksichtigt. Die *Motorsteuerung* enthält neben der Leerlaufregelung die nichtlineare Beziehung zwischen Fahrpedalwinkel und relativer Luftmenge zur Bestimmung des Motorbetriebspunktes.

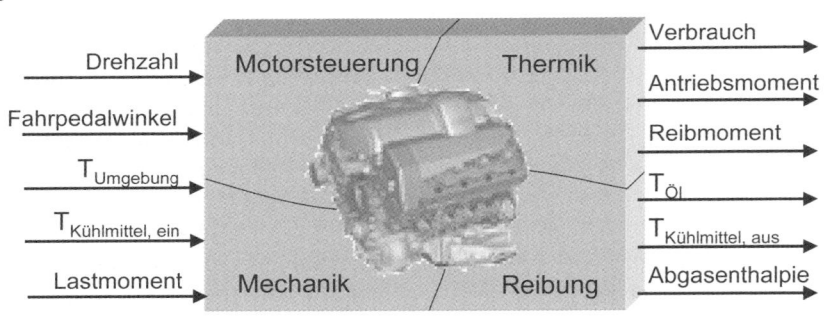

Abb. 2 Schematische Darstellung des Motormodells mit Ein- und Ausgangsgrößen

Für das Wärmemanagement des Fahrzeugs sind die Bereiche *Thermik* und *Reibung* von elementarer Bedeutung, da hier das Verhalten des Motors als Wärmequelle und -speicher abgebildet und zugleich der Einfluss des thermischen Zustands auf das Reibmoment berücksichtigt wird. Einen Überblick über die Funktionsstruktur des thermischen Motormodells mit den Eingangs- und Ergebnisgrößen sowie die Einbindung des Reibmodells gibt Abb. 3.

1D-Gesamtfahrzeugsimulation zur Bewertung von Wärmemanagementmaßnahmen

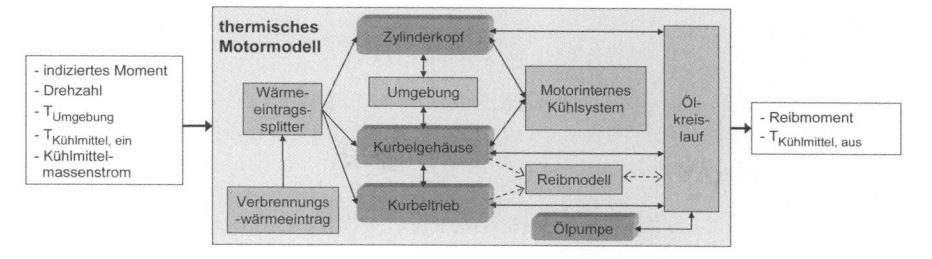

Abb. 3 Überblick über den Aufbau des thermischen Motormodells

Der Wandwärmeeintrag in den Brennräumen wird im Teilmodell *Verbrennungswärmeeintrag* bestimmt und im Modell *Wärmeeintragssplitter* auf die brennraumbegrenzenden Strukturelemente *Zylinderkopf*, *Kurbelgehäuse* und *Kurbeltrieb* aufgeteilt. Die Strukturelemente bestehen im Modell jeweils aus mehreren Wärmekapazitäten, welche entsprechend ihrer Kontakteigenschaften durch Wärmewiderstände miteinander verschaltet sind und untereinander Wärme austauschen. Die Wärmestromverteilung basiert auf einer 3D-Simulation eines stationären Teillast-Betriebspunktes, bei dem die Wärmeübergangskoeffizienten zwischen Medienströmen und Motorstruktur berechnet werden.

Um den Wärmeeintrag in das Kühlmittel abzubilden, sind die Kühlmittel führenden Strukturelemente *Zylinderkopf* und *Kurbelgehäuse* über Wärmewiderstände mit dem Modell *Motorinternes Kühlsystem* verbunden. Hier wird der Wärmeübergang zwischen den Wänden der Kühlkanäle und dem durchströmenden Kühlmittel bestimmt. Der Wassermantel und die Kühlkanäle werden durch sieben nacheinander durchströmte zylindrische Rohrelemente repräsentiert [7]. In jedem Rohrelement werden die Wärmeübergangskoeffizienten in Abhängigkeit von der mittleren Wandtemperatur, der Kühlmitteltemperatur, der Strömungsgeschwindigkeit und den temperaturspezifischen Stoffdaten Dichte und Viskosität berechnet.

Das *Reibmodell* bestimmt die Reibmomente im Ventiltrieb, den Haupt- und Pleuellagern sowie zwischen Kolben und Zylinderlauffläche in Abhängigkeit vom Motorbetriebspunkt, der Öl- und der Umgebungstemperatur. Das *Reibmodell* basiert auf Motorstripmessungen und berücksichtigt zusätzlich die lokalen Temperaturen der Lagerschalen und Zylinderwände [8]. Das Modell *Ölkreislauf* bildet die Öl-Durchströmung des Motors nach, indem der von der Ölpumpe aus der Ölwanne geförderte Massenstrom auf vier Teilströme aufgeteilt wird und Wärmeströme zwischen den angeschlossenen Strukturelementen des Motors und dem Öl fließen. Die Antriebsleistung der Ölpumpe und die einzelnen Ölmassenströme werden im Modell *Ölpumpe* temperatur- und drehzahlabhängig berechnet.

3.3 Kühlsystem

Bei der Betrachtung von Wärmemanagementmaßnahmen ist neben dem thermischen Motormodell das Kühlsystem von essentieller Bedeutung, da dieses für die Verteilung der vorhandenen Wärmeenergie auf Verbraucher und Quellen verantwortlich ist.

Das Motorkühlsystem des Referenzfahrzeugs ist als mehrfach verzweigtes Strömungsnetzwerk modelliert. Es leitet das Kühlmittel von der Wasserpumpe durch den Motor und verteilt es anschließend auf die Teilkreise Hauptkühler, Bypass, Heizung und Getriebeöl-Wasser-Wärmetauscher (GÖWWT) (Abb. 4). Die Massenstromaufteilung in den einzelnen Zweigen wird aus den temperaturabhängigen Öffnungsquerschnitten des Kennfeldthermostats, des Getriebeöl-Wasser-Wärmetauscher-Thermostats sowie aus der Öffnungsdauer des Heizungswasserventils berechnet. Bei dieser Methode der Modellierung bleiben Druckverluste im Kühlsystem unberücksichtigt, was den Parametrierungs- und Berechnungsaufwand erheblich reduziert und auf den zu simulierenden Energiehaushalt des Fahrzeugs nur geringe Auswirkungen hat.

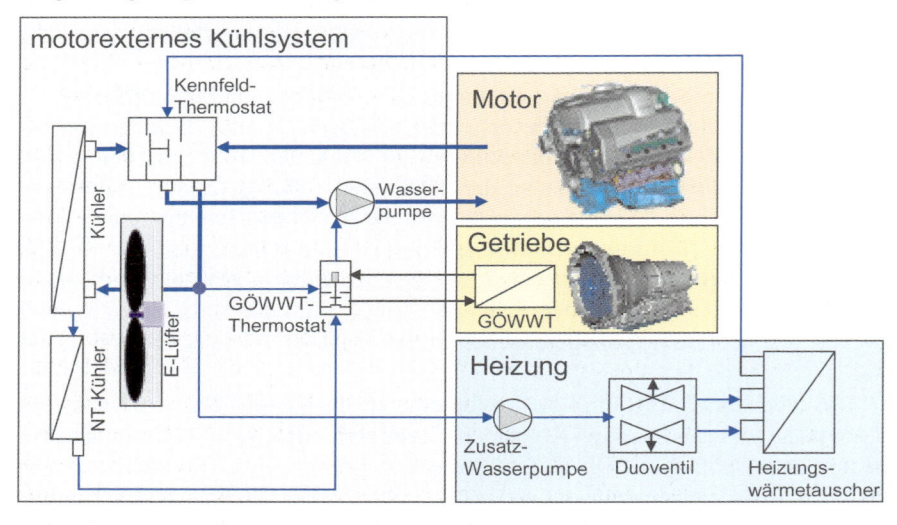

Abb. 4 Schematischer Aufbau des Kühlsystemmodells des BMW 745i

Um für Kühlmitteltemperaturen zwischen 0 und 130 °C die geforderte Rechengenauigkeit zu erreichen, ist es notwendig, die Temperaturabhängigkeit der Stoffdaten des Kühlmittel-Wasser-Gemisches zu berücksichtigen. Daher wird zur Berechnung von Dichte, spezifischer Wärmekapazität, Viskosität und Wärmeleitfähigkeit ein spezielles Stoffdatenmodell verwendet, in welchem diese Größen als Funktionen der Temperatur implementiert sind.

Die in den Teilzweigen eingesetzten Wärmetauschermodelle bestimmen die Austrittstemperaturen und die Wärmeströme zwischen den korrespondierenden Medien. Das Modell des zweiteiligen Hauptkühlers ist aus einem Hochtemperatur- und einem Niedertemperaturwärmetauschermodell aufgebaut, wobei das thermische Verhalten der Kühler mit Hilfe der Betriebscharakteristika implementiert ist [9].

Die Funktion des im Referenzfahrzeug eingesetzten Kennfeldthermostatventils ist einschließlich der Ansteuerung im Modell abgebildet, um die dadurch erweiterten Möglichkeiten einer betriebspunktabhängigen Kühlmittelvorlauftemperatur simulieren zu können. Die elektrische Beheizung des Thermostats führt zu einer veränderten Öffnungscharakteristik, sodass z.B. bei Volllast innerhalb weniger Sekunden die Kühlwassertemperatur von 105°C auf 90 °C gesenkt werden kann. Ausgehend von der sich in der Mischkammer des Thermostats einstellenden Kühlmitteltemperatur wird der Thermostathub mit Hilfe von Hub-Temperaturkennlinien bestimmt. Die kühlmittelseitige Motoreintrittstemperatur wird aus der Mischtemperatur der in Thermostat und Wasserpumpe zusammenfließenden Kühlmittelmassenströme berechnet.

Durch den im Referenzfahrzeug eingesetzten Getriebeöl-Wasser-Wärmetauscher wird eine thermische Kopplung zwischen Kühlsystem und Automatikgetriebe hergestellt, über die das Getriebeöl gekühlt bzw. beheizt werden kann. Die Temperaturregelung erfolgt mittels eines Thermostatventils, welches heißes bzw. kaltes Kühlmittel in den Getriebeöl-Wasser-Wärmetauscher leitet. Das thermische Verhalten des Getriebes ist einschließlich des Getriebeöl-Wasser-Wärmetauschers im Modell *Getriebe* implementiert.

Der stromabwärts vom Kühlmodul angeordnete Motorlüfter mit einer elektrischen Nennleistung von 600 W ist sowohl für die Kühlleistung des Kühlers als auch für das elektrische Bordnetz bedeutend. Daher ist das Verhalten des Lüfters als elektrischer Verbraucher und als Kühlluftquelle modelliert worden, wobei die komplexe Ansteuerung des Lüftermotors entsprechend der Serienapplikation implementiert ist.

Alternativ zur riemengetriebenen Serienwasserpumpe ist eine elektrisch angetriebene Kühlmittelpumpe mit einer Nennleistung von 450 W in die Modellbibliothek implementiert worden. Die Pumpe eignet sich für den Einsatz im Referenzfahrzeug ohne weitere Modifizierung des Kühlsystems, da der Nennvolumenstrom für eine ausreichende Kühlleistung auch bei Volllast genügt. Der von der Motordrehzahl entkoppelte Pumpenantrieb ermöglicht eine bedarfsorientierte Kühlmittelversorgung sowie die Umsetzung einer komfort- und verbrauchsoptimierten Warmlaufstrategie. Die Einstellung des Kühlmittelvolumenstroms erfolgt über ein Reglermodell, welches zusätzlich zur Motoraustrittstemperatur die Zylinderkopftemperatur als Regelgröße verwendet. Dies gewährleistet, dass bei laufendem Motor und nicht fördernder Pumpe der Zylinderkopf vor Überhitzung geschützt ist, auch wenn aufgrund des ruhenden Kühlmittels die Kühlmittelaustrittstemperatur noch weit unterhalb der Schaltschwelle liegt.

3.4 Abgassystem

Ein großer Teil der beim Betrieb des Verbrennungsmotors entstehenden Verlustenergie wird über das Abgas ungenutzt an die Umgebung abgegeben. Um Konzepte zur Abgasenergienutzung und ihren Einfluss auf den Energiehaushalt des Fahrzeugs untersuchen zu können, ist es zunächst erforderlich, das thermische Verhalten der Abgasanlage des Referenzfahrzeugs zu analysieren und als Rechenmodell in das Gesamtfahrzeugmodell zu integrieren. Dazu sind umfangreiche Temperaturmessungen an der Abgasanlage des BMW 745i durchgeführt worden, deren Ergebnisse sowohl für die notwendige Validierung der Simulationsmodelle als auch für eine detaillierte Analyse der Verlustwärmeströme im Abgassystem dienten.

Die in Abb. 5 dargestellte zweiflutige Abgasanlage wird im Modell in neun Segmente unterteilt, welche aus miteinander verschalteten Wärmekapazitäten, Wärmewiderständen und Wärmeübergängen aufgebaut sind.

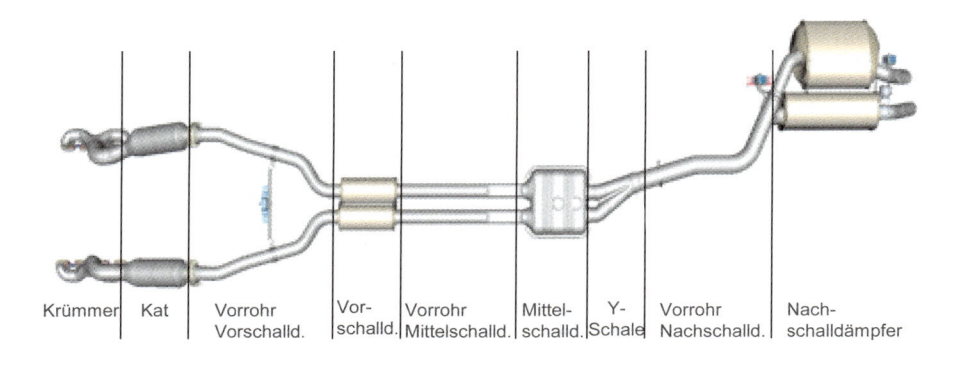

Abb. 5 Modellierte Segmente der Abgasanlage des BMW 745i

Die implementierten Wärmeübergangsmechanismen berücksichtigen Strahlung, Leitung sowie erzwungene und freie Konvektion [10]. Für die Betrachtung der luftseitigen Umströmung werden jedem Segment in Abhängigkeit von der Fahrgeschwindigkeit charakteristische Strömungsgeschwindigkeiten zugeordnet, welche von vorliegenden CFD-Berechnungen der Motorraumdurchströmung bei unterschiedlichen Geschwindigkeiten abgeleitet werden.

In jedem Segment des Abgassystems werden die Wärmeströme vom Abgas zur Rohrwand und weiter an die umströmende Luft bestimmt, sodass ausgehend von einer definierten Starttemperatur der Rohrwand das Aufwärmverhalten der Bauteile und die Gasaustrittstemperaturen berechnet werden. Die Anzahl der modellierten Wärmekapazitäten hängt von der Komplexität des jeweiligen Segments ab. So ist es für die gewünschte Modellgenauigkeit ausreichend, wenn z.B. das Modell *Vorrohr Mittelschalldämpfer* nur mit einer thermischen Masse implementiert ist, da sich Strömungszustand und Wandgeometrie über der Segmentlänge nur unwesentlich ändern. Dagegen ist bei den Schalldämpfern erforderlich, die Modelle aus mehreren thermischen Massen aufzubauen, um die thermischen Eigenschaften der unterschiedlichen Materialien und Strömungsquerschnitte zu berücksichtigen.

Alle Segmentmodelle wurden mit Hilfe von Messdaten, die auf zahlreichen Straßenfahrten und Rollenprüfstandsversuchen unter verschiedenen klimatischen und fahrdynamischen Bedingungen aufgezeichnet wurden, validiert.

Neben der Analyse des Energiehaushalts soll auch der Einfluss von Wärmemanagementmaßnahmen oder einer veränderten Motorbetriebsstrategie, wie z.B. bei hybridisiertem Antriebsstrang, auf das Verhalten der Abgasnachbehandlungseinrichtung berücksichtigt werden. So kann z.B. eine, aus einer veränderten Betriebsstrategie resultierende, verlängerte Light-Off-Dauer der Katalysatoren zu erheblichen Nachteilen im Emissionsverhalten führen. Das Katalysatormodell soll daher in der Lage sein, das thermische Verhalten, insbesondere die Monolithtemperatur und die Austrittstemperatur bei einem Kaltstart vorauszuberechnen.

Das Modell des Katalysators ist aufgrund der sich in axialer Richtung stark verändernden Strömungsverhältnisse und der verschiedenen Werkstoffe das detaillierteste Teilmodell der Abgasanlage. Es ist in Strömungsrichtung in fünf Segmente aufgeteilt, die jeweils vergleichbare Strömungsverhältnisse als auch thermische Eigenschaften aufweisen.

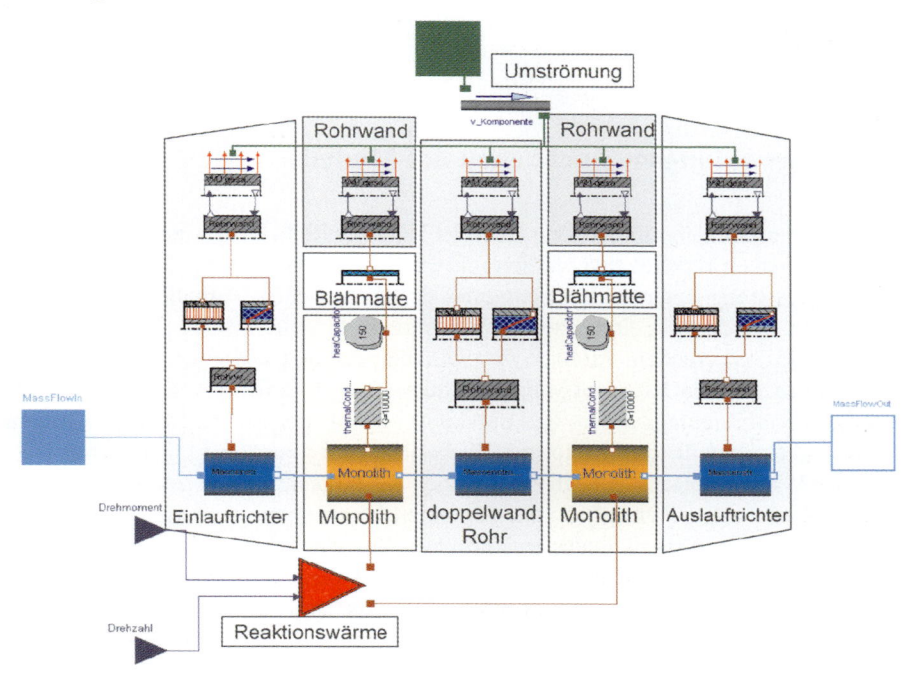

Abb. 6 Thermisches Modell des Katalysators

Die luftspaltisolierten Ein- und Auslauftrichter sowie das zwischen den beiden Keramikmonolithen befindliche doppelwandige Rohrstück werden durch konvektive Wärmeübergänge zwischen Abgas und innerer Rohrwand sowie zwischen äußerer Rohrwand und umströmender Luft nachgebildet. Das Wärmeübergangsmodell im Luftspalt beinhaltet die Effekte Strahlung und Wärmeleitung im ruhenden Medium. Die Keramikmonolithen werden als Wabenkörper, bestehend aus je zwei Wärmekapazitäten, mit überwiegend laminarer Strömung betrachtet und der konvektive Wärmeübergang zwischen Abgas und Kanalwand nach Votruba [11] berechnet. Da bei Motorstillstand und nicht mehr vorhandenem Abgasmassenstrom diese Beziehungen nicht anwendbar sind, wird in diesem Fall mit Wärmeleitung in ruhendem Medium gerechnet [12]. Die bei der katalytischen Schadstoffumwandlung frei werdende Reaktionsenthalpie wird im Modell als Wärmestrom in die thermischen Massen der Monolithen eingetragen. Dieser Wärmestrom wird wiederum durch von der Monolithtemperatur abhängige Konvertierungsraten beeinflusst, welche für die energetisch relevanten Teilreaktionen als Funktionen der Temperatur im Modell hinterlegt sind.

Das Katalysatormodell ermöglicht somit auch die Bewertung von Maßnahmen zur Verkürzung der Dauer für das Erreichen der Light-Off-Temperatur, z.B. durch elektrische Beheizung oder durch einen Benzinbrenner. Über die Anbindung eines elektrischen Heizelements an das elektrische Bordnetz können die Auswirkungen der Beheizung auf den Gesamtenergiehaushalt bzw. den Kraftstoffverbrauch des Fahrzeugs betrachtet werden.

4 Anwendungsmöglichkeiten des Modells

Das Gesamtfahrzeugmodell konnte bereits bei einer Reihe von Forschungsarbeiten zu den Themen Hybridkonfiguration und Betriebsstrategien für einen Parallelhybridantriebsstrang unter Berücksichtigung des thermischen Verhaltens erfolgreich eingesetzt werden [6]. Dabei wurde u.a. untersucht, wie sich in einem, auf dem BMW 745i basierenden, Parallelhybridfahrzeug die verschiedenen hybriden Fahrfunktionen auf den Kraftstoffverbrauch auswirken. Der dabei verzögerte Warmlauf des Verbrennungsmotors und die damit ungünstigeren Reibzustände konnten aufgrund des detaillierten Motormodells berücksichtigt werden [13]. Unter Aspekten des Wärmemanagements eröffnet jedoch das betrachtete Hybridkonzept weiteres Verbesserungspotenzial, da die genannten Untersuchungen ausschließlich mit dem Modell des Serienkühlsystems durchgeführt wurden. Die Anwendung eines optimierten bedarfsorientierten Kühlsystems mit verbesserter Warmlaufstrategie lässt weitere Einsparungen in Hinblick auf den Kraftstoffverbrauch erwarten.

Das Gesamtfahrzeugmodell eignet sich außerdem zur Untersuchung von Wärmespeicherkonzepten, welche sowohl zur Reduzierung von Reibleistung und Emissionen als auch zur Steigerung des Heizkomforts beitragen können. Weiterhin ist es möglich, Zuheizkonzepte bezüglich Heizkomfort und Kraftstoffverbrauch zu untersuchen. Darüber hinaus lassen sich Möglichkeiten der Abgaswärmenutzung mit dem Gesamtfahrzeugmodell analysieren, indem mit relativ geringem Aufwand verschiedene Konzepte in die Modellstruktur eingebunden werden. So finden die Wechselwirkungen zwischen verschiedenen Teilsystemen des Fahrzeugs bei der Konzeptbewertung Berücksichtigung. Die Verwendung von Dymola / Modelica begünstigt außerdem die Benutzung zahlreicher frei verfügbarer Modelica-Bibliotheken insbesondere zur Modellierung thermischer Problemstellungen, wie z.B. die Simulation mehrphasiger Fluidkreisläufe.

Bei hybriden Antriebskonzepten verändert sich das Aufwärmverhalten von Motor und Abgasreinigungssystem, z.B. bei Aktivierung der Motorstoppfunktion während der Warmlaufphase. Dabei verzögert sich das Erreichen der zur Schadstoffkonvertierung im 3-Wege-Katalysator erforderlichen Light-Off-Temperatur, sodass die Hybridfunktionen während des Warmlaufs oft erst nach einer bestimmten Warmlaufzeit aktiviert werden. Da in einem Hybridfahrzeug deutlich mehr elektrische Energie zur Verfügung steht als in einem konventionellen Fahrzeug, kann eine elektrische Beheizung des Katalysators mit überschaubarem Aufwand realisiert werden. Mit dem Modell des elektrisch beheizbaren Katalysators konnte bereits der Einfluss von Heizleistung und -dauer auf die Monolithtemperatur während des Warmlaufvorgangs untersucht werden [13]. Dabei ist zu erkennen, dass die HC-Emissionen durch ein schnelleres Light-Off deutlich reduziert werden ohne Verbrauchsnachteile durch abgeschaltete Hybridfunktionen hinnehmen zu müssen. Die elektrische Katalysatorbeheizung ist jedoch auch in Fahrzeugen mit konventionellem Antrieb realisierbar, wie die Vergangenheit gezeigt hat [14].

Das Simulationssystem ermöglicht zudem die Kombination mehrerer zu untersuchender Konzepte, sodass sich besonders in Hinblick auf alternative Antriebskonzepte vielfältige Möglichkeiten für die Untersuchung von Wärmemanagementmaßnahmen eröffnen.

5 Zusammenfassung

Mit dem vorgestellten Simulationsmodell lassen sich umfassende Fragestellungen bezüglich des Energiehaushalts sowohl von herkömmlichen als auch von alternativen Fahrzeugkonzepten unter verschiedenen Randbedingungen und Fahrprofilen untersuchen. Das echtzeitfähige Gesamtfahrzeugmodell des BMW 745i lässt sich durch eine Vielzahl von Komponenten und Varianten erweitern, um z.B. hybride Antriebskonzepte unterschiedlicher Topologie und Motorisierung bewerten und optimieren zu können.

Im Bereich des Wärmemanagements ermöglicht die erstellte Modellbibliothek die Untersuchung von Maßnahmen zur Verkürzung des Warmlaufvorgangs und zur Erhöhung des Insassenkomforts, z.B. durch Konzepte zur Abgasenergienutzung. Zudem kann das Zusammenspiel bereits implementierter Komponenten, wie elektrische Wasserpumpe, Motorlüfter und Kennfeldthermostat optimiert werden, was zu einem effizienteren Gesamtverhalten führen kann.

Weiterhin ist die Anbindung elektrischer Komponenten eines hybriden Bordnetzes, wie Leistungselektronik, elektrischer Maschine oder des elektrischen Energiespeichers, an das Kühlsystem bedeutend für den Gesamtwärmehaushalt. Daraus ergeben sich neben neuen Herausforderungen für die Stabilität des Kühlsystems auch Möglichkeiten zur Nutzung des erhöhten Verlustwärmeaufkommens z.B. zur Verbesserung des Heizkomforts.

6 Literatur

[1] Lange S, Schimanski M(2006) Energiemanagement in Fahrzeugen mit alternativen Antrieben. Dissertation. TU Braunschweig, Fakultät für Elektrotechnik und Informationstechnik.

[2] Hesse U, Hohl R, Schmitt M (1999) Thermomanagement: Technologien um das 3-Liter-Auto. Tagung Braunschweig, 16. bis 18. November 1999. Düsseldorf: VDI-Verl. (VDI-Berichte, 1505), S 323–335.

[3] Lindemann U, Hübner W (2007) Energiemanagement - Analyse und virtuelle Abbildung der energetischen Zusammenhänge im Fahrzeug. In: Vieweg technology forum (Hrsg.): ATZ / MTZ-Konferenz - Energie 26. und 27. Juni 2007 / München. CO_2 - Die Herausforderung für unsere Zukunft. Wiesbaden: Vieweg, S 105–115.

[4] Liebl J (2006) Energiemanagement – Ein Schlüssel für Effiziente Dynamik. In: VDI-Gesellschaft Fahrzeug- und Verkehrstechnik (Hrsg): Innovative Fahrzeugantriebe. Innovative Power Train Systems,Tagung Dresden, 9. und 10. November 2006. Düsseldorf: VDI-Verlag, S 449–463.

[5] Tegethoff W, Correira C, Kossel R, Bodmann M, Lemke N, Köhler J (2006) Co-Simulation und Sprach-Standardisierung am Beispiel des Wärmemanagements. In: Steinberg P (Hrsg) Wärmemanagement des Kraftfahrzeugs V. Renningen: Expert-Verl. (Haus der Technik Fachbuch, 68), S 231–242.

[6] Bücherl D, Herzog H -G, Engstle A (2007) Einsparpotenzial des Kraftstoffverbrauchs eines Oberklassefahrzeugs durch effizientes Energiemanagement im hybriden Antriebsstrang: Hybridantriebstechnik - Energieeffiziente elektrische Antriebe. ETG-Kongress 2007, Karlsruhe.

[7] Niklas L (2005) Modellierung und Simulation von Reibung und Wärmeströmen eines Ottomotors unter Berücksichtigung von Öl- und Kühlkreislauf. Diplomarbeit. Technische Universität München, Lehrstuhl für Fahrzeugtechnik.

[8] Fischer G (1999) Reibmitteldruck - Ottomotor. Abschlussbericht des Vorhabens Nr. 629 der Forschungsvereinigung Verbrennungskraftmaschinen e.V. Forschungsvereinigung Verbrennungskraftmaschinen FVV Frankfurt M. (FVV Heft 685).

[9] Michels K (1996) Entwicklung eines Werkzeugs zur Auslegung von Kühlkreislauf - Regelalgorithmen. Dissertation. Technische Universität Carolo-Wilhelmina Braunschweig, Institut für Elektrische Meßtechnik und Grundlagen der Elektrotechnik.

[10] Kandylas I P, Stamatelos A M (1999) Engine exhaust system design based on heat transfer computation. In: Energy Conversion and Management, Jg. 40, S 1057–1072.

[11] Votruba J (1975) Heat and mass transfer in honeycomb catalysts. In: Chemical Engineering Science, Jg. 30, S 201–206.

[12] Leipertz A (2003) Wärme- und Stoffübertragung. Für Studierende der Fachrichtungen Maschinenbau, Mechatronik, Verfahrenstechnik, Chemie- und Bioingenieurwesen. Als Ms. gedr. Erlangen: ESYTEC Energie- und Systemtechnik GmbH.

[13] Haupt C, Bücherl D, Herzog H -G, Wachtmeister G (2007) Energy Management in Hybrid Vehicles Considering Thermal Interactions. In: Institute of Electrical and Electronics Engi-

neers. (Hrsg): IEEE Vehicle Power and Propulsion Conference, VPPC 2007. [proceedings]. Piscataway N.J.: Institute of Electrical and Electronics Engineers.

[14] Hanel F J, Otto E, Brück R, Nagel T, Bergau N (1997) Practical Experience with the EHC System in the BMW ALPINA B12 (SAE Technical Paper, 970263).

iDVA – eine instationäre Druckverlaufsanalyse am Beispiel eines aufgeladenen 6-Zylinder Ottomotors

K. A. Görg, C. Reulein, C. Schwarz

Kurzfassung

Die zunehmende Vielfalt und Kombinationsmöglichkeit von neuen Entwicklungen in der Motortechnik, wie z.b. der Aufladung, dem variablen Ventiltrieb und der Direkteinspritzung beim Ottomotor, und vor allem deren weit reichender Einfluss auf das Brennverfahren, erfordert eine schnelle und zuverlässige Möglichkeit zur Bestimmung und Interpretation des Brennverlaufes und seiner Parameter.

Die dazu entwickelte Druckverlaufsanalyse (DVA) als Modul in PROMO dient zur Ermittlung der Verbrennungsparameter, des Restgasgehalts sowie der Verlustteilung der Energien.

Mit der DVA steht somit einerseits dem Versuch ein wichtiges Werkzeug zur Auswertung und Interpretation von Motor-Indizierdaten zur Verfügung, andererseits dient sie der Simulation mit der Bedatung betriebspunktabhängiger Brennverläufe.

Im Beitrag wird der Einsatz der iDVA – einer Weiterentwicklung und Verallgemeinerung der DVA - bei instationären Messungen beschrieben.

Am Beispiel eines Lastsprungs eines aufgeladenen 6-Zylinder Ottomotors werden die Brenn- und Restgasverläufe über ausgewählte Arbeitsspielsequenzen ermittelt und diskutiert. In jedem Arbeitsspiel wird dabei eine detaillierte Verlustteilung durchgeführt.

1   Einleitung

Ziel der Motorenentwicklung ist es, durch Optimierung von Gewicht, Verbrauch und Leistung einen möglichst effizienten und dynamischen Fahrzeugantrieb darzustellen.

Eine Möglichkeit, die Leistungsdichte von Verbrennungsmotoren zu steigern, ist die Abgasturboaufladung.

Gleichzeitig ergeben sich durch Kombination der Aufladung mit neuen Brennverfahren wie Direkteinspritzung zum Teil nicht unerhebliche Einsparpotenziale im Kraftstoffverbrauch. Andererseits steigt allerdings durch die Aufladung die Komplexität des Verbrennungsmotors.

Neben den offensichtlichen Anforderungen wie stationärer Drehmoment- und Leistungsverlauf ist es erforderlich, das Instationärverhalten des Motors zu optimieren, um den Dynamikansprüchen eines Fahrzeugantriebs gerecht zu werden. Durch die Steigerung der spezifischen Last ergeben sich auch geänderte Bedingungen im Brennraum, die Rückwirkungen auf die Verbrennung und das Klopfverhalten des Motors haben.

Darüber hinaus ergeben sich für die Applikation und Emissionierung zusätzliche Anforderungen aufgrund der zunehmenden Freiheitsgrade und Anzahl von Stellgrößen im Motorbetrieb.

Um bereits in der frühen Phase der Entwicklung das Potenzial unterschiedlicher Aufladekonzepte [1] in der so genannten EfficientDynamic beurteilen zu können, ist es erforderlich, sowohl die Simulation als auch das Experiment mit geeigneten Werkzeugen zu unterstützen.

PROMO, ein 1D-Ladungswechselprogramm, ist eines dieser Tools und hat eine lange Entwicklungsgeschichte hinter sich. Ausgehend von den Arbeiten von Seifert [2], wurde von einem Autorenteam zu Beginn der 70er Jahre PROMO an der RuhrUniversität Bochum entwickelt [3]. Weitere Arbeiten, die sich speziell mit dem Motorprozess befassten, folgten von Pucher [4], Stromberg [5], Uckelmann [6] und Heine [7].

Die im Hause BMW etablierte PROMO-Version [8] ist in den vergangenen 25 Jahren erheblich erweitert worden. Einen Teil dieser Entwicklungen stellt die stationäre Druckverlaufsanalyse (DVA) [9] dar. Sie ermöglicht es nach entsprechenden Erweiterungen im Code, der Einbindung der Verlustteilung [10] und Anpassung für den instationären Fall, in akzeptablem Zeitaufwand die relativ komplexen Systeme der Motoren in ihrem Betriebsverhalten zu analysieren, miteinander zu vergleichen und zu optimieren.

Zurückblickend auf eine rund 40 jährige Entwicklungsgeschichte von PROMO, hätte das Thema auch lauten können: „Vom Stoßwellenrohr zur iDVA".

Im Folgenden wird die instationäre Druckverlaufsanalyse (iDVA) als Weiterentwicklung der DVA als derer Verallgemeinerung erläutert und an ausgewählten Beispielen in ihrer Anwendung vorgestellt.

2 Modellvorstellung der stationären DVA

Die DVA lebt von der Tatsache, dass jede Unstetigkeitsstelle in einem Rohrleitungssystem die Druckwellenausbreitung charakteristisch beeinflusst. Im Idealfall ließe sich somit aus einer Druckmessstelle das Leitungssystem rekonstruieren. Da beim Verbrennungsmotor die phasenweise geschlossenen Ventile das System separieren, sind mindestens zwei Messstellen – jeweils eine auf der Einlassseite und eine auf der Auslassseite - erforderlich.

iDVA – eine instationäre Druckverlaufsanalyse

Wird nun durch geeignete Wahl der Messorte ein ausgewählter Zylinder separiert, so lassen sich in dem so erhaltenen Teilsystem alle Zustände angenähert so rekonstruieren, als wären sie im Vollmodell berechnet worden (Abbildung 2.1). Angenähert nur daher, als dass sich Vermischungen nicht rückrechnen lassen. Als weitere Ergebnisse neben den Gas- und Thermodynamischen Größen seien zu nennen:

- Brennverlauf mit Entflammungs-/Brenndauer, Schwerpunktlage und Umsetzungsgrad
- Ladungswechselgrößen wie Restgasanteil und Einlass-/Auslassmassenströmen
- Verlustteilung (Abbildung 2.2)

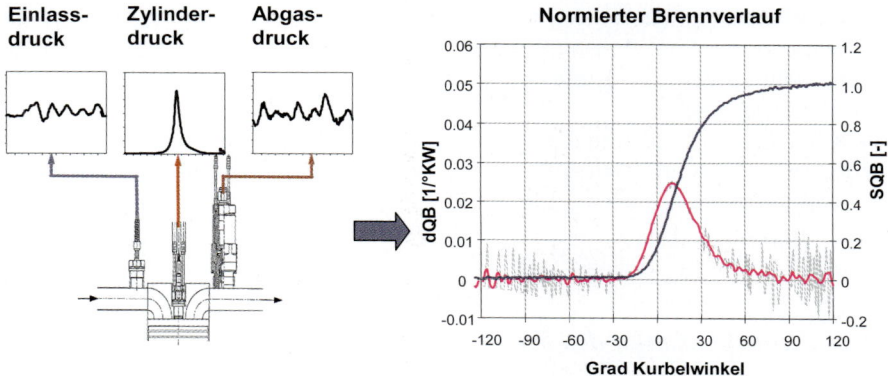

Abb. 2.1 Druckverlaufsanalyse

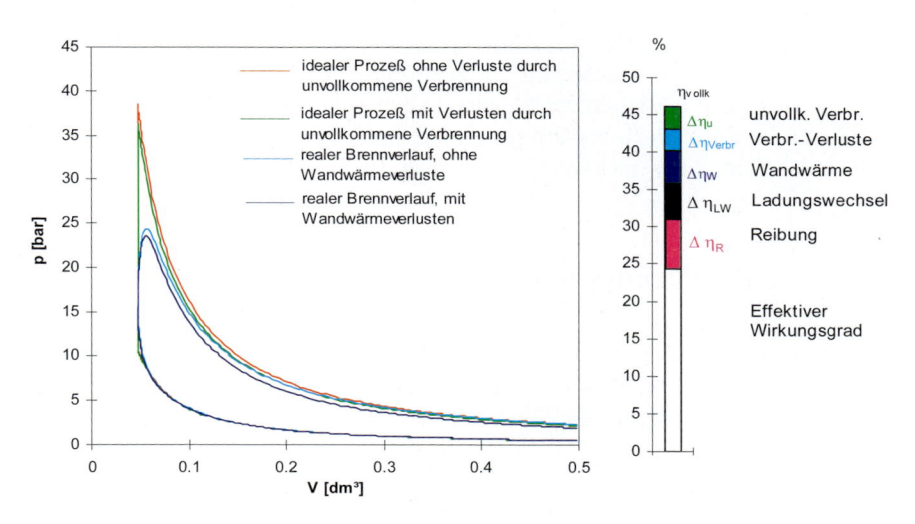

Abb. 2.2 Verlustteilung

2.1 Charakteristika der DVA

Die DVA setzt einen stationären Betriebspunkt voraus. Die wesentlichste Anforderung an das Modell bzw. an die DVA sind die Vorgaben der zeitaufgelösten Druckverläufe über ein Arbeitsspiel an den Modellgrenzen auf der Einlass- bzw. auf der Auslassseite und im Zylinder (Abbildung 2.1) und deren Verarbeitung im Code. Diese Druckverläufe sind über ein Arbeitsspiel im Idealfall zyklisch, d.h. die Zustände des Motors sind zu Beginn und am Ende eines Messintervalls nahezu identisch. Für die iterativen Lösungsalgorithmen im Code der DVA stellt diese Annahme eine erhebliche Erleichterung dar.

Im Weiteren ist das Modell mit den im Experiment erfassten Betriebspunktparametern zu bedaten. Zu nennen seien hier als Beispiel die Drehzahl, die Umgebungsbedingungen, die Kraftstoffeigenschaften, die Einspritzcharakteristika und die Ventilsteuerzeiten.

Kernstück im Code sind die Invertierung des Energiesatzes zur Berechnung der Umsatzrate der Verbrennung sowie der Berechnung des Ladungswechsels unter Berücksichtigung zeitabhängiger Umgebungsbedingungen [3] und die Einbettung der Verlustteilung [4].

2.2 Charakteristika des Experiments

Das Experiment erfasst die zuvor erwähnten, für die DVA erforderlichen Daten eines stationären Betriebspunktes.

Die zeitaufgelösten Druckverläufe werden dabei über mehrere Arbeitsspiele gemittelt. Dabei kann gleichzeitig die zyklische Eigenschaft der Daten sichergestellt werden. Die Abstände der Druckaufnehmer zu den Ventilen sind durch die Länge der betroffenen Rohre festgelegt und exakt einzuhalten. In der Regel wird jedoch das Modell in seiner Geometrie gemäß der Prüfstandsvorgaben angepasst.

3 Modellvorstellung der instationären DVA

Das Simulationsmodell der iDVA ist identisch dem der stationären DVA. Da die iDVA eine Verallgemeinerung der DVA darstellt, sind die Funktionen der iDVA Obermenge der Funktionen der DVA.

3.1 Charakteristika der iDVA

Die iDVA erlaubt die Analyse des instationären Betriebes eines Motors, d.h. alle Betriebspunktparameter - insbesondere die Drehzahl sowie die Last regelnden Stellgrößen - können zeitabhängig sein.
Die zeitaufgelösten Druckverläufe sind per Definition instationär. Über ein Arbeitsspiel sind die Verläufe zusätzlich nicht zyklisch und nicht gemittelt, d.h. die Zustände des Motors können zu Beginn und am Ende eines Arbeitsspiels erheblich voneinander abweichen und von Störungen des Messsystems überlagert sein. Diese Charakteristika stellen hohe Anforderungen an die iterativen Lösungsverfahren im Code der iDVA dar. Konnte in der DVA das Arbeitsspiel frei gewählt werden, so ist das in der iDVA zumindest im transienten Bereich des Experiments nicht mehr der Fall.

3.2 Charakteristika des Experiments

Die zeitaufgelösten Druckverläufe und die Betriebspunktparameter werden für jedes Arbeitsspiel aufgenommen und mit dem Arbeitsspielzähler identifiziert.
Werden die Betriebspunktparameter und die Druckverläufe von unterschiedlichen Messsystemen aufgenommen, so ist sicherzustellen, dass die beiden Datenströme synchronisiert gespeichert werden. In geeigneten Postprozessoren lässt sich die Synchronisation jedoch nachträglich vornehmen, da die für das Experiment typischen Ereignisse, wie z.B. Öffnen bzw. Schließen des Bypassventils oder die Verstellungen der Spreizungen, leicht zu identifizieren sind.

4   Anwendungen der iDVA

Als Beispiel ist ein Anwendungsfall aus der Entwicklung des neuen BMW Twin Turbo Ottomotors gewählt, dessen Leistungsdaten in Abbildung 4.1 dargestellt sind.

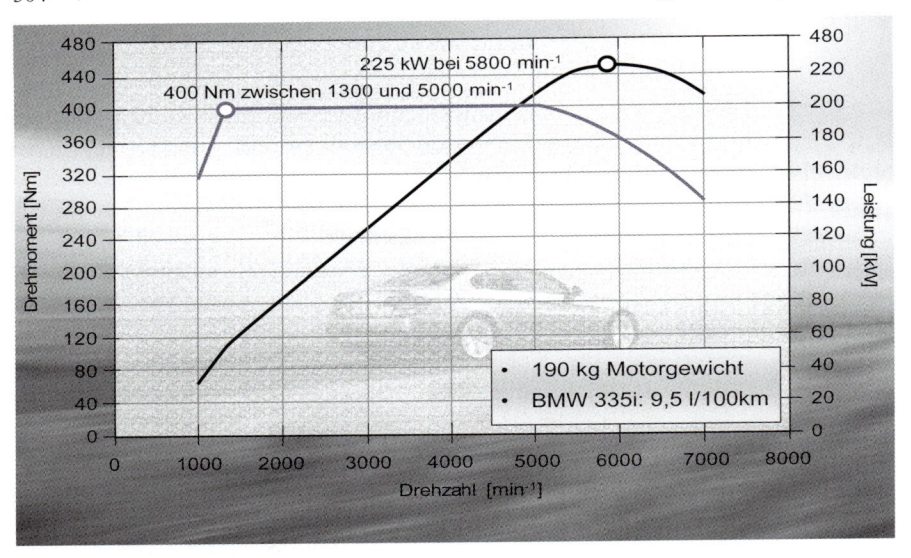

Abb. 4.1 Der neue BMW Twin Turbo Ottomotor

Die erste Abstrahierungsstufe zur Visualisierung der wichtigsten Motorfunktionen zeigt die folgende Abbildung 4.2.

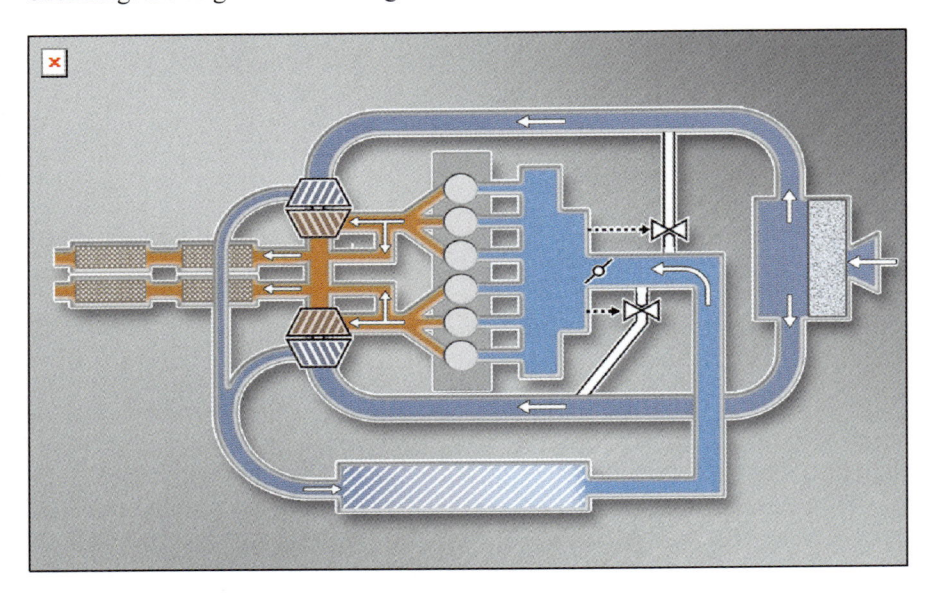

Abb. 4.2 Motorfunktionen des Twin Turbo Ottomotors

In der zweiten Abstrahierungsstufe, die zugleich das Simulationsmodell der 1D-Ladungswechselrechnung mit PROMO darstellt, sind in Abbildung 4.3 we-

iDVA – eine instationäre Druckverlaufsanalyse

sentliche Regelungselemente wie Wastegates, Umluftventile, Drucksensoren und Lambdasonden dargestellt.

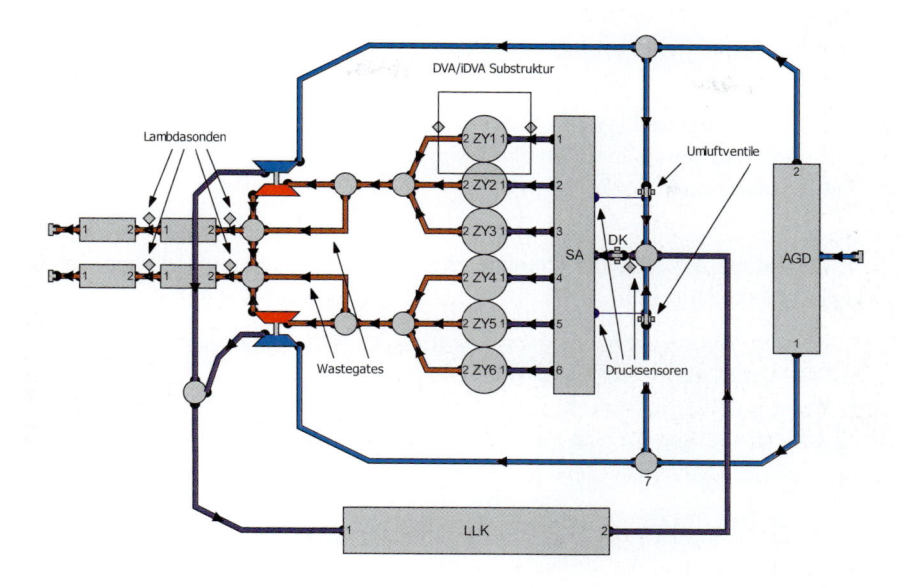

Abb. 4.3 6-Zylinder Vollmodell in der 1D-Simulation

Für den dritten Abstrahierungsschritt ist im Vollmodell die DVA/iDVA Substruktur markiert worden.

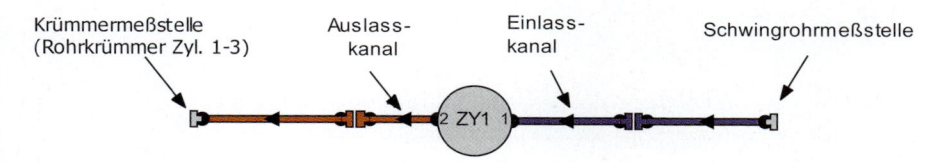

Abb. 4.4 1-Zylinder Simulationsmodell

Das Simulationsmodell (Abbildung 4.4) stellt den vergrößerten Ausschnitt „DVA/iDVA Substruktur" aus Abbildung 4.3 dar. Darin sind die Geometrien der separierten Rohre inklusive der separat dargestellten Kanäle – wie bereits zuvor erwähnt - genau einzuhalten, eine Bedingung, die durch den Preprozessor der DVA/iDVA unterstützt wird.

4.1 Lastsprung mit unterschiedlichen Regelstrategien

Als Beispiele dienen drei unterschiedliche Regelstrategien der Auslassspreizung in die Volllast bei n=1500 [U/min]:

- eine schnelle Verstellung (A),
- eine moderate Verstellung (B) als Basisstrategie
- und eine langsame Verstellung (C)

In Abbildung 4.5 sind die charakteristischen Betriebspunktparameter der drei Regelstrategien dargestellt.

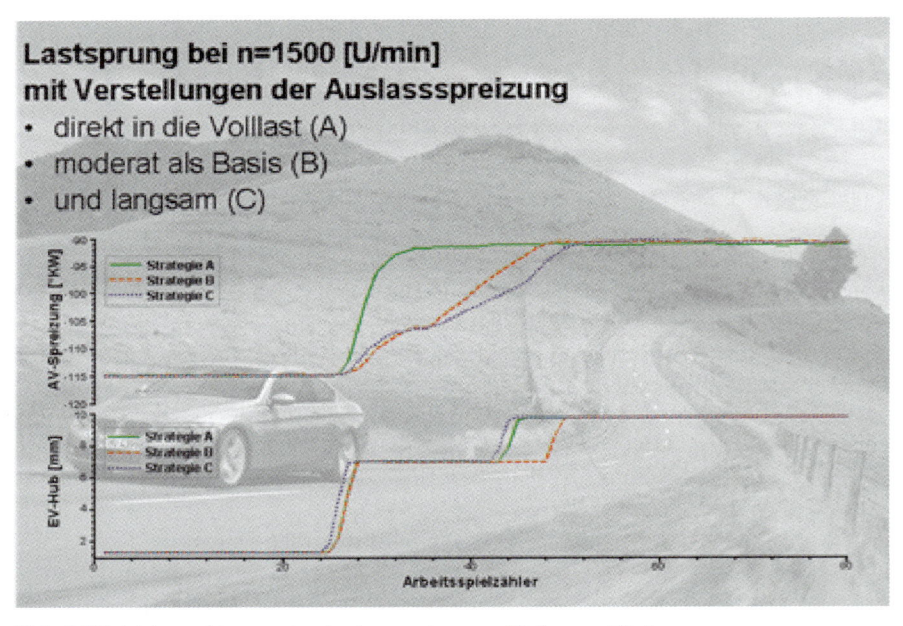

Abb. 4.5 Betriebspunktparameter Auslassspreizung u. Einlassventilhub

Charakteristisch sind die Verstellungen der Auslassspreizungen von -115 nach -90:

- schnell in Strategie A in ca. 8 Arbeitsspielen und
- langsam über ca. 25 Arbeitsspiele in Strategie C.
- sowie als Lastregelung die jeweils beiden Sprünge der Einlassventilhübe von 1 mm über 7 mm auf Vollhub von 10 mm.

Die folgenden Abbildungen zeigen exemplarisch Ergebnisse der iDVA. Die indizierten Druckverläufe wurden dabei weder gefiltert noch geglättet, wie später (Abbildung 4.9 bis Abbildung 4.12)zu erkennen ist.

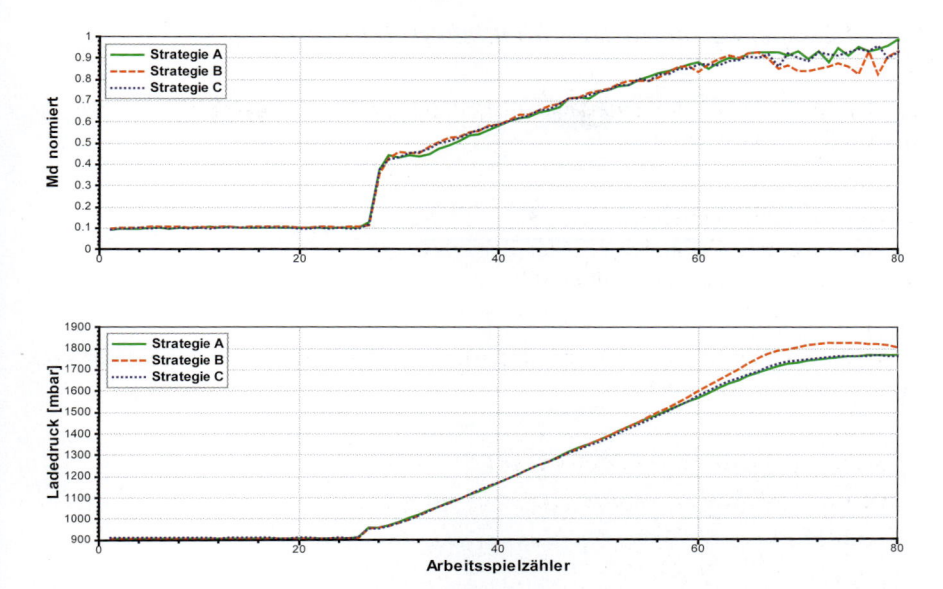

iDVA – eine instationäre Druckverlaufsanalyse

Abb. 4.6 Aufbau von Drehmoment und Ladedruck

Alle drei Strategien bauen zum gleichen Zeitpunkt das Moment auf und bilden nach dem Anstieg ein kleines Plateau. In Strategie A wird dieses Plateau etwas länger gehalten. Der Grund ist der höhere Restgasanteil – wie später in Abbildung 4.7 gezeigt wird – als Folge der größeren Überschneidung.

In den letzten dargestellten 25 Arbeitsspielen wird in der Basisstrategie B ein cirka 75 mbar höherer Ladedruck aufgebaut, der sich dann jedoch dem Ladedruck der beiden anderen Strategien A und C wieder annähert.

Parallel dazu fällt in Strategie B in den letzten 15 dargestellten Arbeitsspielen das Drehmoment auf ein leicht niedrigeres Niveau.

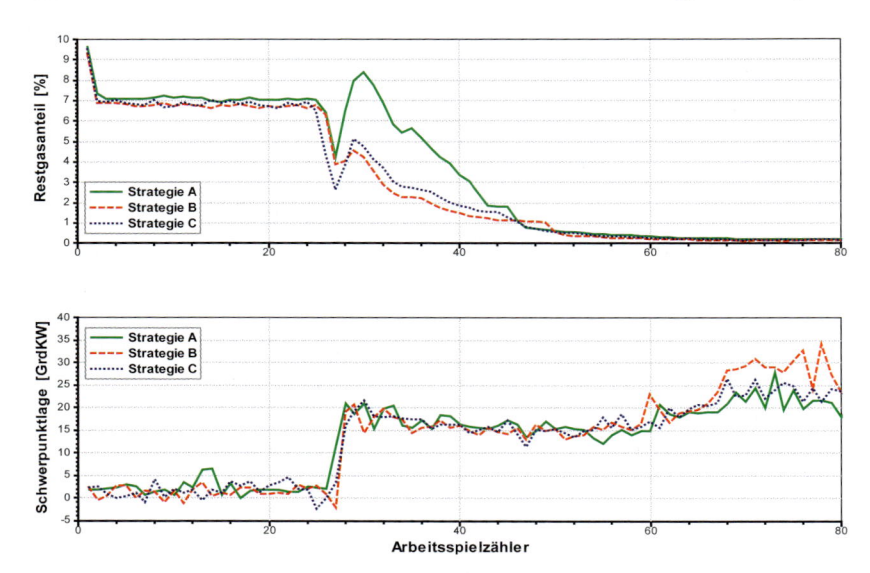

Abb. 4.7 Restgasanteile und Schwerpunktlagen der Verbrennung

In Abbildung 4.7 zeigt sich nun, wie in den Erklärungen zu Abbildung 4.6 bemerkt, der erhöhte Restgasanteil in der Strategie A bis etwa zum Arbeitsspiel 45. Er ist Folge der schnellen Spreizungsverstellung von -115 auf -90 [Grad KW]. Sie führt in dieser Phase, in der der Ladedruck noch nicht aufgebaut ist, zum Rückströmen von Abgas.

Die Schwerpunktlagen sind nicht auffällig. Sie folgen in allen Variante nahezu identisch, direkt mit leichten Verzug dem Mehr an Füllung. In den letzten dargestellten 15 Arbeitsspielen folgt der Schwerpunkt der Verbrennung proportional dem Ladedruck in Abbildung 4.6 nach spät.

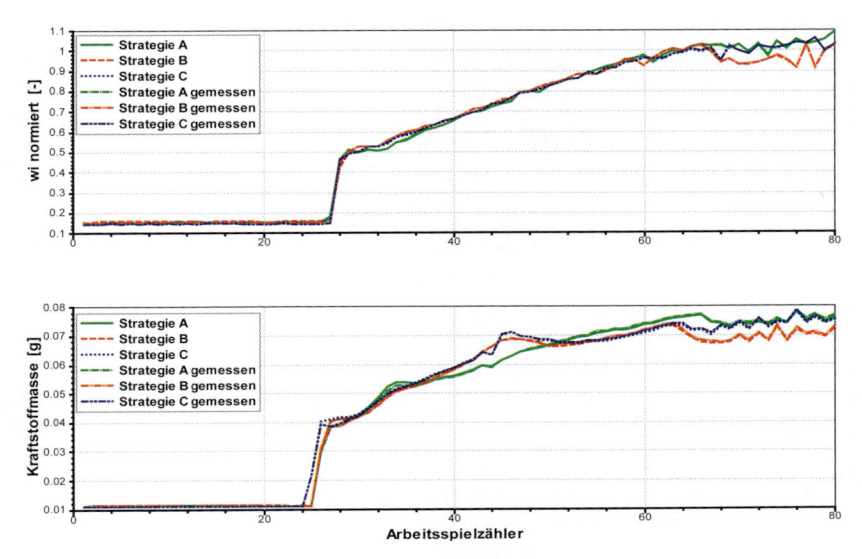

iDVA – eine instationäre Druckverlaufsanalyse 309

Abb. 4.8 Vergleiche von wi und zugeführten Kraftstoffmassen

In Abbildung 4.8 zeigt sich eine sehr gute Übereinstimmung in den zugeführten Kraftstoffmassen. Weiterhin stimmen die indizierten spezifischen Arbeiten sehr gut überein. In diesem Ergebnis steckt zusätzlich der Hinweis, dass der Ladungswechsel unter den vorgestellten Modellannahmen ebenfalls sehr gut abgebildet wird. Per Definition unterscheiden sich wi und Md (Abbildung 4.6) nur durch einen Faktor. Die gute bis sehr gute Darstellung des Ladungswechsels wird in den folgenden Diagrammen (Abbildung 4.9 bis Abbildung 4.12) belegt. Exemplarisch ist dafür die Basisvariante B gewählt worden.

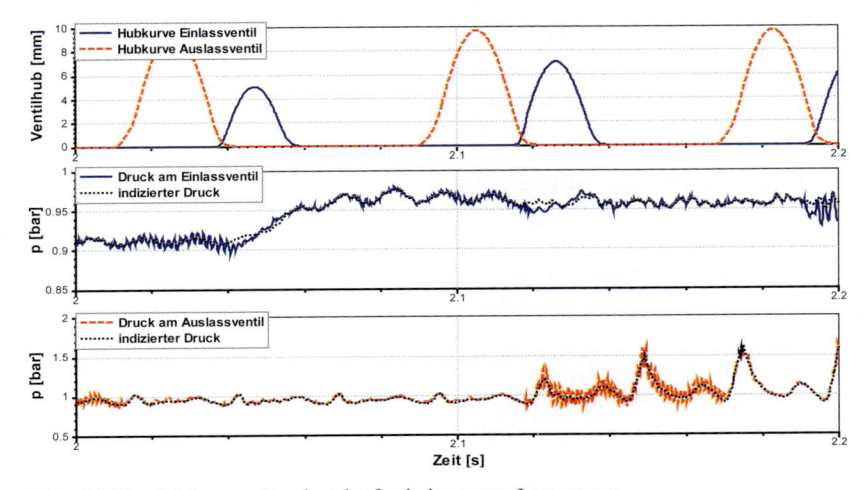

Abb. 4.9 Vergleiche von Druckverläufen beim ersten Lastsprung

In Abbildung 4.9, in der Phase der ersten Hubverstellung des Einlassventils, zeigt sich, dass der Drucksprung bei Einlassöffnen gut erfasst wird, und in der Folge eine Schwingung anregt, wie im Druckverlauf zu sehen ist.

Auffallend ist, wie auch in den folgenden Abbildungen, die leichte Diskrepanz der Kurven während und kurz nach der Überschneidungsphase.

Nach Einlassschluss zeigt sich wieder eine sehr gute Übereinstimmung im Vergleich.

Die hochfrequente Überlagerung bis zum nächsten Öffnungszeitpunkt des Ventils ist Folge einer nicht exakt eingehaltenen Saugrohrlänge, womit die Laufzeiten der Druckwellen bis zum geschlossenen Ventil in Simulation und Experiment voneinander abweichen. In der Phase des offenen Ventils dämpft das Zylindervolumen die vom Laufzeitfehler induzierte Schwingung.

Auslassseitig fällt der Vergleich ebenfalls sehr gut aus. Auch hier zeigt sich im Bereich des geschlossenen Auslassventils eine hochfrequente Schwingung als Überlagerung. Sie ist ebenfalls Folge einer nicht exakten Lage der Indiziermessstelle im Modell. Bei offenem Ventil wird dieser Laufzeitfehler wiederum durch das Zylindervolumen ausgeglichen.

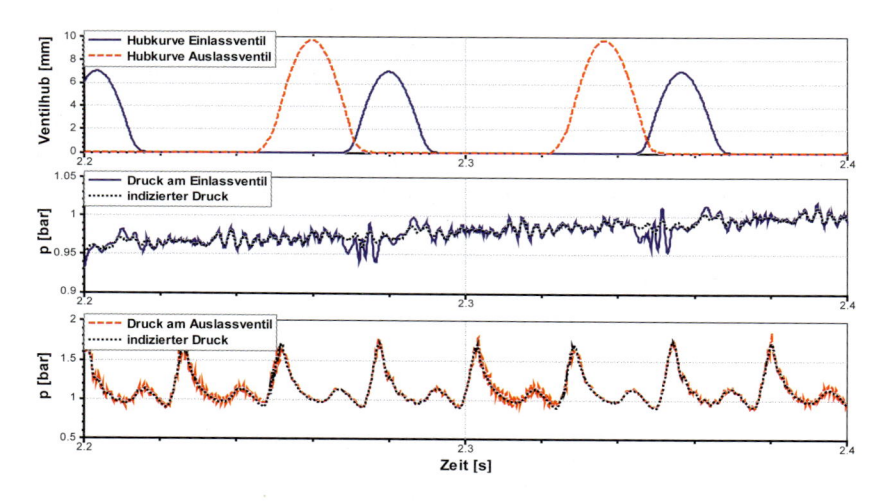

Abb. 4.10 Vergleiche von Druckverläufen nach dem ersten Lastsprung

In Abbildung 4.10 sind Druckverläufe nach dem ersten Sprung der Hubverstellung des Einlassventils dargestellt. Auch dieser Vergleich fällt gut bis sehr gut aus.

Es sei darauf hingewiesen, dass die Skalierungen im mittleren Diagramm im Vergleich zu Abbildung 4.9 geändert worden ist.

Auslassseitig gelten auch hier die zuvor formulierten Bemerkungen zur hochfrequenten Überlagerung im Bereich der geschlossenen Ventile. Auffällig ist eine über drei Phasen zyklische Abfolge dieser Signalstörung.

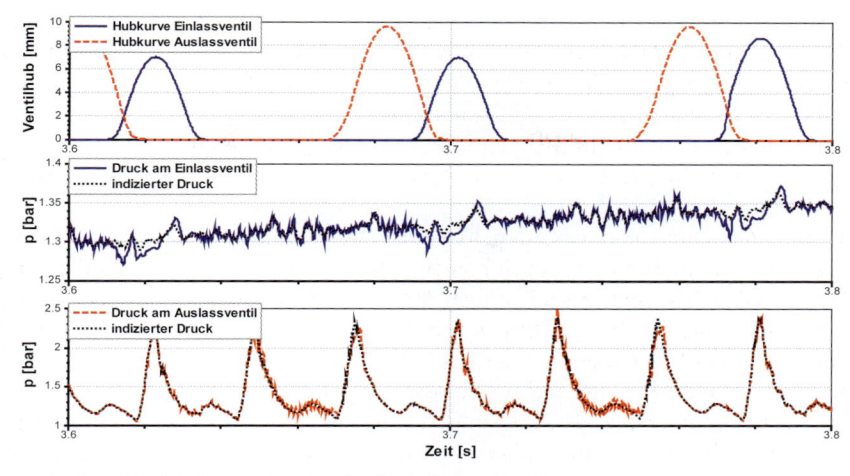

iDVA – eine instationäre Druckverlaufsanalyse 311

Abb. 4.11 Vergleiche von Druckverläufen beim zweiten Lastsprung

In Abbildung 4.11 sind Druckverläufe in der Phase des zweiten Lastsprungs dargestellt. Es sei wiederum darauf hingewiesen, dass die Skalierungen in den beiden unteren Diagrammen im Vergleich zu Abbildung 4.10 geändert worden sind.

Ebenfalls hier und auch in folgender Abbildung 4.12 zeigt sich ein guter bis sehr guter Rechnungs-/Messungsvergleich auf beiden Systemseiten. Die drei abgasseitigen Überlagerungsphasen sind noch klarer zu erkennen.

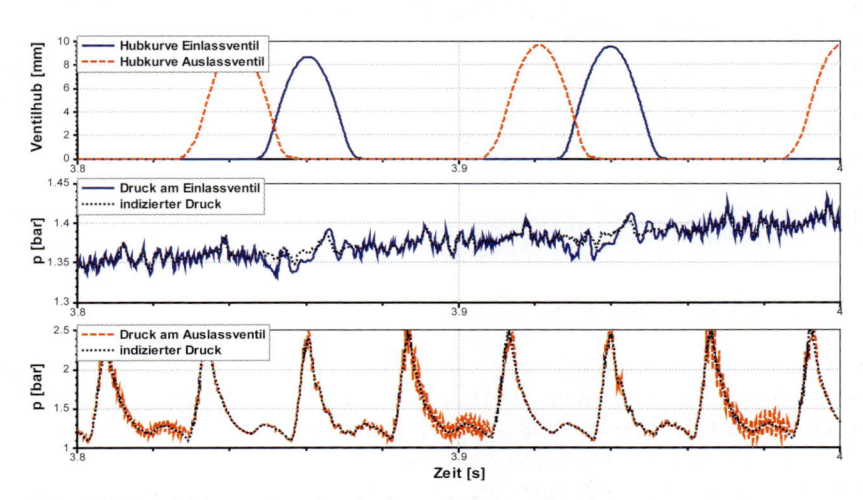

Abb. 4.12 Vergleiche von Druckverläufen nach dem zweiten Lastsprung

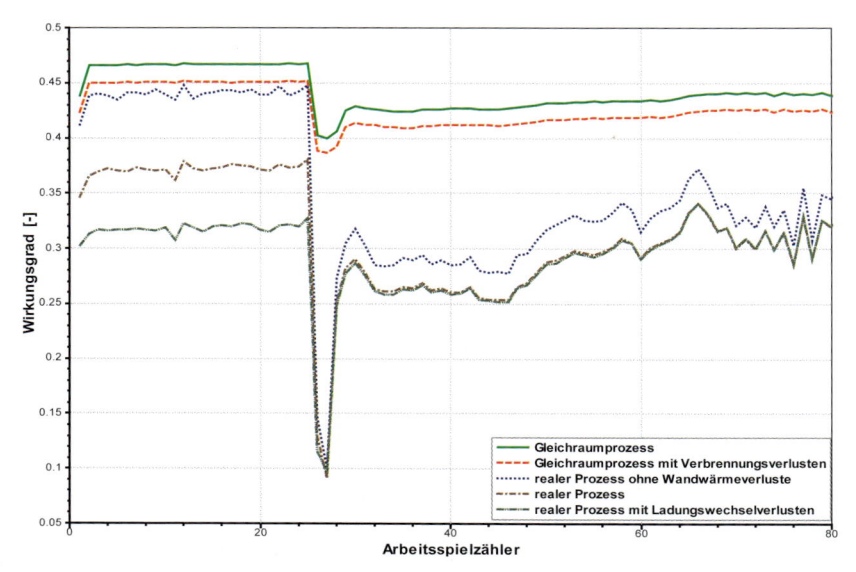

Abb. 4.13 Verlustteilung in der Basisstrategie

Exemplarisch ist in Abbildung 4.13 die Verlustteilung in der Basisstrategie B dargestellt. Auffallend groß ist die Differenz des Wirkungsgrades des realen Prozesses mit Ladungswechselverlusten zum realen Prozess im Bereich vor dem Lastsprung. Im saugmotorischen Betrieb ist hier aufgrund des negativen Spülgefälles die Ladungswechselarbeit sehr groß.

Etwa ab Arbeitsspiel 25 liegt ein nahezu neutrales bis positives Spülgefälle vor. Die Ladungswechselverluste gehen ab hier gering bis positiv in die Bilanz ein.

Eine weitere Auffälligkeit ist der extrem niedrige Wirkungsgrad der drei realen Prozesse. Die folgende Abbildung 4.14 zeigt hierfür die Erklärung.

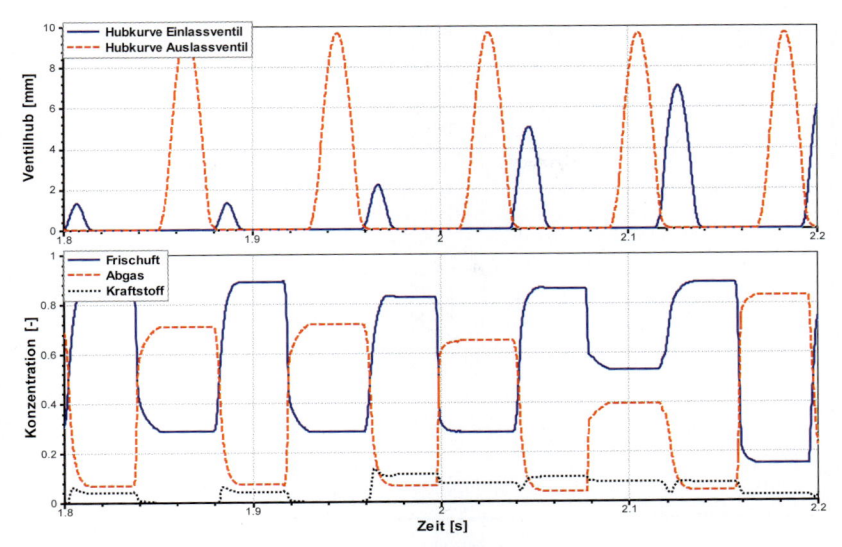

iDVA – eine instationäre Druckverlaufsanalyse

Abb. 4.14 Luft-, Abgas- und Kraftstoffkonzentrationen im Zylinder

Deutlich erkennbar sind die beiden unvollständigen Verbrennungen beim ersten Lastsprung nach der zweiten Sekunde. Daraus ergeben sich direkt die extrem kleinen Wirkungsgrade der drei realen Prozesse, wie in Abbildung 4.13 zuvor dargestellt ist.

Der Verlauf der Kraftstoffkonzentration im Zylinder stellt die Frage, wie die drei Strategien hier im Vergleich aussehen. Oder anders gefragt:

Welche Strategie hat an der abgasseitigen Systemgrenze (Schwingrohrmessstelle in Abbildung 4.4) den geringsten Durchsatz an unverbranntem Kraftstoff? Von dieser Strategie sind dann die besten HC-Emissionen zu erwarten. Die Frage wird in der folgenden Abbildung 4.15 beantwortet.

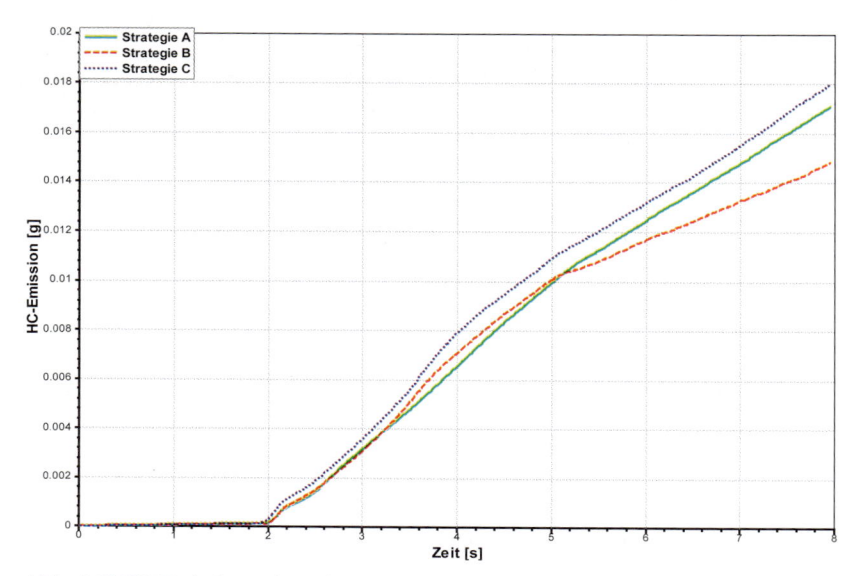

Abb. 4.15 HC-Emissionen im Schwingrohr

Für die Darstellung sind die pro Arbeitsspiel an der abgasseitigen Systemgrenze registrierten Massen des unverbrannten Kraftstoffs über den betrachteten Zeitraum integriert worden.

Die Strategie C schneidet im gesamten Messbereich am schlechtesten ab.

In den ersten 1,5 Sekunden liegen die Strategien A und B in der Messgenauigkeit gleichauf. In den weiteren folgenden 1,5 Sekunden ist die Strategie A im Vorteil. Danach jedoch schneidet die Basisstrategie überproportional besser ab.

Zurück zur EfficientDynamic: Hinsichtlich der Dynamik sind im Drehmomentaufbau zum Zeitpunkt des ersten Lastsprungs alle drei Strategien nahezu identisch (vgl. Abbildung 4.6). In den nachfolgenden Bereichen wechseln leicht die Vor- und Nachteile der einzelnen Strategien. In der Schlussphase ab Arbeitsspiel 65 ergibt sich ein Nachteil im Drehmoment von etwa 5 bis 10 %. In der Effizienz, also in der besseren Umsetzung des Kraftstoffes, ist die Basisstrategie, wie gerade gezeigt, im Vorteil.

4.2 Transiente Simulation eines Lastsprungs mit 1D-Vollmodell

Für die transiente Simulation werden exemplarisch die in der iDVA für die Strategie B approximierten Vibe-Parameter (Abbildung 4.16) verwendet.

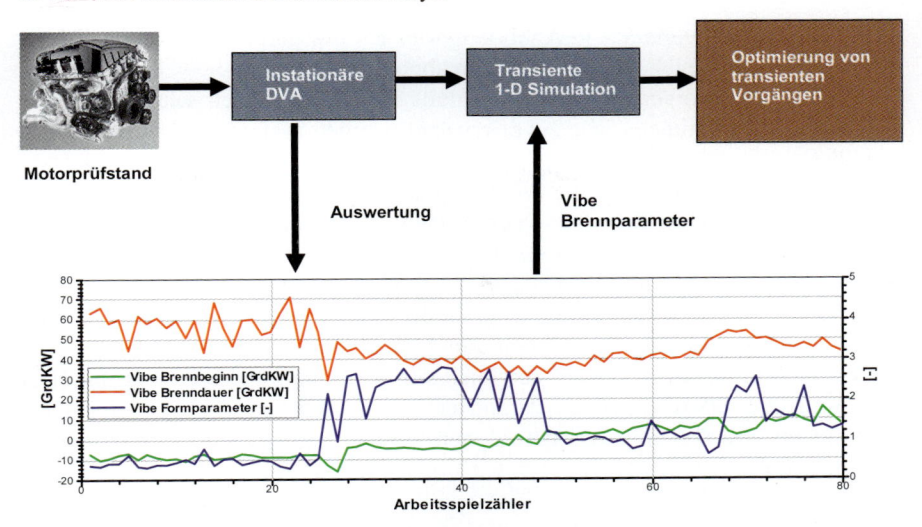

iDVA – eine instationäre Druckverlaufsanalyse   315

Abb. 4.16 Prozesskette und Vibe-Parameter der Basisstrategie

Wie zuvor erläutert wird die iDVA mit den gemessenen Parametersätzen durchgeführt. Aus einer Approximation des berechneten Brennverlaufs mit dem Vibe-Brennverlauf werden die drei Vibe-Parameter für Brennbeginn, Brenndauer und Form erzeugt. Diese dienen neben den gemessenen Betriebspunktparametern als Datenbasis der 1D-Simulation, die somit z.B. für die detaillierte Analyse und Optimierung transienter Vorgänge herangezogen werden kann.

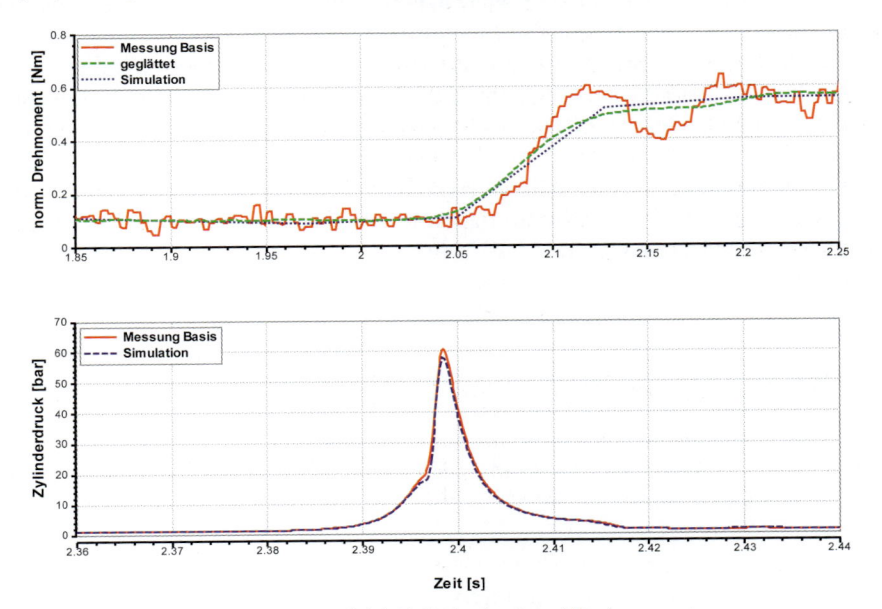

Abb. 4.17 Rechnungs-/Messungsvergleich Zylinderdruck und Drehmoment

Der Zylinderdruckverlauf – in Abbildung 4.17 als Beispiel nach dem ersten Lastsprung im Arbeitsspiel 31 – wird sehr gut abgebildet.
Der Drehmomentverlauf stimmt ebenfalls im Sprungbereich sehr gut überein. Zyklische Schwankungen, wie zuvor erwähnt, werden in der Simulation nicht abgebildet.
Im Sprungbereich scheint die Simulation leichte Schwächen zu zeigen. Die hier nicht mehr zyklischen Schwankungen erscheinen zu stark geglättet. Das liegt jedoch an der Bestimmungsmethode des Drehmoments. Das Moment wird in der Simulation am Ende eines Arbeitsspiels ermittelt. Im Experiment dagegen in Zeitintervallen, die wesentlich kürzer sind als die Dauer eines Arbeitsspiels. Erst die Glättung der Messdaten zeigt die sehr gute Übereinstimmung

Mit diesem insgesamt guten Vergleich von Rechnung und Messung mit Hilfe der durch die iDVA erzeugten Parameter, verfügt der Entwickler über ein Rechenmodell, das die Eingangs geforderten tieferen Einblicke in den Gesamtprozess gestattet.

5 Zusammenfassung und Ausblick

Die iDVA ist unter Vorgabe eines Lastenheftes der Anwender als Codeerweiterung von PROMO entwickelt worden. Erfahrungen aus der täglichen Anwendung des Tools treiben die stetige Weiterentwicklung voran.
Insbesondere durch die Einbeziehung der 1-dimensionalen Gasdynamik, der transienten Prozessrechnung und einer detaillierten Verlustteilung werden erweiterte Applikations- und Optimierungsbereiche erschlossen.
Die aus der 1-dimensionalen Gasdynamik erhaltenen Massenströme, einschließlich der Luft-, Abgas- und Kraftstoffanteile, definieren Randbedingungen in 3D-Berechnungen wie z.B. der Zylinder-Innenströmung oder der Spraysimulation.
Die Generierung diverser Brennverlaufsparameter, einschließlich der zeitlich aufgelösten Brennverlaufstabellen, führen in der 1D-Simulation zu einer wesentlich verbesserten Ergebnisgüte.
Die instationäre Druckverlaufsanalyse (iDVA) hat sich damit als unverzichtbares Werkzeug in der Motorenentwicklung etabliert.

Als zukünftige Anwendungsgebiete erschließen sich zum Beispiel
- die Optimierung von transienten Vorgängen wie
- Betriebsartenwechseln bei Schichtmotoren
- Applikationen von Schaltungen
- Lastwechseln

oder die Unterstützung der Brennverfahrensentwicklung wie
- Analyse von Zündaussetzern
- Analyse irregulärer Verbrennungen

6 Literatur

[1] Merker, G., Schwarz, C., Stiesch, G., Otto, F.: Verbrennungsmotoren Simulation der Verbrennung und Schadstoffbildung, 2. Auflage, Teubner Verlag, Wiesbaden 2004
[2] Seifert, H.: Instationäre Strömungsvorgänge in Rohrleitungen an Verbrennungskraftmaschinen, Springer-Verlag, Berlin-Göttingen-Heidelberg 1962
[3] Berdjis, M., Holzt, H.-P. Pucher, H.,Seifert, H., Stark,W., Stromberg, H.J.: Erweiterung und Programmierung des Charakteristikenverfahrens der instationären Gasdynamik mit dem Ziel, den Ladungswechsel von Verbrennungsmotoren zu berechnen, FVV-Forschungsbericht, Heft 160, 1974
[4] Pucher, H.: Vergleich der programmierten Ladungswechselberechnung für Viertaktdieselmotoren nach der Charakteristikentheorie und der Füll- und Entleermethode, Dissertation TU Braunschweig 1975
[5] Stromberg, H.J.: Ein Programmsystem zur Berechnung von Verbrennungsmotor-Kreisprozessen mit Berücksichtigung der instationären Strömungsvorgänge in den realen Rohrleitungssystemen von Mehrzylinder-Verbrennungsmotoren. Dissertation Ruhr-Universität Bochum 1977
[6] Uckelmann, H.: Ein Beitrag zur Ladungswechselrechnung von Mehrscheiben-Kreiskolbenmotoren, System Wankel, mit Berücksichtigung der instationären Strömungsvorgänge in den angeschlossenen Rohrleitungssystemen. Dissertation Ruhr-Universität Bochum 1978
[7] Heine, P.: Simulation deines Zweitaktmotors und Optimierung seiner gasdynamischen Einflußgrößen mit einem direkten Suchverfahren. Dissertation Ruhr-Universität Bochum 1979
[8] Görg, K.A.: Berechnung instationärer Strömungsvorgänge in Rohrleitungen an Verbrennungsmotoren unter besonderer Berücksichtigung der Mehrfachverzweigung. Dissertation Ruhr-Universität Bochum 1982
[9] Mayer, J.: Integration der Druckverlaufsanalyse in ein bestehendes Ladungswechselprogramm, Diplomarbeit TU München 1998
[10] Witt, A.: Analyse der thermodynamischen Verluste eines Ottomotors unter den Randbedingungen variabler Steuerzeiten, Dissertation TU Graz 1999

Prozess-Simulation als Werkzeug zur Optimierung von Ventiltriebssystemen

O. Scharrer

1 Einleitung

Rechnergestützte Motorentwicklung oder Computer Aided Engineering (CAE) hat nicht nur ihren festen Platz in modernen Entwicklungsprozessen erhalten sondern baut ihre Position Schritt für Schritt aus. Dabei geht der Weg von der hoch spezialisierten Einzelanwendung hin zur vernetzen Gesamtsimulation. Ein aktuelles Stichwort ist hier sicherlich die „Integrierte Simulation". Gemeint ist damit die Abkehr von der klassischen Methode, die auf der Vorgabe von Randbedingungen basiert, welche wiederum aus vorausgegangenen Simulationen oder Messungen stammen. Der klare Nachteil dieser Methode liegt in der fehlenden Rückwirkung der Ergebnisse auf die Eingangsgrößen. Bei der heutigen Reife der Methoden kann dieses Fehlen jedoch durchaus Ergebnis verändernd wirken und ist somit nicht generell zu vernachlässigen. Sehr weit fortgeschritten ist die Technik der integrierten Simulation auf dem Gebiet der Mehrkörpersysteme. Hier ist ein solcher Ansatz auch gut umzusetzen, da er im Wesentlichen aus der Kopplung verschiedener dynamischer Systeme besteht und damit zunächst nur an die Gleichungslöser erhöhte Anforderungen hinsichtlich Konvergenz stellt. Das Verfahren auf dem die Methode basiert ist jedoch für die einzelnen dynamischen Systeme gleich [1]. Komplexer wird die integrierte Simulation, wenn die einzelnen Sub-Systeme sich nicht mit der gleichen Methode modellieren lassen. Ein typisches Beispiel hierzu ist die Simulation des Triebwerks unter Berücksichtigung des Ladungswechsels. Ähnliche Beispiele sind überall dort denkbar, wo Starrkörpermechanik (MKS) mit fluid-dynamischen Berechnungen (CFD) gekoppelt wird. Seit einigen Jahren widmet sich auch die Software-Industrie dieser Problemstellung und treibt vielerorts die Entwicklung selbstständig voran [2].

Im Bereich der CFD gehört die Verwendung von Sub-Modellen für den Verbrennungsprozess zu den ältesten Ansätzen für integrierte Simulation. Ziel ist auch hier eine Rückwirkung der Ergebnisse auf die Eingangsgrößen zu ermöglichen. Wird beispielsweise ein Ersatzbrennverlauf für eine Teillast-Prozessrechnung unter variablen Steuerzeiten vorgegeben, so ist damit die Verbrennung als fixer Eingangsparameter gesetzt, der unabhängig von den sich einstellenden Randbedingungen konstant bleibt. Diese Einschränkung kann auf grundsätzlich falsche Ergebnisse führen, da der reale Prozess eine Kombination verschiedener Parameter und Randbedingungen ist, die sich zudem gegenseitig beeinflussen. Da der Anspruch des CAE eher in Richtung einer Vorhersage als einer Nachrechnung geht, werden Sub-Modelle immer bedeutsamer.

Neben den 0- und 1-dimensionalen Modellen haben sich auch vermehrt empirische Ansätze etabliert, die auf einer Umrechnungsvorschrift der Brennparameter eines Ersatzbrennverlaufes basieren [3]. Diese Ansätze haben neben der deutlich erhöhten Rechengeschwindigkeit vor allem den Vorteil der einfacheren Anpassung an Messdaten und eignen sich somit sehr gut für den täglichen Einsatz im Entwicklungsprozess. In diesem Kapitel soll der Aufbau und die Verwendung solcher integrierten Simulationsansätze am Beispiel der Prozessrechnung zur Optimierung von Variabilitäten im Ventiltrieb dargestellt werden

2 Problemstellung

Die Analyse und Optimierung von Variablen Ventiltrieben (VVT) soll mit Hilfe der Prozessrechnung durchgeführt werden. Bei der analytischen Betrachtung von VVT-Systemen durch Messungen werden meist drei charakteristische Kenngrößen betrachtet:

- Kraftstoffverbrauch und Emissionen
- Pumparbeit (berechnet aus der Zylinderindizierung)
- Saugrohrdruck (als Maß für die Entdrosselung des Motors)

Diese Vorgehensweise ist einfach, nachvollziehbar und vor allem sehr aussagekräftig, wenn es um die Beurteilung einer Variabilität im Ventiltrieb geht. Bei der Simulation solcher Systeme möchte man neben der reinen Analyse des vorhandenen VVT aber auch generelle Aussagen erarbeiten bzw. das im untersuchten System noch vorhandene Optimierungspotenzial aufzeigen. Das ist auch möglich, da der Simulation nur schwer messbare Größen wie der Restgasgehalt im Zylinder ebenfalls leicht zugänglich sind. Für die Computersimulation sollen daher nach [4] die oben genannten Kenngrößen um folgende ergänzt werden:

- Interner Restgasgehalt
- Liefergrad
- Güte der Verbrennung in Abhängigkeit vom Restgasgehalt
- Abgastemperatur

Der letzte Punkt ist insbesondere für das gezielte Heizen des Abgaskatalysators von Interesse. Ein schnelles „Anspringen" der Umwandlungsreaktion, das so genannte Light-Off des Katalysators bedeutet einen entscheidenden Vorteil beim Erfüllen der gesetzlichen Bestimmungen.

Unter der *Güte der Verbrennung* wird hier nicht die Abweichung der realen Verbrennung vom idealisierten Gleichraumprozess verstanden, sondern die Form und die zeitliche Position des Brennverlaufs. Die Basis für eine solche Betrachtung stellt ein gemessener Brennverlauf unter Teillast dar, der zu einem möglichst hohen thermodynamischen Wirkungsgrad führt. Die Brenndauer sollte also kurz sein, der Schwerpunkt der Umsetzung möglichst nahe am thermodynamisch günstigen Punkt, etwa 8°KW nach dem oberen Totpunkt (OT) und die Varianz des indizierten Mitteldruckes (COV) sollte möglichst klein sein. Die letzte Forderung ist vor allem bei VVT-Systemen mit Nachdruck zu stellen [5]. Typischerweise kann man einen solchen Brennverlauf erhalten, wenn man die Steuerzeiten derart wählt, dass sich ein kleiner interner Restgasgehalt einstellt. Für die Simulation ist die Vorgabe des Brennverlaufes ein kritischer Parameter, der die Ergebnisse entscheidend beeinflusst. Eine zusätzliche Schwierigkeit besteht in der fehlenden Datenbasis hinsichtlich Verbrennung in der Teillast. Die Simulation soll zunächst Potenziale aufzeigen und erst dann möchte man aufwendige Messungen am Prüfstand mit variablen Hubkurven durchführen.

Für die Bearbeitung dieser Problemstellung existieren zahlreiche Methoden. Eine möglichst einfach anzuwendende wird nun in enger Anlehnung an [6] vorgestellt.

3 Simulationsmodell

3.1 Basismodell

Abbildung 1.1 zeigt die Struktur des Basismodells. Ausgehend von einem gut abgestimmten Modell für die Volllast des Motors wurden einige Veränderungen vorgenommen, die auch die Behandlung des Teillastbetriebs ermöglichen bzw. erleichtern sollen. Die Hauptaufgabe bei der Modellerstellung besteht generell in der genauen Abbildung der Geometrie der gasführenden Teile. Jedes Bauteil kann dabei im Modell mit Hilfe einer weiteren Unterebene zu so genannten „Subassemblies" zusammengefasst werden. Diese Submodelle erscheinen im Bild als graue Rechtecke. Submodelle erhöhen nicht nur die Übersichtlichkeit des Gesamtmodells, sondern erleichtern auch erheblich den Bauteiltausch.

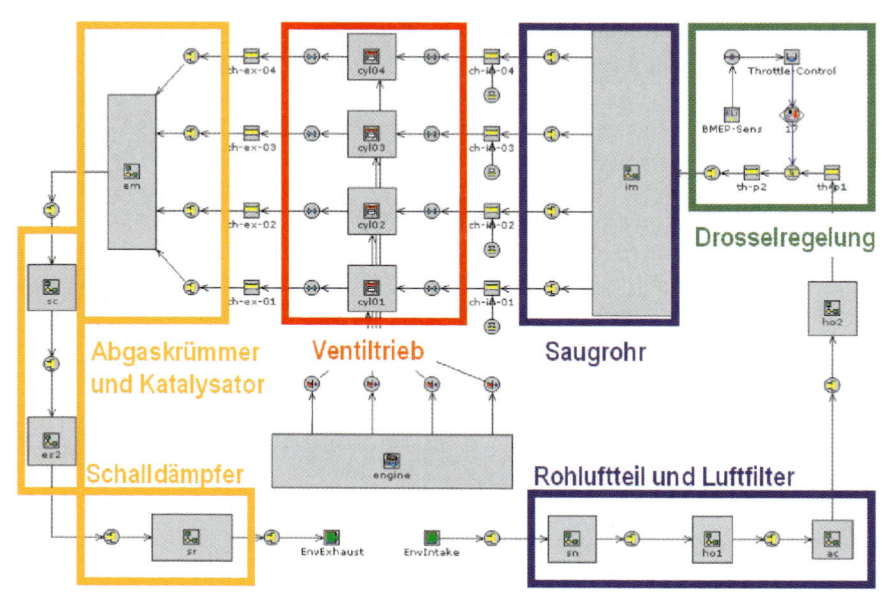

Abb. 1.1 Objektorientierte Struktur eines Motormodells

Besondere Aufmerksamkeit sollte bereits bei der Basismodellerstellung der Lastregelung entgegengebracht werden. Dieses Modul ist in Abb. 1.1 durch die Aufschrift „Drosselregelung" gekennzeichnet. Wird mit einer Vielzahl unterschiedlicher Steuerzeiten simuliert, so kann es infolge der Änderung der Zustandseigenschaften des Motors zum Oszillieren der Regelung bzw. zu einem schleppenden Einlaufen in den Regelendwert kommen. Die Folge davon ist eine Abweichung des effektiven Mitteldrucks der Kennfeldpunkte. Aufgrund der starken Lastabhängigkeit des Kraftstoffverbrauchs werden die Ergebnisse dadurch unbrauchbar. Bei einer Mitteldruckabweichung von wenigen Millibar entsteht beispielsweise im Betriebspunkt 2000 1/min bei 2 bar Mitteldruck bereits ein Fehler in der Größenordnung von 1% wie Abb. 1.2 zeigt. Diese Abweichung resultiert rein aus der Wirkungsgradänderung des Motors infolge Laständerung, die Reibung wurde für die Berechnung konstant gehalten.

Aufgrund der Kleinheit des zu untersuchenden Potenzials ist dieser Wert im unteren Teillastbereich des Motors durchaus relevant und muss bei der Auswertung berücksichtigt werden.

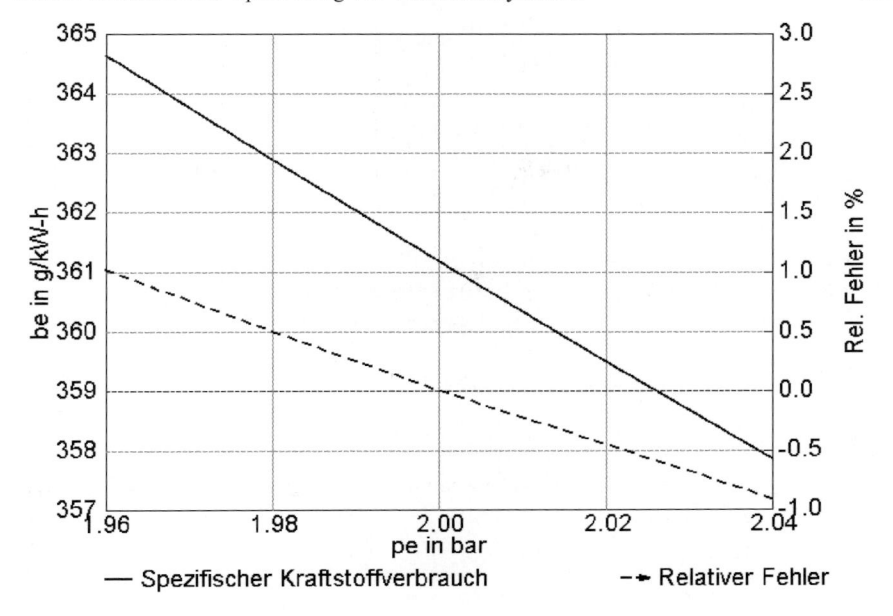

Abb. 1.2 Einfluss Mitteldruckfehlern auf spezifischen Kraftstoffverbrauch in der Teillast

Neben einer stabilen Regelung können auch gute Startwerte helfen, das Konvergenzverhalten des Modells zu verbessern. Damit wird eine große Anzahl von Arbeitsspielen vermieden, die nur dazu dienen würden, das Saugrohr auf das richtige Druckniveau zu bringen. Entsprechende Druckniveaus sind meist aus Messungen oder vorangegangenen Simulationen bekannt.

3.2 Verbrennung

Die Modellierung der Verbrennung stellt bei jeder Motorprozesssimulation einen zentralen Punkt dar. Ihre Güte entscheidet im Wesentlichen darüber, ob in der Volllast Drehmomente richtig vorausberechnet werden können bzw. ob beim Teillastbetrieb der Wirkungsgrad des Motors durch die Berechnung richtig wiedergegeben werden kann.

Dabei eignen sich Ersatzbrennverläufe durch ihre kompakte mathematische Form sehr gut für Brennverlaufsumrechnungen bzw. für Studienzwecke im Hinblick auf die Verbrennung. Vibe [7] hat bei seinen Untersuchungen zahlreicher Ottomotoren in den sechziger Jahren erkannt, dass sich fast alle Brennverläufe durch eine einfache Funktion ausreichend genau annähern lassen. Diese Funktion erlangte im Laufe der Jahrzehnte eine außerordentliche Popularität und findet sich heutzutage in jedem kommerziell erhältlichen Simulationsprogramm. Wesentliche

Gründe dafür sind sicher die einfache Handhabung und die kurze Rechenzeit. Die entsprechende Formulierung lautet:

$$\frac{Q(\varphi)}{Q_{ges}} = 1 - \exp\left(-C\left(\frac{\varphi - \varphi_{BB}}{\Delta\varphi_{BD}}\right)^{m+1}\right) \qquad (1.1)$$

Q gibt dabei den Summenbrennverlauf, also die kumulierte freigesetzte Energie über dem Kurbelwinkel φ an. Die Indizes BB und BD stehen für „Brennbeginn" bzw. „Brenndauer", m ist der Formparameter der Funktion. Gl. (5.23) gilt für

$$\varphi_{BB} \leq \varphi \leq \varphi_{BB} + \Delta\varphi_{BD} \qquad (1.2)$$

Leitet man den Summenbrennverlauf (1.1) nach dem Kurbelwinkel ab, so erhält man den Brennverlauf oder die momentane Energiefreisetzungsrate.

$$\frac{dQ}{d\varphi} = Q_{ges} \cdot C \cdot (m+1) \cdot \left(\frac{\varphi - \varphi_{BB}}{\Delta\varphi_{BD}}\right)^{m} \cdot \exp\left(-C \cdot \left(\frac{\varphi - \varphi_{BB}}{\Delta\varphi_{BD}}\right)^{m+1}\right) \qquad (1.3)$$

Der Umsetzungsgrad η_u wird meist mit 0.999 angenommen, woraus sich für den Faktor C folgende Beziehung ableiten lässt:

$$C = -\ln(1 - \eta_u) = 6.908 \qquad (1.4)$$

In der Regel erfolgt eine automatische Anpassung der Parameter von Gleichung (1.3) an den aus der Messung errechneten Brennverlauf. Durch Nullpunktdrift, Thermoschock und Linearitätsfehler können allerdings erhebliche Schwierigkeiten bei der Bestimmung der Parameter auftreten. Abb. 1.3 zeigt eine Messung mit scheinbar langer Nachbrennphase.

Eine einfachere Beurteilung ist möglich, wenn anstelle einer langen Nachbrennphase ein zu kleiner Druck gemessen wird, der zum Unterschreiten der Nulllinie des Brennverlaufs führt. Das kann aufgrund der Prozessführung nicht möglich sein, sodass derartige Messungen leicht als Fehlmessungen zu erkennen sind. In beiden Fällen ist eine genaue Nachbildung des gemessenen Brennverlaufs durch einen Ersatzbrennverlauf nach Gleichung (1.3) nicht möglich.

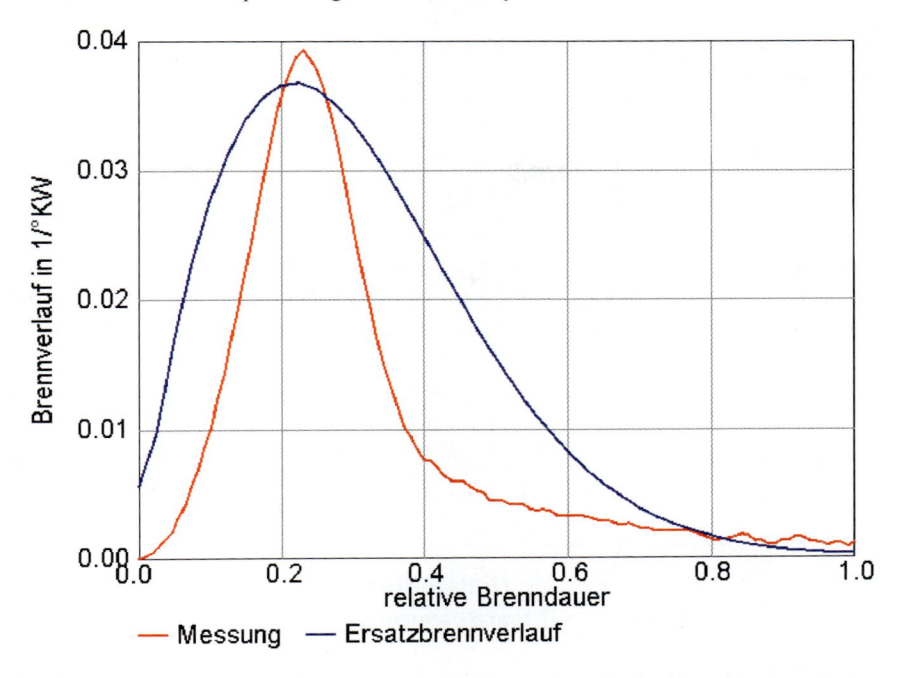

Prozess-Simulation zur Optimierung von Ventiltriebssystemen 325

Abb. 1.3 Brennverlauf aus Messung mit Sensordrift und zugehöriger automatisch ermittelter Ersatzbrennverlauf

Liegt hingegen eine Zylinderdruckindizierung von hoher Qualität vor, so lässt sich der durch die nachfolgende Druckverlaufsanalyse erzeugte Brennverlauf ohne Schwierigkeiten automatisch einpassen und man erhält im Allgemeinen zu Abb. 1.4 vergleichbare Ergebnisse, welche ausreichend genau sind, um den Druckverlauf im Zylinder sowie die Abgastemperatur in guter Übereinstimmung zur Messung nachzubilden. Stimmen alle anderen in diesem Kapitel beschriebenen Parameter ausreichend gut, so hat man damit eine Basis für die korrekte Berechnung des indizierten Wirkungsgrades im gemessenen Abstimmungspunkt.

Durch die eben beschriebene einfache Handhabung entstand schon bald nach Einführung der Ersatzbrennverläufe die Idee diese in Abhängigkeit von bestimmten Größen mit Hilfe von mathematischen Funktionen zu verändern.

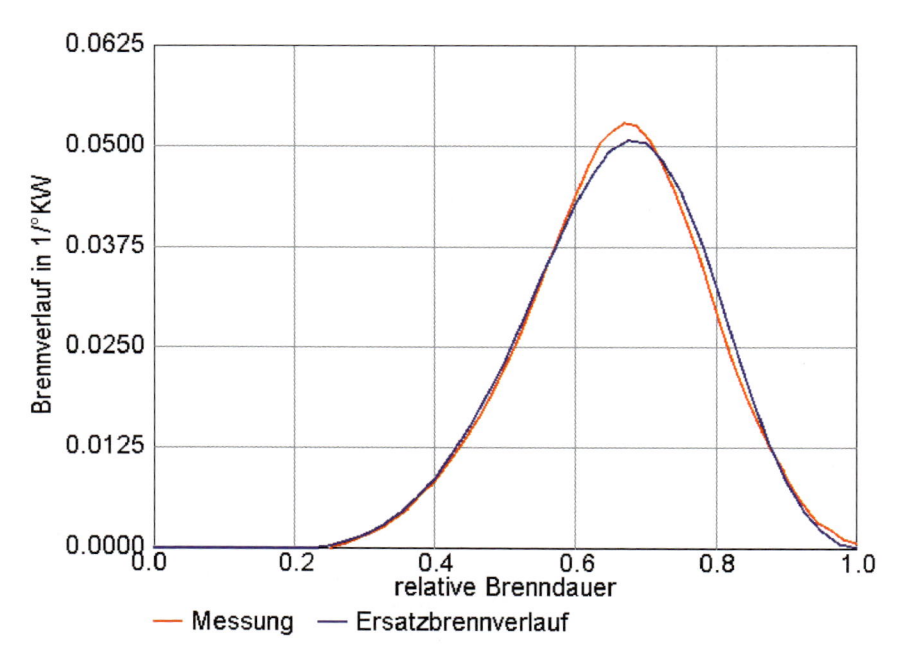

Abb. 1.4 Messungen ohne Drift mit automatisch angepasstem Ersatzbrennverlauf

Der klassische Ansatz dazu wurde in [3] vorgestellt. Auf Basis von Vibe-Ersatzbrennverläufen wird eine Umrechnungsvorschrift für die Parameter Zündverzug, Brenndauer und Formparameter angegeben. Die Umrechnungsvorschrift ist nur für Restgasgehalte von 0 bis 10% gültig. Aus diesem Grund eignet sich der Ansatz nicht für die Untersuchung des Teillastbetriebs in Verbindung mit VVT-Systemen, da hier wesentlich höhere Restgasraten auftreten.

Der Berechnungs-Ansatz ist multiplikativ, d.h. es wird eine Reihe von Faktoren auf einen Referenzwert aufmultipliziert. Eine Zusammenfassung inklusive aller Berechnungsvorschriften und Faktoren kann in [8] gefunden werden.

Der große Vorteil dieser Methode besteht in der kurzen Rechenzeit, die eine Analyse von ganzen Kennfeldern möglich macht. Als Nachteil ist die Anpassung der Umrechnungsparameter zu nennen, die entweder von Hand, besser aber rechnergestützt mit Hilfe eines Computerprogramms erfolgt. Für eine gute Anpassung benötigt man jedenfalls ausreichend viele Messwerte. In [9] wurden zur Entwicklung dieses Ansatzes 400 Messpunkte verwendet. Abb. 1.5 zeigt den geänderten Brennverlauf bei Restgaserhöhung von 12 auf etwa 25% und konstantem Brennbeginn.

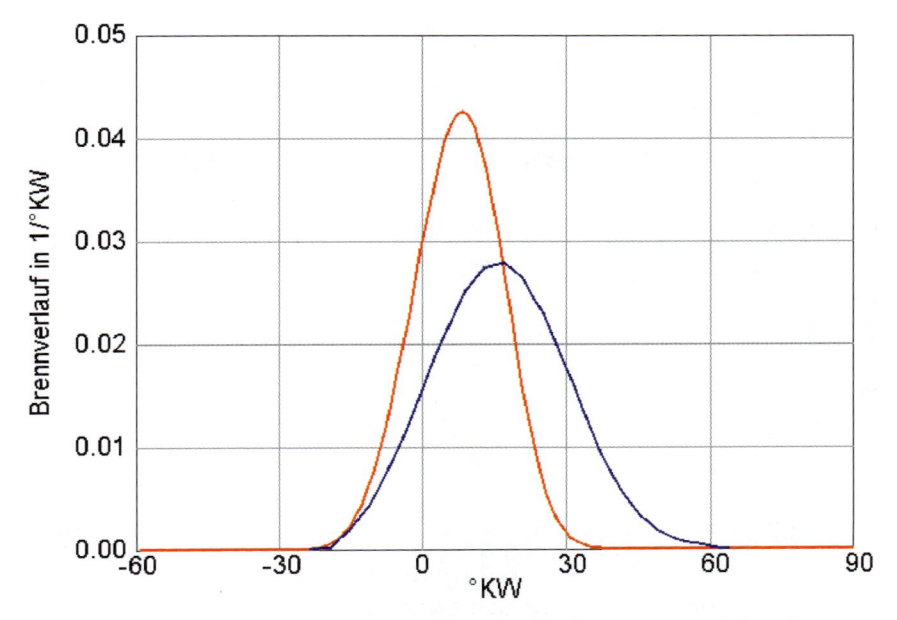

Abb. 1.5 Gegenüberstellung zweier Brennverläufe mit niedriger (rot) und erhöhter Restgasmenge (blau) bei 2000 1/min und 2bar Mitteldruck, nach [9]

Neben dem relativ hohen rechentechnischen Aufwand für Anpassung und Durchführung der Brennverlaufsumrechnung ist die Vorhersagegüte an enge Grenzen im Restgasgehalt gebunden. Problematisch dabei ist nicht die absolute Menge an Restgas, sondern eher, dass sich bei vielen Motoren schon bei wesentlich kleineren Raten die maximale Restgasverträglichkeit des Brennverfahrens einstellt. Typischerweise ist das für Motoren mit hoher spezifischer Leistung und entsprechend geringer ausfallender Ladungsbewegung der Fall.

Zunächst sollen einige grundsätzliche Zusammenhänge anhand eines Beispiels aus dem Motorversuch geklärt werden. Dazu wird das Phasensteller-Diagramm zur besseren Visualisierung des Zusammenhangs zwischen Restgas und Steuerzeiten eingeführt.

Im Phasensteller-Diagramm bedeutet die Position in der linken unteren Ecke eine maximale Ventilüberschneidung während die rechte obere Ecke die kleinste mögliche Überschneidung repräsentiert. Bewegt man sich auf einer Diagonale von links oben nach rechts unten, so wird die Überschneidung konstant gehalten.

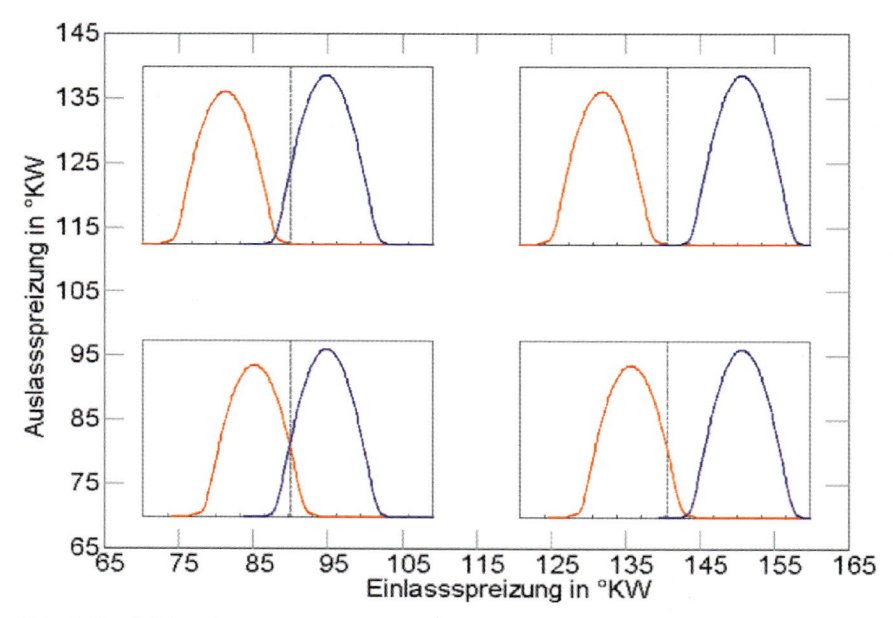

Abb. 1.6 Definition Phasensteller-Diagramm

Der Restgasgehalt ist in der linken unteren Ecke des Phasenstellerdiagramms am höchsten und erniedrigt sich schrittweise zur rechten oberen Ecke hin. Für die Entwicklung des empirischen Verbrennungsmodells waren 2 Beobachtungen, die an verschiedenen Motorenfamilien nachgewiesen werden konnten, wesentlich.

- Bewegt man sich im Phasensteller-Diagramm entlang der Restgasgradienten, so erhöht sich die Brenndauer stetig.
- Verkürzt man die Ventilsteuerbreite (VSB = Ventilöffnungsdauer in °KW), so erhöht sich die Brenndauer bei konstantem Restgasgehalt.

Eine wichtige Fragestellung ist nun, wie diese Beobachtungen aus dem Versuch in eine Modellvorstellung einfließen sollen. Entgegen zum klassischen Ansatz der Brennverlaufsumrechnung werden nicht Faktoren auf die Parameter der Gleichung (1.3) aufmultipliziert sondern die Parameter werden direkt in Abhängigkeit vom internen Restgasgehalt (RTG) bestimmt. Wesentlich Bestimmungsparameter sind hierbei der 50%-Umsatzpunkt, die Brenndauer (BD1090) sowie der Formfaktor m. Umfangreiche Messungen haben ergeben, dass zur Bestimmung der fehlenden Parameter ein recht einfach anzuwendendes Verfahren benutzt werden kann. Dieses wird im nun kurz skizziert:

Der 50%-Umsatzpunkt kann auf einen Wert von etwa 8°KW n. OT gesetzt werden. Ideal ist das Vorhandensein einer Messreihe zur Ermittlung der hinsichtlich Kraftstoffverbrauch optimalen Schwerpunktlage. Kann aufgrund der verschleppten Entflammung der 50%-Umsatzpunkt nicht in dieser Lage oder zumindest in enger Nähe dazu gehalten werden, so ist dieser Betriebspunkt in der Regel für eine praktische Anwendung nicht mehr relevant. . Der einmal eingestellte Wert wird daher während der gesamten Simulation nicht verändert.

Obwohl der Formfaktor m sowohl vom Restgasgehalt als auch von der Ventilsteuerbreite abhängt, wird die Gleichung nur in Abhängigkeit vom Restgasgehalt angegeben. VSB und Formparameter sind voneinander abhängig, es handelt sich jedoch nur um eine schwache Wechselwirkung. Eine genaue Untersuchung hat ergeben, dass die Gleichung für den Formfaktor für alle Ventilhubkurven des untersuchten Motors in allgemeiner Form mit ausreichender Genauigkeit angegeben werden kann. Sie wurde aus etwa 50 Messreihen mit 7 unterschiedlichen Ventilhubkurven an einem 1.8-Liter-Vierzylindermotor mit je 2 Einlass- und 2 Auslassventilen statistisch ermittelt. Trotz der rein empirischen Form erhält man eine gute Ausgangsbasis für eine erste Vorausberechnung. Versuche mit anderen Vierzylindermotoren im Hubraumsegment von 1.2 bis 2.2 Litern haben ergeben, dass auch hier gute Ergebnisse erzielt werden.

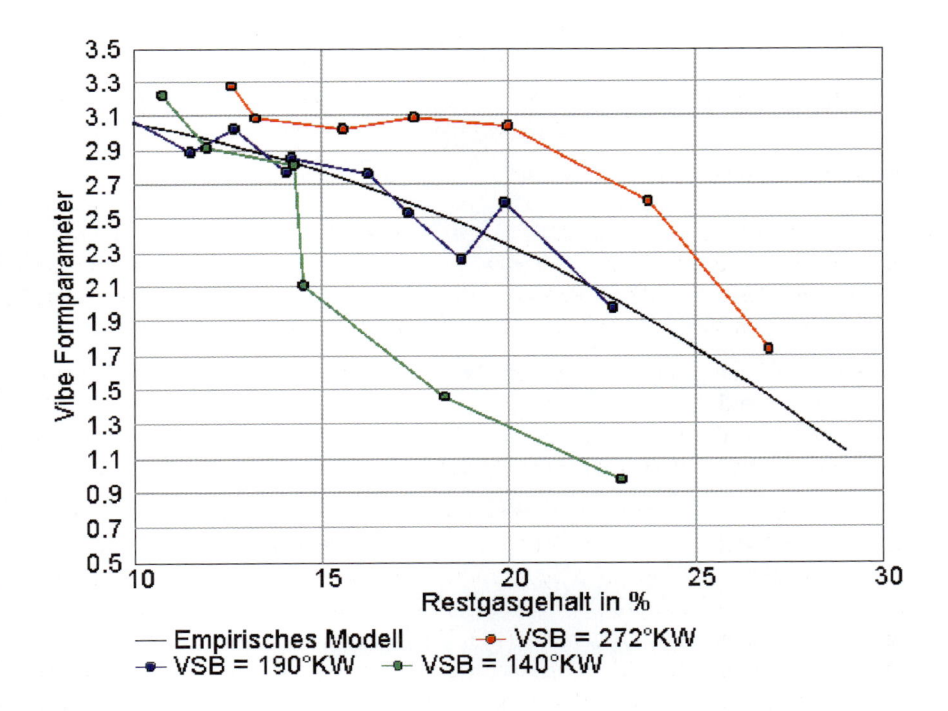

Abb. 1.7 Formparameter über Restgasgehalt für verschiedene Steuerbreiten

Abbildung 1.7 dokumentiert größtmögliche Unterschiede zwischen der Berechnung des Formparameters im Modell und den durchgeführten Messungen. Durch eine rechnerische Überprüfung kann man sich davon überzeugen, dass diese Unterschiede jedoch nur untergeordneten Einfluss auf die Vorhersage von spezifischem Verbrauch, Zylinderdruckverlauf und Abgastemperatur haben.

Auch die Brenndauererhöhung lässt sich sehr gut mit Hilfe von einfachen Polynomen abbilden. Im Unterschied zum Formparameter m kann hier allerdings keine einheitliche Gleichung für verschiedene Ventilhubkurven angegeben werden. Neben dem Restgasgehalt hat vor allem die VSB der gewählten Einlassventilhubkurve entscheidenden Einfluss auf die Brenndauer.

Für diese lassen sich mehrere Gleichungen ermitteln, die sie in Abhängigkeit von der Ventilsteuerbreite und unter Zuhilfenahme des Restgasgehalts angeben. Wenn die Brenndauer (10 bis 90% Energieumsatz) über 50°KW ansteigt, ist das empirische Modell nicht mehr definiert. Ein realer Motor wäre in diesem Bereich nicht mehr lauffähig, da der starke Brenndaueranstieg vor allem aus einer erhöhten zyklischen Variation kommen würde.

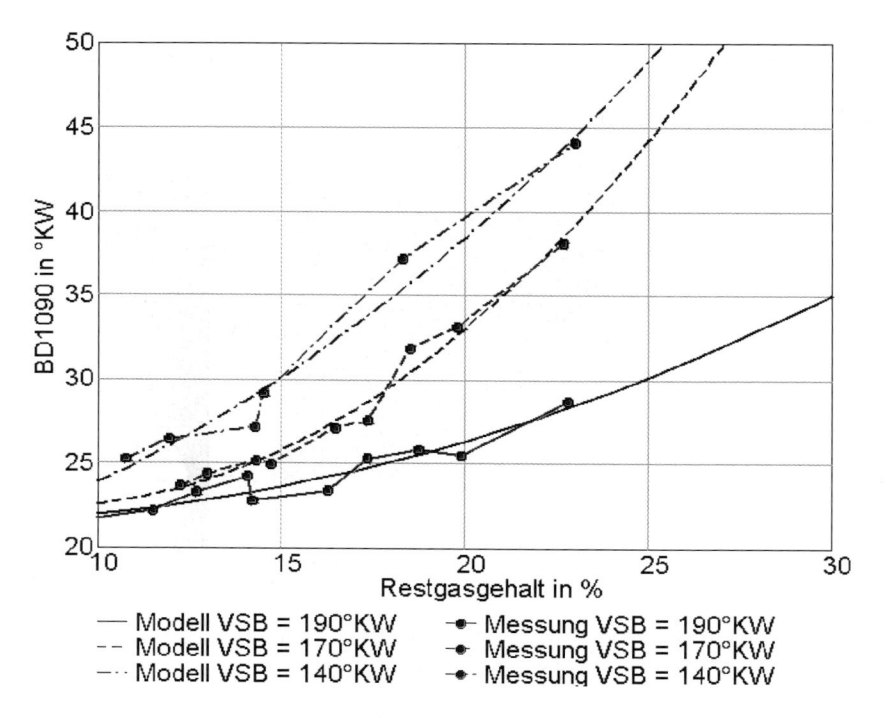

Abb. 1.8 Messwerte für die Brenndauer über dem Restgasgehalt

Bis zu einer Steuerbreite von etwa 190°KW können keine nennenswerten Auswirkungen auf die Güte der Verbrennung beobachtet werden. Unterhalb dieses Wertes kommt es zunächst zu einem starken Ansteigen der Brenndauer. Verkürzt man die Steuerbreite weiter, so fällt der zusätzliche Anstieg moderat aus. Insgesamt befindet sich die Brenndauer jedoch bereits auf einem sehr hohen Niveau mit Werten von über 40°KW. Einen Vergleich zwischen dem Modell und den Messdaten zeigt Abb. 1.8.

Diese Berechnungsvorschrift kann von 1500 1/min bis 3000 1/min über einen Lastbereich von 1 bis 3bar effektivem Mitteldruck angewendet werden. Alle Berechnungsvorschriften und Gleichungen sind in [6] aufgeführt.

Der Restgasgehalt im Zylinder ist eine signifikante Größe, die den Brennverlauf und vor allem die Brenndauer beeinflusst. Die Plausibilität des Ansatzes ist daher leicht einzusehen. Sicherlich gelten obige Zusammenhänge quantitativ nicht für jeden Motor, versetzen den Anwender aber in die Lage sich bereits dann einen ersten Überblick zu verschaffen, wenn noch keine Messdaten vorhanden sind.

3.3 Ergebnisse

Mit der vorgestellten Simulationsmethodik wurde nun eine Reihe von grundlegenden Fragestellungen untersucht. Die daraus resultierenden Ergebnisse sollen hier kurz vorgestellt werden.

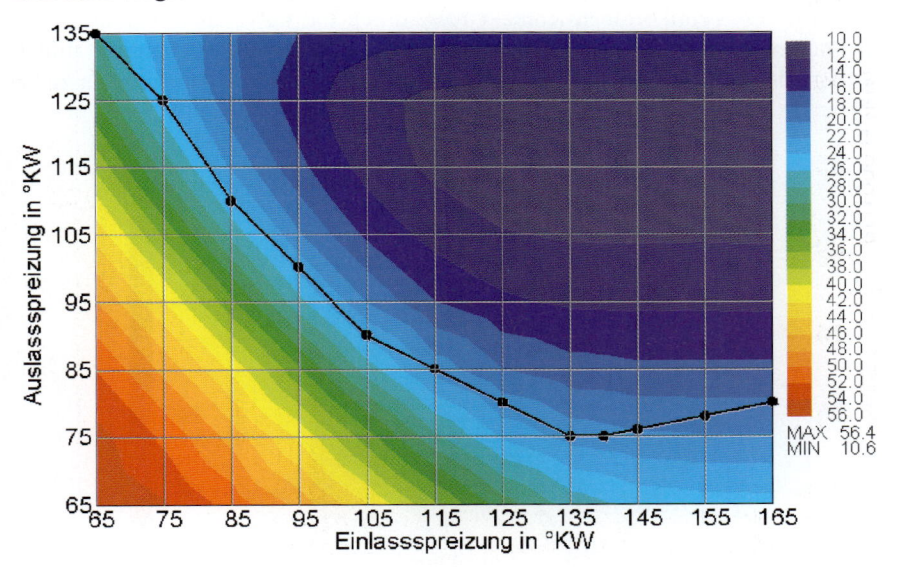

Abb. 1.9 Korrelation zwischen dem simulierten internen Restgasgehalt in % und dem gemessenen COV-Wert (schwarze Kurve repräsentiert COV=3%)

Erster Schritt ist immer das Eingrenzen des Phasensteller-Kennfeldes durch die Restgasverträglichkeit des zu untersuchenden Motors. Im Teillastbetrieb wird diese Grenze, welche durch die zyklische Variation des indizierten Mitteldruckes festgelegt ist, auch Laufgrenze genannt. Jenseits dieser Laufgrenze läuft der Motor deutlich spürbar unrund. Eine Simulation dieser Gebiete hat daher nur mehr theoretische Bedeutung. Eingehende Untersuchungen haben gezeigt, dass es einen starken Zusammenhang zwischen der Laufgrenze und dem internen Restgasgehalt gibt. In weiten Teilen des Phasensteller-Kennfeldes liegt die Laufgrenze auf einer Restgas-Iso-Linie. Bild 1-9 zeigt dazu eine gemessene Grenzkurve für 3% COV bezogen auf den indizierten Mitteldruck für den Betriebspunkt 2000 1/min bei 2 bar effektiven Mitteldrucks. Der dargestellte Verlauf konnte bei umfangreichen Messungen an verschiedenen Motoren von 1.2 bis 1.8 Liter Hubraum und 4 Zylindern bestätigt werden. Die größten Abweichungen treten bei sehr großer Einlassspreizung auf. Hier wirkt sich das späte Einlass Schließen (SES) über das Strömungsfeld im Zylinder destabilisierend auf die Verbrennung aus. Auf Basis der Prüfstandsuntersuchungen und der eben beschriebenen Überlegungen wurde für den weiteren Verlauf daher eine wichtige Annahme getroffen.

- Ein bestimmter interner Restgasgehalt entspricht auch einem bestimmten COV im Motor. Die Aussage soll auch umgekehrt gelten.

Durch diese Annahme ist es möglich die Laufgrenze im gesamten Kennfeld nur durch eine einzige Messung von wenigen Punkten festzulegen, da COV damit unabhängig von den Steuerzeiten wird. Berücksichtigt man dies und die Einschränkungen durch Ventil-Kolben-Kontakt bzw. durch die maximalen Verstellwinkel der Phasensteller erhält man einen deutlich kleineren Simulationsbereich. Bild 1-10 zeigt diesen Bereich anhand eines Differenzkennfeldes von gemessenem zu berechnetem Verbrauch mit der beschriebenen Methode.

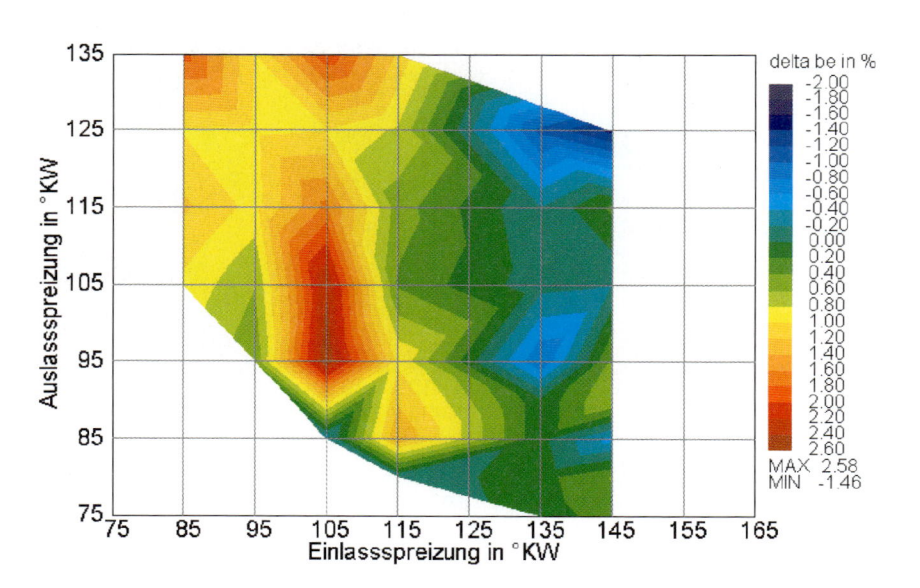

Abb. 1.10 Abweichung des simulierten spez. Kraftstoffverbrauchs vom Messwert in % bei 2000 1/min und pe=2bar, dargestellt im Phasensteller-Diagramm

Die Abweichung von Rechnung und Messung ist im gesamten Phasenstellerkennfeld deutlich unterhalb der +/-3%-Grenze und erfüllt damit alle gängigen

Voraussetzungen an die Genauigkeit einer Vorausberechnung. Der grüne Bereich in Abb. 1.10 repräsentiert eine Übereinstimmung zwischen Messung und Simulation und demonstriert eindrucksvoll die hohe Güte der Vorausberechnung für den gezeigten Fall.

3.4 Mehrstufige Ventiltriebe mit kleinen Hüben

Durch diese Ergebnisse ermutigt wurden mit dem Simulationsmodell noch einige Studien grundlegender Natur durchgeführt, deren Ergebnisse auszugsweise hier geschildert werden. Ausgehend von einer Hubkurvenschar mit konstantem Maximalhub und variabler VSB ist die Betrachtung des Liefergrades über der gewählten VSB bei konstanter Motorlast und Drehzahl interessant. Dieser sollte möglichst gering sein, damit die erforderliche Drosselung ebenfalls möglichst gering ausfällt. Zwischen Liefergrad und Kraftstoffverbrauch herrscht dadurch für den Bereich der stabilen Verbrennung eine starke Korrelation vor. Neben Motordrehzahl und –last ist noch ein dritter Parameter wichtig: der interne Restgasgehalt. Durch variable Steuerzeiten ist es möglich den Restgasgehalt innerhalb bestimmter Grenzen kontinuierlich zu verstellen ohne dabei die Last zu verändern. Für die nun folgende Betrachtung wurden daher zwei Restgasniveaus gewählt, die einen mittleren und einen hohen Wert repräsentieren. Der höhere Restgaswert zeigt das größere Reduktionspotenzial hinsichtlich Drosselung, der Verlauf ist aber ähnlich zu dem des niedrigeren Restgaswertes.

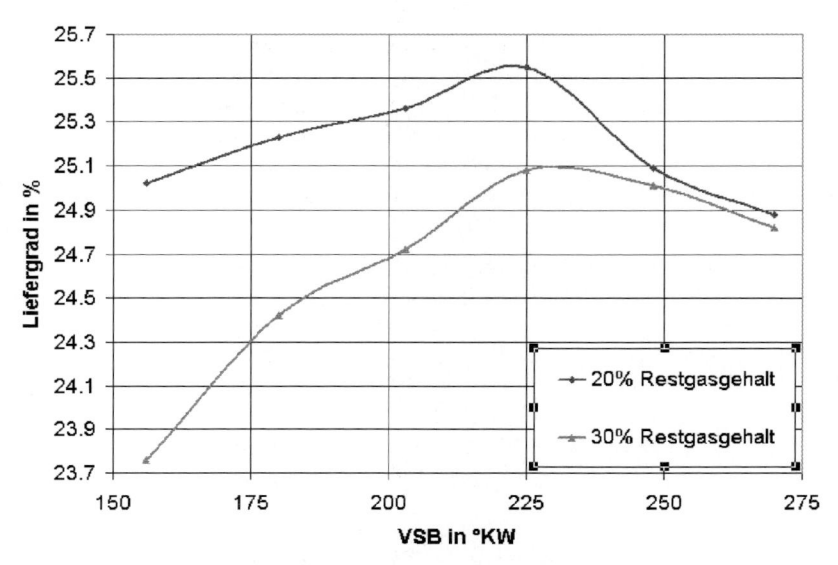

Abb. 1.11 Simulierter Liefergrad über der VSB der Einlassventile für verschiedene Restgasgehalte und 5mm Ventilhub bei 2000 1/min und pe=2bar

Ausgehend von der Auslegung der Ventilhubkurve mit etwa 225°KW VSB, fällt der Liefergrad in beide Richtungen ab. Die Auslegung ist demnach recht ungünstig gestaltet, da sie beim vorgegebenen Ventilhub unter der eingestellten Last die beste Zylinderfüllung bewirkt. Aus ventiltriebsdynamischer Sicht macht eine solche Auslegung jedoch durchaus Sinn. Hintergrund ist, dass hohe Beschleunigungen infolge der geringeren Federkraft vermieden werden müssen und das zu einer langen VSB führt.

Abb. 1.12 zeigt den zugehörigen Kraftstoffverbrauch. Das Simulationsmodell wurde dabei entsprechend der Umrechnungsregeln für den Brennverlauf modifiziert. Alle anderen Parameter blieben konstant. Deutlich ist die gute Übereinstimmung mit dem einzigen Messpunkt der Kurve zu sehen.

Um das maximale Potenzial der Drosselreduktion nutzbar zu machen, müsste demnach die Ventilhubkurve eine möglichst geringe Steuerbreite aufweisen. Dadurch ergibt sich ein Zielkonflikt zwischen unterer und mittlerer Teillast. Ist die Kurve zu schmal muss schon bei mittlerer Last auf den großen Ventilhub geschaltet werden, was die mögliche Drosselreduktion verkleinert. Zusätzlich ist auch die Auslegung der Dynamik problematisch, da eine sehr kleine VSB bei 5mm Maximalhub hohe Beschleunigungen nach sich zieht.

Einen Ausweg aus dem Zielkonflikt bietet die Erhöhung des Restgasgehaltes. Wird die Restgasmenge von 20% auf 30% angehoben, so lassen sich bereits in der Basisauslegung ähnliche gute Werte bezüglich Kraftstoffverbrauch erzielen wie bei niedrigem Restgasgehalt und sehr schmaler Ventilhubkurven.

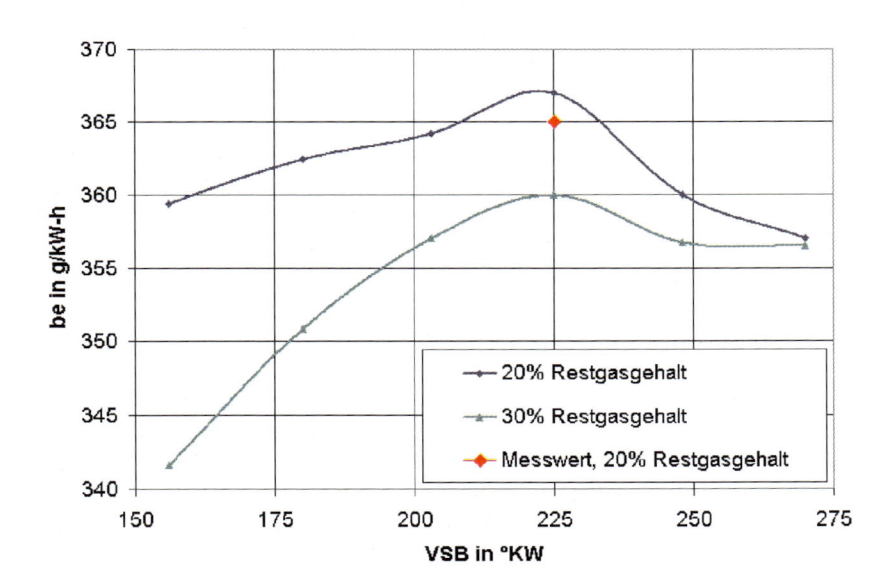

Abb. 1.12 Simulierter spez. Kraftstoffverbrauch über der VSB der Einlassventile für verschiedene Restgasgehalte bei 5mm Ventilhub bei 2000 1/min und pe=2bar

Bei einem solchen Betrieb ist es erforderlich, die Güte der Verbrennung genau zu betrachten. In der Regel liegt der theoretisch erreichbare Restgasgehalt zumindest im unteren Teillastbereich über dem Wert, der noch zu einem akzeptablen COV führt. Gäbe es diese Begrenzung nicht, könnte der Motor in der Teillast nur durch geeignete Steuerzeitenvariation vollständig entdrosselt werden.

Auf Basis der eben beschriebenen Studien und Überlegungen kann daher folgende Aussage getroffen werden:

- Der interne Restgasgehalt wirkt sich als Verstärkungsfaktor auf die drosselreduzierende Wirkung kleiner Ventilhubkurven aus. Unter bestimmten Randbedingungen kann erst durch Erhöhung des Restgasgehaltes überhaupt eine Reduktion der Drosselung erreicht werden.

Damit rückt die Entwicklung des Brennverfahrens in den Fokus dieser Betrachtungen. Es sollte in der Teillast eine möglichst hohe Verträglichkeit für Restgas aufweisen. Das ist insbesondere bei modernen Motoren mit – zugunsten der Maximalleistung – reduzierter Ladungsbewegung mitunter eine große Herausforderung.

4 Zusammenfassung und Ausblick

Der vorliegende Beitrag stellt eine Simulationsmethode vor, die aufgrund der Einfachheit in Abstimmung und Anwendung dazu geeignet ist eine Wissensbasis zum Thema „Variable Ventiltriebssysteme" zu erarbeiten. Ausgehend von einem gut abgestimmten Ladungswechselmodell für die Volllast, wird eine Berechnungsvorschrift für die Teillastverbrennung angegeben, die auf einer empirischen Formulierung von physikalischen Zusammenhängen beruht. Nach ausführlicher Validierung des Modells mit Messdaten wurde es für eine Studie eingesetzt. Diese befasst sich mit der richtigen Anpassung von Ventilhubkurven für die Teillast, für den Fall einer Variabilität im Ventiltrieb. Die Ergebnisse daraus zeigen, dass durch geeignete Abstimmung der Ventilhubkurve überhaupt erst die Möglichkeit einer Drosselreduktion gegeben ist. Außerdem konnte die Restgasverträglichkeit des Brennverfahrens als kritischer Parameter identifiziert werden.

Die Verwendung von Submodellen hat ihre Berechtigung und ist bei bestimmten Problemstellungen sogar zwingend erforderlich. Üblicherweise geht sie mit einem stark erhöhten Modellierungs- und Berechnungsaufwand einher. Durch empirische Formulierungen, die den physikalischen Zusammenhang möglichst einfach wiedergeben, ist es möglich diesen Nachteil zu umgehen. Am Beispiel einer Gesamtprozess-Simulation wurde diese Vorgehensweise durchgeführt. Das dabei entstandene integrierte Modell wurde für den Aufbau einer Wissensbasis genutzt und ist somit ein recht effizientes Werkzeug zur Optimierung von Ventiltriebssystemen.

Eine mögliche Weiterführung dieser Arbeit stellt die Ausweitung der empirischen Submodells auf 6- und 8-Zylindermotoren dar. Durch den unterschiedlichen

Ladungswechsel und damit einhergehenden internen Restgaswert sind die gezeigten Modelle nicht ohne entsprechende Validierung übertragbar und müssen ggf. modifiziert werden.

5 Literatur

[1] Bugsch, M.; Scharrer, O.; Gindele, J.: Simulation of highly dynamic engine parts, RecuDyn User's Conference Seoul, 2007
[2] Morel, T.: Advancenments in Modeling Engine / Vehicle Systems, From Simple 1-D Models to an Integrated Design and Test Methodology, 2nd Int. Automotive Workshop "Design for Calibration – from Concept to SOP Spa, 2006
[3] Csallner, P.: Eine Methode zur Vorausberechnung der Änderung des Brennverlaufes von Ottomotoren bei geänderten Betriebsbedingungen, Dissertation TU München, München, 1981
[4] Scharrer, O.; Heinrich, C.; Heinrich, M.; Gebhard, P.; Pucher, H.: Predictive Engine Part Load Modeling for the Development of a Double Variable Cam Phasing Strategy, SAE Paper 2004-01-0614, Detroit, 2004
[5] Rassem, R. H.: Single-Cylinder Engine Tests of a Motor-Driven, Variable-Valve Actuator SAE Paper 2001-01-0241, Detroit, 2001
[6] Scharrer, O.: Einflusspotenzial Variabler Ventiltriebe auf die Teillast-Betriebswerte von Saug-Otttomotoren – Eine Studie mit der Motorprozess-Simulation, Dissertation TU Berlin, 2006
[7] Vibe, I. I.: Brennverlauf und Kreisprozess von Verbrennungsmotoren, VEB Verlag, Technik, Berlin, 1970
[8] Merker, G. P.; Schwarz, C.: Technische Verbrennung, Simulation verbrennungsmotorischer Prozesse, B. G. Teubner Stuttgart Leipzig Wiesbaden, 1. Auflage, 2001
[9] Witt, A.: Analyse der thermodynamischen Verluste eines Ottomotors unter den Randbedingungen variabler Steuerzeiten, Dissertation TU Graz, 1999

Kreisprozesssimulation von Ottomotoren mit drosselfreier Laststeuerung durch mechanisch vollvariablen Ventiltrieb

R. Flierl, S. Schmitt, T. Fuchs

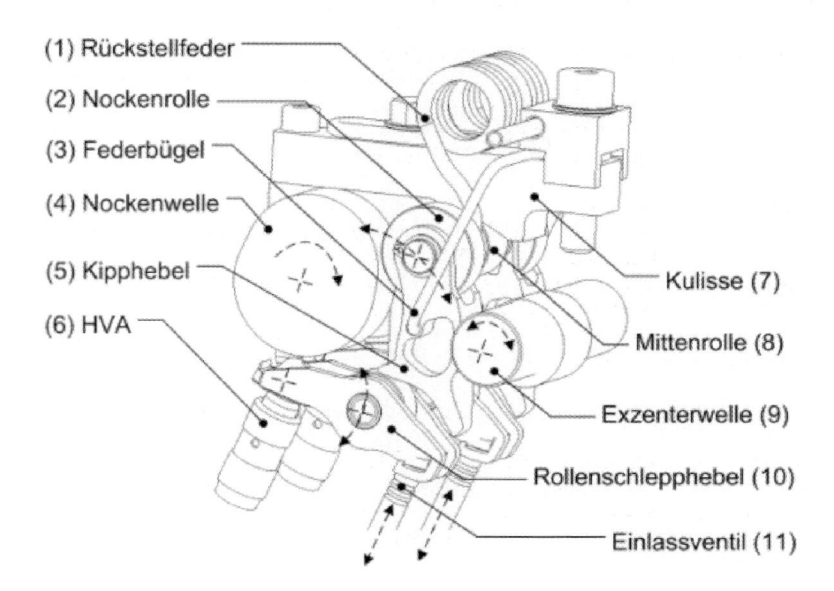

(1) Rückstellfeder
(2) Nockenrolle
(3) Federbügel
(4) Nockenwelle
(5) Kipphebel
(6) HVA
(7) Kulisse
(8) Mittenrolle
(9) Exzenterwelle
(10) Rollenschlepphebel
(11) Einlassventil

Kurzfassung

Die Verbrauchsreduktion bei gleichzeitiger Leistungs- und Drehmomentsteigerung ist ein ständig aktuelles Thema in der Motorenentwicklung. Ein großer Anteil der verbrauchsbeeinflussenden Verluste eines Ottomotors mit konventioneller Laststeuerung per Drosselklappe liegt in der hohen Ladungswechselarbeit im Teillastbetrieb in Folge des hohen Unterdrucks im Saugrohr während der Ansaugphase.

Ein technologischer Ansatz zur Optimierung aller Zielgrößen wird durch den mechanisch vollvariablen Ventiltrieb ermöglicht. Im folgenden Beitrag sollen die Potentiale durch den am Lehrstuhl für Verbrennungskraftmaschinen der TU Kaiserslautern entwickelten mechanisch vollvariablen Ventiltrieb „UniValve" aufgezeigt sowie der Einsatz der Motorprozesssimulation als Vorentwicklungstool dargestellt werden.

1 Einleitung

Mit der Einführung der drosselfreien Laststeuerung bei Ottomotoren mit dem mechanisch vollvariablen Ventiltrieb steigt der Aufwand der Applikation überproportional an. Neben den bekannten Größen wie Zündwinkel, Einspritzzeitpunkt und Einspritzdauer kommen zusätzliche Parameter wie Ein-, Auslassspreizung und Ventilhub (Abb. 1) hinzu.

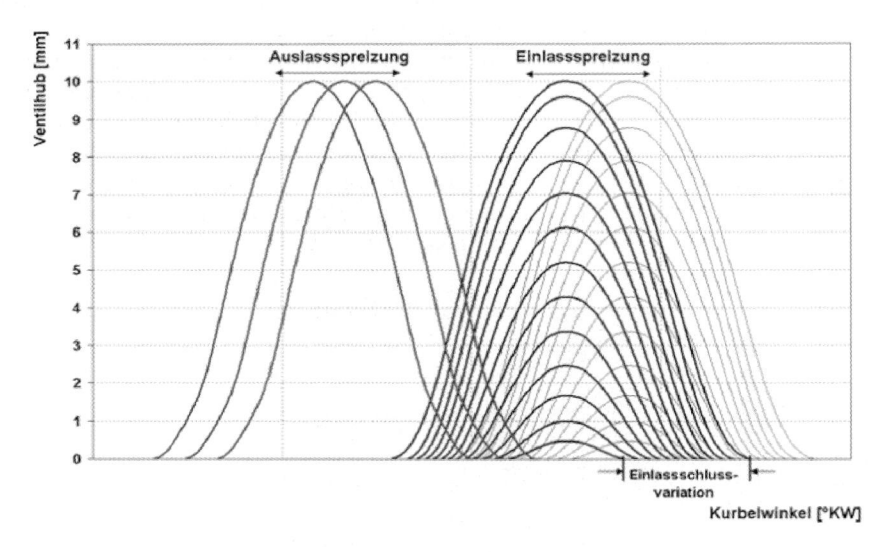

Abb. 1 Variationsparameter bei „UniValve" [1]

Ohne die Simulation des Ladungswechsels und die Nutzung und Entwicklung von neuen Applikationsmethoden (z.B. Fuzzy-Logik) ist eine effiziente Motorapplikation kaum möglich. Die Kreisprozesssimulation, z.B. mit *GT-Power* oder *BOOST* stellt eine bekannte und bewährte Methode für die Vorausberechnung des Volllastverhaltens dar, die auch bei drosselfreier Laststeuerung gut angewendet werden kann. Da ein wesentlicher Verbrauchsvorteil der drosselfreien Laststeuerung auf die Reduzierung der Ladungswechselarbeit in der Teillast zurückzuführen ist, können die lastabhängigen, verbrauchsoptimalen Ein- und Auslassspreizungen sehr gut vorausberechnet werden. Mit diesen Simulationen kann der Versuchsaufwand am befeuerten Motor erheblich reduziert werden.

An der technischen Universität Kaiserslautern wurde ein Serienmotor mit dem mechanisch vollvariablen Ventiltrieb ausgerüstet und sowohl als Saug- als auch als turboaufgeladener Motor betrieben. Die Volllast- und Teillastergebnisse wurden mit Ergebnissen der Ladungswechselsimulationen mit *GT-Power* verglichen. Mit Simulationen können die Grenzpotentiale bestimmt, Optimierungsstrategien ermittelt und schließlich überprüft werden.

2 Funktionsweise und Auslegung „UniValve"

Das Ventiltriebssystem „UniValve" ist ähnlich wie die „Valvetronic" von *BMW* als Kurvengetriebe aufgebaut. Beide Ventiltriebskonzepte verwenden konventionelle Rollenschlepphebel zur Ventilbetätigung. Zusätzlich ist jeweils ein Zwischenhebel zwischen Nocken und Rollenschlepphebel mit einer Arbeitskurve vorgesehen, über dessen Lageänderung die gewünschte Variabilität der Ventilerhebung erzeugt wird. Im Gegensatz zum System von *BMW* wird bei „UniValve" ein Kipphebel als Zwischenhebel verwendet.

Der Einsatz eines Kipphebels als Zwischenhebel ist bei dieser Konstruktion durch den vorteilhaften Massenausgleich während der Dreh- bzw. Kippbewegung zu begründen, wodurch sich das System auch für hohe Drehzahlen hervorragend eignet. Zwei dieser Kipphebel sind auf einer Achse angeordnet, so dass bei einem Vierventilmotor die Bauteileanzahl reduziert wird und nur drei Rollen für ein Ventilpaar verwendet werden. Mit dieser so genannten Gabelhebel-Konstruktion entsteht ein deutlicher Kosten- und Toleranzvorteil, Abb. 2.

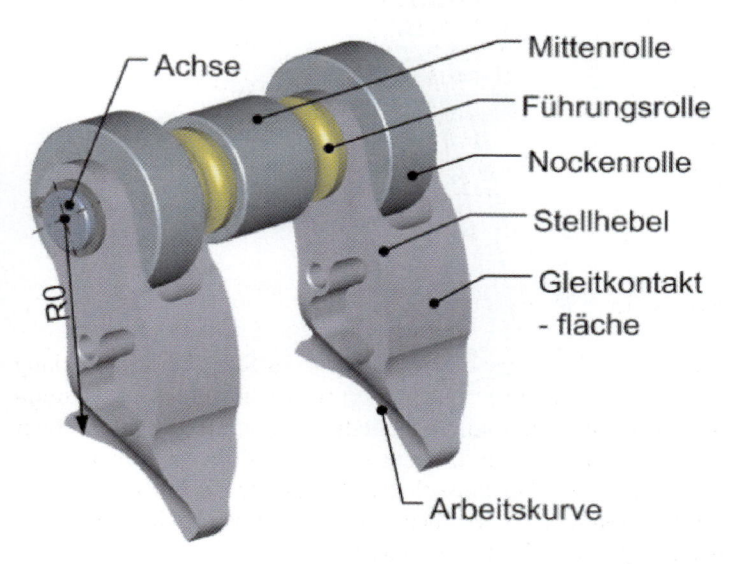

Abb. 1 Gabelhebel des Versuchsmotors mit den Kipphebeln auf einer gemeinsamen Achse

In Abb. 3 und Abb. 4 ist der schematische Aufbau des „UniValve"-Systems im Schnitt dargestellt. Der Zwischenhebel oder Stellhebel ist als Kipphebel ausgeführt und stützt sich mit seiner Arbeitskurve am Rollenschlepphebel, am Nocken mit einer Rolle, an der Exzenterwelle mit einem Gleitkontakt und mit einer separat für zwei Kipphebel existierenden Rolle in der zwischen den Ventilebenen liegenden Kulisse ab. In dieser Kulisse bewegt sich die Stützrolle (Abb. 2: Mittenrolle) bei jeder Nockenwellenumdrehung auf einer Kreisbahn. Die stufenlose Veränderung des Ventilhubs – von Nullhub bis zum Maximalhub – und damit auch die Veränderung der Öffnungszeit, erfolgt durch die Verdrehung der so genannten „Innenexzenterwelle". In Abb. 1 sind mögliche Hubscharen dargestellt, die durch ein Verstellen der Exzenterwelle erreicht werden können. Es können alle Ventilhübe zwischen 0 und 10 mm stufenlos eingestellt werden.

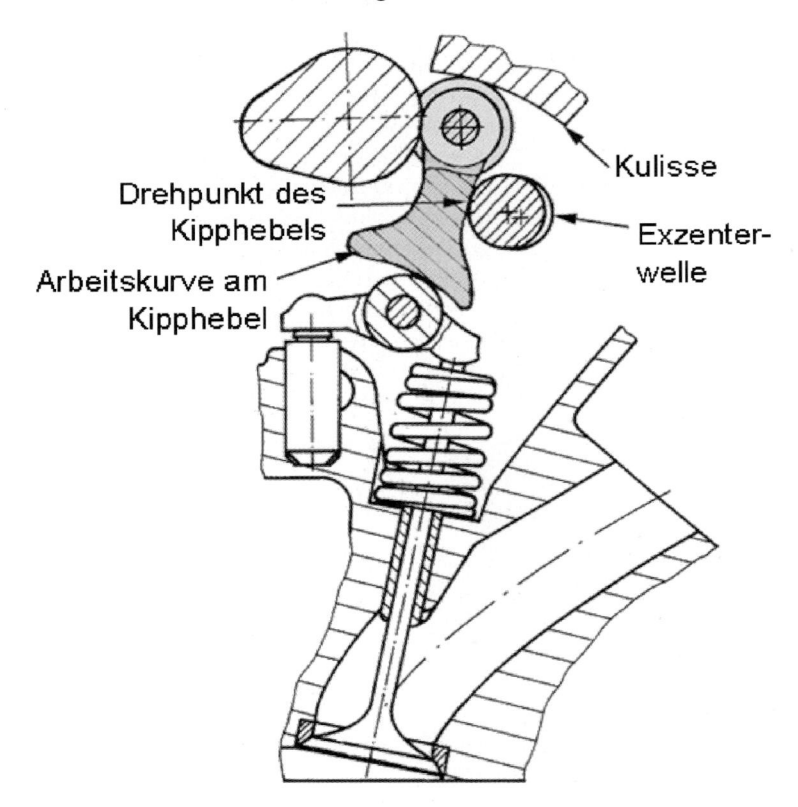

Abb. 2 Schematischer Aufbau des vollvariablen Ventiltriebs „UniValve"

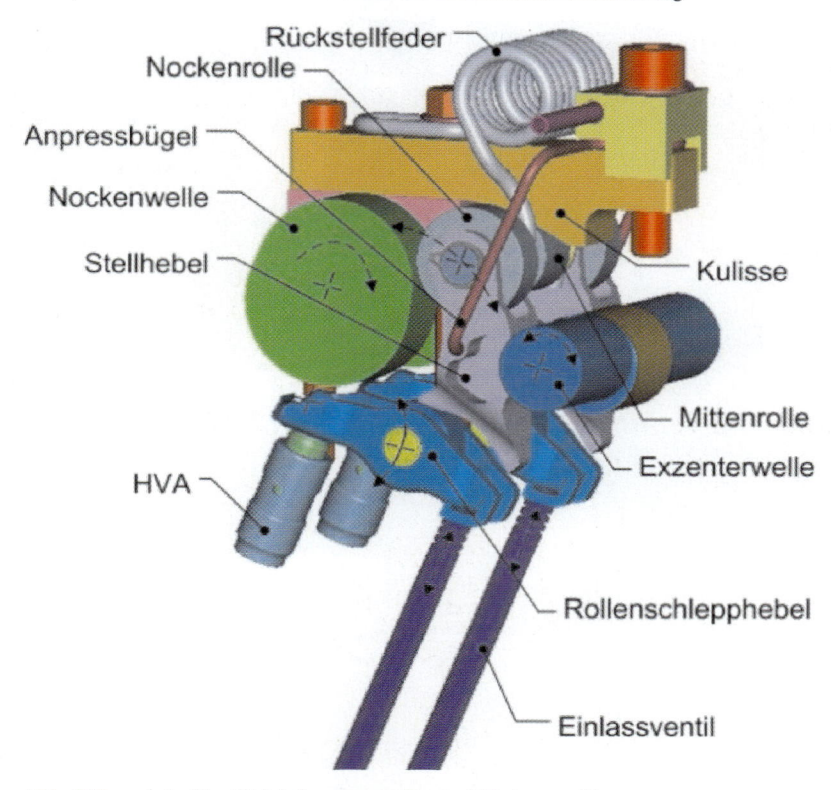

Abb. 3 Komplette Ventiltriebsbaugruppe für zwei Einlassventile

Die Exzenterwelle wird aus einem centerless geschliffenen Rundstab hergestellt. Sie kann in einer Bohrung im Zylinderkopf gelagert und von einem Ende des Zylinderkopfes montiert werden, d.h. Lagerdeckel und Lagerdeckelverschraubungen sind nicht notwendig.

Am Ende der Exzenterwelle befindet sich ein Schneckenrad, das über einen Elektromotor die Verstellung der Exzenterwelle vornimmt. Je Zylinder ist eine Rückstellfeder vorgesehen, die den Kontakt der Hebelbaugruppe zum Nocken sicherstellt. Die Montage des Systems in den Zylinderkopf erfolgt ohne Spezialwerkzeuge. Mit dem Anschrauben der Kulisse ist das System im Zylinderkopf fixiert, ohne dass eine zusätzliche Einstellung der Bauteile erforderlich ist.

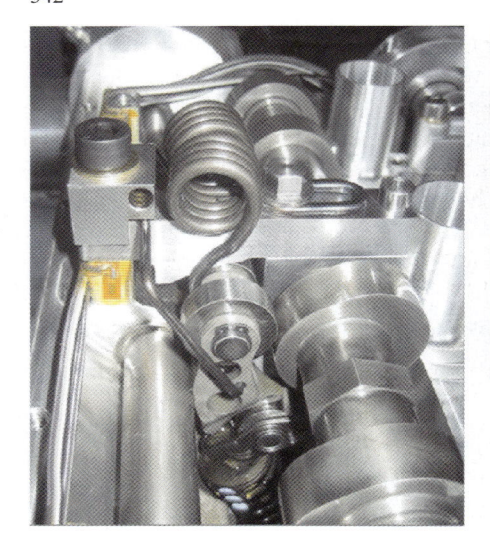

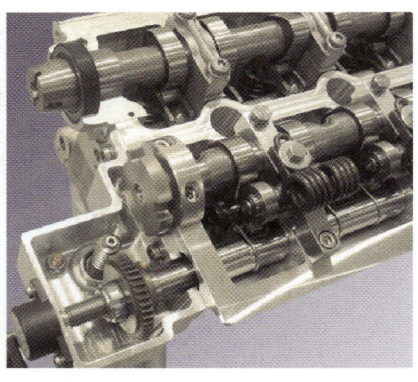

Abb. 4 Einbau des UniValve Systems in den 2,0 l Vierzylindermotor

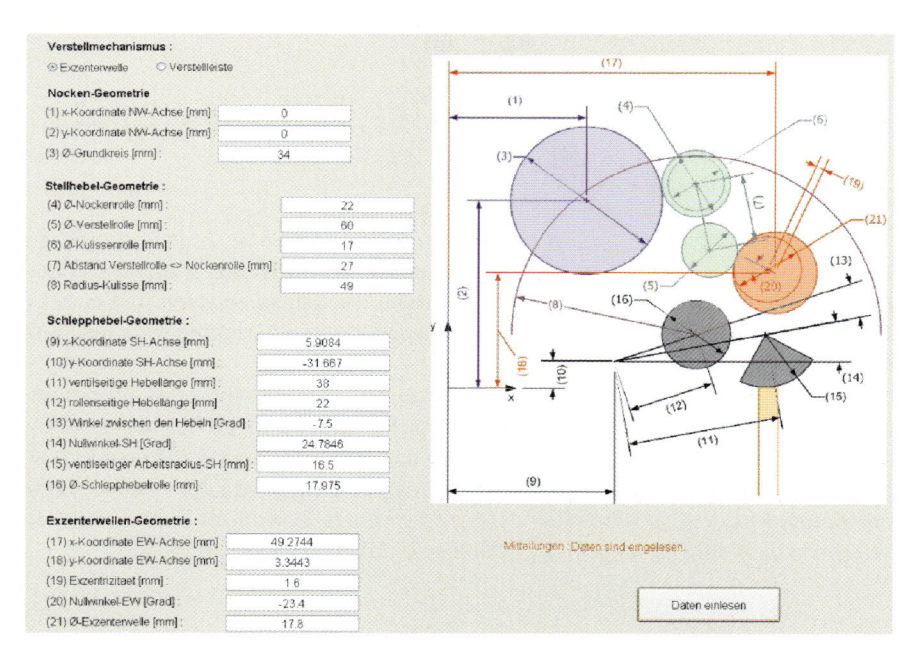

Abb. 6 Geometrische Grundauslegung der Arbeitskurve

Die Auslegung der Ventilhubkurven des „UniValve"-Systems erfolgt mit einem Simulationsprogramm, das am Lehrstuhl für Verbrennungskraftmaschinen der TU Kaiserslautern entwickelt wurde. Mit diesem Programm ist es möglich, die

Rampenhöhe und -länge, die Höhe der Öffnungsbeschleunigung und der Schließbeschleunigung genau auszulegen und vorauszuberechnen. Die ausgelegten Rampen in der Ventilbeschleunigung können frei gestaltet werden. Besonders zu beachten ist, dass die Auslegung der maximalen Öffnungs- und Schließbeschleunigung derart beeinflusst werden kann, dass die Maxima der bezogenen Beschleunigungen zu den Teilhüben hin zunehmen und das absolute Maximum bei einem Teilhub auftritt (Abb. 7: links), bzw. das absolute Maximum der Öffnungsbeschleunigung bei Vollhub zu finden ist und die Maxima zu den Teilhüben hin abnehmen (Abb. 7: rechts). Des Weiteren können auch Auslegungen mit abgesenkten Schließbeschleunigungen realisiert werden.

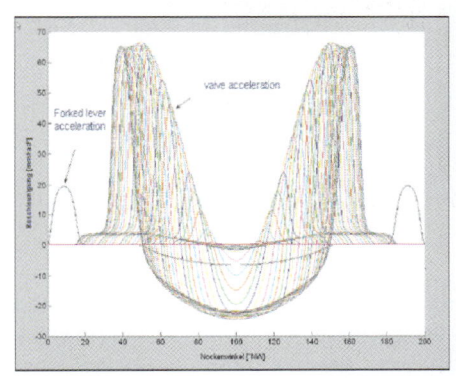

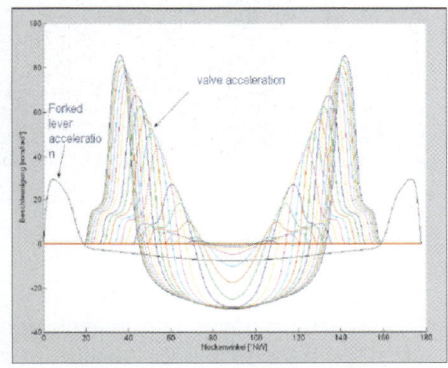

Abb. 7 Zwei verschiedene Auslegungsvarianten der Beschleunigungsverläufe des Ventils (Kurvenschar) und des Nockens (schwarz)

Das „UniValve"-System verfügt über Freiheitsgrade, mit denen sowohl die Höhe als auch die Lage (bei Voll- oder Teilhub) der Belastungen auf die Ventiltriebskomponenten beeinflusst werden können. Die Auslegungsmethodik und – Software zur technischen Umsetzung liegt am Lehrstuhl für Verbrennungskraftmaschinen vor.

Nach der bisher beschriebenen kinematischen Auslegung wird nun auf die Untersuchung des dynamischen Verhaltens des Ventiltriebs mit Hilfe einer MKS-Simulation eingegangen. Um die Genauigkeit der Simulation zu verbessern, wurden die einzelnen Bauteile des Ventiltriebs als FEM-Bauteile in das Simulationsmodell integriert.

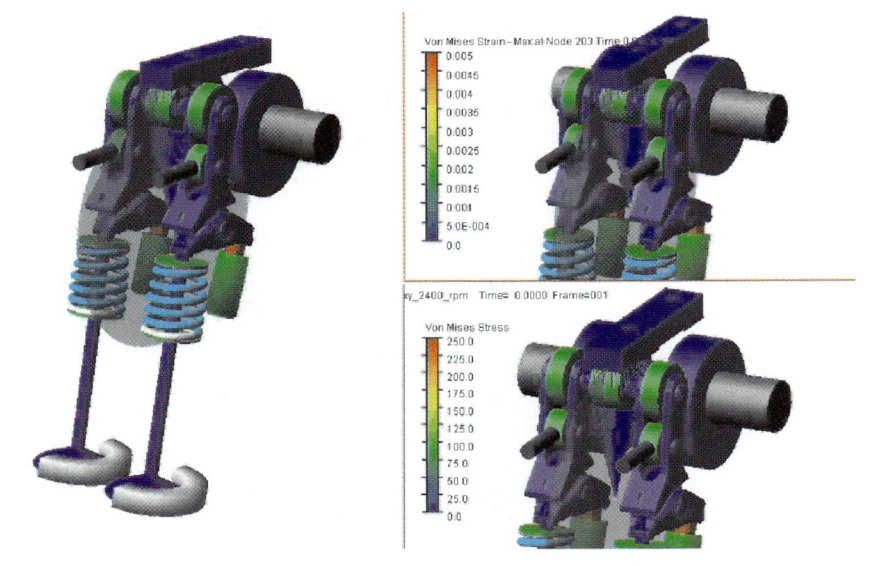

Abb. 8 MKS-Simulationsmodell

Mit dieser Art der Simulation ist es möglich, die im künftigen Betrieb auftretenden Verformungen und Spannungen in sehr guter Näherung vorauszuberechnen. Die Bestimmung der Abhebedrehzahl bzw. der Drehzahl, bei der ein Ventil nachspringen wird, ist allerdings nur dann möglich, wenn die Ventilfeder als Mehrmassenmodell abgebildet ist (**Abb. 9**) und die Eigenfrequenzen von dem Federmodell mit der tatsächlich im Ventiltrieb verbauten Feder abgeglichen wurde.

Abb. 9 Ventilfeder als Mehrmassenmodell

Die MKS-Simulation eignet sich sehr gut zur ersten Vorausberechnung des Systemverhaltens. Allerdings sind der Simulation auch Grenzen gesetzt: Bei höheren Drehzahlen ergibt sich eine Überhöhung der Schließbeschleunigung. Dieser Effekt beeinflusst den Zeitquerschnitt bzw. die Fülligkeit der Ventilkurven. Zudem können die real auftretenden Rampen – charakterisiert durch Rampenlänge und Rampenhöhe – sowohl beim Öffnen als auch beim Schließen aufgrund der fertigungstechnischen Toleranzen zwar in guter Näherung, aber nicht exakt im Voraus bestimmt werden.

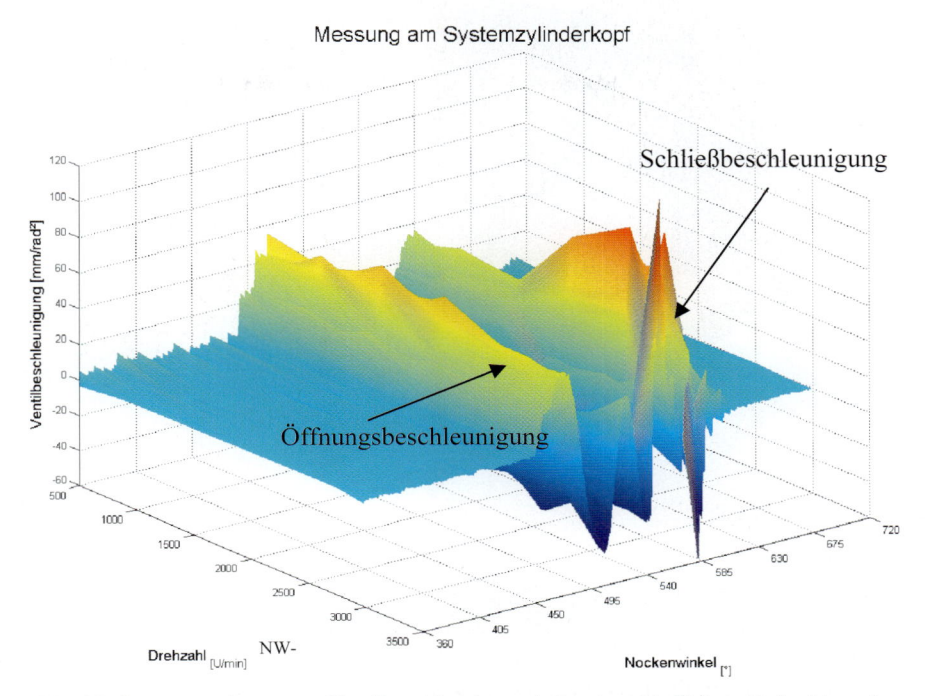

Abb. 10 Gemessene bezogene Ventilbeschleunigung bei unterschiedlichen Drehzahlen eines mechanisch vollvariablen Ventiltriebs

Die realitätsnahe Darstellung der Ventilhubkurven und der tatsächlich auftretenden Rampen ist eine für die Kreisprozesssimulation wichtige Größe. Um diese zu ermitteln, wird ein kinematisch ausgelegter, dynamisch mit MKS analysierter Ventiltrieb in einer Vorrichtung vermessen, die als Systemzylinderkopf bezeichnet wird. Ein solcher Zylinderkopf ist in Abb. 11 abgebildet.

In diesem Systemzylinderkopf sind 2 Einlassventile packagekonform zum realen Zylinderkopf dargestellt. Im Komponentenversuch wird der Ventiltrieb mittels eines Elektromotors bei verschiedenen Drehzahlen geschleppt. Dabei wird der Ventilhub mit Lasern erfasst, die Ventilfederkräfte durch Messscheiben mit DMS registriert und ein Abheben der Bauteile überwacht.

Das Resultat dieser aufwändigen Untersuchung sind Ventilhubkurven, bei denen der Öffnungsquerschnitt und insbesondere die Öffnungszeit, die ganz wesentlich das Volllast- und Teillastverhalten beeinflusst, realitätsnah abgebildet werden.

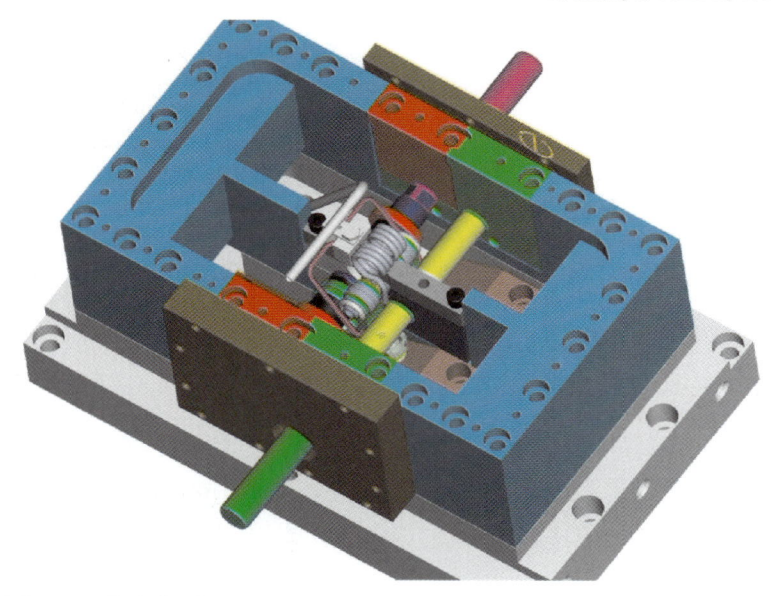

Abb. 11 Systemzylinderkopf

Die gewonnen Ergebnisse sind wiederum in eine Verbesserung der Modelle eingeflossen und brachten mehrere Evolutionsstufen der Ventiltriebskomponenten hervor. Die Ventilsteuerung wurde anschließend an verschieden Verbrennungsmotoren erprobt.

Durch eine konsequente Reduzierung der Bauteilgröße mit dem Einsatz von kombinierten FEM- und MKS- Methoden konnte das Bauteilgewicht und damit die bewegte Masse deutlich reduziert werden. Die Evolutionsstufen der Gabelhebel bzw. Kipphebel sind in Abb. 12 dargestellt. Die Hebelgruppe eines Hochdrehzahlmotors zeigt Abb. 13.

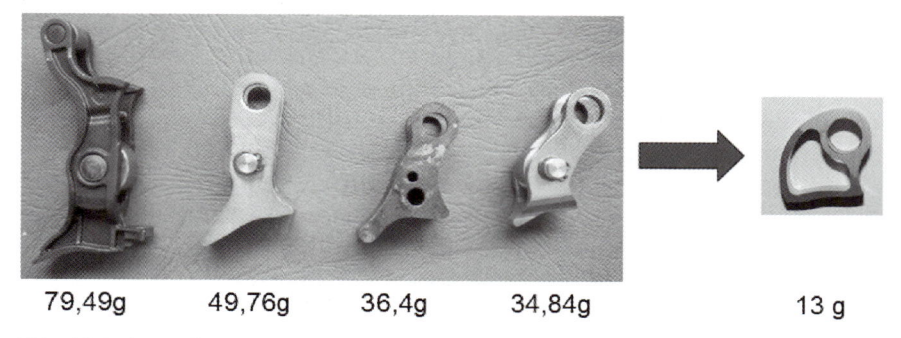

Abb. 12 Valvetronic I (ganz links dargestellt) im Vergleich Prototypen von Kipphebeln verschiedener Entwicklungsstufen. Ganz rechts Hebel für Hochdrehzahlkonzept

Abb. 13 Gabelhebelausführung für ein Hochdrehzahlkonzept

3 Beschreibung der durchgeführten Simulationen im Teillastbereich

In der Teillast ist das Ziel der Entwicklung, einen möglichst geringen Kraftstoffverbrauch bei niedrigen Emissionen zu erzielen. Zum Vergleich der verschiedenen Laststeuer- und Brennverfahren wird der Betriebspunkt bei n=2000/min und einem effektiven spezifischen Mitteldruck von 2bar herangezogen. In diesem Betriebspunkt ist der Einfluss der Ladungswechselarbeit und des Restgasgehaltes auf den Kraftstoffverbrauch entscheidend.

In Abb. 14 und Abb. 15 sind der gemessene Kraftstoffverbrauch und der Verlauf der aus den indizierten Druckverläufen errechneten Ladungswechselarbeit eines 2.0l-Motors dargestellt. Bei den Versuchen wurde die Einlassspreizung bei konstanter Auslassspreizung mit Hilfe eines Phasenstellers verändert. Im Drosselbetrieb wurde die Last über die Drosselklappenstellung gesteuert. Im drosselfreien Betrieb wurde die Drosselklappe soweit geöffnet, bis ein entdrosselter Zustand eingestellt war. Die Last wurde schließlich alleine über den Ventilhub geregelt.

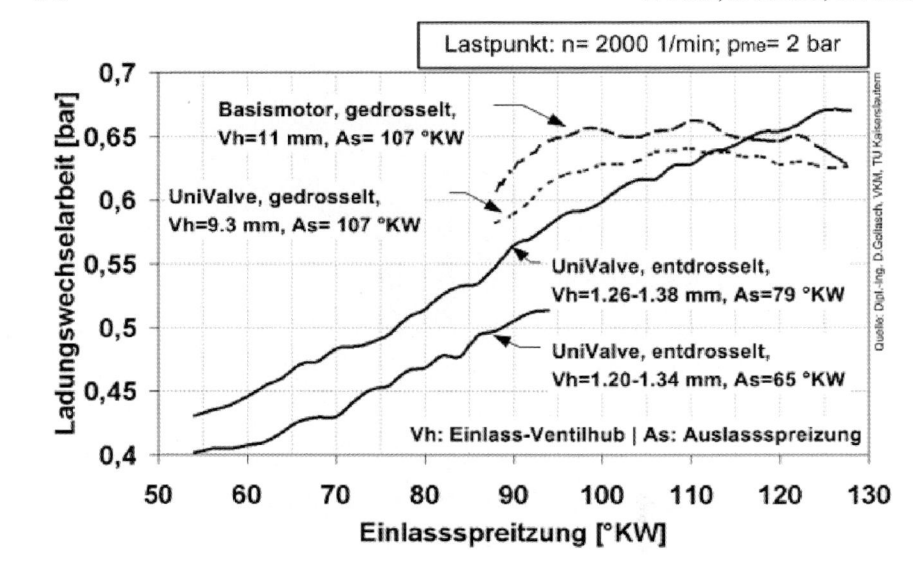

Abb. 14 Einfluss der Einlassspreizung auf die Ladungswechselarbeit [1]

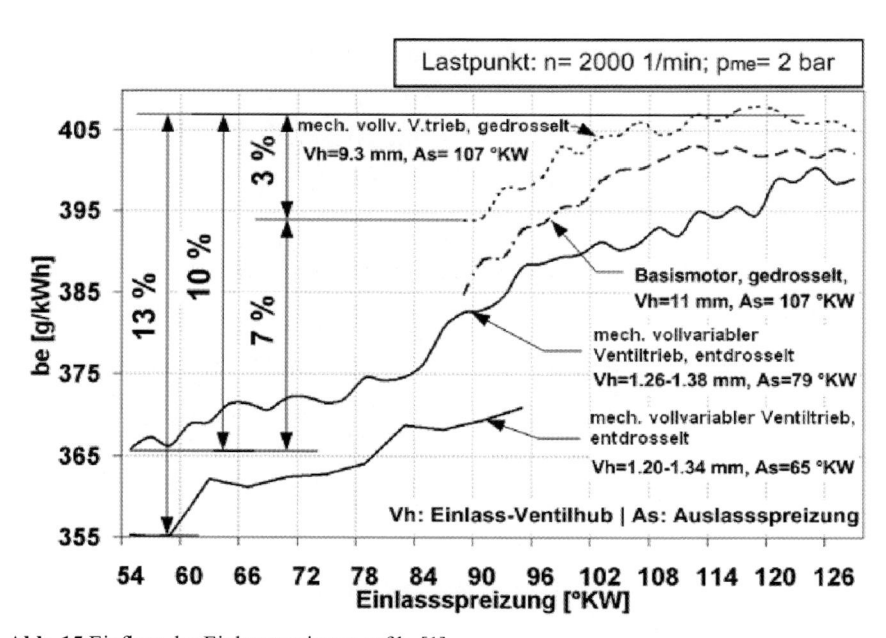

Abb. 15 Einfluss der Einlassspreizung auf b_e [1]

Bei einer drosselfreien Laststeuerung wird – im Gegensatz zur Steuerung mit Drosselklappe, bei der der Restgasgehalt von der Ein- und Auslassspreizung abhängig ist (vgl. Abb. 16 unten) – der Restgasgehalt im relevanten Auslass-Spreizungsbereich hauptsächlich vom Betrag der Auslassspreizung bestimmt (vgl. Abb. 16 oben).

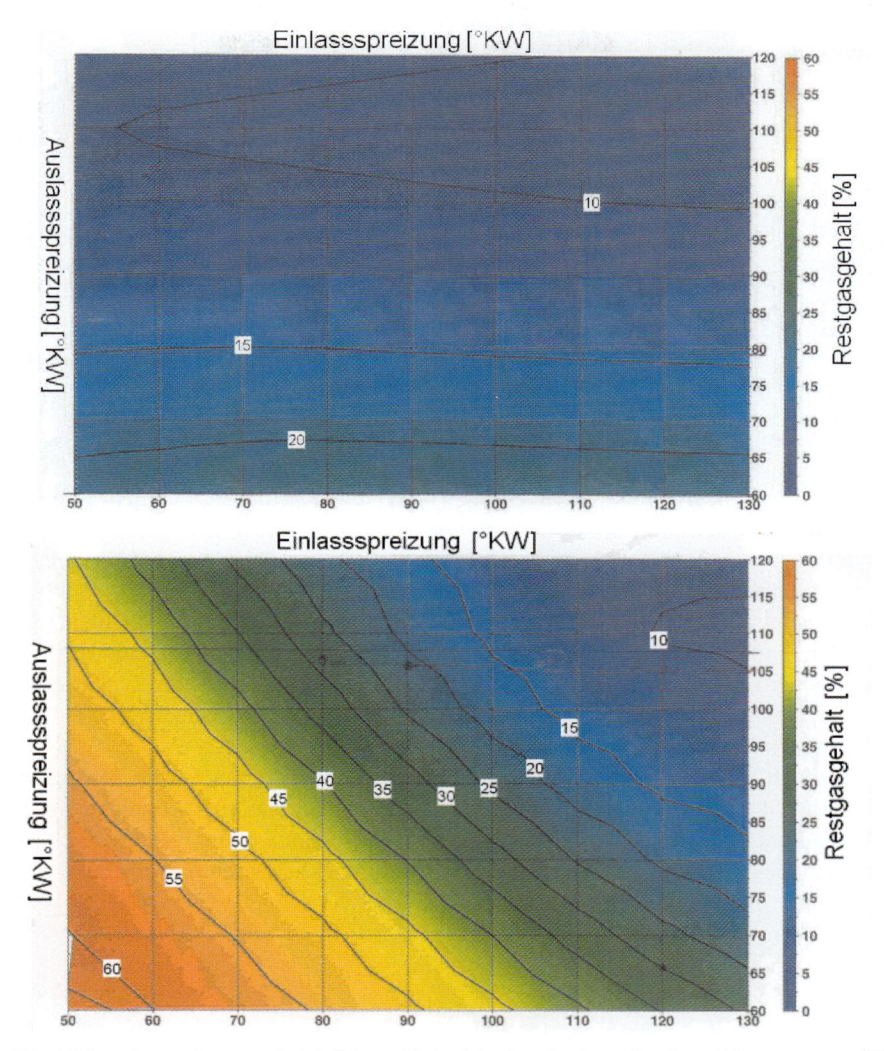

Abb. 16 Berechneter Restgasgehalt bei drosselfreier (oben) und gedrosselter (unten) Laststeuerung [2]

Der Einfluss der Ladungswechselarbeit und des Restgasgehalts auf den Kraftstoffverbrauch kann bei einer drosselfreien Laststeuerung voneinander getrennt werden. Trägt man den gemessenen effektiven Kraftstoffverbrauch über der Ladungswechselarbeit bei konstanter Auslassspreizung auf, so ergeben sich Linien mit nahezu konstantem Restgasgehalt (Abb. 17).

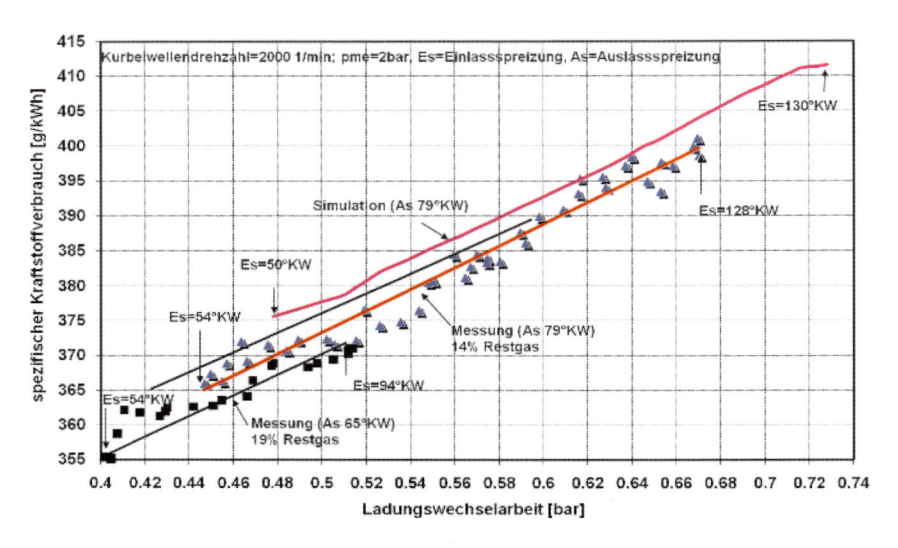

Abb. 17 Einfluss der Ladungswechselarbeit auf b_e, am Beispiel eines 4-Zylinder Ottomotors

Bei dieser Darstellung wird deutlich, dass die Kraftstoffverbrauchsverbesserung im wesentlichen durch die Ladungswechselarbeit bestimmt wird – die Auswirkung des Restgasgehalts auf den Kraftstoffverbrauch ist ebenfalls erkennbar, jedoch deutlich geringer.

Der Betrag der mit dem Kraftstoffverbrauch in direktem Zusammenhang stehenden Ladungswechselarbeit hängt neben der Einlassspreizung von dem Verhältnis der Öffnungszeit [°KW] zum eingestellten Ventilhub ab. Ein typischer Zusammenhang dieser beiden Größen für das „UniValve"-System ist Abb. 18 zu entnehmen.

Da eine Veränderung dieses Zusammenhangs mit Hilfe der Simulationstechnik zunächst unabhängig von der mechanischen Realisierbarkeit betrachtet werden kann, dient die Motorprozesssimulation als Ansatzpunkt, um weitere Optimierungsmaßnahmen zu erarbeiten und um die Entwicklungsrichtung für zukünftige Konzepte weiter zu kanalisieren.

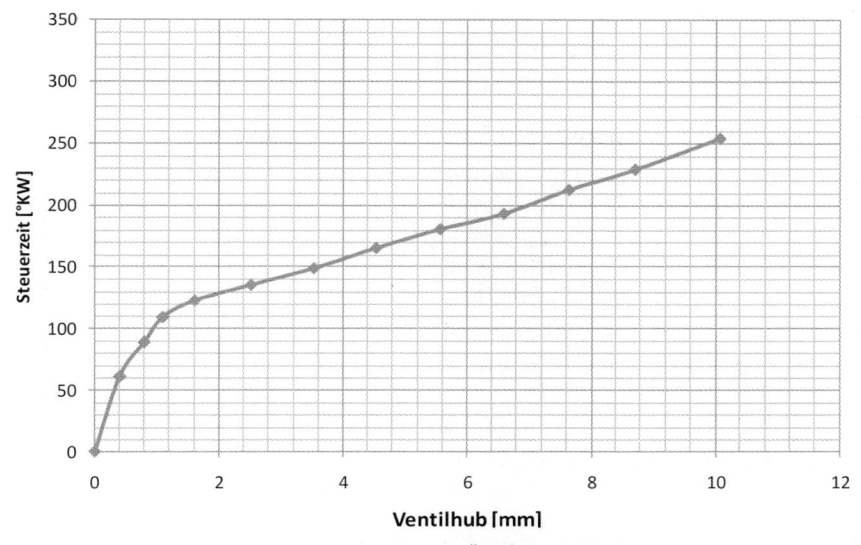

Abb. 18 Zusammenhang zwischen Ventilhub und Öffnungszeit [°KW]

Im Folgenden wird zunächst der Einfluss einer veränderten Öffnungszeit der Einlassventile auf die Ladungswechselarbeit untersucht. Die Simulationen wurden mit dem eindimensionalen Simulationsprogramm *GT-Power* durchgeführt. Die Basis für das Simulationsmodell stellt ein, am Lehrstuhl für Verbrennungskraftmaschinen vorhandener 1-Zylinder-Versuchsmotor dar, der neben einem ein- und auslassseitigen vollvariablen Ventiltrieb ein variables Verdichtungsverhältnis als zusätzlichen Freiheitsgrad aufweist. Die technischen Daten des Versuchsmotors können Tabelle 1.1 entnommen werden. Der Variationsparameter der variablen Verdichtung wurde in diesen Simulationen nicht verändert.

Tabelle 1.1 Technische Daten des 1-Zylinder Versuchsmotors

Technische Daten des 1-Zylinder Versuchsmotors	
Hubraum	617.1 cm^3
Hub	114.00 mm
Bohrung	83.02 mm
Einlassventile / Durchmesser	2 Ventile / 32mm.
Ventilhub einlassseitig	0-10 mm
Auslassventile / Durchmesser	2 Ventile / 28mm
Ventilhub auslassseitig	0-10 mm
Verdichtungsverhältnis	Variabel bis $\varepsilon=19$

Der Zusammenhang zwischen dem Ventilhub und der resultierenden Steuerzeit des mechanisch vollvariablen Ventiltriebs wurde in dem Simulationsmodell integriert, so dass eine sehr gute Annäherung an die kinematischen Randbedingungen erreicht wird.

In der nachfolgenden Abbildung (Abb. 19) sind die untersuchten Zusammenhänge zwischen Ventilhub und Steuerzeit des vollvariablen Ventiltriebs zu sehen, deren Auswirkung auf die Ladungswechselarbeit im Teillastbetrieb ermittelt werden soll. Die blaue Kennlinie mit der Bezeichnung V1 beschreibt dabei den Zusammenhang des Grundmodells bzw. der Ausgangsbasis. Anschließend wurden Kennlinien mit einer um 20% erhöhten Steuerzeit bei gleichem Hub (V3, grün) und jeweils einer Kennlinie mit einer um 20% (V2, rot) respektive 30% (V4, lila) reduzierten Steuerzeit simuliert.

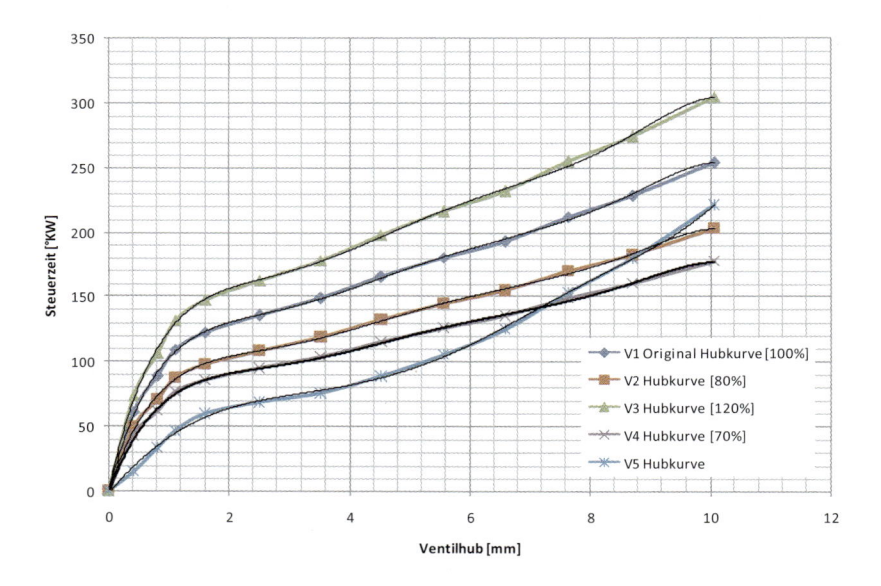

Abb. 19 Kennlinien für Zusammenhang zwischen Steuerzeit und Hub

Der bei dem virtuellen Motor eingestellte Betriebspunkt liegt auch hier bei einer Drehzahl von n=2000/min und einem effektiven spezifischen Mitteldruck von bmep=2bar. Die Laststeuerung erfolgt drosselfrei, d.h. die zugeführte Frischgemischmenge wird mittels Ventilhub und der resultierenden Steuerzeit reguliert.

Als Variationsparameter in der Versuchsreihe dient die Einlasssspreizung, die bei einer konstanten Auslassspreizung von AS=75°KW variiert wird. Das Hauptaugenmerk bei der anschließenden Auswertung liegt auf dem Betrag der Ladungswechselarbeit respektive dem Pumpmitteldruck. Ziel der Untersuchung ist die Bewertung des Einflusses der Steuerzeit auf die Ladungswechselarbeit im Teillastbereich, die beim realen Motor einen großen Einfluss auf den Kraftstoffverbrauch und damit auf die Emissionen des treibhausaktiven Kohlenstoffdioxids nimmt.

4 Simulationsergebnisse

Die Auswertung der durch die Simulation des 1-Zylinder-Versuchsmotors ermittelten Daten zeigt, dass der Pumpmitteldruck minimal wird, wenn das Einlassventil unmittelbar nach der Kolbenstellung im Ladungswechsel-OT öffnet. Eine Vergrößerung der Steuerzeit führt somit zu einer Verschiebung der für den Pumpmitteldruck optimalen Einlassspreizung in Richtung spät – eine verminderte Steuerzeit erfordert eine geringfügige Verschiebung in Richtung früh, so dass das Ventil zu einem vergleichbaren Zeitpunkt öffnet (vgl. Abb. 20). Aus Abb. 20 kann ebenfalls entnommen werden, dass eine Einlassspreizung bei Werten um 50-55°KW zu einem minimalen Pumpmitteldruck führt. Eine weitere Frühverstellung bei der verkürzten Steuerzeit (V2, V4 und V5) führt zu einer Zunahme der Ladungswechselarbeit während V3 mit der längeren Steuerzeit einen ausgeprägten Sattelbereich aufweist. Das Minimum der Ladungswechselarbeit stellt sich bei allen Varianten bei diesem Einzylindermodell bei 50-55°KW ein. Der geringste Wert der Ladungswechselarbeit wird mit der kürzesten Steuerzeit erreicht.

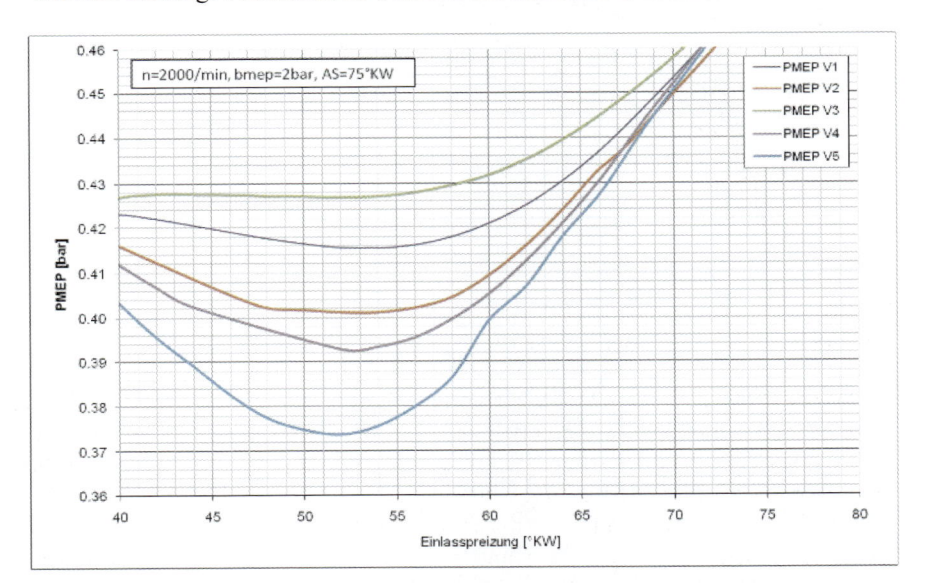

Abb. 20 Pumpmitteldruck über der Einlassspreizung

Die Reduktion der Ladungswechselarbeit wird durch mehrere Faktoren hervorgerufen. Eine Vergrößerung der Steuerzeit gegenüber der Vergleichsbasis führt dazu, dass ein geringerer Einlassventilhub zur Darstellung des effektiven Mitteldrucks von 2bar eingestellt werden muss, da ansonsten zu viel Frischladung in den Brennraum gesogen wird. In Folge des kleineren Ventilhubs bzw. des engeren Öffnungsspaltes und der damit verbundenen erhöhten Drosselverluste entsteht während des Ansaugvorgangs ein stärkerer Unterdruck im Brennraum (vgl. Abb. 21) – der Kolben muss mehr Saugarbeit verrichten. Die unterschiedlichen Verdichtungsenddrücke im Vergleich beider Varianten (V1 und V3) sind einerseits durch die Differenz der Pumpmitteldrücke und der daraus resultierenden unterschiedlichen Füllungen und andererseits durch die unterschiedlichen Restgasmengen zu begründen.

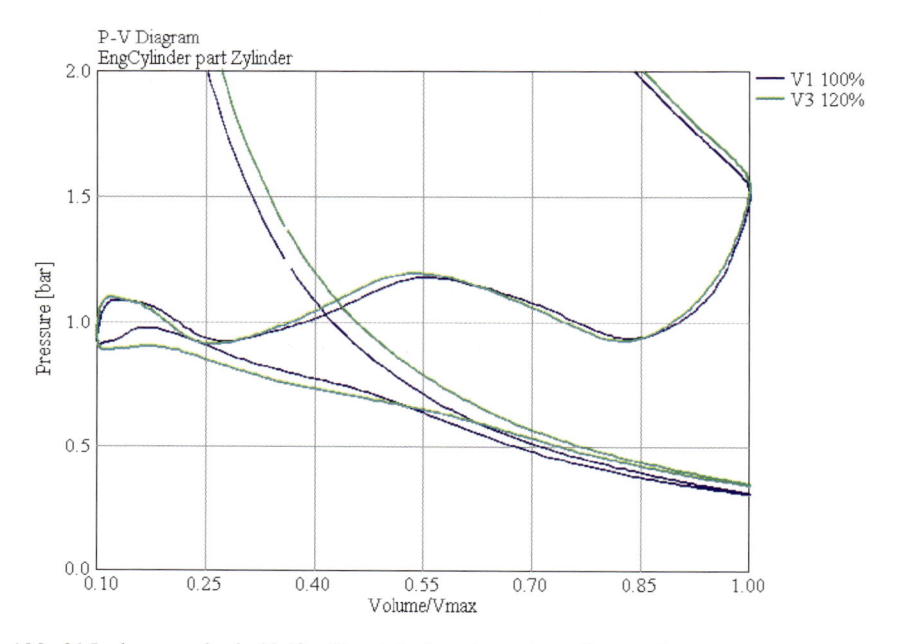

Abb. 21 Ladungswechselschleifen für original- und erweiterte Steuerzeit

Weitere Untersuchungen konnten eindeutig zeigen, dass eine Reduktion der Steuerzeit gegenüber der Vergleichsbasis zu einer deutlichen Reduktion des Pumpmitteldrucks und damit der Ladungswechselarbeit führt. Um die zur Darstellung des effektiven Mitteldrucks von bmep=2bar notwendige Frischladungsmenge in den Brennraum zu fördern, wird mit reduzierter Steuerzeit ein deutlich größerer Einlassventilhub benötigt (vgl. Abb. 23 und Abb. 24). Der Spalt, durch den die Frischladung gesaugt werden muss, fällt in diesem Fall entsprechend groß aus. Damit wird der Unterdruck im Brennraum während des Ansaugvorgangs entsprechend reduziert. Der Pumpmitteldruck fällt geringer aus. Das frühe Schließen der Einlassventile resultiert in einer „Expansion" und „Rekompression" der Zylinderladung (Abb. 22).

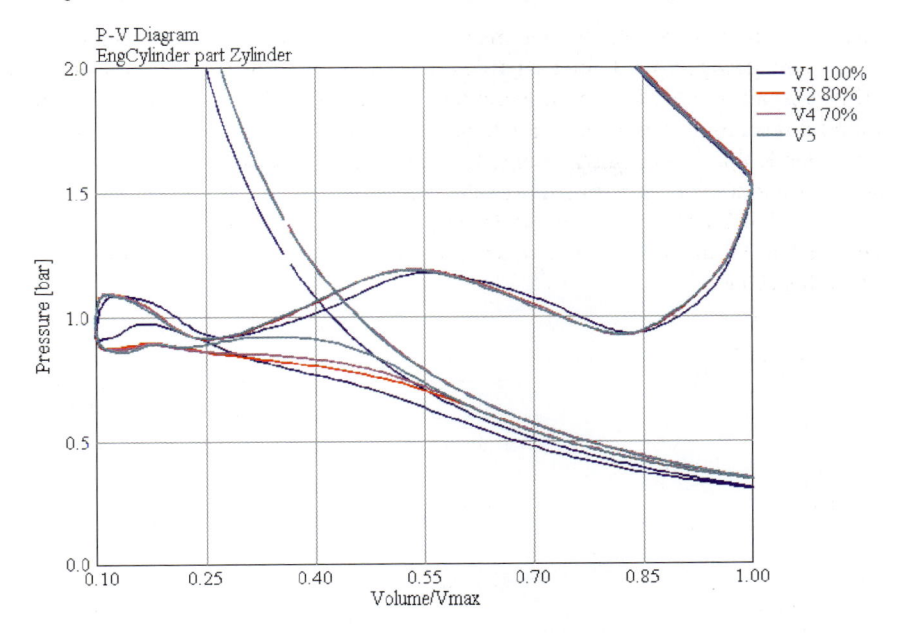

Kreisprozesssimulation von Ottomotoren mit drosselfreier Laststeuerung 355

Abb. 22 Ladungswechselschleifen mit original- und reduzierter Steuerzeit

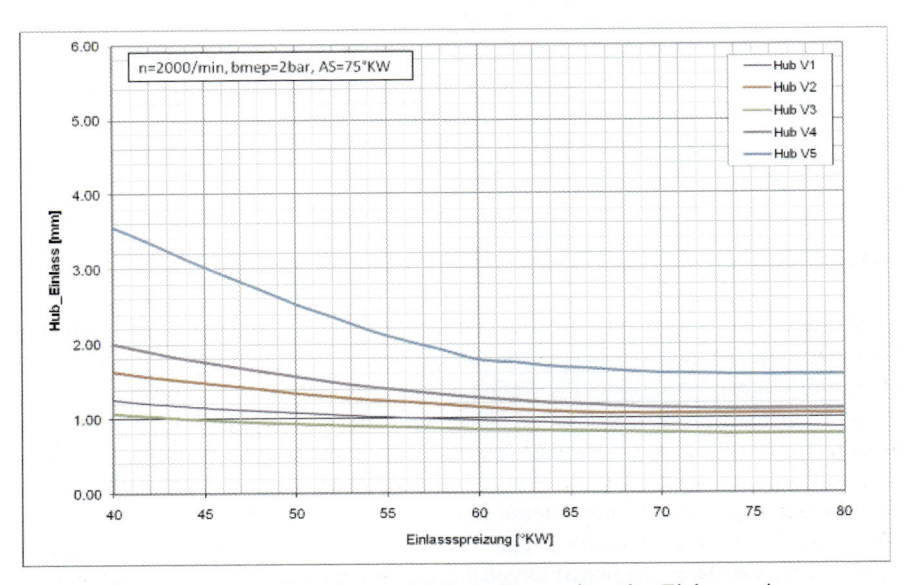

Abb. 23 Eingestellte Einlasshübe für verschiedenen Steuerzeiten über Einlassspreizung

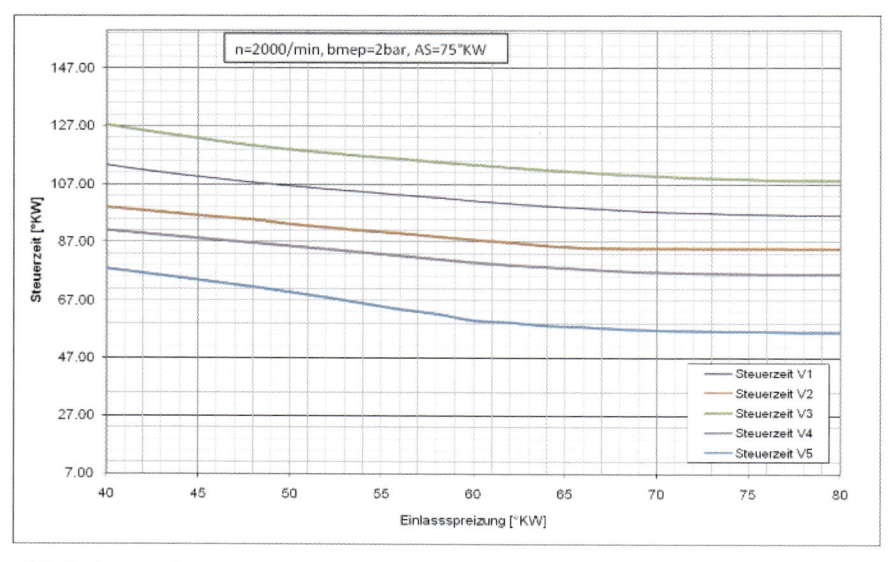

Abb. 24 Steuerzeit über Einlassspreizung

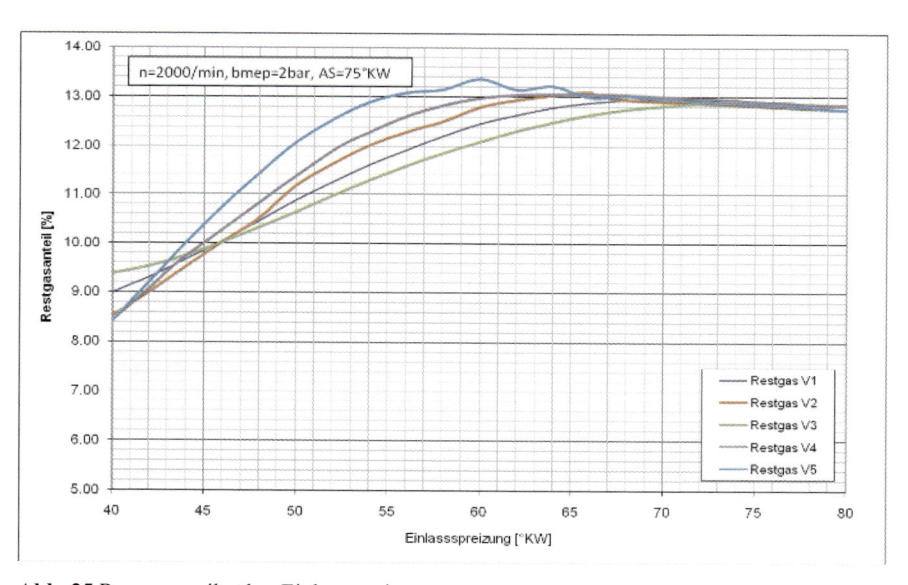

Abb. 25 Restgasanteile über Einlassspreizung

Bei dem Vergleich zwischen drosselfreier Laststeuerung mit den Originalsteuerzeiten (V1) und dem optimierten Zusammenhang zwischen Ventilhub und Steuerzeit (V5) zeigen die Simulationsdaten ein Reduktionspotential von ca. 10% für den Pumpmitteldruck (vgl. Bild 20).

Aus den Simulationsergebnissen kann eindeutig darauf geschlossen werden, dass das zukünftige Entwicklungsziel in einer Verkürzung der Steuerzeiten auf der Einlassseite bei kleinen Ventilhüben besteht. Die kürzere Steuerzeit führt dazu, dass die Ladungswechselarbeit und damit einhergehend der Teillastverbrauch weiter abgesenkt werden kann. Im Falle der Realisierung von dem optimierten Zusammenhang (V5) müssen dabei keine Kompromisse im Volllastbetrieb eingegangen werden.

Im Rahmen einer weiteren Simulationsreihe lag der Fokus auf der Untersuchung des Einflusses einer Steuerzeitvariation der Auslassseite auf die Ladungswechselarbeit.

Der untersuchte Betriebspunkt lag auch hier bei n=2000/min und einem effektiven spezifischen Mitteldruck von bmep=2bar. Die Einlassspreizung blieb konstant bei 58°KW. Die Auslasssteuerzeit wurde in einer ersten Simulationsreihe um 20% verkürzt und in einer zweiten Simulationsreihe um 20% verlängert.

Die Ergebnisse zeigen, dass durch die Erhöhung der Öffnungsdauer auf der Auslassseite für dieses Motormodell, ein weiteres Reduktionspotential hinsichtlich der Ladungswechselarbeit erschlossen werden kann. In diesem Fall ist das Phänomen auf eine deutliche Verminderung der Ausschiebearbeit zurückzuführen, welches durch das frühe Öffnen der Auslassventile und der dadurch verbesserten Ausströmcharakteristik zu erklären. Durch die vergrößerte Steuerzeit erfolgt neben dem frühen Öffnen bei gleicher Auslassspreizung auch ein spätes Schließen der Auslassventile. Dieses späte Schließen führt zu einer Verminderung der Saugarbeit und zu einer Steigerung des Restgasgehalts. Eine Reduktion der Steuerzeit würde mit einer Erhöhung der Ladungswechselarbeit einhergehen.

Ein Minimum stellt sich bei diesem simulierten Motor bei einer Auslassspreizung von ca. 60°KW ein. Gleichzeitig erhöht sich der Restgasgehalt durch die Erhöhung der Steuerzeit um 20 % von ca. 16% auf 23%.

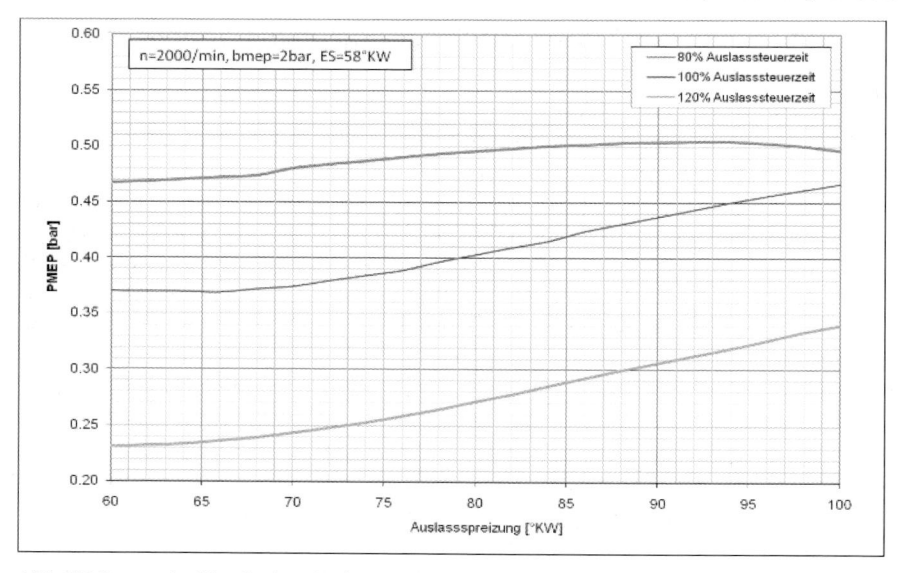

Abb. 26 Pumpmitteldruck über Auslassspreizung

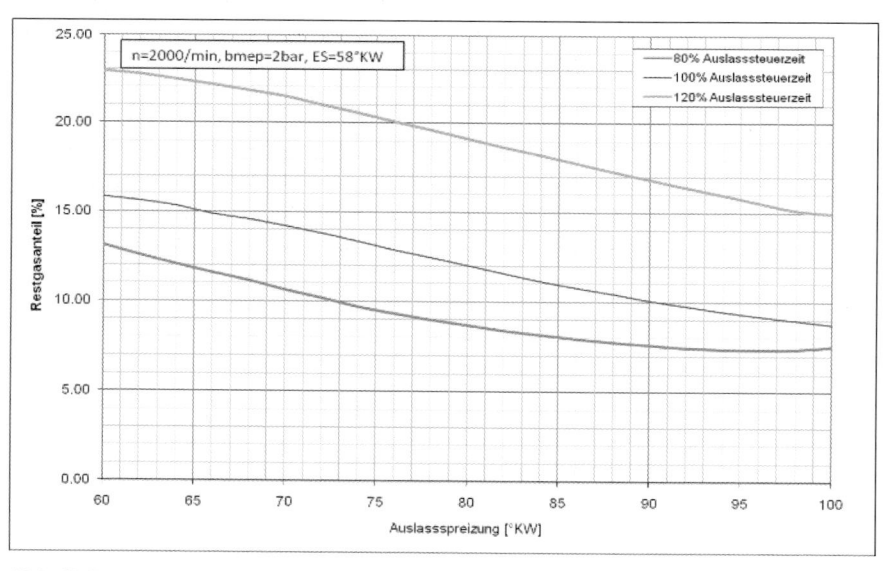

Abb. 27 Restgasgehalt über Auslassspreizung

Bei einer Verlängerung der Auslasssteuerzeit kann – von diesen Simulationsergebnissen ausgehend – noch ein Verbesserungspotential für die Ladungswechselarbeit und damit des Kraftstoffverbrauchs eröffnet werden. Allerdings muss gleichzeitig die Restgasverträglichkeit, z.B. durch Phasing und/oder Masking der Verbrennung verbessert werden.

5 Simulation der Volllast von freisaugenden Ottomotoren

Im Volllastbetrieb hängt die maximal zu erreichende Füllung und damit das Drehmoment sehr stark von der Öffnungszeit ab. Bei hohen Drehzahlen wird die maximale Füllung aufgrund der gasdynamischen Effekte in der Sauganlage bei einem späten Schließen der Einlassventile (nach der Kolbenstellung im unteren Totpunkt) erreicht. Im niedrigen Drehzahlbereich führt ein spätes Schließen der Einlassventile dazu, dass ein Teil der im Brennraum befindlichen Masse durch die Aufwärtsbewegung des Kolbens mit geöffneten Ventilen wieder in das Saugrohr ausgeschoben wird. Folglich kann ein konventioneller Ventiltrieb nur auf ein bestimmtes, (von der Sauganlage beeinflusstes) Drehzahlband optimiert werden – entweder für eine hohe Füllung bei hoher Drehzahl oder für eine hohe Füllung bei niedriger Drehzahl.

Der Trade-Off zwischen maximaler Leistung und Low-End-Torque kann jedoch mit Hilfe eines vollvariablen Ventiltriebs gelöst werden: der Vollhub wird mit einer großen Öffnungsdauer ausgelegt. Mit der Reduktion des Ventilhubs wird die Steuerzeit ebenfalls reduziert. Im niedrigen Drehzahlbereich kann ein frühes Schließen der Einlassventile bei einem entsprechenden Teilhub realisiert werden. Der mit dem kleineren Hub verbundene Nachteil eines kleineren Öffnungsquerschnitts und der damit einhergehenden Drosselverluste beim Einströmen wird jedoch durch den Vorteil des optimalen Schließzeitpunktes überkompensiert.

In Abb. 28 ist das Volllastverhalten eines 2.0l 4-Zylindermotors mit verschiedenen Sauganlagen und mit einem vollvariablen Ventiltrieb dargestellt. Das maximale Drehmoment wird dabei nicht bei Vollhub, sondern mit entsprechenden Teilhüben erreicht. Ebenfalls auffallend ist, dass die Drehmomente bei niederen Drehzahlen mit der vollvariablen Sauganlage nicht höher sind als mit starrer Sauganlage, obwohl die Saugrohrlängen für ein maximales Drehmoment optimiert bzw. verstellt wurden (Abb. 28). Erst im mittleren Drehzahlbereich führt eine Längenveränderung des Saugrohrs zu einem höheren Drehmoment, als es mit einer starren Sauganlage möglich ist.

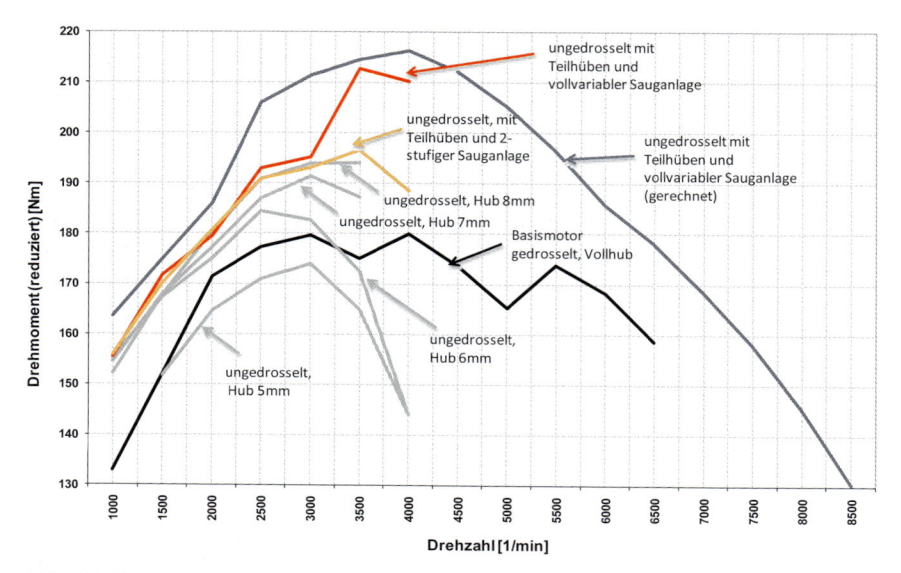

Abb. 28 Volllastverhalten des gedrosselten starren Ventiltriebes und des drosselfreien, vollvariablen Ventiltriebs (gemessen und gerechnet) [2]

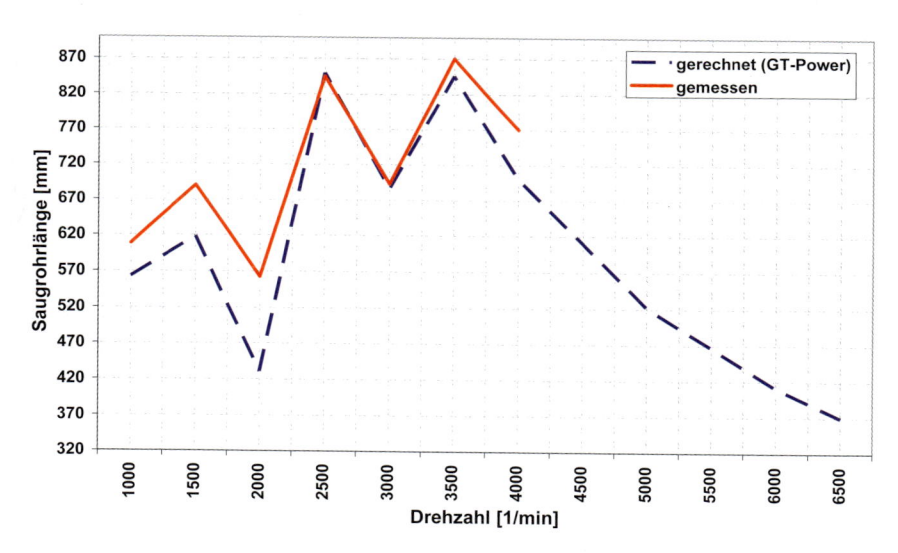

Abb. 29 Saugrohrlänge mit maximalem Drehmoment; gerechnet (GT-Power) und gemessen [2]

Die Saugrohrlänge, die Ventilhübe und die Spreizungen, bei denen das größte Drehmoment erreicht wird, werden mit Hilfe des Simulationstools sehr gut vorausberechnet (vgl. Abb. 29). Die erreichbare Genauigkeit hängt dabei im wesentlichen von der Übereinstimmung der im Simulationsprogramm hinterlegten Ventilhubkurven und der am realen Motor auftretenden Hubkurven ab. Daher ist es von grundlegender Bedeutung für die Motorprozesssimulation, die realen Ventilhubkurven für verschiedene Exzenterwinkel und Drehzahlen am Komponentenprüfstand zu messen und im Simulationsmodell zu integrieren, so dass die wirklichen Rampenlängen und Öffnungszeiten über der Motordrehzahl abgebildet werden.

Die Absolutwerte des zu erreichenden Drehmoments sind jedoch noch von weiteren Parametern wie z.B. von der genauen Abbildung der Reibungsverhältnisse und dem Brennstoffumsatz, d.h. der hinterlegten Brennfunktion, abhängig. Eine tendenzielle Bestimmung des Drehmomentverlaufs ist damit gut möglich, die exakte Vorhersage der Absolutwerte jedoch nicht (**Abb. 28**).

6 Fazit

Der Restgasgehalt und die Ladungswechselarbeit werden wie bereits erwähnt, mit Programmen wie z.B. *GT-Power*, *BOOST* oder *WAVE* sehr gut vorausberechnet. Grenzpotentiale können schnell ermittelt werden. Dennoch muss berücksichtigt werden: Die erwähnten Simulationstools sind bisher noch nicht in der Lage, andere für weitere Untersuchungen relevante Sachverhalte – wie z.B. die Berechnung der für einen zuverlässigen Motorlauf zulässige Restgasmenge oder auch den Einfluss der Restgasmenge auf den Kraftstoffumsatz – zu simulieren.

GT-Power stellt eine sehr gute Möglichkeit zur zielgerichteten Vorentwicklung dar. Eine Gestaltung des Ventilhubs bzw. der „optimalen" Charakteristik des vollvariablen Ventiltriebs für optimierte Verhältnisse im Teillastbereich kann bereits im Vorfeld des Entwicklungsprozesses erfolgen. Die Überprüfung der technischen Umsetzbarkeit des ermittelten Optimums, wobei die zulässigen Beschleunigungen und Aufsetzgeschwindigkeiten eine wesentliche Rolle spielen, erfolgt im Anschluss mit MKS-Simulationstools.

Die Simulation der optimalen Parameter für den Volllastbetrieb erfolgt mit den gemessenen Ventilhubkurven in sehr guter Annäherung an die Realität. Die Entwicklungsdauer als auch der Aufwand zur Motorapplikation kann durch den Einsatz der Simulationstechnik erheblich reduziert werden.

7 Literatur

[1] Eduard Köhler, Rudolf Flierl; Verbrennungsmotoren, Motormechanik, Berechnung und Auslegung des Hubkolbenmotors, 4., aktualisierte und erweiterte Auflage; Vieweg Verlag; S.314

[2] Thomas Merkel; Auslegung, Konstruktion und Applikation einer vollvariablen Sauganlage an einem Vierzylindermotor mit vollvariabler Ventilsteuerung; TU Kaiserslautern; Diplomarbeit

Motormodelle für Energie- und Nebenaggregatemanagement

S. Raming, C. Roesler, V. Schindler

1 Einleitung

Der Begriff „Energiemanagement" ist ein neues Modewort in der Automobilindustrie. Aktuell wird damit überwiegend das elektrische Energiemanagement bezeichnet. Das, was sich hinter diesem Begriff verbirgt, ist in unterschiedlicher Ausprägung schon länger im Fahrzeug realisiert. Unterteilt man die Systeme eines Fahrzeugs ganz abstrakt in die Kategorien „Energiewandler", „Energiespeicher" und „Energie(-fluss)-verteiler", dann bedeutet das Managen von Energien, das Überwachen und Steuern der Umwandlung, des Speicherns und des Verteilens durch eine übergeordnete Instanz.

Tabelle 1 Übersicht Energiewandler im Kraftfahrzeug (aktuelle und zukünftige Systeme)

umgewandelt in: / vorliegende Form:	chemisch	thermisch	mechanisch	elektrisch
chemisch	-	Verbrennungs-kraftmaschine (VKM)	-	Batterie (entladen) *Brennstoffzelle*
thermisch	-	Wärmetauscher (Kühler, Heizung, Klima)	VKM, *APU*	*Thermo-elektrische Generatoren*
mechanisch	-	Bremsen Reibung allg.	Getriebe, Reifen / Straße	Generator
elektrisch	Batterie (laden)	Heizung el. Verbraucher Zündkerzen	Anlasser, Aktuatoren	Transformatoren (Zündspulen, Xenon-Licht)

Als Beispiele für nicht-elektrisches Energiemanagement seien hier die Kraftstoffabschaltung im Schubbetrieb und das Heizen des Fahrzeuginnenraums durch die Motorabwärme genannt. Bei der Schubabschaltung wird die kinetische Energie des Fahrzeugs gewandelt, um damit die Umsetzung von chemischer Energie aus dem Kraftstoff zu reduzieren; bei der Innenraumheizung werden zwei an sich unabhängige thermische Systeme miteinander gekoppelt, um die Verluste des einen Systems zum Vorteil des anderen zu nutzen. Demzufolge fallen unter den Begriff des Energiemanagements neben dem elektrischen auch das sog. Thermomanagement und das Nebenaggregatemanagement. Künftig wird das Management des Speicherzustands und die Verwendung von Vorhersagen über Energieflüsse in Abhängigkeit von Fahrsituation, Verkehrsregelung, Absicht des Fahrers und Topografie eine wachsende Rolle spielen.

Neben der ursprünglichen Aufgabe des Energiemanagements, die Funktion der gemanagten Systeme in allen Betriebspunkten zu gewährleisten, rückte in den vergangenen Jahren eine weitere Aufgabe in den Vordergrund. Sie besteht darin, den Kraftstoffverbrauch von Kraftfahrzeugen zu senken. Im Folgenden werden das Verbrauchssenkungspotential durch elektrisches Energie- und Nebenaggregatemanagement und die besonderen Anforderungen an die Motorprozesssimulation erörtert.

2 Energiemanagement und Motorprozesssimulation

Um die Bedeutung der Motorprozesssimulation für das Energiemanagement beurteilen zu können, wird zunächst der Zusammenhang zwischen den beiden Themen gezeigt.

Das Energiemanagement ist kein eigenständiges System, wie z.B. das ABS, sondern vielmehr eine spezielle Betriebsstrategie, die in nahezu allen bestehenden Systemen umgesetzt werden muss. Die aus der festgelegten Strategie entwickelten Algorithmen erweitern die Funktionen der bestehenden Systeme durch Parameter- oder Strukturadaption. Solche Strategien werden in der Regel an Simulationsmodellen entwickelt, optimiert und getestet. Die Modelle bilden entweder diskrete Baugruppen oder auch ganze Fahrzeuge mit den jeweils interessierenden Eigenschaften ab, wobei die Übertragbarkeit der Ergebnisse auf das reale Fahrzeug stark von der Modellierungstiefe und -güte und der Komplexität der untersuchten Aufgabe abhängt. Bei der hier gegebenen Aufgabenstellung, der Verbrauchssenkung durch elektrisches Energie- und Nebenaggregatemanagement, ist das Motormodell ein zentrales Element für die Bewertung des Einsparpotentials. Der Kraftstoffverbrauch wird ermittelt, indem ein auf Übersetzungen und Trägheiten im Triebstrang und die Fahrwiderstände reduziertes Fahrzeugmodell entsprechend einem vorgegebenen Geschwindigkeitsprofil, dem sog. Fahrzyklus[1] bewegt wird. Dabei unterscheidet man grundsätzlich zwischen der Vorwärts- und Rückwärts-

---

[1] Der Fahrzyklus bestimmt die Lastanforderung an den Motor im zeitlichen Verlauf und hat somit einen wesentlichen Einfluss auf den Verbrauch. Für die Gestaltung des Motormodells ist er aber unerheblich und soll somit nicht weiter betrachtet werden.

simulation. Bei der Rückwärtssimulation wird das Modell so formuliert, dass die im Zyklus geforderte Geschwindigkeit an den Antriebsrädern vorgegeben wird und auf der Getriebeeingangsseite in ein Moment und eine Motordrehzahl resultiert, aus denen dann mittels eines hinterlegten Kennfelds ein stationär gemessener Verbrauchswert ermittelt wird. Soll aber das dynamische Verhalten des Verbrennungsmotors und dessen Komponenten, wie z.B. das zeitlich verzögerte Ansprechen des Turboladers nachgebildet werden, ist die Rückwärtssimulation nicht mehr geeignet. Stattdessen muss das Verfahren der Vorwärtssimulation angewendet werden. Hierbei bewertet ein Fahrermodell (PID-Regler) die Abweichung zwischen der vom Zyklus vorgegebenen und der berechneten Geschwindigkeit und gibt dementsprechend ein normiertes Wunschmoment im Intervall 0 % bis 100 % aus, vergleichbar mit der Gaspedalstellung. Anhand dieser Vorgabe wird für die aktuelle Motordrehzahl ein Motormoment berechnet, wodurch sich im Fahrzeugmodell eine Geschwindigkeitsänderung ergibt. Bei der Vorwärtssimulation können sowohl Kennfeld gestützte wie auch physikalisch basierte Motormodelle zum Einsatz kommen.

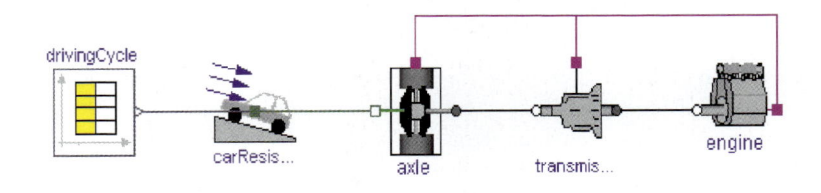

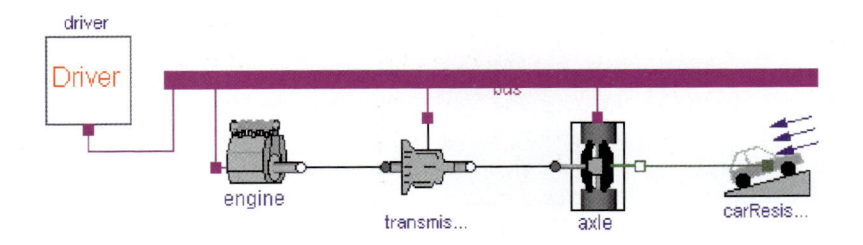

Abb. 1 Blockdiagramm [3] für Verbrauchssimulation, oben Rückwärts-, unten Vorwärtssimulation

Die von dem Motormodell errechneten Momentanverbräuche für die jeweiligen Zeitschritte werden aufsummiert und ergeben den gesamten Verbrauch oder einen bezogenen Wert, z.B. in „l/100 km". Folglich gilt: Je kleiner das zu erwartende Einsparpotential ist, desto genauer muss das Motormodell sein. Wie der Begriff „Genauigkeit" im Einzelnen zu verstehen ist, hängt von der konkreten Aufgabenstellung ab und soll im Folgenden anhand einiger Beispiele veranschaulicht werden.

3 Strategien des Energiemanagements und deren Anforderungen an die Motormodelle

Die derzeit realisierten Strategien zum elektrischen Energiemanagement in Fahrzeugen basieren alle auf dem Prinzip, dass die Wandlung von mechanischer in elektrische Energie und deren Nutzung zeitlich voneinander getrennt sind. Wenn vorausgesetzt wird, dass ein geeigneter Speicher zur Verfügung steht, kann durch das Zu- und Abschalten des Generators der Lastpunkt des Verbrennungsmotors in Richtung eines besseren spezifischen Verbrauchs verschoben werden. Der Verbrauchsvorteil ergibt sich dann im Fahrzyklus, wenn die gleiche elektrische Energiemenge bei einem geringeren aufsummierten spezifischen Verbrauch zur Verfügung gestellt werden konnte. In der praktischen Anwendung kann das bedeuten, dass z.B. bei einer Beschleunigung unter Vollast und im Leerlauf kein Strom produziert und im Fahrzeug benötigte elektrische Leistung stattdessen dem Speicher entnommen wird. Dieser wird überwiegend beim Bremsen wieder aufgeladen, wenn der Motor im Schubbetrieb arbeitet; es wird also Bremsenergie zur Stromerzeugung genutzt. Umgekehrt können auch elektrische Verbraucher mit geringerer Priorität zeitweise abgeschaltet werden, um so die Leistungsaufnahme durch den Generator zu senken und damit mehr Antriebsmoment zur Verfügung zu stellen. In beiden Fällen wäre für die Auslegung des Systems ein Kennfeldmodell mit den Eingangsgrößen „Motormoment" und „Motordrehzahl" sowie der Ausgangsgröße „momentaner Kraftstoffverbrauch" ausreichend. Das weniger aufwendige Verfahren der Rückwärtssimulation kann hierbei allerdings nicht mehr verwendet werden, sobald die Bremsphasen und das zeitliche Verhalten der elektrischen Verbraucher berücksichtigt werden sollen.

Elektrisch angetriebene Nebenaggregate haben bedingt durch die Wandlung elektrischer in mechanische Leistung tendenziell einen schlechteren Wirkungsgrad als direkt mechanisch angetriebene. Man erreicht dennoch einen Verbrauchsvorteil, wenn durch die Nutzung von Verlustenergien oder die Anhebung des Lastpunktes des Verbrennungsmotors in Bereiche geringeren spezifischen Verbrauchs mehr Kraftstoff eingespart werden kann, als für die Wirkungsgradverluste durch die Elektrifizierung des Antriebs aufgewendet werden muss. Hinzu kommt die bessere Möglichkeit, die Leistungsaufnahme der Nebenaggregate bedarfsgerecht zu steuern. Das bekannteste Beispiel dafür ist die elektrische Hilfskraftlenkung, deren Verbrauchseinsparung sich durch die Vermeidung von Leerlaufverlusten und genau bedarfgerechte Leistungsbereitstellung ergibt. Der dafür benötigte elektrische Strom kann zudem zu einem anderen Zeitpunkt generiert worden sein. Auch zur Simulation solcher Zusammenhänge ist das Kennfeldmodell mit drei Größen ausreichend, da sich gegenüber der Ausgangskonfiguration nur das Motormoment ändert.

Anders sieht es bei den elektrischen Öl- und Kühlwasserpumpen aus. Werden diese wie im Falle der bisher üblichen, mechanischen Ankoppelung an den Verbrennungsmotor permanent betrieben, ergibt sich eine Leistungsaufnahme, die im Wesentlichen von der Motordrehzahl und der geförderten Öl- bzw. Kühlmittelmenge abhängt. Wird aber zusätzlich eine bedarfsgerechte Ansteuerung der Pumpen realisiert, z.B. eine Druck geführte Drehzahlanpassung der Ölpumpe oder eine Temperatur geführte Drehzahlsteuerung der Kühlwasserpumpe, so überlagern sich die Effekte des elektrischen Energiemanagements mit denen des veränderten thermischen Verhaltens des Motors. Durch die Reduzierung der Schmierung und Kühlung auf das für den momentanen Betriebspunkt zulässige Minimum erhält man in der Regel eine geringere thermische Trägheit des Motors, d.h., die Betriebstemperatur wird schneller erreicht, obwohl die Lastanforderung für den Motor geringer ist. Ein warmer Motor hat geringere Reibverluste, wodurch sich der Kraftstoffverbrauch in einem Fahrzyklus zusätzlich zu den Einsparungen durch das elektrische Energiemanagement reduziert [2]. Gleichzeitig reduziert sich aber auch der mögliche Verbrauchsvorteil durch das elektrische Energiemanagement, da der Verbrennungsmotor bereits dichter am Verbrauchsminimum arbeitet. Das Simulationsmodell muss folglich beide geänderten Betriebsbedingungen gleichzeitig berücksichtigen. Das geschieht beim Kennfeldmodell durch ein von der Temperatur abhängiges Reibmodell, das einen Korrekturfaktor für das aufzubringende Motormoment ausgibt. Dieser Faktor beträgt 1,0 bei betriebswarmen [9] Motor und ca. 1,65 bei kaltem Motor. Das geänderte Aufwärmverhalten des Verbrennungsmotors an sich muss ebenfalls im Modell hinterlegt werden. Dies ist nicht Gegenstand dieser Arbeit und soll hier lediglich als Anforderung an das Motormodell erwähnt werden. Die Aussagefähigkeit des Kennfeld-gestützten Modells ist auf die Motorvarianten begrenzt, bei denen das zeitliche Aufwärmverhalten und der Zusammenhang zwischen Öltemperatur und Reibarbeit explizit vermessen wurde. Bei konventioneller Modellierung bleiben diese Parameter in der Regel unverändert[2] gegenüber der Basisversion ohne Energiemanagement. Deshalb ist eine Aussage über eine Änderung des Kraftstoffverbrauchs nur unter gleich bleibenden Randbedingungen zulässig. Bei zusätzlicher thermischer Beeinflussung nimmt der Grad an Übereinstimmung zwischen Simulation und realem Verhalten aber stark ab, sofern sich die hinterlegten Kennfelder nicht explizit auf den in der Simulation beschriebenen Verbrennungsmotor beziehen und dessen Aufwärmverhalten berücksichtigen. Die zu erwartenden Verbrauchsvorteile liegen in der Größenordnung von 2 % bis 8 %, so dass bei einem üblichen Modellfehler um 10 % nur noch qualitative Aussagen getroffen werden können. Soll sich das geänderte thermische Verhalten aus dem bisherigen Modell ergeben, ohne dass ein neues Kennfeld von einem realen Motor erstellt werden kann, ist eine physikalische Modellierung erforderlich. Dazu wird der gesamte Motor in seinen relevanten Funktionen durch physikalische Beziehungen und empirische Funktionen abgebildet. Gegenüber Kennfeld basierten Modellen können mittels physikalischer Modelle motorinterne Größen bestimmt werden, die messtechnisch schwer zu erfassen sind. Allerdings ist für die korrekte Modellerstellung eine sehr genaue Systemkenntnis erforderlich. Zur Vereinfachung können einzelne Komponenten weiterhin in Form von Kennfeldern dargestellt werden. Die Verbindung physikalischer

---

[2] Das langsamere Aufheizen des Verbrennungsmotors infolge der geringeren Motorbelastung fällt vernachlässigbar klein aus und wird in der Regel durch den sog. Kaltstartregler überlagert.

Modelle mit Kennfeldern ist die derzeit gebräuchlichste Form der Modellierung für die Motorprozesssimulation, da, je nach gewähltem Ansatz, bei Weitem nicht alle Vorgänge und Zusammenhänge detailliert physikalisch abgebildet werden können. Zur Veranschaulichung werden im Folgenden die Anforderungen an das Motormodell in Kombination mit einer APU[3] mit Abwärmenutzung erörtert.

Bei einer APU mit Abwärmenutzung nutzen Maschinen zur Kraft-Wärme-Kopplung oder auch thermoelektrische Generatoren die im Kühlwasser und in den Abgasen enthaltene Wärme, um daraus elektrische Energie entweder direkt oder über den Umweg der mechanischen Energie zu erzeugen. Im Falle der SteamCell-APU [4] wird mittels eines Zweistoffgemisches Wärme auf verschiedenen Temperaturniveaus „eingesammelt". Zunächst erfolgt eine Gemischvorwärmung (bei einem normalen Dampfprozess würde man von Speisewasservorwärmung sprechen). Die Wärmequellen auf höherem Temperaturniveau führen dann zum Verdampfen der flüchtigeren Komponente des Gemisches, wobei der Dampfdruck und -anteil mit der Temperatur ansteigt. Ein solches System beruht auf der Entnahme von Wärme aus dem Kühlwasser, der Ladeluft- und AGR-Kühlung und dem Abgas. Die dabei entstehende thermische Koppelung zwischen Motorkühlung und Abgasanlage erlaubt es auch, durch die Wahl eines geeigneten Arbeitsdrucks zunächst Wärme vom Abgas in das Kühlwasser zu übertragen, um so den Motor schneller aufzuheizen. Nach Erreichen der Betriebstemperatur kann mit derselben Konfiguration ein Teil der verbleibenden Exergie (nutzbare Energie) im Kühlwasser in mechanische Energie gewandelt werden. Die in den Abwärmeströmen enthaltene Exergie hängt von der Temperatur, dem Druck, dem Massenstrom und der spezifischen Wärmekapazität und somit von der stofflichen Zusammensetzung ab. Diese Größen sind jeweils noch untereinander gekoppelt. Es erfordert einen unverhältnismäßig hohen Messaufwand, sie mit Hilfe von Kennfeldern auszudrücken. Zudem könnte das zeitliche Verhalten nicht ohne weiteres berücksichtigt werden. Mit Hilfe der physikalischen Modellierung können alle diese Größen mit zufrieden stellender Genauigkeit ausgehend von Energie- und Massebilanzen generiert werden. Gleichzeitig kann die Beeinflussung des Verbrennungsmotors durch die nachgeschalteten Systeme (Entnehmen von Wärme aus dem Kühlwasser, Erhöhen des Staudrucks im Abgasstrang) berücksichtigt werden. So wird zum Beispiel untersucht, unter welchen Bedingungen Abwärmeströme zum – zumindest überwiegenden – Betrieb einer APU verwendet werden können und welche Reduzierung des Kraftstoffverbrauchs potenziell möglich ist.

---

[3] APU: Auxiliary Power Unit; vom Verbrennungsmotor unabhängige Versorgung des elektrischen Bordnetzes oder der mechanischen Nebenaggregate.

Motormodelle für Energie- und Nebenaggregatemanagement

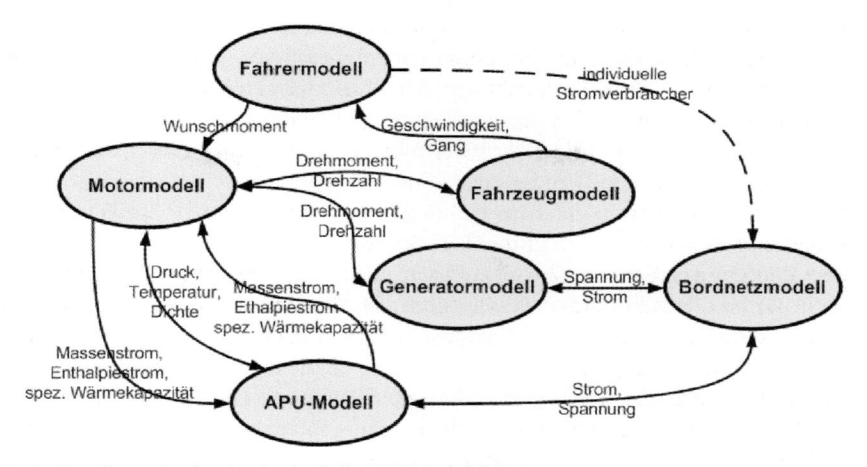

Abb. 2. Simulierte Größen im SteamCell-APU Modell [4]

Ein solches System und dessen Rückwirkungen auf den Verbrennungsmotor wären mit einem reinen Kennfeldmodell nur sehr unzureichend abzubilden. Allerdings verursacht die physikalische Modellierung gegenüber einem Kennfeld gestütztem Mittelwertmodell in der Simulation einen sehr viel höheren Rechenaufwand. Das liegt im Wesentlichen daran, dass die Zeitschrittweiten ausreichend klein gewählt werden müssen, um auch bei höheren Drehzahlen eine ausreichende Auflösung der Kurbelwellenumdrehungen zu erhalten. Da das eigentliche Fahrzeugmodell ausschließlich im Zeitbereich betrachtet wird, und aufgrund der Längsdynamik Zeitschrittweiten unter 0,01 s (100 Hz) nicht erforderlich sind, kommt es hier zu einem Auslegungskonflikt. Wird die Schrittweite des Motormodells für das Fahrzeugmodell übernommen, kann dies zur Überforderung des Rechenspeichers oder zum Entstehen sog. mathematisch „steifer" Systeme führen, die nicht mehr berechnet werden können. Wird die Zeitschrittweite an die Dynamik des Fahrzeugmodells angepasst, führt das zu ungenauen Ergebnissen im Motormodell, die sich so auswirken können, dass für einzelne Rechenschritte keine Lösung mehr gefunden werden kann. Abhilfe kann geschaffen werden, indem mit Hilfe des physikalischen Motormodells Kennfelder für ein Mittelwertmodell generiert werden. Die Vorgehensweise ist analog zur Kennfelderstellung in Prüfstandsversuchen, verursacht aber keinen Versuchsaufwand. Allerdings werden die konzeptionellen Schwächen des Kennfeldmodells zusätzlich mit den Ungenauigkeiten des zu Grunde liegenden physikalischen Modells überlagert. Der reale, absolute Verbrauchswert wird in der Regel nicht erreicht; es hat sich in der Anwendung aber gezeigt, dass die Änderung des Kraftstoffverbrauchs durch den Einfluss des Energie- und Nebenaggregatemanagements gegenüber der Basisversion entsprechende Messergebnisse richtig wiedergibt.

Eine andere, wesentlich genauere Möglichkeit, die Probleme der unterschiedlichen zeitlichen Auflösungen zu umgehen, besteht in der Co-Simulation von Motor- und Fahrzeugmodell, wobei die Maßnahmen zum Energiemanagement im

Allgemeinen im Fahrzeugmodell umgesetzt werden. Dabei werden sowohl das Motormodell als auch das Fahrzeugmodell zeitgleich von je einem eigenen Löser berechnet und die Ergebnisse zu festgelegten Zeitpunkten in beiden Richtungen zwischen den Modellen ausgetauscht. Sinnvoll erscheint hierbei, die Zeitpunkte des Datenaustauschs an die Schrittweite des weniger hoch aufgelösten Modells (hier das Fahrzeugmodell) zu koppeln.

Eine besondere Form des Energie- und Nebenaggregatemanagements stellt der Hybridantrieb dar. Dabei wird ein Teil der für die Fahrzeugbewegung erforderlichen Energie durch einen Elektromotor erbracht, dessen Moment entweder parallel, in Reihe oder über ein spezielles Getriebe leistungsverzweigt dem Motormoment des Verbrennungsmotors überlagert werden kann. In der Regel wird durch den Elektromotor eine Anpassung des Lastpunkts des Verbrennungsmotors in Richtung eines geringeren spezifischen Verbrauchs vorgenommen, so dass sich über einen Fahrzyklus eine Verbrauchsreduzierung ergibt. In aktuellen Veröffentlichungen findet man überwiegend, dass für die Auslegung der Hybridstrategie ein einfaches Verbrauchskennfeld als Motormodell verwendet wird, während für E-Maschinen-, Batterie- und Getriebemodelle physikalische Ansätze bemüht werden. Neben dem Kraftstoffverbrauch ist der Ladezustand der Batterie die wichtigste Regelgröße für die Hybridstrategie. Das bedeutet, dass auch der elektrische Eigenverbrauch des Motors sowohl beim Starten als auch im normalen Betrieb hinreichend genau abgebildet werden muss. In der Regel werden hier im Zeitverlauf gemessene Stromverbräuche ebenfalls als Kennlinien hinterlegt. Da aber die Motorkennfelder in (quasi-) stationären Zuständen gemessen werden, werden die dynamischen Verluste im Verbrennungsmotor durch die auftretenden Winkelbeschleunigungen nicht explizit erfasst. Bei ungünstiger Auslegung der Hybridstrategie können die dynamischen Drehzahlübergänge deutlich größer sein, als beim konventionellen Antrieb, da die dämpfende Fahrzeugmasse nicht starr angekoppelt ist, so dass die in der Simulation identifizierten Verbrauchsvorteile um Teil nicht erreicht werden können. Die auftretenden Winkelbeschleunigungen haben einen deutlichen Einfluss auf den Kraftstoffverbrauch, so diese zukünftig bei der Auslegung von Strategien zum Energiemanagement im Allgemeinen und von Hybridstrategien im Speziellen mit berücksichtigt werden sollten.

4 Zusammenfassung

Es konnte gezeigt werden, dass in Kraftfahrzeugen wesentliche Verbrauchseinsparungen durch Energiemanagementmaßnahmen nur mit Hilfe eines zeitlichen Ausgleichs der Energieflüsse erzielt werden können. Die dafür über die Dauer des Fahrzyklus zu bilanzierenden Größen können in der Simulation hinreichend genau ermittelt werden. Die Vorgehensweise bei der Modellierung, beispielsweise Mittelwertmodell oder physikalisches Modell nach der Füll- und Entleermethode, hängt nicht nur von der geforderten Aussagegenauigkeit der Simulation ab, sondern im Wesentlichen von den darzustellenden Größen sowie dem Vorhandensein detaillierter Systembeschreibungen.

Grundsätzlich sollte aber bei allen Teilmodellen mit der gleichen Genauigkeit vorgegangen werden, um den Aufwand, den man bei der Modellierung des Motors betreibt, nicht durch eine zu oberflächliche Darstellung der Peripherie zunichte zu machen.

5 Literatur

[1] Rampeltshammer, M., Deiml, M. (VDO Automotive AG), Learning IPM – A Driving Strategy for Hybrid Elelectric Vehicles learns ist lessons, 5. Symposium "Hybridfahrzeuge und Energiemanagement", 2008

[2] Eifler, G. (ElringKlinger Motortechnik GmbH), Möglichkeiten der Kraftstoffverbrauchseinsparung am Verbrennungsmotor durch intelligentes Nebenaggregate-Management, Motortechnisches Seminar der TU Berlin, 2007

[3] Otter, M. (DLR), Power-Train-Library 1.0.3 für DYMOLA 6, 2006

[4] Projekt „SteamCell-APU", Forschungsprojekt TU Berlin, Amovis GmbH, 2006 - 2007

[5] Hetzler, U.: Batterie- und Energiemanagement in PKW und LKW; ATZ 02/2006

[6] Neudorfer, H.; Wicker, N.; Binder, A.: Rechnerrische Untersuchung von zwei Energiemanagements für Hybridfahrzeuge; ATZ 06/2006

[7] Christ, T. Rekuperation in elektrischen Energiebordnetzen von Kraftfahrzeugen, VDI Fortschritt-Berichte Reihe 12, Nr. 623/2006

[8] Tiller, M. Introduction to Physical Modeling with Modelica, Springer-Verlag, 2001

[9] VDI-Gesellschaft Verfahrenstechnik und Chemieingenieurwesen (Hrsg.): VDI-Wärmeatlas 10. Auflage Springer-Verlag, 2006

Potentialanalyse homogene Dieselverbrennung

H. Harndorf

Kurzfassung

Fahrzeug-, Kraftstoff- und Zulieferindustrie stehen vor herausfordernden technologischen Veränderungsprozessen, die durch die Verknappung fossiler Energieträger, die zunehmenden Anforderungen an den Umweltschutz und den global steigenden Mobilitätswunsch bestimmt werden.

Durch politische Vorgaben der EU-Kommission an die Automobilindustrie, die Flottenverbrauchswerte bei Kraftfahrzeugen nachhaltig zu senken, sowie in Erwartung weiter verschärfter Grenzwertvorgaben für Abgasschadstoffe durch die Gesetzgeber über EURO V hinaus, wird die Motoren- und Zulieferindustrie auch zukünftig erhebliche Anstrengungen bei der Entwicklung innovativer Brennverfahren [1] unternehmen müssen. Insbesondere die Perspektive der qualitätsgeregelten Maschine wird dabei in entscheidender Weise davon abhängen ob es gelingt, die durch den Ottomotor mit 3-Wege-Katalysator vorgegebenen Abgasstandards – vor allem bei den Stickoxid- und Partikelemissionen – auch beim Dieselmotor zu erreichen.

1 Einleitung

Moderne Dieselmotoren erfüllen höchste Maßstäbe hinsichtlich ihrer Ökonomie. Sie emittieren im Vergleich zu anderen Antriebskonzepten weniger CO_2 und verzeichnen nicht zuletzt wegen überzeugender Fahrleistungen auch einen wachsenden Marktanteil als Antriebsaggregat für Pkw. Diesen Vorteilen stehen die Nachteile erhöhter Stickoxid (NO_x)- und Partikelemissionen (PM) gegenüber.

Die Gesetzgebung schreibt eine weitere Reduktion der Partikel- und Stickoxidemissionen vor. Darüber hinaus müssen neben den Emissionszielen parallel die politisch gewollten und von der Automobilindustrie akzeptierten Verbrauchsziele (CO_2-Verpflichtungen, Ressourcenschonung) umgesetzt werden. Für beide Zielvorgaben besteht häufig ein Zielkonflikt. Durch die konsequente Entwicklung innovativer Brennverfahren scheint es möglich, diese Vorgaben weitgehend innermotorisch zu erreichen. Insbesondere an das Homogene Dieselbrennverfahren (HCCI: Homogeneous Charge Compression Ignition) richten sich dabei Erwartungen, durch eine drastische Absenkung der lokalen Verbrennungstemperatur mittels Abgasrückführung, abgesenktem Verdichtungsverhältnis und verschiedener Homogenisierungsstrategien eine deutliche Reduzierung der Stickoxid- und Partikelemissionen zu bewirken [2, 3], ohne Nachteile in Wirkungsgrad und Verbrennungsakustik hinnehmen zu müssen.

Vor diesem Hintergrund werden Ergebnisse experimenteller Grundsatzuntersuchungen vorgestellt und diskutiert unter der Zielsetzung, weitere Steuerungsmöglichkeiten von Gemischbildungsprozess und Verbrennungsführung zu identifizieren.

2 Grundlagen der HCCI-Verbrennung

Bei der homogenen Selbstzündung wird ein homogenes, mageres Gemisch verbrannt. Voraussetzung hierfür ist die zeitliche Entkoppelung von Einspritzgesetz und Brennverlauf durch Realisierung verlängerter Zündverzugszeiten (ZV).

Abbildung 1 vermittelt die Grundüberlegungen der Prozessführung für das homogene Dieselbrennverfahren.

Prozessführung HCCI:
➤ Gemischhomogenisierung im Zündverzug durch zeitliche Entkoppelung von Einspritzgesetz und Verbrennung (Brennbeginn)

Einspritzgesetz   Brennverlauf
Zündverzug abh. von ε, p, T, AGR
OT   Kurbelwinkel

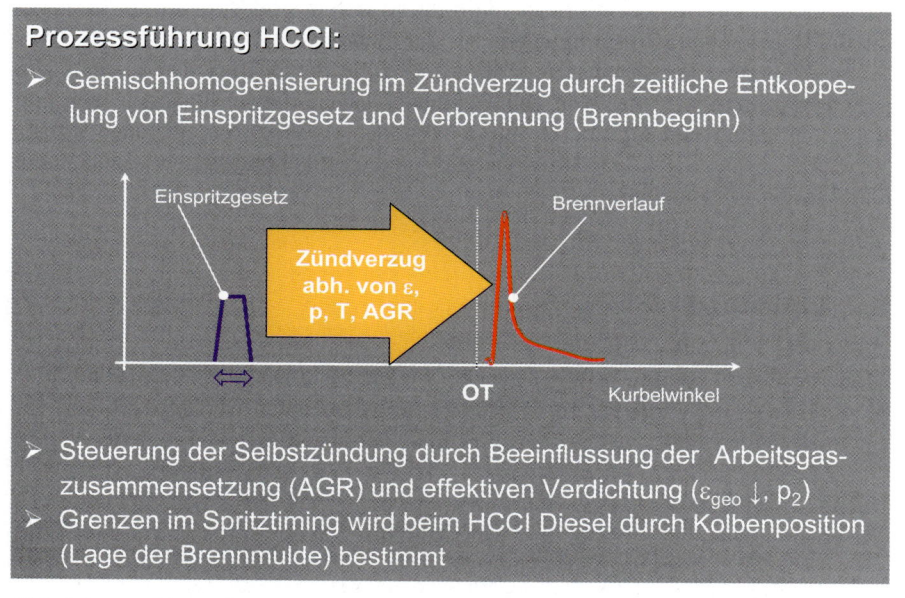

➤ Steuerung der Selbstzündung durch Beeinflussung der Arbeitsgaszusammensetzung (AGR) und effektiven Verdichtung ($\varepsilon_{geo} \downarrow$, p_2)
➤ Grenzen im Spritztiming wird beim HCCI Diesel durch Kolbenposition (Lage der Brennmulde) bestimmt

Abb. 1 Prozessführung homogenes Dieselbrennverfahren (HCCI)

Um einen möglichst guten Homogenisierungsgrad zu erreichen, wird der Kraftstoff bereits sehr früh in den Brennraum des Motors eingebracht und das Kraftstoff-/Arbeitsgasgemisch entzündet sich im Laufe des Verdichtungstaktes selbst.

Die thermodynamischen Zustände während der Kompressionsphase werden hauptsächlich/wesentlich durch Druck und Temperatur zum Zeitpunkt „Einlass schließt", die kalorischen Stoffwerte des Arbeitsgases und das effektive Verdichtungsverhältnis festgelegt. Die Selbstzündung findet bei Dieselmotoren typischen Zylinderdrücken ab einer Temperatur von etwa 950 K annähernd gleichzeitig im gesamten Brennraum statt.

Die Realisierung einer idealen homogenen Selbstzündung, was eine vollständig homogenisiertes Kraftstoff-/Luftgemisch voraussetzt, würde zu unzulässig hohen Druckanstiegsgeschwindigkeiten und damit zur Überschreitung zulässiger Grenzen der Triebwerksbelastung führen. Um einen moderaten Verbrennungsablauf zu gewährleisten, ist eine angemessene Ladungsverdünnung anzustreben. Diese kann durch hohe Abgasrückführraten (AGR) realisiert werden. Neben der Verlangsamung der Verbrennung bewirken höhere Abgasrückführraten zusätzlich den gewünschten Effekt der Verlängerung des Zündverzugs (Arbeitsgastemperatur sinkt über AGR) und damit der Verzögerung des Brennbeginns. Der Kraftstoff erhält so mehr Zeit, sich im gesamten Brennraum mit der Ladeluft zu homogenisieren, wodurch die einzelnen reagierenden Kraftstoffmoleküle eine im Vergleich zur heterogenen, dieseltypischen Sprayverbrennung größere Distanz zueinander aufweisen [4]. Damit wird die durch die exotherme Reaktion entstehende Wärme weniger auf einen benachbarten Reaktanden sondern vielmehr an seine unmittelbare Umgebung übertragen, wodurch deutlich geringere lokale Verbrennungstemperaturen entstehen und damit nur eine sehr geringe thermische Stickoxidbildung stattfinden kann. Aufgrund der nahezu zeitgleichen Verbrennung des homogenen, mageren Kraftstoff-/Luftgemischs werden nur wenige Rußpartikel gebildet, da kaum Zonen mit lokalem Sauerstoffmangel vorliegen. Zusätzlich werden sehr kurze Brenndauern erreicht, was den Gleichraumgrad und somit Wirkungsgrad erhöht.

Durch die magere, kalte Verbrennung weisen HCCI Brennverfahren jedoch erhöhte Emissionen an unverbrannten Kohlenwasserstoffen (HC) und Kohlenmonoxid (CO) auf. Es kommt vor allem im Bereich der Brennraumwände zu einer unvollständigen Verbrennung, da die dort vorherrschende Grenzschichtdicke aufgrund der geringen Verbrennungstemperatur erhöht ist. So erlischt die Flamme bereits deutlich vor Erreichen der Brennraumwandung und das dort befindliche Kraftstoff-/Luftgemisch wird nicht mehr vollständig erfasst. Zudem bewirken die geringeren Verbrennungstemperaturen ein vorzeitiges „Einfrieren" der CO-Oxidation.

Einschränkungen bzw. Grenzen in der Anwendbarkeit des homogenen Dieselbrennverfahrens liegen in der Beherrschbarkeit ausreichend langer Zündverzugszeiten begründet, die lastabhängig über das steigende thermische Niveau des Motors unterlaufen werden. Weitere Einschränkungen liegen in den Grenzen der hochdynamischen Restgassteuerung im Transientbetrieb begründet (Abb. 2).

Einschränkungen homogenes Dieselbrennverfahren:
- Lange Zündverzüge sind u.a. von moderaten Arbeitsgastemperaturen abhängig; diese steigen jedoch mit zunehmender Last
- Lange Zündverzüge sind u.a von ausreichenden Zeitquerschnitten abhängig; diese verkürzen sich jedoch mit steigender Drehzahl.

Abgrenzungsmerkmale HCCI – konv. (heterogene) Dieselverbrennung:
- Unterschiedliche Anforderungen an Luft-/Restgasmanagement (Hoch-AGR)
- HCCI: Einschränkung der Verbrennungssteuerung über Spritztiming
- Hochdynamischer Betriebsartenwechsel: Instationärbetrieb erzwingt schnellen Eingriff in Luft-/Restgaspfad (Hoch-AGR, Zeit⇨VVT)

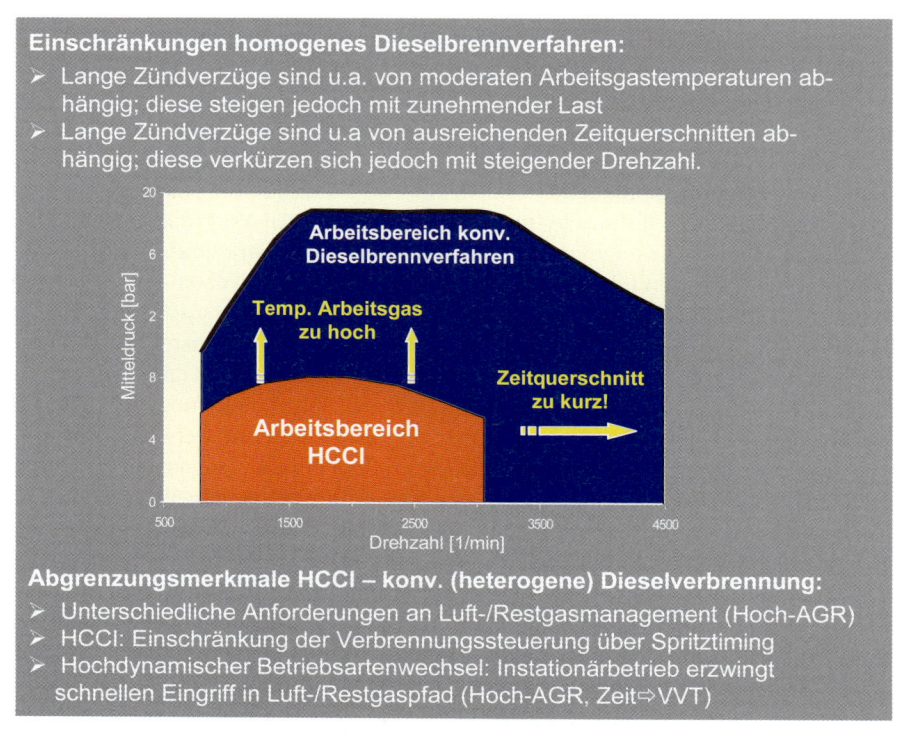

Abb. 2 Abgrenzungsmerkmale homogenes Dieselbrennverfahren (HCCI)

3 Auswahl homogenes Dieselbrennverfahren

In der Literatur werden zahlreiche homogene Brennverfahren vorgestellt, die sich vor allem durch unterschiedliche Gemischbildungsstrategien und unterschiedliche thermodynamische Ladungszustände bzw. Gaszusammensetzungen auszeichnen. So bestehen grundsätzlich die Möglichkeiten der externen und internen Gemischbildung. Aufgrund der ungünstigen Verdampfungseigenschaften von Dieselkraftstoff ist jedoch die innere Gemischbildung zu bevorzugen. Darüber hinaus weisen klassische HCCI Verfahren einen extrem frühen Einspritzzeitpunkt noch im Bereich des Ladungswechsel-OT auf. Infolge der ungünstigen Kolbenposition bei Spritzbeginn (SOI) und der kritischen Verdampfungsverhältnisse des Dieselkraftstoffs besteht hier jedoch die Gefahr eines erhöhten Kraftstoffeintrags über die Zylinderbüchse in das Schmieröl. Daher scheidet die klassische Einspritzstrategie mit frühem Spritztiming für das homogene Dieselbrennverfahren aus.

Weiterhin sind HCCI Brennverfahren bekannt, die mit einer direkten Einspritzung des Dieselkraftstoffes in einer mittleren Phase des Verdichtungstaktes operieren, wobei hier die Brennmulde des Kolbens den Kraftstoffspray bei SOI be-

Potentialanalyse homogene Dieselverbrennung 377

reits einfängt. Der Vorteil dieser Strategie ist, dass sich der Kraftstoff bei Spritzbeginn thermodynamisch in einem noch unkritischen Zustand (Druck, Temperatur) befindet und unter Präsenz hoher Anteile rückgeführten Abgases noch genügend Zeit für eine ausreichende Homogenisierung mit der Ladeluft besitzt, bevor die Selbstzündung einsetzt. Zudem wird bei diesem Verfahren der Kraftstoffeintrag in das Schmieröl vermieden.

Auch haben sich HCCI Strategien mit spätem Einspritzzeitpunkt in der Nähe des oberen Totpunktes etabliert. Hier wird der Kraftstoff mit sehr hohem Einspritzdruck eingebracht. Dabei ist es essentiell, den gesamten Kraftstoff innerhalb der Zündverzugszeit, also vor Brennbeginn, vollständig in den Brennraum zu überführen, um eine diffusive, rußende Verbrennung zu vermeiden. Bezeichnend ist, dass es sich hier jedoch eher um eine rein vorgemischte als um eine homogene Verbrennung handelt. So kann bei dieser Strategie durch Wahl einer extrem hohen Abgasrückführrate, die zusätzlich einen sehr späten Brennbeginn weit in der Expansionsphase begünstigt, der Stickoxidausstoß unterhalb der Nachweisgrenze gehalten werden.

4 Versuchsträger

Die Untersuchungen erfolgten an einem Einzylindermotor mit vollvariablem Ventiltrieb. Die technischen Daten sowie das bei [5, 6] als Entwicklungstool eingesetzte elektrohydraulische Ventiltriebsystem (EHVS) sind Abb. 3 zu entnehmen.

Arbeitsverfahren	Viertakt-Diesel
Zylinderzahl	1
Hubraum	538 cm^3
Bohrung	88,0 mm
Hub	88,4 mm
Verdichtungsverhältnis	18
Anzahl Einlassventile	2
Anzahl Auslassventile	2
Ventilsteuerung	BOSCH EHVS
Einspritzsystem	BOSCH Common Rail CRS 2.1
Einspritzdüse	7-Loch, 154°
Aufladung	fremd

Abb. 3 Daten des Versuchsträgers und vollvariabler Ventiltrieb (EHVS)

Das elektrohydraulische Ventiltriebsystem (EHVS) zeichnet sich durch volle Flexibilität bei der Steuerung von Phasenlage und Hub der Ladungswechselorgane aus und erfüllt so die Voraussetzungen zur bedarfsoptimierten Frisch- und Restgassteuerung.

Mögliche Optionen von Ventilsteuerungsstrategien zur bedarfsgerechten, hochdynamischen Anpassung von Frisch- und Restgasmassen beschreibt Abb. 4.

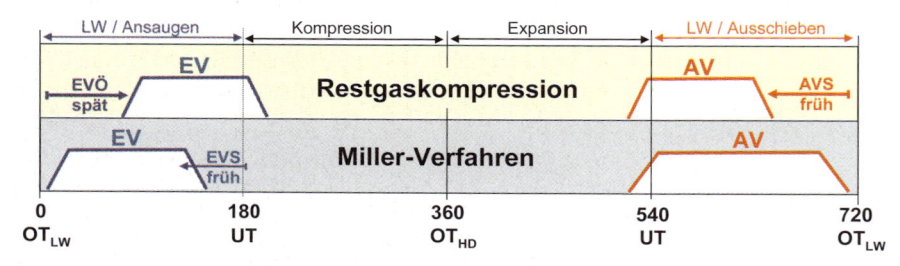

Abb. 4 Ventilsteuerstrategien zur Ladeluft- und Restgassteuerung

5 Prozessstrategien homogenes Dieselbrennverfahren

Zur Steuerung verlängerter Zündverzugszeiten besteht bei Dieselmotoren im Homogenbetrieb der Wunsch nach einem verringerten effektiven Verdichtungsverhältnis. Dieses lässt sich an dem beschriebenen Versuchsmotor durch Variation des Zeitpunktes „Einlassventil schließt" (siehe Miller-Cycle) realisieren. Durch ein vorzeitiges Schließen des Einlassventils vor dem unteren Totpunkt kommt es zu einer Entspannung und somit Abkühlung der Ladeluft im Zylinder. Eine Kompensation der Arbeitsgasverluste durch Erhöhung des Ladedruckes erfolgte nicht. Damit beginnt die Kompressionsphase auf einem für die HCCI Verbrennung günstigerem Niveau (geringere Massenmitteltemperatur, geringerer Zylinderdruck), wodurch die Selbstzündungsbedingungen erst später in der Kompressionsphase erreicht werden. Die Wärmefreisetzung soll dabei möglichst in einem wirkungsgradgünstigen Zeitfenster ablaufen.

Zur Erhöhung der internen Restgasmenge, die bei einem variablen Ventiltrieb von Zyklus zu Zyklus geändert werden kann und damit eine hohe AGR-Dynamik im Hinblick auf den Instationärbetrieb besitzt, bietet sich die Variation der Steuerzeiten „Auslassventil schließt" und „Einlassventil öffnet" an. Eine Überschneidungsphase der Ventilöffnung ist beim Dieselmotor aufgrund des geringen Abstandes zwischen Kolben und Gaswechselventilen prinzipbedingt ausgeschlossen. So ist hier eine Restgasverdichtung mittels Unterschneidung der Ventilöffnungszeiten das Mittel der Wahl. Da bei Dieselmotoren aufgrund höherer Verdichtungsverhältnisse eher zu hohe Arbeitsgastemperaturen vorherrschen, die dann im Zielkonflikt zu verlängerten Zündverzugszeiten des Homogenbetriebs stehen, ist der internen Restgassteuerung stets die externe, gekühlte Abgasrückführung vorzuziehen. D.h. der größte Anteil von Abgas ist über den äußeren Pfad und nur der zur zyklussynchronen Regelung erforderliche, sehr viel geringere Anteil, durch interne Restgassteuerung im Zylinder bereit zu stellen.

Potentialanalyse homogene Dieselverbrennung

Zur Klärung, in wie weit das Miller-Verfahren bereits das Rohemissionsniveau eines konventionellen Dieselbrennverfahrens beeinflussen kann, wurde bei folgender Versuchsreihe der Zeitpunkt Einlassventil schließt (ES) variiert (**Abb. 5**). Als Besonderheit sei erwähnt, dass die durch den früheren ES reduzierte Luftmasse nicht durch Anlegen eines höheren Ladedruckes kompensiert worden ist.

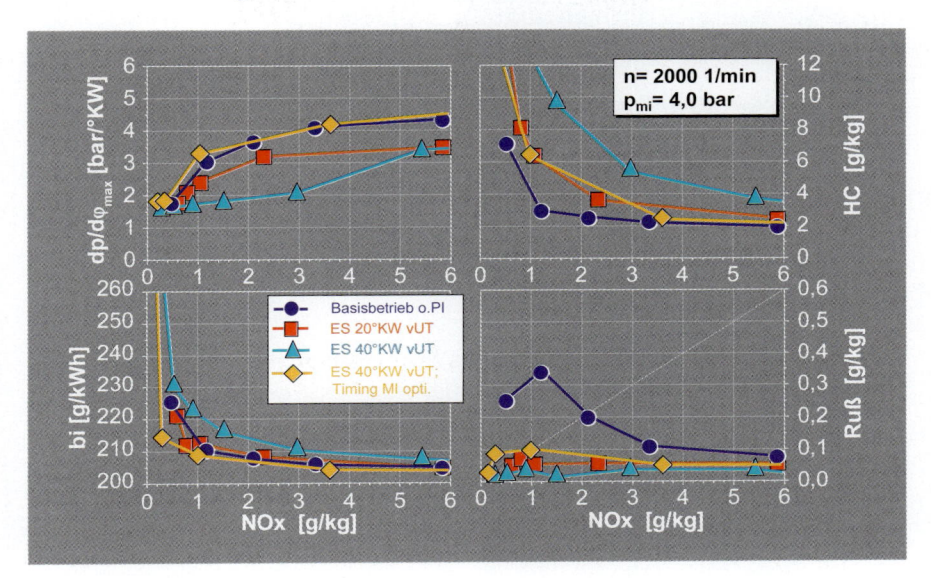

Abb. 5 Potentialbewertung Millerverfahren

Unter Variation der Einlasssteuerzeiten sind die Motorergebnisse für Emissionen, Druckanstiegsgeschwindigkeit und Verbrauch dargestellt. Als Referenz wird der Basisbetrieb ohne Piloteinspritzung (PI) zugrunde gelegt. Für die Messreihe „Einlassventil schließt 40°KW vUT" erfolgte zusätzlich eine Optimierung des Spritztimings der Haupteinspritzung (MI) nach „früh".

Durch die Wahl eines früheren ES Zeitpunkts während der Saugphase stellt sich eine niedrigere Arbeitsgastemperatur in der Kompressionsphase ein. Die folgende Einspritzung wird in eine kältere Umgebung abgesetzt und der Zündverzug verlängert sich erwartungsgemäß. Entsprechend wird der Vormischanteil der Verbrennung und somit die Restgasverträglichkeit des Brennverfahrens erhöht. Durch diese Effekte können sowohl die PM(Ruß)-Entstehung als auch die Bildung von thermischem NO_x vermindert werden. Bei gleichzeitiger Optimierung des Spritzbeginns der Haupteinspritzung lässt sich der PM(Ruß)/NO_x Trade-off durch das Miller-Verfahren, bei weitgehender Verbrauchs- und Geräuschneutralität, um bis zu 50% verbessern.

Aus der thermodynamischen Analyse lässt sich als Zusatznutzen ableiten, dass durch die Wahl früherer Einlassschließzeiten aktives Abgastemperaturmanagement (Erhöhung von T_{Abgas}) betrieben werden kann, wenn die Verminderung der Ladungsmasse nicht durch das Einstellen eines höheren Ladedruckes kompensiert wird (Abb. 6). Im Gegensatz zu einer äußeren Drosselung (Saugrohrklappe) verläuft die Steuerung des Arbeitsgases über die Strategie früher Einlassschließzeiten zudem energetisch günstiger.

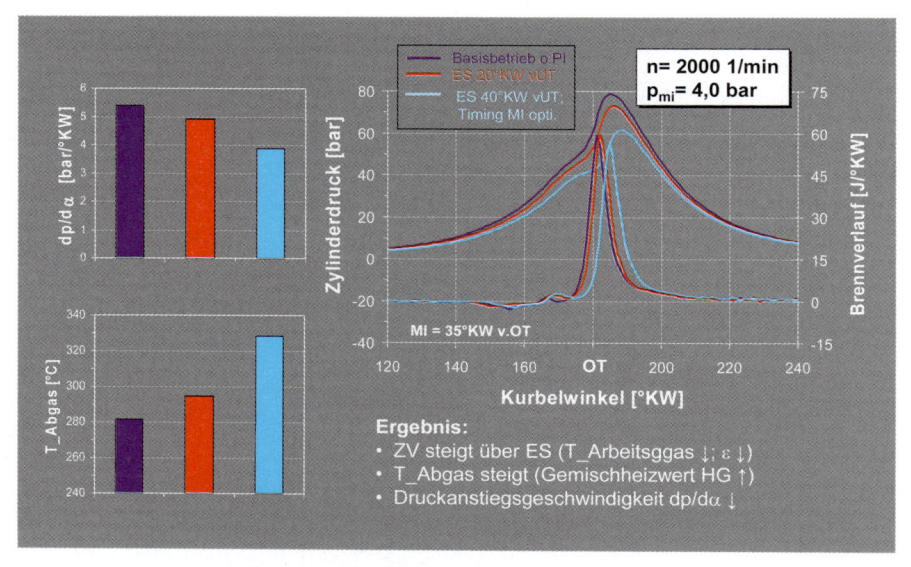

Abb. 6 Thermodynamische Analyse Miller-Verfahren

5.1 Vergleich interne / externe Restgasstrategie

Zur Erhöhung der Restgasmasse, die bei einem variablen Ventiltrieb auch durch innere Restgassteuerung von Zyklus zu Zyklus geändert werden kann, und damit eine hohe Dynamik der AGR im Hinblick auf den Instationärbetrieb gewährleistet, bieten sich weiterhin auch die Variation der Steuerzeiten „Auslass schließt" und „Einlass öffnet" an.

Eine Überschneidungsphase der Ventilöffnung ist beim Dieselmotor prinzipbedingt ausgeschlossen. Somit ist hier eine Restgasverdichtung mittels Unterschneidung der Ventilöffnungszeiten das Mittel der Wahl. Da jedoch beim homogenen Brennverfahren aufgrund der dieseltypisch hohen Verdichtungsverhältnisse auch vergleichsweise sehr hohe Gastemperaturen vorherrschen, was u.a. die Stickoxidbildung begünstigt und die Rußoxidation behindert, ist eine externe, gekühlte Abgasrückführung stets der internen AGR vorzuziehen, um so dem Anspruch verlängerter Zündverzüge besser gerecht werden zu können. In Konsequenz bedeutet dies, dass der größere Inertgasanteil durch externe Abgasrückführung bereitgestellt wird, während nur der zur zyklussynchronen Regelung erforderliche Anteil mittels interner Restgassteuerung beigesteuert wird.

Aus Abb. 7 geht der Vergleich zwischen interner und externer Restgasstrategie hervor. Aufgrund der ungünstig hohen Restgas- und somit Arbeitsgastemperaturen wird deutlich, dass mit der internen Restgassteuerung systembedingt signifikant erhöhte Stickoxid- und Ruß-Emissionen einhergehen.

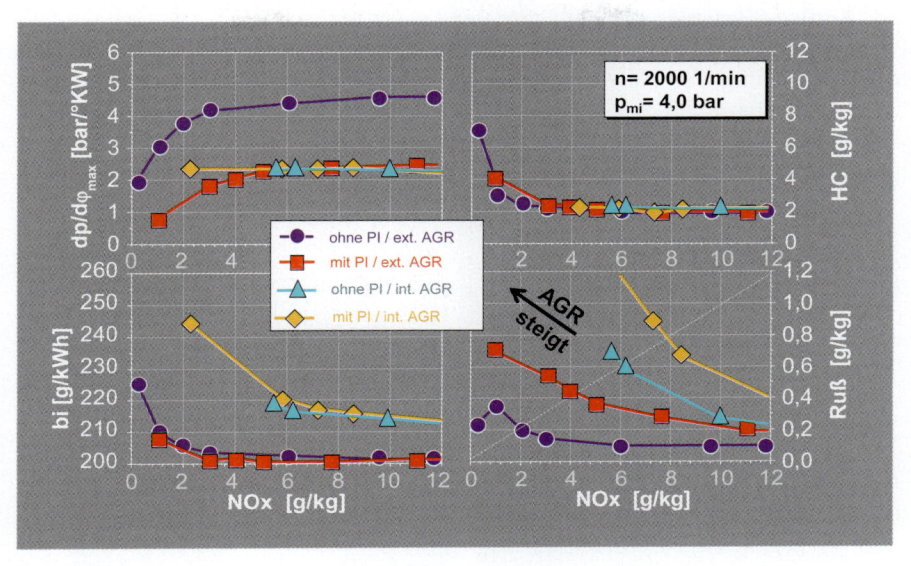

Abb. 7 Vergleich interne - externe Restgasstrategie

6 Untersuchung HCCI Dieselbrennverfahren

Ziel homogener Dieselbrennverfahren ist die Realisierung einer weitgehend partikel- und stickoxidfreien Verbrennung bei gutem Gesamtwirkungsgrad. In diesem Kontext erfolgte eine motorische Potentialbewertung für zwei Verfahrensstrategien, deren Umsetzung am Dieselmotor realisierbar erscheint, nämlich mit vor verlagerter „früher" Einspritzung sowie mittels später Einspritzung. Beiden Verfahren ist zueigen, dass sie mit erhöhten Restgasmassen betrieben werden müssen, um verlängerte Zündverzugszeiten zu gewährleisten, um so ein zu frühes Einsetzen der Entflammung zu verhindern.

6.1 Vergleich frühe/späte Einspritzstrategie

Das Brennverfahren mit später Einspritzung erfordert ein deutlich gesteigertes Kraftstoffdruckniveau ($p_{Rail;HCCI}$ = 1200 bar vs. $p_{Rail;Serie}$ = 600 bar), um den gesamten Kraftstoff während des Zündverzuges einspritzen zu können. Dadurch wird ein nahezu vollständig vorgemischter Zylinderinhalt, unter weitgehender Vermeidung von Rußbildung, verbrannt. In Abb. 8 ist dieser Sachverhalt bei steigendem Restgasgehalt dargestellt.

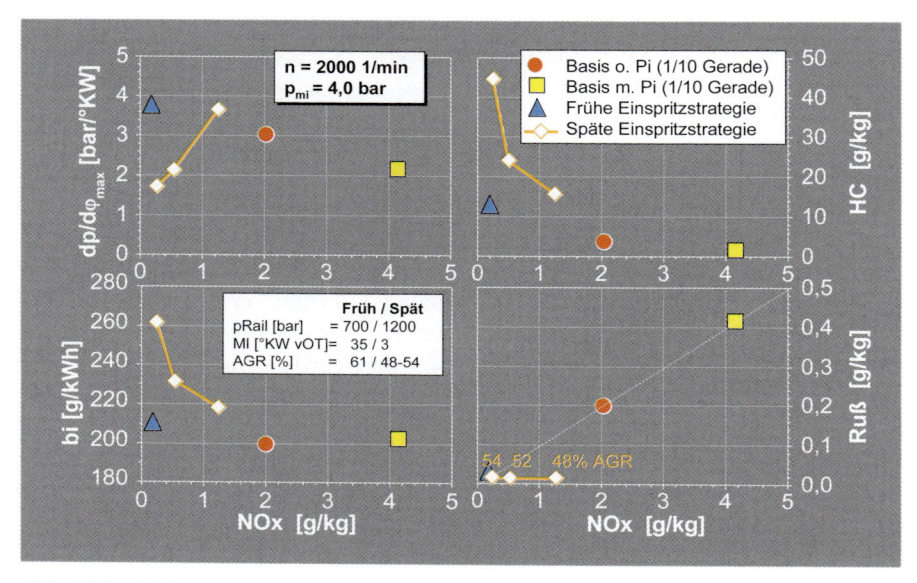

Abb. 8 Vergleich konventionelles vs. homogenes Dieselbrennverfahren

Unabhängig von der Abgasrückführrate werden keine Partikel (Ruß) gemessen. Die Stickoxidemission kann durch Anhebung der AGR weiter reduziert werden. Dabei steigt die HC-Emission deutlich an (unvollständige Verbrennung), die Druckanstiegsgeschwindigkeit sinkt. Mit zunehmender Abgasrückführung wird die Verbrennung immer weiter nach spät verschleppt. Damit sinkt die lokale Gastemperatur unter die Stickoxidbildungsgrenze. Durch die verschleppte Verbrennung steigt der Verbrauch infolge eines zunehmend geringeren Gleichraumgrades an.

Zusätzlich ist in Abbildung 8 der Bestpunkt der Untersuchung mit früher Einspritzung abgebildet. Verbrauch und HC-Emissionen sind hier signifikant besser, jedoch die Geräuschemission im Vergleich zur späten Einspritzstrategie deutlich ungünstiger.

Grundsätzlich gilt: Je früher die Einspritzung erfolgt, umso günstiger sind die Homogenisierungsbedingungen. Allerdings gilt zu beachten, dass es bei zu früher Einspritzung zum unerwünschten Kraftstoffeintrag in das Schmieröl kommen kann. Bei dem hier verwendeten Versuchsmotor ergab sich für das Spritztiming ein Optimum von etwa 30°KW bis 40°KW vor ZOT. Zur Verzögerung der Zündreaktionen werden hier sehr hohe Abgasrückführraten eingesetzt. Die Grenze der AGR Toleranz ist dann erreicht, sobald sich ein globales Verbrennungsluftverhältnis in der Nähe von $\lambda=1$ einstellt. Mit Hilfe des variablen Ventiltriebs kann die vorzeitige Entflammung des homogenisierten Gemischs statt durch weitere Erhöhung des Restgasanteils auch durch Absenkung der Arbeitsgastemperatur mittels Miller-Verfahren weiter verzögert werden. Die Partikel- und Stickoxidemissionen können so unterhalb der Nachweisgrenze gehalten werden. Insgesamt bietet der Zugriff auf die Größe „Einlass schließt" die Möglichkeit, einerseits den Prozess thermodynamisch optimal zu führen. Andererseits gelingt es, den Ladungszustand zyklussynchron zu beeinflussen, was den Anforderungen an den Instationärbetrieb Rechnung trägt.

Sowohl das homogene Brennverfahren mit früher als auch mit später Einspritzstrategie erreichte bei den vorliegenden Untersuchungen das Ziel einer partikel- und stickoxidfreien Verbrennung. Das BV mit früher Einspritzung in Kombination mit einem Miller-Verfahren weist dabei Kraftstoffverbräuche im Bereich konventioneller Dieselbrennverfahren auf. Vorteilhaft ist dabei die thermodynamisch günstige Prozessführung, weshalb das Verfahren mit früher Einspritzung, wenn es der realisierbare Kennfeldbereich zulässt, eindeutig dem Verfahren mit später Einspritzung vorzuziehen ist. Ein Problem beider BV-Ansätze sind die hohen Emissionen an unverbrannten Kohlenwasserstoffen und Kohlenmonoxid. Eine Reduzierung dieser Emissionen würde den Kraftstoffverbrauch des Verfahrens mit früher Einspritzstrategie deutlich unter dem Verbrauch konventioneller Brennverfahren halten. Hier ist noch weitere Entwicklungsarbeit zu leisten.

6.2 Thermodynamische Analyse / Verlustteilung

Zum besseren Verständnis der verschiedenen homogenen Verfahrensstrategien und um deren Effizienz in der Prozessführung vergleichen zu können, wurde eine Verlustteilung [7] durchgeführt. Bei der Verlustteilung werden, ausgehend vom idealen Gleichraumprozess, Aussagen getroffen, um welchen Betrag die jeweiligen Einzelverluste die theoretisch erzielbare Arbeit verringern.

Aus Abb. 9 gehen die Ergebnisse der Zylinderdruckindizierung mit den daraus abgeleiteten Kenngrößen Brennverlauf und mittlere Arbeitsgastemperatur über der auf °KW normierten Zeitachse hervor. Dies bildet die Voraussetzung für den Vergleich der Verfahrensstrategien homogenes versus konventionelles (heterogenes) Brennverfahren.

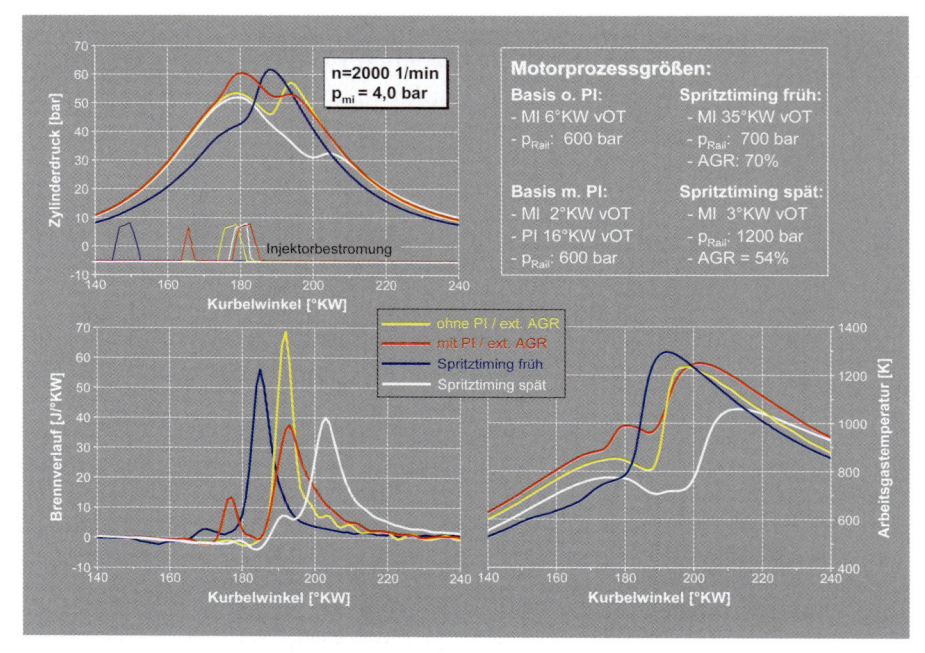

Abb. 9 Vergleich Arbeitsprozess konventionelles vs. homogenes Dieselbrennverfahren

Die Ergebnisse der Einzelverluste der in Abb. 10 dargestellten Verlustteilungsanalyse werden auf den indizierten Mitteldruck (p_{mi}) bezogen. Dies vor dem Hintergrund, dass es sich bei dem verwendeten Versuchsträger um ein Einzylinderaggregat handelt, dessen prinzipbedingt erhöhten mechanischen Verluste (Reibmitteldruck) gegenüber einem Vollmotor eine Normierung auf den effektiven Mitteldruck als nicht geeignet erscheinen lässt.

Beim Brennverfahren mit früher Einspritzung wurde der Betriebspunkt mit „Einlass schließt" 40°KW vor UT gewählt, beim Verfahren mit später Einspritzung der Betriebspunkt mit der geringsten Stickoxidemission (AGR = 54%). Als Referenzgrößen für die Verlustanalyse wurden die Serienbetriebspunkte des konventionellen Brennverfahrens mit und ohne Piloteinspritzung (Voreinspritzung) herangezogen.

Unterschiede im Vergleich homogenes – konventionelles Brennverfahren werden insbesondere bei den Einzelwirkungsraden „Schwerpunktslage der Verbrennung" und „Verluste aufgrund unvollkommener Verbrennung" deutlich.

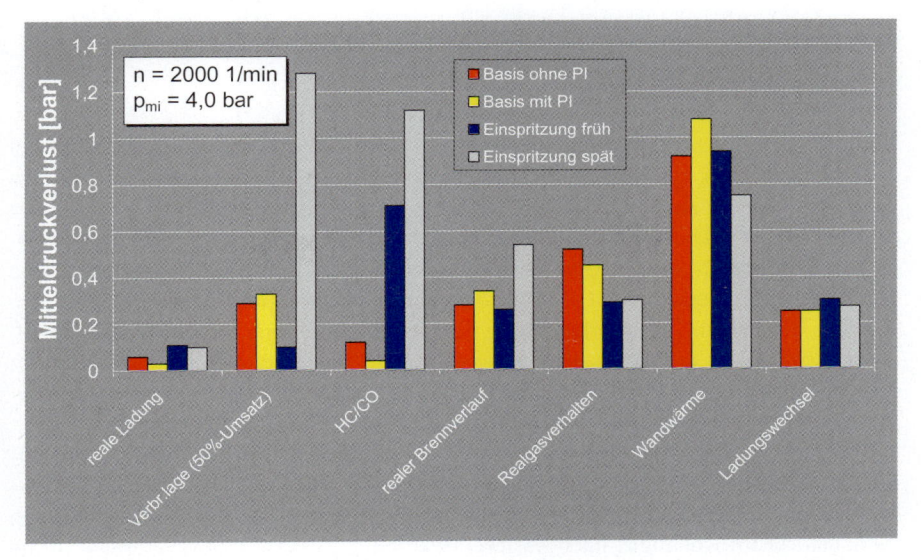

Abb. 10 Ergebnisse Verlustteilung konventionelles versus homogenes Dieselbrennverfahren

So weist der auf Euro IV ausgelegte Basisbetrieb mit aus Emissionsgründen (NO$_x$) nach „spät" verlagerten Verbrennungsschwerpunkt die größeren Nachteile aus. Demgegenüber ergeben sich Vorteile aufgrund der günstigeren Schwerpunktslage der Wärmefreisetzung für das homogene BV mit früher Einspritzstrategie.

Größter Verlusttreiber homogener Brennverfahren sind die systembedingt signifikant erhöhten Emissionen an Kohlenwasserstoffen (HC) und Kohlenmonoxid (CO). So begründen sich die CO-Verluste in einer Verminderung des globalen Luftverhältnisses sowie der HC Ausstoß aufgrund stark abgesenkter Arbeitsgastemperaturen (ungünstiger Ausbrandbedingungen als Folge hoher Abgasrückführraten sowie „kalter", verschleppter Verbrennung).

Für den Basisbetrieb mit Piloteinspritzung stellen sich aufgrund vergrößerter gasberührter Brennraumoberflächen während der zeitlich gespreizten, „zweistufigen" Wärmefreisetzung vergleichsweise erhöhte Wandwärmeverluste ein. Dieser Einfluss ist dominant gegenüber einer OT-nahen Verbrennungsführung (Basis ohne PI, frühe Strategie) mit einem höheren treibenden Temperaturgefälle.

Insgesamt liegt der indizierte Wirkungsgrad des Brennverfahrens mit früher Einspritzung mit η$_i$=39,5% deutlich über dem mit später Einspritzung (η$_i$=36,7%). Beim Vergleich des effektiven Wirkungsgrades würde sich dieser Unterschied über den Einfluss des mechanischen Wirkungsgrades noch vergrößern, da das Verfahren mit später Einspritzung einen deutlich höheren Einspritzdruck voraussetzt (p$_{Rail}$: 1200 bar zu 600 bar).

6.3 Arbeitsprozessuntersuchungen mit synthetischem Dieselkraftstoff

Ziel der folgenden Untersuchungen war es, eine Klärung herbeizuführen, ob bei Verwendung von synthetischem Dieselkraftstoff (GTL – Gas To Liquid) die in Kap. 6.1 vorgestellten homogenen Verbrennungsstrategien konfliktfrei umgesetzt werden können. Dies vor dem Hintergrund, dass alternative Kraftstoffe, die weitgehend Schwefel- und Aromatenfrei sind und sich teilweise durch eine hohe Zündwilligkeit/Cetanzahl (CZ) auszeichnen, an Bedeutung gewinnen werden. Gründe hierfür sind die Verknappung fossiler Energieträger, Umweltschutzbelange einschließlich Treibhausgasemissionen, der globale Trend steigender Mobilität und nicht zuletzt die Umsetzung der EU-Richtlinie 2003/30/EG, in der der Marktanteil biogener Kraftstoffe im Jahr 2010 auf 5,75% erhöht werden muss.

So konnten bei Untersuchungen an einem modernen DI Dieselmotor mit konventionellem Brennverfahren einzig durch den Wechsel auf synthetischen Kraftstoff bereits erhebliche Potentiale in der Verminderung aller motorisch relevanten Schadstoffe im Rohabgas nachgewiesen werden [9]. Aufwändige Eingriffe in die Nachapplikation des Motors waren dabei nicht notwendig.

Die auf Basis der vorgestellten homogenen Verbrennungsstrategien bei den folgenden Versuchsreihen verwendeten Kraftstoffe waren konventioneller schwefelfreier Dieselkraftstoff, reiner synthetischer Diesel (GTL) und mehrere Blends aus beiden. Darunter auch eine der Dieselkraftstoffnorm EN 590 konforme, grenzwertige Mischung (Tabelle 1).

Die Motorversuche wurden bei konstantem Ansteuerbeginn (MI=35°KW vOT, frühe Einspritzstrategie) und konstanter Abgasrückführrate (AGR=59%) durchgeführt.

Aus der Brennverlaufsanalyse in Abb. 11 wird deutlich, dass sich für den konventionellen Dieselkraftstoff (Cetanzahl 52) die längste Zündverzugszeit einstellt.

Tabelle 1 Untersuchte Kraftstoffe und Kraftstoffmischungen

	Grundkraftstoffe		Kraftstoffmischungen			
	konv. DK	GTL	25 % GTL	37.5 % GTL [1] (Blend EN 590)	50 % GTL	75 % GTL
Dichte bei 15°C [kg/m³]	841	785	827	820	813	799
Cetanzahl [-]	52	83	60	64	68	77
spezifischer Heizwert [MJ/kg]	42,9	43,8	43,1	43,3	43,4	43,7
volumetrischer Heizwert [MJ/l]	36,1	34,4	35,7	35,4	35,3	34,8
Schwefelanteil [ppm]	7	<5	6	<5	<5	<5
Wasserstoffanteil [%m]	13,1	15,1	13,6	14	14,1	14,6
Kohlenstoffanteil [%m]	86,9	84,9	86,4	86	85,9	85,4
H/C-Verhältnis [-]	1,8	2,1	1,8	1,9	2	2
Gesamtaromatenanteil [%m]	26,9	0,1	20,6	17,5	14,3	7,5
Siedeanfang [°C]	168	220	177	182	186	202
Siedeende [°C]	351	358	354	353	358	358

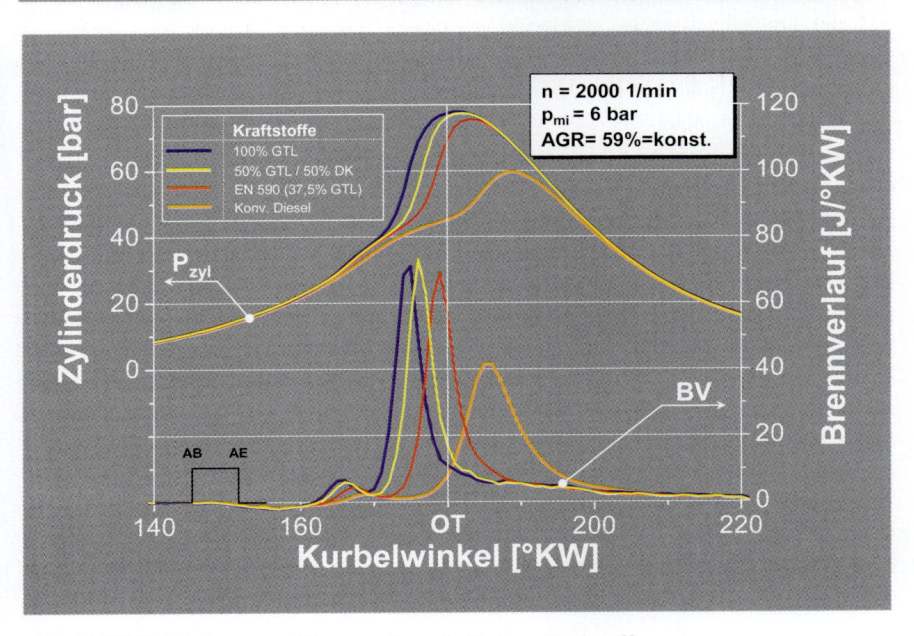

[1] Werte entsprechen Anforderungen aus DIN EN 590

Abb. 10 HCCI Arbeitsprozessführung mit synthetischem Kraftstoff

Komplementär ist das Ergebnis für den synthetischen Kraftstoff mit Cetanzahl 83, bei dem sich der Zündverzug und die Brenndauer signifikant verkürzen. Alle weiteren verwendeten Kraftstoffmischungen (Blends) pendelten sich in ihren Zündverzugszeiten zwischen den beiden Grenzmustern, abhängig vom GTL-Anteil (Cetanzahl), ein.

Homogene Brennverfahren erfordern prinzipbedingt verlängerte Gemischbildungszeiten, die nur durch Vergrößerung des Zündverzugs, z.B. mittels Hoch-AGR, Ladeluftkühlung, abgesenkter Verdichtung usw., gesteuert werden können. Unter dieser Prämisse erscheint der Einsatz von synthetischen Kraftstoffen hoher Cetanzahl, mittels derer der Anspannungsgrad für die homogene Dieselverbrennung in Verbindung mit notwendigen, den Zündverzug verlängernden Maßnahmen weiter ansteigen würde, kaum noch vertretbar und zielführend.

7 Zusammenfassung

Innovativen Brennverfahren kommt auch zukünftig eine überragende Bedeutung zu, den Schadstoffanteil im Rohabgas niedrig zu halten, um so die Komplexität und Belastung von Abgasnachbehandlungssystemen auf die erforderlichen Notwendigkeiten zu reduzieren. Homogene Diesel-Brennverfahren erlauben im Teillastgebiet eine weitestgehend partikel- und stickoxidfreie Verbrennung. Voraussetzung hierfür ist die zeitliche Entkoppelung von Einspritzgesetz und Brennverlauf durch die Realisierung verlängerter Zündverzugszeiten. Wesentlicher Parameter hierfür ist eine Ladungsverdünnung durch Restgassteuerung. In Verbindung mit der Optimierung des Verdichtungsverhältnisses und einer verbesserten, schaltbaren AGR-Kühlung konnte der Homogenbetrieb auf den gesamten Kennfeldbereich des europäischen Fahrzyklus (NEFZ) ausgeweitet werden. Ergebnisse auf Basis stationär gemessener Betriebspunkte belegen, dass mit diesen Brennverfahren die Partikel(Ruß)- als auch NO_x-Emissionen signifikant gesenkt werden können. Demgegenüber liegen je nach max. zugelassener Druckanstiegsgeschwindigkeit die HC- und CO-Emissionen auf einem bis zu 5-fach höherem Niveau im Vergleich zum konventionellen Brennverfahren, während der Kraftstoffverbrauch, gleichfalls als Funktion vom zugelassenen Verbrennungsgeräusch, im Bereich heutiger Serienmotoren liegt.

Auf Basis der bisherigen Ergebnisse lässt sich für das homogene Dieselbrennverfahren folgende Perspektive ableiten: Ein weitgehend Partikel(Ruß)- und NO_x-freier Motorbetrieb ist darstellbar. Infolge zu hoher Arbeitsgastemperaturen und/oder geringer Zeitquerschnitte begrenzt sich der Homogenbetrieb jedoch auf die Kennfeldbereiche der unteren Teillast. Signifikant erhöhte HC- und CO-Emissionen vor dem Hintergrund abgesenkter Verbrennungstemperaturen sowie eines eingeschränkten globalen Lambdas sind jedoch prinzipbedingt. Unter diesen Randbedingungen werden Anforderungen und Anspannungsgrad an eine zukünftige Abgasnachbehandlung bestehen bleiben.

Da homogene Brennverfahren prinzipbedingt verlängerte Gemischbildungszeiten benötigen, die nur durch Vergrößerung des Zündverzugs gesteuert werden können, erscheint der Einsatz von synthetischen Kraftstoffen mit hoher Cetanzahl nicht zielführend.

Ergänzend sei erwähnt, dass der Luft- und Kraftstoffpfad sowie das Brennraumdesign den Anforderungen einer homogenen und konventionellen (heterogenen) Gemischbildungs- und Verbrennungsstrategie mit transienten Betriebsartenwechsel [8] gerecht werden müssen.

8 Literatur

[1] Harndorf, H.; Bittlinger, G.; Knopf, M.: Beeinflussung von Gemischbildung, Verbrennung und Emissionen beim Dieselbrennverfahren durch düsenseitige Maßnahmen, 3rd International CTI Forum Abgastechnik, Nürtingen, 2004

[2] Harndorf, H.; Weberbauer, F.; Steinbach, N.; Knopf, M.: Eine perspektivische Betrachtung des dieselmotorischen Brennverfahrens – Ansätze zur Erfüllung niedrigster Emissionen, 4. Internationales Forum Abgas- und Partikelemissionen, Ludwigsburg, 2006

[3] Weberbauer, F.; Harndorf, H.; Knopf, M.: Homogeneous Diesel Combustion - Thermodynamic Potential, 4rd International CTI Forum Abgastechnik, Ludwigsburg, 2006

[4] Stan, C.; Guibert, P.: Verbrennungssteuerung durch Selbstzündung, Teil 1: Thermodynamische Grundlagen, Motortechnische Zeitschrift MTZ, 1/2004, Jahrgang 65

[5] Mischker, K.; Denger, D.: Anforderungen an einen vollvariablen Ventiltrieb und Realisierung durch die elektrohydraulische Ventilsteuerung EHVS, 24. Internationales Wiener Motorensymposium 2003

[6] Kopp, C.: Potenzial des variablen Ventiltriebs für eine emissionsarme Betriebsweise am Pkw DI-Dieselmotor, 2. Tagung Emission Control, Dresden, Juni 2004

[7] Weberbauer, F.; Rauscher, M.; Kulzer, A.; Knopf, M.; Bargende, M.: Allgemein gültige Verlustteilung für neue Brennverfahren, Motortechnische Zeitschrift MTZ, 2/2005, Jahrgang 66

[8] Weberbauer, F.: Homogene Dieselverbrennung – Herausforderungen unter fahrzeugnahen Randbedingungen, 6rd International CTI Forum

[9] Steinbach, N.; Harndorf, H.; Weberbauer, F.; Thiel, M.: Motorisches Potenzial von synthetischen Kraftstoffen; Motortechnische Zeitschrift (MTZ), 2/2006, Jahrgang 67

Simulation der Ladungsbewegung und Gemischaufbereitung bei Ottomotoren mit homogenen Brennverfahren

B. Geringer, T. Lauer, S. Zarl

Kurzfassung

Wesentliches Entwicklungsziel heutiger Ottomotoren ist die Verbesserung des Kraftstoffverbrauchs im Teillastbetrieb. Die Entdrosselung des Ladungswechsels, bedingt durch Abmagerung oder höhere Abgasrückführung, zählt zu den wichtigsten Maßnahmen. Der dadurch verursachte verlängerte Zündverzug und die Brenndauer sowie eine starke Streuung der einzelnen Verbrennungszyklen wirken sich jedoch nachteilig auf Verbrennungswirkungsgrad und Komfort aus.

Abhilfe schafft die Anhebung der Turbulenz der Zylinderinnenströmung. Ein erhöhtes Maß an Turbulenz beschleunigt und stabilisiert die Verbrennung, so dass die negativen Einflüsse der Ladungsverdünnung kompensiert werden können. Die Bestimmung der Restgasrate und der turbulenten Kenngrößen ist mit vertretbarem Aufwand nur mit Hilfe der Prozess- und Strömungssimulation möglich.

Am Beispiel eines Ottomotors mit homogener Direkteinspritzung wird die mittels CFD-Simulation durchgeführte Bewertung turbulenzsteigernder Maßnahmen vorgestellt. Untersucht wurde der Einfluss diverser Geometrieänderungen des Saugkanals zur Erzeugung einer ausgeprägten Drall- bzw. Tumble-Strömung im Brennraum. Für die untersuchten Varianten wurden der Anstieg der Turbulenz zum Zündzeitpunkt aufgrund hoher Ladungsbewegung sowie die Wechselwirkung der Zylinderinnenströmung mit dem eingespritzten Kraftstoff eingehend untersucht. Es konnte dabei gezeigt werden, dass die Art der Ladungsbewegung großen Einfluss auf die Gemischhomogenisierung im Brennraum hat. Die rechnerisch gewonnenen Ergebnisse konnten experimentell durch die Messung der Restgastoleranz überzeugend bestätigt werden.

Damit wurde nachgewiesen, dass nicht nur der Betrag der Ladungsbewegung sondern auch deren Struktur eine wesentliche Rolle für eine hohe Restgastoleranz des Brennverfahrens spielt. Zudem konnte die wichtige Funktion moderner Berechnungsverfahren für die heutige Brennverfahrensentwicklung gezeigt werden.

1 Einleitung

Eines der wesentlichen Ziele für die zukünftige Entwicklung des Ottomotors ist die Absenkung des, im Vergleich zum Dieselmotor, ungünstigen Kraftstoffverbrauchs im Teillastbetrieb und der daraus resultierenden höheren CO_2 – Emission.

Der Teillastbetrieb mit hoher externer Abgasrückführrate ist ein wirkungsvolles und effizientes Mittel zur Entdrosselung des Saugsystems, da durch den stöchiometrischen Betrieb eine Abgasnachbehandlung auf Basis konventioneller Drei-Wege-Technologie möglich ist [1-3]. Die Entdrosselung des Saugsystems bewirkt vor allem im Bereich niedriger Teillast eine verringerte Pumparbeit des Kolbens und damit einen günstigeren Kraftstoffverbrauch. Der positiven Wirkung der Entdrosselung stehen jedoch Nachteile in der Verbrennung gegenüber. Eine geringere Geschwindigkeit der Flammenfront bei hohen Restgaskonzentrationen verursacht eine verlängerte Brenndauer und verschlechtert damit den Verbrennungswirkungsgrad wodurch die genannten Vorteile teilweise wieder kompensiert werden. Ungünstigere Entflammungsbedingungen führen zudem zu einer höheren Streuung der Verbrennungszyklen und folglich zu unerwünschten Komforteinbußen. Die sog. Restgastoleranz des Brennverfahrens stellt die Grenze der Abgasrückführungsrate bei stabiler Verbrennung dar und ist eine wesentliche Kenngröße für die erzielbare Verbrauchsabsenkung.

Durch eine gezielte Anhebung des Turbulenzniveaus im Brennraum wird die Verbrennung beschleunigt, wodurch die negativen Effekte der Abgasrückführung beseitigt werden können. Dem positiven Einfluss der Ladungsbewegung auf die Verbrennung stehen jedoch aufgrund der höheren Strömungsgeschwindigkeiten erhöhte Einström- und Wandwärmeverluste gegenüber. Nur falls die Verringerung der Pumparbeit aufgrund des entdrosselten Ladungswechsels diese Verluste überkompensiert, ist eine Verbrauchsreduzierung möglich [4].

Dies bedeutet, dass die Kenntnis der turbulenten Kenngrößen einen wichtigen Beitrag zur Bewertung der motorischen Verbrennung liefert. Da dies messtechnisch gar nicht bzw. nur mit erheblichem Aufwand möglich ist, muss hier auf die numerische Simulation zurückgegriffen werden.

Im Folgenden sollen die am Institut für Verbrennungskraftmaschinen und Kraftfahrzeugbau der Technischen Universität Wien durchgeführten Versuche zur Absenkung des Kraftstoffverbrauchs an einem Ottomotor mit homogener Direkteinspritzung erläutert werden. Besonderer Schwerpunkt liegt dabei auf dem Einsatz der numerischen Simulation.

2 Untersuchungen zur Ladungsbewegung

2.1 Prüfstand

Für die experimentellen Untersuchungen zur Restgasverträglichkeit des Brennverfahrens und zur Absenkung des Kraftstoffverbrauchs wurde ein Einzylinder-Forschungsmotor mit homogener Direkteinspritzung am Prüfstand betrieben. Die Grunddaten des Aggregats sind in Tabelle 2.1 zusammengefasst.

Tabelle 2.1 Grunddaten des Motors

Hubraum [cm^3]	449
Hub [mm]	85
Bohrung [mm]	82
Verdichtungsverhältnis [-]	10,1
Gemischaufbereitung	Homogene Direkteinspritzung

Zum Abgleich mit der Prozessrechnung war der Motor mit Hoch- und Niederdruck-Indiziertechnik zum Aufnehmen des Zylinderdrucks und der Druckschwankungen im Saugsystem und Abgaskrümmer ausgestattet.

Zur Spezifizierung des zu untersuchenden Niedriglastbereichs wurde ein typischer Teillastpunkt gewählt, der in Tabelle 2.2 näher beschrieben ist.

Tabelle 2.2 Untersuchter Teillastpunkt

Drehzahl [1/min]	1.600
Indizierter Mitteldruck [bar]	3,0
Einspritzbeginn [°KWnEÖ]	69,4
Einspritzdauer [°KW]	8,8
Einspritzdruck [bar]	70

Die Einbringung unterschiedlicher Formen der Zylinderinnenströmung in den Brennraum wurde durch Querschnittsänderungen im Einlasstrakt realisiert. Durch die Gestaltung einer zwischen Zylinderkopf und Saugsystem platzierten Maske wurden spezifische Ladungsbewegungsformen, wie die Drall- und Tumble-Strömung, gezielt gesteigert. Abb. 2.1 zeigt die Ausführung der Masken für die im Weiteren diskutierten Strömungskonzepte. Zu erkennen sind die durch die Masken freigegebenen Querschnitte der Einlasskanäle und das zwischen den Einlasskanälen platzierte Einspritzventil.

Basis   Kanalabdeckung (Tumble)

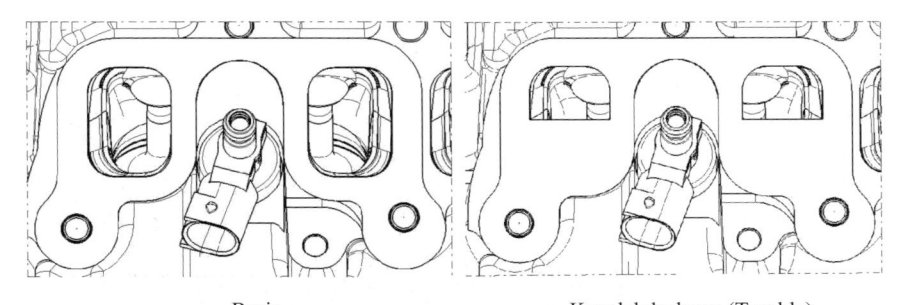

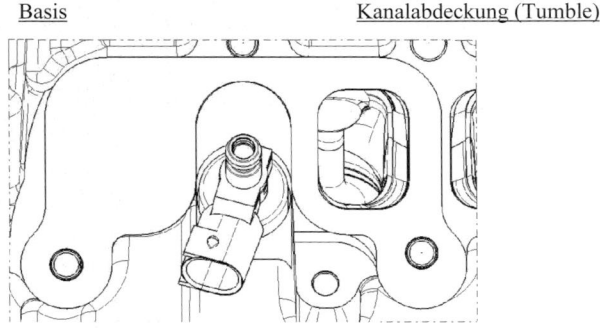

Kanalabschaltung (Drall)

Abb. 2.1 Untersuchte Querschnittsänderungen im Einlasstrakt des Forschungsmotors

2.2 *Simulation*

Parallel zu den Prüfstandsuntersuchungen wurden numerische Berechnungen zur Bestimmung des Ladungswechsels und der Zylinderinnenströmung durchgeführt. Zum Einsatz kamen dabei die beiden kommerziellen Software-Tools GT-Power und Star-CD.

Zur Berechnung der transienten Zylinderinnenströmung und des Ladungswechsels sind die Bewegung des Kolbens und der Ventile in der Strömungsrechnung zu berücksichtigen. Aus diesem Grund wurden für die 3D-Strömungssimulation Brennraum und Zylinderkopf als bewegtes Netz ausgeführt, das Saugsystem als statisches oder unbewegtes Netz. Für diese beiden Aufgaben kamen die Preprozessoren es-ice und pro*am zum Einsatz. Die in Abb. 2.1 dargestellten Querschnittsänderungen der Einlasskanäle wurden über die unterschiedliche Anbindung des statischen Gitters an das bewegte Netz mittels Koppelbedingungen realisiert (*arbitrary couples*). An den Rändern des Rechengitters wurden die mit der 1D-Simulation berechneten Werte für Druck p und Temperatur T in Abhängigkeit des Kurbelwinkels aufgebracht, siehe Abb. 2.2.

Simulation der Ladungsbewegung bei Ottomotoren

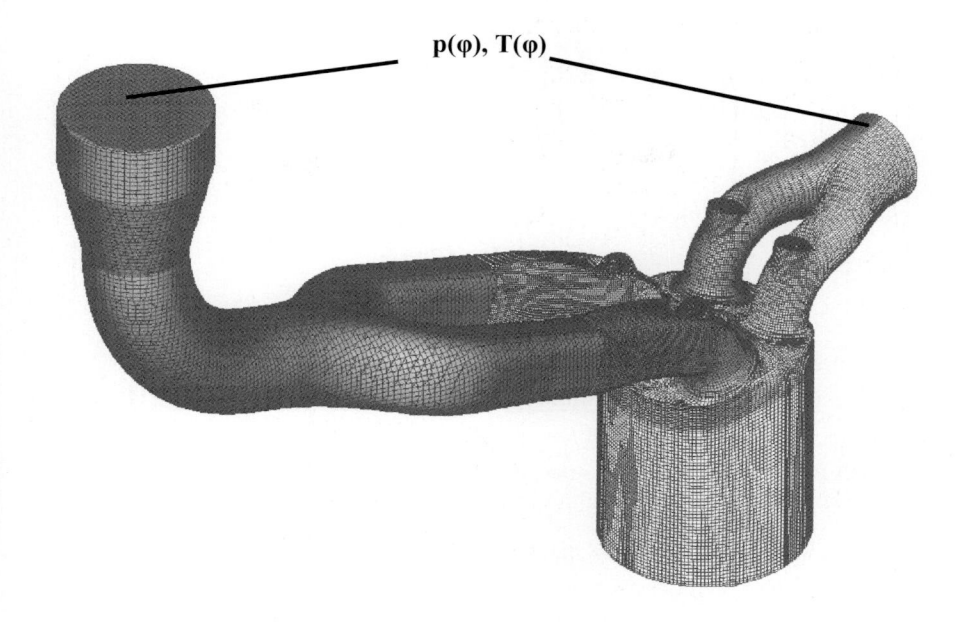

Abb. 2.2 Rechengitter für die Simulation der Zylinderinnenströmung und Gemischaufbereitung

3 Ergebnisse der Strömungsrechnung

3.1 Zylinderinnenströmung

Abb. 3.1 zeigt die berechnete Zylinderinnenströmung für die beiden in Abb. 2.1 dargestellten Konzepte mit Kanalabdeckung bzw. –abschaltung während des Ansaugtakts. Vektoren in roter Farbe symbolisieren Bereiche mit hohen Strömungsgeschwindigkeiten, Vektoren in blauer Farbe Bereiche mit geringer Geschwindigkeit.

Für die Kanalabdeckung dominiert die Strömung in den oberen Einlasskanalhälften, woraus ein erhöhter Einlassmassenstrom an den zylinderkopfseitigen Segmenten der Ventilteller resultiert, der in weiterer Folge zu einer intensivierten Tumble-Strömung im Brennraum führt. Für die Kanalabschaltung entsteht durch das asymmetrische Ansaugen der Frischladung eine um die Zylinderachse rotierende Strömung (Drall) mit hohen Geschwindigkeiten an den Zylinderwänden.

Kanalabdeckung (Tumble)   **Kanalabschaltung (Drall)**

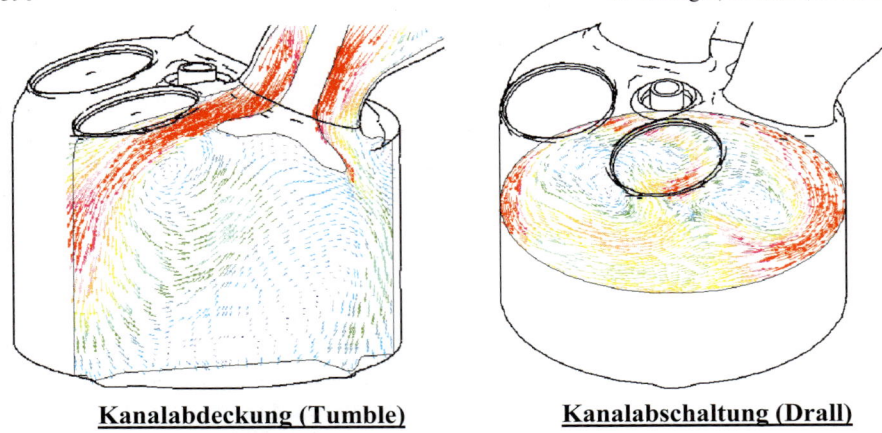

Abb. 3.1 Berechnete Zylinderinnenströmung für unterschiedliche Formen der Querschnittsänderung im Einlasstrakt

Eine Quantifizierung der Zylinderinnenströmung ist möglich, indem die Rotationsgeschwindigkeit der als Starrkörper betrachteten Zylinderladung mit der Winkelgeschwindigkeit der Kurbelwelle ins Verhältnis gesetzt wird. Die daraus resultierenden Drall- bzw. Tumble-Zahlen sind ein Maß für die Intensität der Ladungsbewegung.

In den Abbildungen 3.2 und 3.3 sind die beiden Kennzahlen für die berechneten Varianten gegenübergestellt. Das Konzept mit Kanalabschaltung erzeugt als einziges, bedingt durch das asymmetrische Einströmen der Frischladung, eine Strömung mit Drallkomponente. Es ist ersichtlich, dass aufgrund der günstigen Strömungsführung im Brennraum die Drallströmung eine stabile Form der Ladungsbewegung mit vergleichsweise geringer Dissipation ist.

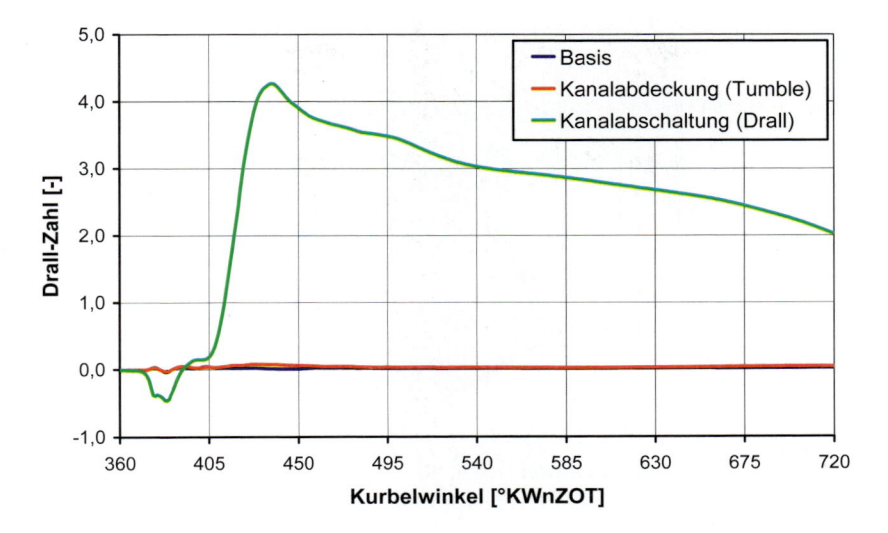

Abb. 3.2 Berechnete transiente Drall-Zahl für unterschiedliche Formen der Querschnittsänderung im Einlasstrakt in Abhängigkeit des Kurbelwinkels

In Abb. 3.3 ist die Tumble-Zahl für die beiden Konzepte mit Kanalabdeckung und Kanalabschaltung in Abhängigkeit von Grad Kurbelwinkel und der Orientierung der Tumble-Achse im Brennraum dargestellt. Die 0°-Position der Tumble-Achse bezeichnet dabei den Cross-Tumble, also die Form des Tumbles die durch Querströmungen im Brennraum hervorgerufen wird (rote Linien), die 90°-Position den durch die Ablösung der Strömung im Einlasskanal und an den Ventilsitzen hervorgerufenen Tumble in Einströmrichtung (grüne Linien), siehe auch Abb. 3.1.

Für die Kanalabdeckung ist der typische wellenförmige Verlauf des Tumbles zu erkennen, der durch den Impuls der einströmenden Frischladung, die Deformation der Tumble-Walze während der Kompression und deren Zerfall im Brennraumdach bestimmt wird. Bedingt durch das symmetrische Einströmen der Frischladung ist im Brennraum keine stabile Querströmung vorhanden.

Bei der Kanalabschaltung hingegen besitzt der Cross-Tumble insbesondere während der Ventilüberschneidungsphase hohe Werte, wobei die Dissipation zu einem raschen Zerfall während des Einlasstakts führt. Vielmehr dominiert bei hohen Einlassmassenströmen und Kolbengeschwindigkeiten wieder der Tumble in Einströmrichtung, der eine ähnliche Charakteristik aufweist wie bei der bereits diskutierten Kanalabdeckung.

Kanalabdeckung
(Tumble)

Kanalabschaltung
(Drall)

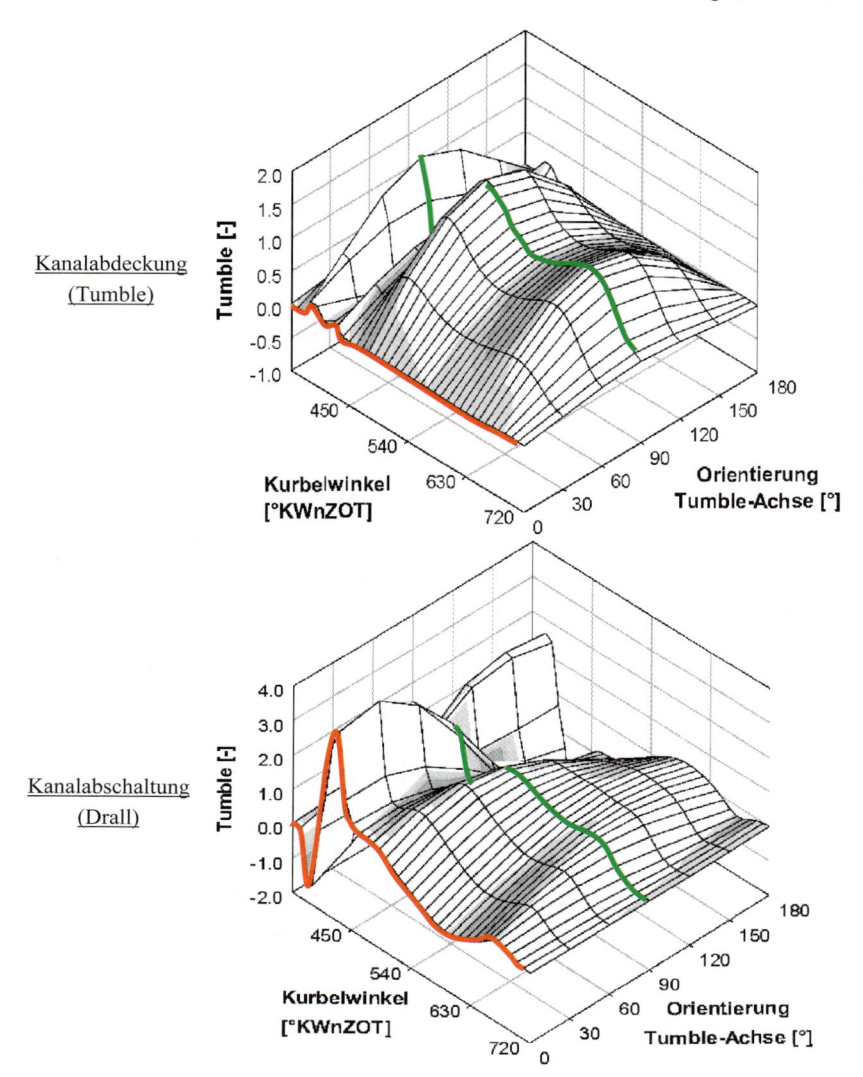

Abb. 3.3 Berechnete transiente Tumble-Zahl für unterschiedliche Formen der Querschnittsänderung im Einlasstrakt in Abhängigkeit des Kurbelwinkels und der Orientierung der Tumble-Achse

Die Erhaltung der Ladungsbewegung bis zum Zündzeitpunkt bzw. während der Verbrennung, wie sie bei der Drall- und Tumble-Strömung zu beobachten ist, ist bedeutsam, da deren stetiger Zerfall zu einer erhöhten Turbulenz und damit zu einer stabileren Entflammung und einem schnellen Durchbrennen des Kraftstoffs führt. Eine Auswertung der Turbulenz ist mit Hilfe von in den CFD-Programmen implementierten Turbulenzmodellen möglich und wird im folgenden Kapitel dargestellt.

Simulation der Ladungsbewegung bei Ottomotoren 399

3.2 Turbulenz

Abbildung 3.4 zeigt für die untersuchten Varianten der Zylinderinnenströmung die Turbulenzverteilung im Brennraum in zwei orthogonalen Schnitten bei 690 °KWnZOT, also etwa im Bereich der Gemischentflammung. Dargestellt ist die mit dem kε-Modell berechnete turbulente kinetische Energie. Die blauen Bereiche der Konturplots repräsentieren eine geringe Turbulenz, die roten Bereiche eine hohe Turbulenz.

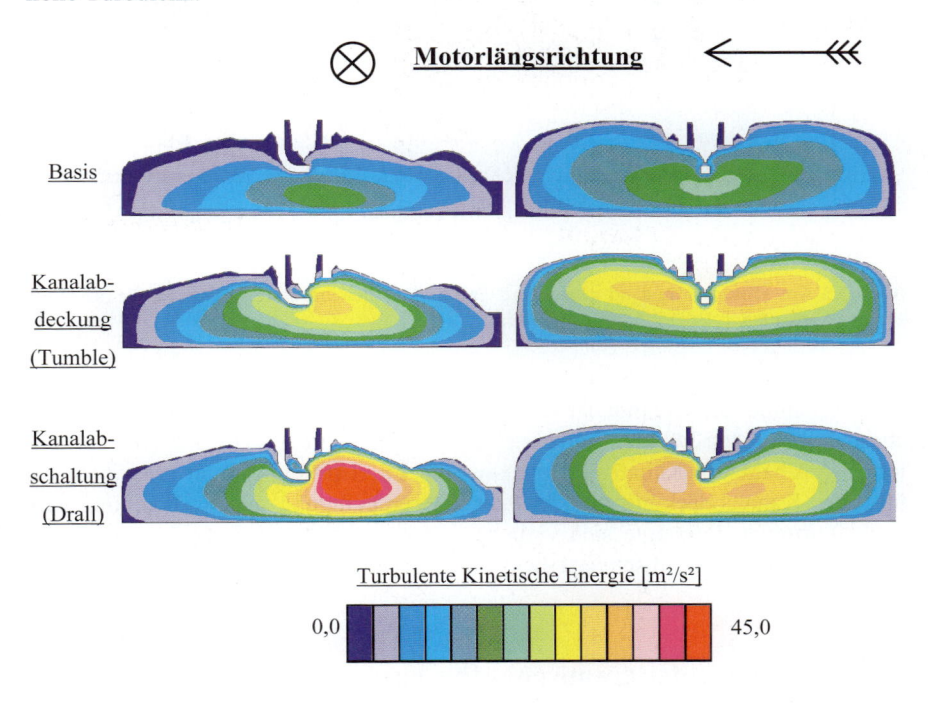

Abb. 3.4 Turbulente kinetische Energie für die verschiedenen Formen der Zylinderinnenströmung bei 690 °KWnZOT

Die Darstellung zeigt, dass die beiden einlassseitigen Maßnahmen zur Erhöhung der Ladungsbewegung eine deutliche Zunahme der Turbulenz im Brennraumzentrum zur Folge haben, was für die sichere Gemischentflammung und das rasche Wachstum der Flamme bedeutsam ist. Die Kanalabschaltung erreicht dabei durch die hohen Werte der Drallströmung, siehe Abb. 3.2, das höchste Turbulenzniveau der drei Varianten.

Die Erhöhung der Turbulenz führt zu einer Vergrößerung der Oberfläche der turbulenten Flamme und damit zum schnelleren Durchbrennen der Zylinderladung [5]. In Abb. 3.5 sind die am Motorenprüfstand gemessenen charakteristischen Größen der Verbrennung Brenndauer und Zündverzug dargestellt.

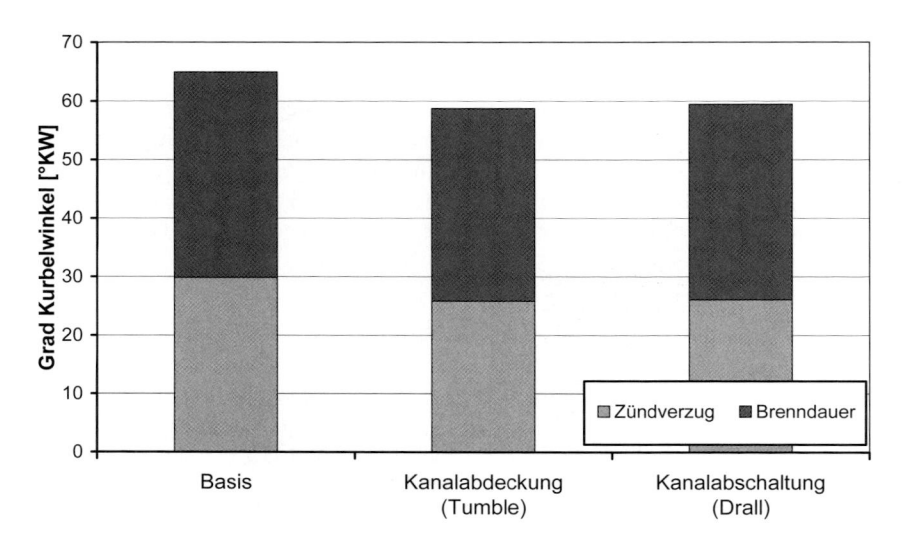

Abb. 3.5 Am Motorenprüfstand gemessene Größen Brenndauer und Zündverzug für die untersuchten Varianten

Es zeigt sich, dass für beide Varianten der einlassseitigen Querschnittsänderung eine Abnahme der Brenndauer und des Zündverzugs eintreten, was in Übereinstimmung mit den höheren berechneten Turbulenzwerten steht. Für die Variante mit abgeschaltetem Kanal und intensivierter Drallströmung kann jedoch gegenüber der Kanalabdeckung keine weitere Beschleunigung der Verbrennung beobachtet werden. Es zeigte sich vielmehr, dass neben der Zylinderinnenströmung und Turbulenz die Gemischverteilung im Brennraum beachtet werden muss.

4 Ergebnisse der Gemischaufbereitung

Zur Darstellung der Wechselwirkung zwischen Zylinderinnenströmung und eingespritztem Kraftstoff wurden CFD-Rechnungen mit 2-Phasen-Strömung durchgeführt. Die Auflösung des eingespritzten Kraftstoffs wurde gemäß DDM-Ansatz (*Discrete Droplet Modelling*) definiert. Die Berechnung der Tropfendynamik erfolgte nach Lagrange [6]. Für die physikalische Beschreibung des Kraftstoffs wurde das Einkomponentenfluid n-Heptan zugrunde gelegt. Abb. 4.1 zeigt eine Momentaufnahme des gerechneten Sprays während des Einspritzvorgangs. Die unterschiedlichen Farben repräsentieren verschiedene Tropfendurchmesser.

Simulation der Ladungsbewegung bei Ottomotoren

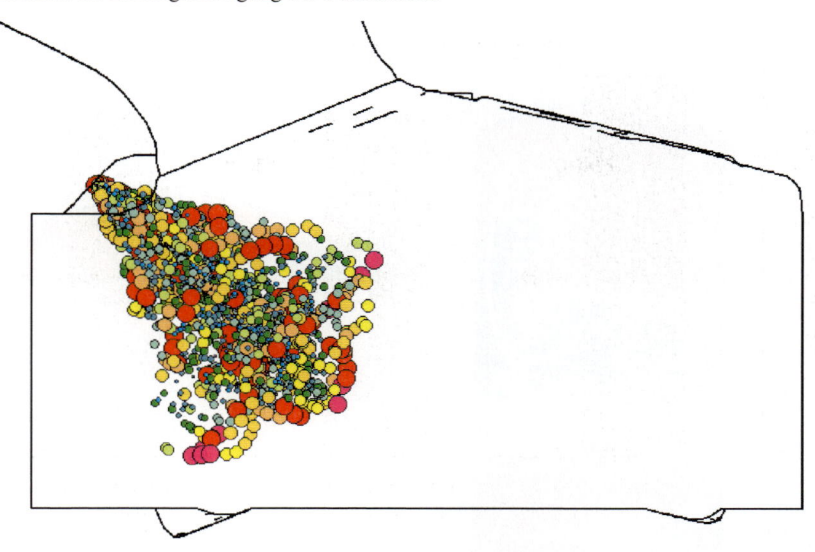

Abb. 4.1 Momentaufnahme des gerechneten Sprays während des Einspritzvorgangs

Die Anfangsgeschwindigkeit der eingebrachten Tropfen, der Kegelwinkel des Sprays und das Durchmesserspektrum wurden Versuchen aus der Einspritzkammer entnommen.

Im Abb. 4.2 sind die berechneten Verteilungen des Luftverhältnisses λ am Ende des Einlasstakts bei 540 °KWnZOT und im Bereich der Gemischentflammung bei 690 °KWnZOT für die untersuchten Konzepte der einlassseitigen Querschnittsänderung dargestellt. Bereiche mit roter Farbe repräsentieren mageres Gemisch, Bereiche mit blauer Farbe angereichertes Gemisch. Für die hellgrünen Bereiche liegt etwa stöchiometrisches Gemisch vor.

Am Ende des Einlasstakts ist zu erkennen, dass die Version mit Kanalabdeckung bedingt durch die intensivierte Tumble-Strömung einen schnelleren Transport der Gemischwolke in Richtung Brennraumdach zur Folge hat. Die Version mit Kanalabschaltung und Drall-Strömung führt aufgrund der hohen Strömungsgeschwindigkeiten im Brennraum zu einem intensivierten Wärme- und Stoffaustausch zwischen Gasphase und Tropfen. Daraus resultiert die im Vergleich zur Basis-Variante große Gemischwolke.

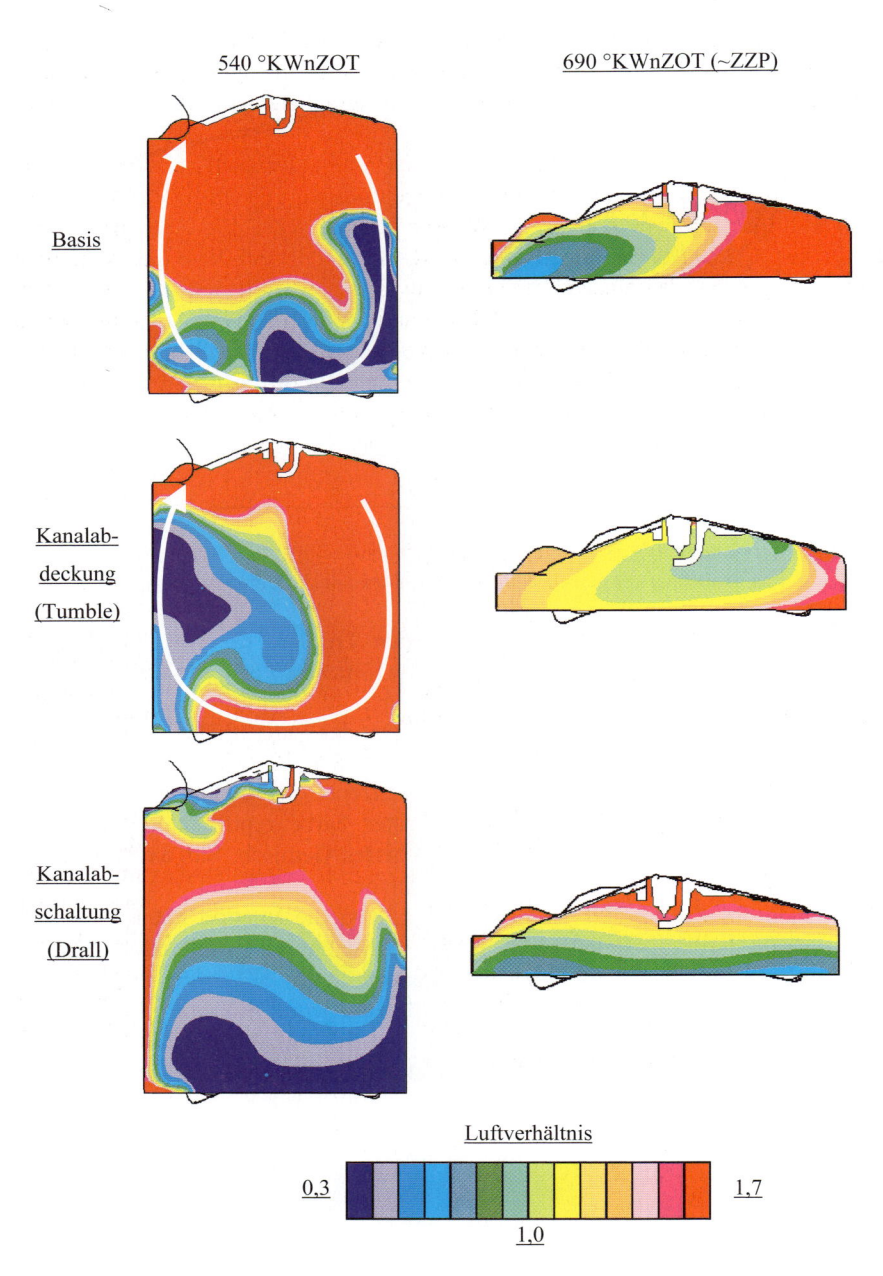

Abb. 4.2 Luftverhältnis λ für die verschiedenen Formen der Zylinderinnenströmung

Es ist jedoch bereits zu diesem Zeitpunkt zu erkennen, dass sich für die Kanalabschaltung eine Schichtung im Brennraum einstellt, die ein angereichertes Gemisch im Bereich des Kolbens und ein zunehmend mageres Gemisch Richtung Brennraumdach verursacht.

Bei 690 °KWnZOT zeigt sich, dass die Varianten mit veränderten Einlassquerschnitten aufgrund der intensivierten Ladungsbewegung ein rascheres Verdampfen des Kraftstoffs zur Folge haben. Während bei der Basis-Variante große Gradienten im Luftverhältnis zu beobachten sind, führen die beiden übrigen Varianten zu einer insgesamt gleichmäßigeren Gemischverteilung. Es ist jedoch ebenfalls zu erkennen, dass nur die Variante mit Kanalabdeckung (Tumble) zu einer guten Homogenisierung im Brennraum und insbesondere im Bereich der Zündkerze führt. Die Variante mit Kanalabschaltung (Drall) behält die bereits erläuterte Schichtungscharakteristik während des kompletten Kompressionstakts bei und führt so zu einem mageren Gemisch im Bereich der Zündkerze.

5   Einfluss auf Verbrennung und Verbrauch

Für die Gemischentflammung ist die erläuterte Schichtung bei Kanalabschaltung trotz hoher Turbulenz ungünstig. Dies gilt insbesondere bei hohen Abgasrückführraten. Mit Versuchen am Motorenprüfstand, die die Entdrosselung des Ladungswechsels zum Ziel hatten, konnten die Ergebnisse experimentell bestätigt werden. Als Maß für die Verbrennungsstabilität wurde der Variationskoeffizient des indizierten Mitteldrucks (COV_{pmi}) betrachtet.

Abb. 4.3 zeigt diese Größe in Abhängigkeit der externen Abgasrückführrate. Es ist zu erkennen, dass jede Variante bei einer spezifischen Restgasrate den spezifizierten Grenzwert von 3 % erreicht. Die Variante mit Kanalabdeckung erreicht dabei die höchsten Abgasrückführraten und hat damit das höchste Potenzial zur Kraftstoffreduzierung. Gegenüber der Basis-Variante wirken sich die erhöhte Turbulenz und die gute Homogenisierung positiv auf die stabile Gemischentflammung aus. Für die Variante mit Kanalabschaltung werden trotz hoher Turbulenz nicht die Abgasrückführraten der Basis-Variante erreicht. Dies ist auf die in Abb. 4.2 dargestellte Schichtung im Brennraum zurückzuführen.

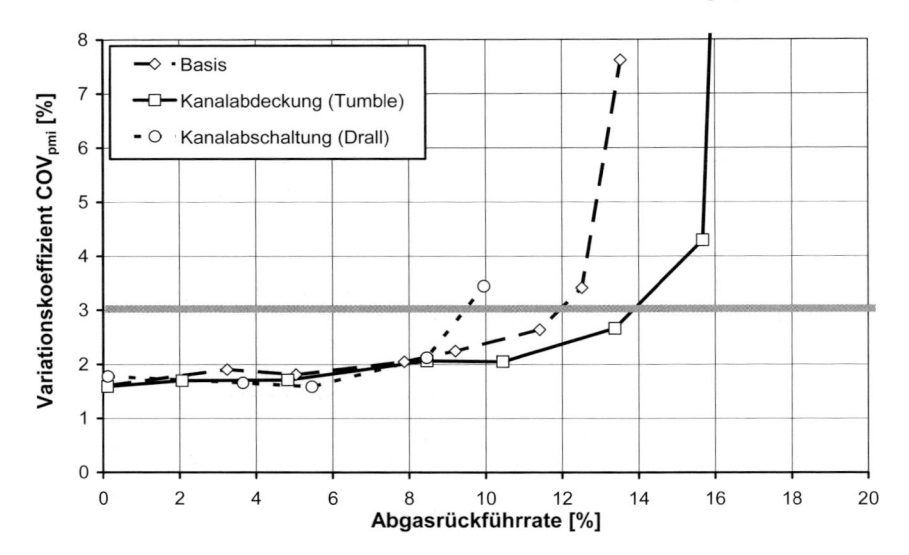

Abb. 4.3 Variationskoeffizient des indizierten Mitteldrucks (COV_{pmi}) in Abhängigkeit der externen Abgasrückführrate

Abb. 4.4 wiederum zeigt das daraus resultierende Potenzial im Hinblick auf den Kraftstoffverbrauch. Die Tendenz aus Abb. 4.3 schlägt sich im Kraftstoffverbrauch nieder. Die Variante mit Kanalabdeckung zeigt gegenüber der Basis-Variante ein Potenzial von 2 bis 3 %.

Aus diesen Überlegungen folgt, dass nicht nur der Betrag der Ladungsbewegung und der Turbulenz sondern auch die Art der Zylinderinnenströmung großen Einfluss auf die Gemischaufbereitung und Entflammung haben. Experimentell konnte etwa gezeigt werden, dass eine Kanalabschaltung mit unvollständig verschlossenem Kanal deutlich höhere Werte für die Abgasrückführraten und damit einen geringeren Verbrauch ermöglicht.

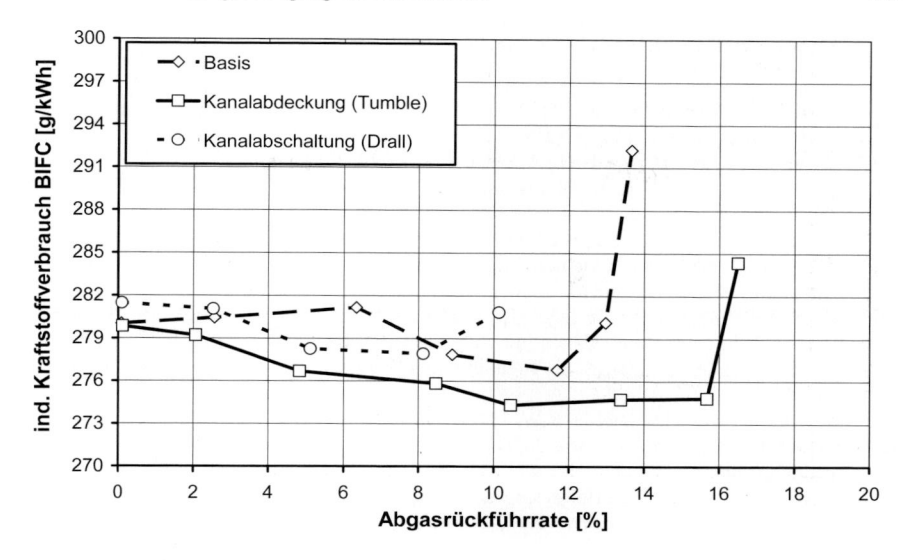

Abb. 4.4 Indizierter Kraftstoffverbrauch in Abhängigkeit der externen Abgasrückführrate

6 Ausblick

Die vorhergehenden Ausführungen zeigten, dass die Simulation wesentliche Rückschlüsse auf die Restgasverträglichkeit eines Brennverfahrens und damit auf dessen Potenzial zur Reduzierung des Kraftstoffverbrauchs leisten kann. Eine rechnerische Voraussage des Verbrauchs mittels der Simulation ist noch Gegenstand derzeitiger und zukünftiger Forschung. In [7] wird ein Verfahren zur Voraussage der Restgasverträglichkeit bei niedrigen Lastpunkten vorgeschlagen. Es werden weitere Untersuchungen notwendig sein, um eine Verifizierung anhand einer breiten Datenbasis vorzunehmen. Zudem müssen weitere Anstrengungen unternommen werden, um die Wandwärmeverluste vorauszuberechnen, was insbesondere bei Verfahren mit unterschiedlichen Arten der Ladungsbewegung wichtig ist. Es sei zudem auf die derzeitige Entwicklung von Zündmodellen und die Berechnung zyklischer Schwankungen mit Hilfe der LES (*Large Eddy Simulation*) verwiesen, die beide bei ausreichender Erfahrung zu einem vertieften Verständnis der innermotorischen Vorgänge beitragen werden.

6 Literatur

[1] Lückert, P.; Waltner, A.; Rau, E.; Vent, G.; Wolf, H.-C.: „Der neue V6-Ottomotor M272 von Mercedes-Benz", MTZ 6/2004

[2] Wurms, R.; Kuhn, M.; Zeilbeck, A.; Adam, S.; Krebs, R.; Hatz, W..: „Die Audi Turbo FSI Technologie", 13. Aachener Kolloquium Fahrzeug- und Motorentechnik 2003, S. 995 - 1017

[3] Gebhard, P.; Grebe, U.-D.; Reinheimer, G.; Prüfer, R.; Zimmermann, J., Dickgreber, F.: „Die neue Generation der kleinen Ottomotorenfamilie für den Opel Corsa", 12. Aachener Kolloquium, Fahrzeug- und Motorenentwicklung, 2002

[4] Lauer, T.; Hofmann, P.; Geringer, B.; Grebe, U.-D., Buhr, R.; Scharrer, O.: „Bewertung turbulenzsteigernder Maßnahmen mit Hilfe der CFD-Rechnung am Beispiel eines Ottomotors mit Kanaleinspritzung", 1. Tagung Motorprozesssimulation und Aufladung, Berlin, 2005

[5] Warnatz, J.; Maas, U.; Dibble, R.W.: „Verbrennung", Springer Verlag, 3. Auflage, 2001

[6] Merker, G.P.; Schwarz, C.; Stiesch, G.; Otto, Frank.: „Verbrennungsmotoren", Teubner, 3. Auflage, 2006

[7] Geringer, B.; Lauer, T.: „Bewertung der Restgastoleranz bei homogenen Brennverfahren für hohe Abgasrückführraten", MTZ 2/2008

Empfindlichkeitsanalyse an einem Common-Rail-Einspritzsystem

H. Haberland, H. Tschöke, L. Schulze

Kurzfassung

Die Emissionen sowie der Kraftstoffverbrauch von modernen schnelllaufenden Dieselmotoren mit Direkteinspritzung sind vom Verlauf der Kraftstoffeinspritzung abhängig. Daher ist insbesondere im Kontext der strenger werdenden Abgas-Emissionsgesetzgebung für Pkw-Motoren eine immer umfangreichere und genauere Kenntnis des Einspritzverlaufs und der die inneren Vorgänge des Einspritzsystems beeinflussenden Parameter erforderlich.

In diesem Artikel wird eine Empfindlichkeitsanalyse an einem Common-Rail-Einspritzsystem für Pkw mit Hilfe der Simulation vorgenommen. Dafür wird ein hydraulisch-mechanisches 1D-Simulationsmodell entwickelt und verifiziert.

Für die Empfindlichkeitsanalyse des Einspritzsystems werden Wirkungen und Wechselwirkungen von insgesamt 46 Parametern untersucht. Aufgrund der großen Anzahl werden die Methoden der statistischen Versuchsplanung (DoE) in Kombination mit der Regressionsanalyse angewendet. Sie werden für die Anwendung auf Verlaufsgrößen (Einspritzratenverlauf) weiterentwickelt.

Die Analysen werden in vier Betriebspunkten in je drei verschiedenen Variationsbereichen der Parameter durchgeführt. Es werden der Auslegungsbereich (z.B. Bauteilvariationen), der Veränderungsbereich (z.B. Verschleiß) und der Toleranzbereich (z.B. Zeichnungstoleranzen) definiert. Die Ergebnisse werden für den Toleranzbereich wiedergegeben.

1 Einführung

Der Pkw-Dieselmotor hat in den vergangenen Jahren eine rasante Entwicklung erfahren. Mit der Einführung von Technologien, wie Abgas-Turboaufladung, Direkteinspritzung und elektronischer Steuerung konnten Nachteile gegenüber dem Benzinmotor wie lautes Motorgeräusch, geringe Dynamik und z.T. starke Rußemission bei gleichzeitiger Erhöhung des Wirkungsgrades relativiert und teilweise überkompensiert werden.

Weitere Anforderungen sind vor allem durch die zunehmend schärfere Abgas-Emissionsgesetzgebung zu erwarten. Dazu zählt auch die Überwachung der Emissionen über die Laufzeit des Fahrzeugs. Die Forderungen zur Reduktion des CO_2-

Ausstoßes stellen insbesondere im Kontext mit der aktuellen Klimadiskussion eine weitere Triebkraft für künftige Entwicklungen dar.

Aus innermotorischer Sicht ist zur Erfüllung dieser Anforderungen eine für jeden Betriebspunkt und über die Laufzeit optimale Anpassung der Gemischbildung an das Brennverfahren nötig. Die zentrale Baugruppe dafür ist das Einspritzsystem.

Die Güte der Gemischbildung ist dabei von der Präzision und der Flexibilität der Einspritzung abhängig. Das größte Potenzial beides umzusetzen bietet das Common-Rail-Einspritzsystem.

Da sich Abweichungen des Einspritzverlaufs direkt auf die Gemischbildung und Verbrennung im Motor auswirken sind für weitere Verbesserungen der Einspritzung weiter reichende Kenntnisse der inneren Vorgänge des Common-Rail-Einspritzsystems notwendig. Diese können durch eine umfangreiche Empfindlichkeitsanalyse erlangt werden. Zweckmäßiges Mittel dafür ist die Simulation, da alle Variationen nahezu frei und präzise eingestellt werden können.

Der vorliegende Artikel beschreibt die Vorgehensweise, die Ergebnisse und die Konsequenzen die sich daraus für die weitere Entwicklung des betrachteten Systems ergeben.

2 Modellierung des Common-Rail-Einspritzsystems

Die Empfindlichkeitsanalyse mittels der Simulation erfordert ein Simulationsmodell, das auch zuverlässige Ergebnisse liefert, wenn die Parameter außerhalb des verifizierten Bereichs liegen. Es wird also extrapolierend verwendet. Alle im Modell implementierten Effekte sind damit weitestgehend in ihrer physikalischen Wirkung darzustellen. Phänomenologische Modelle aus Kennwerten, Kennlinien oder empirischen Gleichungen können bei extrapolierter Anwendung zu Abweichungen vom realen Verhalten führen und werden, soweit wie möglich, vermieden. Dies kann für die Kavitation nicht realisiert werden, da hierfür kein allgemeines, determiniertes und physikalisches Modell vorliegt. Das Auftreten von Kavitation gilt bei Vorliegen aller Bedingungen als stochastisch; Daher muss hier auf Kennwerte zurückgegriffen werden.

Es wird ein adiabates 1D-Simulationsmodell des Einspritzsystems erstellt. Die Interaktion zwischen den Zylindern sowie die Pumpenpulsation werden vernachlässigt. Das Simulationsmodell besteht deshalb aus einem detailliert modellierten Injektor, dem Railvolumen, den Einspritzleitungen zwischen Injektor und Rail und zwischen Rail und Pumpe sowie der als Konstantdruckquelle modellierten Pumpe. Als Simulationstool dient das Programm AMESim. Das Modell wird detailliert in [1] beschrieben.

Die wesentlichen funktionalen Bauteile des Injektors, die einer gesonderten messtechnischen Untersuchung zugänglich sind, werden separat verifiziert. Im folgenden Abschnitt wird die Verifikation des Gesamtmodells dargestellt.

3 Verifikation des Simulationsmodells

Im gesamten Einspritzsystem sind die beschriebenen Module rückwirkungsbehaftet miteinander verbunden. Das macht neben Verifikationen dieser einzelnen Module eine Verifikation des Gesamtmodells notwendig.

Ein Kennzeichen für ein physikalisches Simulationsmodell ist, dass es in einem weiten Parameterbereich zuverlässige Ergebnisse liefert und alle Modellelemente eine gute Übereinstimmung mit Messwerten aufweisen. Die Verifikation des Gesamtmodells erfordert daher den Abgleich mit vielen Messwerten über einen großen Betriebsbereich.

Abbildung 1 und Abbildung 2 zeigen die Gegenüberstellungen simulierter Verlaufsgrößen mit gemessenen aus dem Gesamtsystem in vier Betriebspunkten. Die Triggerung der Verläufe erfolgt jeweils am Bestromungsbeginn.

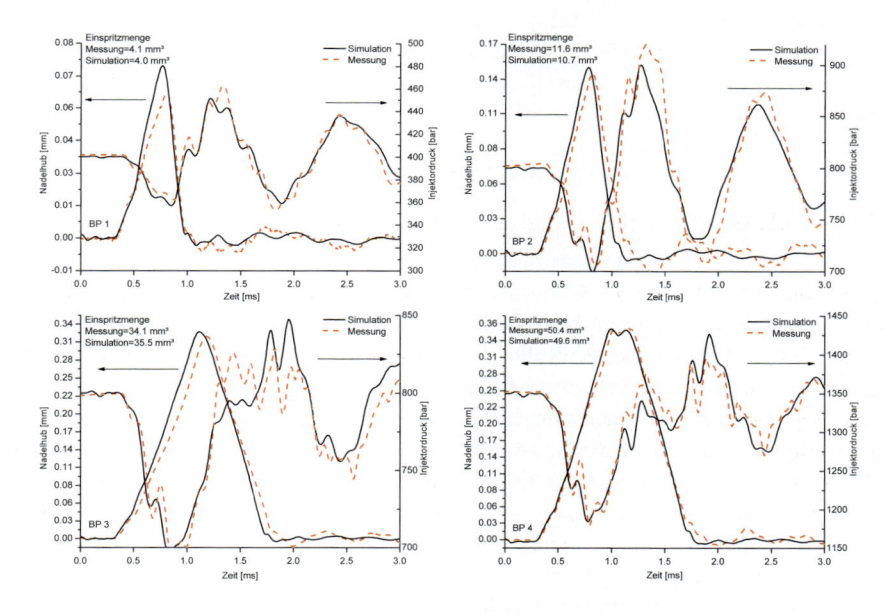

Abb. 1: Verifikation des Gesamtmodells mit Düsennadelhub und dem Druck im Injektor

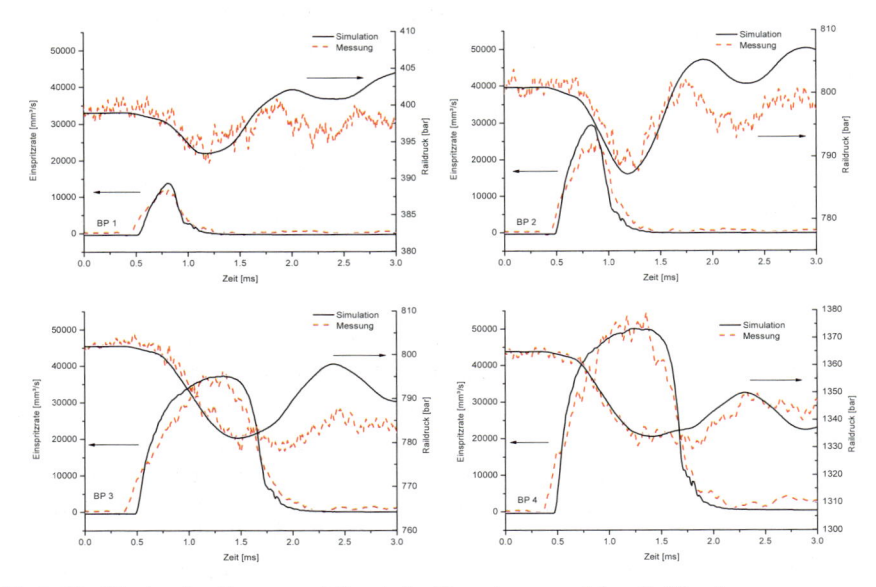

Abb. 2: Verifikation des Gesamtmodells mit der Einspritzrate und dem Raildruck

Die Verläufe und die Einspritzvolumina zeigen über alle Betriebspunkte eine gleichmäßig gute Übereinstimmung. Die Abweichungen beim Druck im Rail betragen maximal etwa 10 bar und treten erst nach dem Einspritzereignis auf. Die Einspritzrate wird daher nicht wesentlich durch diese Abweichung beeinflusst. Ursache ist das durch die vereinfachte Modellierung der Hochdruckpumpe abweichende Nachfließverhalten des Kraftstoffes in das Rail.

Abbildung 3 zeigt Gegenüberstellungen der Mengenkennlinien bei verschiedenen Raildrücken. Sie wurden jeweils punktuell erfasst. Die Kennlinien stimmen ab einer Ansteuerdauer von etwa $t_A=0.2$ ms gut überein.

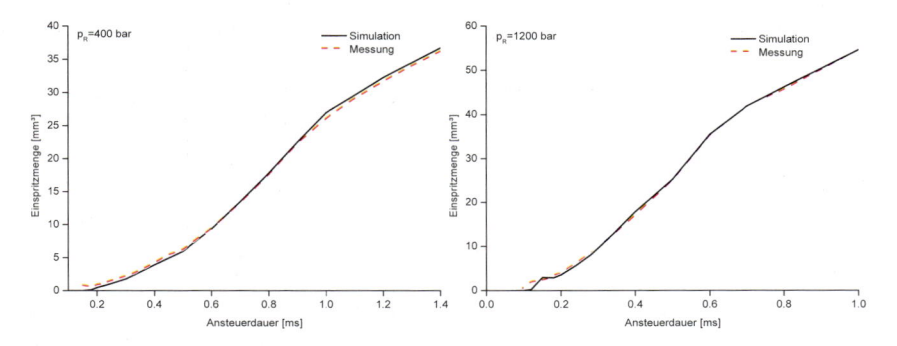

Abb. 3: Verifikation des Modells mit Einspritzmengenkennlinien

Die guten Übereinstimmungen der Simulationsergebnisse mit den Messwerten über einen großen Betriebsbereich bestätigen die Eignung des Simulationsmodells für die Empfindlichkeitsanalyse. Die Untersuchungen können in den vier untersuchten Betriebspunkten durchgeführt werden.

4 Empfindlichkeitsanalyse

4.1 Anwendung der statistischen Versuchsplanung

Eine vollständige Analyse jedes einzelnen möglichen Parameters und dessen Wechselwirkungen lässt sich nur durch Einsatz der Methoden der statistischen Versuchsplanung (Design of Experiments - DoE) sinnvoll durchführen. Gleichzeitig fördert eine Anwendung dieser Verfahren eine strukturierte Datenanalyse und erhöht damit die Qualität der Auswertung [2]. Für die Auswertung von Versuchsreihen, die mit statistischen Methoden geplant werden, bietet sich die Regressionsanalyse an. Damit werden die komplexen realen Zusammenhänge, oder wie hier die des Simulationsmodells, durch mathematisch gut auswertbare Polynome angenähert.

Jeder Term des Polynoms besitzt eine Wirkung. Polynome können konstante und lineare Terme, Terme höherer Ordnung sowie Wechselwirkungen der Parameter enthalten. Dabei bezeichnen Wechselwirkungen entgegen dem Wortsinn Wirkungen, die mehrere Parameter nur bei gemeinsamer Veränderung auf die Zielgröße ausüben.

Das so erhaltene Polynommodell wird zur Abschätzung der jeweiligen Zielgröße benutzt. Der dabei entstehende Fehler kann durch die statistischen Methoden der Regressionsanalyse abgeschätzt werden. Dieser Fehler beschreibt die Abweichung der approximierten von der realen (simulierten) Zielgröße und wird als Residuum bezeichnet.

Residuen gelten als die statistische Schätzung des Messfehlers [3]. Sie beinhalten aber ebenso die Fehler des Regressionsmodells. Im Falle der hier behandelten Simulation liegen die „Messfehler", d.h. die Streuung der Simulationsergebnisse bei gleichen Eingangswerten im Bereich der numerischen Ungenauigkeit des Rechenverfahrens und können daher vernachlässigt werden. Damit beschreiben die Residuen in diesem Artikel ausschließlich die Ungenauigkeit des Regressionsmodells.

Bei der Wahl des Regressionsmodells ist ein Optimum zwischen zwei gegenläufigen Tendenzen zu finden. Das ergibt zum Einen einen geringeren Versuchs- (Simulations) Aufwand bei reduzierter Genauigkeit mit einfachem Regressionsmodell und zum Anderen einen umfangreichen Versuchsplan mit einem genauen Modell. Die optimale Versuchsplanung stellt dafür einige Kriterien bereit (z.B. A-,

D- und G-Optimalität [4]). Sie sind von den gewünschten Eigenschaften des Versuchsplans und dem Ziel der jeweiligen Untersuchung abhängig.

Im hier behandelten Fall der Simulation unterliegen weder die Parameter noch die Zielgrößen einer statistischen Verteilung. Die Vorgabe gleicher, jeweils determinierter Parameter, führt immer zu identischen Zielgrößen. Kriterien, die eine Minimierung der Streuung von Parametern oder Zielgrößen zum Ziel haben, sind daher nicht zweckmäßig. Ebenso kann jeder Parametersatz des Simulationsmodells nahezu gleich schnell und genau eingestellt werden. Eine spezielle Berücksichtigung der Versuchsreihenfolge muss darum nicht erfolgen. Zusätzliche Beschränkungen seitens der Simulation bestehen in Bezug auf den Variationsbereich der Parameter im Allgemeinen nicht.

Es sollen daher Versuchspläne verwendet werden, die ohne weitere Einschränkungen zur möglichst genauen Wiedergabe der Zielgröße (für den untersuchten Bereich) durch die Regressionsfunktion führen. D-optimale Versuchspläne erfüllen das durch die Minimierung der zu erwartenden Vorhersagefehler für die Zielgrößen [5]. Zudem besitzen Versuchspläne, die in einem Optimalitätskriterium eine hohe Effizienz haben auch in den meisten anderen Kriterien hohe Effizienzen [2]. Es wird für die weiteren Untersuchungen deshalb das D-Optimalitätskriterium verwendet.

Für die Durchführung der statistischen Versuchsplanung und der Regressionsanalyse in diesem Artikel wird das Programmpaket RS/Series der Brooks Automation Inc., Chelmsford, USA ausgewählt [3]. Es bietet eine komplette Unterstützung für die Parameter- und Zielgrößeneingabe, die Erstellung der Regressionspolynome, die Entwicklung der Versuchspläne und die Regressionsanalyse [6].

4.2 Definition der Zielgrößen

Um den Verlauf einer Einspritzung analysieren zu können wird der Einspritzratenverlauf als Zielgröße der Untersuchungen ausgewählt. Die bisherigen Anwendungen der statistischen Versuchsplanung gestatteten jedoch nur Skalare als Ergebnis der Regressionsgleichungen. Daher wird die Methodik so erweitert, dass auch Verlaufsgrößen, wie der Einspritzratenverlauf als Zielgrößen verwendet werden können. Diese Möglichkeit ergibt sich durch die zeitliche Diskretisierung des Verlaufs, was bei Mess- und Simulationsergebnissen ohnehin der Fall ist.

Die statistische Versuchsplanung verlangt die Definition der Zielgrößen y_i. Sie gestattet jedoch eine theoretisch unbegrenzte Anzahl von Zielgrößen. Der Versuchsaufwand wird dadurch nicht beeinflusst. Die Einspritzrate in jedem dieser Zeitschritte t_i des diskretisierten Einspritzratenverlaufs kann als eine Zielgröße definiert werden. Abbildung 4 zeigt ein vereinfachtes Beispiel dieser kartesischen Diskretisierung.

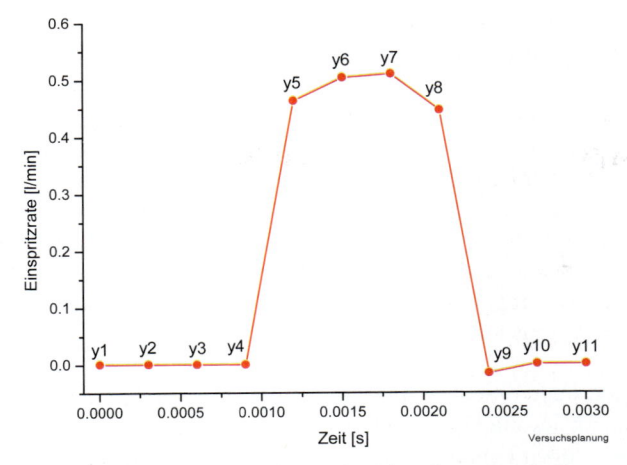

Abb. 4: Beispiel einer Diskretisierung des Einspritzratenverlaufs

Im Ergebnis der Regressionsanalyse steht dann für jeden Zeitschritt des Einspritzratenverlaufs eine Regressionsgleichung in Abhängigkeit aller untersuchten Parameter zur Verfügung.

Dieses Vorgehen beinhaltet zwei Hauptvorteile gegenüber der Analyse einzelner Zielgrößen. Zum Einen können die Einflüsse der Parameter für jeden gewählten Zeitschritt isoliert (z.B. zu Einspritzbeginn) oder im gesamten Verlauf der Einspritzung (z.B. Gestalt, Flankensteigungen) untersucht werden. Der Informationsgehalt der Ergebnisse ist damit erheblich größer. Zum Anderen ist es mit den Regressionsgleichungen möglich, den Einspritzratenverlauf jeder beliebigen Kombination der Parameter ohne vorherige Simulationen zu berechnen.

Die Fehlerwahrscheinlichkeiten der so berechneten Verläufe lassen sich im Rahmen der statistischen Analyse bestimmen.

Vorversuche ergaben eine ausreichende Punktdichte bei einem Diskretisierungsabstand von 0.1 ms. Um alle Einspritzratenverläufe mit den gleichen Verfahren und Werkzeugen auswerten zu können, wird für alle Simulationsdurchgänge eine Dauer von 3 ms festgelegt. In jedem Fall wird damit ein vollständiges Einspritzereignis umfasst. Daraus ergeben sich 31 äquidistante Zeitschritte, die jeweils die Zielgrößen der Regressionsanlayse sind.

Zusätzlich wird das Einspritzvolumen als Zielgröße verwendet. Die Analysen werden in vier Betriebspunkten (BP1 – BP4) vorgenommen, die den gesamten Leistungsbereich eines entsprechenden Motors repräsentieren.

4.3 Festlegung der Parameter und Variationsbereiche

Die Variationsbereiche der Parameter werden durch verschiedene Kriterien festgelegt. In der Serienfertigungsphase unterliegen fast alle Parameter Toleranzen. Sie bilden die **Toleranzbereiche** für die Simulation [7]. Die Toleranzen der Parameter werden von den Herstellern im Allgemeinen nicht bekannt gegeben. Daher werden sie zunächst abgeschätzt.

Im Betrieb des Einspritzsystems treten Verschleiß und unter Umständen Verformung der belasteten Bauteile, Alterung und andere Veränderungen (z.B. Verkokung der Düse) auf. Das wird nachfolgend als **Veränderungsbereich** bezeichnet. Die Bereichsgrenzen werden anhand von Erfahrungswerten abgeschätzt.

Bei der Auslegung des Einspritzsystems ist es nützlich, die Auswirkungen von Variationen einzelner Parameter zu kennen, um Entscheidungen zielgerichtet treffen zu können. Diese **Auslegungsbereiche** werden in dieser Arbeit anhand bekannter Parameter anderer ausgeführter Systeme, Zielgrößen und technischer Grenzen festgelegt.

Einige Parameter unterliegen nicht in allen Bereichen Variationen. Daher entfallen einige Parameter im jeweiligen Variationsbereich. In diesem Beitrag wird wegen des ansonsten zu großen Umfangs nur der Toleranzbereich betrachtet. Eine umfassende Analyse aller Variationsbereiche wird in [1] dargestellt.

Tabelle 1 zeigt die Zusammenstellung aller berücksichtigten Parameter und deren Variationsbereiche für den Toleranzbereich.

Tabelle 1: Verwendete Parameter des Toleranzbereichs und deren Variationsbereiche.

Parameter	Abkürzung	Einheit	Minimum	Maximum
Widerstandsbeiwert Magnetventilsitz	XSIMVSITZ	-	0.95	1.05
Widerstandsbeiwert Düsenloch	XIDL	-	0.67	0.77
Widerstandsbeiwert Ablaufdrossel	XIAD	-	0.95	1.05
Widerstandsbeiwert Zulaufdrossel	XIZD	-	0.9	1
Kavitationszahl Düsenloch	KDL	-	1.5	1.7
Kavitationszahl Ablaufdrossel	KAD	-	1.6	1.8
Kavitationszahl Zulaufdrossel	KZD	-	1.9	2.1
Durchmesser Magnetventilkugel	DKUGEL	mm	1.349	1.351
Durchmesser Düsenloch	DDL	mm	0.179	0.181
Durchmesser Ablaufdrossel	DAD	mm	0.227	0.229
Durchmesser Zulaufdrossel	DZD	mm	0.209	0.211
Sitzwinkel Magnetventil	ALPHASITZ	°	139	141
Sitzwinkel Düsennadel (halber Winkel)	ALPHADS	°	59	61
Restluftspalt Ankerplatte	HSPALT	mm	0.099	0.101
Federkraft Magnetventilschließfeder	FMV	N	67	69
Federkraft Ankerplattenfeder	FAP	N	12.75	13.75
Federkraft Düsenschließfeder	FDSF	N	29	31
Faktor Ansteuerstrom	FI	-	0.95	1.05
viskose Dämpfung Düsennadel	RVISKDN	$N/(m/s^2)$	5	15
maximaler Magnetventilhub	HMVMAX	mm	0.049	0.051
maximaler Düsennadelhub	HDNMAX	mm	0.199	0.201

Leckspalthöhe Düsennadel/Steuerkolben	HLECK	mm	0.001	0.003
Brennraumgegendruck	PG	bar	60	70
obere Kavitationsschwelle (bez. auf atmosphärischen Druck)	PKO	bar	-0.4	-0.2
untere Kavitationsschwelle (bez. auf atmosphärischen Druck)	PKU	bar	-0.7	-0.5
Gasgehalt im Kraftstoff (ungelöst)	XGAS	-	0	0.5
Kraftstoffdichte	RHO	kg/m³	820	845
Kraftstoffviskosität (kinematisch)	NY	cSt	2	4.5
Kraftstoffkompressibilitätsmodul	E	bar	13500	29500
Durchmesser Steuerkolben	DSK	mm	4.299	4.301
Durchmesser Düsennadel	DDN	mm	3.999	4.001
Masse Ankerplatte	MAP	kg	3.45	3.52
Sacklochvolumen Düse	VDR	mm³	0.149	0.151
Volumen Steuerraum	VSR	mm³	0.0096	0.0098
Durchmesser Druckbohrung Injektor	DDB	mm	2.499	2.501

4.4 Beschreibung des Vorauswahlverfahrens (Screening)

Die Festlegung der Parameter in Abschnitt 4.3 ergibt eine Anzahl von 35 Parametern für den Toleranzbereich, deren Wirkungen und Wechselwirkungen auf die Einspritzung untersucht werden sollen. Wenn auch die optimale und teilfaktorielle Versuchsplanung den Versuchsaufwand erheblich reduziert, ist eine gleichzeitige Analyse aller Parameter zu komplex. Zudem wird bei der Erstellung der Kandidatenliste, aus der der Versuchsplan zusammengestellt wird, von einem vollfaktoriellen Versuchsplan ausgegangen. Das kann von der vorgegebenen Hard- und Software nicht bewältigt werden und ist nicht effizient. Es ist daher eine Aufteilung der Parameter vorzunehmen.

Weiterhin ist es möglich, dass einzelne Parameter starke und andere Parameter um Größenordnungen geringere Wirkungen besitzen, die jedoch auch signifikant sind. Aufgrund der aus allen Faktoren berechneten Modellungenauigkeit kann die geringere Wirkung dabei überdeckt werden und würde nicht erkannt. Daher ist es zweckmäßig, die Wirkungen entsprechend ihrer Größe für die Analyse in Gruppen einzuteilen. Zur Identifikation der stärksten Wirkungen wird daher für jeden Variationsbereich ein vereinfachtes Vorauswahlverfahren (Screening) durchgeführt. Die Auswahlkriterien werden nachfolgend vorgestellt.

Um die Effekte in den Phasen einer Einspritzung (ansteigende und abfallende Flanke und Plateau des Einspritzratenverlaufs) getrennt erfassen zu können, werden die Regressionskoeffizienten über die jeweiligen Zeitschritte dieser Phasen aufsummiert. Die so bestimmten Effektsummen S_b geben die Wirkung des jeweiligen Parameters in den Phasen der Einspritzung wieder.

$$S_{bi} = \sum_{j=n}^{m} |b_{ij}| \quad (1)$$

Dabei sind m und n die Zeitschritte, die die jeweilige Flanke (ansteigend, abfallend oder Plateau) begrenzen. Die Zuordnung erfolgt visuell anhand des mittleren Einspritzratenverlaufs.

Im Weiteren ist zu untersuchen, inwieweit die Effekte signifikant gegenüber anderen Einflüssen sind. Die statistische Auswertung von Simulationen erfordert eine gegenüber der Messtechnik abgewandelte Definition von Signifikanz. Im herkömmlichen Sinne ist eine Aussage signifikant, wenn sie in einem festzulegenden Maß über Auswirkungen zufälliger Störungen hinaus geht. Simulationsergebnisse weisen jedoch keine bzw. nur eine numerische und damit zu vernachlässigende Streuung auf.

Die Signifikanz wird daher auf die Ungenauigkeit des Regressionsmodells bezogen. Die Residuen des Modells stellen diese Ungenauigkeit dar. Sie können entsprechend dem Vorgehen bei zufälligen Messfehlern mit der Standardabweichung als mittlere Abweichung behandelt werden. Dafür wird der *RMS*-Fehler (Root Mean Squared Error) verwendet [3].

Als signifikant wird ein Parameter im Screening dieser Arbeit bezeichnet, wenn der Betrag des Regressionskoeffizienten $|b_{ij}|$ größer als der RMS-Fehler des Regressionsmodells ist. Der Quotient dieser Größen wird als Signifikanzquotient k_{Sig} eingeführt.

$$k_{Sig.ij} = \frac{|b_{ij}|}{RMS} < 1 \quad (2)$$

Zur Bewertung der Signifikanz eines Parameters über den gesamten Verlauf der Zielgröße werden die Signifikanzquotienten über die Zeitschritte zur Signifikanzsumme S_{kSig} aufsummiert.

$$S_{kSig,i} = \sum_{j=1}^{n} k_{Sig.j} \quad (3)$$

Weiterhin wird die Signifikanzhäufigkeit zur Bewertung verwendet. Sie beschreibt den Anteil der Zeitschritte, in denen ein Parameter nach Gleichung 2 als signifikant ermittelt wurde.

Zur Planung der Screenings können die Versuchspläne nach Plackett und Burman verwendet werden [2]. Sie werden nach einem festen Schema entwickelt und bedürfen darum keiner (vollfaktoriellen) Kandidatenliste. Plackett-und-Burman-Versuchspläne erfordern mindestens einen Versuch mehr, als Parameter untersucht werden. Sie sind für lineare Modelle gültig und das ist für das vorgesehene Auswahlverfahren ausreichend.

Plackett-und-Burman-Versuchspläne sind hochvermengt. Dadurch können Wirkungen eines Parameters auf andere übertragen werden. Damit ist eine quantitative Analyse der Wirkungen nicht sinnvoll. Im Einzelfall kann die Vermengung sogar zur gegenseitigen Auslöschung von Wirkungen führen. Der betreffende Parameter würde nicht als wesentlich erkannt. Die Wiederholung der Versuche mit veränderten Bedingungen und Variationsbereichen minimiert das Risiko.

Im vorliegenden Fall werden die Versuche in zwei Betriebspunkten (BP1 und BP3) jeweils nach gleichem Versuchsplan durchgeführt. Entsprechend der Parametersystematisierung in den drei Variationsbereichen (siehe Abschnitt 4.3) werden drei unterschiedliche Versuchspläne erstellt. Damit stehen insgesamt sechs Simulationsdurchgänge mit veränderten Parametern und Randbedingungen zur Verfügung. Wird ein Parameter in einem der Durchgänge als signifikant ermittelt, wird er in die Parameterliste der quantitativen Analyse übernommen. Es ist damit sehr wahrscheinlich, dass alle wesentlichen Parameter berücksichtigt werden.

4.5 Ergebnisse

4.5.1 Screening

Abbildung 5 und Abbildung 6 zeigen am Beispiel der Simulationen im Toleranzbereich bei Betriebspunkt 1 und 3 (BP 1, BP 3) die zu einem Verlauf verbundenen Einspritzraten zu den jeweiligen Zeitschritten. Die RMS-Fehler werden als Fehlerbalken der gemittelten Einspritzrate der Simulationsdurchgänge (arithmetisches Mittel) aufgetragen. Damit kann die Wiedergabequalität der Regressionsmodelle beurteilt werden.

Die Wiedergabequalität des Modells ist vor allem in der abfallenden Flanke gering. Besonders im Auslegungsbereich können die RMS-Fehler sogar größer als die mittleren Einspritzraten sein. Die Ursache ist darin zu sehen, dass in einigen Simulationsdurchgängen keine Einspritzung stattfindet oder die Einspritzung nicht endet. Ein einfaches lineares Modell kann das nur grob erfassen. Für das ausschließliche Identifizieren der wesentlichen Parameter ist die Wiedergabegenauigkeit der Regressionsmodelle jedoch nicht relevant, solange die Signifikanz der Wirkungen gegeben ist.

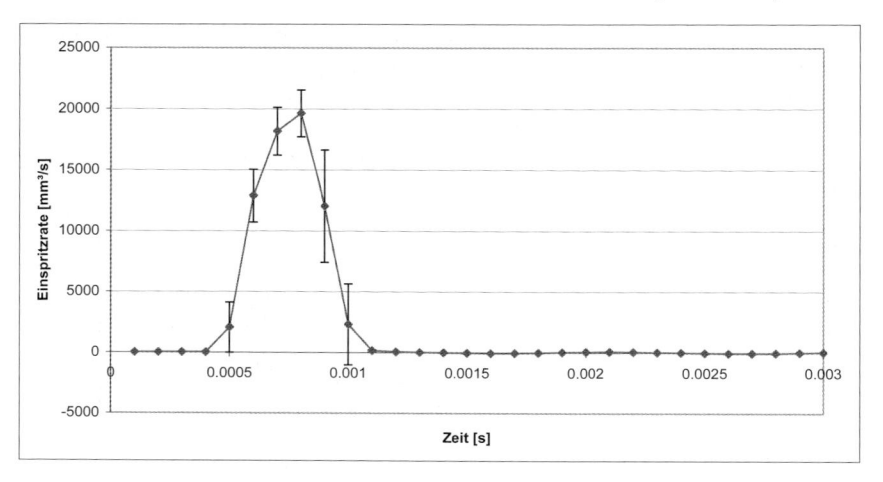

Abb. 5: Gemittelter Einspritzratenverlauf mit RMS-Fehlern (Toleranzbereich, BP1)

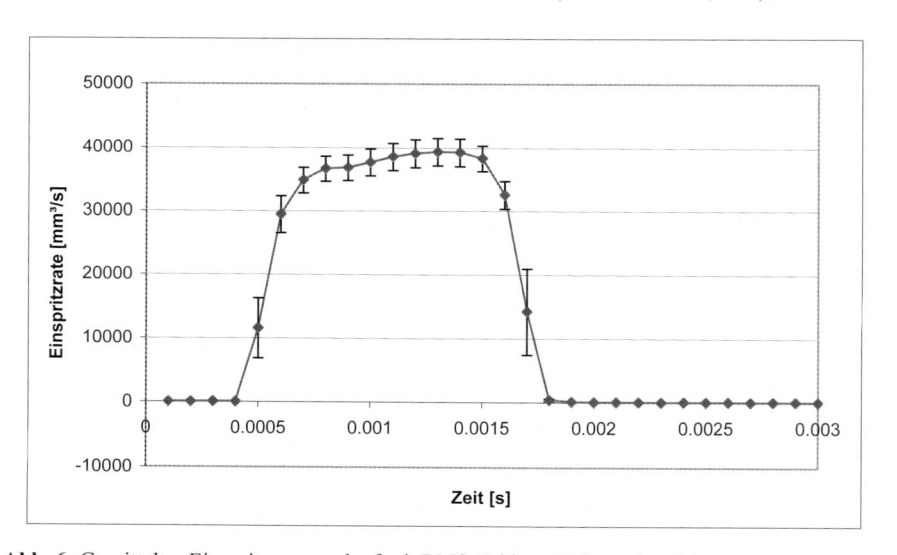

Abb. 6: Gemittelter Einspritzratenverlauf mit RMS-Fehlern, Toleranzbereich, BP3

Da sich der Versuchsplan und die Anzahl der zu untersuchenden Wirkungen mit zunehmender Anzahl stark vergrößert, sollte eine Anzahl von etwa 10 Parametern je Gruppe nicht überschritten werden. In einer zweiten Gruppe werden die entsprechend ihrer Wirkung nachrangigen Parameter vereint. Die verbleibenden Parameter werden in einer dritten Gruppe zusammengefasst. Deren Wirkungen sind in allen Variationsbereichen vergleichsweise so gering, dass auf weitere Simulationen mit ihnen verzichtet wird. Diese Gruppe kann daher mehr als 10 Parameter enthalten.

Das Auswahlverfahren kann im Folgenden am Beispiel des Toleranzbereiches nachvollzogen werden. Abbildung 7 bis Abbildung 10 zeigen die Darstellungen der Kriterien.

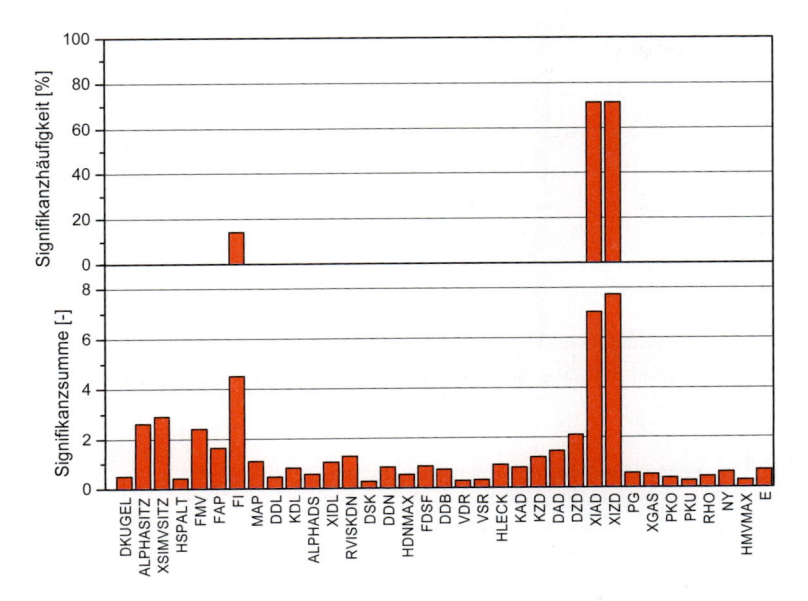

Abb. 7: Signifikanzsumme und -häufigkeit im Toleranzbereich, BP1

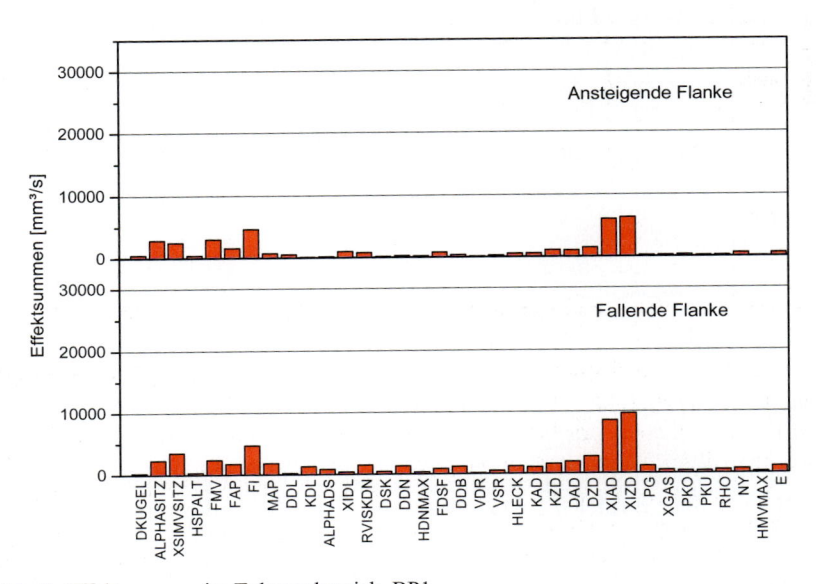

Abb. 8: Effektsummen im Toleranzbereich, BP1

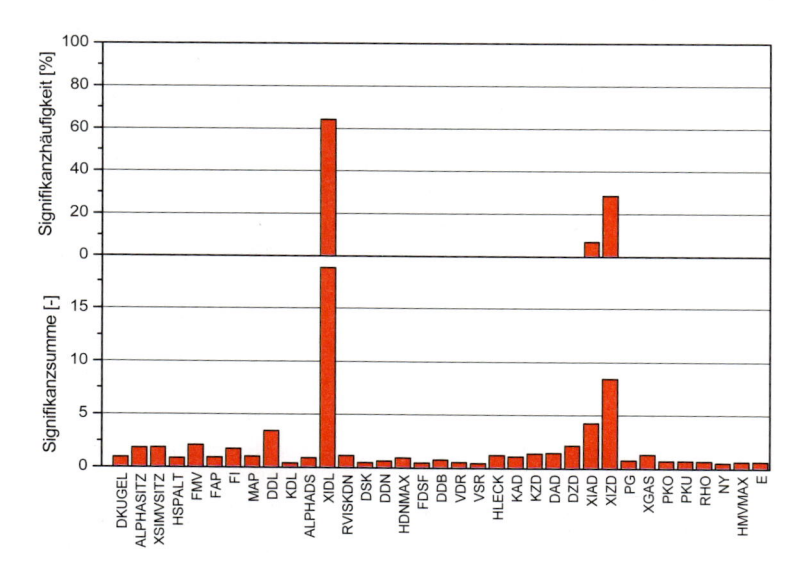

Abb. 9: Signifikanzsumme und -häufigkeit im Toleranzbereich, BP3

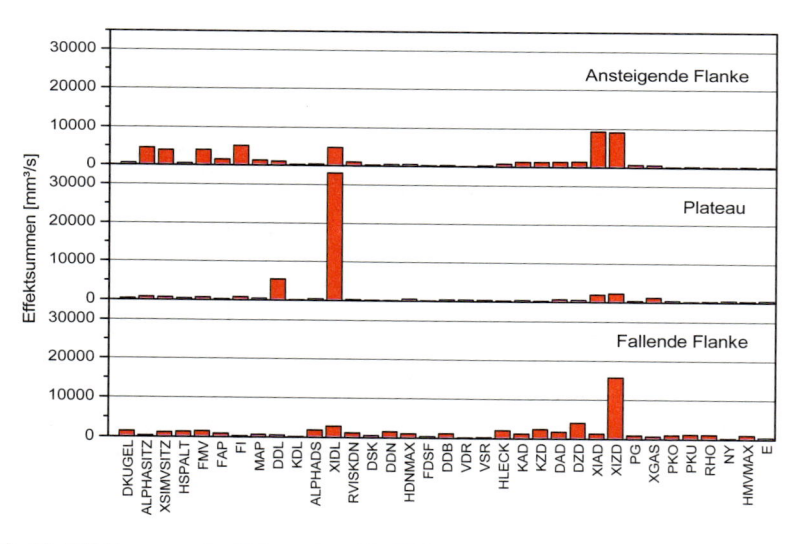

Abb. 10: Effektsummen im Toleranzbereich, BP3

Es werden zunächst die Parameter mit den größten Signifikanzhäufigkeiten beider untersuchter Betriebspunkte ausgewählt. Im vorgestellten Beispiel sind das XIZD, XIAD, XIDL und FI. Existieren weitere Parameter, die in den Effekt- oder Signifikanzsummen hervorstechen, werden sie in die Auswahl übernommen, auch wenn zuvor herangezogene Parameter zurückgestellt werden müssen. Im vorliegenden Beispiel ist das nicht der Fall. Parameter, die in den anderen Variationsbereichen eine besonders starke Wirkung gezeigt haben, werden ebenfalls übernommen. Für das Beispiel werden ALPHASITZ, DAD, DZD, KZD und FDSF aus anderen Screenings übernommen. Entsprechend der maximalen Anzahl können anhand der Signifikanzsummen weitere Parameter hinzugefügt werden. Die im Beispiel vorgestellte Gruppe 1 wird mit dem Parameter FMV aufgefüllt.

Entsprechend werden die Parameter für die Gruppe 2 ausgewählt. Die verbleibenden 15 Parameter werden in Gruppe 3 zusammengefasst. Eine weitergehende Empfindlichkeitsanalyse wird aufgrund der geringen Wirkungen mit Gruppe 3 nicht vorgenommen.

Die so erstellte Gruppeneinteilung für den Toleranzbereich zeigt (Tabelle 2). Dabei enthält die Gruppe 1 die Parameter mit den stärksten, Gruppe 2 mit den mittleren und Gruppe 3 mit den schwächsten Wirkungen. In diesem Artikel werden nur die Analysen der Parameter aus Gruppe 1 wiedergegeben.

Tabelle 2: Auswahl der Parametergruppen im Toleranzbereich

Gruppe 1 (starke Wirkung)	Gruppe 2 (mittlere)	Gruppe 3 (schwach)
Sitzwinkel Magnetventil ALPHASITZ	Widerstandsbeiwert Magnetventilsitz XSIMVSITZ	Kavitationszahl Düsenloch KDL
Durchmesser Ablaufdrossel DAD	Restluftstpalt Ankerplatte HSPALT	Durchmesser Steuerkolben DSK
Durchmesser Zulaufdrossel DZD	Vorspannkraft Ankerplattenfeder FAP	Durchmesser Düsennadel DDN
Vorspannkraft Magnetventilfeder FMV	Masse Ankerplatte MAP	max. Düsennadelhub HDNMAX
Faktor Ansteuerstrom FI	Durchmesser Düsenloch DDL	Durchmesser Druckbohrung DDB
Vorspannkraft - Düsenschließfeder FDSF	Sitzwinkel Düsennadel ALPHADS	Volumen Düsenraum VDR
Widerstandsbeiwert Düsenloch XIDL	viskose Dämpfung Düsennadel RVISKDN	Volumen Steuerraum VSR
Kavitationszahl Zulaufdrossel KZD	Leckspalthöhe HLECK	Kavitationszahl Ablaufdrossel KAD
Widerstandsbeiwert Ablaufdrossel XIAD	Gasgehalt im Kraftstoff (ungelöst) XGAS	Brennraumgegendruck PG
Widerstandsbeiwert Zulaufdrossel XIZD	Kraftstoffkompressibilitätsmodul E	obere Kavitationsschwelle PKO
		untere Kavitationsschwelle PKU
		Kraftstoffdichte RHO
		Kraftstoffviskosität NY
		max. Magnetventilhub HMVMAX
		Durchmesser Magnetventilkugel DKUGEL

4.5.2 Empfindlichkeitsanalyse

Im Vergleich zum Screening werden für die Empfindlichkeitsanalyse genauere Regressionsmodelle benötigt. Dafür kommen quadratische Polynommodelle in Frage, da sowohl Wechselwirkungen als auch nichtlineare Anteile erfasst werden. Ein Overfitting der Simulationsdaten ist damit nicht zu erwarten. Die Signifikanzschwelle wird entsprechend dem Vorgehen beim Screening so definiert, dass eine Wirkung signifikant ist, wenn sie den RMS-Fehler übersteigt. In den Diagrammen werden nur signifikante Wirkungen dargestellt.

Mit Vorgabe der Parameter der Gruppe 1 im Toleranzbereich und dem quadratischen Modellansatz wird ein D-optimaler Versuchsplan erstellt. Er enthält die Parametersätze für 141 Simulationsdurchläufe.

Die Mechanismen der linearen Einzelwirkungen sind in allen Variationsbereichen meistens identisch. Um Wiederholungen zu vermeiden, werden sie nachfolgend kurz erklärt.

Eine Zunahme der Vorspannkraft der Düsenschließfeder (FDSF) wirkt der Öffnungskraft an der Düsennadel entgegen. Der Einspritzbeginn wird daher verzögert und das Spritzende nach früh verlagert. Die Wirkung ist nur im ballistischen Bereich des Nadelhubs gegeben.

Eine hohe kritische Kavitationszahl der Zulaufdrossel (KZD) behindert den Zufluss des Kraftstoffes zum Steuerraum. Damit stellt sich ein geringerer Druck im Steuerraum ein, was zu einem schnelleren Öffnen und einem langsameren Schließen der Düsennadel führt. Die Wirkung ist daher auf den ballistischen Bereich des Nadelhubs beschränkt. Im Plateau der Einspritzrate besitzt KZD keine erkennbare Wirkung. Zu Beginn der darauf folgenden Schließphase der Düsennadel muss zunächst das geringere Niveau des Steuerraumdrucks angehoben werden, was zu einer zusätzlichen Verschiebung des Nadelschließens und einer Verlängerung der Einspritzung führt.

Eine Veränderung der Widerstandsbeiwerte von Zulaufdrossel (XIZD), Ablaufdrossel (XIAD) und Düsenlöchern (XIDL) verändert den Durchfluss, im Unterschied zu den Kavitationszahlen, proportional. Die Wirkungsmechanismen für das Einspritzsystem sind jedoch gleich. Ebenso wirken die Durchmesseränderungen dieser Strömungsdrosseln (DZD, DAD, DDL). Da sie quadratisch in den Durchfluss eingehen, ist eine nichtlineare Wirkung auf die Einspritzrate zu erwarten.

Wird der Winkel des Magnetventilkugelsitzes (ALPHAMVSITZ) vergrößert, verringert sich der Dichtdurchmesser beim Aufsetzen der Kugel. Dieser Durchmesser bildet gleichzeitig die Druckfläche des zu Ansteuerbeginns durch die Ablaufdrossel wirkenden Raildrucks. Damit wird die in Öffnungsrichtung wirkende Kraft auf das Magnetventil verringert. Das verzögert die Öffnung des Magnetventils. Das Schließen des Ventils wird auf gleiche Weise beschleunigt. Da die Druckdifferenz jedoch geringer ist, fällt der Effekt geringer aus als beim Öffnen.

Die Vorspannkraft der Magnetventilschließfeder (FMV) beeinflusst das Kräftegleichgewicht während der Bewegungsphasen des Magnetventils. Wird die Kraft der Magnetventilschließfeder erhöht, ist die Öffnungsgeschwindigkeit des

Magnetventils verringert und die Schließgeschwindigkeit erhöht. Zusätzlich öffnet das Magnetventil später und schließt früher. Das bewirkt einen späteren Spritzbeginn und ein früheres Spritzende.

Die Veränderung des Ansteuerstroms, wie hier durch einen Faktor (FI), bewirkt eine entsprechende Änderung der Magnetkraft. Der Einspritzratenverlauf wird damit, wie bei der Federvorspannkraft der Magnetventilschließfeder (FMV), beeinflusst.

Viele Einflüsse weisen nichtlineare Wirkungsanteile auf. Durch die Annahme von quadratischen Polynomen im Regressionsansatz werden sie immer als quadratische Wirkungen der Parameter auf die Einspritzrate definiert. Ursache der Nichtlinearitäten ist das Übertragungsverhalten der jeweiligen Wirkung auf die Einspritzrate. So wird beispielsweise eine lineare Änderung des Widerstandsbeiwerts der Düsenlöcher die Einspritzrate weitgehend linear beeinflussen. Die Änderung des Durchmessers der Düsenlöcher führt zu einer quadratischen Veränderung des Strömungsquerschnitts und damit der Einspritzrate. Beide Wirkungen beeinflussen gleichzeitig den Druck im Düsenraum und bilden so dynamische Rückwirkungen in das System, die wiederum die Einspritzrate verändern. Daher wirkt für das genannte Beispiel einerseits der Widerstandbeiwert nicht zu jedem Zeitschritt ausschließlich linear und andererseits der Düsenlochdurchmesser nicht ausschließlich quadratisch auf die Einspritzrate.

Die Wirkungen der Parameter auf den Einspritzratenverlauf werden in den folgenden Auswertungen anhand der Regressionskoeffizienten der normierten Terme gezeigt. Dabei existiert für jeden Zeitschritt ein Regressionsmodell. Jede Säule stellt eine signifikante Wirkung dar, der ein physikalischer Mechanismus innerhalb des Simulationsmodells zugrunde liegt. Ein positiver Wert bedeutet dabei, dass eine Vergrößerung des Parameters oder einer Wechselwirkung eine Erhöhung der Einspritzrate zur Folge hat. Für die Darstellung werden nur die Zeitschritte ausgewählt, in denen eine Einspritzung stattfindet (Einspritzrate > 100 mm^3/s).

Das Vorgehen wird am Beispiel der Parameter der Gruppe 1 in allen Betriebspunkten im Toleranzbereich ausführlich erläutert. Die Analysen im Veränderungsbereich und im Auslegungsbereich aus Gründen des Umfangs an dieser Stelle nicht gezeigt werden. In [1] erfolgt eine detaillierte Darstellung.

Abbildung 11 zeigt den wieder verbundenen Einspritzratenverlauf mit Fehlerbalken für die Parameter der Gruppe 1 im Toleranzbereich, Betriebspunkt 1 (BP1).

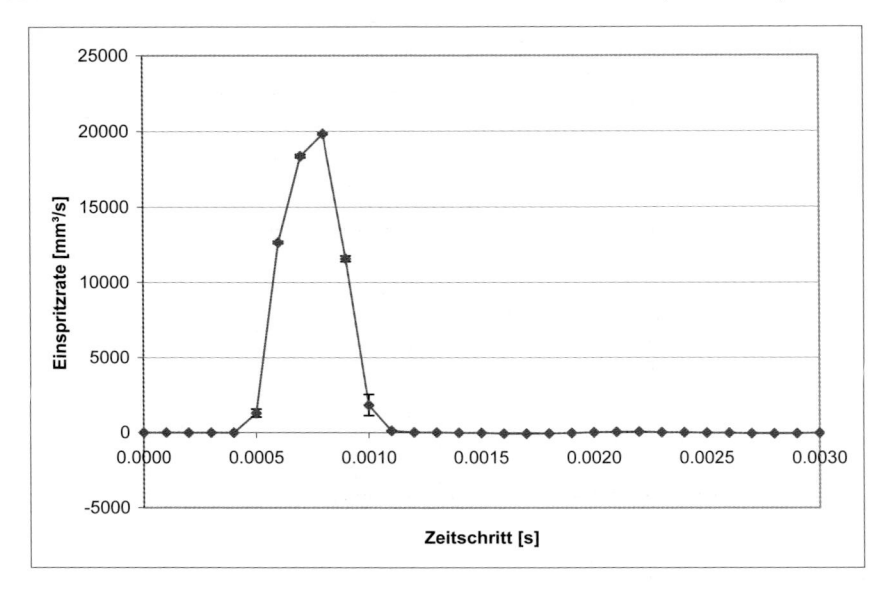

Abb. 11: gemittelter Einspritzratenverlauf mit RMS-Fehlern, Toleranzbereich, BP1

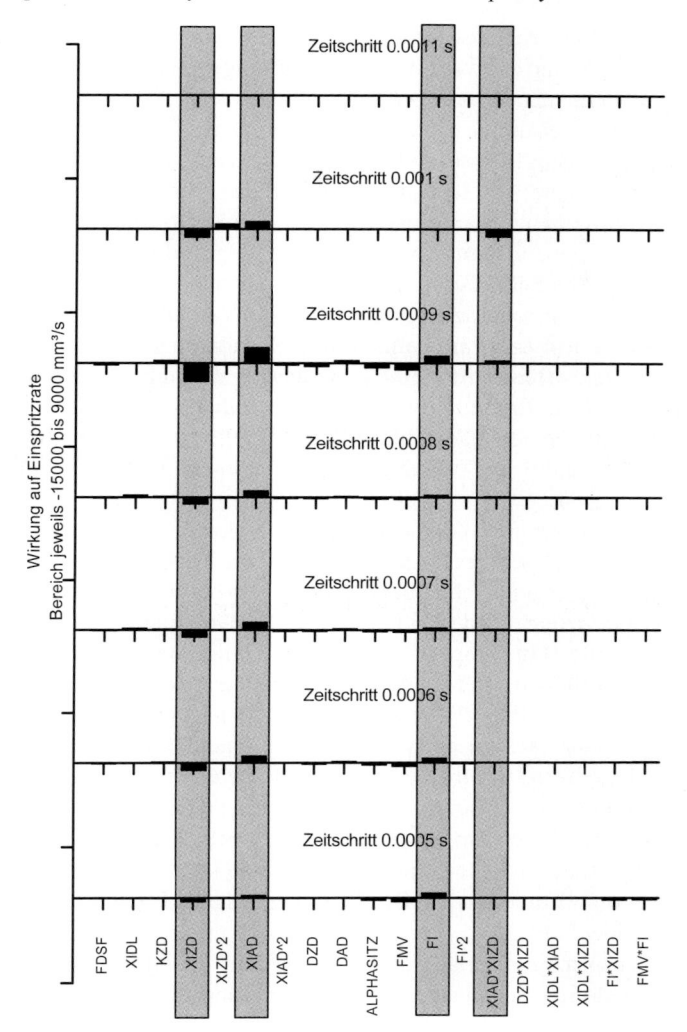

Empfindlichkeitsanalyse an einem Common-Rail-Einspritzsystem

Abb. 12: Wirkungen im Toleranzbereich, BP1, Gruppe 1

Die Koeffizienten des normierten Regressionsmodells geben quantitativ und vergleichbar die Wirkungen und Wechselwirkungen der Parameter an. Sie werden zunächst für jeden Zeitschritt einzeln in Säulendiagrammen aufgetragen (Abbildung 12). Dabei werden nur signifikante Wirkungen dargestellt. Mit diesem Diagramm können die Wirkungen oder Wechselwirkungen jedes Parameters zu jedem Zeitschritt der Einspritzung analysiert werden. Zur besseren Anschaulichkeit können die Zeitschritte aus Abbildung 12 dem Einspritzverlauf aus Abbildung 11 zugeordnet werden. Mit einer gezielten Analyse der jeweils interessierenden Wirkung am Simulationsmodell kann der Wirkungsmechanismus zu jedem Zeitschritt festgestellt werden. Aufgrund der Signifikanz kann zu nahezu jeder im Diagramm dargestellten Säule ein Wirkmechanismus angegeben werden. Wegen dieser sehr großen Anzahl werden hier nur die wesentlichsten Wirkungen analysiert. Die aus Abbildung 12 näher untersuchten Wirkungen sind markiert.

Den stärksten Einfluss über die gesamte Einspritzung üben die Toleranzen der Widerstandsbeiwerte der Steuerdrosseln (XIZD und XIAD) aus, wobei beide Wirkungen gegenläufig sind (siehe Abschnitt 4.5.2). Durch die Erhöhung des Nadelhubs aufgrund der vergrößerten Ablaufdrossel wird die Einspritzung bei ballistischem Nadelhub verlängert. Damit bleibt diese Folge der vergrößerten Ablaufdrossel auch nach dem Schließen des Magnetventils bis zum Spritzende erhalten. Die Wirkung wird demnach „gespeichert". Dieses Verhalten tritt bei allen Parametern auf, die die Einspritzung im ballistischen Nadelhubbereich verlängern oder verkürzen. Ein weiteres Beispiel für eine gespeicherte Wirkung ist der Faktor des Ansteuerstroms (FI). Eine Erhöhung verursacht ein früheres Einspritzen, was sich in einem größeren maximalen Nadelhub fortsetzt. Die konstante Steigung der fallenden Nadelhubflanke führt zur Verlängerung der Einspritzung (Abbildung 12).

Die größte Wechselwirkung im Toleranzbereich ist die der Widerstandsbeiwerte von Ablaufdrossel und Zulaufdrossel (XIAD·XIZD). Sie wirkt zu Beginn und zum Ende der Einspritzung in unterschiedliche Richtung (Abbildung 12). Im mittleren Bereich der Einspritzung (Zeitschritte 0.0006-0.0009s) findet eine leichte Erhöhung der Einspritzrate statt, wogegen sie am Spritzende deutlich abnimmt. Durch die gleichzeitige Erhöhung des Durchflusses von Zulauf- und Ablaufdrossel kann zunächst weniger Kraftstoff in den Steuerraum nachgefördert werden. Der Druck ist dort geringer, was zu einem schnelleren Nadelöffnen führt. Nach dem Schließen des Magnetventils wird der größere Massenstrom im Steuerraum aufgestaut. Dadurch schließt die Düsennadel schneller und beendet damit die Einspritzung früher. Die veränderten Druckschwingungen im System pflanzen sich abhängig vom Betriebspunkt zu unterschiedlichen Zeitpunkten zum Düsenraum fort und verändern so die Öffnungskraft. Die Wirkung prägt sich daher betriebspunktabhängig unterschiedlich aus.

Den gemittelten Einspritzratenverlauf mit RMS-Fehlern für BP2 zeigt Abbildung 13. Es dient wiederum der anschaulichen Zuordnung der Wirkungen im BP2, die in Abbildung 14 dargestellt sind.

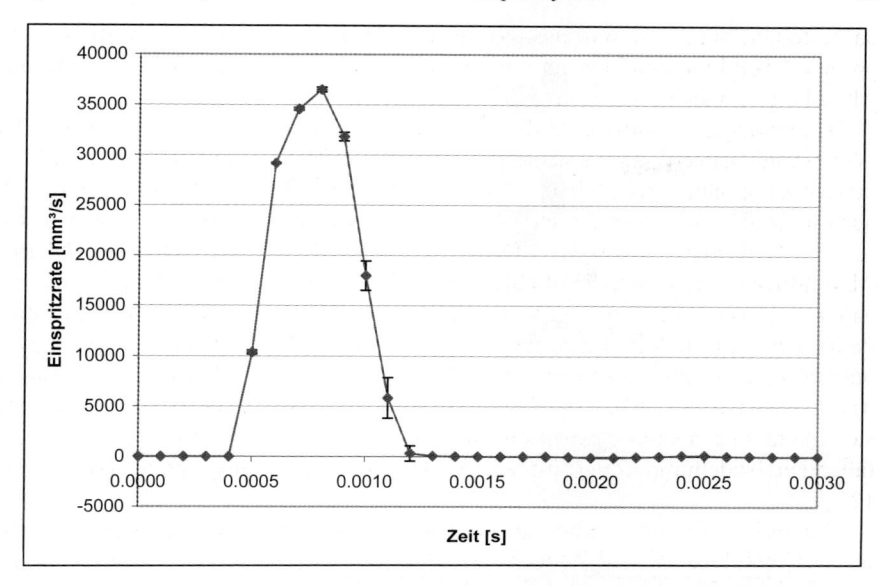

Empfindlichkeitsanalyse an einem Common-Rail-Einspritzsystem 427

Abb. 13: gemittelter Einspritzratenverlauf mit RMS-Fehlern, Toleranzbereich, BP2, Gruppe 1

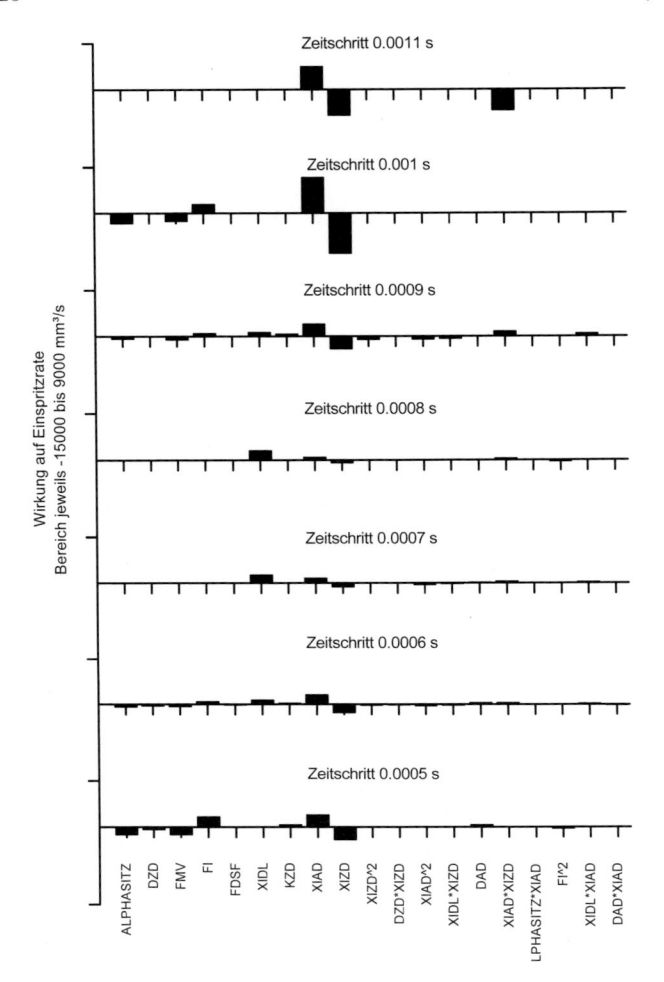

Abb. 14: Wirkungen Toleranzbereich, BP2, Gruppe1

Die Wirkungen in diesem Betriebspunkt sind denen im BP1 ähnlich. Die besonders gegen Einspritzende größeren Wirkungen von XIZD und XIAD im BP2 gegenüber BP1 resultieren aus dem höheren Raildruck.

Wie im BP1 haben eine zunehmende Magnetventilfederkraft (FMV) und ein steigender Sitzwinkel des Magnetventils (ALPHSITZ) entsprechend dem in Abschnitt 4.5.2 dargestellten Mechanismus eine verringernde Wirkung auf die Rate zu Einspritzbeginn. Zum Ende der Einspritzung (Zeitschritt 0.001 s) liegen gespeicherte Wirkungen vor.

Die gemittelten Einspritzratenverläufe und die jeweiligen Wirkungen zeigen Abbildung 15 und Abbildung 17 für BP3 sowie Abbildung 16 und Abbildung 18 für BP4. Die Analysen werden im Folgenden gemeinsam dargestellt.

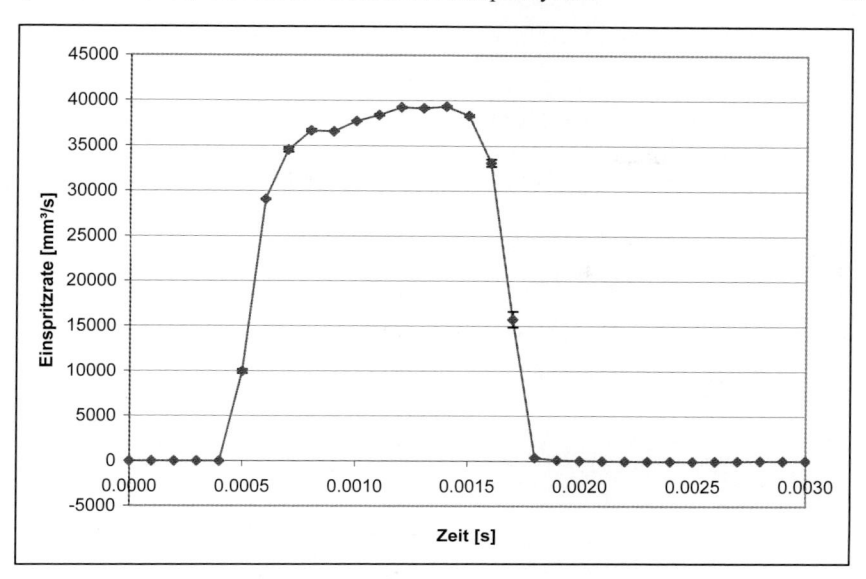

Empfindlichkeitsanalyse an einem Common-Rail-Einspritzsystem 429

Abb. 15: Toleranzbereich, BP3, Gruppe1

In BP3 und BP4 ist der Nadelhub nicht mehr ballistisch. Es bildet sich ein Plateau der Einspritzraten aus. Dementsprechend verschwinden die gespeicherten Wirkungen von XIAD, ALPHASITZ, FMV und FI am Spritzende.

In beiden Betriebspunkten besitzt der Widerstandsbeiwert der Düsenlöcher (XIDL) im Plateau der Einspritzrate den größten Einfluss. Die Wirkung wird mit zunehmendem Raildruck größer.

Der zwischen den Betriebspunkten variierte Raildruck beeinflusst die Wirkungen der Parameter, die direkte Gegenkräfte zum Raildruck sind. Das betrifft die Vorspannkraft der Düsenschließfeder (FDSF), deren Wirkung in BP2 und BP3 bezogen auf BP1 kleiner und im BP4 nicht mehr signifikant ist. In vergleichbarer Weise ist auch die Wirkung der Magnetventilfedervorspannkraft (FMV) vom Raildruck abhängig. Sie tritt allerdings in der kürzeren Zeitspanne der Hubflanken des Magnetventils in Erscheinung.

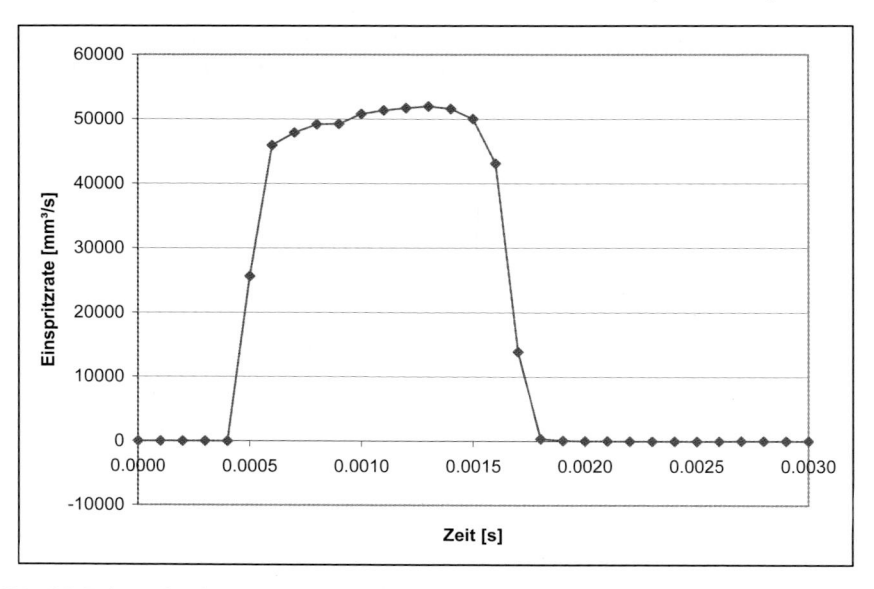

Abb. 16: Toleranzbereich, BP4, Gruppe 1

Die steigende kritische Kavitationszahl der Zulaufdrossel (KZD) erhöht in allen Betriebspunkten entsprechend dem oben dargestellten Mechanismus die Einspritzrate. Die Kavitationszahl der Ablaufdrossel (KAD) übt dagegen keinen signifikanten Einfluss aus. Dieser Unterschied ist durch die Druckdifferenzen an den Drosseln zu erklären. An der Ablaufdrossel liegt zu Beginn der Ansteuerung der Raildruck im Steuerraum und im Magnetventilraum ein Druck nahe dem Umgebungsdruck an. Das führt schnell zu einer kavitierenden Strömung. Der Druck im Steuerraum ist während der Magnetventilöffnung höher als der im Magnetventilraum. Daher ist an der Zulaufdrossel selbst bei gleicher Druckdifferenz eine weniger kavitierende Strömung zu erwarten. Das bedeutet einen stärkeren Einfluss der kritischen Kavitationszahl.

Weiterhin bieten die über alle Zeitschritte aufsummierten Wirkungen eine Übersicht zur Bewertung und Wichtung der Einflüsse für die gesamte Einspritzung. Da einige Parameter im Verlauf der Einspritzung sowohl positive als auch negative Wirkungen aufweisen und sich in der Summe auslöschen können, werden dafür die Beträge der Wirkungen verwendet. Auf das Einspritzvolumen kann damit nicht geschlossen werden. Auf eine diesbezügliche Auswertung wird bewusst verzichtet, da nur signifikante Wirkungen eine sichere Aussage gestatten. Bleiben Wirkungen über viele Zeitschritte jedoch unterhalb der Signifikanzschwelle, werden sie nicht bewertet, können aber als Summe ein beträchtliches Einspritzvolumen ausmachen. Die Angabe der Beeinflussung des Einspritzvolumens würde daher wesentlich von der Lage der Signifikanzschwelle und damit vom Modellfehler abhängen.

Empfindlichkeitsanalyse an einem Common-Rail-Einspritzsystem 431

Abbildung 19 zeigt die Darstellungen der Betragssummen für die Parameter der Gruppe 1 im Toleranzbereich. Daraus kann die Empfindlichkeit des Einspritzsystems auf die Toleranzen der Parameter aus Gruppe 1 abgeleitet werden.

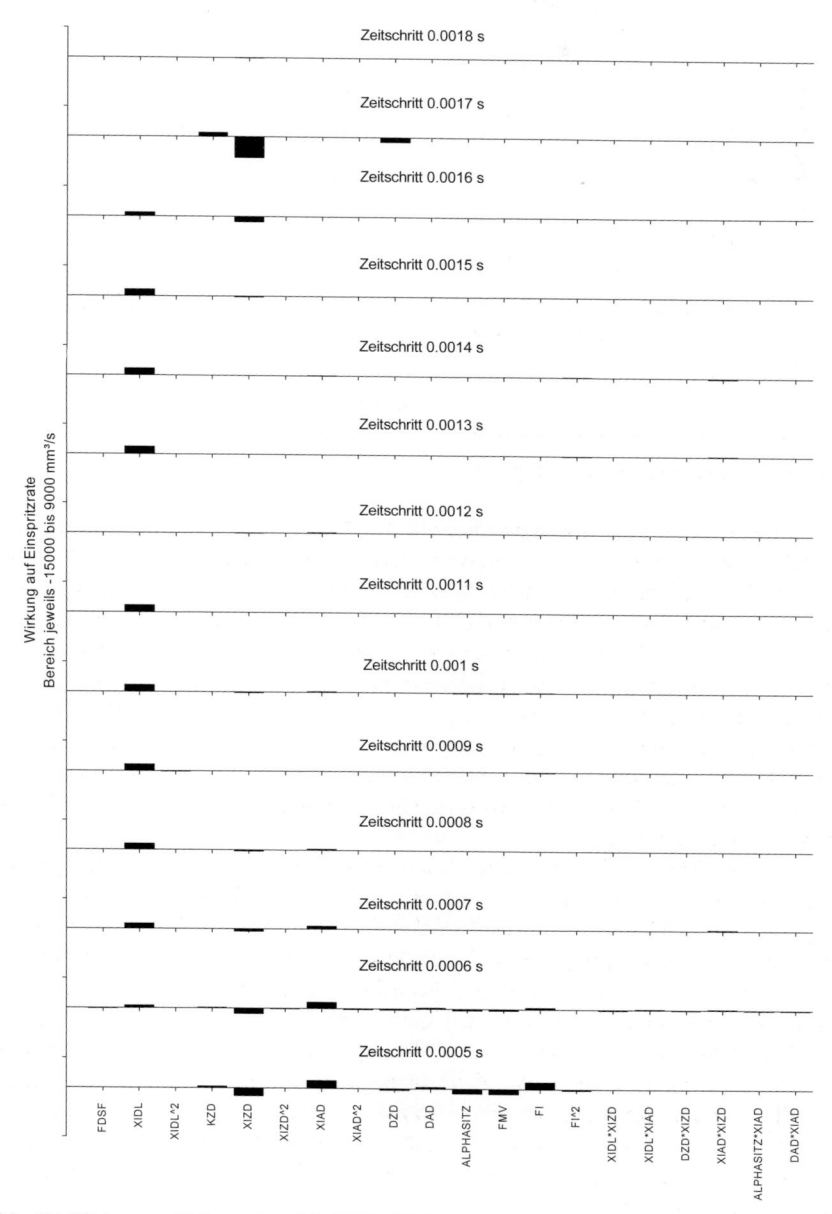

Abb. 17: Wirkungen Toleranzbereich, BP3, Gruppe1

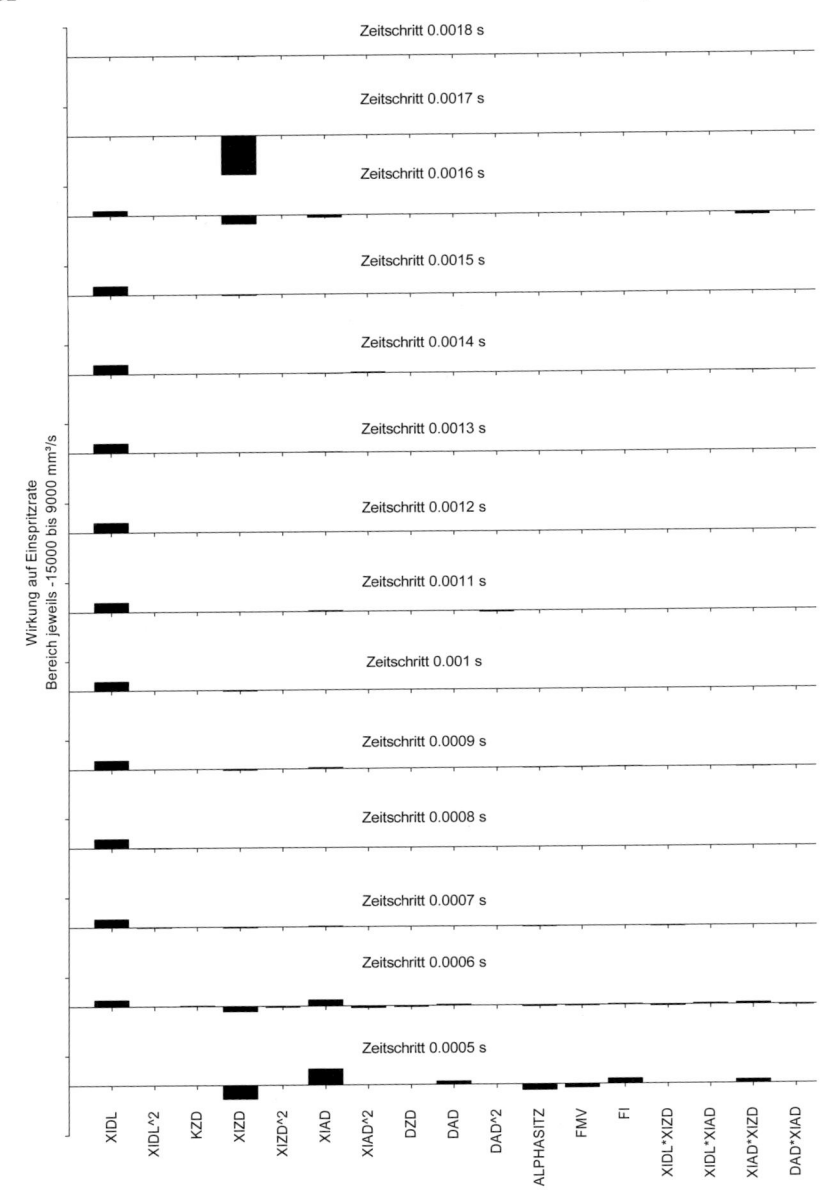

Abb. 18: Wirkungen Toleranzbereich, BP4, Gruppe1

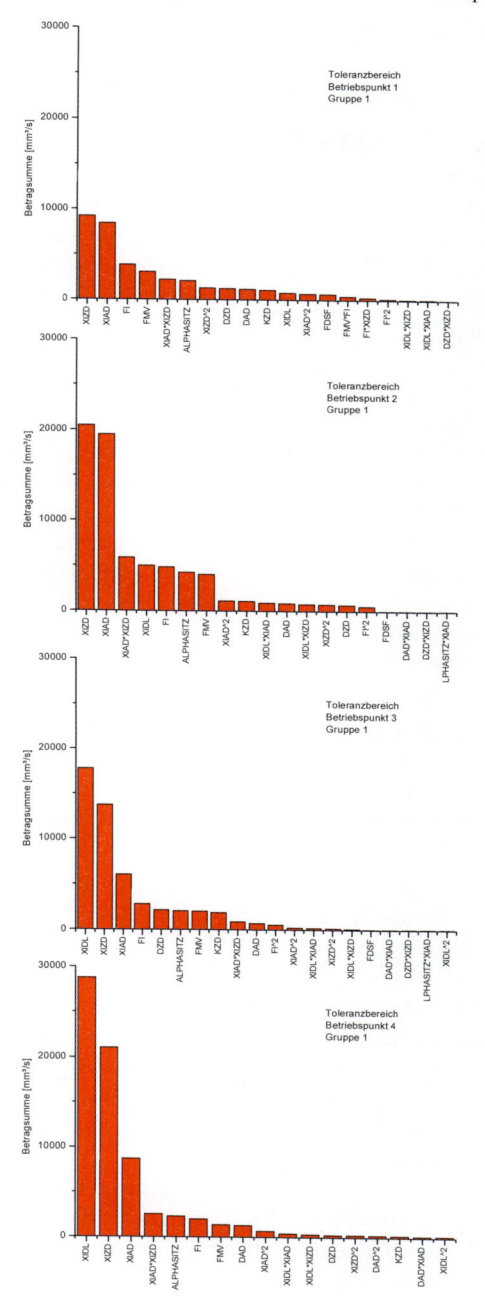

Abb. 19: Betragsummen der Wirkungen (Gruppe 1, Toleranzbereich)

5 Zusammenfassung und Ausblick

Im vorliegenden Artikel wird eine Empfindlichkeitsanalyse an einem Common-Rail-Einspritzsystem schwerpunktmäßig am Injektor vorgenommen. Es werden die Einflüsse von insgesamt 46 konstruktiven Maßen, Material- und Fluideigenschaften, hydraulischen Kennwerten sowie Umgebungsparametern untersucht. Die Analysen berücksichtigen die verschiedenen Variationsbereiche dieser Parameter bezogen auf die Toleranzen im Ausgangszustand (Toleranzbereich), die Veränderungen während des Betriebs (Veränderungsbereich) und der Auslegung (Auslegungsbereich) selbst. Die Analysen im Veränderungsbereich und im Auslegungsbereich können aus Gründen des Umfangs an dieser Stelle nicht dargestellt werden. Es wird auf [1] verwiesen.

Für die gezielte Variation aller Parameter ist die Simulation besonders geeignet. Dazu wird ein Simulationsmodell aus null- und eindimensionalen Elementen entwickelt, das die gesamte Funktionalität des Einspritzsystems aus Mechanik, Hydraulik und Elektrik nachbildet.

Das Simulationsmodell wird für die Empfindlichkeitsanalyse in Bereichen seiner Parameter verwendet, die nicht vollständig verifiziert werden können; es wird damit extrapoliert verwendet. Zur Ableitung gesicherter Aussagen erfordert das eine weitestgehend physikalische Modellierung.

Die Verifikation des Gesamtmodells des Einspritzsystems erfolgt an definierten Betriebspunkten anhand der Messgrößen: Einspritzvolumen, Einspritzratenverlauf, Düsennadelhub, Druck im Injektor und Raildruck. Ab einer Ansteuerdauer von t_A=0.2 ms, was bei p_{Rail}=1200 bar einem Einspritzvolumen von etwa 3 mm³ entspricht, weisen alle Größen eine gute Übereinstimmung auf. Die Analysen werden in vier Betriebspunkten vorgenommen, die den gesamten Betriebsbereich des Motors repräsentieren.

Da der Einspritzratenverlauf die für den Motor wesentlichste Eingangsgröße aus dem Einspritzsystem ist, wird er als Zielgröße der Analysen ausgewählt. Die Methodik wird so erweitert, dass eine Analyse von Verlaufsgrößen, wie der Einspritzratenverlauf, möglich ist. Die Wirkungen der einzelnen Parameter können damit dem Einspritzratenverlauf zeitlich zugeordnet werden.

Die Planung und Auswertung der Simulationen werden mit den Methoden der statistischen Versuchsplanung (DoE) in Kombination mit der Regressionsanalyse vorgenommen. Trotz der großen Anzahl von Parametern kann so ein großer Umfang von Ergebnissen mit vertretbarem Aufwand gewonnen werden, ohne wesentliche Einbußen in der Genauigkeit hinnehmen zu müssen.

Es erfolgt eine quantitative Wichtung der Wirkungen. Die Mechanismen ausgewählter Einzel- und Wechselwirkungen der Parameter werden analysiert.

Die größten Wirkungen auf den Einspritzratenverlauf im Toleranzbereich üben bei kurzer Einspritzung mit ballistischem Nadelhub die Toleranzen der Widerstandsbeiwerte der Steuerdrosseln aus. Beide Parameter beeinflussen insbesondere die fallende Flanke des Einspritzratenverlaufs. Die Ablaufdrossel ist zu diesem Zeitpunkt bereits verschlossen. Dennoch wird ihre Wirkung aus der ansteigenden

Flanke des Einspritzratenverlaufs wegen des ballistischen Hubes der Düsennadel bis zum Ende der Einspritzung „gespeichert". Weitere gespeicherte Wirkungen, die in diesem Toleranzbereich jedoch eine nachrangige Größe haben, sind die Toleranzen des Ansteuerstroms, der Magnetventilfederkraft und des Magnetventilsitzwinkels. Die gemeinsame Wirkung (Wechselwirkung) der Toleranzen der Steuerdrosseln führt unabhängig von den jeweiligen Einzelwirkungen zu einer Veränderung des Einspritzendes.

In Betriebspunkten mit längerer Einspritzung, bei denen ein großer Anteil stationärer Durchströmung der Düse vorliegt, ist die Wirkung von Veränderungen des Widerstandsbeiwertes der Düsenlöcher dominant. Bei ballistischem Hub der Düsennadel verliert diese Wirkung an Bedeutung.

Der mit einer einmalig durchgeführten Empfindlichkeitsanalyse erzeugte Satz von Polynomgleichungen kann für mathematische Optimierungen verwendet werden. Damit ist es mit einem geschlossenen Verfahren möglich, den Parametersatz eines Einspritzsystems so zu berechnen, dass näherungsweise ein zuvor festgelegter Einspritzratenverlauf erreicht wird.

Die Anwendung der statistischen Versuchsplanung in Kombination mit der Simulation verbindet in synergetischer Weise die Vorteile beider Verfahren. Die durch die Versuchspläne vorgegebene Variation aller Parameter kann mittels der Simulation meistens mit wenigen Einschränkungen vorgenommen werden. Als Ergebnis werden dadurch neben den Hauptwirkungen auch die Wechselwirkungen der Parameter erfasst. In einem zweiten Schritt können mit dem Simulationsmodell die Mechanismen zunächst nicht plausibler Wirkungen zweifelsfrei begründet werden. Damit kann ein tief gehendes Systemverständnis erreicht werden.

6 Literatur

[1] Haberland, H.: Empfindlichkeitsanalyse an einem Common-Rail-Einspritzsystem. Dissertation, Universität Magdeburg, 2007
[2] Scheffler, E.: Statistische Versuchsplanung und -auswertung, 3. Auflage, Deutscher Verlag für Grundstoffindustrie, Stuttgart, 1997
[3] Brooks Automation Inc.: RS/Series online documentation set. Version 6.2, Chelms ford, USA, 2004
[4] Bandemer, H.; Bellmann, A.; Jung, W.; Richter, K.: Optimale Versuchsplanung. Wissenschaftliche Taschenbücher, Reihe Mathematik - Physik, Akademie-Verlag Berlin, 1973
[5] Schmid, U.: www.uni-ulm.de, Vorlesung Statistik Internet, 10.10.2005
[6] Box, G.; Hunter, W.; Hunter, J.: Statistics for Experimenters. John Wiley & Sons, New York, 1978
[7] Egger, K.: Untersuchung der Einflüsse von Fertigungstoleranzen und Temperaturschwankungen einer Dieseleinspritzanlage auf das Einspritzgesetz, durchgeführt mit Hilfe eines dafür entwickelten Rechenprogrammes. Dissertation, TH Graz, 1976

Dieser Beitrag entstammt dem Buch "Röpke, Karsten (Hrsg.), Design of experiments (DoE) in engine development III - Renningen"[©], Renningen, expert-Verlag 2007. Der Abdruck erfolgt mit freundlicher Genehmigung.

Neue Aufladestrategien und teilhomogene Brennverfahren - Simulationsgestützte Optimierung am Motorprüfstand

H. Eichlseder, T. Schatzberger, E. Schutting

1 Einleitung

Die teilhomogene Dieselverbrennung, auch bekannt als ‚alternative' oder ‚HCCI' Verbrennung, ist eine anerkannte Methode zur wirksamen innermotorischen Absenkung der Stickoxid- und Rußemissionen eines Dieselmotors. Dieser Artikel beschäftigt sich mit der Erweiterung des Lastbereiches dieses Brennverfahrens, was durch die Anwendung eines leistungsfähigen Aufladesystems erreicht werden soll. Dafür ist eine enge Zusammenarbeit zwischen Versuch und Berechnung unbedingt erforderlich.

Im Rahmen des Projektes „KNET-Verbrennungskraftmaschine der Zukunft" wurde an der Entwicklung eines serientauglichen PKW-Dieselmotors gearbeitet, der zukünftige Abgasnormen vor allem mithilfe eines fortschrittlichen Luftführungssystems und dem Einsatz der teilhomogenen Dieselverbrennung erfüllen soll. Das Projekt KNET ist ein Netzwerk von vier österreichischen Partnern (TU Graz, AVL, OMV, MIBA) und wird von der öffentlichen Hand gefördert.

Dieser Beitrag behandelt die Arbeiten an einem Einzylinder Forschungsmotor, Berechnungen mit einen 1D-CFD Tool und deren Verknüpfung zur effektiven Brennverfahrensentwicklung für einen Vollmotor mit zweistufig geregelter Turboaufladung.

1.1 Teilhomogene Dieselverbrennung

Durch einen wesentlich verlängerten Zündverzug kommt es bei der teilhomogenen Dieselverbrennung zu einer deutlich stärkeren Vormischung des eingespritzten Kraftstoffes, wodurch sowohl fette als auch magere lokale Luft-Kraftstoffgemische, Ursache der dieseltypischen Emissionen, vermieden werden. Die Verlängerung des Zündverzuges wird durch sehr hohe Abgasrückführraten (AGR) erreicht, welche wiederum durch die bekannten Mechanismen zusätzlich zur Verringerung der NOx Emissionen beitragen. In Abbildung 1.1 kann man erkennen, wie mit steigender AGR-Rate die Rußemissionen zuerst zunehmen, während NOx verringert werden kann, wie dies dem typischen Verhalten der typischen konventionellen Dieselverbrennung entspricht. Überschreitet man eine bestimmte AGR-Schwelle, nehmen die Rußemissionen durch den oben beschriebenen Mechanismus wieder ab, man befindet sich nun im Bereich der alternativen Dieselverbrennung. Ruß- und Stickoxidemissionen befinden sich nun auf niedrigsten Werten. Kohlenwasserstoff- und Kohlenmonoxidemissionen verhalten sich allerdings gegenläufig, sie steigen mit der AGR Rate stetig an. Diese Eigenschaften stellt eine der Grenzen der alternativen Verbrennung dar, wie weiter unten ausgeführt wird.

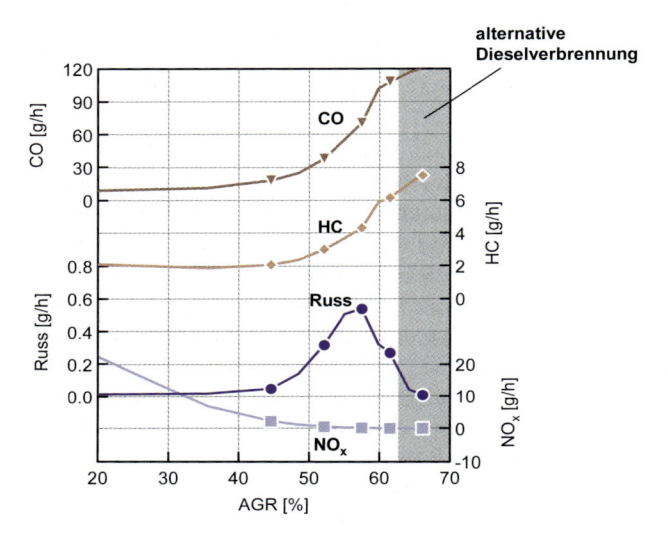

Abb. 1.1 Übergang von konventioneller zu alternativer Dieselverbrennung

Die sehr hohen AGR-Raten sind allerdings auch Ursache für einen der größten Nachteile des alternativen Brennverfahrens, nämlich die geringe erreichbare Last: Durch den AGR-Anteil an der Ladungsmasse ist die Frischluftmenge und damit der umsetzbare Kraftstoff verringert. Auch wenn die teilhomogene Verbrennung durchaus durch ein fettes Kraftstoff-Luft Verhältnis charakterisiert ist, ist dieses nach unten hin doch begrenzt, ein Lambda von unter 1.1 ist im realen Betrieb kaum zu erreichen.

Um bei gleicher AGR-Rate die Frischluftmasse zu erhöhen, muss zwangsläufig der Ladedruck erhöht werden. Die erreichbare Last ist demnach direkt abhängig vom Potential des Aufladesystems. Ein leistungsfähiges Aufladesystem ist damit der Schlüssel zur Erweiterung des alternativen Lastbereiches. Ziel muss es dabei sein, einen möglichst großen Anteil der gesetzlichen Testzyklen mit der alternativen Verbrennung abdecken zu können. In Abbildung 1.2 ist dies beispielhaft für den NEDC und das HCLI-Verfahren (Homogenous Charge Late Injection) dargestellt.

Neue Aufladestrategien und teilhomogene Brennverfahren 439

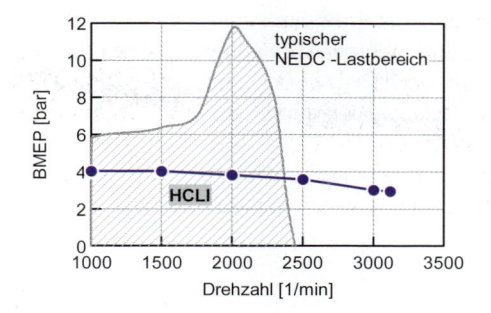

Abb. 1.2 Maximal erreichbare Last mit dem teilhomogenen HCLI-Brennverfahren

Ladedruckerhöhung lässt sich jedoch nicht direkt in alternative Last umsetzen. Dem stehen die Mechanismen der alternativen Verbrennung gegenüber. Wird nämlich der Ladedruck erhöht verbessern sich auch die Zündungsbedingungen des Kraftstoff-Luft Gemisches, als Folge verkürzt sich der Zündverzug. Da ein langer Zündverzug die entscheidende Voraussetzung für das Brennverfahren ist, muss dies durch Erhöhung der AGR-Rate wieder ausgeglichen werden. Ein Teil des erhöhten Ladedrucks geht also nicht in die Erhöhung der Frischladungsmasse, sondern wird durch diese AGR-Erhöhung aufgezehrt.

In Abbildung 1.3 - links sieht man die typische Rußcharakteristik über AGR für verschiedene Ladedrücke. Der Bereich der alternativen Verbrennung verschiebt sich mit steigendem Ladedruck zu immer höheren AGR-Raten. Während bei einem Ladedruck vom 100 mbar eine AGR Rate von 45 % genügt, um in den alternativen Bereich zu gelangen, sind es bei 1000 mbar bereits 70 %. Gleichzeitig zeigt sich ein deutlicher Anstieg in der maximalen Rußemission, solange die Verbrennung noch konventionell ist.

Wenn man die Grenze zwischen den Brennverfahren – willkürlich – auf ein *Wieder*erreichen des Rußwertes 0.1 FSN setzt, dann kann man diese Grenze im Ladedruck-AGR Diagramm einzeichnen, siehe Abbildung 1.3 - rechts.

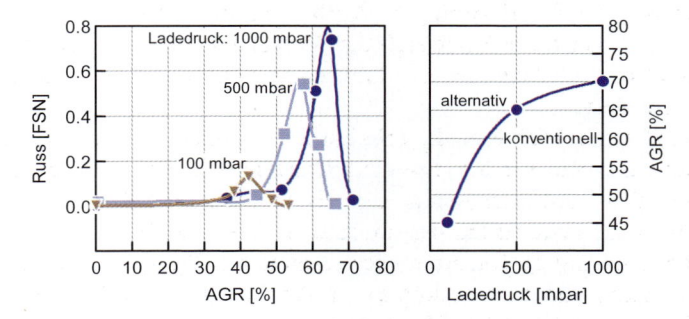

Abb. 1.3 Übergang zwischen konventionellem und alternativem Betrieb für verschiedene Ladedrücke (links) und AGR-Bedarf für verschiedene Ladedrücke (rechts)

Es folgt daraus, dass ein Aufladesystem, welches die Erweiterung des alternativen Lastbereiches ermöglichen soll, nicht nur einen höheren Ladedruck erreichen muss, sondern gleichzeitig auch eine höhere AGR-Rate. Das stellt eine besondere Herausforderung für das Aufladesystem dar.

2 Aufladung

Moderne PKW-Dieselmotoren sind ausschließlich mit Abgasturboaufladung und Hochdruck-Abgasrückführung ausgestattet. Bei der Hochdruck-AGR wird das Abgas – in Strömungsrichtung gesehen – vor der Turbine aus dem Abgastrakt entnommen und nach dem Kompressor in den Frischluftpfad zugeführt. Der entnommene Massenstrom steht der Turbine nicht mehr zur Verfügung, bei gleichbleibendem Turbinenquerschnitt sinkt also das Energieaufgebot, und damit in weiterer Folge der Ladedruck. Je höher die AGR-Rate, umso geringer der Ladedruck. Die beiden Größen hängen also in einem Trade-Off zusammen, dargestellt in Abbildung 2.1. Da gefordert ist, sowohl Ladedruck als auch die AGR-Rate zu steigern, muss der gesamte Trade-Off zu höheren Werten hin verschoben werden. Das kann nur durch eine Verkleinerung des effektiven Turbinenquerschnittes erfolgen.

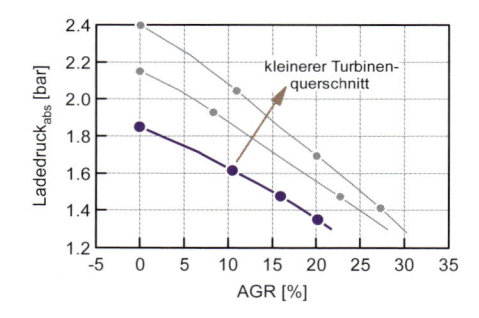

Abb. 2.1 Ladedruck-AGR Trade-Off eines konventionellen Aufladesystems

Eine Verkleinerung des effektiven Turbinenquerschnittes kann prinzipiell durch ein Schließen der variablen Turbinengeometrie (VTG) erfolgen. Übliche einstufige Systeme sind jedoch in ihrem Verstellbereich nach unten hin begrenzt, da die Auslegung des Turboladers immer auch auf die Nennleistung abgestimmt sein muss. Wenn eine weitere Verbesserung des AGR-Ladedruck Potentials erforderlich ist, muss ein erweitertes Aufladesystem zum Einsatz kommen. Unter den verschiedenen möglichen Konfigurationen verspricht die zweistufige geregelte Abgasturboaufladung das größte Potential [1].

Bei dieser handelt sich eigentlich um eine Mischform aus Register- und Stufenaufladung. Die konstruktive Anordnung entspricht dabei sehr wohl der Stufenaufladung, doch nur im mittleren Leistungsbereich tragen beide ATL zur Aufladung

Neue Aufladestrategien und teilhomogene Brennverfahren

bei. Im Niedriglastbereich läuft die große Niederdruckstufe nur leer mit, ohne effektive Verdichtung zu leisten, im Hochlastbereich wird die kleine Hochdruckstufe turbinen- und kompressorseitig umgangen, da sie ansonsten eine Drossel darstellen würde. Ein Schema des Systems ist in Abbildung 2.2 zu sehen. Diese Strategie erlaubt es, den kleinen Hochdrucklader kleiner, und den großen Niederdrucklader größer zu gestalten, als das bei der klassischen Stufenaufladung der Fall ist. Dadurch ist eine deutliche Ausweitung des Turbolader-Betriebsbereiches möglich. Dass im Gegenzug das erreichbare Maximaldruckniveau sinkt, ist ein vertretbarer Nachteil, da dieses für PKW Anwendungen ohnehin nicht sinnvoll anwendbar ist. Dies ist vor allem im überdurchschnittlich stark ansteigenden Ladungswechselverlust begründet.

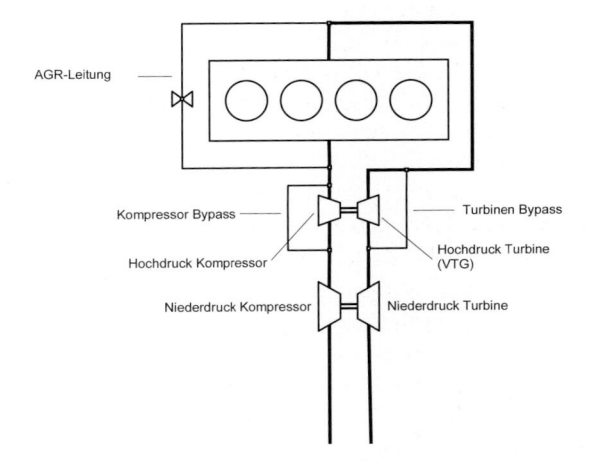

Abb. 2.2 Schema der zweistufig geregelten Abgasturboaufladung

Der wichtigste Vorteil der zweistufigen geregelten Aufladung ist der stark verbessert Ladedruck-AGR Trade-Off (bzw. Lambda - AGR), der durch den kleinen Hochdruckkompressor erreicht wird. Abbildung 2.3 zeigt einen Vergleich der bestmöglichen Trade-Offs für einstufige Aufladung (Serienkonfiguration) und der zweistufigen Aufladung in einem Niedriglastpunkt. Für gleiche AGR Rate kann Lambda um 0.3 erhöht werden, oder für gleiches Lambda die AGR-Rate um 13 Prozentpunkte. Eine Verbesserung dieses Ausmaßes bedeutet vor allem für die homogene Dieselverbrennung ein großes Potential [2]. Zu beachten ist dabei, dass die Verwendung von zwei Turboladern anstelle eines einzelnen Laders nicht prinzipiell mit einer Erhöhung des Wirkungsgrades einhergeht. Wer das höhere Potential abruft, muss dieses auch mit einer steigenden Pumparbeit bezahlen. Im konkreten Fall erhöht sich der spezifische Kraftstoffverbrauch um 4%.

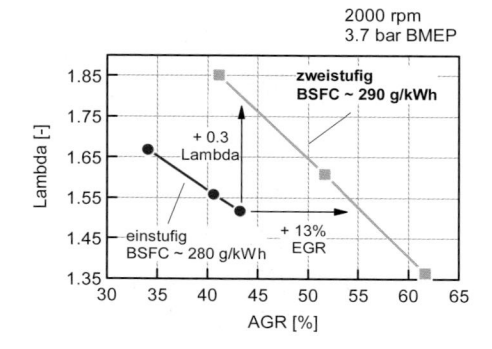

Abb. 2.3 Verbesserung des Lambda-AGR Trade-Offs durch zweistufige Aufladung

3 Methodik

3.1 1D - Simulation

Alle Berechnungen wurden mit den Mitteln der eindimensionalen Simulation durchgeführt. Die verwendete Software war BOOST (AVL). Diese Software ermöglicht eine Abbildung des Motors mit seinem gesamten Luftführungssystem in Form null- und eindimensionaler Elemente. Typische Eingabegrößen in diese Berechnungen sind Kraftstoffmasse, VTG-Position oder Öffnung des AGR-Ventils. Typische Ausgabegrößen sind der Mitteldruck, Ladedruck, AGR-Rate. Die Software verfügt über eine graphische Benutzeroberfläche. Des Weiteren wird eine Serienrechnung von Parametervariationen unterstützt. Abbildung 3.1 zeigt das Rechenmodell des betrachteten Vollmotors in der Konfiguration mit zweistufiger Aufladung und Niederdruck-Abgasrückführung.

Für einen Forschungsmotor-Prüfstand, der vornehmlich der Brennverfahrensentwicklung diente, wurden die Ergebnisse der Simulation als realistische Randbedingung in Bezug auf Ladungswechsel verwendet. Damit wurde sichergestellt, dass die Untersuchungen am Forschungsmotor einen engen Bezug zu den tatsächlichen Potentialen des Vollmotors hatten, und somit die entsprechenden Ergebnisse später zur Gänze auf den Vollmotor übertragbar waren. Die gemessenen Brennverläufe des Forschungsmotors dienten wiederum als Eingabegröße für die Simulationen, durch die große Anzahl an Messungen war es dabei möglich für jeden untersuchten Betriebszustand einen passenden Brennverlauf vorzugeben. In Abbildung 3.2 sieht man den zeitlichen Ablauf der Untersuchungen verschiedener Konfigurationen und die jeweiligen Interaktionen[1].

---

[1] Über den Umfang dieses Beitrages hinausgehend, sind auch weitere Varianten des Luftführungssystems dargestellt, namentlich die Applikation einer Niederdruck-Abgasrückführung und der Einsatz eines vollvariablen Ventiltriebs. Für weitere Informationen zu diesen Thema siehe [4,5,6].

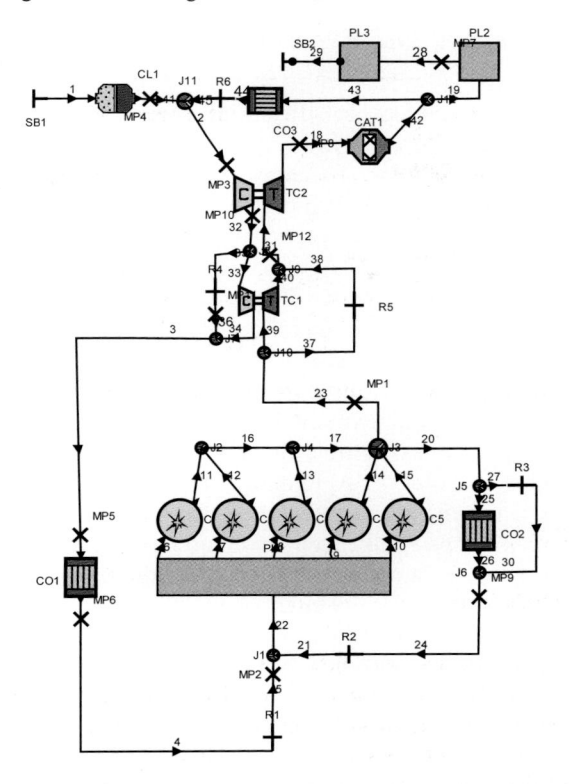

Abb. 3.1 BOOST-Simulationsmodell des untersuchten Motors mit zweistufiger Aufladung (und Niederdruck-Abgasrückführung)

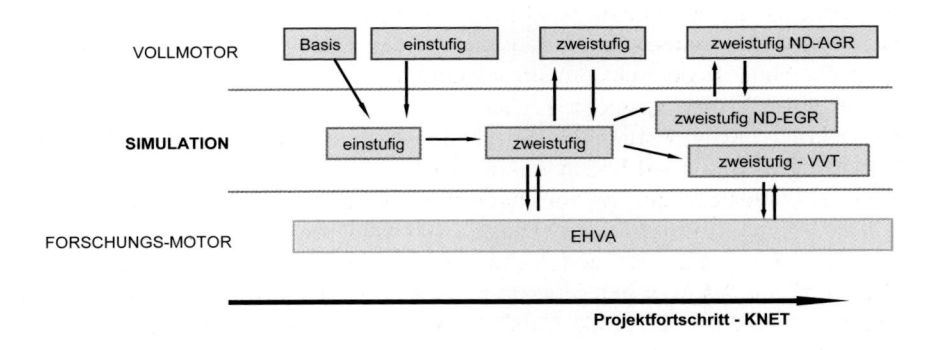

Abb. 3.2 Zusammenwirken von Simulation und Versuch über der Projektlaufzeit

3.2 Versuchsplanung und Experiment

Die steigenden Anforderungen bezüglich Emissionen, Verbrauch und Komfort stellen die Versuchsingenieure laufend vor neue Aufgaben um eine optimale Abstimmung des nichtlinearen Gesamtsystems Verbrennungsmotor zu erarbeiten [7]. Um einen zufrieden stellenden Kompromiss aller Zielkonflikte systematisch zu verwirklichen, sind immer aufwendigere Steuer- und Regeleinheiten erforderlich, was einer starken Zunahme von Variationsmöglichkeiten gleichkommt. Mit Hilfe der statistischen Versuchsplanung, für die sich der Überbegriff Design of Experiments (DoE) etabliert hat, sind Regressionsanalysen der Versuchsdurchführung möglich, welche Vorhersagen zwischen Einfluss- und Zielgrößen erlauben. Mit diesen Hilfsmitteln können die Prüfstandszeiten deutlich reduziert und gleichzeitig eine effiziente, zielsichere Applikationsstrategie erarbeitet werden.

Die Zusammenhänge emissionsrelevanter Parameter teilhomogener Brennverfahren sind komplex, wie dies der Abbildung 1.1 zu entnehmen ist und erschweren zusätzlich Vorhersagen einer Lasterweiterung. Um eine derartige mit DoE zu erarbeiten und damit einer nachfolgenden Optimierung zugänglich zu machen, wurden Versuchspläne mit 5 Parametervariationen definiert. In einer ersten, vereinfachten Abschätzung wurde das erweiterte Ladedruckangebot einer zweistufigen Aufladegruppe für die DoE Untersuchung dahingehend herangezogen, dass bei vorgegebener AGR und Luftverhältnis λ eine Kraftstoffmassenvariation und damit die geforderte Lasterweiterung möglich ist. In Abbildung 3.3 sind für die Drehzahlstützstelle 2000 min^{-1} beispielhaft die Variationsgrößen des DoE Versuchsraumes eingetragen, welche am Forschungsmotor in Form eines 27 Punkte umfassenden Versuchsplans abgearbeitet wurden. Um die Drehzahlspreizung des gesamten NEDC zu erfassen, wurden zusätzlich die Stützstellen 1000, 1500 und 2500 min^{-1}, analog zum 2000 min^{-1} Versuchsplan, vermessen.

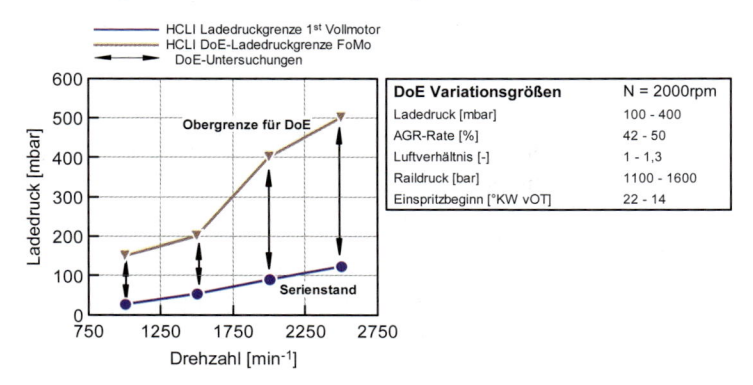

Abb. 3.3 Variationsbereich des Ladedrucks und weiterer Parameter der DoE-Untersuchungen

Einen Einblick in die realisierbare Last, NOx- und Rußemissionen unter den vorgegebenen DoE Randbedingungen gestattet Abbildung 3.4. Bei einer Lade-

Neue Aufladestrategien und teilhomogene Brennverfahren 445

drucksteigerung auf 400 mbar kann der indizierte Mitteldruck um knapp 2 bar gegenüber dem einstufigen Ladedruckpotential von 100 mbar erhöht werden. Die deutlich gestiegenen NOx Emissionen bei 400 mbar gehen dabei sowohl auf den Sauerstoffpartialdruck, als auch auf die früher einsetzende Verbrennung bei gleichem Einspritzzeitpunkt zurück. Darüber hinaus ist der abnehmende Lasteinfluss bei zunehmender AGR deutlich zu erkennen. Wesentlich signifikanter ist die zündverzugsverkürzende Wirkung gestiegenen Ladedrucks auf die Rußemissionen welche, für eine konstante Last, bereits in Abbildung 1.3 gezeigt wurden. Bei dieser Untersuchungsreihe fördert der Einfluss der Kraftstoffmengenvariation zusätzlich die Entstehung fetter Gemischzonen und erschwert damit die Realisierung einer nahezu Rußfreien Energieumsetzung.

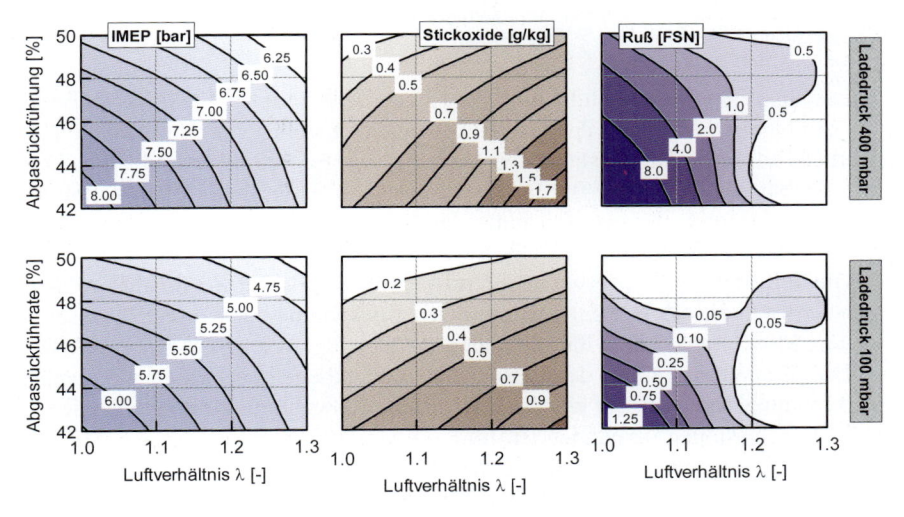

Abb. 3.4 Messergebnisse der DoE-Untersuchungen über Luftverhältnis und AGR

Nebst der Erfüllung niedrigster NOx-, Rußemissionen und Verbrauch müssen sich teilhomogene Brennverfahren bezüglich Akustik an der konventionellen Prozessführung mit abgesetzter Voreinspritzung orientieren und erweitern damit den Kreis der zu optimierenden Größen. Aufschluss über deren Wirkung auf eine Lasterweiterung, bei Einhaltung des Rohemissionsniveaus des realen einstufig aufgeladenen Vollmotors (Ruß 0.2 FSN, NOx ~ 10 ppm und maximaler Geräuschpegel 88 db[A]), gibt Abbildung 3.5. Die Ergebnisse der schrittweisen Optimierung stammen aus Regressionsanalysen der DoE Untersuchung, welche experimentell und zusammenfassend für alle Optimierungsgrößen am Forschungsmotor verifiziert werden konnte.

Unter der Vorraussetzung eines möglichst hohen indizierten Mitteldruckes IMEP mit bestmöglicher Effizienz ergeben sich für die Ladedrücke 100, 250 und 400 mbar folgende Lasten: 7.65 bar bei 400 mbar, 6.7 bar bei 250 mbar und 5.7 bar bei 100 mbar Ladedruck, jeweils mit 42% AGR und Lambda ~ 1.1 (zur Vermeidung hoher CO und HC-Emissionen).

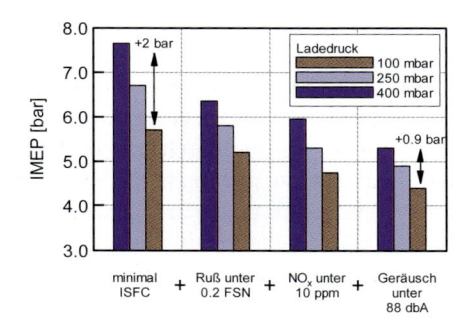

Abb. 3.5 Minderung des Lastgewinnes durch schrittweise Berücksichtigung verschiedener Einschränkungen

Lastsignifikant ist die Einhaltung der Rußemissionsgrenze von 0.2 FSN Einheiten, die eine Abmagerung des Gemisches, unterschiedlich für den jeweiligen Ladedruck, erfordert. Die entstehenden Lasteinbußen für 400 mbar Ladedruck betragen 1.3 bar, für 250 mbar 0.9 bar und für 100 mbar 0.5 bar IMEP. Kombiniert wird diese Vorgehensweise mit einer deutlichen Einspritzdruckerhöhung auf bis zu 1600 bar.

Die definierte NOx Grenze erfordert die Ausnützung der maximalen AGR des Versuchsraumes, sowie einer geringfügigen Rücknahme der Kraftstoffmasse. Der weitere Mitteldruckverlust für alle Ladedrücke beträgt in etwa 0.4-0.5 bar IMEP.

Die Einhaltung eines definierten Schalldruckpegels erzwingt eine spätere Verbrennungslage, die mit einer Verbrauchsverschlechterung und steigenden CO und HC Emissionen verbunden ist. Im Falle von 400 mbar beträgt die IMEP Abnahme noch einmal 0.7 bar, bei 250 mbar ca. 0.5 bar und bei 100 mbar ca. 0.3 bar. Aus dieser Versuchsreihe geht hervor, dass mit einer Ladedruckerhöhung die Last zwar ausgeweitet werden kann, dafür aber deutlich steigende Wirkungsgradeinbußen, bei Einhaltung definierter Rohemissionslimits, in Kauf genommen werden müssen.

4 Lasterweiterung unter Berücksichtigung realer Aufladeverhältnisse

Die Entwicklung teilhomogener Brennverfahren findet typischerweise an einem Einzylinder-Forschungsmotor statt. Unerschöpflicher Ladedruck durch externe Aufladeaggregate, niedrigste Ansaugtemperaturen durch geregelte Ladeluftkühler und beliebig einstellbare AGR-Rate verführen dazu, sich Ladungszuständen zu bedienen, die bei einer Vollmotor-Serienapplikation unter keinen Umständen erreicht werden können. Angaben über im alternativen Betrieb erreichbare Lasten sind daher immer sehr kritisch zu betrachten. All zu oft geben sie nur ein theoretisches Grenzpotential wieder, das ohne Rücksicht auf die Einschränkungen der

Aufladung, des Verbrennungsgeräusches oder der HC/CO Emissionen ermittelt wurde.

Ziel des KNET-Projektes war die Anwendung der alternativen Dieselverbrennung an einem konkurrenzfähigen PKW-Dieselmotor. Richtlinie bei allen Untersuchungen am Forschungsmotor war demnach immer die praktische Umsetzbarkeit im Serienfahrzeug. Das Hauptaugenmerk lag dabei auf dem Potential des Aufladesystems. Dessen Entwicklung, die auf einem Vollmotor durchgeführt wurde, und die Entwicklung des Brennverfahrens, die schwerpunktmäßig am Einzylindermotor passierte, galten verknüpft zu werden. Als geeignetes Mittel erwies sich dabei die 1D-Simulation.

Die 1D-Simulation positioniert sich zwischen den Untersuchungen am Einzylindermotor und denen am Vollmotor. Als Rechenmodell dient eine verifizierte Abbildung des untersuchten Vollmotors, ausgestattet mit einer Variante des Aufladesystems, die dem aktuellen Stand der Untersuchungen entspricht. In Abbildung 4.1 sieht man die Einbindung der drei Werkzeuge in den Informationsfluss. Dabei sind die in diesem Artikel behandelten Interaktionen zwischen Simulation und Forschungsmotor hervorgehoben.

Der Forschungsmotor liefert in erster Linie Informationen über den Verbrennungsablauf, der in der Simulation vorgegeben wird. Der Brennverlauf, insbesondere die Lage des Umsatzpunktes hat Einfluss auf die Abgastemperatur und somit auf das Energieangebot an der Turbine. Informationen über Emissionen und Anforderungen hinsichtlich Ladungszustands bezeichnen die Grenzen des Rechengebietes. Seitens der Simulation werden den Untersuchungen am Forschungsmotor Informationen über die Randbedingungen des Ladungswechsels zur Verfügung gestellt. Dabei handelt es sich in erster Linie um den Trade-Off zwischen Ladedruck und AGR-Rate, insbesondere aber auch um die Ladetemperatur, und – von großer Bedeutung für die Effizienz – um den zu erwartenden Abgasgegendruck.

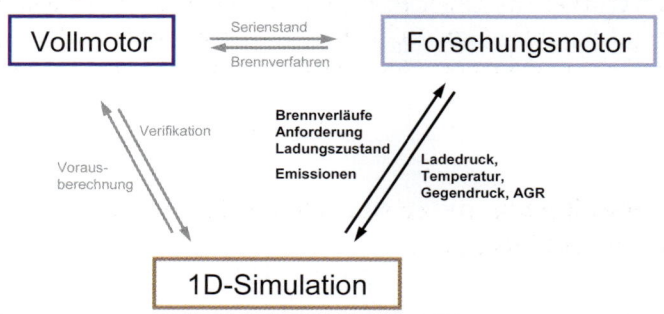

Abb. 4.1 Informationsfluss zwischen 1D-Simulation und Versuchsträgern

Das Energieangebot an der Turbine und damit der erreichbare Ladedruck sind von der Abgastemperatur abhängig, und damit vom Verbrennungsablauf und von der eingespritzten Menge. Der Verbrennungsablauf und die eingespritzte Menge sind wiederum vom Ladungszustand abhängig. Es wird sofort ersichtlich, dass der erwähnte Datenaustausch zwischen Simulation und Forschungsmotor nur in einem iterativen Durchlauf erfolgen kann.

Nach der dargelegten Vorgehensweise der verknüpften 1D-Simulation und einem Forschungsmotorprüfstand gilt der nächste Absatz der experimentellen Umsetzung dieser beiden Werkzeuge am Versuchsprobanden.

Die weiterführenden Untersuchungen mit der 1D Simulationen beziehen sich darauf, ob das zweistufige Aufladesystem des Vollmotors in der Lage ist, jene Ladungswechselgrößen zur Verfügung zu stellen, die aus den vorangegangenen DoE Untersuchungen am Forschungsmotor abgeleitet wurden. Dazu sind in Abbildung 4.2 links die Energiefreisetzungsraten der emissionsoptimierten, experimentellen Lastpunkte aus den DoE Untersuchungen der Ladedruckobergrenze aufgetragen. Das drehzahlabhängige Ladedruckangebot erzwingt aus Ruß- und Geräuschgründen eine Verlagerung der Verbrennung in Richtung spät um auf diese Weise den Zündverzug in die Expansionsphase zu verlagern und eine zunehmende Gemischhomogenisierung zu erwirken. Mit exakt diesen Brennverläufen und definierter AGR der experimentellen Untersuchungen wurde mit der 1D Ladungswechselsimulation der maximale mögliche Ladedruck für den modellierten Vollmotor errechnet. Im rechten Diagramm der Abbildung 4.2 ist in hellblau das, unter den beschriebenen Vorraussetzungen, erreichbare Ladedruckpotential des zweistufigen Aufladeaggregates, eingetragen. Unterhalb von 2000 min^{-1} deckt die angenommene DoE Ladedruckobergrenze das Potential des Vollmotors vollständig ab. Mit steigendem Massendurchsatz der Turbine verbessert sich der Gesamtwirkungsgrad des ATL und ermöglicht eine deutliche Ladedrucksteigerung besonders bei 2500 min^{-1}. Diese kann in eine weitere Laststeigerung umgesetzt werden, bedarf aber der genauen Kenntnis der Zusammenhänge von Kraftstoffmasse, AGR, Ladelufttemperatur, Abgasgegen- und Ladedruck. Für dessen Erfassung wurde in einer weiteren Simulationsreihe bei Vorgabe definierter Kraftstoffmassen die Zusammenhänge der relevanten Ladungswechselgrößen mittels VTG und AGR-Ventilöffnungsvariationen errechnet.

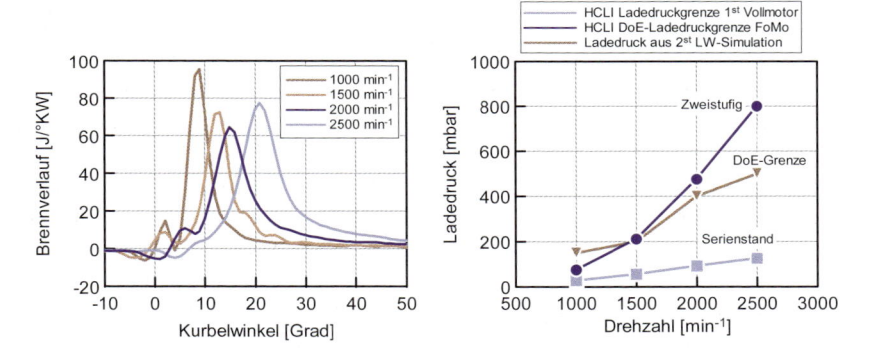

Abb. 4.2 Brennverläufe für verschiedene Ladedrücke (links) und Vergleich zwischen angenommenem und tatsächlich erreichbarem Ladedruck (rechts).

Beispielhaft sind in Abbildung 4.3 bei Vorgabe einer Brennstoffmasse von 27 mg/Hub die AGR-Rate und der absolute Ladedruck, in Abhängigkeit des Abgasgegendrucks P31 (links) und dem Luftverhältnis λ (rechts), des simulierten Vollmotors aufgetragen. Im Sinne hoher erzielbarer Ladedrücke wurde die VTG nur zwischen 0 – 0.4, sowie die AGR Ventilöffnung zwischen 0.1 und 0.8. variiert.

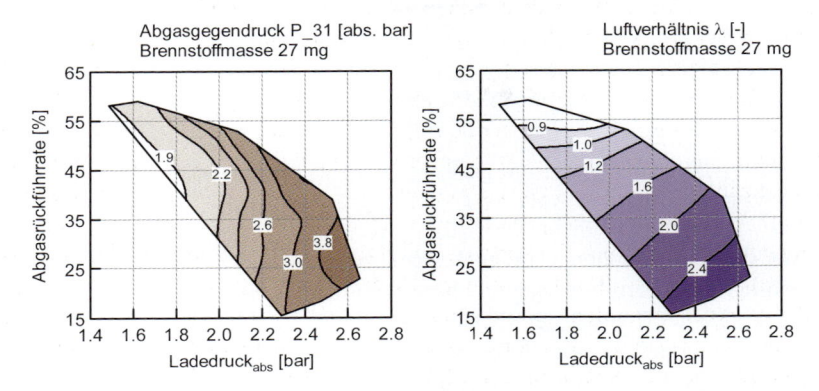

Abb. 4.3 Randbedingungen für Messung aus Simulation des zweistufig aufgeladenen Motors

Mit Kenntnis des AGR- und Ladedruckpotentials des Vollmotors können diese Informationen direkt und simultan den Experimenten am Forschungsmotor zur Verfügung gestellt werden. In diesen Untersuchungen ergeben sich je nach Betriebsbedingungen entsprechende Emissionsniveaus, deren Einhaltung eingreifende Maßnahmen durch die Ladungswechselgrößen erfordern. Der Variationsbereich von Ladedruck und AGR kann aber nur innerhalb der errechneten Grenzen des Vollmotors liegen, siehe Abb. 4.3. Bei Erreichen der geforderten Emissionsgrenzwerte und der eingestellten Größen AGR und Ladedruck kann, entsprechend der simulierten Zusammenhänge, der Abgasgegendruck P31 eingestellt werden. Erst mit Kenntnis der Ladungswechselverluste des Vollmotors kann die Frage der darstellbaren Lasterweiterung des HCLI Brennverfahrens an einem PKW Dieselmotor zufrieden stellend beantwortet werden.

Aus Abbildung 4.4 geht hervor, dass mit steigendem Massendurchsatz des kleinen ATL's das Ladedruck-/AGR Potential zunehmend in eine Lasterweiterung, bei niedrigerem bis gleichem Rohemissionsausstoß wie die einstufig applizierte Vollmotorvariante, bis zu einer Verdoppelung bei 2500 min^{-1} umgesetzt werden kann. Speziell im relevanten Drehzahlbereich bei 2000 min^{-1} konnte unter diesen Vorraussetzungen die Last knapp um 50%, bei einem Verbrauchsnachteil von ~6%, gesteigert werden. Diese Ausführung bedeuten aber keinesfalls, dass mit teilhomogenen Brennverfahren und den möglichen Ladungswechselrandbedingungen der zweistufigen Pkw-Aufladung, keine höheren Mitteldrücke zu erreichen wären. Bei ähnlichem Verbrauch und Rußverhalten können auch 10 bar BMEP realisiert werden, allerdings bei einer Vervierfachung des NOx Ausstoßes [g/h].

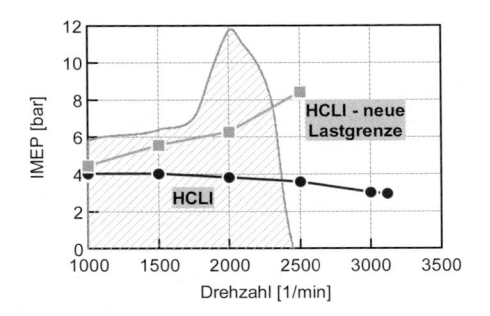

Abb. 4.4 Erweiterte Lastgrenze des teilhomogenen HCLI-Brennverfahrens durch Anwendung eines zweistufigen Aufladesystems

Aus den vorgestellten Untersuchungen zeigt sich, dass die Realisierung einer tatsächlich Rußfreien homogenen Dieselverbrennung mit geringem Ladedruck am einfachsten und effizientesten darstellbar ist. Eine Lasterweiterung gelingt nur mit erweiterten Ladedruck- und AGR-Kapazitäten, die in einem bestimmten Umfang, von einem zweistufigen Aufladesystem zur Verfügung gestellt werden können. Bei Anwendung dieser Potentiale zeigen die Untersuchungen am Forschungsmotor, dass für eine ausreichende Gemischhomogenisierung die Verbrennungsschwerpunktslage deutlich nach OT verlegt werden muss. Damit entscheidet der Rußausstoß und nicht die Geräusch- oder NOx Emissionen über die darstellbare Lasterweiterung und Effizienz teilhomogener Brennverfahren. Daraus folgt, dass der NEDC nicht ausreichend effizient mit teilhomogenen Brennverfahren abgedeckt werden kann. Vielmehr kann mit dem AGR-/Ladedruckpotential der zweistufigen Abgasturboaufladung die Gewichtung der einzelnen Emissionskomponenten im NEDC Lastbereich vorteilhaft verschoben werden. Im Bereich hoher Lasten kann mit höherer AGR der NOx Ausstoß gegenüber herkömmlicher Aufladesysteme deutlich reduzieren werden. Damit eröffnet sich die Möglichkeit den HC-kritischen Niedriglastbereich mit erweitertem Luftüberschuss abzudecken. Unter diesen Vorraussetzungen können mit diesem Aufladesystem und Brennverfahren die Schadstoffe auf innermotorischem Weg deutlich gesenkt werden, welche Vorraussetzung für die Erfüllung zukünftiger Emissionsgesetzgebung, unabhängig von den eingesetzten selektiven Abgasnachbehandlungsstrategien, sind.

5 Literatur

[1] Glensvig, M. et al.: "Demands of alternative Diesel combustion on advanced charging systems" (10. Aufladetechnische Konferenz, Dresden 2005)

[2] Schatzberger, T. et al.: "Homogenous Diesel Combustion Process for Low Emissions" (11th European Automotive Congress, Budapest 2007)

[3] Schatzberger, T.: "Analyse seriennaher Betriebsstrategien und Kraftstoffe zur innermotorischen Minderung der NOx - Rußemissionsproblematik am Pkw-Dieselmotor" (Dissertation, TU Graz, 2008)

[4] Schutting, E. et al. "Analyse und Simulation von Ladungswechselstrategien für alternative Dieselbrennverfahren" (Tagung Motorprozesssimulation und Aufladung, Berlin 2005)

[5] Schutting, E. et al.: "Miller- und Atkinsonzyklus am turboaufgeladenen Dieselmotor" (Motortechnische Zeitschrift 06/2007):

[6] Schutting, E.: " Bewertung neuer Luftführungsstrategien mit den Mitteln der eindimensionalen Simulation" (2. Tagung Motorprozesssimulation und Aufladung, Berlin 2007)

[7] Zimmerschmied, R. et al.: " Stationäre und dynamische Motorvermessung zur Auslegung von Steuerkennfeldern – Eine kurze Übersicht" (Automatisierungstechnik 53/2005)

Verfahren zur Auslegung des Aufladesystems von Dieselmotoren mit Fokus auf Reduzierung der Ruß- und NO_X-Emissionen

N. Lindenkamp, P. Eilts

Kurzfassung

Bei der Auslegung von Aufladesystemen für Motoren lassen sich mit Hilfe von 1D-Ladungswechselsimulationen bereits im Vorfeld Aussagen darüber treffen, ob die geforderten Werte bzgl. Volllastdrehmoment, transientem Drehmomentverlauf und Kraftstoffverbrauch erfüllt werden können. Für eine genaue Bestimmung der NO_X- und speziell der Rußemissionen bei aufgeladenen Dieselmotoren müssen jedoch immer noch Messungen am realen Motor durchgeführt werden, da deren Berechnung sehr komplex und daher – insbesondere im instationären Betrieb – ungenau ist.

In diesem Bericht wird ein Verfahren zur Auslegung eines Aufladesystems für einen Dieselmotor vorgestellt. Bei diesem Ansatz kann in kurzer Zeit durch eine sinnvolle Kombination von Simulation und Versuchen am Prüfstand der Einfluss unterschiedlicher Aufladesysteme sowohl auf Drehmoment und Kraftstoffverbrauch als auch auf die Abgasemissionen ermittelt werden. Für die Prüfstandsversuche ist am Institut für Verbrennungskraftmaschinen der TU Braunschweig eine vollvariable Ansaug- und Abgasstrecke entwickelt worden.

1 Einleitung

Der Marktanteil von Dieselmotoren ist im PKW-Bereich aufgrund ihrer hohen Effizienz und der durch die Einführung von Direkteinspritzung und Abgasturboaufladung verbesserten Fahrleistungen in den letzten Jahren ständig gestiegen. Problematisch sind beim Dieselmotor aber nach wie vor die hohen Stickoxid- (NO_X) und Partikelemissionen (PM). Diese treten insbesondere bei Beschleunigungen aus niedrigen Drehzahl- und Lastbereichen auf, wo aufgrund des totzeitbehafteten Streckenverhaltens des Luftpfades (Ladedruck- und AGR-Regelung) die Regeldynamik und Regelgüte stark eingeschränkt sind [1, 2].

Durch eine alleinige Steigerung von Einspritzdruck und AGR-Rate lässt sich wegen der sich beeinflussenden Größen Ruß- und NO_X-Emissionen kein hinreichend niedriges Abgasemissionsniveau darstellen. Es wird zusätzlich ein leistungsfähiges Aufladesystem benötigt, das immer einen ausreichenden Luftüberschuss gewährleistet [3].

Dabei stellt insbesondere der dynamische Motorbetrieb eine große Herausforderung für das Aufladesystem dar: das Ansprechverhalten muss schnell genug sein, um den geforderten Luftbedarf bei Beschleunigungen zur Verfügung zu stellen. Auf diese Weise lässt sich der sog. Beschleunigungsruß minimieren. Dies und die Forderungen nach hoher Leistungsdichte und souveräner Fahrdynamik sowie geringem Kraftstoffverbrauch erfordern weitere Entwicklungsschritte bei modernen Aufladesystemen für Dieselmotoren, s. Abb. 1.1 [3].

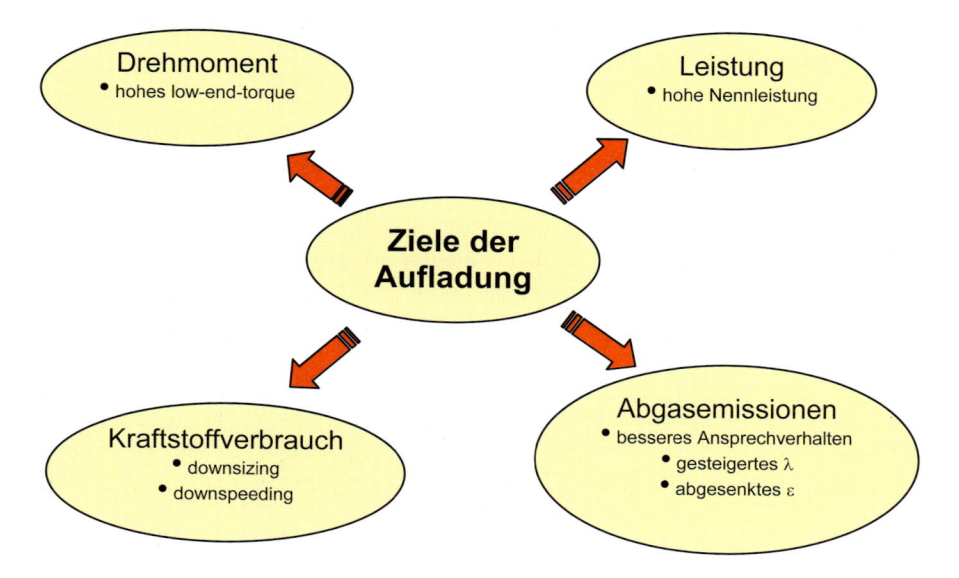

Abb. 1.1 Entwicklungsziele der Aufladung von Dieselmotoren

Mit Hilfe von 1D-Ladungswechselsimulationen lassen sich für einen bekannten Basismotor die Auswirkungen verschiedener Aufladesysteme auf die zu erwartende Leistung, das Drehmoment und den Verbrauch vorausberechnen. Für eine genaue Bestimmung der NO_X- und speziell der Rußemissionen bei aufgeladenen Dieselmotoren müssen jedoch immer noch Messungen am realen Motor durchgeführt werden, da deren Berechnung sehr komplex und daher – insbesondere im instationären Betrieb – ungenau ist.

Für die Messungen am Motor müssten die zu untersuchenden Aufladesysteme in der gewünschten Größe und den passenden Anschlussmaßen als Hardware zur Verfügung stehen. Diese sind jedoch sehr schwer zu beschaffen, insbesondere die elektrisch unterstützten Aufladeverfahren sind nur sehr selten verfügbar. Des Weiteren müsste bei jedem Aufladesystem für die unterschiedlichen Verstellmechanismen (Klappen, VTG, Bypässe usw.) eine zeitaufwändige Reglerauslegung stattfinden.

Um dieser Problematik zu entgegnen, ist eine vollvariable Ansaug- und Abgasstrecke entwickelt worden, mit deren Hilfe jegliches Aufladesystem in kürzester Zeit am realen Motor nachgestellt werden kann. Die Parametrierung der variablen Ansaug- und Abgasstrecke (Luftmasse, Drücke, Temperaturen usw.) erfolgt durch eine 1D-Ladungswechselsimulation des Motors.

In den folgenden zwei Kapiteln werden mit dem Prüfstandsaufbau und der Simulation die Werkzeuge beschrieben, die für die Auslegung des Aufladesystems für einen Dieselmotor verwendet werden. Anschließend wird in Kapitel 4 detailliert ein Verfahren vorgestellt, wie durch eine sinnvolle Kombination von Simulation und Versuchen am Prüfstand der Einfluss unterschiedlicher Aufladesysteme sowohl auf Drehmoment und Kraftstoffverbrauch als auch auf Abgasemissionen in kurzer Zeit ermittelt werden kann.

2 Prüfstandsaufbau

Bei dem Versuchsmotor handelt es sich um einen kleinvolumigen Reihen-Dreizylinder-Dieselmotor. Ausgeführt ist er mit einer Direkteinspritzung, Abgasturboaufladung mit variabler Turbinengeometrie und gekühlter externer Abgasrückführung. Der Motor erfüllt mit einfachem Oxidationskatalysator die Emissionsklasse EU4.

Als Bremseinrichtung steht eine hydrostatisch gelagerte Asynchron-Pendelmaschine der Fa. AVL zur Verfügung. Steuerung, Überwachung und Messdatenerfassung erfolgen über ein Puma Software-Paket der Fa. AVL. Integriert in diese Prüfstandssteuerungssoftware ist eine Zusatzfunktion, mit deren Hilfe eine einfache Darstellung von Fahrzyklen möglich ist.

Bei den Messungen werden u.a. die eingespritzte Kraftstoffmasse, der Luftmassenstrom, die Turboladerdrehzahl, sämtliche Abgaskomponenten sowie div. Drücke und Temperaturen aufgezeichnet. Des Weiteren werden sowohl der Zylinderdruck als auch die Drücke im Saugrohr und Abgaskrümmer über ein Indiziersystem in 0,1°KW-Schritten aufgenommen.

Im Folgenden wird die am Institut entwickelte variable Ansaug- und Abgasstrecke detailliert vorgestellt.

2.1 *Variable Ansaug- und Abgasstrecke*

Das Ziel der Entwicklung der variablen Ansaug- und Abgasstrecke bestand darin, jegliches Aufladeverfahren sowohl stationär als auch instationär am Motor nachstellen zu können. Bei der Auslegung und Komponentenauswahl wurde daher der Fokus darauf gelegt, dass sowohl der Lade- und Abgasdruck als auch die Ladelufttemperatur und die AGR-Rate in weiten Bereichen frei und schnell einstellbar sind.

2.1.1 Aufbau

In Abb. 2.1 ist der schematische Aufbau der variablen Ansaug- und Abgasstrecke dargestellt. Der Ladedruck wird über einen Schraubenverdichter mit 80kW Antriebsleistung extern zur Verfügung gestellt. Über Leitungen wird die verdichtete Luft mit ca. 8bar in den Prüfstandsraum geleitet, wo anschließend der Druck über einen Druckminderer auf 6bar reduziert wird. Die Luftmasse wird nun mit Hilfe eines druckfesten Luftmassenmessers gemessen und in einer elektrischen Heizung auf bis zu 90°C erhitzt. Mit Hilfe von vier parallel angeordneten elektrischen Proportionalventilen kann der Luftdruck PID-geregelt stufenlos eingestellt werden. Eine Rohrleitung verbindet nun die Proportionalventile mit dem Einlass des originalen Ansaugkrümmers des Motors und versorgt diesen mit der gewünschten Ladeluft.

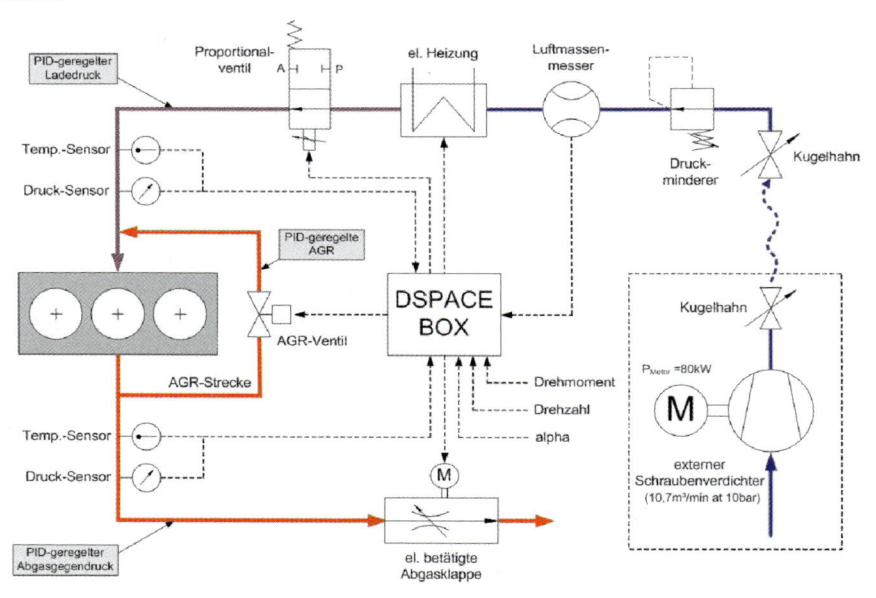

Abb. 2.1 Schematischer Aufbau der variablen Ansaug- und Abgasstrecke

Der Abgasturbolader wurde vom originalen Abgaskrümmer entfernt und durch eine elektrisch betätigte Abgasklappe ersetzt. Diese kann nun den gewünschten Abgasgegendruck PID-geregelt frei einstellen. Darüber hinaus kann das AGR-Ventil in der AGR-Strecke angesteuert werden, um auch die AGR-Rate unabhängig vom originalen Motorsteuergerät variieren zu können. Zur Regelung der Ansaug- und Abgasstrecke sind diverse Sensoren (z.B. Temperatur- und Drucksensoren) in die Strecke integriert worden.

Die gesamte Regelung und Steuerung der Ansaug- und Abgasstrecke wird mit einem echtzeitfähigen DSPACE-System durchgeführt. Die Programmierung des Systems erfolgte in Matlab/Simulink, mit dessen Hilfe Regelkreise in Blockschaltbildern aufgebaut werden können. Das Abb. 2.2 zeigt schematisch die kom-

Verfahren zur Auslegung des Aufladesystems von Dieselmotoren 457

plexe Gesamtstruktur des DSPACE-Programms mit den verschiedenen Teilsystemen und deren Ein- (Sensorwerte) und Ausgängen (Stellwerte der Aktoren). Die Teilsysteme bzw. Unterprogramme sind jeweils für eine bestimmte Aufgabe bei der Regelung der Ansaug- und Abgasstrecke zuständig.

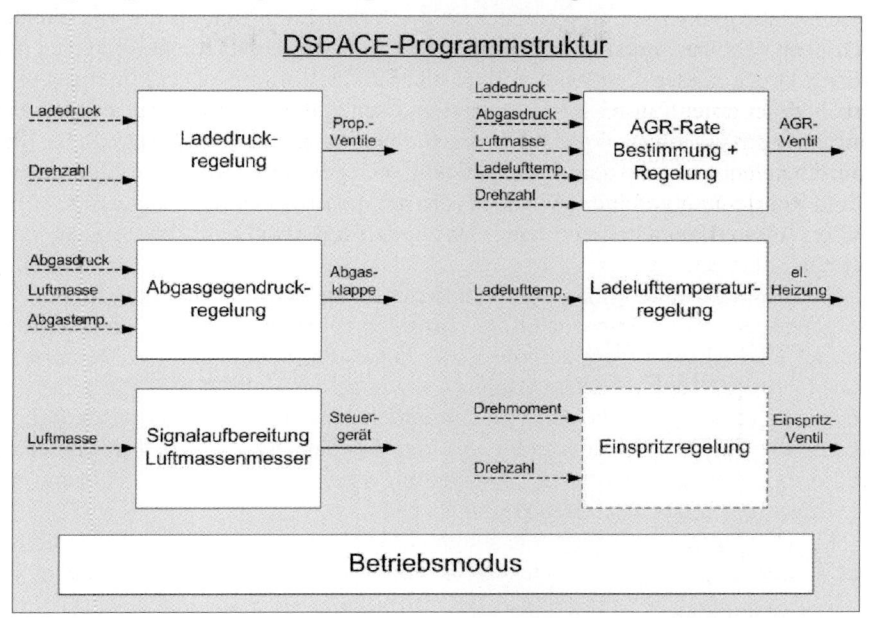

Abb. 2.2 Aufbau der DSPACE-Programmstruktur

Das aktuelle Programm beinhaltet vier große Regelkreise, um die variable Ansaug- und Abgasstrecke betreiben zu können:

- Ladedruckregelung (PID-Regler)
- Abgasgegendruckregelung (PID-Regler)
- AGR-Raten-Regelung (PID-Regler)
- Ladelufttemperaturregelung (Zweipunkt-Regler)

In das Teilsystem „AGR-Raten-Regelung" ist ein weiteres Programm zur Bestimmung der AGR-Rate (X_{AGR}) integriert, da diese keine direkt messbare Größe darstellt. Sie wird indirekt mit Hilfe des mit dem Luftmassenmesser gemessenen Frischluftmassenstroms ermittelt und berechnet sich wie folgt:

$$X_{AGR} = \frac{\dot{m}_{AGR}}{\dot{m}_{ges}} = \frac{\dot{m}_{ges} - \dot{m}_{Frischluft}}{\dot{m}_{ges}}$$

Der Gesamtmassenstrom durch den Motor wird im Programm mit Hilfe von hinterlegten Kennfeldern und Korrekturformeln ermittelt, für die weitere Messgrößen notwendig sind, s. Abb. 2.2.

Das Steuergerät des Motors erwartet zu jedem Zeitpunkt ein plausibles Signal vom Luftmassenmesser, ansonsten wird der Motor zwangsläufig im sog. Notlauf betrieben. Da der serienmäßig verbaute Luftmassenmesser nicht druckfest ist, konnte er für diesen Prüfstandsaufbau nicht mehr verwendet werden und wurde durch einen druckfesten Luftmassenmesser ersetzt. Weil die Ausgangssignale der beiden Luftmassenmesser nicht identisch sind, wurde das Unterprogramm „Signalaufbereitung Luftmassenmesser" erstellt. Hier wird der gemessene Luftmassenstrom in eine Spannung umgewandelt, die der motoreigene Luftmassenmesser bei diesem Massenstrom geliefert hätte. Das Spannungssignal wird dann an das Steuergerät weitergeleitet.

Die Gaspedalstellung bzw. das Wunschdrehmoment des Fahrers dient bei Seriensteuergeräten als Sollwert für die Einspritzmengenregelung. Zur Verhinderung von zu niedrigen Luftverhältnissen bzw. hohen Rußemissionen bei Beschleunigungsvorgängen und zu hohen Drehmomenten an der Volllast wird die Einspritzmenge im Steuergerät zusätzlich über Kennfelder begrenzt (z.B. über das Rauchkennfeld). Um den Versuchsmotor mit der variablen Ansaug- und Abgasstrecke völlig frei betreiben zu können, ist daher ein weiteres Teilsystem in Planung, das die Einspritzung des Motors extern regeln soll.

Als übergeordnetes Teilsystem fungiert das Unterprogramm „Betriebsmodus", das die Auswahl von vier verschiedenen Betriebsmodi des Systems ermöglicht:

- Stationärbetrieb
- Instationärbetrieb
- Stationärkennfeld
- Systemdiagnose

Der „Stationärbetrieb" erfordert eine manuelle Eingabe der Sollwerte (Lade- und Abgasgegendruck, Ladelufttemperatur und AGR-Rate). Im „Instationärbetrieb" wird eine Lastsprungerkennung aktiviert, und hinterlegte Lade- und Abgasgegendruckverläufe werden nachgefahren. Bei der Wahl des Modus „Stationärkennfeld" ergeben sich die Sollwertvorgaben der Regelkreise aus den hinterlegten Kennfeldern des originalen Motors. Die „Systemdiagnose" wird zum Überprüfen bzw. direkten Einstellen der unterschiedlichen Aktoren, wie z.B. der Proportionalventile, gewählt. Die Stellgrößen müssen hierbei manuell eingegeben werden.

Nach der Erstellung des Matlab/Simulink-Programms zur Regelung der Ansaug- und Abgasstrecke wird dieses kompiliert und in die DSPACE-BOX mittels einer DSPACE-Software geladen. Hier lässt sich auch eine bedienerfreundliche Benutzeroberfläche erzeugen, in der die Konstanten der Reglerstrukturen mit Hilfe von Eingabefeldern, Drehknöpfen und Schiebereglern online während des Motorbetriebs verändert werden können. Weiter besteht die Möglichkeit, sich verändernde Größen – wie Mess- und Stellwerte – grafisch ausgeben oder aufzeichnen zu lassen und die vier oben genannten Betriebsmodi auszuwählen [4].

Verfahren zur Auslegung des Aufladesystems von Dieselmotoren 459

2.1.2 Inbetriebnahme

Bei der Auslegung der variablen Ansaug- und Abgasstrecke wurde ein besonderer Fokus darauf gelegt, dass alle Rohrlängen und -durchmesser möglichst identisch mit denen der originalen Luft- und Abgasstrecke des Motors sind. Nur so kann gewährleistet werden, dass sich die Druckverläufe in den Rohrleitungen und damit der Luftdurchsatz durch den Motor über das Betriebskennfeld nicht verändern.

So wurde bei der variablen Ansaugstrecke die Rohrleitung zwischen den Proportionalventilen und dem Einlasskrümmer auf die Geometrie der originalen Rohrleitung zwischen Ladeluftkühler und Einlasskrümmer angepasst. Anhand des Vergleiches zwischen den in der originalen und der variablen Ansaugstrecke gemessenen Druckverläufen wird deutlich, dass die Rohrlängen und -durchmesser sehr gut übereinstimmen, s. Abb. 2.3. Die Druckverläufe sind fast identisch und unterscheiden sich über den gesamten Betriebsbereich um max. 0,03bar.

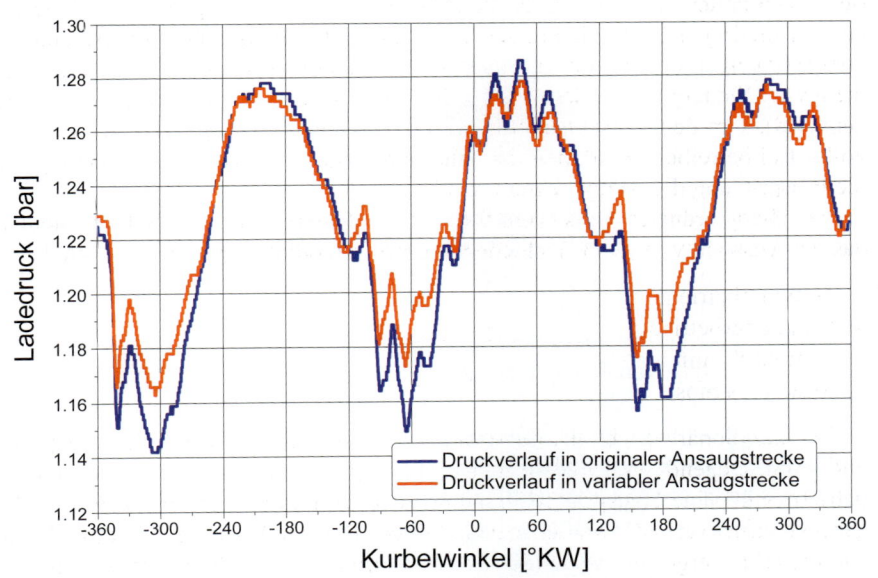

Abb. 2.3 Vergleich der Druckverläufe im Ansaugkrümmer

Die Abgasklappe wurde in der variablen Abgasstrecke so verbaut, dass sie die gleiche Position wie der in der originalen Abgasstrecke verbaute Turbolader einnimmt. Der Vergleich zwischen den in der originalen und der variablen Abgasstrecke gemessenen Druckverläufen zeigt eine sehr hohe Übereinstimmung, siehe Abb. 2.4. Es hat sich des Weiteren gezeigt, dass sich der Luftdurchsatz durch den Motor über den gesamten Betriebsbereich des Motors nicht verändert hat.

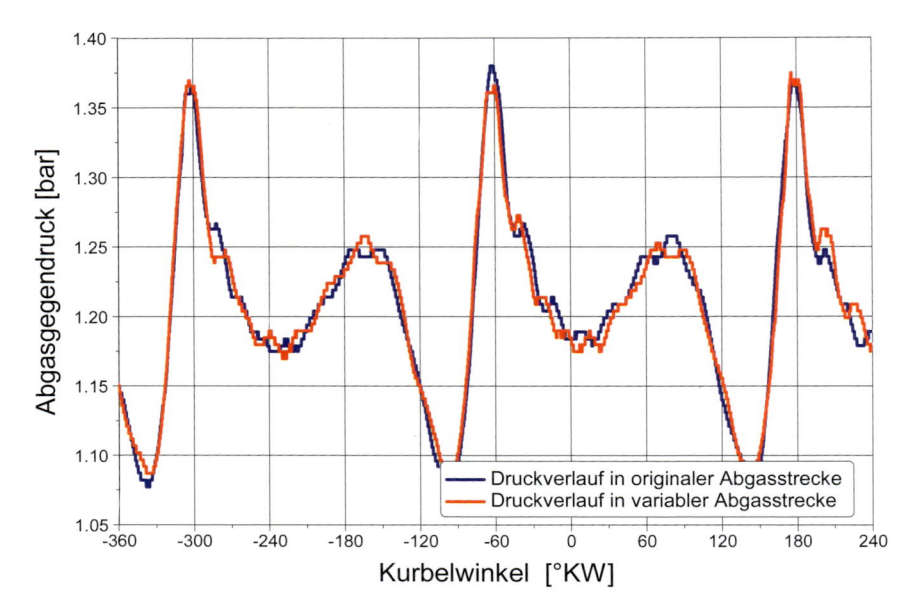

Abb. 2.4 Vergleich der Druckverläufe im Abgaskrümmer

Um auch instationäre Betriebszustände des Motors, wie z.B. Lastsprünge, mit der variablen Ansaug- und Abgasstrecke simulieren zu können, müssen die ausgelegten Lade- und Abgasgegendruckregler sehr schnell sein und zudem ein gutes Führungsverhalten aufweisen.

Um die Güte der Regler zu testen, wird für den Ansaug- und Abgasgegendruck völlig unabhängig voneinander ein sinusförmiger Sollwert mit einer hohen Frequenz vorgegeben, s. Abb. 2.5. Es wird deutlich, dass sowohl die variable Ansaug- als auch Abgasstrecke in der Lage sind, den aggressiven Sollwertvorgaben folgen zu können. Weitere Tests haben gezeigt, dass selbst sinusförmigen Ladedruckvorgaben mit einer Frequenz von 1,5Hz und einer Amplitude von über 2bar mit einer max. Abweichung von 0,01bar gefolgt werden konnte.

Die Inbetriebnahme hat gezeigt, dass sowohl der Ladedruck (von 0-5bar) und Abgasgegendruck als auch die Ladelufttemperatur (von 20-90°C) und AGR-Rate sehr schnell und frei einzuregeln sind. Mit Hilfe der variablen Ansaug- und Abgasstrecke kann demnach jegliches Aufladesystem, stationär und instationär, am realen Motor nachgestellt werden.

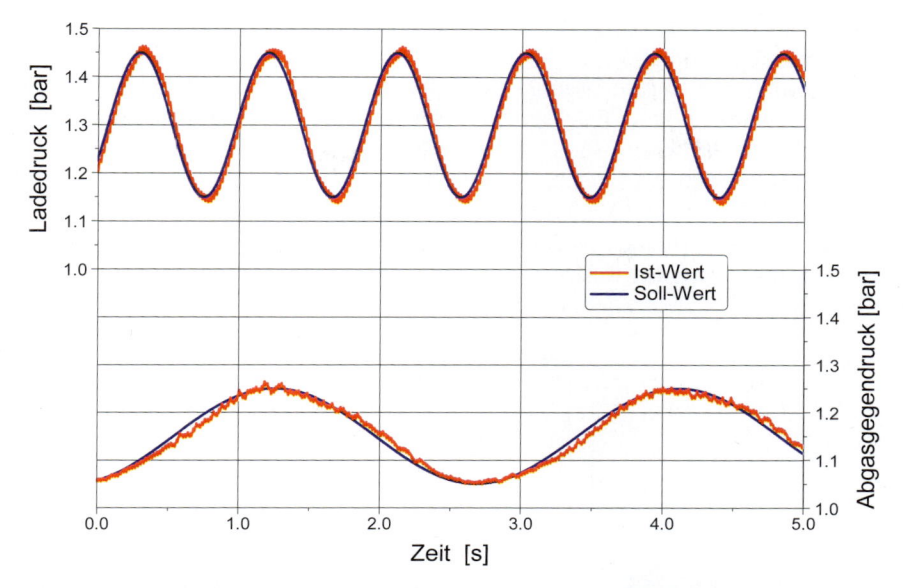

Abb. 2.5 Sinusverlauf als Sollwertvorgabe für den Lade- und Abgasgegendruck

3 Simulationsumgebung

Im Folgenden wird die Simulationsumgebung vorgestellt, in der der Dieselmotor mit unterschiedlichen Aufladesystemen simuliert wurde. Des Weiteren wird der Aufbau einer selbst programmierten Gesamtfahrzeugsimulation erläutert, in die die Motorsimulation integriert wurde.

3.1 Motorsimulation

Für die Simulation des Motormodells wird die 1D-Ladungswechselsimulation WAVE 7.2 der Firma Ricardo in Verbindung mit Matlab/Simulink genutzt. Wave dient zur Analyse der Dynamik von Druckwellen, Massen- und Energieströmen in Rohrleitungen. Dabei bietet Wave eine durchgängige Betrachtung der zeitabhängigen Fluid-Dynamik anhand von eindimensionalen Strömungsgleichungen. Dies berücksichtigt die generelle Behandlung von Arbeitsmedien wie Luft, Luft-Kraftstoff-Gemischen, Verbrennungsprodukten und flüssigem Kraftstoff.

Wave bietet die Möglichkeit, aus einfachen Strukturen wie Rohren, Verbindungen etc. die komplexe Struktur einer Verbrennungskraftmaschine darzustellen. Für die Nachbildung des eigentlichen Motors stehen spezielle Bauelemente, wie Ventile, Einspritzdüsen und Zylinder, zur Verfügung. Darüber hinaus können für die Realisierung einer Aufladung des Motors diverse Turbinen- und Verdichtertypen verwendet werden [5].

Bei komplexen Regelungsaufgaben, wie z.B. bei Kennfeldreglern, stößt die interne Regelung von WAVE 7.2 an ihre Grenzen. Darüber hinaus soll mit dem Motormodell der Grundstein für eine Gesamtfahrzeugsimulation gelegt werden. Es bietet sich daher an, WAVE 7.2 in eine Matlab/Simulink-Umgebung zu integrieren. Dabei leitet ein WAVE-Funktionsblock über Ausgangspins Sensorwerte aus dem WAVE-Motormodell (z.B. Ladedruck, Frischluftmassenstrom) an Simulink. Diese gelangen über ein Bus-System zu einem virtuellen Steuergerät (ECU), siehe Abb. 3.1.

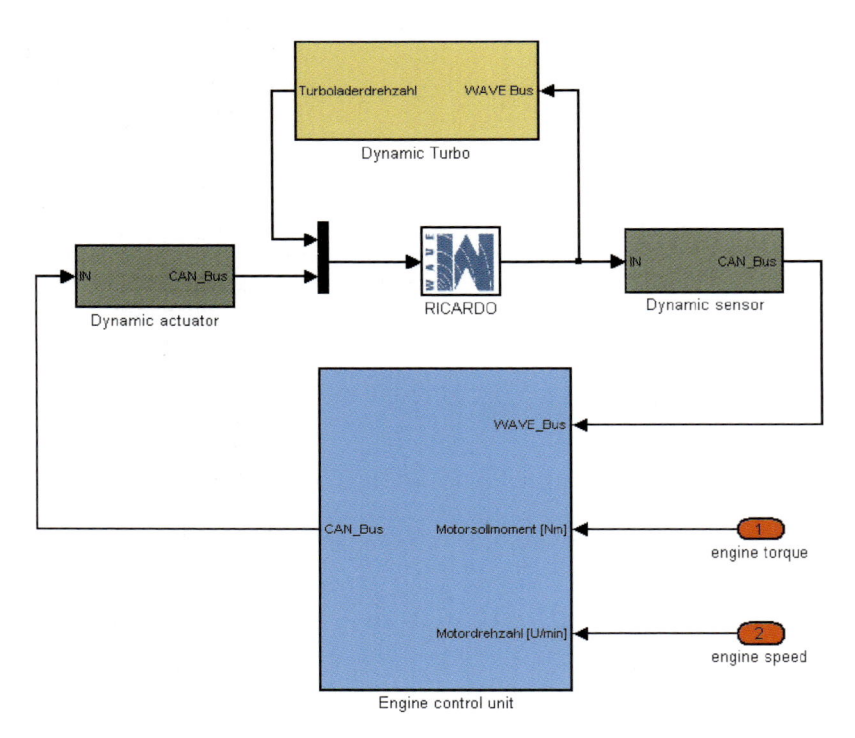

Abb. 3.1 Integration eines WAVE-Modells in Matlab/Simulink

Das virtuelle Steuergerät ist in seinen Hauptfunktionen wie ein konventionelles Dieselmotorsteuergerät aufgebaut. Neben einer Vielzahl von Sensorwerten des Motors benötigt die ECU außerdem die aktuelle Motordrehzahl und das Wunschdrehmoment. Aus diesen Informationen wird zuerst eine Soll-Einspritzmenge berechnet, die durch ein Rauchkennfeld bzw. minimales Luftverhältnis begrenzt wird. Anschließend können mit Hilfe der errechneten Einspritzmenge und der aktuellen Motordrehzahl alle Stellwerte der Motoraktoren in einem Steuergrößenblock (z.B. Einspritzbeginn und Einspritzdauer) und einem Regelgrößenblock (VTG- und AGR-Ventilstellung) ermittelt werden.

Die Stellwerte der Aktoren werden dann über das Bus-System und die Eingangspins des WAVE-Funktionsblocks wieder an das WAVE-Motormodell zurückgegeben.

3.2 Gesamtfahrzeugsimulation

Um den Einfluss eines Aufladesystems auf den Kraftstoffverbrauch und die Abgasemissionen beurteilen zu können, wurde in Matlab/Simulink eine modular aufgebaute Gesamtfahrzeugsimulation entwickelt. Neben einem konventionellen Antriebsstrang wurde auch ein Hybridfahrzeug mit paralleler Antriebsstruktur dargestellt, s. Abb. 3.2.

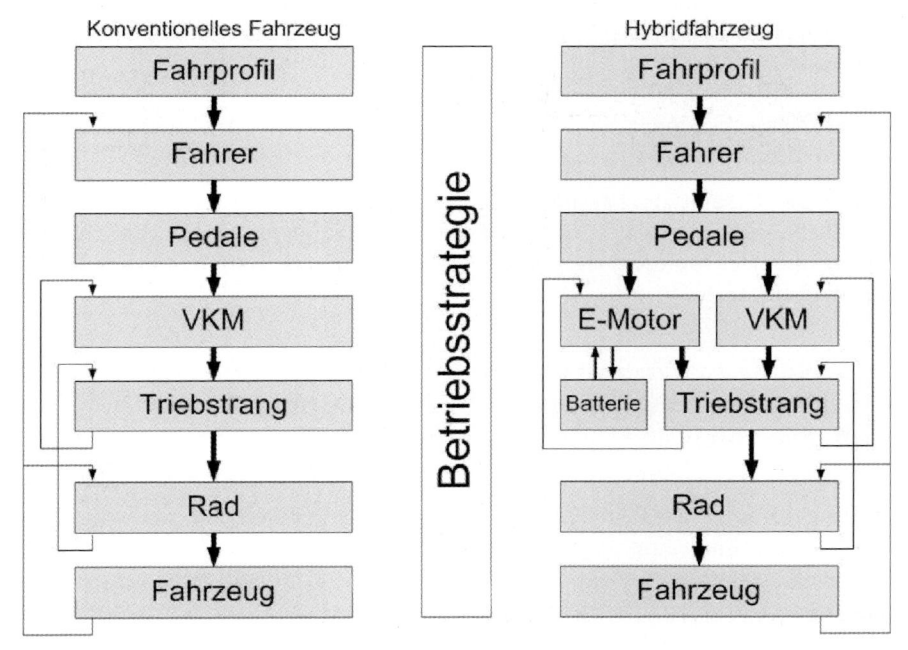

Abb. 3.2 Schematischer Aufbau der Gesamtfahrzeugsimulation

Bei der Simulation des konventionellen Fahrzeugs wird ein Fahrprofil (z.B: der NEFZ) an einen Fahrerblock als Geschwindigkeits-Sollwert übergeben. Dort ermittelt ein Fahrerregler unter Berücksichtigung der aktuellen Geschwindigkeit einen Gas- bzw. Bremspedalwert. Dieser Pedalwert wird anschließend im Pedalblock in einen Drehmomentwunsch umgerechnet und an den Motorblock (VKM) weitergeleitet. Hier wird das erreichbare Drehmoment über das in Matlab/Simulink integrierte WAVE-Motormodell ermittelt. Das errechnete Motordrehmoment wird dann über den Triebstrang (Kupplung, Getriebe und Achsgetriebe) unter Berücksichtigung von Wirkungsgraden und Übersetzungen an das Rad weitergegeben. Aus dem Raddrehmoment werden unter Beachtung der Fahrwiderstände im Fahrzeugblock die aktuelle Beschleunigung und damit die Geschwindigkeit ermittelt. Aus der Geschwindigkeit ergeben sich durch den Rechnungsweg vom Rad zum Motor die Drehzahlen der einzelnen Bauteile. In einem übergeordneten Betriebsstrategieblock ist die Schaltstrategie des Getriebes hinterlegt.

Bei der Simulation des Hybridfahrzeugs werden zusätzlich ein E-Motor- und Batterieblock sowie eine weitere Kupplung im Triebstrang benötigt. Außerdem fällt die Betriebsstrategie wesentlich umfangreicher und komplexer aus. Neben einer einfachen Schaltstrategie sind in diesem Block weitere Strategien für unterschiedliche Aufgaben integriert worden:

- Motor-Start-Stopp
- Rekuperation
- Boosten
- elektrisches Fahren
- Lastpunktanhebung
- Anreißen des Motors

Für die Gesamtfahrzeugsimulation wurde eine benutzerfreundliche Bedienoberfläche programmiert, in der unterschiedliche Teilmodelle (z.B. verschiedene Fahrzyklen oder Motoren) ausgewählt und Parameter der Betriebsstrategie variiert werden können [6].

4 Verfahren/Vorgehensweise zur Auslegung des Aufladesystems

In diesem Kapitel wird ein Verfahren vorgestellt, wie durch eine sinnvolle Kombination von Simulation und Versuchen am Prüfstand der Einfluss unterschiedlicher Aufladesysteme sowohl auf Drehmoment und Kraftstoffverbrauch als auch auf Abgasemissionen in kurzer Zeit ermittelt werden kann. Dabei werden die einzelnen Schritte dieses Ansatzes in den folgenden Unterkapiteln in chronologischer Reihenfolge näher erläutert.

4.1 Grundvermessung des Motors

Zu Beginn der Auslegung eines neuen Aufladesystems steht die stationäre Grundvermessung des Basismotors mit originaler Aufladestrecke. Dabei werden am

Prüfstand alle relevanten Motorkennfelder aufgenommen, wie z.B. der Kraftstoffverbrauch und Luftmassenstrom, verschiedene Temperaturen und Drücke, die AGR-Rate sowie die Abgasemissionen und die Turboladerdrehzahl. Des Weiteren werden sowohl der Zylinderdruck als auch die Drücke im Saugrohr und Abgaskrümmer über ein Indiziersystem in 0,1°KW-Schritten aufgezeichnet.

Neben der stationären Grundvermessung erfolgen weitere Messungen bei Lastsprüngen des Motors. Mit Hilfe dieser Daten kann der Hochlauf des Turboladers bzw. dessen Massenträgheitsmoment in der Simulation angepasst werden.

4.2 Aufbau einer Simulation des Basismotors

Nach der Grundvermessung wird nun das Motormodell des Basismotors in WAVE 7.2. aufgebaut. Hierzu muss zunächst die komplette Geometrie des Motors abgebildet werden. D. h., dass zum einen der Motorblock mit allen notwendigen Motorkenndaten parametriert wird (z.B. Zylinderzahl, Hub und Bohrung des Zylinders, Pleuellänge, Verdichtungsverhältnis, Ventilanzahl und -sitzdurchmesser, Ventilerhebungskurven, Durchflussbeiwerte usw.). Zum anderen werden mit Hilfe von Rohren und Verzweigungen die komplette Ansaug- und Abgasstrecke sowie der AGR-Pfad des Basismotors dargestellt. Darüber hinaus wird ein Turbolader in das Modell integriert und mit den originalen Verdichter- und Turbinenkennfeldern parametriert. Das Abb. 4.1 zeigt den kompletten Aufbau des erstellten WAVE-Motormodells. Hervorgehoben sind folgende Baugruppen des Systems:

1. AGR-Kühler
2. Abgaskrümmer
3. Saugrohr
4. Motorblock
5. Ladeluftkühler
6. Abgasturbolader
7. Umgebung am Ansaugkanal
8. Katalysator und Auspuff

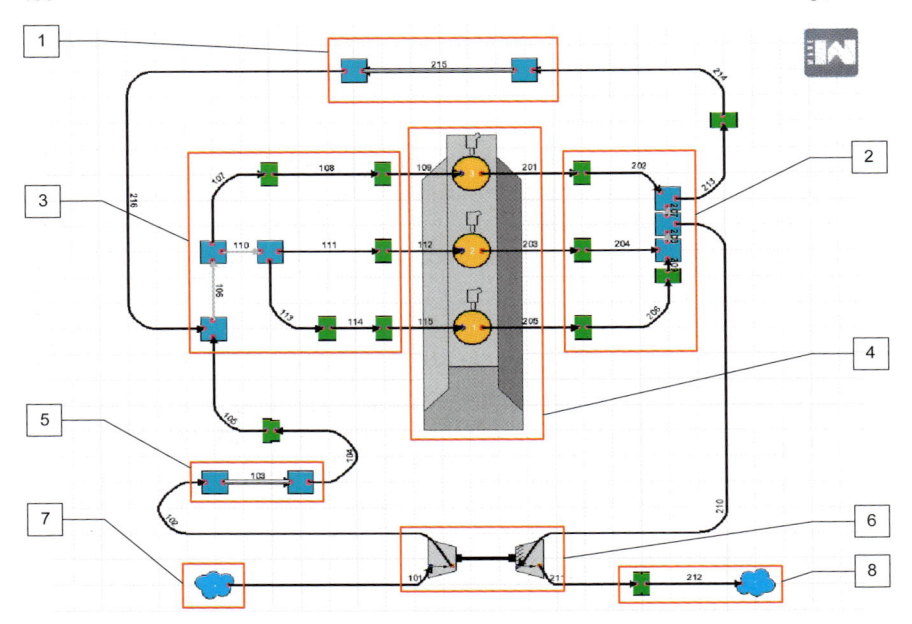

Abb. 4.1 Aufbau des WAVE-Modells des Basismotors [5]

Nachdem die Geometrie des Motors abgebildet wurde, erfolgt mit Hilfe der bei der Grundvermessung (s. Kapitel 4.1) gewonnenen Daten eine weitere Parametrierung des Motormodells. U.a. werden Brennverlauf, Reibung, Einspritzzeitpunkt und -masse, AGR-Rate sowie div. Temperaturen und Drücke angepasst.

Um die Simulationsgüte des erstellten Motormodells beurteilen zu können, folgt eine Validierung. Hierzu werden die durch den Motor strömende Luftmasse sowie das erzielte Drehmoment aus der Simulation mit den Daten der Grundvermessung verglichen, s. Abb. 4.2.

Verfahren zur Auslegung des Aufladesystems von Dieselmotoren

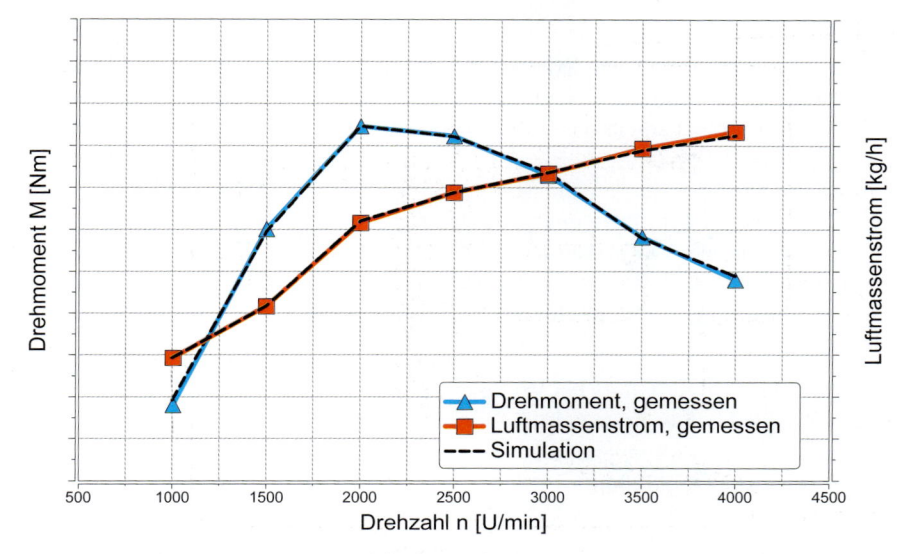

Abb. 4.2 Validierung des WAVE-Modells des Basismotors

Wie der Abb. 4.2 zu entnehmen ist, decken sich die Simulationsergebnisse von WAVE sehr gut mit den Messergebnissen. Es konnte aber nicht nur an der Volllast sondern über das gesamte Motorkennfeld mit einer maximalen Abweichung von 3% eine sehr gute Übereinstimmung des Drehmoments und Luftmassenstroms erzielt werden. Das Modell des Basismotors konnte demnach validiert und für die Simulation weiterer Aufladesysteme verwendet werden.

4.3 Simulation neuer Aufladesysteme

Ziel der Auslegung des Aufladesystems in der Simulation ist das Erreichen eines hohen Volllastdrehmoments bei niedrigen Drehzahlen bei adäquatem Kraftstoffverbrauch und gleichbleibender Nennleistung. Des Weiteren soll das Aufladesystem möglichst hohe Luftverhältnisse und ein gutes Ansprechverhalten liefern, um die Abgasemissionen positiv beeinflussen zu können, vgl. Abb. 1.1. Folgende Aufladevarianten sind in der Simulation untersucht worden:

- VTG-Abgasturbolader (VTG-Lader)
- Waste-Gate-Abgasturbolader (WG-Lader)
- Reihenschaltung aus mechanischem Verdichter und WG-ATL
- zweistufig geregelte Aufladung
- elektrisch unterstützter Abgasturbolader (euATL)
- Reihenschaltung aus elektrischem Verdichter (eBooster) und WG-ATL
- Reihenschaltung aus elektrischem Verdichter (eBooster) und VTG-ATL

Um die Aufladesysteme in das Modell des Basismotors integrieren zu können, müssen ggf. neben einer Änderung der Luft- und Abgasstrecke zusätzlich Regler für verschiedene Verstellvorrichtungen (z.B Klappen, Bypässe, Bestromung des E-Motors) ausgelegt sowie die Größe der Verdichter- und Turbinenkennfelder optimiert werden.

Des Weiteren müssen für die Simulation der Aufladeverfahren Randbedingungen festgelegt werden. Zum einen werden sie benötigt, um eine Vergleichbarkeit der Aufladevarianten zu ermöglichen. Zum anderen dürfen die physikalischen Sicherheitsgrenzen des Motors nicht überschritten werden. Im Folgenden sind die für die Simulation der Aufladeverfahren festgelegten Randbedingungen zusammengefasst:

- minimales Luftverhältnis bei Volllast: $\lambda_{min} = 1.3$
- maximal zulässiger Spitzendruck: $p_{Zyl,max} = 170 bar$
- Kurbelwinkel bei Spitzendruck: $\varphi_{p,max} = 10°$ nach OT
- maximales Drehmoment: $M_{max} = 230 Nm$
- maximaler Abgasgegendruck: $p_{vTurbo,max} = 3 bar$

4.3.1 Simulation des Volllastdrehmoments

Die Abbildung 4.3 zeigt das unter den oben genannten Randbedingungen erzielbare Volllastdrehmoment der untersuchten Aufladesysteme. Das Referenzmodell stellt hierbei das Modell des Basismotors mit originalem VTG-Lader dar.

Die Auslegung des originalen VTG-Laders zeigt deutlich den notwendigen Kompromiss zwischen gutem Low-end-torque und hoher Nennleistung. Beim realen Motor wird dieser Zielkonflikt etwas entschärft, indem zwischen 1250 - 1750U/min das Luftverhältnis an der Volllast weiter abgesenkt wird. Dies führt zu einer Steigerung des Drehmoments, aber auch der Rußemissionen.

Da ein Waste-Gate-Lader oft als Niederdruckstufe bei den zweistufigen Aufladeverfahren verwendet wird, wird dieser zu Vergleichszwecken auch als einstufiges Aufladesystem simuliert. Wie zu erwarten war, sinkt das Drehmoment bei niedrigen Drehzahlen deutlich unter das Niveau des VTG-Laders bei Vorgabe konstanter Nennleistung. Erst ab einer Drehzahl von über 1750U/min steigt das stationäre Volllastdrehmoment stark an.

Mit allen anderen simulierten Aufladevarianten lässt sich eine Steigerung des Volllastdrehmoments unterhalb von 2000U/min erreichen, s. Abb. 4.3. Dabei zeichnen sich vor allem die Aufladekombinationen von mechanischem Lader mit WG-Lader und eBooster mit VTG-Lader aus. Bei diesen beiden Varianten gelingt auch bei niedrigsten Drehzahlen unterhalb von 1500U/min eine Anhebung des Volllastdrehmoments in die Nähe des bei den Randbedingungen vorgegebenen maximalen Drehmoments von 230Nm. Aber auch mit einer Kombination aus eBooster und Waste-Gate-Lader lässt sich eine deutliche Steigerung des Low-end-torques realisieren, wobei hier erst ab 1500U/min das maximale Volllastdrehmoment erzielt wird.

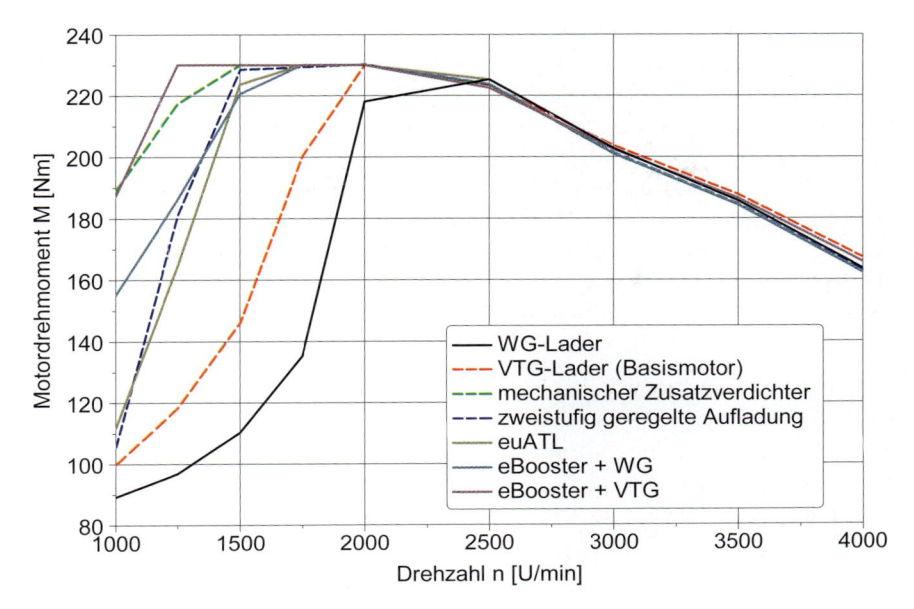

Abb. 4.3 Vergleich des stationären Volllastdrehmoments [5]

Der elektrisch unterstützte Abgasturbolader, bei dem ein E-Motor auf der Welle eines Waste-Gate-Laders positioniert ist, erreicht nicht ganz das stationäre Volllastdrehmoment der vorher beschriebenen Aufladevarianten. Dies liegt vor allen Dingen an der Einstufigkeit des Aufladesystems. Die Höhe des Drehmoments wird beim euATL nämlich nicht durch die zugeführte elektrische Energie sondern durch die Pumpgrenze des Verdichters begrenzt. Als letzte Variante wurde eine Reihenschaltung aus kleinem und großem Waste-Gate-Lader untersucht, die sog. zweistufig geregelte Aufladung. Das Volllastdrehmoment liegt auf dem Niveau des euATLs, wobei dieses Aufladesystem ohne extern zugeführte Zusatzenergie auskommt.

Um eine Aussage über den resultierenden Kraftstoffverbrauch der unterschiedlichen Aufladevarianten treffen zu können, muss die extern aufgebrachte Verdichterleistung in die Energiebilanz des Motors mit einbezogen werden. Abb. 4.4 zeigt, dass lediglich im unteren Drehzahlbereich die Verdichterleistung entweder mechanisch über die Kurbelwelle oder elektrisch angehoben wird. Außerdem wird deutlich, dass im Vergleich zu den elektrisch unterstützten Aufladeverfahren der mechanische Zusatzverdichter wesentlich mehr Antriebsleistung benötigt. Der Wirkungsgradverlust bei der Verwendung eines E-Motors wird hier bereits berücksichtigt ($\eta_{E\text{-}Motor} = 85\%$).

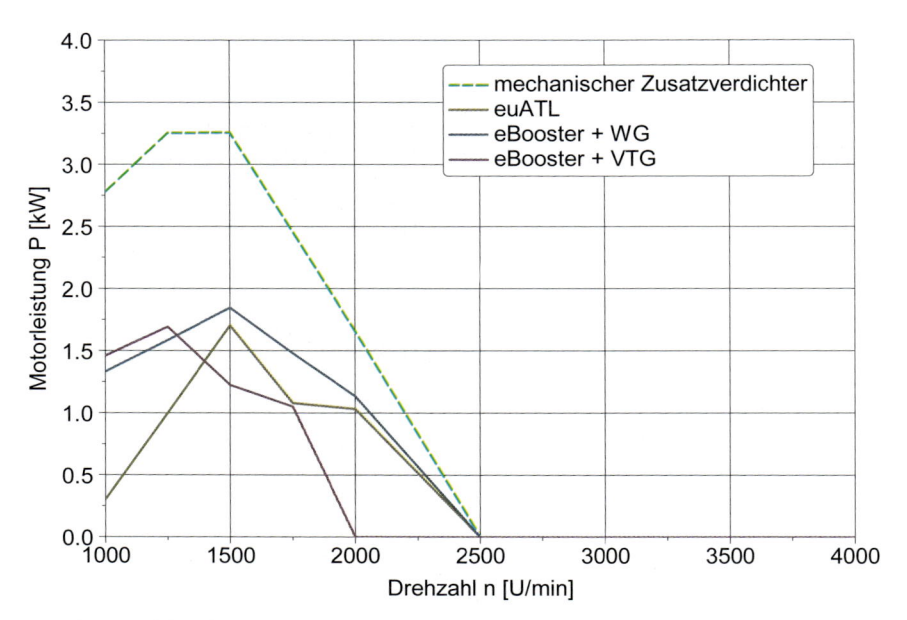

Abb. 4.4 Vergleich der an der Volllast extern zugeführten Verdichterleistung [5]

Abbildung 4.5 zeigt die sich ergebenden spezifischen Kraftstoffverbräuche an der Volllast. Dabei wird die extern zugeführte Verdichterleistung von der effektiven Motorleistung abgezogen.

Die spezifischen Kraftstoffverbräuche lassen sich nur eingeschränkt miteinander vergleichen, da diese bei unterschiedlichen Volllastdrehmomenten ermittelt wurden. Trotzdem wird deutlich, dass die hohe Leistungsaufnahme des mechanischen Laders sich sehr negativ auf den spezifischen Verbrauch niederschlägt. Der nicht mehr dargestellt Maximalwert bei 1000U/min liegt bei 272g/kWh. Der Kraftstoffverbrauch der elektrisch unterstützten Aufladeverfahren liegt in etwa auf dem Niveau des Basismotors mit VTG-Lader. Bei 1500U/min wird dieses Niveau sogar noch unterschritten. Den mit Abstand besten Verbrauch weist unterhalb von 2000U/min die zweistufig geregelte Aufladung auf. Bei dem Verlauf des spezifischen Kraftstoffverbrauchs über dem gesamten Drehzahlbereich ergeben sich zwei lokale Minima, was charakteristisch für dieses Aufladesystem ist. Sie resultieren aus den beiden Bestpunkten der zwei unterschiedlich großen Turbolader.

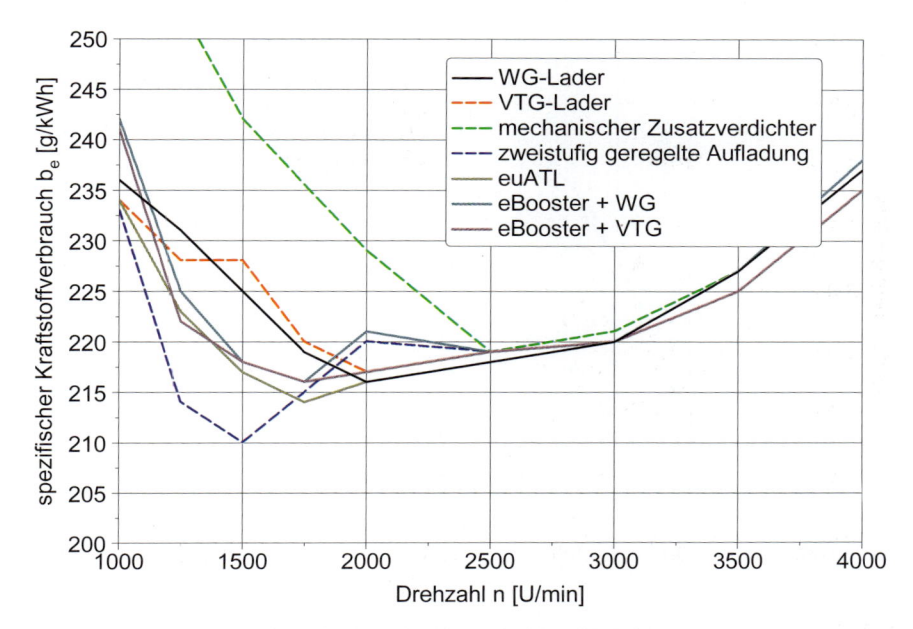

Abb. 4.5 Vergleich der Kraftstoffverbräuche an der Volllast [5]

4.3.2 Simulation des Ansprechverhaltens

Um das Ansprechverhalten verschiedener Aufladesysteme miteinander vergleichen zu können, wurden Lastsprünge bei unterschiedlichen Drehzahlen simuliert. Abb. 4.6 zeigt einen Volllastsprung bei 1500U/min.

Es wird deutlich, dass bis auf den Waste-Gate-Lader alle Aufladevarianten bei 1500U/min ein besseres Ansprechverhalten als der original verbaute VTG-Lader aufweisen. Dabei zeichnen sich vor allem die Aufladekombinationen von mechanischem Zusatzverdichter mit WG-Lader und eBooster mit VTG-Lader durch besonders schnelles Ansprechverhalten aus. Das Aufladesystem eBooster und Waste-Gate-Lader zeigt bis 150Nm ein ähnlich gutes Ansprechverhalten, fällt dann jedoch aufgrund der Trägheit des Waste-Gate-Laders im Drehmomentaufbau etwas ab. Der euATL weist trotz gleicher Bestromung von ca. 3kW ein langsameres Ansprechverhalten als die Aufladesysteme mit eBooster auf, da er ein wesentlich höheres polares Massenträgheitsmoment besitzt. Unerwartet langsam erfolgt der Drehmomentaufbau der zweistufig geregelten Aufladung. Dies lässt sich dadurch begründen, dass der Hochdrucklader immer noch zu groß für den kleinvolumigen Dieselmotors mit den niedrigen Abgasmassenströmen im untersten Drehzahlbereich ausgelegt ist. Zum Zeitpunkt dieser Simulation hatte kein Laderhersteller einen kleineren WG-Lader im Produktportfolio. Ab einer Motordrehzahl von 2000U/min konnte mit der zweistufig geregelten Aufladung bereits das beste Ansprechverhalten aller simulierten Aufladesysteme realisiert werden.

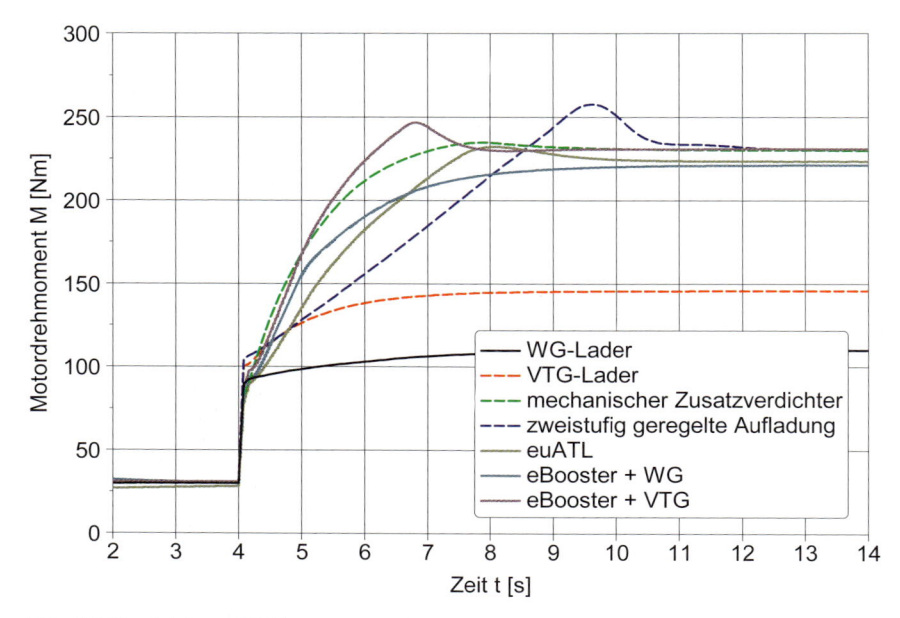

Abb. 4.6 Vergleich von Volllastsprüngen bei 1500U/min [5]

Die in Abb. 4.6 durchgeführten Lastsprünge der Aufladesysteme mit eBooster sind im Vorfeld bzgl. der elektrischen Leistungsaufnahme optimiert worden. Hierzu wurden Volllastsprünge mit unterschiedlicher Bestromung simuliert, siehe Abb. 4.7.

Es wird deutlich, dass sich eine optimale Antriebsleistung des eBoosters in Kombination mit einem WG-Lader bei 3kW ergibt. Eine weitere Erhöhung der elektrischen Leistung führt zu keiner wesentlichen Verbesserung des Drehmomentaufbaus. Dabei ist die Zunahme des Massenträgheitsmoments bei Verwendung eines größeren E-Motors in dieser Simulation nicht berücksichtigt. Unter Einbeziehung dieses Aspektes wären die Beschleunigungsvorteile bei höheren elektrischen Leistungen noch geringer. Auch aufgrund der Kosten, des Platzbedarfes und des Wirkungsgrades sollte der E-Motor des eBoosters möglichst klein ausgelegt werden.

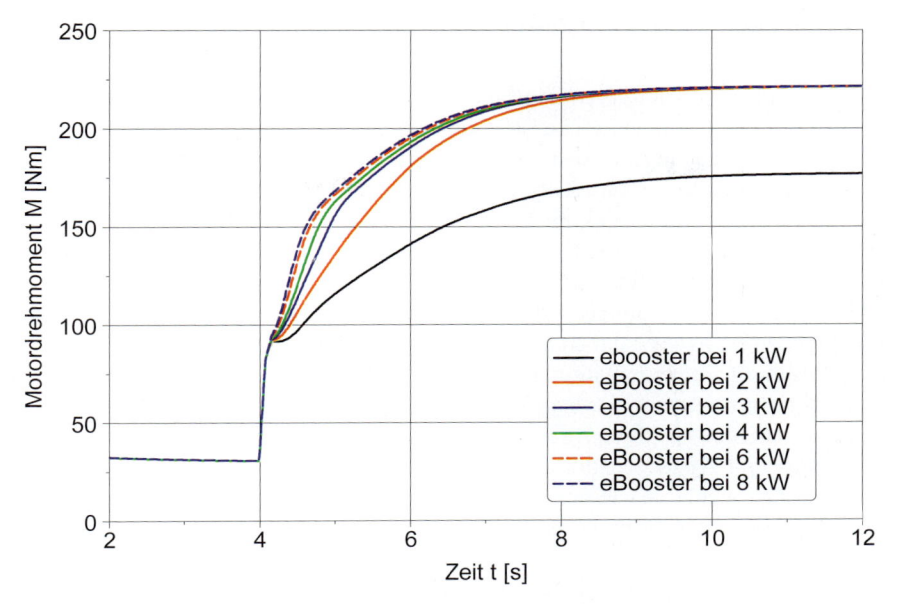

Abb. 4.7 Vergleich von Volllastsprüngen eines eBooster bei 1500U/min [5]

4.3.3 Simulation von Fahrzyklen

Auf Basis der in WAVE 7.2 durchgeführten Simulationen des Volllastdrehmoments und Ansprechverhaltens wird eine Vorauswahl der viel versprechendsten Aufladevarianten vorgenommen. Die ausgewählten Systeme sollten die Vorgaben bzgl. low-end-torque, Nennleistung, Ansprechverhalten, Kraftstoffverbrauch, Platzbedarf sowie Systemkosten erfüllen. Hierbei ist anzumerken, dass die vorgestellten elektrisch unterstützten Aufladesysteme, eBooster und euATL, nur in Hybridfahrzeugen sinnvoll einzusetzen sind, da sie aufgrund des hohen elektrischen Energiebedarfs das Bordnetz eines konventionellen Fahrzeugs überlasten würden.

Die WAVE-Motormodelle der ausgewählten Aufladevarianten werden nun, wie in Kapitel 3.1 und 3.2 beschrieben, in eine Gesamtfahrzeugsimulation integriert. Anschließend können diverse Fahrzeuge und Fahrprofile simuliert und erste Aussagen über den resultierenden Kraftstoffverbrauch getroffen werden. Des Weiteren kann der Einfluss unterschiedlicher Betriebsstrategien oder Parametervariationen auf das Motorbetriebsverhalten analysiert werden, was insbesondere für ein Hybridfahrzeug sehr interessant erscheint.

Neben dem Kraftstoffverbrauch gibt der Motorblock in der Gesamtfahrzeugsimulation auch Vektoren des Drehmoments, der Drehzahl, des Lade- und Abgasgegendrucks, der Ladelufttemperatur sowie der AGR-Rate über der Zeit aus.

4.4 Simulation von Aufladeverfahren am realen Motor

Die in WAVE 7.2 simulierten Aufladeverfahren können nun mit Hilfe der variablen Ansaug- und Abgasstrecke stationär am realen Motor nachgestellt werden. Hierzu werden aus der Motorsimulation der Lade- und Abgasgegendruck, die Ladelufttemperatur sowie die AGR-Rate als Sollwerte für die Parametrierung der variablen Ansaug- und Abgasstrecke verwendet. So können in kurzer Zeit für alle simulierten Aufladesysteme Kennfelder für Kraftstoffverbrauch und Abgasemissionen am realen Motor ermittelt und anschließend verglichen werden.

Es ist außerdem möglich, auf dem Prüfstand komplette Fahrzyklen mit unterschiedlichen Aufladesystemen am Basismotor zu simulieren. Hierzu werden die in der Gesamtfahrzeugsimulation ermittelten Drehzahl- und Drehmomentvektoren dem Prüfstandsautomatisierungssystem bzw. der Bremse als Sollwert vorgegeben. Die sich ebenfalls während der Gesamtfahrzeugsimulation ergebenden Verläufe des Lade- und Abgasgegendrucks, der Ladelufttemperatur sowie der AGR-Rate über der Zeit dienen der Parametrierung der variablen Ansaug- und Abgasstrecke. Mit geeigneter Messtechnik lässt sich nun am Prüfstand der Einfluss verschiedener Aufladesysteme auf den Kraftstoffverbrauch und die Abgasemissionen quantifizieren. Es kann also in kurzer Zeit eine Aussage darüber getroffen werden, mit welchem Aufladesystem bestimmte Abgasgrenzwerte mit dem Basismotor einzuhalten sind.

5 Zusammenfassung

Bei der Auslegung moderner Aufladesysteme von Dieselmotoren wird das Ziel verfolgt, neben hoher Nennleistung bei Nenndrehzahl auch ein hohes Drehmoment und gutes Ansprechverhalten bei niedrigen Drehzahlen zu gewährleisten. Außerdem soll ein optimales Aufladesystem möglichst zu einer Reduzierung des Kraftstoffverbrauches und der Abgasemissionen führen.

Mit Hilfe von 1D-Ladungswechselsimulationen lässt sich im Vorfeld bereits ermitteln, ob die geforderten Werte bzgl. Volllastdrehmoment, transientem Drehmomentverlauf und Kraftstoffverbrauch erfüllt werden können. Eine verlässliche Aussage über die zu erwartenden NO_X- und speziell Rußemissionen ist ohne Messungen am Prüfstand nur eingeschränkt möglich, da deren Berechnung sehr komplex ist. Die Beschaffung von Aufladesystemen in optimaler Größe sowie passenden Anschlussmaßen gestaltet sich jedoch oft sehr schwierig, insbesondere die elektrisch unterstützten Aufladeverfahren sind nur sehr selten verfügbar. Des Weiteren müsste bei jedem Aufladesystem für die unterschiedlichen Verstellmechanismen eine zeitaufwändige Reglerauslegung stattfinden.

Daher ist die Projektidee entstanden, eine variable Ansaug- und Abgasstrecke zu entwickeln, mit deren Hilfe jegliches Aufladesystem am realen Motor nachgestellt werden kann. Die Inbetriebnahme der Strecke hat gezeigt, dass sowohl der

Ladedruck (von 0-5bar) und Abgasgegendruck als auch die Ladelufttemperatur (von 20-90°C) und AGR-Rate sehr schnell und frei einzuregeln sind. Mit Hilfe der variablen Ansaug- und Abgasstrecke kann demnach jede Aufladevariante, stationär und instationär, am realen Motor simuliert werden.

Die Parametrierung bzw. Sollwertvorgabe der variablen Ansaug- und Abgasstrecke erfolgt durch eine zuvor durchgeführte 1D-Ladungswechselsimulation mit WAVE 7.2. Hierbei werden an einem validierten Modell des Basismotors unterschiedliche Aufladesysteme simuliert.

Eine Integration der WAVE-Modelle in eine eigens in Matlab/Simulink entwickelte Gesamtfahrzeugsimulation ermöglicht zudem die Untersuchung des Motorbetriebs mit unterschiedlichen Aufladesystemen in einem realen Fahrzyklus. Die in der Gesamtfahrzeugsimulation ermittelten Drehzahl- und Drehmomentvektoren des Motors werden dem Prüfstandsautomatisierungssystem bzw. der Bremseinrichtung als Sollwert vorgegeben. Die sich ebenfalls während der Simulation ergebenden Verläufe des Lade- und Abgasgegendrucks, der Ladelufttemperatur sowie der AGR-Rate über der Zeit dienen der Parametrierung der variablen Ansaug- und Abgasstrecke. So lässt sich mit geeigneter Messtechnik am Prüfstand der Einfluss verschiedener Aufladesysteme auf den Kraftstoffverbrauch und die Abgasemissionen quantifizieren. Es kann also in kurzer Zeit eine Aussage darüber getroffen werden, mit welchem Aufladesystem bestimmte Abgasgrenzwerte mit dem Basismotor einzuhalten sind, ohne dass das jeweilige Aufladesystem tatsächlich in Hardware zur Verfügung steht.

6 Abkürzungen und Formelzeichen

AGR	Abgasrückführung	
ATL	Abgasturbolader	
b_e	spezifischer Kraftstoffverbrauch	g/kWh
ε	Verdichtungsverhältnis	-
ECU	Engine Control Unit (Motorsteuergerät)	
euATL	elektrisch unterstützter Abgasturbolader	
$\eta_{E\text{-Motor}}$	Wirkungsgrad eines E-Motors	%
$\varphi_{p,max}$	Kurbelwinkel bei Spitzendruck	°KW
λ	Luftverhältnis	-
λ_{min}	minimales Luftverhältnis	-
M	Drehmoment	Nm
M_{max}	maximales Drehmoment	Nm
$\dot{m}_{AGR}$	AGR-Massenstrom	kg/h
$\dot{m}_{Frischluft}$	Frischluftmassenstrom durch den Motor	kg/h
$\dot{m}_{ges}$	Gesamtmassenstrom durch den Motor	kg/h
n	Drehzahl	U/min
NEFZ	Neuer Europäischer Fahrzyklus	
NO_X	Stickoxid	g/kWh

P	Leistung	kW
PID	Proportional-Integral-Differenzial-Regler	
PM	Partikelemissionen (particulate matter)	FSN
$p_{vTurbo,max}$	maximaler Abgasgegendruck	bar
$p_{Zyl,max}$	maximal zulässiger Spitzendruck	bar
VTG	Variable Turbinengeometrie	
WG	Waste-Gate	
X_{AGR}	Abgasrückführrate	%

7 Literatur

[1] Weiskirch, C.: Reduktion von NO_X- und Partikelemissionen durch (teil-)homogene Dieselbrennverfahren, Dissertation, TU Braunschweig, 2007
[2] Blumenröder, K., Bunar, F., Buschmann, G., Nietschke, W. Predelli, O.: Dieselmotor und Hybrid: Widerspruch oder sinnvolle Alternative?, 28. Internationales Wiener Motorensymposium 2007
[3] Jacob, E., D´Alfonso, N., Döring, A., Reisch, S., Rothe, D., Brück, R., Treiber, P.: PM-KAT: Nichblockierende Lösung zur Minderung von Dieselruß für EuroIV-Nutzfahrzeugmotoren, 23. Internationales Wiener Motorensymposium 2002
[4] Albers, S.; Simulation div. Aufladesysteme an einem realen Verbrennungsmotor mit Hilfe einer variablen Ansaug- und Abgasstrecke, Studienarbeit, TU Braunschweig, 2007
[5] Stöber, C.-P.; Auswahl und Optimierung eines Aufladesystems für eine Verbrennungsmotor, Studienarbeit, TU Braunschweig, 2007
[6] Stöber, C.-P.; Erweiterung eines 1D-Ladungswechselmodells eines Dieselmotors, Diplomarbeit, TU Braunschweig, 2008

Analyse und Optimierung des instationären Turboladerbetriebes von HSDI Dieselmotoren mittels Kreisprozesssimulation

P. Prenninger, K. Prevedel, J. Wolkerstorfer

Kurzfassung

Die zunehmende Zahl von Personenkraftwagen mit turboaufgeladenen Dieselmotoren zusammen mit den immer weiter verschärften gesetzlichen Emissionsvorschriften verlangen detaillierte Motor- bzw. Antriebssystemoptimierungen. Da der überwiegende Teil des Kraftstoffverbrauchs und der Abgasemissionen während der transienten Motorbetriebsphasen im Fahrzyklus generiert wird, müssen sich Gesamtsystemoptimierungen speziell auf diese Betriebszustände konzentrieren. Es wird gezeigt, wie die kombinierte Anwendung transienter Kreisprozesssimulationen des Motors zusammen mit Systemsimulationen des gesamten Fahrzeuges (d.h. Triebstranges) weitere Möglichkeiten zur Optimierung der Betriebsstrategie turboaufgeladener Dieselmotoren hinsichtlich Ansprechverhalten und Fahrzykluskraftstoffverbrauch bieten. Für ein Fahrzeug mit einem Testgewicht von 2100 kg, das mit einem 2.5 L HSDI-Dieselmotor mit Turboaufladung ausgerüstet ist, konnten Verbesserungen des Ansprechverhaltens bei einem Lastsprung bei 1500 1/min sowie Verbrauchsverbesserungen von 0.3 L im ECE Zyklusteil (entsprechend 1.5 % Verbrauchsverbesserung im gesamten MVEG Fahrzyklus) ermittelt werden.

1 Einleitung

In den letzten Jahren hat der Marktanteil von Personenkraftwagen mit Dieselmotoren stark zugenommen und in einigen Ländern Europas die 50% Marke überschritten [1]. Besonders unter Berücksichtigung der aktuellen CO2 Emissionsvorschriften von 120 bzw. 130 gCO_2/km können diese Fahrzeugantriebe auch in Zukunft sehr wesentlich zu Erreichung niederer Flottenverbräuche beitragen. Dabei müssen zukünftige Antriebskonzepte sowohl beste Kraftstoffverbräuche als auch niedrigste Emissionswerte erzielen.

Somit stellt sich die essentielle Frage, welche weiteren Verbesserungen des Antriebssystems und speziell des Motors von Personenkraftwagen möglich sind. Bei der Analyse der entsprechenden NEDC Zyklussimulationsdaten (Abb. 1) eines

Fahrzeuges mit 2100 kg ITW, ausgestattet mit einem turboaufgeladenen 2.5 L HSDI Dieselmotor, erhält man folgende Resultate (Tabelle 1):

Tabelle 1 Kraftstoffverbrauch und Emissionsbeiträge innerhalb des NEDC eines Fahrzeuges mit 2100 kg ITW und einem turboaufgeladenen 2.5 L HSDI Dieselmotor

Betriebsart	eff. Dauer %	Kraftstoffverbrauch %	NOx-Russ-Emissionen %
Phasen konstanter Geschwindigkeit und Verzögerung	73	45	31
Beschleunigung	27	55	69

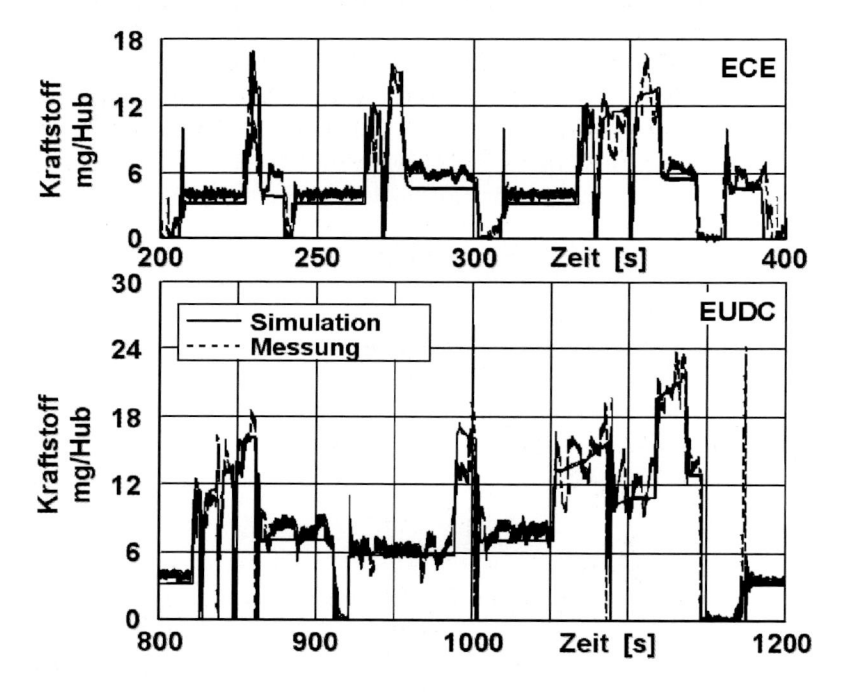

Abb. 1 Gemessener und simulierter Kraftstoffverbrauch im NEDC Zyklus

Es zeigt sich, dass Fahrzeuge im NEDC Zyklus während des transienten Betriebes den größeren Teil des Kraftstoffverbrauches und der Emissionen verursachen. Daher ist eine Verbesserung der entsprechenden Motorbetriebsbedingungen absolut vorrangig.

Diesel-Personenkraftwagen sind heutzutage nahezu vollständig mit Turbomotoren und Direkteinspritzung ausgerüstet. Wenn man dies berücksichtigt, kann daraus geschlossen werden, dass sich der größte Teil der Entwicklungsarbeit auf die Verbesserung des transienten Betriebsmodus von DI-Dieselmotoren konzentrieren muss, wobei besonders das transiente Verhalten des Aufladesystems von Bedeutung ist. Um die Entwicklungszeit für diese Motoren trotz immer umfangreicherer Aufgaben einzuhalten oder sogar zu verringern, müssen bereits in frühen Phasen des Entwicklungsprozesses numerische Simulationen angewendet werden. Die aus diesen Analysen erzielten Ergebnisse helfen, die benötigten Prüfstandszeiten zu verringern.

2 Numerische Simulation von transienten Vorgängen turboaufgeladener Motoren

Eine Schlüsselkomponente für die erfolgreiche Simulation transienter Motorbetriebszustände ist die Verfügbarkeit von realistischen Modellen zur Motorregelung. Das Software-Paket AVL-BOOST [2] ermöglicht zusätzlich zu einer MATLAB®/SIMULINK Schnittstelle die Verwendung interner Motorregelungsmodelle. Definierte Inputdaten wie Motordrehzahl, Last oder Drucksignale werden zur Bestimmung der Regelungsgrößen verwendet (Abb. 2).

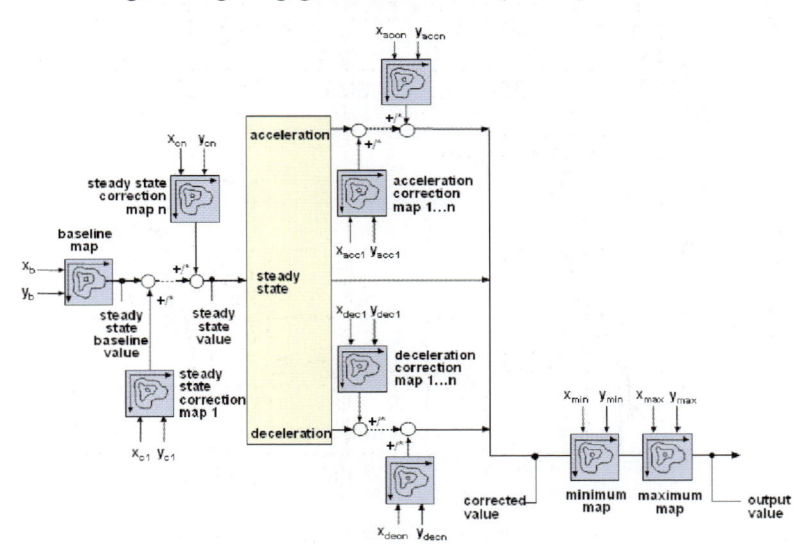

Abb. 2 Struktur des BOOST Elementes Motorregelung (ECU)

Ein Vorsteuerwert kann aus einer Basisbedatung entnommen werden. Dieser Wert kann entweder durch Addition von Werten oder durch Multiplizieren mit Faktoren (aus den Korrekturfunktionen) modifiziert werden. Im Falle einer Beschleunigung oder Verzögerung werden zusätzliche Korrekturen aktiviert. Zuletzt wird überprüft, ob sich die Regelgröße innerhalb eines vordefinierten Bereiches befindet, der wiederum je nach Motorbetriebspunkt definiert werden kann. Output des ECU-Moduls ist zum Beispiel die eingespritzte Kraftstoffmenge, die Öffnung eines elektronisch gesteuerten Waste Gates oder die Schaufelstellung eines VTG.

Das Simulationsmodell des Turboladers selbst (Kompressor und Turbine) ist mit dem Motor durch Rohre verbunden. Massen- und Energiedurchfluss an den Rohrenden werden mittels der Charakteristikmethode berechnet [3, 4]. Auf der Seite des Kompressors werden Druck- und Temperaturzunahme durch Wirkungsgradkennfelder auf Basis der Zuströmbedingungen bestimmt, wobei die aktuellen Durchflussraten sowie Radgeschwindigkeit als Eingabe verwendet werden. Die Charakteristika in den jeweiligen Betriebspunkten werden über biquadratische Interpolationsfunktionen aus den Kennfeldstützwerten abgeleitet [5].

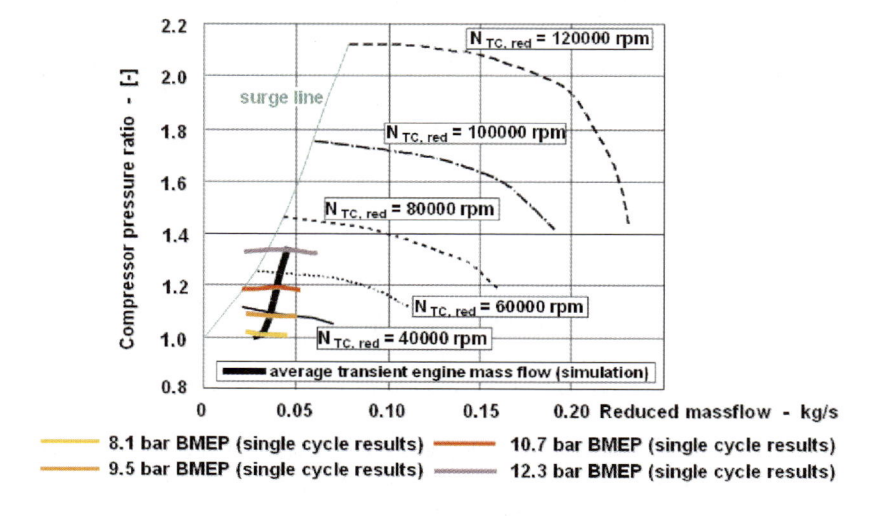

Abb. 3 Kompressorbetriebspunkte während eines transienten Lastsprunges eines HSDI Dieselmotors bei 1500 U/min

Überschreitungen der Verdichterpumpgrenze werden beobachtet, wobei für den instabilen Betriebsbereich links der Pumpgrenze keine speziellen Simulationsmodelle verwendet werden (Abb. 3). Die Kompressorbetriebspunkte während des transienten Hochlaufes eines 6-Zylinder HSDI Dieselmotors sind in diesem Bild eingetragen. Die mittleren Betriebspunkte eines Motorzykluses werden zusammen mit den momentanen Betriebspunkten während individueller Zyklen berechnet. Die Überschreitungen der stationären Pumpgrenze während eines Zyklus sind offensichtlich. Die Auswirkungen des kurzzeitigen Betriebes des Verdichters im instationären Betrieb wurden im FVV Vorhaben intensiv untersucht [6, 7]. Es konnte gezeigt werden, dass allfällige Instabilitäten von der Geometrie der Druckleitungen, den Verdichtercharakteristika sowie der Verweildauer außerhalb der Pumpgrenze abhängen.

Die Turbine wird durch einen äquivalenten Durchflusswiderstand zwischen Ein- und Auslass modelliert. Der korrespondierende Durchflussquerschnitt der Turbine und der isentrope Wirkungsgrad werden wiederum durch Interpolation aus gemessenen Kennfeldern gewonnen, bzw. allfällig notwendige Extrapolationen der Turbinenwirkungsgrade über der dimensionslosen Umfangsgeschwindigkeit U/C$_o$ ermittelt. Mit dem isentropen Wirkungsgrad und dem momentanen Druckverhältnis kann die Austrittsgastemperatur nach der Entspannung im Laufrad berechnet werden. Die von der Turbine erzeugte und vom Kompressor verbrauchte Leistung wird, unter Berücksichtigung der momentanen Betriebsbedingungen, berechnet. Überschussleistungen der Turbine beschleunigen das Laufzeug, geringere Antriebsleistungen an der Turbine führen zur Drehzahlabnahme des Laufzeuges.

Die numerische Simulation der Turbinenseite muss mit besonderer Sorgfalt erfolgen – speziell bei Motoren mit Pulsaufladesystemen, da in diesen Fällen die Turbine die meiste Zeit außerhalb der stationär gemessenen Turbinenkennwerte betrieben wird, auch wenn die Drehzahlschwankungen des Laufrades vernachlässigt werden. Die korrigierte Raddrehzahl ändert sich mit der Wurzel der Gaseintrittstemperatur entsprechend der Gleichung 1 [8].

$$n_{corr} = \frac{n_{TC}}{\sqrt{T_{OE}}} \qquad (1)$$

wobei:
n$_{corr}$ korrigierte Raddrehzahl [1/min/ √K]
n$_{TC}$ absolute Raddrehzahl [1/min]
T$_{OE}$ Ruhetemperatur [K] am Turbineneintritt

Auf Grund der hohen Gastemperatur während der Vorauslassphase fällt die korrigierte Raddrehzahl, während der Druck in der Turbine steigt. Dies verursacht eine Abweichung vom stationären Turbinenverhalten. Die diskutierten thermodynamischen Kreisprozesssimulationen während transienter Motor- bzw. Aufladeprozesse sind für detaillierte Motorprozessoptimierungen von besonderer Bedeutung, da so die Auswirkungen von bestimmten Veränderungen des Aufladesystems auf den Motorbetrieb im Fahrzyklus bereits im Voraus bewertet werden können.

Verschiedene Programmpakete wie zum Beispiel GPA der FVV [9] oder AVL-CRUISE [10] sind für Fahrzyklusuntersuchungen verfügbar. Ein CRUISE Simulationsmodell des bereits erwähnten PKWs ist in Abb. 4 skizziert. Wenn besondere motorische oder aufladetechnische Vorgänge sowie Kontrollstrategien untersucht werden sollen, muss der transiente Betrieb im Fahrzyklus berücksichtigt und ein komplettes Modell des Fahrzeugantriebs erstellt werden. Ein solches Modell ermöglicht die Beschreibung des Zusammenwirkens des Motors mit dem Antrieb, der Umgebung und auch dem Regelungssystem, das wiederum durch den Fahrer beeinflusst wird, siehe Abb. 5.

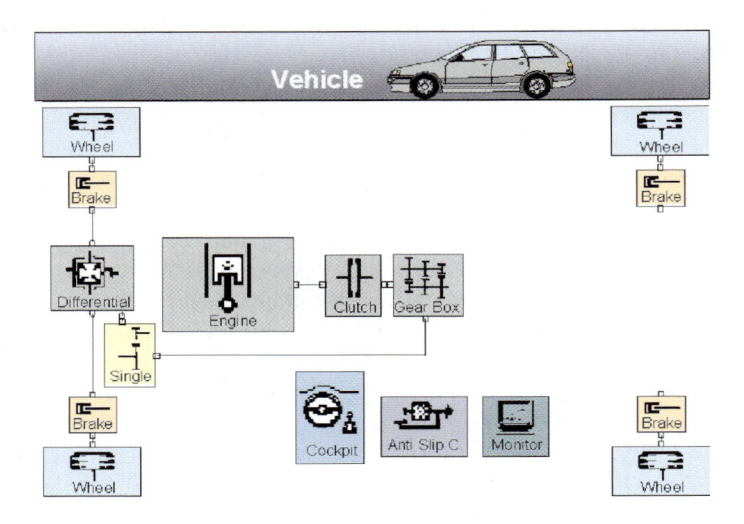

Abb. 4 AVL CRUISE Fahrzeugsimulationsmodell

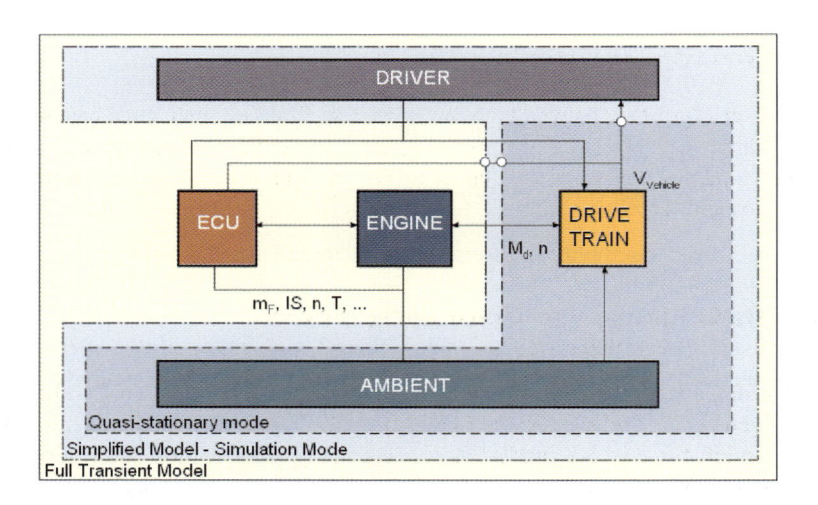

Abb. 5 Struktur der Fahrzyklussimulation

Im besonderen müssen detaillierte Systemmodelle (Abb. 6) für die wichtigsten motorbezogenen thermodynamischen Funktionen (Aufladesystem, Ladeluftkühler und EGR - System, Gaswechsel und Hochdruckzyklus, Motorkühlsystem), die ECU Kontrolleinheit (Kraftstoffeinspritzung, Ladedruckregelung und VTG Position, Leerlaufregelung, EGR Mengenregelung), den Antrieb mit Kupplung, Getriebe, Differentialgetriebe und die Räder in Verbindung mit der Umgebung (Fahrprofil, Umgebungsbedingungen wie Druck, Temperatur) sowie den (virtuellen) Fahrer (mit der Dauer der Gangwechsel-, Abstell- / Anlasszeiten etc.) erstellt und abgestimmt werden.

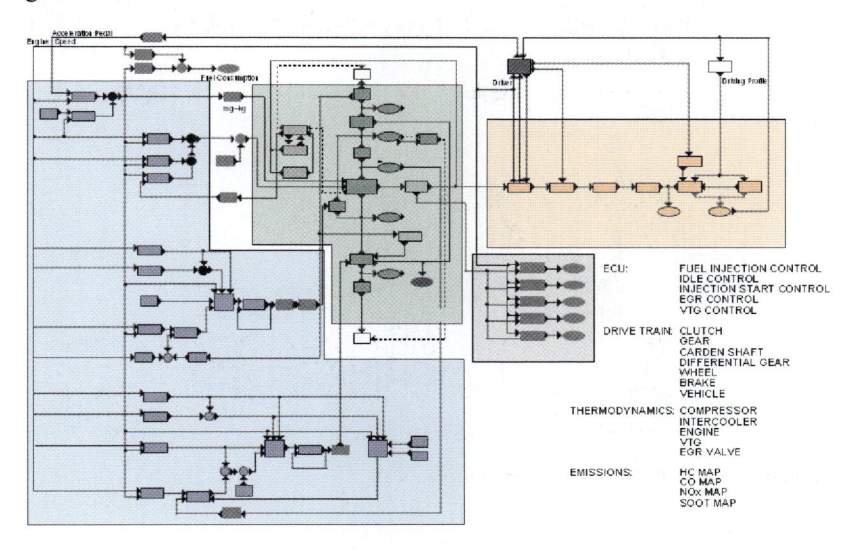

Abb. 6 Erweitertes Fahrzeugsimulationsmodell

Die erfolgreiche Anwendung numerischer Simulationen zur Systemoptimierung hängt in erster Linie von der Genauigkeit der Simulationsmodelle selbst ab. Daher sind Modellvalidierungen, wie sie in folgenden Abschnitten dargestellt sind, von größter Bedeutung.

3 Basisanalyse des Motorverhaltens

Es wurden Untersuchungen für den oben erwähnten 6-Zylinder HSDI-Dieselmotor mit einem VTG-Turbolader durchgeführt. Abb. 7 zeigt das entsprechende Simulationsmodell für den 6-Zylinder Motor. Darin wird der Motor durch die Zylinder C1-C6 zusammen mit Ansaugleitung und Auspuffkrümmer abgebildet. Das Aufladesystem mit dem Turbolader TC1 und den Ladeluftkühlern C01 und C02 ist mit dem Motor durch entsprechende Rohrelemente verbunden. Bei einem Motor mit einem VTG-Turbolader müssen die Turbinenkennfelder für einige Schaufelstellungen zwischen minimaler und maximaler Öffnung vorhanden sein.

Zur Steuerung bzw. Regelung des Motors muss auch im Simulationsmodell die Motorregelung abgebildet werden. Dies wird durch das ECU Element, das mit den Zylindern, mit dem Turbolader und einem Messpunkt im Ansaugsystem mittels Kabelelementen verbunden ist, erreicht.

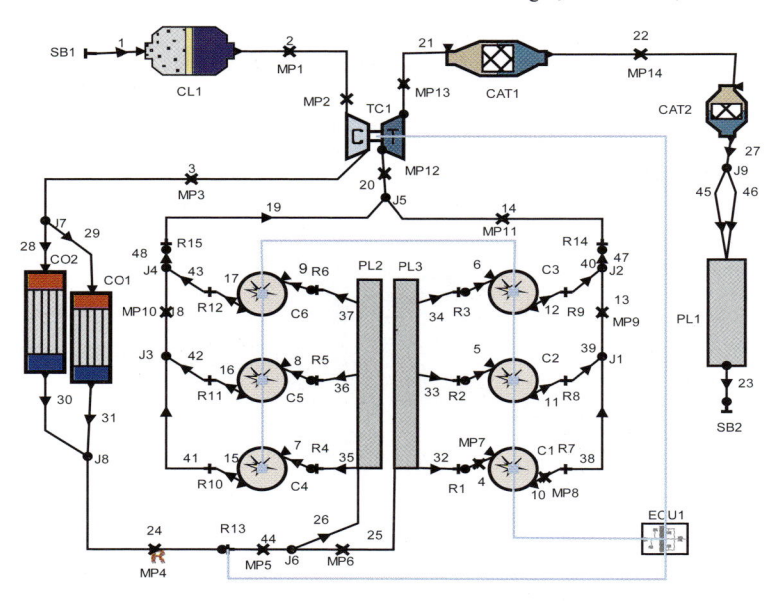

Abb. 7 AVL BOOST Modell für einen 6-Zylinder HSDI Dieselmotor

Wie oben angeführt, wurden die in der Motorsteuerung enthaltenen Funktionen teilweise in diesem ECU Element implementiert, um die Abhängigkeit der Betriebsführung des Motors von verschiedenen Motorenparametern auch simulieren zu können. Speziell die eingespritzte Kraftstoffmenge wird der Motorlast (analog zu der Pedalstellung) bzw. dem momentanem Ladedruck angepasst. Die Schaufelposition des VTG kann hinsichtlich

- des besten Kraftstoffverbrauchs bei Teillastbedingungen und
- des besten Drehmoments oder der maximalen Leistung bei Volllast und
- der besten Motorleistung im transienten Betrieb

eingestellt werden. Die stationären Motorsimulationen werden in einem ersten Schritt mit verschieden fixierten VTG-Stellungen durchgeführt. Diese Analysen stellen dann die Basis für nachfolgende transiente Simulationen dar. Das Motormodell muss für alle relevanten Betriebsbedingungen verifiziert werden, um sicherzustellen, dass der Motor thermodynamisch richtig abgebildet wurde.

Das Ergebnis der transienten Simulation eines Lastsprunges von 1 bar BMEP zur Volllast ist in Abb. 8 bei ca. 1500 1/min konstanter Motorgeschwindigkeit dargestellt. Der Motormitteldruck, die Turboladerdrehzahl und auch der Ladedruck des Kompressors stimmen gut mit der Simulation überein – dies unterstreicht die Nutzbarkeit des Turboladermodells auch für transiente Betriebsbedingungen. Es ist zu beachten, dass der transiente Lastsprung am Prüfstand aus einem stationären Betriebspunkt heraus erfolgte. Folglich fällt die Abgaskrümmertemperatur im Vergleich zu Vollbelastungsbedingungen merklich ab.

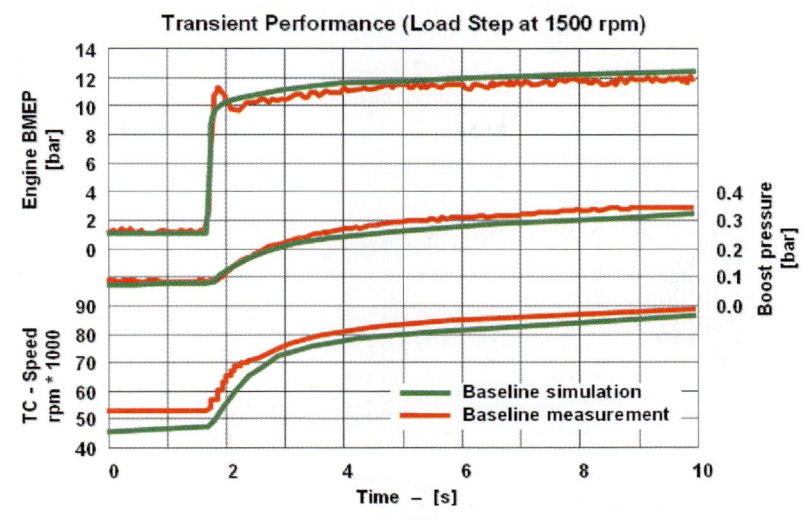

Abb. 8 Gemessene und simulierte transiente Motordaten eines 6-Zylinder HSDI Dieselmotors mit VTG-Turbolader

4 Optimierungsstrategien und Verbesserungspotentiale von VTG-Regelungen im transienten Motorbetrieb

Ein gutes Ansprechverhalten aus der Motorteillast heraus erfordert hohe Kraftstoffeinspritzmengen, die durch die Rauchbegrenzung nach oben limitiert sind. Der maximal mögliche Ladedruck kann mit geschlossenem VTG Leitapparat am schnellsten erreicht werden. Allerdings ergeben sich dadurch hohe Abgasausschiebearbeiten und folglich eine negative Beeinflussung des Teillast-Kraftstoffverbrauches. Hauptaufgabe der Auslegung der Regelstrategie ist es daher, sowohl des Ansprechverhalten als auch den Verbrauch zu optimieren.

Sobald später der Grenzwert des Getriebeeingangs-Drehmoments erreicht wird, ist keine Verbesserung der Fahrzeugbeschleunigung mehr möglich. Folglich besteht die Hauptaufgabe nun darin, eine VTG Kontrollstrategie für niedrigste Pumpverluste und Verbrauchswerte zu identifizieren.

Für die transienten Kreisprozesssimulationen wurden die folgenden Randbedingungen in Betracht gezogen:

- Fahrzeugbeschleunigung von 80 auf 120 km/h im höchstem Gang (t=ca. 14.7s)
- Fahrzeug mit ITW von 2100 kg und einem 2.5 L HSDI Diesel VTG Motor
- Motorlastpunkte entsprechend 80 km/h bei ca. 1500 1/min (BMEP 3.8bar) und 120km/h bei ca. 2250 1/min

Der tatsächliche Beschleunigungsprozess teilt sich in drei Phasen auf:

1. 80 km/h stationärer Betrieb, VTG Stellung für optimalen Verbrauch
1. Beschleunigung in rauchbeschränktem Betriebsbereich (ca. 1.7s.), VTG Stellung für bestes Ansprechverhalten
2. Beschleunigung im Betriebsbereich mit Drehmomentbeschränkung (ca. 13s), VTG Stellung für minimale Pumpverluste

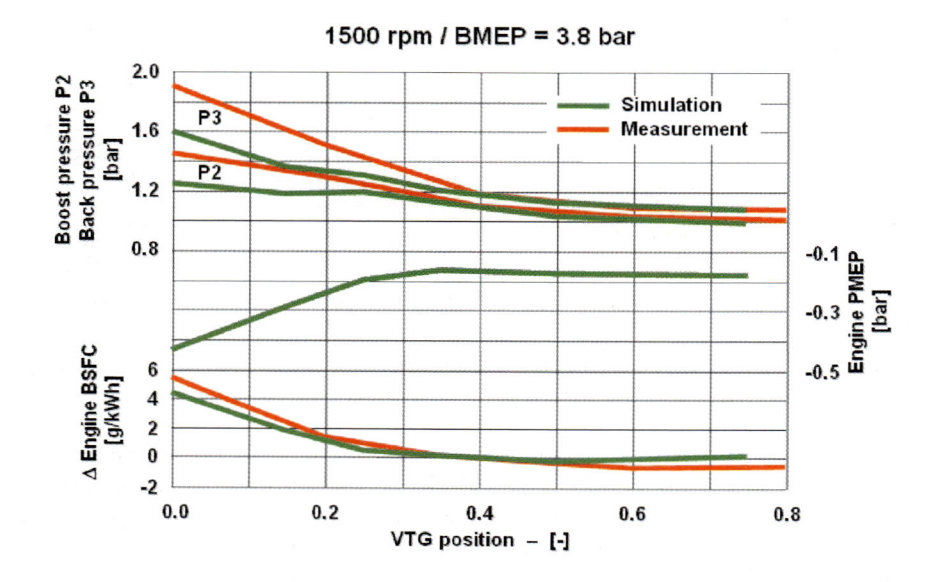

Abb. 9 Einfluss der VTG Stellung auf die Motordaten in der Teillast (1500 U/min und 3,8 bar) eines HSDI Dieselmotors (80 km/h im höchsten Gang)

Abbildung 9 zeigt den simulierten Einfluss der VTG Positionen auf den Kraftstoffverbrauch für den 80 km/h Stationärbetriebspunkt (erste Phase). Für minimale Pumparbeit und somit besten Verbrauch ist die VTG Stellung bei 35 % Öffnung am besten geeignet. Prüfstandsergebnisse, die in einer späteren Phase des Projektes erzielt wurden, bestätigten diese Resultate der Simulation.

Ziel einer optimalen Regelstrategie während der rauchbegrenzten Hochlaufphase ist die Verringerung der Betriebszeit innerhalb dieser Phase, da dies die einzige Möglichkeit zur Verbesserung des Beschleunigungsverhaltens darstellt. Die Dauer dieser Phase machte aktuell aber nur ca.12 % der gesamten Beschleunigungszeit aus und somit ist das Verbesserungspotential für diese Motor-Fahrzeug-Konfiguration relativ klein.

Analyse und Optimierung des instationären Turboladerbetriebes 487

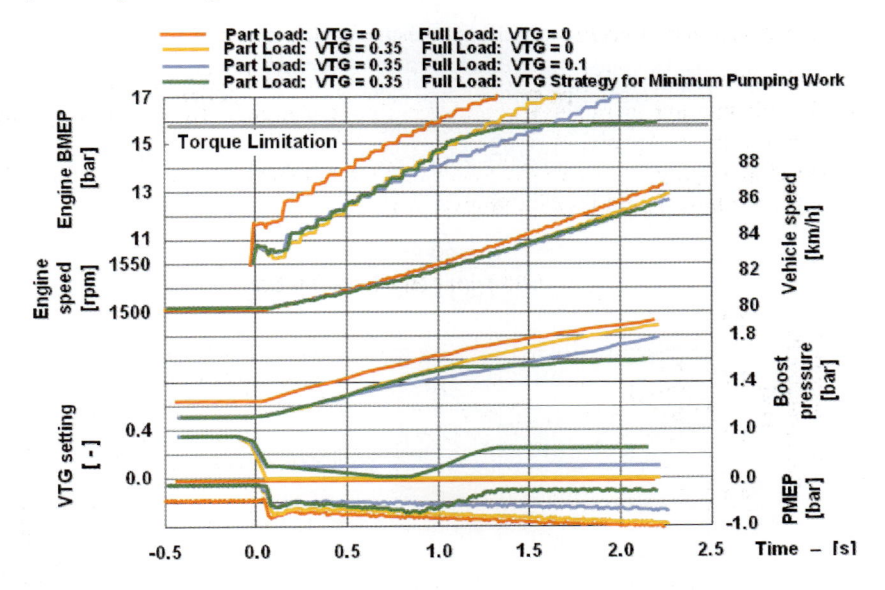

Abb. 10 Einfluss der VTG-Stellung auf den Beschleunigungsvorgang im höchsten Gang (ab 80 km/h) mit Rauchbegrenzung eines HSDI Dieselmotors (Simulationsdaten)

Zu Beginn des Beschleunigungsvorganges ist oft ein plötzlicher Anstieg des Mitteldrucks zu beobachten, der hauptsächlich vom Ladedruck in der Teillast, der dynamischen Rauchbegrenzung sowie den Eigenschaften des EGR Systems abhängt. Für einen schnellen Ladedruckaufbau müssen die VTG Leitschaufeln rasch geschlossen werden. In der Simulation wird die Rauchbegrenzung auf Basis gemessener, zulässiger Luftverhältnisse bestimmt. Abb. 10 zeigt rauchbegrenzte transiente Hochlaufvorgänge, ausgehend von 35 % VTG-Stellung in der Teillast und verschiedenen Schaufelstellungen während des Lastsprunges. Ein Vergleich der Ergebnisse bei 0, 5 und 10 % Stellung zeigt, dass der maximale Mitteldruck im ersten Motorzyklus nach dem Lastsprung nicht mit vollständig geschlossener VTG erreicht wird – trotz maximalem Lastdruckaufbau. Dies ist auf die schlechten Turbinenwirkungsgrade und hohen Pumpverluste zurückzuführen, die durch die höheren Ladedrücke nicht mehr kompensiert werden können. Das beste Ergebnis ist mit der 10 % VTG-Schaufelstellung möglich.

Während der zweiten Hälfte des rauchbegrenzten Betriebes wird der höchste Mitteldruck mit komplett geschlossenen Leitschaufeln erzielt, bis die Drehmomentbegrenzung erreicht wird. Danach müssen die Leitschaufeln teilweise geöffnet werden, um unnötig hohe Ladedrücke und damit hohen Kraftstoffverbrauch aufgrund von zu hohen Ladungswechselverlusten zu vermeiden.

Zum Vergleich werden die Ergebnisse der 10 % Schaufelstellung und einer komplett geschlossenen VTG bei Teillast gezeigt. Wie bereits zuvor erwähnt, zeigt diese Variante ein optimales Ansprechverhalten, ist aber hinsichtlich des Kraftstoffverbrauches nicht akzeptabel. Schließlich wurde unter Berücksichtigung eines Verbrauchsminimums bei 35 % Schaufelstellung in der Teillast, eine VTG Betriebsstrategie für maximalen Mitteldruck während Rauchbegrenzung ausgearbeitet (Abb. 11). Das dafür notwendige schnelle Ansprechverhalten des VTG-Aktuators kann durch heute verfügbare Systeme bereits erreicht werden, wobei eine präzise Steuerung des Aktuators sehr wichtig ist. Es sind daher elektronisch geregelte Schrittmotoren gegenüber pneumatischen Systemen zu bevorzugen.

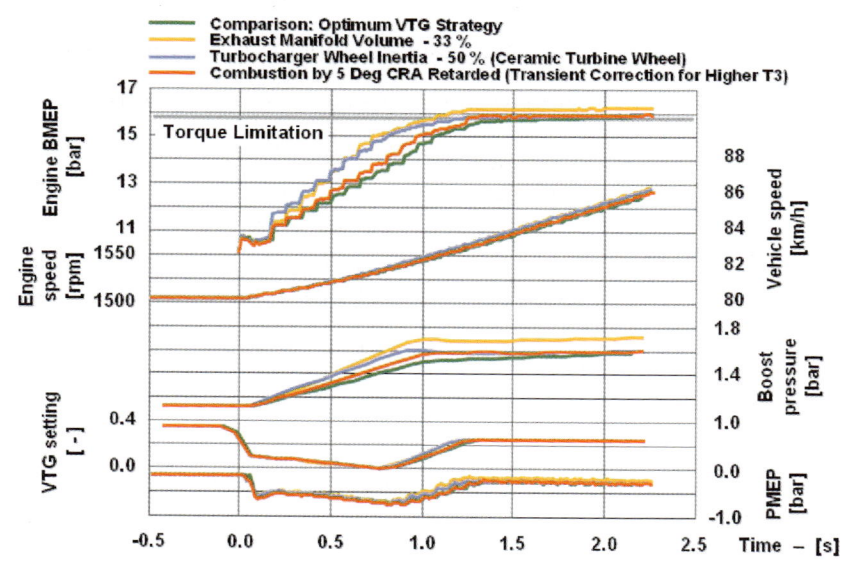

Abb. 11 Verbesserungspotential des Beschleunigungsvorganges mit Rauchbegrenzung eines HSDI Dieselmotors (Simulationsdaten)

Wie zuvor erwähnt, erfordern verkürzte Hochlaufzeiten die Verringerung von rauchbegrenzten Betriebsphasen. Daher wurden relevante Parameter und Randbedingungen wie

- Abgaskrümmervolumen
- Trägheit des Turboladerlaufzeuges
- Verbrennungslage

untersucht. Unter Berücksichtigung der diskutierten VTG Regel- und Einspritzstrategie entsprechend der Rauchbegrenzung zeigt Abb. 11 diese Effekte im Vergleich zum Basisfall. Sowohl ein minimales Volumen vor dem Turbineneintritt als auch eine reduzierte Trägheit des Laufzeuges sind die effektivsten Parameter um den Hochlaufvorgang jeweils um ca. 0.2 Sekunden verkürzen zu können. Die betrachtete 33 %-ige Volumenreduktion des Abgaskrümmers kann realistischerweise durch eine optimierte Konstruktion der Auslasskanäle, der Krümmer und des Sammelrohres vor der Turbine erreicht werden. Auch die betrachtete 50 % Reduktion der Turboladerradträgheit könnte z.B. durch keramische Turbinenräder erzielt werden. Weiters könnte durch eine Spätstellung des Einspritzzeitpunkts um 5 Grad Kurbelwinkel die Abgasenthalpie angehoben und die Hochlaufzeit durch die damit gesteigerte Turbinenleistung um ca. 0.05 Sekunden verbessert werden.

Abschließend zeigt die dicke Linie in Abb. 12 jenes Ansprechverhalten, das durch Kombination eines Turboladers mit niedriger Trägheit und kompaktem Abgaskrümmer erreicht wird. Auf diese Art wäre eine relevante Verbesserung des Hochlaufverhaltens bis zur Drehmomentbeschränkung möglich.

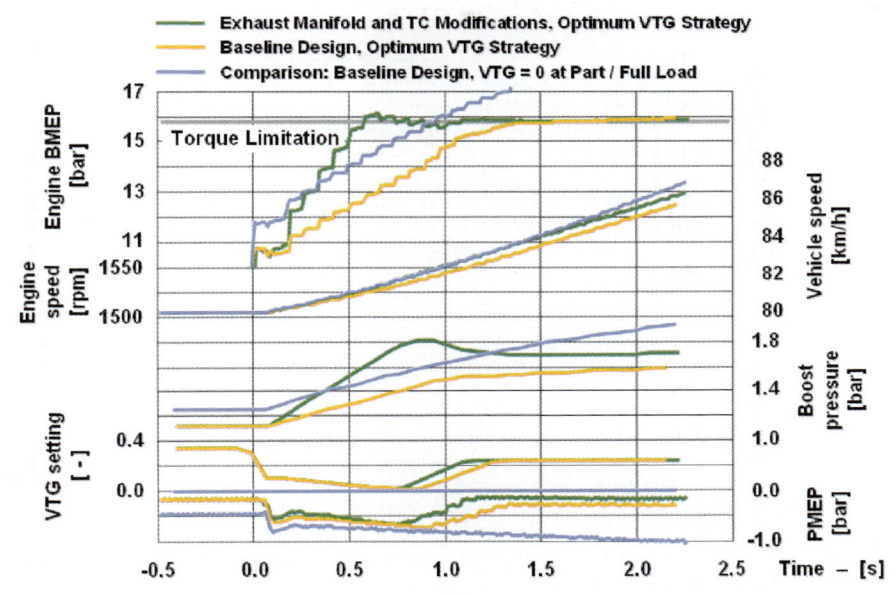

Abb. 12 Optimierter Beschleunigungsvorgang im höchsten Gang ab 80 km/h eines HSDI Dieselmotors (Simulationsdaten)

Während der dritten Phase des Motorhochlaufes kann aufgrund der getriebeseitigen Beschränkung des Drehmomentes keine Verbesserung der Fahrzeugbeschleunigung umgesetzt werden. Folglich kann die VTG-Betriebsstrategie auf die Erreichung niedrigster Ladungswechselverluste und demnach beste Kraftstoffverbräuche ausgerichtet werden. Der Ladedruck muss durch die VTG-Regelung auf das absolut minimale Niveau zur Einhaltung der Rauchbeschränkungen eingestellt werden (Abb. 13, dicke Linie „smoke control"). Die dünne Linie zeigt den typischen Ladedruckanstieg im Fall der Verwendung pneumatischer Aktuatoren, die auch typische Druckspitzen aufgrund der Hysterese solcher Systeme aufweisen. Die damit einhergehende höhere Ladungswechselarbeit mindert natürlich die effektive Motorleistung. Im betrachteten Fall verbessert sich der kumulierte Kraftstoffverbrauch vom Start des Beschleunigungsvorganges bis zur Erreichung der Endgeschwindigkeit von 120 km/h um 3,6 %, sofern diese optimierte, rauchkontrollierte VTG Strategie anstelle einer einfachen ladedruckkontrollierten VTG-Regelung angewendet wird (unter der Randbedingung gleicher Fahrstrecken).

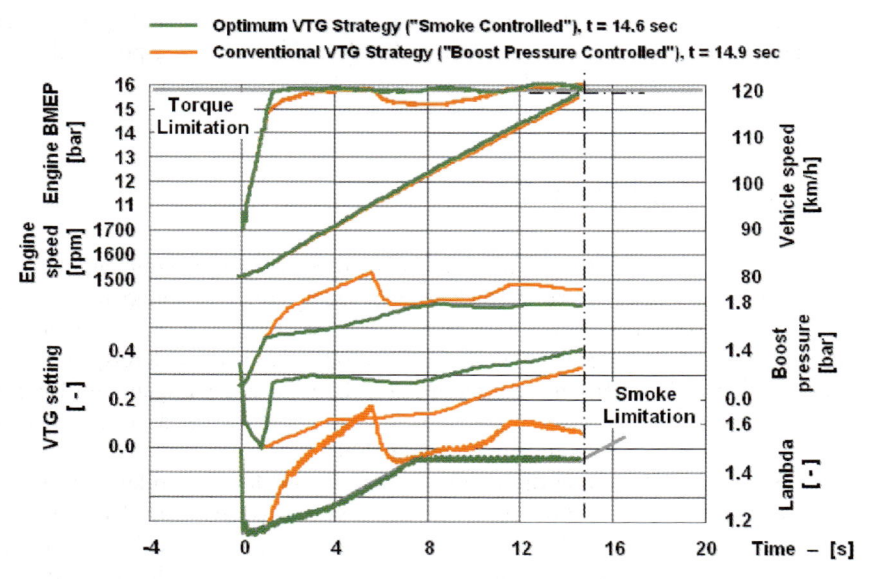

Abb. 13 Vergleich unterschiedlicher VTG-Regelstrategien während der Beschleunigung von 80 auf 120 km/h (im höchsten Gang) eines HSDI Dieselmotors (Simulationsdaten)

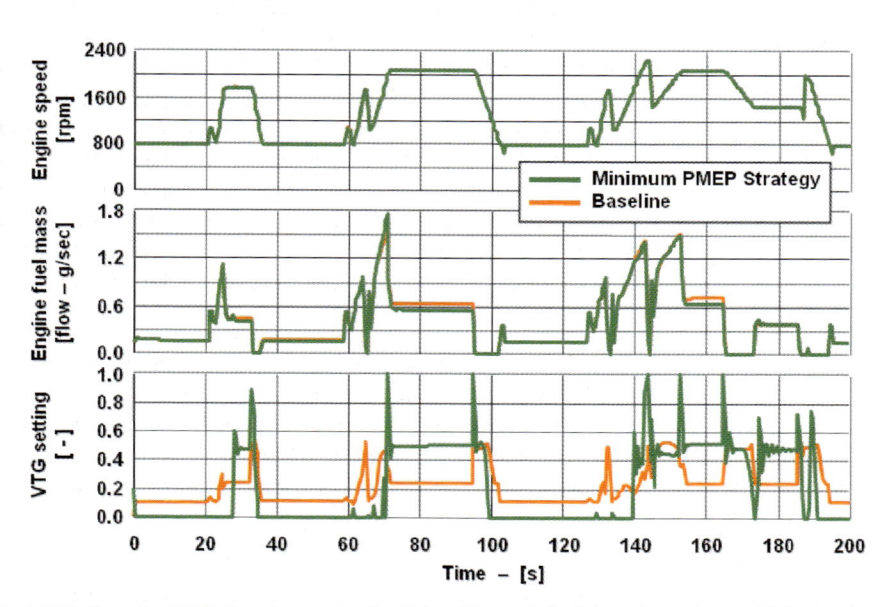

Abb. 14 Einfluss der VTG-Regelstrategien im Fahrzyklus auf die Motordaten eines HSDI Diesel Motors (ECE Zyklus)

Der Effekt einer derart optimierten VTG-Regelstrategie kann zuletzt mittels Fahrzyklussimulationen überprüft werden, bevor diese z.B. für eine Motorkalibrierung in Betracht gezogen wird. Abb. 14 zeigt charakteristische Ergebnisse einer solchen Untersuchung. Es zeigt sich ein Kraftstoffverbesserungspotential von 0.3 L im ECE Zyklusteil und 1.5 % im gesamten NEDC Fahrzyklus.

5 Schlussfolgerungen

Die Optimierung von PKW-Antriebssystemen muss sich speziell auf transiente Zustände konzentrieren, da diese Motoren häufig bei wechselnden Lasten und Drehzahlen betrieben werden. Es wurde in diesem Beitrag gezeigt, dass durch die Kombination verschiedener Simulationsmethoden (transiente Kreisprozess- und Fahrzyklussimulationen) zusammen mit gezielten Untersuchungen am Motorprüfstand verbesserte Kontrollstrategien für Turbomotoren während dieser transienten Betriebsphasen effizient entwickelt werden können.

Die genaue Validierung der thermodynamischen Motorenmodelle im transienten Betrieb hat gezeigt, dass eine sehr detaillierte Modellierung der thermischen Eigenschaften des Abgasröhrenwerkes ebenso notwendig ist wie die korrekte Charakterisierung des Verdichters und der Turbine – d.h. mehr noch als für die Simulation stationärer Betriebszustände. Wenn solche Simulationsmodelle allerdings zur Verfügung stehen, dann ermöglicht deren Anwendung eine detaillierte Optimierung der Regelstrategie eines VTG-Turboladers. Das Ergebnis solcher Optimierungsarbeiten kann ein verbessertes Ansprechverhalten des Turboladers oder die Senkung des Kraftstoffverbrauches während transienter Vorgänge sein.

Mit den aus diesen Optimierungen erhaltenen Informationen und Resultaten kann deren Einfluss auf den Kraftstoffverbrauch eines Fahrzeuges im gesamten Fahrzyklus bewertet werden. Für den Fall richtiger Modellierung können sehr gute Übereinstimmungen zwischen Fahrzyklussimulationen und korrespondierenden Prüfstandsergebnissen erreicht werden. Solche Arbeiten sind nicht nur auf die Verbesserung einer VTG-Regelstrategie beschränkt, sondern können auch für Optimierungen

- der gesamten Fahrzeugantriebsregelung (z.B. Gangwechselstrategie für Hybridfahrzeuge bzw. Fahrzeuge mit automatisierten Getrieben),
- der regelungstechnischen Integration neuer Sensoren (z.B. Zylinderdrucksensoren für verbesserte Verbrennungsregelung oder alternative Verbrennung),
- von OBD Funktionen (Analyse von Funktionsstörungen und der damit verbundenen Betriebsbedingungen).

genutzt werden. Aus diesem Grund werden Simulationswerkzeuge und -methoden auch in zukünftigen Antriebssystementwicklungen weiter an Bedeutung gewinnen. Ein großer Teil der Entwicklungsarbeiten kann so bereits sehr früh und kosteneffizient mit einem „virtuellen Motor bzw. Antriebssystem" durchgeführt werden.

6 Literatur

[1] AID, VDA 1999, personal communication
[2] AVL BOOST, User Manual, AVL List GmbH, s. l. 2007
[3] R.S. Beson: The Thermodynamics and Gasdynamics of Internal Combustion Engines, Volume 1, Clarendon Press, Oxford, 1982, ISBN 0-198562101
[4] P. Giannattasio et al.: Applications of a High Resolution Shockcapturing Scheme to the Unsteady Flowcomputation in Engine Ducts, IMechE 1991, C430/055
[5] Haemmerlin, G.: Numerische Mathematik I, Bibliographisches Institut, Mannheim, Wien, Zürich, 1970
[6] Berndt, R.; Grigoriadis, P.; Nickel, J.; Abdelhamid, S.; Hagelstein, D.: TC-Gesamtkennfeldbestimmung – Abschlussbericht zu FVV Vorhaben Nr. 754: Erweiterte Darstellung und Extrapolation von Turbolader-Kennfeldern als Randbedingung der Motorprozesssimulation; FVV-Heft 774, 2003
[7] Müller, D.; Grigoriadis, P.: Dynamische Pumpgrenze – Abschlussbericht zu FVV Vorhaben Nr. 845: Dynamisches Verhalten von Turboladern nahe der Pumpgrenze; FVV-Heft 833, 2007
[8] Watson N., Janota, M.S.: Turbocharging the Internal Combustion Engine, Macmillan Press Ltd., 1982
[9] Gesamtprozeßanalyse-Rahmenprogramm, FVV Bericht Heft 434-1, -2, -3, 1989
[10] AVL-CRUISE, User-Manual, AVL-List GmbH, 2007